凝煉知識品味閱讀

新能源與化工概論

Introduction To Chemical Engineering In New Energy

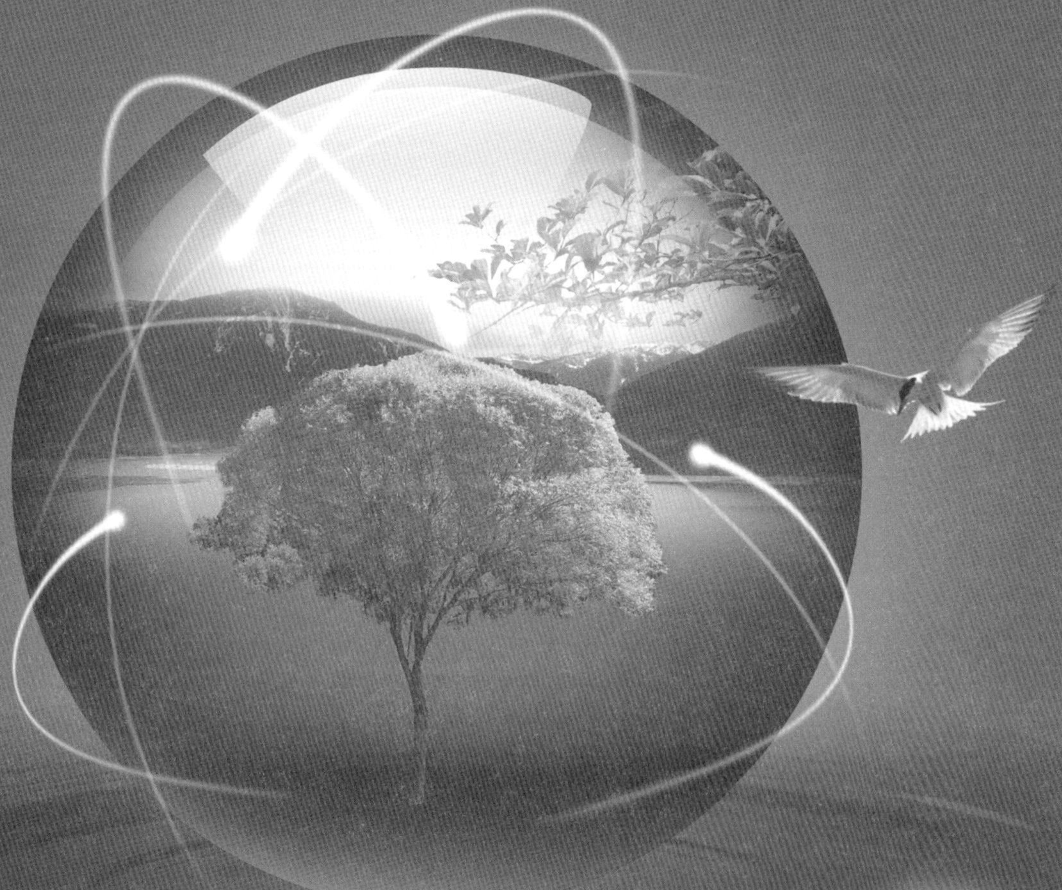

The Energy Science and Technology · Sustainable Development

能源科技
永續發展
系列叢書

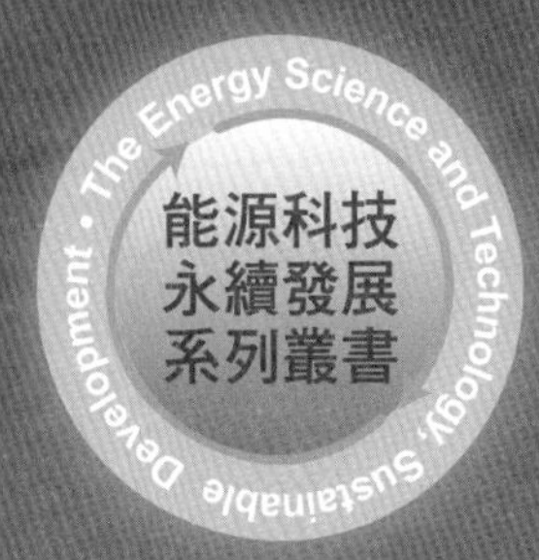

五南圖書出版公司 印行

前　言

能源問題是當今社會發展所面臨的重要問題，節能減碳已成為當前工業生產企業的重要任務。以物質為載體的能量轉化與轉移過程，很多都以化學化工知識為基礎。

當今能源化工技術的特點是多學科交叉、多種新技術應用所形成的全方位的研究體系。本書主要涉及現代能源中的化學與化工問題，從化學與化工學科的視角對現代能源的開發與利用做較全面的介紹和剖析，探討化學與化工在現代能源中交叉滲透的情況，並針對能源中的化學化工問題作有系統的闡釋。

在大學及研究所教育中，現有的相關教材多以能源學科的知識體系為框架，圍繞能源開發的邏輯關係或相關能源知識在學科中的地位決定教材內容。由於出發點不同，雖然化學化工知識在能源學科中占有重要地位，但往往是將部分內容穿插於現有教材中來呈現的。本書的編寫希望打破能源、化學、化工和材料等傳統學科的劃分，將各學科融合在一起，加強學科之間的聯繫，避免學科之間知識的脫節與重復，以適應相關專業和行業對能源化工技術的不同學習需求。

本書的內容可作為化學工程與製程方法、應用化學、輕化工程等本科專業的教材，也可作為相關企業、技術部門工程技術人員的參考書籍。

本書的編寫過程中，參考了國內外出版的相關「能源化工」類教材；得益於從事這方面教學和研究工作的老師提供的寶貴經驗和素材。在這裡，我們對於以各種形式幫助過本書出版的單位和個人表達深深的敬意和謝意。

由於編者知識水平和認識水平有限，書中錯誤和不妥之處難免，懇請讀者批評、指正。

編者

前言

目　錄

第一章
緒　論

廣義地說，世界是物質的，物質是運動的，運動是有規律的。物質包括實體性物質（如空氣、水、食物、煤炭、石油、鋼鐵、人工合成的各種材料）和能量性場（各類能量波和場，如光、熱、電力、磁力、引力），以及在此基礎上產生的團體、民族、國家等更高級形態。如果說實體物質是人類世界的承載基礎，能量來源則是維持這個世界運行的保證。在人類生活中，任何變化都離不開能量，無論是物理變化還是化學，以及形態、位置等等的任何一個微小改變，都伴隨著能量的變化過程。

在實際生活中，所需的能量需要通過能源來獲得。關於能源的定義，目前約有 20 種。例如《科學技術百科全書》說：「能源是可從其獲得熱、光和動力之類能量的資源」；《大英百科全書》說：「能源是一個包括著所有燃料、流水、陽光和風的術語，人類用適當的轉換手段便可讓它為自己提供所需的能量」；《日本大百科全書》說：「在各種生產活動中，我們利用熱能、機械能、光能、電能等來作功，可利用來作為這些能量源泉的自然界中的各種載體，稱為能源」；中國的《能源百科全書》說：「能源是可以直接或經轉換提供人類所需的光、熱、動力等任一形式能量的載能體資源。」可見，能源是一種呈多種形式的能量的源泉。簡單地說，能源是自然界中能提供某種形式能量的物質資源，是能被人類加以利用以獲得有用能量的各種來源。

能源的發展，是全世界、全人類共同關心的問題。人類從原始社會發展到今天工業文明發達、社會生活豐富多彩的世界，是在消耗大量能量的條件下取得的。在某種意義上講，人類社會的發展離不開能源的開發和先進能源技術的使用，能源是整個世界發展和經濟增長的最基本的驅動力，是人類賴以生存的基礎。

1.1 能量與能源

1.1.1 能量及其形式

物質運動不僅具有表現各異的形式，不同形式的物質運動還可藉由做功、傳熱等方式進行相互轉換，此證明這些運動不僅具有共性，還存在內在的統一的量度，即能量，亦簡稱為能，其單位有焦耳、千瓦時、電子伏（特）等。目前，人類利用的能量有多種形式，歸納起來主要有以下幾種。

1. **機械能**　機械能在物理學中已經有詳細的闡述，它包括宏觀的動能和勢能。機械能是人類較早認識和利用的能量，如風能、水能等。

2. **熱能**　從微觀上看，熱能的本質是物體內部所有分子無規則運動的動能之和，分子無規則運動包括分子的移動、轉動和振動。相同物質所具有熱能的多少，在宏觀上表現為其自身溫度的高低，地球上最大的熱能來源應為地熱能。

3. **電能**　電能是表示電流做功的物理量，目前使用的電能主要是由化學能、光能或機械能等能量直接或間接轉換得到的。在自然界中，典型的電能有雷電、生物電等。

4. **輻射能**　電磁波中電場能量和磁場能量的總和。物體單位表面積發射能量的大小為 $Q = \delta\varepsilon T^4$，其中，$\delta$ 為斯蒂芬—波茲曼常數〔$\delta = 5.67\times10^{-8}$ $W/(m^2 \cdot K^4)$〕；ε 為物體表面的熱發射率；T 為熱力學溫度。太陽是地球面臨的最大輻射源，此外已知的輻射源還有裂變物質所發射的電磁波射線，如 α、β、γ 射線等。

5. **化學能**　化學能是在物質進行化學變化時釋放出來的一種能量，如石油和煤的燃燒、炸藥爆炸，以及食物在體內發生化學變化時候所放出的能量等。放熱反應（燃燒）是目前世界上使用化學能的主要途徑，如典型的氧化燃燒反應如

$$C + O_2 \rightarrow CO_2 + 32780\ \text{kJ/kg}$$

$$H_2 + \frac{1}{2}O_2 \rightarrow H_2O + 120370\ \text{kJ/kg}$$

由以上式子可以看出，燃燒同樣物質的量的氫所釋放的能量約為碳的 3.66 倍。作為典型的有機化合物，不考慮 C—C 鍵和 C—H 鍵打開所需的能量，碳氫化合物燃料的熱值高低可以從其碳氫比 K_{CH} 來判斷，碳氫比越高，其熱值越低。例如燃油的 K_{CH} 為 6 ～ 9，煙煤的 K_{CH} 為 12 ～ 14，無煙煤的 K_{CH} 大於 20，所以燃油的熱值比無煙煤要高得多。

6. 核能　核能是由於物質原子核內結構發生變化（如核反應或核躍遷）而釋放出來的能量，又稱核內能。與前述的 5 種能量不同的是，核能不遵守質量守恆和能量守恆定律。它所遵守的是質能方程

$$Q = \Delta mC^2$$

式中，Q 為釋放出的能量；Δm 是質量的變化量；C 為光速。

核能可藉由以下兩種不同的反應得到。

(1) 核裂變反應。核裂變反應是指由重的原子，主要是指鈾或　，分裂成較輕的原子的一種核反應形式。原子彈以及裂變核電站的能量來源都是核裂變。其中鈾裂變在核電廠最常見，加熱後鈾原子放出 2 ～ 4 個中子，中子再去撞擊其他原子，從而形成鏈式反應而自發裂變。主要依靠的反應是

$${}^{235}_{92}U + {}^{1}_{0}n \rightarrow {}^{140}_{54}Xe + {}^{94}_{38}Sr + 2{}^{1}_{0}n + 200\ \text{MeV}$$

每千克 ${}^{235}_{92}U$ 完全反應後釋放出的能量為 8.33×10^{10} kJ，約相當於 2800 t 標準煤完全燃燒後釋放出來的能量。核電站以核反應爐及蒸汽發生器來代替火力發電的鍋爐，以核裂變釋放的能量代替礦物燃料釋放的化學能，經過「核能→水和水蒸汽的內能→發電機轉子的機械能→電能」路徑，可以將核能轉化為電能對外輸出。

(2) 核聚變反應。核聚變反應的原料通常為氫的兩種同位素，即氘和氚，主要發生氘—氘反應和氘—氚反應兩種聚變反應。前者的點火溫度為 2×10^8 ℃，維持運行溫度為 5×10^8 ℃；後者的點火溫度為 4.4×10^7 ℃；維持營運溫度為 1×10^8 ℃。

中國在 1967 年的氫彈爆炸試驗，先是發生裂變反應，其反應時間為幾百萬分之一秒，產生巨大的熱能，使之達到聚變反應所需的溫度，從而引發聚變反應。其反應為

$$6{}_1^2\mathrm{D} \rightarrow 2{}_2^4\mathrm{He} + 2\mathrm{p} + 2{}_0^1\mathrm{n} + 43.1\mathrm{MeV}$$

聚變反應所釋放出的能量和裂變反應所釋放出的能量相比為

$$\frac{Q_{聚}}{Q_{裂}} = \frac{43.1}{200} \times \frac{235}{12} \approx 4.22$$

上式說明，消耗同樣質量的原料，核聚變反應所釋放的能量為核裂變反應的 4.22 倍，即每消耗 1 kg 核聚變原料，產生約相當於 11816 t 標準煤完全燃燒後所釋放出的熱能。

1.1.2 能源及其種類

能源是可產生各種能量（如熱量、電能、光能和機械能等）或可作功的物質的統稱，是能夠直接取得或者藉由加工、轉換而取得有用能的各種資源。已知的能源種類有很多，而且隨著人類生產力水準的提高，還不斷地有新型能源被開發出來。根據不同的劃分方式，這些能源可被分為不同的類型。

1. 按來源分類　可分為以下三類。

(1) 來自地球外部天體的能源。主要是太陽能，除直接輻射外，還為風能、水能、生物能和礦物能源等的產生提供基礎。人類所需能量的絕大部分都直接或間接地來自太陽，正是各種植物利用光合作用把太陽能轉變成化學能在植物體內儲存下來，煤炭、石油、天然氣等化石燃料也是由古代埋在地下的

動植物經過漫長的地質年代形成的，它們實質上是由古代生物固定下來的太陽能。此外，水能、風能、波浪能、海流能等也都是由太陽能轉換來的。

(2) 地球本身蘊藏的能量，如核能、地熱能等。地球可分為地殼、地幔和地核三層，它是一個大熱庫，地熱蒸汽、溫泉和火山爆發噴出的岩漿就是地熱的表現。

(3) 地球和其他天體相互作用而產生的能量，如潮汐能。

2. 根據產生的方式分類 可分為一次能源（天然能源）和二次能源（人工能源）。

一次能源是指自然界中以天然形式存在且沒有經過人為加工或轉換的能量資源，包括水力資源和煤炭、石油、天然氣資源，以及太陽能、風能、地熱能、海洋能、生物能和核能等能源，它們是全球能源的基礎；二次能源則是指由一次能源直接或間接轉換成其他種類和形式的能量資源，如電、煤氣、汽油、柴油、焦炭、潔淨煤、鐳射和沼氣等能源都屬於二次能源。

3. 按能源性質分類 可分為燃料型能源（煤炭、石油、天然氣、泥炭、木材）和非燃料型能源（水能、風能、地熱能、海洋能）。

人類利用的能源是從用火開始的，最早的燃料是柴草，此後是煤炭、石油、天然氣等各種化石燃料，現正研究利用太陽能、地熱能、風能、潮汐能等新能源。

4. 根據能源消耗後是否造成環境污染分類 可分為污染型能源和清潔型能源。

污染型能源包括煤炭、石油等，清潔型能源包括水力、電力、太陽能、風能以及核能等。

5. 根據能源使用的類型分類 可分為一般能源和新型能源。

一般能源包括一次能源中的可再生的水力資源和不可再生的煤炭、石油、天然氣等資源。新型能源是相對於一般能源而言的，包括太陽能、風能、地熱能、海洋能、生物能以及核能等能源。由於新型能源的能量密度較小，或品質較低，或有間歇性，按已有的技術條件轉換利用的經濟性尚差，還處於研究和發展階段。

6. 按能源的形態特徵或轉換與應用的層次分類 世界能源委員會推薦將能源類型分為固體燃料、液體燃料、氣體燃料、水能、電能、太陽能、生物質能、風能、核能、海洋能和地熱能。

7. 按商品化狀態分類 分為商品能源和非商品能源。

凡進入能源市場作為商品銷售的如煤、石油、天然氣和電等均為商品能源，非商品能源主要指薪柴和農作物殘餘（秸稈等）。

8. 按使用特性分類 分為再生能源和非再生能源。

一次能源又可進一步分為兩類，凡是可以不斷得到補充或能在較短周期內再產生的能源稱為再生能源，反之稱為非再生能源。風能、水能、海洋能、潮汐能、太陽能和生物質能等是可再生能源；煤、石油和天然氣等是非再生能源。

宏觀來看，地球表面的總能量變化是守恆的，相關的能量流動情況可用圖 1-1 來表示。

1.2 能源與化工

能源化工主要指利用石油、天然氣和煤炭等基礎能源資源，藉由化學過程加以利用或製備二次能源和化工產品的過程。能源化工領域涉及的行業較多，主要有煤炭、石油天然氣、石化以及核能工業等。能源化工產品涉及國民經濟和人民生活的各個領域，影響到人們衣食住行的各方面。人類利用能源，往往不是直接利用能源的本身（除了作為工業原料外），而是利用由能源直接或經過轉換而產生的各種能量，如化石燃料利用燃燒將化學能轉變成熱能，然後藉由汽輪機將熱能轉換成機械能，再利用發電機將機械能轉換成電能等。圖 1-2 展現了各種能源（能量）的轉換和利用情況。

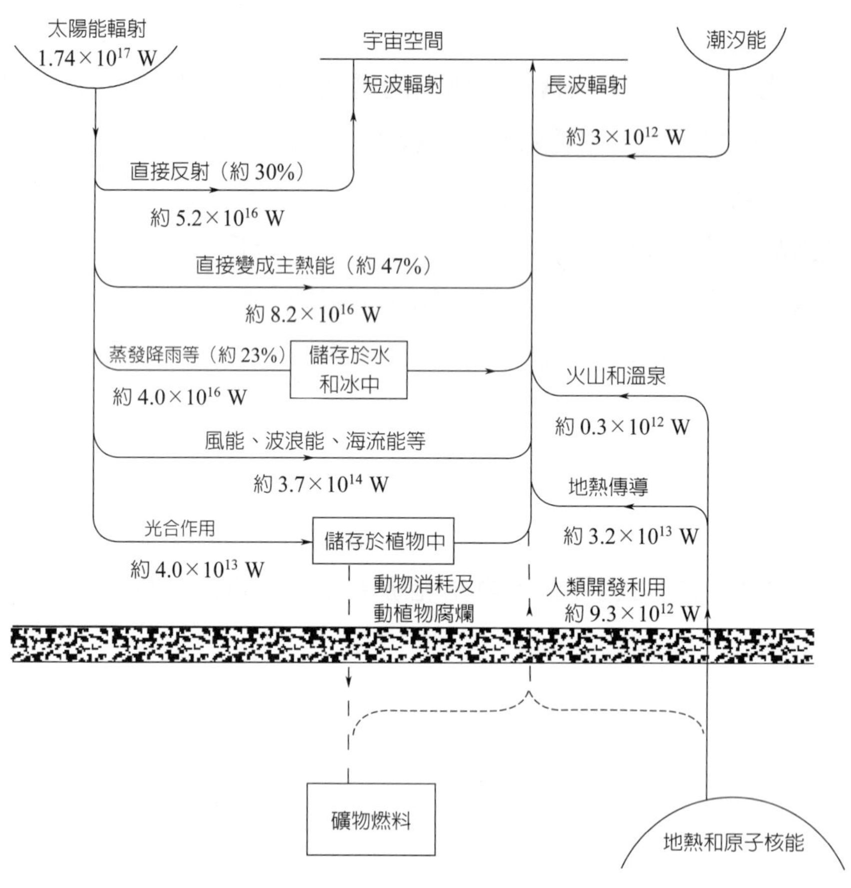

☼ **圖 1-1　地球表面的能量流動情況**

除了形態上的轉換外，在能源的開發和使用過程中，能量的儲存和轉移往往均對應有特定的物質載體。如油料、天然氣等可利用輸油管道來完成能量在空間上的轉移，即輸送；鉛酸電池、新型電池等通過儲存化學能來進行時間上的轉移，即儲存。

以物質為載體的能量轉化與轉移過程，很多都以化學化工知識為基礎。化學化工所研究的內容不僅包括物質的組成、結構、性質，以及變化規律等化學方面的內容，還包括物質組成及位置的變化、反應、傳質、傳熱和動量傳遞等在內的過程工程方面的內容。世界上的實體性物質都是化學物質，或者是由化

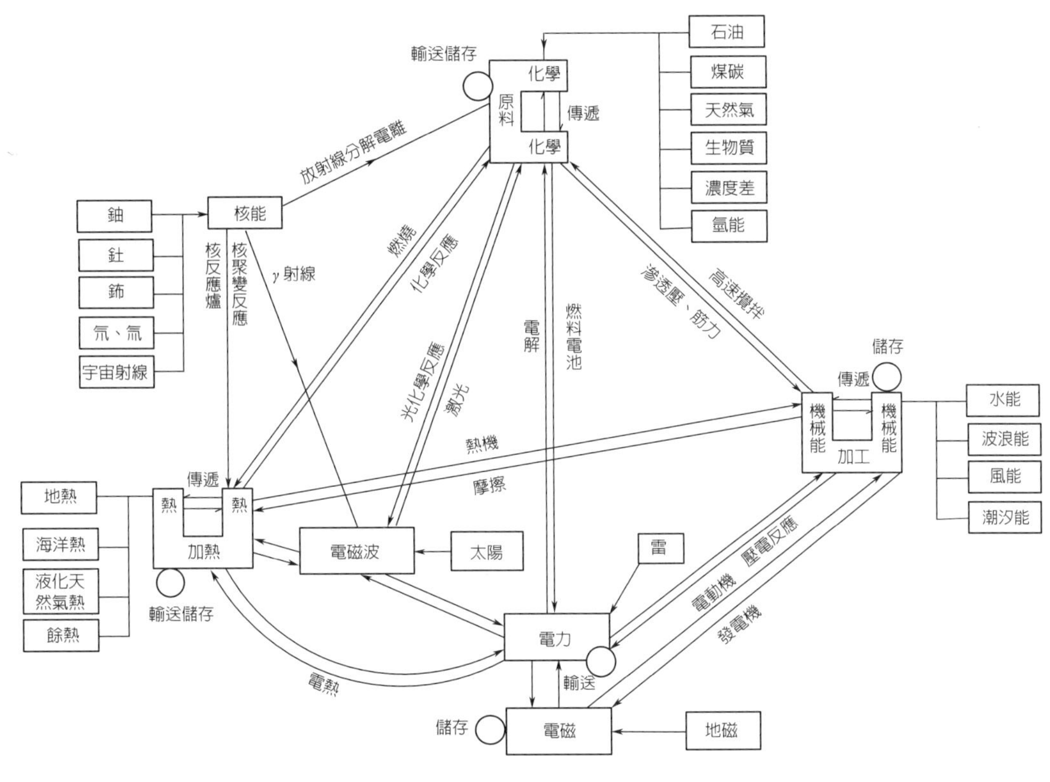

圖 1-2　不同能源（能量）的轉換和利用情況

學物質所組成的混合物。元素是物質的基本成分，元素呈游離態時為單質，呈化合態時則形成化合物。分子、原子、離子是構成物質最基本的微粒，分子能獨立存在，是保持物質化學性質的一種微粒；原子是化學變化中的最小微粒，在化學反應中，原子可結合形成分子，重新組合成新物質；帶電的原子或原子團則成為離子。世界是由物質組成的，化工則是人類用以認識和改造物質世界的重要方法和手段之一，它是一門歷史悠久而又富有活力的學科。

化工與能源的關係非常密切，不僅表現在能源的開發利用需要化工科學與技術，還表現在化石能源等及其衍生的產品不僅是能源，而且還是化學工業的重要原料。以石油為基礎，形成了現代化的強大的石油化學工業，生產出成千上萬種石油化工產品。在化工生產中，有些物料既是某種加工過程（如合成氣生產）中的能源，同時又是原料，兩者合而為一。

當今能源化工的特點是多學科交叉、多種新技術應用所形成的全方位的研究體系。圍繞現代能源中的化學與化工問題，從化學與化工學科的視角對現代能源的開發與利用展開研究與剖析，探討化學與化工在現代能源中交叉滲透的情況，對能源化工的發展具有重要的作用。

1.3 能源化工現狀與前景

在全世界範圍內，預計至 21 世紀上半葉，化石燃料仍將占能源的主要地位。隨著時間的推移，由於化石燃料資源的限制，除上述一般能源外，非一般能源的發展也已經越來越受到重視。非一般能源指核能和新能源，後者包括太陽能、風能、地熱能、潮汐能、波浪能、海洋能和生物能（如沼氣）等。在太陽能、核能利用的研究開發和大規模應用的過程中，化學工程和化工生產技術將大有用武之地。

以物質為載體的能量轉化與轉移過程，很多都以化學化工知識為基礎。隨著大規模石油煉製工業和石油化工蓬勃發展，以化學、物理學、數學為基礎並結合其他工程技術，研究化工生產過程的共同規律，解決生產規模放大和大型化中出現的諸多工程技術問題的化學工程得到迅速的發展，從經驗的或半經驗的狀態進入到理論和預測的新階段。

作為世界上最大的發展中國家，中國是一個能源生產和消費大國。能源生產量僅次於美國和俄羅斯，居世界第三位；基本能源消費占世界總消費量的 1/10，僅次於美國，居世界第二位。中國又是一個以煤炭為主要能源的國家，發展經濟與環境污染的矛盾比較突出。自 1993 年起，中國由能源淨出口國變成淨進口國，能源總消費已大於總供給，能源需求的對外依存度迅速增大。煤炭、電力、石油和天然氣等能源在中國都存在缺口，其中，石油需求量的大增以及由其引起的結構性矛盾，日益成為中國能源安全所面臨的最大難題。

據 IEA 發佈的《世界能源展望 2007》預測，全球 2005 ～ 2030 年間的一次能源需求將增加 55%，年均增長率為 1.8%。能源需求將達到 177 億噸油當量，而 2005 年為 114 億噸油當量。化石燃料仍將是一次能源的主要來源，在 2005 ～ 2030 年的能源需求增長總量中占了 84%。儘管在全球需求中的比重從 35% 降到了 32%，石油仍是最重要的單種燃料。

能源是整個世界發展和經濟增長的最基本的驅動力，是人類賴以生存的基礎。今天的世界人口已經突破 60 億，比 20 世紀末期增加了 2 倍多，而能源消費據統計卻增加了 16 倍多。當前世界能源消費以化石資源為主，其中中國等少數國家是以煤炭為主，其他國家大部分則是以石油與天然氣為主。按目前的消耗量，專家預測石油、天然氣最多只能維持不到半個世紀，煤炭也只能維持一二百年。所以不管是哪一種常規能源結構，人類面臨的能源危機都日趨嚴重。

國際能源署（IEA）對 2000 ～ 2030 年國際電力的需求研究證明，來自可再生能源的發電總量年平均增長速度將最快。IEA 的研究認為，在未來 30 年內，非水利的可再生能源發電將比其他任何燃料的發電都要增長得快，年增長速度近 6%。在 2000 ～ 2030 年間其總發電量將增加 5 倍，到 2030 年，它將提供世界總電力的 4.4%，其中生物質能將占其中的 80%。

目前可再生能源在一次能源中的比例總體上偏低，一方面是與不同國家的重視程度與政策有關，另一方面與可再生能源技術的成本偏高有關，尤其是技術含量較高的太陽能、生物質能、風能等。據 IEA 的預測研究，在未來 30 年可再生能源發電的成本將大幅度下降，從而增加它的競爭力。可再生能源利用的成本與多種因素有關，因而成本預測的結果具有一定的不確定性。但這些預測結果證明了可再生能源利用技術成本將呈不斷下降的趨勢。

儘管如此，有學者認為當前科技研究與開發重點還是應著眼於以下三方面：煤炭的清潔高效利用；能源結構多樣化，可再生能源由輔助走向主流；提高能源系統總效率，包括採集、轉化、終端利用效率。在他看來，一次能源人均占有率較低；能源消費隨經濟發展而迅猛增長；以煤為主的能源結構短期難以改變；生態環境壓力明顯增大等問題，仍是中國能源領域的實際情況。

中國政府高度重視可再生能源的研究與開發。2001 年，國家經貿委便制定了新能源和可再生能源產業發展的規劃，2005 年又制定頒佈了有關可再生能源法的規定，重點發展太陽能光熱利用、風力發電、生物質能高效利用和地熱能的利用。近年來在國家的大力扶持下，中國在風力發電、海洋能潮汐發電以及太陽能利用等領域已經取得了很大的進展。發展新能源和可再生能源也將成為未來經濟規劃中的重頭戲。

能源問題是當今社會發展遇到的重要問題，節能減碳已成為當前工業生產企業的重要任務。能源開發特別是煤的加工和應用常常產生污水、固體廢料和有害的氣體，導致環境的污染，對於污染的防治，也有賴於多種化工技術的應用。能源（尤其是石油）仍是發展國民經濟發展的一個重要因素，因此能源的增產和節約有很重要的意義。改進化工生產製程方法，減少能耗，既能降低生產成本，提高經濟效益，也有利於能源緊張程度的緩解。隨著全球經濟發展對能源需求的日益增加，現在各個國家都重視對可再生能源、環保能源以及新型能源的開發與研究。

參考文獻

〔1〕廖曉垣編著。能源化學導論。武漢：華中理工大學出版社，1989。

〔2〕李業發，楊延柱編著。能源工程導論。合肥：中國科學技術大學出版社，1999。

〔3〕能源〔EB/OL〕。百度：百度百科，2010〔2010-08-17〕。http://baike.baidu.com/view/21312.htm.

〔4〕〔美〕阿莫斯・薩爾瓦多。能源歷史回顧與 21 世紀展望。北京：石油工業出版社，2007。

〔5〕胡徐騰，王正元，李振宇。中國能源化工面臨的挑戰及對策思考。化工進展，25(3)：239-243。

第二章
能量的相互轉化原理

在利用天然資源（一次能源）的時候，往往需要對其進行能的轉化，將一次能源轉化成方便使用的二次能源。這種變換一般即包含能源類別的變化，也包含能的形態的變化。在使用二次能源過程中，能又會發生轉化。例如，電燈照明時，電能被轉化成了光能；汽車發動時，燃油所具有的化學能藉由發動機會轉化成機械能；在離子膜法生產氯鹼時，電能會利用離子膜電解槽轉化為氯鹼產品所具有的化學能。總之，用能過程，實際上是就是能的轉化過程。

2.1 熱力學基礎

2.1.1　能量守恆原理

2.1.1.1　功和內能

各種狀態的能之間可以相互轉化，在轉化過程中，常見的能態有熱和功，其中功有機械功、電功、體積功等。功可以用廣義的力（溫度差除外）F 與廣義的位移 ΔX 之乘積表示：

$$W=\sum_i F\Delta X \tag{2-1}$$

熱力學把分子內部的能稱為內能，這是除物質全體運動所體現的機械能之外的所有其他能態的總稱。內能的絕對值無法確定，因此轉化過程的內能變化情況總是圍繞其相對值展開的。

2.1.1.2　熱

轉化過程的熱可分為顯熱和潛熱兩種。若體系自環境吸收 Q 的熱，體系不發生相的變化和化學反應，但溫度由 T_1 上升至 T_2，體系的這種由於溫度升高所儲存的熱叫顯熱。當體系處在相變溫度（熔點、沸點等）時，如果與環境發生有限量的熱交換而溫度卻無變化，也不做其他功，那麼，這有限的熱不再是顯熱而叫相變潛熱，或簡稱潛熱。

對於顯熱來說，在不太寬的溫度範圍內，體系的溫升ΔT大致與吸收的熱量 Q 成正比：

$$Q = \overline{C}\,\Delta T \tag{2-2}$$

方程式中，比例常數 $\overline{C}$ 稱為平均熱容。如果上述過程是在恆壓下進行的，平均熱容便是平均恆壓熱容，用 $\overline{C}_p$ 表示。如果熱容不取平均值，那麼，溫度 T 時的熱容可以定義為

$$C = \lim_{\Delta T \to 0} \frac{\delta Q}{\Delta T} = \frac{\delta Q}{\mathrm{d}T} \tag{2-3}$$

對於不做其他功的恆壓過程，其恆壓熱容 C_p 為

$$C_p = \lim_{\Delta T \to 0} \frac{\delta Q}{\Delta T} = \left(\frac{\partial H}{\partial T}\right)_p \tag{2-4}$$

同樣，對於恆容和不做其他功的情形，有 $Q_V = \Delta U$。所以，不做其他功的恆容熱容 C_V 為

$$C_V = \lim_{\Delta T \to 0} \frac{\delta Q_V}{\Delta T} = \left(\frac{\partial U}{\partial T}\right)_V \tag{2-5}$$

由方程式（2-2），可用積分形式求得任意溫度 T_1，T_2 間的顯熱為

$$Q = \int_{T_1}^{T_2} C\mathrm{d}T \tag{2-6}$$

2.1.1.3 熱力學第一定律

熱力學第一定律認為，能量是守恆的，即能既不會產生，也不會消滅。各種物質都具有能，能有多種形態，各種能態之間可以相互轉化。但在轉化過程

中，能的總量不變。

如果體系經過轉化過程之後從外界吸收了 Q 的熱，同時體系向外做出 W 的功，則根據熱力學第一定律，體系內能的變化 ΔU 可表示為

$$\Delta U = Q - W \tag{2-7}$$

方程式（2-7）是熱力學第一定律的數學運算式，是能量相互變換所遵循的共同規律。化工原理中描述機械能守恆的伯努利方程式，就是方程式（2-7）的一個特例。

內能是體系的固有特性，是由體系所處狀態決定的，所以是狀態函數。但熱和功是體系發生變化時所傳遞的能量，不是體系本身所固有的量。當體系由狀態 1 變至狀態 2 時，體系內能的變化量與變化的途徑無關，是唯一確定的值，但過程所傳遞的熱和功卻可能因變化方式的不同而有很大的差別。儘管如此，所傳遞的熱和功的代數和卻與體系內能的變化相等，即在一般條件下方程式（2-2）對所有途徑的變化都適用。

不過嚴格說來，能量也不是絕對「守恆」的，它遵照質能均衡方程式可與質量發生相互轉化。但由於質能均衡方程式的常數 c 具有極大的值，故在非發生核反應的情況下，質能之間的變化是難以覺察得到的。所以，通常情況下認為質量是守恆的，能量也是守恆的。

既然能量是守恆的，那麼便永遠也造不出一種不消耗任何能源卻能源源不斷地做出功來的機器（第一類永動機）。否則，在 $\Delta U = 0$ 和 $Q = 0$ 的情況下，做出功 $W \neq 0$，是與方程式（2-7）矛盾的，這是不可能的。

2.1.1.4 理想過程

從功的運算方程式（2-1）可知，功等於力與在力的方向上的位移的乘積。這裡的力是指過程的推動力。因為是克服外力所做的功，因而在數值上，方程式（2-1）中的力應取過程的阻力（即外力）。不論推動力如何大，如果外力為零，其所做的功也為零。例如氣體自容器中向真空膨脹（自由膨脹），因為沒

有阻力，所以氣體並不做功，與容器中的壓力高低無關。在相同位移的情況下，外力增大，所做的功也增大。當外力大到僅與推動力相差無窮小時，推動力克服外力所做的功達到最大。注意當外力大到等於推動力時，過程便不會發生，所做的功等於零。因為推動力僅大於外力但無限趨近於外力，所以完成指定的過程（位移）所需的時間也無限長，此時把這種過程稱為理想過程。理想過程是一種假想的過程，實際上是不存在的，但這種假想的過程可以為研究提供準繩，這就是理想過程做最大功。非理想過程的功只可能無限接近但不可能達到理想過程所做的功。

對於一個理想過程，假如當外力比推動力大一個無窮小量，體系便能通過反向理想過程而回到原態，並且不留下任何痕跡的話，那麼，這種理想過程便是可逆過程。顯然，可逆過程將做最大功或消耗最小功，而且兩者數值相等，符號相反。需注意的是，可逆過程也是一種假想的過程，實際上是不存在的。可逆過程有兩個特點，一是過程的推動力與阻力無限趨近，二是體系內部沒有摩擦阻力。

2.1.1.5 焓

定義焓 H 為內能加上體積與壓力的乘積之和

$$H = U + pV \tag{2-8}$$

方程式（2-8）的右邊兩項都具有能的量綱，所以焓也具有能的量綱。由於內能的絕對值無法知道，故焓的絕對值也無法知道。但這並不影響對能的變換問題的研究，因為只要知道其相對變化量就夠了。

$$\Delta H = \Delta U + \Delta (pV) \tag{2-9}$$

如果體系在某一熱力學過程中只做體積功（由體積變化所做的功）而不做其他功，則方程式（2-7）可寫為

$$Q = \Delta U + \Delta (pV) = \Delta H \tag{2-10}$$

式中，$\Delta (pV)$ 可寫成

$$\Delta (pV) = p\,\Delta V + V\,\Delta p$$

在等壓條件下，$\Delta p = 0$，所以方程式（2-10）可寫為

$$Q_p = \Delta U + p\,\Delta V = \Delta H \tag{2-11}$$

即在不做其他功的條件下，過程的等壓熱與焓變相等。由於 Q_p 容易測定，因此往往用其來考察過程焓變，尤其是在開放的大氣環境下進行的過程。

對於穩定流動體系，通常可以忽略其動能和勢能的變化，此時能量守恆關係用焓變來表示時，則具有簡單且與方程式（2-7）相類似的形式：

$$\Delta H = Q - W_s \tag{2-12}$$

方程式（2-12）中，W_s 表示軸功，是流體流動時利用旋轉軸對外所做的機械功。穩定流動時，體系內的流體接受來自後面流體的 p_1V_1 的機械功，同時以 p_2V_2 的機械功推動前面的流體流動，故總功為

$$W = p_2V_2 - p_1V_1 + W_s = \Delta (pV) + W_s$$

設該過程中體系吸收了 Q 的熱。以此代入方程式（2-7）得

$$\Delta U = Q - W = Q - \Delta (pV) - W_s$$

在過程轉化的能量計算中，焓是一個十分重要的概念，常用焓來表示體系所具有的總能。對於包含有化學反應等複雜過程，引入焓的概念後，因為化學反應熱及體積功部分的能量都包括在焓中，故進行焓衡算時，可以明確能量平

衡關係，典型的應用是將不同溫度和壓力下的蒸汽列成焓值表，直接比較其總能量變化情況。

2.1.2 能量轉化的限度

熱力學第一定律對各種能態都適用，即如果能量在各能態間發生轉化，則變換量是相等的。但是，對於該變換是否能夠發生或進行到何種程度等問題，則無法給出解答，例如將熱能轉化成機械能時，理論上，即使熱機將所獲得的熱全部變為機械功，也不違背熱力學第一定律。然而實驗證明，熱機是不可能將獲得的熱全部變為機械功的，例如 1769 年瓦特申請專利的蒸汽機，其獲得的機械能占燃料燃燒所釋放出來的熱的百分比僅為 5% ～ 7%，這就是說，此時蒸汽機將提供的 93% ～ 95% 的熱浪費掉了。

2.1.2.1 卡諾定理

在 1824 年發表的題為《熱動力及熱機之考察》的論文中，卡諾對改進過程以提高過程的熱效率、熱機最大生產力的界限、這種界限由何種因素所決定等問題進行了精闢的分析，並證明熱轉化為功的最大效率僅由高溫熱源與低溫熱源的溫度所決定，而與工質無關。工作在兩個不同溫度的熱源之間的任何熱機，其熱功轉換效率不可能大於卡諾熱機的效率，這就是著名的卡諾定理。

卡諾熱機是無摩擦的假想熱機，它由等溫可逆膨脹、絕熱可逆膨脹、等溫可逆壓縮和絕熱可逆壓縮等四個可逆過程構成一個工作迴圈。根據可逆過程做最大功和消耗最小功的原理，顯然卡諾熱機比相同條件下的實際熱機的效率大。用熱力學第一定律對上述四個可逆過程進行逐一計算並求代數和，通過化簡，可得到卡諾熱機的效率 η_c 為

$$\eta_{\mathrm{c}} = 1 - \frac{T_{\mathrm{i}}}{T_{\mathrm{h}}} \tag{2-13}$$

方程式（2-13）中，T_i、T_h 分別表示與卡諾熱機接觸的低溫熱源和高溫熱源的熱力學溫度。由方程式（2-13）可知，至少在熱能轉化為機械能時，其轉化率

受到了理論限制。除非 T_i 為零，即熱機的低溫端是絕對零度（0°K），否則其轉化率總是小於 100%。差額部分是熱機向低溫熱源排放的熱，總能量仍然守恆。

2.1.2.2　熱力學第二定律

熱力學第二定律有許多種等效的表述形式，例如，開爾文的說法是「不可能從單一熱源取出熱使之完全變為功，而不產生其他變化」。這是顯然的，當方程式（2-13）中的 $T_i = T_h$（即單一熱源）時，$\eta_c = 0$，即熱功轉換效率為零，熱不可能變為功。不然的話，就可設計出一台熱機，從海洋或大氣這樣的單一熱源中取出熱來做功。人類所處的環境是個巨大的儲熱器，所以，這樣的熱機對人類來說也是「永動」的。然而這種永動機並不違背熱力學第一定律，所以把這種永動機叫「第二類永動機」。既然熱力學第二定律指出，從單一熱源循環地取出熱變為功而不產生其他變化是不可能的，那麼第二類永動機也是不可能的。

克勞修斯關於熱力學第二定律的說法是「不可能使熱從低溫物體傳到高溫物體而不引起其他變化」。如果此種說法不對的話，就可以利用一台實際的熱機將高溫物體的熱變為功。而高溫熱源被用去的熱則由低溫熱源償還，所以，高溫熱源只是一個「中轉站」，實際上還是從單一的低溫熱源取出熱來做功而沒有其他變化。但這受到了開爾文說法的否定。反過來也如此。可見開爾文的說法和克勞修斯的說法，其實質是一樣的。

熱力學第一定律和熱力學第二定律都是人類長期經驗的總結，目前還不能由更一般的公理推導出來。換句話說，它不是公理化的，它的正確性也不可能從理論上加以證明。但是反過來，同樣無法從理論上證明它的不正確性，倒是由熱力學的兩個定律導出的所有結論無不與事實相符，這就更使人們對熱力學定律的正確性堅信不移。事實上，熱力學定律不問物質的基本屬性，其結論是普遍適用的。目前熱力學定律已經滲透到幾乎所有學科中，並把科學的分支聯繫了起來。

2.1.2.3 熵

在可逆過程中，體系做最大功或外界消耗最小功，且兩者數值相等。根據這一性質，可逆功在數值上是與體系的狀態變化唯一對應的。由方程式（2-7）可知，可逆熱 Q_R 也與體系的狀態變化唯一對應。儘管熱本身並不是狀態量，但由 Q_R 與熱力學溫度 T 之商定義的量（用 S 來表示），其變化量也僅由狀態的變化所唯一確定，即 S 具有狀態函數的性質，這種狀態函數叫熵。其定義式為

$$\mathrm{d}S = \frac{\delta Q_{\mathrm{R}}}{T} \tag{2-14}$$

既然 S 是體系的狀態函數，體系循環一周回到原態後，其變化量應為零，故由方程式（2-14）有

$$\oint \mathrm{d}S = \oint \left(\frac{\delta Q_{\mathrm{R}}}{T} \right) = 0 \tag{2-15}$$

即可逆循環的總熱溫商為零。對於任意循環，熱機的效率 η 為

$$\eta = \frac{W}{Q_{\mathrm{h}}} = \frac{Q_{\mathrm{h}} + Q_{\mathrm{l}}}{Q_{\mathrm{h}}} \tag{2-16}$$

方程式（2-16）中，Q_h 是熱機向高溫熱源所吸收的熱；Q_l 是熱機向低溫熱源所排出的熱（本身為負值），二者之代數和是熱機做出的功。根據卡諾定理，任意熱機的效率 η 不可能大於方程式（2-13）表示的卡諾熱機（可逆熱機）的效率，即

$$\eta = \frac{Q_{\mathrm{h}} + Q_{\mathrm{l}}}{Q_{\mathrm{h}}} \leq \eta_c = 1 - \frac{T_{\mathrm{i}}}{T_{\mathrm{h}}} \tag{2-17}$$

用數字 1、2 分別代替上式中的下標 l（或 i）、h 並進行重排，得

$$\frac{Q_1}{T_1} + \frac{Q_2}{T_2} \leq 0 \tag{2-18}$$

任何一個循環可由無數無限小的循環所組成，故方程式（2-18）的一般形式為

$$\Sigma\left(\frac{\delta Q_i}{T_i}\right) \leq 0 \tag{2-19}$$

式中，等號對應於可逆循環，不等號對應於不可逆循環。即可逆循環的熱溫商之和為零，不可逆循環的熱溫商之和小於零。

如果一個循環由狀態 A →狀態 B 的可逆過程和由狀態 B →狀態 A 的一般過程（可逆或不可逆）組成，根據方程式（2-19），其熱溫商為

$$\left(\sum_i \frac{\delta Q_{\mathrm{R}}}{T}\right)_{\mathrm{A}\to\mathrm{B}} + \left(\sum_i \frac{\delta Q}{T}\right)_{\mathrm{B}\to\mathrm{A}} \tag{2-20}$$

根據方程式（2-14）熵的定義

$$\left(\sum_i \frac{\delta Q_{\mathrm{R}}}{T}\right)_{\mathrm{A}\to\mathrm{B}} = \int_A^B \mathrm{d}S = \Delta S_{\mathrm{A}\to\mathrm{B}} = -\Delta S_{\mathrm{B}\to\mathrm{A}} \tag{2-21}$$

代入上式，得

$$-\Delta S_{\mathrm{B}\to\mathrm{A}} + \left(\sum_i \frac{\delta Q}{T}\right)_{\mathrm{B}\to\mathrm{A}} \leq 0 \tag{2-22}$$

省去下標 B → A，並寫成微分的形式，有

$$\mathrm{d}S \geq \frac{\delta Q}{T} \tag{2-23}$$

方程式（2-23）可以看成是熱力學第二定律的數學表達形式。上式證明，對於可逆過程，其熵變等於過程的熱溫商；對於不可逆過程，其熵變大於過程的熱溫商。對於隔離體系，因方程式（2-23）中的 $Q = 0$，故

$$\mathrm{d}S \geq 0 \tag{2-24}$$

即隔離體系的熵變不小於零，或者說其總熵永不減少，這實際上也是熱力學第二定律的一種表達形式。由於實際過程是在有限的區域內進行的，因此可以把體系和與之直接相關的環境一併看作為一個隔離體系。於是可以更簡潔地說，可逆過程中總熵不變，不可逆過程中總熵增加。

式（2-24）也叫熵判據公式。對於隔離體系，如果 $\mathrm{d}S = 0$，表示體系已處於平衡狀態，總熵已達到最大，不可能再有自發的變化發生。如果 $\mathrm{d}S > 0$，則表明體系尚有進行某種變化而使總熵增大的趨勢，變化是向熵增大的方向進行的。

2.1.3 能量轉化的推動力

能態的變換和能量的變化是與物質運動的變化同時發生的。任何變化都必須有推動力才能發生。自發變化存在一個「自發」的推動力。如果施加一個足以克服自發推動力的反向推動力，變化便能朝反方向進行。眾所周知，壓力差是傳遞體積功的推動力，溫度差是熱傳遞的推動力，但要統一論述廣義的推動力，還必須在熱力學原理基礎上作進一步的討論。

2.1.3.1 吉布斯自由能

如果將方程式（2-7）寫成微分的形式$\mathrm{d}U = \delta Q - \delta W$，並代入方程式（2-23），便得到熱力學第一定律和第二定律的聯合運算式

$$\mathrm{d}S \geq \frac{\mathrm{d}U + \delta W}{T} \tag{2-25}$$

式中，δW 為體系所做的功，它是體積功和非體積功 $\delta W'$ 之和。如果過程是可逆的，則體積功可用 $p\mathrm{d}V$ 表示。於是，由方程式（2-25）取等號得

$$\delta W' = -\mathrm{d}U + T\mathrm{d}S - p\mathrm{d}V \tag{2-26}$$

對於等溫等壓過程，方程式（2-26）可寫為

$$\delta W' = -\mathrm{d}(U + pV - TS)_{T,\,p} \tag{2-27}$$

由此顯示，在等溫等壓的條件下，體系所做的最大非體積功等於上式右邊括弧內所示的體系狀態函數組合的減少。美國化學家吉布斯（Gibbs）以 Z 來表示這個狀態函數組合，叫自由能函數。為了紀念吉布斯在化學熱力學和統計力學方面的卓越成就，現在大多用他的名字的第一個字母 G 來表示這個函數並稱之為吉布斯自由能，或簡稱自由能。

$$G = U + pV - TS = H - TS \tag{2-28}$$

式（2-27）又可寫成

$$\delta W' = -\mathrm{d}G_{T,\,p} \tag{2-29}$$

對於一般過程，結合式（2-25），有

$$\delta W' \le -\mathrm{d}G_{T,\,p} \tag{2-30}$$

即體系所能做的最大非體積功，等於體系在等溫等壓下吉布斯自由能之減少。吉布斯之所以稱 G 為自由能函數，是因為等溫等壓下 G 的減少雖由狀態變化所決定，但用不用或用多少來做非體積功卻可以自由選擇。

如果不用來做非體積功，則全部轉化為熱時，由於 $\delta W' = 0$，方程式(2-30）變為

$$\mathrm{d}G_{T,\,p}' \le 0 \tag{2-31}$$

該式可以作為等溫等壓下變化方向的判據，等號和不等號分別對應於可逆過程和不可逆過程。即當 $\mathrm{d}G_{T,\,p} = 0$ 時，體系處於平衡狀態；如果 $\mathrm{d}G_{T,\,p} < 0$，則體系有不可逆過程存在，亦即存在自發變化的推動力。對於等溫過程，由方程式（2-28）有

$$\Delta G = \Delta H - T\Delta S \tag{2-32}$$

如果同時又是等壓過程，則由方程式（2-32）可知，體系的總能變化ΔH之中只有$\Delta G_{T,p}$部分可用來做非體積功，$T\Delta S$部分不能用來做功，叫束縛能。

2.1.3.2　熱力學基本關係式和麥克斯韋關係式

對於等溫和等容過程，方程式（2-26）可寫成

$$\delta W'_R = -\mathrm{d}(U - TS)_{T,V} \tag{2-33}$$

亥姆霍茲用另一個熱力學函數F來表示等式右邊的熱力學函數組合

$$F = U - TS \tag{2-34}$$

故在等溫、等容條件下，有

$$\delta W'_R = -\mathrm{d}F_{T,V} \tag{2-35}$$

對於只做體積功而不做其他功的可逆過程，方程式（2-7）可寫為

$$\mathrm{d}U = \delta Q - \delta W = T\mathrm{d}S - p\mathrm{d}V \tag{2-36}$$

以此代入式（2-8）、方程式（2-28）、方程式（2-34），分別得

$$\mathrm{d}H = \mathrm{d}(U + pV) = T\mathrm{d}S + V\mathrm{d}p \tag{2-37}$$

$$\mathrm{d}G = \mathrm{d}(H - TS) = -S\mathrm{d}T + V\mathrm{d}p \tag{2-38}$$

$$\mathrm{d}F = \mathrm{d}(U - TS) = -S\mathrm{d}T - p\mathrm{d}V \tag{2-39}$$

方程式（2-36）～式（2-39）稱為熱力學基本關係式。再利用全微分性質，即若z為體系的任一性質，是兩個變數x，y的函數，當它的變化與過程無關

時，則對於

$$z = f(x, y)$$

有關係式

$$\frac{\partial^v z}{\partial y \partial x} = \frac{\partial^2 z}{\partial x \partial y}$$

以此應用到上述熱力學基本關係式中

$$\left(\frac{\partial T}{\partial V}\right)_S = -\left(\frac{\partial p}{\partial S}\right)_V \tag{2-40}$$

$$\left(\frac{\partial T}{\partial p}\right)_S = -\left(\frac{\partial V}{\partial S}\right)_p \tag{2-41}$$

$$\left(\frac{\partial S}{\partial p}\right)_T = -\left(\frac{\partial V}{\partial T}\right)_p \tag{2-42}$$

$$\left(\frac{\partial S}{\partial V}\right)_T = -\left(\frac{\partial p}{\partial T}\right)_V \tag{2-43}$$

式（2-37）～式（2-40）稱為麥克斯韋關係式，是表明簡單體系處於平衡時，幾個熱力學函數之間關係的式子。

2.1.3.3　熱力學勢

與式（2-31）相對應，如果對式（2-36）、式（2-37）和式（2-39）進行相應條件的限制，則分別得

$$\mathrm{d}U_{S,V} \leq 0 \tag{2-44}$$

$$\mathrm{d}H_{S,\mathrm{p}} \leq 0 \tag{2-45}$$

$$\mathrm{d}F_{T,V} \leq 0 \tag{2-46}$$

同樣，以上三式中等號對應於可逆過程，不等號對應於不可逆過程。這些熱力學函數的減少便是相應限制條件下狀態變化的推動力。

將上述幾個公式寫成普遍的積分形式為

$$(\Delta J)_{A,\ B} \leq 0 \tag{2-47}$$

方程式中，J 表示熱力學勢，是方程式（2-31）、（2-44）～（2-46）中的任意一個熱力學函數，下標 A、B 為相應的限制條件，$(\Delta J)_{A,\ B}$ 為相應限制條件下的熱力學勢差。方程式（2-47）表示在不做非體積功的情況下，相應限制條件下的熱力學勢最小時，體系處於平衡狀態，不存在繼續變化的推動力。否則，當某兩種狀態變化之間有熱力學勢差存在（即ΔJ 有可能減小）時，便存在變化的推動力。

2.1.3.4　化學勢（Chemical Potential）

熱力學勢 J 是包含了基於溫度差和壓力差的物理變化的推動力，以及使物質發生相變化和化學變化推動力的總推動力。溫度差和壓力差為零時的熱力學勢差叫化學勢差。

如果體系中不只含有一種物質而含有 i 種物質時，體系的熱力學性質除了任意兩個熱力學參數之外，還與這 i 種物質的量（摩爾數 n）有關。例如，體系的吉布斯自由能可寫成

$$G = f(T, p, n_1, n_2, \cdots) \tag{2-48}$$

其偏微分形式為

$$\begin{aligned}\mathrm{d}G &= \left(\frac{\partial G}{\partial T}\right)_{p,\ \Sigma n_i}\mathrm{d}T + \left(\frac{\partial G}{\partial p}\right)_{T,\ \Sigma n_i}\mathrm{d}p + \left(\frac{\partial G}{\partial n_1}\right)_{T, p, n_2, \cdots, n_1}\mathrm{d}n_1 + \left(\frac{\partial G}{\partial n_2}\right)_{T, p, n_1, \cdots, n_i}\mathrm{d}n_2 + \cdots \\ &= \left(\frac{\partial G}{\partial T}\right)_{p,\ \Sigma n_i}\mathrm{d}T + \left(\frac{\partial G}{\partial p}\right)_{T,\ \Sigma n_i}\mathrm{d}p + \sum_i \left(\frac{\partial G}{\partial n_1}\right)_{T, p,\ \Sigma n_i}\mathrm{d}n_i\end{aligned}$$

令
$$\mu_i = \left(\frac{\partial G}{\partial n_1}\right)_{T,p,\Sigma n_i} \tag{2-49}$$

式中，μ_i 便是 i 物質的化學勢。其意義為在 T，p 一定以及其他物質恆定不變的條件下，i 物質發生 dn_i 的變化所引起的吉布斯自由能的變化除以 dn_i 之商，或者是在相同條件下，i 物質可逆地發生 1mol 的變化所引起的吉布斯自由能的變化值。

在 T，p 一定的條件下，化學勢是物質發生相變化和化學變化的推動力，其變化朝化學勢減小的方向進行，直至反應物和生成物的化學勢相等，反應不再進行而達到平衡為止。

由方程式（2-38）得

$$\left(\frac{\partial G}{\partial T}\right)_{p,\Sigma n_i} = -S, \left(\frac{\partial G}{\partial p}\right)_{T,\Sigma n_i} = \mathrm{V}$$

故
$$\mathrm{dG = -SdT + Vdp} + \mu_i \mathrm{dn}_i \tag{2-50}$$

根據類似的推導可以得出

$$\mu_i = \left(\frac{\partial G}{\partial n_i}\right)_{T,p,\Sigma n_i} = \left(\frac{\partial U}{\partial n_i}\right)_{S,V,\Sigma n_i} = \left(\frac{\partial H}{\partial n_i}\right)_{S,p,\Sigma n_i} = \left(\frac{\partial F}{\partial n_i}\right)_{T,V,\Sigma n_i} \tag{2-51}$$

式中的其餘三個偏微分都與式（2-49）所定義的偏微分相等，所以它們也叫化學勢，是廣義的化學勢，但它們不常用。只有式（2-49）所表示的化學勢用得最多，這是因為其限制條件為恆溫恆壓，這與常常是在等壓等溫條件下進行的實際生產、實驗室研究，以及自然界所發生的物理或化學過程相近，而且壓力與溫度的測定、顯示和調節都比較方便。

2.2 化學能

化學能的儲存密度（即單位質量的能量）是除核能以外最大的（見表 2-1）。而且現在的科學技術已能使化學能與其他能態（除核能外）完成相互變換，所以，化學能在目前人類的生產和日常生活中占有特殊重要的地位。

表 2-1　儲能密度（以相同質量計）的大致比較

能量儲存或釋放的形式	以石油為 1 的倍率（概算）	能量儲存或釋放的形式	以石油為 1 的倍率（概算）
核聚變	6×10^{6} 倍	電池（氟化鋰電池）	5×10^{-1} 倍
核裂變	2×10^{6} 倍	顯熱＋潛熱（650°C 熔融 Al_2O_3）	3×10^{-2} 倍
電離（鈹，100%）	2×10^{1} 倍	壓縮空氣（1.4×10^{9} Pa）	1×10^{-2} 倍
離解（氫）	5 倍	剛體的轉動（10^{4} r/min）	1×10^{-2} 倍
化學反應（氫燃燒）	3 倍	重力（標高 100 m 的水）	2×10^{-5} 倍

2.2.1 化學能的本質

2.2.1.1 化學鍵能

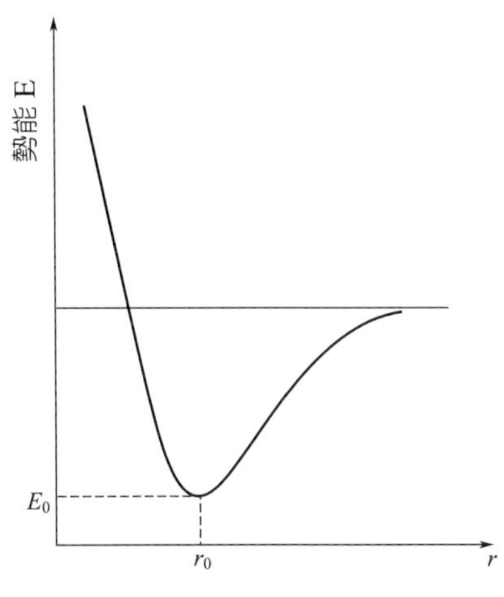

圖 2-1　兩原子間的總勢能 E 與原子間距 r 的關係

化學能的本質是原子核與電子之間的靜電引力所體現的能。當兩個獨立的原子結合在一起形成穩定的雙原子分子時，分子所具有的能量比兩個獨立的原子所具有的能量之和少，即成鍵時放出一部分能。相反地，要使該雙原子分子之間的化學鍵斷裂，使兩個原子重新成為彼此獨立的原子，則必須提供恰等於成鍵時所放出的能量，這部分能量等於化學鍵能。

當形成化學鍵的兩個原子間的距離增大時，原子之間的引力（μ）產生主要作用，使之彼此不會分開。但當兩原子靠近時，原子間的斥力（λ）大於引力。用 r 表示兩原子間的距離，則引力能為

$$E_a = -\frac{\mu}{r^m} \tag{2-52}$$

斥力能為

$$E_r = \frac{\lambda}{r^n} \tag{2-53}$$

兩者之和為兩原子間的總勢能 E

$$E = E_a + E_r = -\frac{\mu}{r^m} + \frac{\lambda}{r^n} \quad (n > m) \tag{2-54}$$

因為 n 大於 m，故當 r 變小時，斥力能急劇增加，使兩原子不得靠近。圖 2-1 中，r_0 是兩原子間的實際距離，E_0 是實際的原子鍵能。

原子間的引力大致可分以下幾種類型：離子間的靜電引力（如氯化鈉結晶）；共價鍵力（如金剛石）；金屬鍵力（如各種金屬）；氫鍵力（如冰）。

表 2-2 列出了幾種化學鍵的典型例子及鍵能的大小。

表 2-2　幾種化學鍵及代表性物質的鍵能

鍵的類別	典型物質	鍵能／（kJ/mol）
離子鍵	氯化鈉晶體	766
共價鍵	金剛石	712
金屬鍵	金屬銅	338

2.2.1.2　鍵能的測定

物質的鍵能難以直接測定，但可以設計一個迴圈，通過分步測定能量的變化，再總和起來求出分子的鍵能。例如，測定氯化鈉的鍵能 ϕ 時，無法利用下

式直接測得

$$\mathrm{Na(g)} + \mathrm{Cl(g)} \rightarrow \mathrm{NaCl(s)} + \phi \qquad (2\text{-}55)$$

但可以藉由對化學反應

$$\mathrm{Na(g)} + \frac{1}{2}\mathrm{Cl_2(g)} \rightarrow \mathrm{NaCl(s)} + \mathrm{Q} \qquad (2\text{-}56)$$

的生成熱 Q 的測定，再將方程式（2-55）的反應設計成以下 ① ～ ⑤ 的途徑，以構成一個循環：

① $\mathrm{Na(s)} + S$（昇華能）$\rightarrow \mathrm{Na(g)}$
② $\mathrm{Na(s)} + I$（離子化能）$\rightarrow \mathrm{Na^+(g)} + \mathrm{e^-}$
③ $\frac{1}{2}\mathrm{Cl_2(g)} + \frac{1}{2}D$（離解能）$\rightarrow \mathrm{Cl(g)}$
④ $\mathrm{Cl(g)} + \mathrm{e^-} \rightarrow \mathrm{Cl^-(g)} + x$（電子親和能）
⑤ $\mathrm{Na^+(g)} + \mathrm{Cl^-(g)} \rightarrow \mathrm{NaCl(s)} + \phi$（鍵能）

將以上五步相加，得

$$\mathrm{Na(s)} + \frac{1}{2}\mathrm{Cl_2(g)} + S + I + \frac{1}{2}D = \mathrm{NaCl(s)} + x + \phi \qquad (2\text{-}57)$$

再將方程式（2-57）減方程式（2-56），得

$$\phi = Q - x + S + I + \frac{1}{2}D \qquad (2\text{-}58)$$

式中，右邊各項的實驗值分別為 $Q = 4.3$ eV，$x = 3.8$ eV，$S = 1.1$ eV，$I = 5.1$ eV，$D = 2.4$ eV，故可求出 ϕ 為 7.9 eV。

2.2.1.3 化學反應的類型

化學能雖然來自化學鍵能，但並不能直接利用式（2-55）的反應計算化學

能。化學能是化學反應的焓變 ΔH，即反應生成物與反應產物的焓差。根據式（2-32），化學能 ΔH 之中，只有 ΔG 部分可用來做功，$T\Delta S$ 是不能做功的。但是，用化學能來做功時，隨著化學反應的焓變和熵變值的符號不同，情形有所不同。在相同壓力和沒有相變化的情況下，ΔH 和 ΔS 的值與符號主要由化學反應的本性所決定，而隨溫度的變化甚小，可以大致看成常數。於是由方程式（2-32）可知，ΔG 與 T 是直線關係，直線的斜率為 $-\Delta S$。ΔH、ΔG 及 ΔS 都隨壓力（特別對於氣體）和濃度（對於液、固凝聚體）而變。為了比較的方便，把壓力為 1.013×10^6 Pa、有效濃度（活度）為 1 時的 ΔH、ΔG 和 ΔS 分別叫做標準焓變 $\Delta H^\ominus$、標準吉布斯自由能變化 $\Delta G^\ominus$ 和標準熵變 $\Delta S^\ominus$。

在此基礎上，可以把 $\Delta H^\ominus$ 和 $\Delta S^\ominus$ 看成某一化學反應固有的特性，進而可把作為變換化學能的方法的化學反應分為以下四類：

(1) A 型：$\Delta H^\ominus > 0, \Delta S^\ominus > 0$

(2) B 型：$\Delta H^\ominus > 0, \Delta S^\ominus < 0$

(3) C 型：$\Delta H^\ominus < 0, \Delta S^\ominus > 0$

(4) D 型：$\Delta H^\ominus < 0, \Delta S^\ominus < 0$

這四類化學反應的能量變化關係如圖 2-2 所示。從圖中可以看出，B 型和 C 型反應的 $\Delta G^\ominus$ 在 $T > 298$K 的任意溫度範圍內都不變號，但 A 型和 D 型反應在 $T > 298$K 的某溫度 $T^\ominus$ 處的 $\Delta G^\ominus = 0$，$T^\ominus$ 是 $\Delta G^\ominus$ 改變符號的轉捩點。

對於 A 型反應，由於 $\Delta H^\ominus > 0$，所以必須由外界提供能量才能發生反應。也就是說，這是一種儲能型化學反應。當 $T < T^\ominus$ 時，在儲存 $\Delta H^\ominus$ 的化學能中，相當於圖 2-2A 型中的（x-y）和（y-z）的部分分別是以有用功和熱的形式供給的能，稱這種情況為 A-1 型；當 $T > T^\ominus$ 時，由外界以熱的形式供給的能相當於圖中的（z'-y'），其中一部分（z'-x'）以焓的形式儲存在反應產物中，（x'-y'）部分以功的形式輸出。這是 A-2 型反應。

B 型反應也是儲能型反應，但提供的總功中只有一部分以化學能的形式儲存起來，而相當於圖 2-2B 型中的（z-y）部分，則以熱的形式逸散到環境中去了。

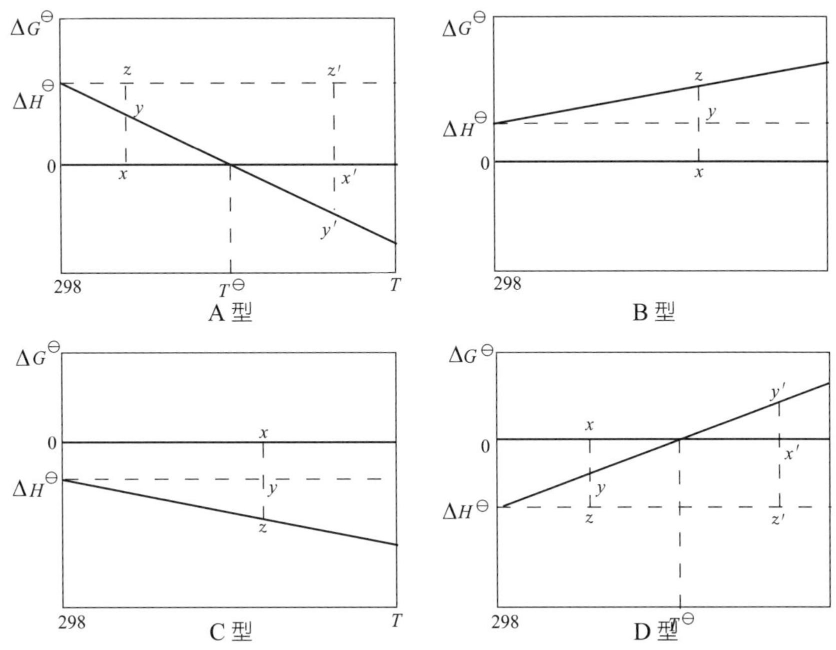

☼ **圖 2-2　化學能變換的四類反應中 $\Delta G^{\ominus}$ 與 T 的關係**

C 型反應和 D 型反應分別為 B 型反應和 A 型反應的逆反應。

因此，從能態變換的角度看，化學能變換可分為六種形式，如圖 2-3 所示。

以上分類對於利用化學反應進行能的變換提供了一些依據。例如，在燃燒反應中，以氫、一氧化碳、甲烷為燃料的反應為 D 型反應，而以碳、甲醇、乙烷等為燃料的反應為 C 型反應。如果將 C 型反應構成燃料電池，不但可以將燃料的化學能〔如圖 2-2C 型中的（x-y）部分〕變換成電能，而且能將外部提供的熱〔圖 2-2C 型中的（y-z）部分〕變換成電能，或者說將轉化為非補償熱的化學能以補償熱的形式回收而變為電能。

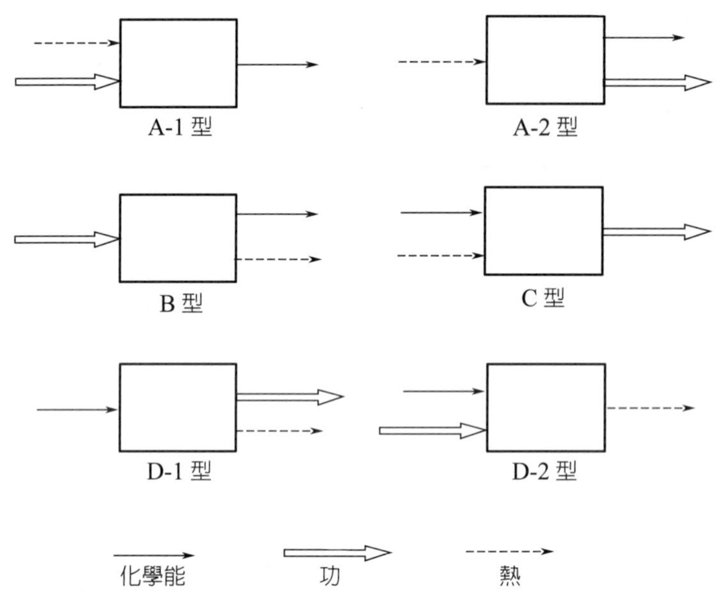

☼ 圖 2-3　化學能變換的六種形式

2.2.2　化學能的釋放

2.2.2.1　化學反應熱效應

當體系發生化學變化而不做非體積功時，若使反應產物與反應物的溫度相同，此時體系所放出或吸收的熱量叫化學反應的熱效應，用 Q 表示。

在等壓條件下，由方程式（2-11）得知，熱效應 Q_p 等於體系的焓變 ΔH。在不做非體積功的情況下，如果化學反應在等容條件下進行，則 $\Delta V = 0$，由方程式（2-7）得

$$\Delta U = Q_V - p\Delta V = Q_V \tag{2-59}$$

這時的化學反應熱效應等於體系內能的變化。等壓反應熱與等容反應熱之差為

$$Q_p - Q_V = \Delta U + p\Delta V - \Delta U = p\Delta V \qquad (2\text{-}60)$$

化學反應熱與溫度、壓力及物相有關。因此，當提到化學反應熱時，必須指明反應的溫度和壓力，以及反應物和產物的物相（當溫度和壓力沒有標注時，則表示溫度為 298 K，壓力為 10^6 Pa）。例如，碳與氧在 25℃ 及 10^6 Pa 下燃燒生成二氧化碳的反應

$$C(g) + O_2 \rightarrow CO_2, \Delta H = -410.7 \text{ kJ} \qquad (2\text{-}61)$$

其ΔH為負值，表示這是一個放熱反應，在所示條件下能放出410.7 kJ的熱。在該條件下，O_2和CO_2都可看作理想氣體，其莫耳體積相等，碳的莫耳體積與之相比可以忽略，故方程式（2-61）的體積變化 $\Delta V = 0$。再由方程式（2-59）、方程式（2-60）得知，方程式（2-61）所示反應的焓變與內能變化相等。

又如水在 10^6 Pa 和 100℃ 的條件下蒸發

$$H_2O(l, 10^6 \text{ Pa}, 100℃) \rightarrow H_2O(g, 10^6 \text{ Pa}, 100℃)，\Delta H = 40.6 \text{ kJ} \qquad (2\text{-}62)$$

這是一個吸熱反應，吸熱量為 $Q_p = \Delta H = 40.6$ kJ/mol。由於溫度相等，故吸熱為可逆吸熱。根據方程式（2-14），$\Delta Q_R = T\Delta S$，於是得

$$Q_p = \Delta H = Q_R = T\Delta S$$

將其代入方程式（2-32），得 $\Delta G = 0$。這說明可逆相變化的熱效應實際上是束縛能的變化，是不能用來做功的。

2.2.2.2 蓋斯定律

1840 年，蓋斯發表了他的熱效應總值恆定的定律，即蓋斯定律。該定律說明不管化學反應是一次完成還是分成數個步驟完成，其熱效應是相同的，這對處理熱化學問題很有用。例如，方程式（2-61）的碳燃燒反應在 25℃ 時是不

會發生的，但這無關緊要，根據蓋斯定律，可使該反應分三步進行：第一，將反應物由 25℃加熱至燃燒溫度；第二，在燃燒溫度下完成反應；第三，將燃燒產物降溫至 25℃。將這三步的熱效應相加，應與方程式（2-61）一步反應的熱效應相同。當然，上述三步反應也應在相同壓力下進行，才能與方程式（2-61）的條件吻合。

又如，通常很難測定一氧化碳生成反應

$$C(s)+\frac{1}{2}O_2(g)\rightarrow CO(g) \tag{2-63}$$

的熱效應，因為不論控制得如何精密，總難免有方程式（2-61）所示的反應同時發生。但可以通過測定一氧化碳燃燒反應的熱效應

$$CO(g)+\frac{1}{2}O_2(g)\rightarrow CO_2(g),\ \Delta H=-271\ \text{kJ} \tag{2-64}$$

利用蓋斯定律，將方程式（2-61）減方程式（2-64），即得方程式（2-63）。故方程式（2-63）的熱效應為

$$-410.7-(-271)=-139.7\ (\text{kJ})$$

2.2.2.3　生成熱和燃燒熱

焓與內能一樣，其絕對值無法測定，只能測得其變化值。因此，焓的標準可以任意指定，一般指定穩定的單質在 10^6 Pa 和反應溫度下的相對焓值為零。由穩定單質在 10^6 Pa 和反應溫度下反應，生成指定物質時對應的化學反應熱稱為該物質的生成熱 ΔH_f。如果測得了某一化學反應的反應物和反應產物的生成熱，那麼，根據蓋斯定律，該化學反應在 10^6 Pa 和同一溫度下的熱效應可利用計算求得：

$$\Delta H=\Sigma(\Delta H_f)_{產物}-\Sigma(\Delta \mathrm{H}_f)_{反應物} \tag{2-65}$$

這為反應熱計算提供了很大的方便。因為化學物質數目繁多，由其構成的化學反應的數目更多，應用中不可能測定每一個化學反應的熱效應。但只要測得一些相關物質的生成熱，便可利用方程式（2-65）來計算化學反應熱。

另一方面，有機化合物一般都能與氧發生燃燒反應。在 10^6 Pa 和燃燒溫度下，有機化合物完全燃燒所釋放出來的熱叫標準燃燒熱 ΔH_c。同樣，根據蓋斯定律，可以利用標準燃燒熱的資料計算相同溫度和壓力下的化學反應熱：

$$\Delta H = \Sigma(\Delta H_c)_{\text{產物}} - \Sigma(\Delta H_c)_{\text{反應物}} \quad (2\text{-}66)$$

2.2.2.4 化學反應熱與溫度

在定壓條件下，同一化學反應分別在兩個不同溫度 T_1 和 T_2 時的熱效應一般不同。如果已知某化學反應在 T_1 時的反應熱 ΔH_1，可用基爾霍夫方程式求得該反應在相同壓力和溫度為 T_2 時的反應熱 ΔH_2

$$\Delta H_2 = \Delta H_1 + \int_{T_1}^{T_2} \Delta C_p \mathrm{d}T \quad (2\text{-}67)$$

方程式中

$$\Delta C_p = \Sigma C_p（\text{生成物}）- \Sigma C_p（\text{反應物}） \quad (2\text{-}68)$$

2.2.2.5 電化學反應

一般化學反應中，化學能 ΔH 以熱的形式推導出來。其中與非體積功直接對應的 ΔG 也全部變為非補償熱。對於氧化還原反應，例如針對氫的燃燒反應，可以設計成電池的裝置，使氧化與還原過程分別在不同的電極上進行：

$$\text{氫電極} \quad H_2 \rightarrow 2H^+ + 2e^- \quad (2\text{-}69)$$

$$\text{氧電極} \quad \frac{1}{2}O_2 + H_2O + 2e^- \rightarrow 2OH^- \quad (2\text{-}70)$$

$$\text{總反應} \quad H_2 + \frac{1}{2}O_2 \rightarrow H_2O \quad (2\text{-}71)$$

這樣一來，方程式（2-69）放出的電子經由外電路傳給方程式（2-66）的氧電極，使氧還原，電子的定向流動便產生電功：

$$W_e = nFE \tag{2-72}$$

方程式中，E 為電動勢；n 為得失的電子數；F 是法拉第常數（96487 C/mol）。

另一方面，根據方程式（2-26），在等溫等壓條件下，可逆電功等於體系吉布斯自由能的減少量：

$$-\Delta G = W_e = nFE$$

故電動勢為

$$E = -\frac{\Delta G}{nF} \tag{2-73}$$

式中，若 ΔG 為負值，則 E 為正值，表示電化學反應為電池反應，可將化學能變換成電能；若 ΔG 為正值，則 E 為負值，表示電化學反應為電解反應，是電能變換成化學潛能的變換反應。

2.2.3　化學能轉化的限度

方程式（2-61）所示之反應的 $\Delta H = -410.7$ kJ 是指在 298 K 和 10^6 Pa 下完全反應時，1 mol 碳能放出 410.7 kJ 的熱，但實際上化學反應不一定能按方程式所示進行到底。事實上，在高溫條件下，方程式（2-63）的反應總是伴隨著方程式（2-61）的反應發生的；而有的化學反應，其本身便是可逆反應。顯然，當反應達到平衡時，化學能的變換也相應停止。因此，研究化學能變換的限度，必須研究化學反應的限度，而要研究化學反應的限度，則必須研究化學勢及熱力學勢的變化。

2.2.3.1　化學勢對濃度的依賴關係

熱力學參數之間是相互影響的，化學勢同樣如此。在 T，p 及其他物質固定不變的情況下，μ_i 還受成分本身濃度的影響。

以混合理想氣體為例，在這種混合氣體中，i 成分的分壓 p_i 與其物質的量 n_i 之間的關係為

$$p_iV = n_iRT \tag{2-74}$$

式中，V 為混合理想氣體的體積。由方程式（2-49）可知，i 成分的化學位受 i 成分分壓 p_i 的影響為

$$\frac{\partial\mu_i}{\partial p_i}=\frac{\partial(\partial G)}{\partial p(\partial n_i)}=\frac{\partial(\partial G)}{\partial n_i(\partial p_i)}=\frac{\partial V}{\partial n_i} \tag{2-75}$$

式中 $$\left(\frac{\partial G}{\partial p_i}\right)_{T,\ \Sigma n_i}=V$$

對方程式（2-74）求偏微商

$$\frac{\partial V}{\partial n_i}=\frac{RT}{p_i}$$

以此代入方程式（2-75），積分得

$$\mu_i=\mu_i^{\ominus}(T)+RT\ln p_i \tag{2-76}$$

將道爾頓分壓定律 $p_i = px_i$ 代入方程式（2-76），得

$$\mu_i=\mu_i^{\ominus}(T)+RT\ln p+RT\ln x_i=\mu_i^{\ominus}(T,p)+RT\ln x_i \tag{2-77}$$

式中，x_i 為 i 成分氣體在氣相中的莫耳分數。如果與之平衡的溶液是遵守拉烏爾定律 $p_i=p_i^{\ominus}x_i$ 的理想溶液，則根據 $\mu_i(\mathrm{g}) = \mu_i(\mathrm{l})$，可以得到與方程式（2-77）形式完全相同的 $\mu_i(\mathrm{l})$ 的運算式。不過，這時式中的 x_i 是液相中 i 成分的莫耳分數。

方程式（2-77）中 $\mu_i^{\ominus}(T, P)$稱為標準化學勢，即當$x_i = 1$時的x_i的化學勢，它由i的本性及T，p決定。如果式中x_i換成莫耳濃度c，公式的形式不變，即

$$\mu_i = \mu_i^{\ominus}(T, p) + RT\ln c \tag{2-78}$$

只是標準化學勢 $\mu_i^{\ominus}$ (T, P) 是當 $c = 1$ 時 i 的化學勢。

以上是從混合理想氣體和理想溶液導出的公式，用於非理想溶液必然產生偏差。這時，為了能仍然採用如同方程式（2-78）那樣的形式簡單的公式，可用活度 a 來代替濃度 c，並令

$$a = \gamma c \tag{2-79}$$

將理想溶液與實際溶液之間的偏差都歸併入比例係數γ中，γ稱為活性係數。將方程式（2-79）代入式（2-78）中，並將活度係數項的貢獻並入標準化學勢中，於是得到實際溶液 i 的化學勢的運算式

$$\mu_i = \mu_i^{\ominus} + RT\ln a_i \tag{2-80}$$

式中，$\mu_i^{\ominus}$ 為標準化學勢，是當 $a_i = 1$ 時 i 的化學勢，它由 i 的本性和 T，p 所決定。為了簡便起見，這裡省去了 (T, p) 的標記。該式計算出了化學勢對活度（間接地對濃度）的依賴關係。

2.2.3.2　標準吉布斯自由能變化

熱力學定律及由此導出的公式並沒有對物質的性質作任何假定，因而它們是普遍適用的。例如，方程式（2-31）對於等溫等壓下平衡和反應方向的判據，其導出過程並沒有加上變化種類的限制條件，因而既適用於熱量傳遞、質量傳遞和流體的流動等所謂「三傳」過程，也適用於化學反應過程。對於化學能的變換反應，在等溫、等壓和不做非體積功的條件下，體系的吉布斯自由能達到最小時，變換反應不再進行而達到平衡。例如，對於化學反應

$$\Sigma\, v_i A_i = 0 \tag{2-81}$$

根據質量作用定律，當反應達到平衡時，平衡常數可寫成 i 物質（反應物或生成物 A）的活度 a_i 的 v_i 次方（v_i 為反應物或生成物的化學計量係數，反應物取負號，生成物取正號）的連乘

$$K_a = \prod_i a_i^{v_i} \tag{2-82}$$

在等溫等壓的條件下，化學平衡由化學勢所決定。對於方程式（2-81）的反應，其平衡條件為生成物的化學勢與反應物的化學勢的代數和等於零，即

$$\Sigma\, v_i \mu_i = 0 \tag{2-83}$$

將方程式（2-80）代入方程式（2-83），得

$$\Sigma v_i \mu_i^{\ominus} + RT \sum_i v_i \ln a_i = \Sigma v_i \mu_i^{\ominus} + RT \ln \prod_i a_i^{v_i} = 0 \tag{2-84}$$

結合方程式（2-82）、式（2-84），得

$$K_a = \exp\left(-\frac{1}{RT}\sum_i v_i \mu_i^{\ominus}\right) \tag{2-85}$$

另一方面，等溫等壓下的化學反應的吉布斯自由能變化等於反應產物與反應物化學勢之差

$$\Delta G = \sum_i v_i \mu_i = \sum_i v_i \mu_i^{\ominus} + RT \sum_i v_i \ln a_i \tag{2-86}$$

當方程式（2-81）所示反應中所有物質（A_i）的活度都為 1（即 $a_i = 1$）時，則方程式（2-86）中等號右邊第二項為零，故方程式（2-86）變為

$$\Delta G^{\ominus} = \sum_i v_i \mu_i^{\ominus} \tag{2-87}$$

式中，$\Delta G^{\ominus}$ 是當反應物和生成物都處於標準狀態，例如活度為 1（或對於氣

體，其逸度為 1）的狀態時的吉布斯自由能變化。將方程式（2-87）代入方程式（2-85）並變形，得

$$\Delta G^{\ominus} = RT\ln(K_a) \quad (2\text{-}88)$$

這是聯繫熱力學函數和平衡常數的重要公式。$\Delta G^{\ominus}$ 是體系自身的性質，因此，化學反應平衡也由體系的狀態變化所決定。只要知道了 $\Delta G^{\ominus}$，便能求得反應的平衡常數，進而可求出平衡產率和化學能變換的限度。

2.2.3.3　標準生成吉布斯自由能

由於化學反應數目眾多，甚至由幾種常用物質便可構成許多化學反應，如果要測定每一個化學反應的 $\Delta G^{\ominus}$，不但費時費事，有時甚至是不可能的。由於 G 的絕對值無法知道，而需要的又僅僅是其變化值，所以其基準態可以任意指定。例如，指定 25℃ 和 10^6 Pa 時元素的 G 為零，因而在標準狀態下，由元素合成某一化合物時的吉布斯自由能變化，便可當作該化合物的標準生成吉布斯自由能 $\Delta G_i^{\ominus}$。求出一些常見化合物的 $\Delta G_i^{\ominus}$，根據方程式（2-89）

$$\Delta G^{\ominus} = \Sigma G_i^{\ominus}(\text{生成物}) - \Sigma G_i^{\ominus}(\text{反應物}) \quad (2\text{-}89)$$

便可算出由這些常見化合物所構成的任意化學反應的 $\Delta G^{\ominus}$。

2.3 熱能向化學能的轉化

將熱能變換成化學能，主要目的在於能量的儲存和輸送。熱能是分子無規則運動所體現的能的形式，是基於溫度差的能量。因此，無論儲存還是輸送都必須妥善保溫。但不管保溫措施如何完善，總會有因傳熱而導致的損失。不過保溫措施愈完善，造價也愈高，甚至得不償失。所以，熱能不適宜於直接長久儲存和遠距離輸送。如果將熱能變換成物質的化學能，便可以長久地儲存在物

質分子的外層電子中，而且可以遠距離輸送。人類目前所使用的主要能源是石油、煤、天然氣等礦物燃料。它們既可以在一個地方集中放熱（如大型火力發電廠），也可以分散輸送到各地以適應各種規模和目的的用途。但礦物燃料是一種非再生性能源，總有窮盡之日。核聚變反應爐只能固定在一處或幾處，不可能像礦物燃料那樣分散到各地使用者分別使用。當然，藉由發電、輸電、配電的方法，釋放的核能可以分散使用，但電力也是難以儲存的能的形態。即使有隨時能滿足供應的電力，也難以滿足人類生產、生活中的各種能的需要，還必須有「燃料」才行。因此，如果將核反應爐以熱的形式釋放出來的能，變換成以物質化學能的形式儲存起來並輸送到各地去，將是一種重要的方便的能的利用形式。

例如，將高溫氣冷核反應爐（HTGR）所輸出的 1000℃ 左右的熱能利用循環化學的方式分解水制氫，於是，熱能變換成了氫的化學能，可以經過管道或金屬氫化物的形式輸往各地。由於氫是未來代替石油、煤和天然氣的理想「清潔」的二次能源，所以，通過上述變換便能達到能的合理利用的目的。

2.3.1 化學熱管

熱能與化學能之間的相互變換的另一種形式是所謂化學熱管（chemical heat pipe），即利用可逆反應，經過吸熱反應將熱源的熱能變成生成物的化學能，利用管道進行遠距離輸送。到達目的地後，再透過可逆的放熱反應將熱能取出來加以利用。取出熱能後的物質再用管道反輸回去繼續使用。

下面舉出幾個化學熱管的例子。

1. 高溫氣冷堆的熱輸送　這種輸熱方式簡稱 EVA-ADAM 方式，可用化學反應式表示為

$$CH_4 + H_2O(g) \rightleftharpoons CO + 3H_2 - 205.1\ \text{kJ} \qquad (2\text{-}90)$$

用方程式（2-90）的正反應（EVA 反應）吸收高溫氣冷核反應爐 800 ～ 950℃

的熱，發生甲烷的蒸汽催化轉化反應，得到一氧化碳和氫的混合氣體。這種氣體也稱為「合成氣」，是合成氨、合成甲醇、合成汽油以及合成一系列低碳化合物的原料。

合成氣在 500 ～ 600℃ 的溫度下經由甲烷化催化劑的作用，可以發生合成甲烷的反應，即方程式（2-90）的逆反應（ADAM 反應）而放出熱來。EVA-ADAM 化學熱管原理如圖 2-4 所示。

圖 2-4 中，吸熱端的溫度為 800 ～ 950℃，放熱端的溫度為 500 ～ 600℃。這是由於化學反應本身的不可逆損耗所致。式（2-86）顯然是可逆反應，但與化學熱力學上的可逆過程不同，這種可逆化學反應也涉及活化問題，也有基於活化能不等於零的不可逆損耗。只有理想的（而非實際的）可逆反應才可能在同一溫度下使反應既向左也向右同時可逆地進行。

儘管 EVA-ADAM 化學熱管有某種程度的不可逆損耗，但作為遠距離輸送熱能的方式，比起熱能直接以顯熱的形式輸送來，仍然要優越得多。

2. 太陽熱能的儲存和利用　美國關於太陽能利用技術的 SOLCHEM 計畫中提出了利用下列可逆反應的熱管技術。

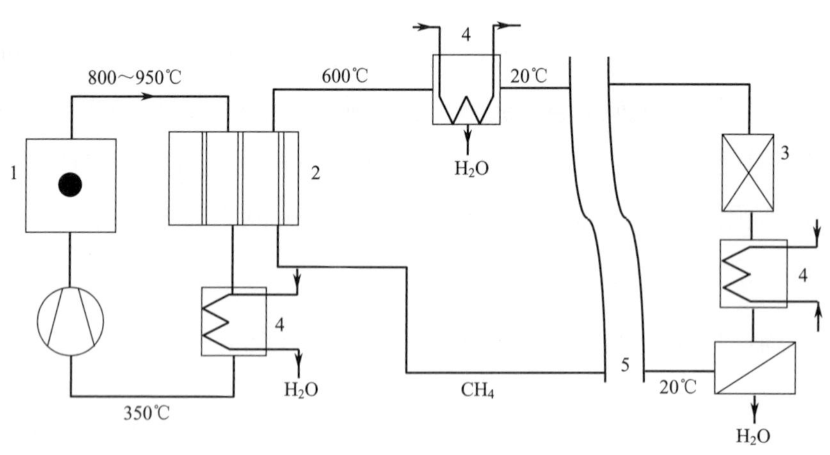

圖 2-4　EVA-ADAM 化學熱管原理

1—高溫氣化爐；2—蒸汽轉化爐；3—甲烷化爐；4—廢熱鍋爐；5—氣體輸送管道

$$SO_3 \rightleftharpoons SO_2 + \frac{1}{2} O_2 - 87.8 \text{ kJ} \qquad (2\text{-}91)$$

即利用 SO_3 在 800 ～ 900℃ 左右吸收大量的熱而分解成 SO_2 和 O_2 的反應儲存和輸送熱能，用管道將分解產物輸送到遠處需要熱能的地方，在 500℃左右和催化劑存在的情況下，再發生 SO_2 的氧化反應而釋放出所儲存的熱能。該化學熱管的逆反應是現代化學工業中燃燒硫鐵礦制硫酸的一個實際工業過程，有現成技術可以利用。

除了以上兩種化學熱管之外，氫也可作為化學熱管的媒體，而且氫化學熱管只需單程輸送，到達目的地並通過燃燒放出化學能之後，反應產物水無須回輸再利用，所以造價更為低廉，使用也更加便利。

幾種化學熱管的示例見表 2-3。

表 2-3　幾種化學熱管的示例

可逆反應	儲熱密度／（kJ/kg）	放熱溫度／℃
$CH_4 + H_2O(g) \rightleftharpoons CO + 3H_2$	6056	約 500
$SO_3 \rightleftharpoons SO_2 + \frac{1}{2} O_2$	1235	約 500
C_6H_{12}（環己烷）$\rightleftharpoons C_6H_6$（苯）$+ 3H_2$	2160	約 250
$Mg_2NiH_4 \rightleftharpoons Mg_2Ni + 2H_2$	1260	約 350
$CaCl_2 \cdot 4NH_3 \rightleftharpoons CaCl_2 \cdot 2NH_3 + 2NH_3$	846	30 ～ 90
$Al_2(SO_4)_3 \cdot 18H_2O(s) \rightleftharpoons Al_2(SO_4)_3 \cdot 18H_2O(l)$	272	93

2.3.2　化學熱泵

上述化學熱管的特點是利用可逆化學反應的吸熱反應從熱源吸取熱量，並將熱量以化學能的形式儲存起來，運到需要熱能的目的地方，再藉由可逆放熱反應，將所儲存的化學能以熱的形式釋放並加以利用。由於過程熵的增加的降低，使得能的品位有所降低。能的品位降低也是能的損耗的一種表現。

利用化學熱泵（chemical heat pump）可使傳遞的一部分熱能的溫度得以提高，因而使能量得到更為合理的利用。例如，如果將低溫熱源用於分離操

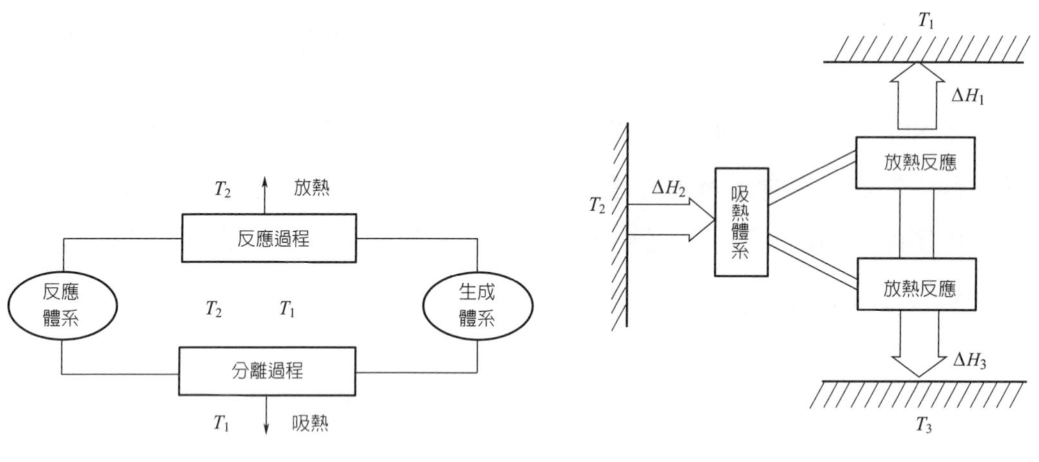

圖 2-5　化學熱泵的模型

圖 2-6　循環化學熱泵的原理

作，以分離代替吸熱的逆反應，正反應為放熱反應，便有可能得到較高溫度的熱。這種化學熱泵的模型見圖 2-5。

例如，用低溫熱源的熱使硝酸減壓蒸餾分離，分離後的硝酸加水時，由於水合熱的作用可以得到比熱源溫度高的溫度。這種方法可將溫度由 28℃ 升至 46℃。這種熱泵的幾個示例見表 2-4。

用循環化學（cycle chemistry）法構成的閉合循環，也有可能向低溫方向吸熱，向高溫方向放熱，即產生化學熱泵的作用。這種循環化學熱泵的原理見圖 2-6。如圖 2-6 所示，透過吸熱反應向溫度為 T_2 的熱源吸收 ΔH_2 的熱；藉由放熱反應，放出溫度為 T_1（$T_1 > T_2$）的熱 ΔH_1 和溫度為 T_3（$T_3 < T_2$）的熱 ΔH_3。

表 2-4　用於化學熱泵的放熱反應示例

生成熱類別	放熱反應	分離法	反應相
稀釋熱	$HNO_3 + aq \rightarrow HNO_3(aq)$	蒸餾	氣－液
反應熱	$CH_3OH + CH_3CHO \rightarrow CH_3CH(OH)OCH_3$	蒸餾	氣－液
氫化熱	$Mg + H_2 \rightarrow MgH_2$	減壓	氣－固
吸附熱	$H_2O(g)$ + 吸附劑 → 吸附劑（水）	脫附	氣－固

一個三步化學循環所構成的化學熱泵用化學方程式表示如下：

$$5SnO + 5H_2S \rightarrow 5SnS + 5H_2O \quad (2\text{-}92)$$

$$5SnO \cdot 2H_2O \rightarrow 5SnO + 2H_2O \quad (2\text{-}93)$$

$$5SnS + 7H_2O \rightarrow 5H_2S + 5SnO \cdot 2H_2O \quad (2\text{-}94)$$

以上三方程式的標準焓變分別為 −210.1 kJ、251.1 kJ 和 −33.5 kJ。

其中，方程式（2-93）所示的吸熱反應可向溫度為200℃ 的熱源吸熱，同時，透過方程式（2-94）的放熱反應可放出溫度為500℃ 的熱，以及透過方程式（2-94）的另一放熱反應可放出溫度為150℃ 的熱，從而完成一個工作循環，閉合循環體系又回復到初始狀態。

2.4 光能向化學能的轉化

2.4.1 概述

自然界光能的來源主要是不停發生熱核反應的太陽，它所釋放出來的能量以光、熱和各種射線的形式向外發散。太陽發射出來的能量到達離太陽 1.5 億公里的地球大氣層時，其能量密度為 1.395 kW/m^2。經過大氣層的吸收和反射，當到達地球表面時，其能量密度平均為 1 kW/m^2 左右，這也稱為太陽常數。這個常數雖然隨地球的公轉以及季節等的變化而略有改變，但變化率小於 3%。因此，用太陽常數乘以地球的橫截面積，便可算出太陽一年發射向地球的能量約為 5.5×10^{24} J，其中到達地球表面的太陽能約為 2.8×10^{24} J/ 年，差不多為目前人類每年所需能量總和的 1 萬倍，太陽 1 個多小時投向地球表面的能量便相當於目前人類一年的耗能值。

太陽光的波長分佈見圖 2-7，大氣層外太陽光的分佈曲線與 6000 K 時黑體的放射曲線相近，在 500 nm 處出現光強的最大峰，隨著波長的增大，光強度逐漸減小。進入大氣層後，由於光的吸收、反射和散射等，特別是由於二氧化

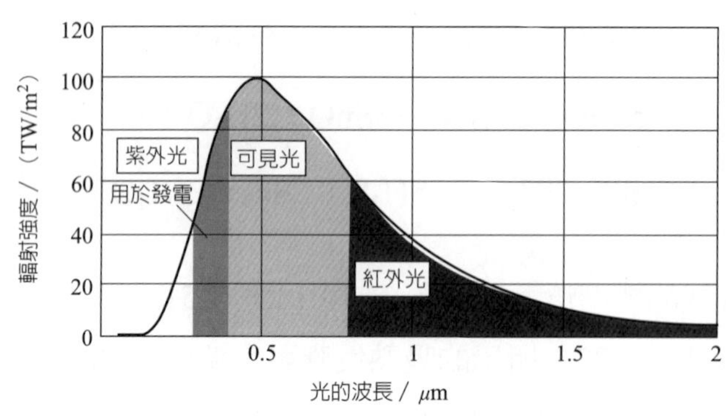

☼ **圖 2-7　太陽光的波長分佈**

碳、水汽等的吸收作用，使得到達地球表面的太陽光譜發生了很大的變化。從對於生物有極大危害的遠紫外線到 400 nm 以下的近紫外線，都被大氣特別是高空的臭氧層強烈吸收，這雖然使到達地球表面的太陽光能減少很多，但卻起到了對生物的保護作用。

除了地殼內部的活動之外，地球上風雲雨雪、四季變化、生物圈的形成和制約、人類的產生和進化等活動，無一例外地都依賴於陽光。人類生存、繁衍所需的糧食、棉花，因有了陽光才能利用光合作用生長起來。甚至煤炭、石油和天然氣，也是通過遠古時代的綠色植物將當時的太陽光能變換、固定後以化學能的形式儲存下來的。

光由光量子所組成，一個光量子所具有的能量 E_q 可用公式表示為

$$E_q = hc/\lambda \tag{2-95}$$

式中，h 為普朗克常數，6.626×10^{-34} J · s；c 為光速，2.998×10^{10} cm/s；λ 為光的波長，cm，1 mol 光量子所具有的能量叫 1 愛因斯坦（ein）

$$1\ \text{ein} = Nhc/\lambda = 11.96/\lambda\ (\text{J/mol}) \tag{2-96}$$

式中，N 為阿伏伽德羅常數。用此式可以算出單色光的能量 E_λ（表 2-5）。

表 2-5　太陽光的能量分佈

光色		波長 λ / nm	能量 E_λ /（kJ/mol）
遠紫外		～315	～379.7
近紫外		315～400	379.7～299.0
可見光	青藍	400～510	299.0～234.5
	綠～黃	510～610	234.5～196.1
	紅	610～700	196.1～170.9
近紅外		700～920	170.9～130.0
紅外		920～1400	130.0～85.4
遠紅外		1400～	85.4～

當光照射到化學反應體系上時，如果光的能量大於化學反應所需的吉布斯自由能變化，則有可能吸收光能而發生下述光化學反應

$$A \xrightarrow{h\nu} B \ (\Delta G > 0) \quad (2\text{-}97)$$

由於光的吸收是量子化的，所以單色光的波長效率 η_1 可定義為

$$\eta_1 = \frac{\Delta G}{E_\lambda} \quad (2\text{-}98)$$

方程式中，E_λ 是波長為 λ 的單色光所具有的、由方程式（2-96）給出的能量。溶液對光的吸收量還與光路的長度 L 和光吸收係數 μ 有關。根據拉巴特（Lambert）法則，光的吸收效率 η_2 為

$$\eta_2 = 1 - \exp(-\mu L) \quad (2\text{-}99)$$

此外，吸收的光也不一定都用於化學反應，總要損失一部分，即量子收率 ϕ（mol/ein）不可能為 1。所以，單色光的能量轉換效率 η_λ 為

$$\eta_\lambda = \phi_{\eta_1 \eta_2} = \frac{\Delta G \lambda \phi}{11.96}[1 - \exp(-\mu L)] \quad (2\text{-}100)$$

太陽光不是單色光，而是各種波長的混合光，用 g_λ 表示時，其能量轉換效率 η_{pc} 可寫成

$$\eta_{\mathrm{pc}}=\frac{\int_\lambda \eta_\lambda g_\lambda \mathrm{d}\lambda}{\int_\lambda g_\lambda \mathrm{d}\lambda} \tag{2-101}$$

以上是溶液吸收光的情形。晶體、半導體對光的吸收存在禁帶寬度（band gap）的問題，即只能吸收小於某一波長 λ_c 的光所具有的能量 E_g，故能量轉換效率 η_g 為

$$\eta_g=\frac{E_g\int_0^{\lambda_c} g_\lambda \mathrm{d}\lambda}{\int_0^{\lambda_c} E_\lambda g_\lambda \mathrm{d}\lambda}=\frac{E_g\int_0^{\lambda_c} g_\lambda \mathrm{d}\lambda}{\lambda_c\int_0^{\lambda_c} B_\lambda/\lambda \mathrm{d}\lambda} \tag{2-102}$$

表 2-6 列出了幾種半導體在 0℃ 時的 λ_c 和 E_g。

無論是太陽能的熱利用，還是經由半導體乾式光電池將太陽光能交換成電能，都是物理學和熱工學方面的問題，這裡不作進一步討論。下面僅從能源化學的角度，著重討論光能的化學變換，光能的電化學變換和光能的生物化學變換。

太陽投向地球的光能，目前大部分沒有被利用，而是反射或散射到宇宙空間中去了。被固定下來的只是很小的一部分。在這很小的一部分中，以熱的形式固定下來的太陽能占了很大的比重。它使水蒸發，使空氣流動，給人們提供了水力能（勢能）和風力能（動能）。另一種固定的形式是利用植物的光合作用將光能變換成物質的化學能。這種光能的生物化學變換至關重要，不但為人們提供了煤、石油和天然氣等燃料，而且對植物的生長起著重要的作用。植物的生長無不直接或間接依賴於光合作用。因此，從仿生的角度瞭解光合作用、

表 2-6　幾種半導體的 λ_c 和 E_g

半導體	Si	Se	Cu_2O	GaP	GaAs	ZnO	CaS
λ_c/nm	1023	752	620	517	855	385	477
E_g/(kJ/mol)	116.7	159.0	192.9	231.3	139.9	309.8	250.7

利用光合作用、進而類比光合作用固定太陽能，這是人類面臨的重大課題之一。

2.4.2 光合作用

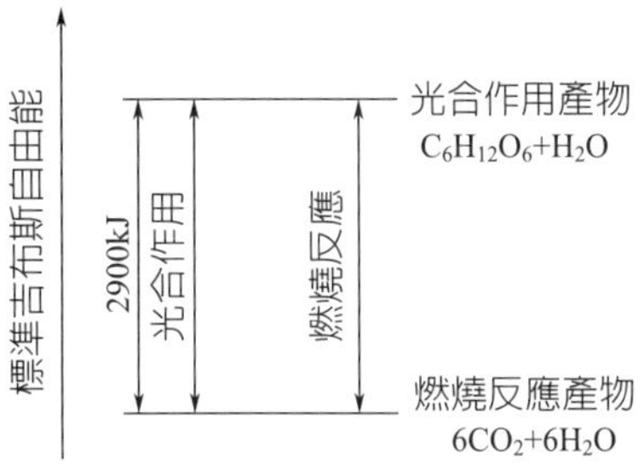

圖 2-8 光合作用與燃燒反應的能量變化

綠色植物在陽光照射下由二氧化碳和水合成有機物（澱粉等）並放出氧的反應叫光合作用。這是一個十分複雜的連串反應，其詳細機理至今尚未完全弄清。從熱力學的觀點來看，光合作用是從太陽光獲得光量子能而使體系的吉布斯自由能增加的過程（圖 2-8）。光合作用的產物糖作為人和動物的食物，在體內氧化即進行光合作用的逆反應，並放出能量以維持人和動物的生命。如果不在生物體內氧化，糖在空氣中燃燒，也能進行反應而釋放能量。可見，酶作為一種「燃料」，在生物體內「燃燒」，放出能量以維持生命的過程是光合作用的逆過程；而光合作用則是將燃燒產物再次變成燃料的過程。

光合作用十分巧妙，而且效率很高。光合作用的原料是二氧化碳和水。要進行反應，首先必須切斷 C—O 鍵和 H—O 鍵。單從波長與能量的關係式（2-96）計算，切斷 C—O 鍵和 H—O 鍵需要紫外線。然而，到達地球表面的太陽光絕大部分是波長比較長的可見光。由於葉綠素的光敏化作用，能有效地吸收可見光而激發，而且採取二步激發的方式，便能實現由光能向化學能的轉化。此外，單個葉綠素分子的激發，其能量還不足以使 1 個水分子和 1 個二氧化碳分子發生光合成反應，必須有 8 個葉綠素分子同時激發。設葉綠素吸收 700 nm 的光而激發，8 mol 葉綠素的激發能為 $172\times8 = 1376$ kJ。1 mol CO_2 發生光合成反應，其焓值的增加為 502 kJ。所以，光合作用單色光的能量轉換效率為 $(502/1376)\times100\% = 36.5\%$，比起簡單分子的光化學反應來，其效率要高幾倍乃至 1 ～ 2 個數量級。進一步的計算表明，光合作用對於太陽光全波長的能量轉換效率可達 13% 左右，全過程的量子收率可高達 70% 以上。

2.4.3　生物質能

利用生物的光合作用而形成的生物性物質叫生物質（biomass）或生物資源，其中以化學能的形式固定、儲存的太陽能叫生物質能。由於生物資源是可再生的資源（圖 2-9），故生物質能是再生性能源。因為能源問題日益尖銳，非再生性礦物燃料日益減少，所以，人們對於開發利用生物質能越來越重視。生物質能是一個絲毫不能忽視的能源寶庫。關於這一點，從以下幾個數字可得到說明：全球每年利用光合作用所固定的太陽能相當於目前全世界年能源總消耗量的幾乎 10 倍，全球 100 年光合作用所產生的生物質的量相當於礦物燃料的總儲量；目前地球上的生物質能源（主要為樹木）與地下礦物燃料的探明可採儲量的能量大致相當，生物資源中的碳素含量與大氣中的二氧化碳及海洋表面所溶解的二氧化碳中的碳素總量大致相當。

2.4.3.1　光能的利用效率

從能源化學的角度來談生物質能，首先必須考慮光能的利用效率。大部分綠色植物在進行光合作用的同時，還進行光呼吸（photorespiration）作用，也就是進行光合作用的逆反應。而且隨著光強度的增大，其光呼吸作用也加劇。因此，當光強度達到一定程度時，光合作用的速度不再增加而出現飽和點（圖 2-10）。這種進行光呼吸作用的植物也稱為三碳植物（C_3 plant），如木本植物及水稻、小麥、大豆等草本植物。另一類植物如玉米、甘蔗、馬齒莧等，它們幾乎不進行光呼吸作用，因而光合作用的速度隨光強度的增大而增大，對光能的利用效率要高得多。這種幾乎不進行光呼吸作用的植物稱為四碳植物（C_4 plant）。從光能的生物化學變換角度考慮，大量種植四碳植物，特別是在熱帶地域大量種植四碳植物，對固定太陽能是很有利的。

2.4.3.2　油料植物

光合作用的產物之一的碳水化合物可用通式 $(CH_2O)_n$ 表示。由於碳水化合

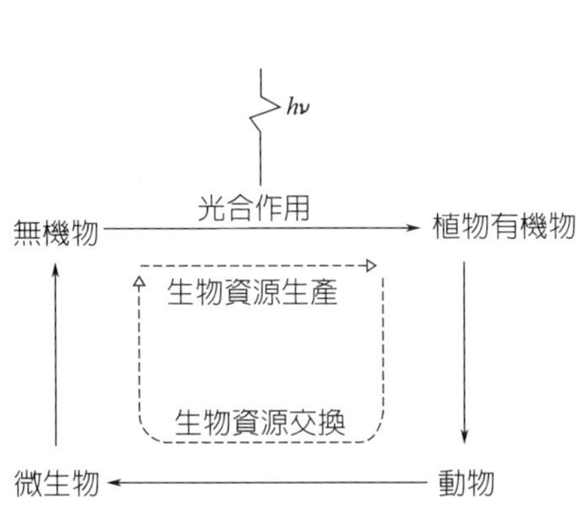

圖 2-9 生物資源的再生循環

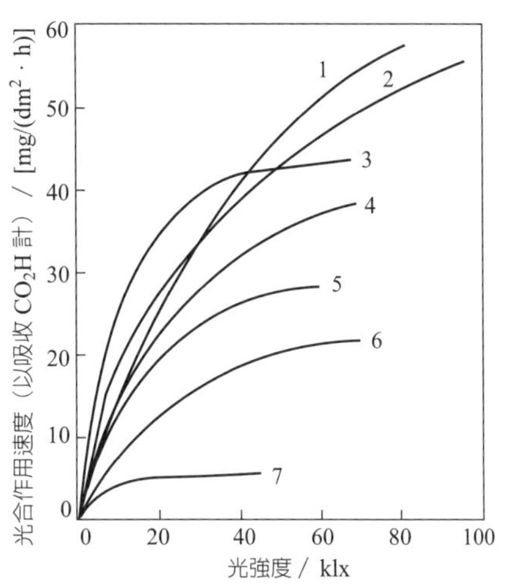

圖 2-10 不同植物光合作用與光強度的關係

1—甘蔗；2—玉米；3—水稻；4—大豆；5—小麥；6—雞腳草；7—砂糖楓

物中含有 *n* 個水，所以比起碳氫化合物（如石油、天然氣等）來，在碳原子數目相同的情況下，前者所能釋放出來的能量小於後者。因此，如果能培育出光合作用產物是碳氫化合物的植物，則可望獲得更好的固定太陽能的效果。熱帶植物中的橡膠樹，其光合作用的產物之一橡膠，就是不含氧的碳氫化合物。把育種技術與分子遺傳學結合起來，如果培育出直接產生碳氫化合物的植物，對解決能源問題將是一大貢獻。大薊科中有一種叫作 *Euphorbia tirucalli* 的「石油樹」，其生命力極強，能在荒漠地帶正常地生長，可以不與農作物爭土地。只要在樹皮上開個口子，樹汁（乳濁液）就流了出來。將其收集起來並去掉其中的水分後，就可製出液態石油。這種液態石油可以作為製造高質量汽油的極好原料。

由植物製取的石油，燃燒時不產生硫化物和其他有害物質。

2.4.3.3 生物產氫

不少藻類，特別是綠藻和藍藻，受到光照時能產生氫氣。這是利用光合作用的部分反應產生氫的例子，即光合作用的還原末端不是利用 NADPH 使二氧化碳還原固定，而是使氫離子還原為氫氣。可以料想，這種光合作用的途徑一定比固定二氧化碳的光合作用的途徑要短，且效率更高。作為能源來說，氫也比碳水化合物更有價值。所以，研究生物產氫是很有意義的。

除了藻類之外，還有一些能進行光合作用的細菌，如紅硫菌、綠硫菌、紅非硫菌等，也能在光照下產生氫氣。

2.4.3.4　生物發酵

要利用生物質能，必須對生物質進行某些變換，主要是進行化學變換（如氣化）和生物化學變換（如發酵）。

利用微生物發酵的方法，將生物大分子分解成小分子燃料如甲烷、乙醇等，這對於生物質能的利用具有重要意義。

甲烷發酵過程是死亡的動、植物軀體或人、畜糞便，以及有機垃圾、污水等，經厭氧微生物的降解作用，而變成以甲烷為主要氣體的發酵過程。全過程大致可分為水解過程、酸發酵過程和甲烷發酵過程等三個過程。前兩個過程是在普通厭氧菌——酸腐菌的水解酶和酸化酶的作用下發生水解和酸化的過程，使一些大的有機物分子化為小的有機酸分子。第三個過程是在甲烷菌的作用下，發生下列主要反應：

$$CO_2 + 4H_2 \rightarrow CH_4 + 2H_2O$$

$$CH_3COOH \rightarrow CH_4 + CO_2$$

$$4C_2H_5COOH + 2H_2O \rightarrow 4CH_3COOH + 3CH_4 + CO_2$$

$$2C_3H_7COOH + CO_2 + 2H_2O \rightarrow CH_4 + 4CH_3COOH$$

一些有機物經甲烷發酵後的產氣量及氣體組成見表 2-7。

表 2-7　一些有機物經甲烷發酵後的產氣量及氣體組成

類別	名稱	分子式	產氣量／（mL/g）	氣體組成／%	
				CH_4	CO_2
有機酸	硬脂酸	$C_{17}H_{35}COOH$	1418	72.2	27.8
	酪酸	C_3H_7COOH	1017	62.5	37.5
	丙酸	C_2H_5COOH	907	58.3	41.7
	醋酸	CH_3COOH	746	50.0	50.0
碳水化合物	葡萄糖	$C_6H_{12}O_6$	747	50.0	50.0
	戊聚糖	$(C_5H_8O_4)_n$	848	50.0	50.0
	澱粉	$(C_6H_{10}O_5)_n$	830	50.0	50.0
氨基酸	蘇氨酸	$C_3H_8O(NH_2)_3COOH$	564	66.7	33.3
	氨基醋酸	CH_2NH_2COOH	299	75.0	25.0
	丙氨酸	$C_2H_4NH_2COOH$	503	75.0	25.0
醇類	乙醇	C_2H_5OH	974	75.0	25.0
	丁醇	C_4H_9OH	1209	75.0	25.0
	丙三醇	$C_3H_5(OH)_3$	730	58.3	41.7

有機物發酵所得的甲烷是一種高發熱的燃料，既可用於火力發電，又能透過蒸汽轉換，製得合成汽油的原料。

另一種生物質能的轉換方式是乙醇發酵。前面提到的四碳植物如甘蔗和玉米，它們具有很強的光合作用能力。尤其在熱帶地區，這些植物生長快、產量高，固定的二氧化碳主要變為糖和澱粉，最適於發酵制乙醇。甘蔗等製糖原料經機械榨汁得蔗糖汁，蔗糖汁經水解酶水解後得葡萄糖和果糖

$$C_{12}H_{22}O_{11} + H_2O \rightarrow 2C_6H_{12}O_6 \qquad (2\text{-}103)$$

利用醇酵母發酵，可得乙醇

$$C_6H_{12}O_6 \rightarrow 2C_2H_5OH + 2CO_2 \qquad (2\text{-}104)$$

巴西政府於 1975 年開始實行一項規模很大的 PNA 乙醇計畫，用本國盛產的甘蔗等糖類作物藉由微生物發酵製造酒精。製得的酒精摻和在汽油中作燃料

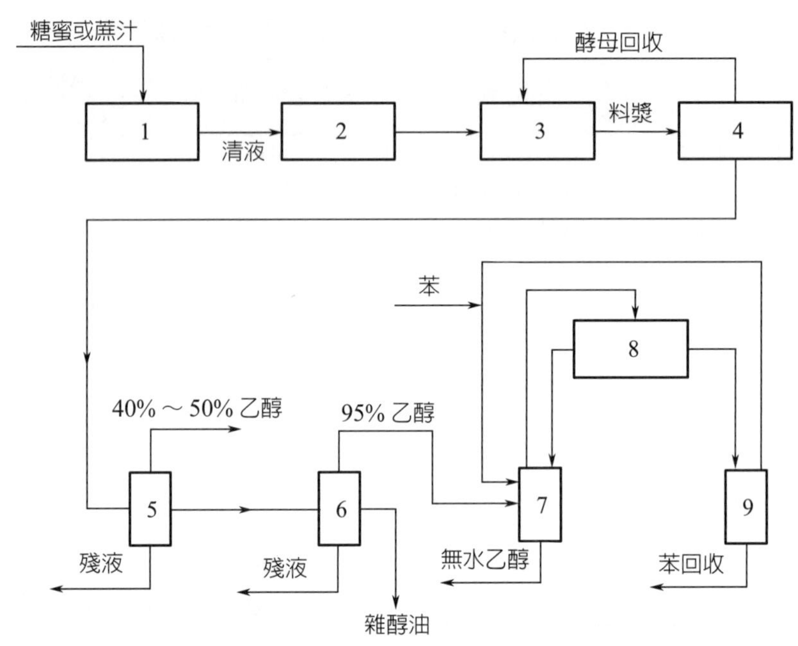

☼ **圖 2-11　發酵法製乙醇的流程**

1—計量；2—預發酵；3—發酵；4—離心分離；5—粗餾；6—精餾；7—恆沸蒸餾；8—傾析；9—苯回收

使用。酒精的摻和量為10%～20%。這對充分利用生物質能，減輕（最終擺脫）對礦物燃料的依賴是很有意義的。

發酵法制乙醇的流程如圖 2-11 所示。甘蔗渣約含纖維素 45% ～ 60%，木質素 15% ～ 25%，此外還有樹脂、灰分等。纖維素和木質素都很難分解，如果用化學法實現加氫分解，則能開闢生物質能中木質資源的轉化和利用的新途徑。

2.5 能的變換

從某種意義上說，人類社會發展的歷史就是能量變換的歷史。人類經過了漫長的歲月才學會使用火，利用燃燒反應釋放化學能來為生活和生產服務。以後又經過數千年，才逐漸學會製造利用水能和風能的機械，如水車、風車等，但這些機械僅僅是一種傳遞功（而不是轉化能）的手段。隨著社會的進一步發展，到了 17 世紀末，世界第一台蒸汽機問世，人類便具有了將一種能轉化成另一種形態的能的本領。1763 ～ 1782 年，經過瓦特的改進，蒸汽機的性能大大提高，用途也空前擴大。蒸汽機的問世和相應的各種改進，成為了熱力學誕生的原動力。1831 年法拉第提出了電磁感應定律，為日後製造發電機，實現機械能向電能的變換提供了理論基礎。19 世紀末發現元素的放射性及對原子結構的各種研究，導致了物理學中另一新的分支學科——核子物理學的建立，人類進一步深入微觀世界，打開了釋放原子核能的大門。

通常進行能的變換，大致有以下三種目的。

(1) 以獲得能量做功為目的，這是最大量的變換。例如，燃燒煤，將煤的化學能取出變為熱能供應暖氣，通過火力或水力發電機取出電力，用蒸汽機或內燃機將熱能變成機械能等。這些都是大規模的能量變換方式，這些方式主要要求能的變換效率高，經濟性好。

(2) 將一種能態變換成某種載運資訊的能量。例如，利用真空管或電晶體將無線電廣播、電視廣播的電磁波所載運的電磁波能變換成電信號能，或者利用光電管將光信號能變換成電信號能等。這種變換雖然也應注意變換效率，但更側重於線性交換，以防止失真。另一方面，這種變換的規模較小。

(3) 介於以上兩者之間的變換，即在能量變換的同時，物理量也發生正確的傳遞，而且能的變換量也並不太小。例如，各種控制機構中，將溫度、流量、pH 值等物理量變換成不同能量形態的量，如電壓、電流、形變等。

能的變換有雙向變換和單向變換之分。所謂雙向變換，是指兩種能態 x、y 之間既可以進行 $x \rightarrow y$、也可以進行 $y \rightarrow x$ 的變換。例如，當向壓電晶體材料上施加機械力時，晶體發生形變而產生電的極化；反之，向壓電晶體材料施加電壓時，它便發生形變。顯然，利用壓電晶體的這種性質，可以實現機械能與電能之間的雙向變換。此外，電能與機械能之間除了利用物質的性質進行雙向變換之外，還能利用物理定律如靜電力與靜電感應、電磁力與電磁感應定律而實現雙向變換。如果一種能態 x 變換成 y 之後，y 不能如數變換成 x 或完全不能變換成 x，這種變換叫單向變換。例如，當電能變成焦耳熱之後，便不能如數將焦耳熱再變換成電能。又如某些功能元件也只能實現能的單向變換，如話筒可將聲能（機械能的一種）變換成電能，但相反方向的變換在該種元件中則不可能實現。

能的變換又可分為宏觀變換和微觀變換兩種類型。凡是遵循經典力學、電磁學和熱力學規律的變換稱為宏觀變換。凡遵循量子力學規律的變換稱為微觀變換，例如，由光量子與微觀粒子的作用而引起的能的變換。在宏觀變換中，凡經由熱的變換稱為熱力學變換，否則稱為非熱力學變換。

能的變換又有準靜變換和動態變換之分。當變換速度可以無限慢時，這種變換稱為準靜變換，例如壓電變換及卡諾循環變換等。但從實際需要出發，追求一定的進度是很重要的。這種具有一定速度的變換稱為動態變換。發生能的動態變換時，其變換量是廣義的流（flow）J，它與廣義的力（force）X 成正比

$$J = LX \tag{2-105}$$

方程式中，比例常數 L 是變換過程的阻力的倒數。流 J 有熱流、電流、流體流、物體運動的線速度或旋轉速度等；力 X 則有溫度差、電勢差、壓力差、機械力及轉矩等。對於單一現象，方程式（2-105）的形式可以是歐姆電阻定律、牛頓黏滯定律、費克擴散定律、傅立葉導熱定律等。對於有多種現象的動態過程，方程式（2-105）可寫成

$$J_i = \Sigma \quad L_{ji} X_i \tag{2-106}$$

例如，對有兩種能態參與的動態變換過程，兩種能態的流分別為

$$\begin{cases} J_1 = L_{11} X_1 + L_{12} X_2 \\ J_2 = L_{21} X_1 + L_{22} X_2 \end{cases} \tag{2-107}$$

關於熱電變換的湯姆遜效應，關於熱擴散的索若特（Soret）效應、杜伏（Dufour）效應以及各種動電效應，都符合方程式（2-107）。

方程式（2-107）是恩薩格（Onsager）提出的說明動態變換線性原理的唯象方程（phenomenological equation），係數 L_{ij} 稱為唯象係數。恩薩格證明了式（2-107）中的係數矩陣是對稱的，即

$$L_{ij} = L_{ji} \tag{2-108}$$

這叫做動態變換的倒易定律，方程式（2-107）用於兩種能態間的變換時，L_{11} 與 L_{22} 表示同種能態的唯象係數，L_{12} 與 L_{21} 表示兩異種能態間相互關係（偶聯）特性的唯象係數，叫偶聯繫數（coupling coefficient）。

各種能態間的相互變換方法及變換實例見表 2-8。從能源資源的角度對能的變換方式進行分類的結果見表 2-9。

表 2-8　能態間的相互變換方法及變換實例

變換前 \ 變換後		1 核能	2 化學能	3 熱能	4 動能	5 勢能	6 輻射能	7 電磁能
I	核能	核反應（增殖爐）	化學反應（放射線聚合）	核反應（反應爐）	核反應（原子彈、氫彈）	—	核反應（太陽能）	核裂變（放射發電）
II	化學能	—	化學反應（反應器）	燃燒（鍋爐）	化學力學作用（動物）	膨脹反應（化學成形）	發光反應（發光試劑）	電化學反應（燃料電池）
III	熱能	—	熱化學反應（製氫）	熱傳遞（熱交換器）	熱膨脹（熱機）	蒸發（水庫）	熱輻射（輻射爐）	熱電子效應（熱電子發射機）
IV	動能	—	—	摩擦（剎車）	動能傳遞（變速箱）	液體輸送（蓄水堤壩）	—	電磁感應（感應發電機）

表 2-8　能態間的相互變換方法及變換實例（續）

變換後＼變換前		1 核能	2 化學能	3 熱能	4 動能	5 勢能	6 輻射能	7 電磁能
V	勢能	—	高壓反應（反應器）	壓縮（壓縮加熱器）	下落運動（大壩導水管）	位置交換（擺動機）	—	壓電效應（麥克風）
VI	輻射能	—	光化學反應（光合作用）	輻射吸熱（太陽能熱水器）	輻射壓（光子火箭）	輻射壓（光壓活塞）	熒光（熒光燈）	光電效應（光電發電機）
VII	電磁能	—	電解（電解製氫）	電熱效應（電阻爐）	電磁感應（發動機）	電磁感應（電磁活塞）	電致發光（電光燈具）	電磁感應（變壓器）

表 2-9　能源變換方式的具體分類

能源類型	能態變換	變換裝置
水力能、風力能、波浪能、潮汐能	機械能→機械能 機械能→電能	水車、風車、水輪機、水輪發電機
太陽能	光能→熱能 光能→熱能→機械能 光能→熱能→機械能→電能 光能→熱能→電能 光能→電能	太陽能熱水器、暖房 太陽能熱機、太陽能發電機、熱電子發電器、光電池、光化學電池
礦物燃料，氫甲醇等二次燃料	化學能→熱能 化學能→熱能→機械能 化學能→熱能→機械能→電能 化學能→熱能→電能 化學能→電能	燃燒爐、各種熱機（活塞式蒸汽機，內燃機，透平機，火箭等） 火力發電廠旋轉式發電機 磁流體發電，熱致發電，熱電子發電 燃料電池
地熱能	熱能→機械能→電能	汽輪機與旋轉式發電機
原子核能	核裂變能→熱能→機械能→電能 核裂變能→熱能→電能	核電站 磁流體發電，熱致發電，熱電子發電

2.6 有效能

隨著生產的發展和生活水準的不斷提高，人類對能源的消耗也日益增大，其中一個不能忽視的因素是能源的利用率不高。工業用爐的熱效率一般都較低，在 50% 以下，其中冶金用爐的熱效率大多只有 20% ～ 30%。僅煉粗鋼一項，日本每小時浪費掉的能量折算成重油達 5,000 多噸。現在，人們深刻認識到節能的潛力很大，因而對節能越來越重視。甚至有人把節能喻為僅次於煤、石油和天然氣、水電、核能的「第五大能源」。

節能所涉及的面很廣，如涉及政治、經濟、經營管理、科學技術等。具體方法也很多，如加強管理，消除「跑、冒、滴、漏」現象，改進製程方法，革除能耗高的工程設備；研製低溫高效催化劑等。但是，首先必須從理論上分析製程方法過程中的能量利用和損耗情況，以及某一過程到底有多大的節能潛力。只有這樣，節能措施才不至於盲目，要對過程進行能量利用情況的分析和評價，僅根據傳統的熱量衡算或焓平衡計算是不夠的。因此，本章將討論有效能的概念、有效能與吉布斯自由能的關係、物理有效能和化學有效能、元素和化合物的標準有效能及其應用，旨在為指導能源的有效利用、分析節能途徑、評價工業過程能源消耗的合理性等方面提供理論依據。

2.6.1 有效能的概念及有效能的損耗

2.6.1.1 能的質與量

有關能的傳統的定義為「能是做功的本領」。然而，這種概念並不確切，因為並不是所有的能都有這種本領。如火力發電廠燃料燃燒所釋放出來的能，55% 以上被冷卻水帶走了。對於一座 10 萬千瓦級的火力發電廠，每小時被冷卻水帶走的能量相當於 1.8 萬度以上的電，其數量真可謂大。但是，其質量是如此之差，其中絕大部分是不具有做功本領的能。例如，設這些冷卻水的溫度為 313 K，環境溫度為 298 K，根據卡諾定律可知，這些被帶走的數量很可觀

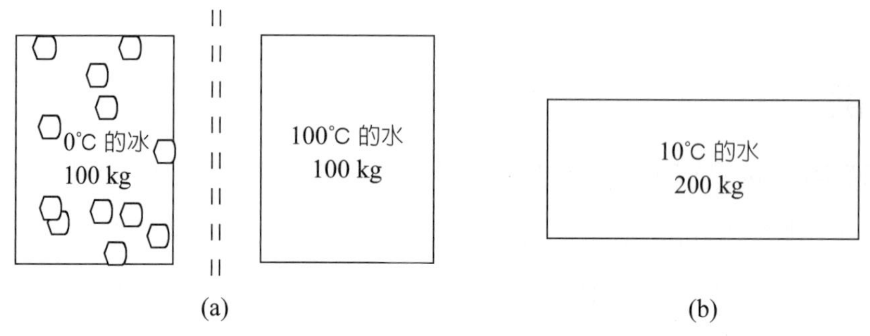

☼ 圖 2-12　能的質與量示意圖

的能量中，只有(313 － 298)/313 ≈ 4.8%的能具有做功的本領，其餘95%以上的能是不能用來做功的。再如圖2-12所示的(a)、(b)兩個體系，其能的數量（焓值）完全相等，但(a)體系只要將虛線所示的絕熱層去除，任使冰和熱水混合，便能自動地變成(b)體系狀態，但要使(b)體系回復到(a)體系狀態，則必須開動冷凍機冷卻左邊的部分，同時消耗能量加熱右邊的部分。如果談做功的本領，顯然(a)的做功本領要大於(b)的做功本領。至於人類所處環境（大氣、海洋）中數量龐大的能，根本就不具有做功的本領，故稱為僵態能（dead state energy）。另外，液化天然氣（LNG，約110 K）雖比相同質量相同壓力下、298 K的天然氣的總能量少（少了顯熱差和汽化潛熱部分），但做功的本領反而更大，後者不燃燒不能做功，而前者不燃燒也具有做功的本領。

從以上幾個例子可以看出，在分析和評價某一工業過程的能源利用情況、指明節能途徑和能源有效利用的方法時，不但要考慮能的量，而且要考慮能的「質」，只有將兩者結合起來，才能得出正確的結論。

2.6.1.2　環境的影響

在上述幾個關於能的質與量的例子中，實際上都包含了環境的影響。人類的一切活動都是在地球上的大氣和影響著大氣的海洋這樣一個特定的環境裡進行的，環境的溫度、壓力和化學組成無不對所進行的過程發生影響。

將熱能轉換成機械能時，根據卡諾定律，其最大效率為

$$\eta = 1 - \frac{T_1}{T_2} \tag{2-109}$$

在高溫熱源的溫度 T_h（熱力學溫度）一定的條件下，其最大可逆效率是當 $T_1 = T_0$ 時的效率（T_0 表示環境的溫度，可視為常數）：

$$\eta_{max} = 1 - \frac{T_0}{T_h} \tag{2-110}$$

用溫一熵圖表示時，如圖 2-13(a) 所示。卡諾熱機循環一周，向溫度為 T 的熱源所吸收之熱量 Q 相當於圖中 $ABEF$ 的面積，其中只有 $(1 - T_0/T)Q$ 可以轉換成機械功，相當於 $ABCD$ 的面積。所餘部分 $(T_0/T)Q$（相當於 $DCEF$）無法利用，只能排入環境。反之，如果有一個低於環境溫度 T_0 的低溫熱源存在，其「冷量」也是可以用來做功的（實際上是利用環境的熱來做功）。利用液化天然氣的「冷量」來發電便是屬於這種情形。這在溫一熵圖上如圖 2-13(b) 所示。$ABEF$ 的面積相當於總的熱能接受，其中只有一部分（相當於 $ABCD$）能用來做功。

當 $T \to T_0$ 時，有效部分 $ABCD$ 的面積縮減成一條直線。這表明，環境的能量再多，也不能用來做功，將其稱做僵態能是一點也不錯的。

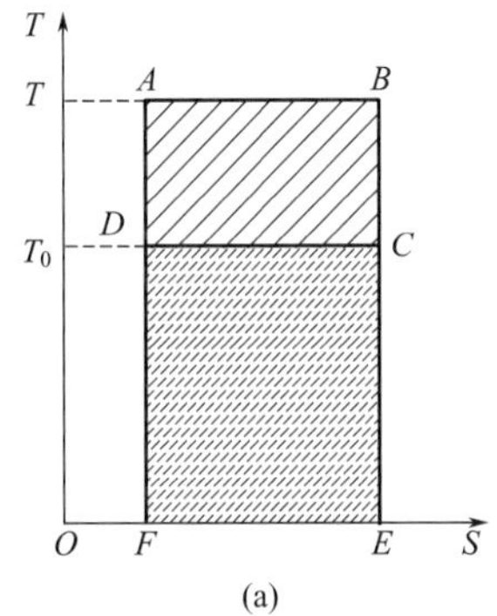

(a)

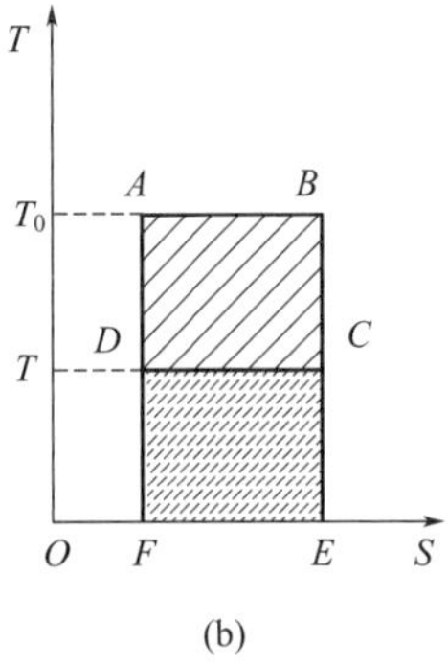

(b)

圖 2-13　熱能中的有效能部分

又如氣體的膨脹，其最大膨脹功為 $\int_{V_1}^{V_2} p\mathrm{d}V$ ，然而其中必有 $p_0(V_2 - V_1)$ 排入環境（p_0 表示環境的壓力），可以利用的功僅為

$$W=\int_{V_1}^{V_2} p\mathrm{d}V - p_0\,(V_2 - V_1)$$

在 p-V 圖上表示時，如圖 2-14 所示。W 相當於圖中 $ABCD$ 的面積，DCV_2V_1 則表示排入環境中的無法利用的能量，二者之和是最大膨脹功。

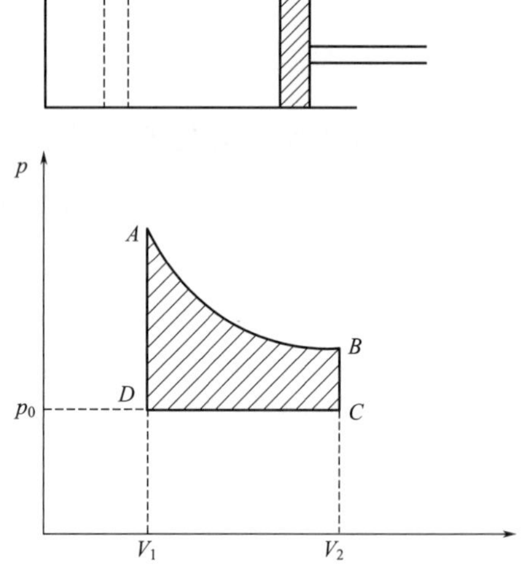

圖 2-14　壓力能中的有效部分

環境的化學組成對有效能的影響問題將在後面詳細討論。大氣的化學組成處於「僵態」，其中氧雖然十分活潑，但可以無償供給，其能量「價值」為零。假設某一個星球的大氣是甲烷，則甲烷在那裡沒有能量「價值」，而氧卻可以成為那裡的「燃料」。

2.6.1.3　能的價值的尺度——有效能

從以上的論述可以看出，體系所具有的總能不一定都是有效的，其中有一部分往往不能被利用。能的這種有效性和無用性又與環境有密切的關係。那麼究竟如何具體描述其間的數量關係呢？可將體系所具有的能量用完全可逆的方法（完全可逆是指可逆做功、可逆傳熱）取出，直至體系與環境之間不再有熱力學位差存在時為止，所能取出的有用功的數量，便是體系所具有的總能中的有效部分，稱為有效能（exergy），用 E 表示，所餘部分是無法利用的能，稱為無效能（anergy），用 A 表示。

對於溫度為 T 時的熱量 Q，顯然其有效能

$$E=\left(\frac{T-T_1}{T}\right)Q=\left(1-\frac{T_1}{T}\right)Q \tag{2-111}$$

無效能

$$A = Q - E = \frac{T_0}{T} Q \qquad (2\text{-}112)$$

對於一般情形，例如圖 2-15 所示的流動體系來說，設有焓、熵分別為 H、S 的一定量的物質流入裝置，經過完全可逆過程做出有用功 W，向環境放出 Q 的熱，在與環境不再有熱力學位差之後以 H_0、S_0 離開裝置，根據能量守恆原理，有

$$H = H_0 + Q + W \qquad (2\text{-}113)$$

因為 Q 是可逆地與環境交換的熱，故有

$$\frac{Q}{T_0} = S - S_0 \qquad (2\text{-}114)$$

以方程式（2-113）代入方程式（2-114），得

$$W = H - H_0 - T_0(S - S_0) \qquad (2\text{-}115)$$

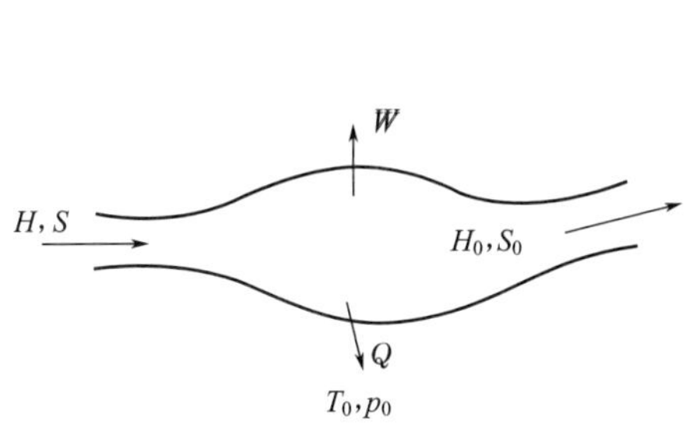

圖 2-15　流動體系的有效能

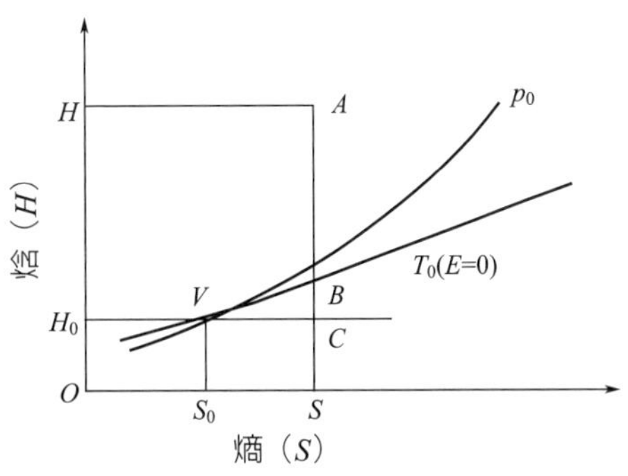

圖 2-16　有效能在焓—熵圖上的表示

這樣取出的功顯然等於體系所具有的能量中有效部分的能量，即體系的有效能

$$E = H - H_0 - T_0(S - S_0) \tag{2-116}$$

方程式（2-116）和（2-111）都可作為有效能的定義式，不過式（2-111）是單就熱能而言，而方程式（2-116）則是一般情形。事實上，在等壓和等化學勢的情況下，以

$$Q = \int_{S_0}^{S} T\mathrm{d}S$$

代入方程式（2-111）積分，便得到方程式（2-116）。即

$$\begin{aligned} E &= \left(1 - \frac{T_0}{T}\right)Q = \int_{S_0}^{S}\left(1 - \frac{T_0}{T}\right)T\,\mathrm{d}S \\ &= \int_{S_0}^{S} T\mathrm{d}S - \int_{S_0}^{S} T_0\,\mathrm{d}S = \int_{T_0}^{T} C_p\,T\mathrm{d}T - T_0\int_{S_0}^{S}\mathrm{d}S \\ &= H - H_0 - T_0(S - S_0) \end{aligned}$$

式中，C_p 代表等壓熱容。

方程式（2-116）的右邊，H_0、S_0 是體系處於環境條件 p_0、T_0 時的狀態量，可視為常數；H、S 是體系的狀態函數，所以有效能 E 也是狀態函數，它是衡量能的價值的客觀尺度。「能」的原意是做功的本領，然而經由以上分析可知，只有能量中的有效部分即有效能才具有做功的本領，另一部分即無效能是不具有這種本領的。人類所從事的一切活動，如加熱、冷卻、材料加工、貨物運輸、資訊傳遞以及人體自身的體力和腦力活動等，所賴以進行的「本領」，全是有效能。

方程式（2-116）在熵 - 焓圖上的表示見圖 2-16。V 點表示體系處於 H_0、S_0、p_0、T_0 時的狀態，是一個不變點。為使問題簡化，先考慮等壓和等化學勢的情形。因為 $\partial\left(\dfrac{\partial H}{\partial S}\right)_{p,\mu} = T$ （μ 表示化學勢），所以，通過 V 點與等壓線 $p = p_0$

相切的直線即表示斜率為 T_0 的環境直線。環境直線上的點所具有的能量全部為無效能。狀態 $A(H, S, T, p)$ 所具有的總能量（對於環境）為（$H - H_0$），相當於 AC 的長度。但其中的 $T_0(S - S_0)$ 是無效能，故有效能只有〔$H - H_0 - T_0(S - S_0)$〕，相當於 AB 的長度。A 點的位置一定，則 AB 的長度也唯一被確定。且因環境的條件被視為一定，即 p_0、μ_0 為常數，故 T_0 在焓一熵圖上總是一條直線，因而在非等壓、非等化學勢的情況下，也不影響 AB 隨 A 而定的性質。故對於有效能是狀態函數這一點，就非常直觀且容易理解了。

在溫度為 T(K) 時的任何過程，其吉布斯自由能變化可表示為

$$\Delta G = \Delta H - T \Delta S \tag{2-117}$$

這時，根據方程式（2-116），其有效能變化為

$$\Delta E = \Delta H - T_0 \Delta \mathrm{S} \tag{2-118}$$

兩式相減，得

$$\Delta E = \Delta G + (T - T_0) \Delta S \tag{2-119}$$

這證明，只有當 $T = T_0$ 時，有效能變化才與吉布斯自由能變化相等。對於一般情形，有效能的變化與吉布斯自由能的變化不相等，二者之差恆為 $(T - T_0) \Delta S$。

2.6.1.4 有效能的損耗

根據不可逆過程熱力學原理，過程的熵變 ΔS 由兩部分組成：基於狀態變化的熵變 $\Delta_e S$ 和基於不可逆過程的熵增量 $\Delta_i \mathrm{S}$，即

$$\Delta S = \Delta_e S + \Delta_i S \tag{2-120}$$

將方程式（2-120）代入方程式（2-118），得

$$\Delta E = \Delta H - T_0 \Delta_e S - T_0 \Delta_i S \qquad (2\text{-}121)$$

方程式（2-121）是實際過程的有效能變化。右邊第一項和第二項分別表示兩狀態間的總能變化和無效能變化，兩者之差即為兩狀態間的有效能變化。第三項表示基於不可逆過程的有效能損耗，或叫有效能消滅（exergy annihilation）$\Delta_i E$，即

$$\Delta_i E = T_0 \Delta_i S \qquad (2\text{-}122)$$

對於可逆過程，方程式（2-121）右邊第三項為零，故從狀態 1 →狀態 2 →狀態 1，$\Delta E = 0$，即有效能無變化，是守恆的。如果不可逆地從狀態 1 →狀態 2，再使其可逆地回到狀態 1，則必須額外提供等於 $T_0 \Delta_i S$ 的外功，即有效能損耗了 $T_0 \Delta_i S$。可見，在不可逆過程中，有效能是不守恆的，是損耗的。損耗的有效能變為無效能，故總能量仍然是守恆的。

熱力學第二定律定義了熵函數，其物理意義是很不直觀的。不可逆過程熱力學用力和流的乘積來描述熵增量，使熵的概念較為明確。有了有效能的概念，熵的物理意義就更加直觀了。從方程式（2-122）可知，熵有增無減，與有效能有減無增是同義語。熵增量是有效能損耗的尺度。

電磁能、機械能等，經可逆轉換可以全部變為有用功，即在這些由質點的有序運動所表現出來的能態——有序能中，不包含無效能。但對於不可逆轉換，則有非補償熱 $Q_i = T \Delta_i S$ 產生。以此結合式（2-122），得

$$\Delta_i E = T_0 \Delta_i S = \frac{T_0}{T} T \Delta_i S = \frac{T_0}{T} Q_i \qquad (2\text{-}123)$$

方程式（2-123）表明，不可逆過程所產生的非補償熱的一部分變成了無效能，且工作溫度愈低，非補償熱變為無效能的比例愈大。

在生產實踐中，人們常說到能量的損耗。但熱力學第一定律卻告訴人們：能量是守恆的，它既不產生，也不消滅。這二者之間的矛盾，用有效能的概念

能有效地得到解決。生產實踐中所說的能量損耗實際上是有效能的損耗，而任何過程中的能量守恆實際上是指有效能和無效能之和的守恆。

2.6.2 物理有效能與化學有效能

2.6.2.1 物理有效能

當體系與環境之間存在溫度差和壓力差時，體系便具有做功的本領，即具有有效能。這種基於與環境之間的溫度差和壓力差的有效能稱為物理有效能。

在定壓和沒有相變化及化學反應的情況下，當溫度自 T_1 變至 T_2 時，體系的有效能變化可用

$$Q=\int_{T_1}^{T_2} C_p\,\mathrm{d}T$$

表示。將其代入方程式（2-111），求得

$$\Delta E=E\,(T_{2,p,\mu})-E\,(T_{1,p,\mu})=Q=\int_{T_1}^{T_2}\left(1-\frac{T_0}{T}\right) C_p\,\mathrm{d}T \tag{2-124}$$

式中，p、μ 分別表示體系的壓力和化學勢。

計算壓力對有效能的影響，可對方程式（2-116）求偏微分

$$\left(\frac{\partial E}{\partial p}\right)_{T,\mu}=\left(\frac{\partial H}{\partial p}\right)_{T,\mu}-T_0\left(\frac{\partial S}{\partial p}\right)_{T,\mu}$$

再以熱力學基本關係式

$$\mathrm{d}H=T\mathrm{d}S+V\mathrm{d}p$$

及麥克斯韋關係式

$$\left(\frac{\partial S}{\partial p}\right)_T=-\left(\frac{\partial V}{\partial T}\right)_p$$

代入積分，得

$$E\,(T_{2,T,\mu})-E\,(p_{1,T,\mu})=\int_{p_1}^{p_2}T\left[\left(\frac{\partial S}{\partial p}\right)_T+V+T_0\left(\frac{\partial V}{\partial T}\right)_p\right]\mathrm{d}p$$

$$=\int_{p_1}^{p_2}\left[V-(T-T_0)\left(\frac{\partial V}{\partial T}\right)_p\right]\mathrm{d}p$$

$$=\int_{p_1}^{p_2}V[1-T-T_0)\beta]\,\mathrm{d}p \qquad (2\text{-}125)$$

式中，$\beta=\frac{1}{V}\left(\frac{\partial V}{\partial T}\right)_p$ 為膨脹係數。只要知道 β，便可求得壓力對有效能的影響。對於液體和固體物質，只要壓力不是太高，其影響可以忽略。

2.6.2.2　化學有效能

當體系與環境之間不具有溫度差和壓力差時，體系便不具有物理有效能。但是，體系與環境之間還可能存在化學勢差，可以藉由化學反應從體系取出有效能來利用。這種基於與環境間的化學勢差的有效能叫化學有效能。

直接根據有效能的定義方程式（2-116）來計算化學有效能時，由於 H_0、S_0 無法知道，故有困難。

把物質在環境溫度T_0（定為298 K）和環境壓力p_0（定為1.013×10^6 Pa）下所具有的有效能稱作物質的標準有效能$E^{\ominus}$，則方程式（2-112）的一般形式為：

$$E(T,p)=E^{\ominus}+[H(T,p)-H_0]-T_0[S(T,p)-S_0] \qquad (2\text{-}126)$$

既然有效能是體系所具有的最大做功本領，其值等於體系完全可逆地變至與環境之間不再存在熱力學勢差時所做的理想功，那麼，根據式（2-126），物質的標準有效能便是物質處於 T_0、p_0 條件下，經過化學變化直至不能再用化學手段取出功為止時，物質所具有的最大做功本領。根據有效能與吉布斯自由能的關係方程式（2-119），在標準條件下，對於給定的化學反應，其有效能的變化等於反應產物的標準生成吉布斯自由能與反應物的標準生成吉布斯自由能之差。

這似乎表明，可直接用物質的標準生成吉布斯自由能代替物質的標準有效能。但是，由此會產生兩個問題。

第一，在 T_0、p_0 條件下，物質經過化學變化，變至「不能再用化學手段取出功」的物質時，其有效能應為零。那麼，給定物質的這種有效能為零的對應物質是什麼？仍然不知道。

第二，在確定物質的標準生成吉布斯自由能時，規定穩定單質的標準生成吉布斯自由能為零。例如，石墨和氧的標準生成吉布斯自由能為零。據此，則 CO_2 的標準生成吉布斯自由能為 −410.7 kJ/mol。

顯然，用標準生成吉布斯自由能代替標準有效能，則 1 mol 石墨的標準有效能為零，而 1 mol CO_2 的標準有效能為 −410.7 kJ、mol。這不但與有效能的定義不符（即有效能要嘛有，要嘛無），且因有效能出現負值，而對於過程的有效能分析以及繪製有效能流（exergy flow）圖都會造成困難。所以，有必要重新指定有效能的基準物質和算出物質的標準有效能。

1. 基準化合物　在上述事例中，如果 CO_2 就是碳在標準狀態下「不能再用化學手段取出功」的化合物，或者從有效能的觀點來看，是「最無價值」的物質時，便可把它的標準有效能規定為零，那麼，石墨的標準有效能便是 410.7 kJ/mol。換句話說，在環境條件下，1 mol 的石墨具有 410.7 kJ/mol 的做功本領。這樣既直觀，且使用起來也方便。這裡的問題是，如何從一種元素（例如碳）的所有化合物中，找出一種從有效能的觀點來看是「最無價值的」化合物，並規定它的標準有效能為零，以保證它的其他化合物的標準有效能不致為負。

設有化學反應

$$mM + xX \rightarrow M_mX_x \qquad (2\text{-}127)$$

並設元素 M、X 和化合物 M_mX_x 的莫耳標準有效能分別為 $e^{\ominus}(M)$、$e^{\ominus}(X)$ 和 $e^{\ominus}(M_mX_x)$。顯然，根據有效能和自由能的關係及式（2-127）的標準有效能變化，有

$$e^{\ominus}(M_mX_x) = me^{\ominus}(M) + xe^{\ominus}(X) + \Delta G_f^{\ominus}(M_mX_x) \quad (2\text{-}128)$$

方程式中，$\Delta G_f^{\ominus}(M_mX_x)$ 為化合物 M_mX_x 在 T_0 時的標準生成吉布斯自由能。如果 M_mX_x 恰是 M 的所有化合物中標準有效能最低者，便可將它選定為 M 的基準化合物，並令

$$e^{\ominus}(M_mX_x) = 0 \quad (2\text{-}129)$$

於是，由式（2-128）、式（2-129）可得

$$e^{\ominus}(M) = -\frac{1}{m}[xe^{\ominus}(X) + \Delta G_f^{\ominus}(M_mX_x) \quad (2\text{-}130)$$

方程式（2-130）表明，在確定了基準化合物之後，只要 $e^{\ominus}(X)$ 是既定的，便可確定元素 M 的標準有效能值。同時，如果相關元素 X 的標準有效能為已知，也可以根據方程式（2-130）確定元素 M 的基準化合物。例如，設 M 有化合物 MX_x 和 MY_y，元素 X、Y 的標準有效能 $e^{\ominus}(X)$、$e^{\ominus}(Y)$ 為已知，當採用 MX_x 或 MY_y 為 M 的基準化合物時，M 的標準有效能可分別寫成 $e_x^{\ominus}(M)$ 和 $e_y^{\ominus}(M)$。根據方程式（2-130），其運算式分別為

$$e_x^{\ominus}(M) = -[xe^{\ominus}(X) + \Delta G_f^{\ominus}(MX_x)] \quad (2\text{-}131)$$

$$e_y^{\ominus}(M) = -[ye^{\ominus}(Y) + \Delta G_f^{\ominus}(MX_y)] \quad (2\text{-}132)$$

當 $e_x^{\ominus}(M) > e_y^{\ominus}(M)$ 時，根據方程式（2-128）及式（2-131）、式（2-132），有

$$\begin{aligned} e_x^{\ominus}(MX_x) &= e_y^{\ominus}(M) + xe^{\ominus}(X) + \Delta G_f^{\ominus}(MX_x) \\ &< e_x^{\ominus}(M) + xe^{\ominus}(X) + \Delta G_f^{\ominus}(MX_x) \\ &\approx e_x^{\ominus}(MX_x) \end{aligned} \quad (2\text{-}133)$$

反之亦然。也就是說，當採用標準有效能較低的化合物 MX_x 作為 M 的基準化合物時，M 的標準有效能 $e_x^{\ominus}(M)$ 較大。使 $e_x^{\ominus}(M)$ 為最大的 M 的化合物就是 M 的基準化合物。這便是根據方程式（2-130）確定元素的基準化合物的原則。

2. 元素和化合物的標準有效能 如上所述，根據方程式（2-130）來確定元素 M 的標準有效能時，要先確定相關元素 X 的標準有效能。當 $e^{\ominus}(X)$ 既定，要確定 M 的基準化合物和 $e^{\ominus}(M)$，在原則上不再有困難。當然，包含元素 M 的化合物可能有許許多多。但只要從 M 的常見化合物中找出標準有效能最低者作為基準化合物來確定 M 的標準有效能，就能解決 M 的常見化合物的有效能計算問題。

當 $e^{\ominus}(M)$ 既定之後，便可用其確定與它相關的元素的標準有效能，然後再用此相關元素的標準有效能去確定第三個元素的標準有效能。用這種「逐次法」（sequential method），只要首先指定了一種元素的標準有效能，便可根據一定的順序逐個地把所有元素的標準有效能全部確定出來。

環境所具有的能是僵態能，沒有做功的本領。換句話說，在 T_0、p_0 狀態下的空氣和水的有效能應為零，由此可以確定氧和氮的標準有效能。在常溫常壓下，氧、氮可以看成理想氣體。在溫度 T_0 下，將空氣中壓力為 0.2034×10^6 Pa 的氧氣等溫可逆地壓縮到 1.013×10^6 Pa 時，所消耗的功全部用以增加氧的有效能，則有

$$e^{\ominus}(O)=\left(\frac{1}{2}\times 8.314\times 298.15\times \ln\frac{1.013\times 10^5}{0.2034\times 10^5}\right)\div 1000=2.0\,(\text{kJ/mol})$$

同理，可以算出氮的標準有效能：

$$e^{\ominus}(N)=\left(\frac{1}{2}\times 8.314\times 298.15\times \ln\frac{1.013\times 10^5}{0.7557\times 10^5}\right)\div 1000=0.3\,(\text{kJ/mol})$$

氫氧化合生成水的反應為

$$H_2 + \frac{1}{2}O_2 \rightarrow H_2O(l)$$

其$\Delta G_f^{\ominus} = -237.3$ kJ/molH$_2$O，水的標準有效能為零，O_2的標準有效能為$e^{\ominus}(O_2) = e^{\ominus}(O) \times 2 = 4.0$ kJ/mol。故根據方程式（2-130），氫的標準有效能為

$$e^{\ominus}(H) = \frac{1}{2}e^{\ominus}(H_2) = -\frac{1}{2}\left[\frac{1}{2}e^{\ominus}(O_2) + \Delta G_f^{\ominus}(H_2O, l)\right]$$

$$= -\frac{1}{2}\left[\frac{1}{2} \times 4.0 + (-237.3)\right] = 117.7\,(\text{kJ/mol})$$

3. 元素標準有效能表的應用　有了元素的標準有效能數值，根據方程式（2-128），便可算出化合物的標準有效能。例如，查得元素碳和氫的標準有效能分別為410.7 kJ/mol和117.7 kJ/mol，甲烷的標準生成吉布斯自由能為−51.4 kJ/mol，則甲烷的莫耳標準有效能為

$$e^{\ominus}(CH_4) = e^{\ominus}(C) + 4e^{\ominus}(H) + \Delta G_f^{\ominus}(CH_4)$$

$$= 410.7 + 4 \times 117.7 + (-51.4) = 830.1\ (\text{kJ/mol})$$

又如，查得氮的標準有效能為0.3 kJ/mol，氨的標準生成吉布斯自由能為−16.7 kJ/mol，則氨的莫耳標準有效能為

$$e^{\ominus}(NH_3) = e^{\ominus}(N) + 3e^{\ominus}(H) + \Delta G_f^{\ominus}(NH_3, g)$$

$$= 0.3 + 3 \times 117.7 + (-16.7) = 336.7\ (\text{kJ/mol})$$

同理，可將常用化合物的莫耳標準有效能用此法算出，並列成表以備查，使用起來也很方便。

用煤、空氣和水製氨的總反應式可以寫成

$$0.8846C\,(s) + 1.4791H_2O\,(l) + 0.6616\,(0.7557N_2 + 0.2034O_2 + 0.0090Ar + 0.0316H_2O + 0.0003CO_2) \rightarrow NH_3(g) + 0.8848CO_2 + 0.0059Ar$$

計算該反應在標準狀態下的吉布斯自由能變化，以分析反應的平衡，通常的方法是分幾個步驟進行。先計算將空氣的各組分逐一分離，並分別可逆地壓縮至標準狀態時所需要的功；再計算在標準狀態下反應的吉布斯自由能變化；然後計算反應後的 CO_2 和 Ar 由標準狀態排入大氣（環境狀態）所做的理想功；最後將幾項加起來才是所求的標準吉布斯自由能變化。此法步驟多，計算繁雜，稍不留心便會出錯。若用標準有效能進行計算，則比較簡便。如前所述，在標準條件下，吉布斯自由能變化與有效能變化相同，空氣和水的標準有效能為零，而 CO_2 和 Ar 的標準有效能如同確定氮和氧那樣容易求得，故該反應的標準吉布斯自由能變化為

$$\begin{aligned}\Delta G^{\ominus} = \Delta e^{\ominus} &= e^{\ominus}(NH_3, g) + 0.8848e^{\ominus}(CO_2) + 0.0059e^{\ominus}(Ar) - 0.8846e^{\ominus}(C) \\ &= 336.7 + 0.8848\times 20.1 + 0.0059\times 11.7 - 0.8846\times 410.7 \\ &= -8.8\ (kJ/mol\text{-}NH_3)\end{aligned}$$

計算顯示，在標準條件下，理論上可以從由煤、空氣和水制氨的反應中取出 8.8kJ/mol 的有用功。

在制訂元素標準有效能表時，並不是所有物質的資料都能在同一手冊中找到。提出有效能的意義與其說在於它的學術價值，不如說在於它的實用價值一樣，元素標準有效能表的意義也主要在於它的實用性。因此，它如同手冊一般，若熱力學資料有了修正，它也將隨之而修正。

另一方面，在選取基準化合物時，以有效能最低為主要原則，但也同時考慮了實用性。設某元素有兩種低有效能化合物，一種是常用的，另一種是很不常用的。儘管前者的有效能值高於後者，但只要高出不多，則仍取前者為基準化合物。例如，$Al_6Si_{12}O_{13}$ 的有效能值較 Al_2O_3 更低，但兩者差別不大，而後者為常用化合物，前者很不常用，故作為 Al 的基準化合物，取後者而不取前者。

同理，作為 Ca 的基準化合物，取 $CaCO_3$，而不取 $Ca(NO_3)_2\cdot 4H_2O$。如

果恰要用到這些「很不常用」的化合物或新出現了有效能更低的常用化合物時，只要將基準化合物變更一下，重新確定相關元素的標準有效能即可。此種變更不涉及與之無關的元素的基準化合物的重新選定。

4. 燃料的標準有效能　上面敘述了利用元素標準有效能的資料及化合物的標準生成吉布斯自由能的數值，根據方程式（2-128）求純粹化合物的標準有效能的方法。但是燃料（例如煤、重油和天然氣等）都不是單一的化合物，而是由許多化合物混合而成。燃燒過程是最為普遍的利用化學能的變換手段，所以，計算燃料的標準有效能具有很大的意義。

原則上，如果能確切知道燃料的化合物組成，則可近似地把燃料當作這些化合物所形成的理想溶液，用下式計算其標準有效能：

$$e^{\ominus}\text{（燃料）}=\Sigma x_i\,(e_i^{\ominus}+RT\ln x_i) \tag{2-134}$$

方程式中，$e^{\ominus}$（燃料）是相當於表觀（平均）分子量的燃料所具有的標準有效能；$e_i^{\ominus}$表示i成分的標準有效能；x_i表示i成分的莫耳分率。

然而在事實上，除了氣體燃料之外，式（2-134）很難適用。因為很難將液體、固體燃料的組分化合物一一分析清楚，故一般採用經驗公式或近似公式進行計算。

對於固體和液體碳氫化合物，由於其標準生成吉布斯自由能遠小於其燃燒反應的吉布斯自由能變化，故可將其忽略。根據式（2-128），單位質量燃料的標準有效能可近似地表示為

$$e^{\ominus}\text{（燃料）}=\Sigma m_i e_i^{\ominus} \tag{2-135}$$

方程式中，$e^{\ominus}$表示單位質量燃料的標準有效能；$e_i^{\ominus}$表示燃料中第i種元素單位質量的標準有效能；m_i表示第i種元素的重量百分比。可見，只要對燃料進行元素分析，便能根據式（2-135）進行近似計算。但對於低分子碳氫化合物來說，使用式（2-135）誤差較大。

利用燃料的熱值進行計算，其準確度也很高。假設燃料的組成為 $C_lH_mO_n$，其標準有效能可表示為

$$\begin{aligned} e^{\ominus}(C_lH_mO_n) &= \Delta G_i^{\ominus}(C_lH_mO_n) + le^{\ominus}(C) + me^{\ominus}(H) + ne^{\ominus}(O) \\ &= \left[l\Delta G_f^{\ominus}(CO_2) + \frac{1}{2}m\Delta G_f^{\ominus}(H_2O, l) - \Delta G_c^{\ominus}\right] + \\ &\quad l\,[-\Delta G_f^{\ominus}(CO_2) - R\,T_0 \ln p_{CO_2} - 2e^{\ominus}(O)] \\ &\quad + \frac{1}{2}m\,[-\Delta G_f^{\ominus}(H_2O, l) - e^{\ominus}(O)] + ne^{\ominus}(O) \\ &= -\Delta G_c^{\ominus} - l\,R\,T_0 \ln p_{CO_2} - \left(2l + \frac{1}{2}m - n\right)e^{\ominus}(O) \end{aligned} \tag{2-136}$$

方程式中，$\Delta G_e^{\ominus}$ 表示燃燒反應的標準吉布斯自由能變化；p_{CO_2} 表示空氣中 CO_2 的分壓。方程式（2-132）表明，燃料的標準有效能等於燃燒反應的標準吉布斯自由能變化的負值加上燃燒產物 CO_2 從標準狀態擴散到大氣中去的理想功，再減去將大氣中的氧等溫可逆壓縮到 1.013×10^6 Pa 時壓縮功，其結果正好等於標準狀態下燃料在空氣中燃燒的理想功。方程式（2-136）右邊第一項的值遠比後兩項的值要大，而且後兩項的值符號相反，可以相互抵銷一部分，其總影響將更小，故可略去後兩項。於是，燃料的標準有效能便等於燃料燃燒時的標準吉布斯自由能變化。燃燒反應的標準吉布斯自由能變化為

$$\Delta G_c^{\ominus} = -H_h - T_0\,\Delta S_c^{\ominus} \tag{2-137}$$

方程式中，H_h 為燃料的高發熱值，即燃燒產物水為液態時的發熱值；$\Delta S_c^{\ominus}$ 為燃燒反應的標準熵變。如果忽視液、固相熵值的影響，則從方程式（2-136）可知，反應前後氣體物質的量的變化為 $\left(\frac{n}{2} - \frac{m}{4}\right)$，1 mol 氣體的熵值大致為 200 J/K。

2.6.3　工業製程的有效能分析

2.6.3.1　熱效率與有效能效率

設供給某一過程的能源的焓為 H_1，熵為 S_1，在該過程中產生有用功 W（廣義的）之後，以 H_2、S_2 離開該過程，則有（$H_2 - H_0$）的能量沒有被利用。已被利用的部分（$H_1 - H_2$）也只有 W 產生實際效果，未產生實際效果的部分被稱為第一種損失：

$$\text{第一種損失} = H_1 - H_2 - W = (H_1 - H_2)\ \text{中的無效能加有效能損耗}$$

$$\text{總能量損失} = \text{第一種損失} + \text{未利用的焓}$$

$$= H_1 - H_2 - W + (H_2 - H_0) = H_1 - H_0 - W$$

故焓效率為

$$\eta_{\mathrm{h}} = \frac{W}{H_1 - H_0} = 1 - \frac{H_1 - H_0 - W}{H_1 - H_0} = 1 - \frac{\text{總能量損失}}{\text{供給總能}} \tag{2-138}$$

根據有效能定義方程式（2-116），上述過程中供給的總有效能為

$$E_1 = H_1 - H_0 - T_0(S_1 - S)$$

未被利用的有效能為

$$E_2 = H_2 - H_0 - T_0(S_2 - S)$$

故有效能效率為

$$\eta_e = \frac{W}{E_1} = \frac{E_1 - E_2 - T_0\,\Delta_i S}{E_1} \tag{2-139}$$

方程式中，總有效能損失包括未被利用的有效能 E_2 和損耗的有效能 $\Delta_i E$。而

$$\Delta_i E = T_0 \Delta_i S = H_1 - H_i - T_0(S_1 - S_2) - W$$

焓效率和有效能效率的關係為

$$\frac{\eta_h}{\eta_e} = \frac{E_1}{H_1 - H_0}$$

以此結合供給的有效能 E_1 的運算式，得

$$(1 - \eta_h)(H_1 - H_0) = (1 - \eta_e)E_1 + T_0(S_1 - S_0) \qquad (2\text{-}140)$$

方程式（2-140）左邊表示總能損失，它是總無效能 $T_0(S_1 - S_0)$ 和有效能總損失 $(1\text{-}\eta_e)E_1$ 之和，前者是本來就無法利用的部分，談不上什麼「損失」。有效能總損失中又包括基於不可逆過程的有效能損耗和該過程中未被利用的有效能兩部分。前者可以通過減少過程阻力而減少，後者則在理論上可以全部回收。

2.6.3.2 等溫化學反應體系

理想的等溫穩流化學反應器如圖 2-17 所示，設反應器中無溫度梯度和濃度梯度存在，反應物質到達反應器內立即達到反應溫度 T，並獲取熱量 Q 而完成反應後離開反應器；又設攪拌所引起的溫升可以忽略；則該流動體系的能量平衡方程式為

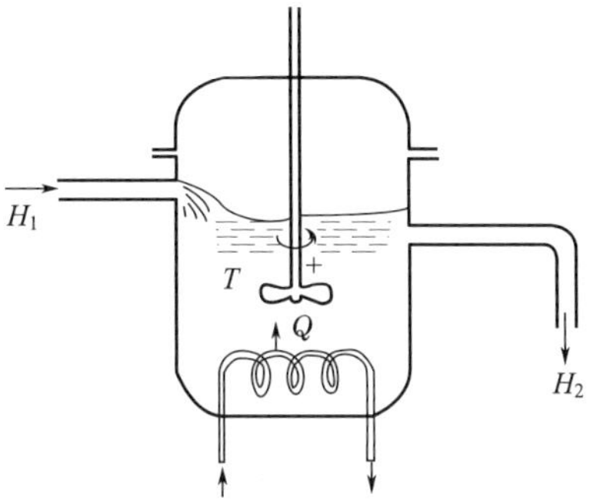

$$H_1 + Q = H_2$$

圖 2-17　等溫穩流化學反應器

基於狀態變化的熵變為

$$\Delta_t S = Q/T = (H_2 - H_1)/T = \Delta H/T$$

基於不可逆過程的熵的增加為

$$\Delta_t S = \Delta S - \Delta_e S = \Delta S - \frac{\Delta H}{T} = -\frac{\Delta G}{T} \tag{2-141}$$

這時，非補償熱可用公式表示為

$$Q_t = T\Delta_t S = -\Delta G$$

即在恆溫恆壓下，體系所能取出的最大功 $-\Delta G$ 全部以熱的形式耗散了，其有效能損耗為

$$\Delta_t E = -\frac{T_0}{T} - \Delta G$$

需要注意的是，不可將 ΔG 誤作$\Delta G^{\ominus}$，前者是對生成物與反應物根據下式

$$G = \sum n_i \mu_i = \sum n_i (\mu_i^{\ominus} + RT\ln Q_f) \tag{2-142}$$

算出的 G 之差，而後者是對生成物與反應物根據

$$\Delta G^{\ominus} = \sum n_i \mu_i^{\ominus}$$

算出的 $G^{\ominus}$ 之差，故兩者是不同的。

2.6.3.3　絕熱過程的有效能損耗

設有穩流絕熱體系如圖 2-18 所示，H_1、H_2 分別表示流入和流出的焓。由於絕熱，故 $Q=0$，但可以有功的交換。由於沒有熱交換，所以 $Q=T\Delta_e S=0$，但因 $T\neq 0$，故 $\Delta_e S=0$，則總熵增 $\Delta_t S$ 與體系熵增ΔS 相等，為

$$\Delta_t S = \Delta S - \Delta_e S = \Delta S \tag{2-143}$$

方程式（2-143）對所有絕熱過程（不論是物理過程、化學過程，還是兩者兼有的過程）皆成立。所以，絕熱過程的有效能損耗為

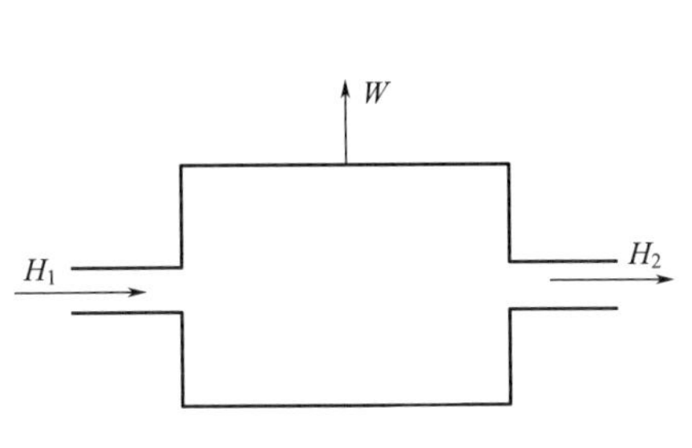

☼ 圖 2-18 穩流絕熱體系

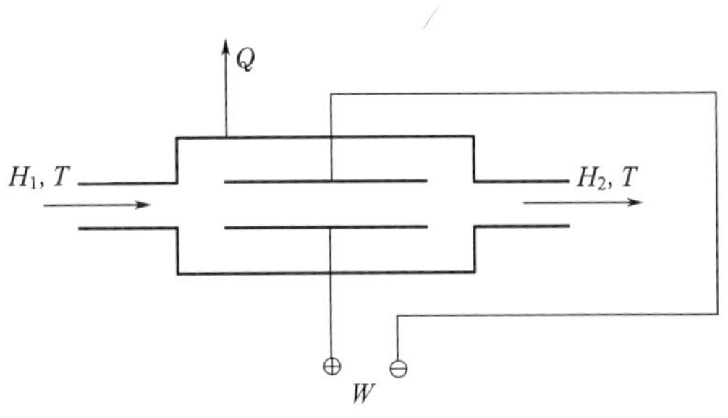

☼ 圖 2-19 恆濕電解槽能量平衡關係

$$\Delta_t E = T_0 \Delta_t S = T_0 \Delta S \quad (2\text{-}144)$$

2.6.3.4 電化學過程

電化學過程是化學能與電能之間直接轉換的過程。在圖 2-19 所示的電解槽中，反應物加熱至反應溫度 T 後，以 H_1 的焓流入電解槽，在電功 W 的作用下，經過電解反應放出 Q 的熱，在溫度 T 下以 H_2 流出電解槽。則能量平衡方程式為

$$H_1 + W = H_2 + Q \quad (2\text{-}145)$$

有效能平衡方程式為

$$E_1 + W = E_2 + Q\left(1 - \frac{T_0}{T}\right) + \Delta_f E \quad (2\text{-}146)$$

假定電流效率為 100%，結合方程式（2-145）、方程式（2-146）和方程式（2-119），可求出損耗的有效能為

$$\Delta_f E = (W - \Delta G)\frac{T_0}{T}$$

對於單位時間而言

$$\Delta_f E = I(V - U_r)\frac{T_0}{T} \qquad (2\text{-}147)$$

式中，I 為電流強度；V 為槽電壓；U_R 為理論分解電壓。$(V-U_R)$ 是歐姆降和過電壓等耗散過程所引起的超額電壓，它與電流強度的乘積便是單位時間內的非補償熱。方程式（2-147）將槽電壓升所引起的有效能損耗與通常所說的電壓效率直接聯繫了起來。二者的區別僅在於，前者考慮非補償熱中尚含有部分有效能，後者則考慮非補償熱全部被損耗掉。

電池的情況與電解的情況基本一樣。其有效能損耗為

$$\Delta_i E = I(E_0 - V)\frac{T_0}{T} \qquad (2\text{-}148)$$

式中，E_0 為電池的電動勢；V 為端電壓。$I(E_0 - V)$ 為單位時間內電池內部的非補償熱。如果端電壓為零，則非補償熱 IE_0 與（$-\Delta G$）相等。此時，電池反應的電功全部變為非補償熱，與前述等溫等壓下的化學過程一樣。

參考文獻

〔1〕廖曉垣。能源化學導論。武漢：華中理工大學出版社，1989。

〔2〕魏保太。能源工程。武昌：華中工學院出版社，1985。

〔3〕陳學俊，袁旦慶。能源工程概論。北京：機械工業出版社，1985。

〔4〕李業發，楊延柱。能源工程導論。合肥：中國科學技術大學出版社，1999。

〔5〕〔美〕阿莫斯·薩爾瓦多。能源歷史回顧與 21 世紀展望。北京：石油工業出版社，2007。

第三章

太陽能

3.1
概述

照射在地球上的太陽能非常巨大，大約 40 min 照射在地球上的太陽能，便足以供全球人類一年能量的消費。可以說，太陽能是真正取之不盡、用之不竭的能源。而且太陽能發電絕對乾淨，不產生公害。所以太陽能發電被喻為是理想的能源。

當今全球能源緊張、氣候環境惡化，為謀求可持續發展，世界各國都在尋求新的能源替代戰略，太陽能以其清潔、源源不斷、安全等顯著優勢，成為關注重點。在中國《國家中長期科學和技術發展規劃綱要》及中國國家新興能源發展規劃意見稿中指出，2020 年可再生能源在國家能源消費中的比重將達到 16%，其中太陽能 2020 年將達到 1,000 萬千瓦。太陽能產業擁有十分廣闊的發展空間。

隨著廉價石油時代的一去不復返，能源日益緊缺和環保壓力，促使各國都開始力推可再生能源，其中開發和利用太陽能已成為可再生能源中炙手可熱的「新寵」。有關專家預測 2030 年，全世界的主要電力將源於太陽能。各國都出臺鼓勵發展太陽能的政策，尤其在發達國家更是如此。近兩年，中國一些城市也開始公佈鼓勵使用太陽能發電的政策，據 2005 年頒佈有關的規定，利用太陽能發的電將會優先並入電網，電網企業將會全額收購太陽能發電量，再將費用分攤到一般發電上。

3.2
太陽能熱利用

太陽能熱利用技術就是把太陽輻射能轉換成熱能。太陽能熱利用是可再生能源技術領域中商業化程度最高、推廣應用最普遍的技術之一。太陽能的光-熱轉換是目前技術最為成熟、成本最為低廉、因而應用最為廣泛的形式。其基本原理是將太陽輻射能收集起來利用溫室效應來加熱物體而獲得熱能，如地膜、大棚、溫室等。

3.2.1 基本原理

太陽能熱利用主要有：太陽能熱水器、太陽能熱發電、太陽能建築等，通常根據所能達到的溫度和用途的不同，而把太陽能光熱利用分為低溫利用（< 200℃）、中溫利用（200 ～ 800℃）和高溫利用（> 800℃）。目前低溫利用主要有太陽能熱水器、太陽能乾燥器、太陽能蒸餾器、太陽能房、太陽能溫室、太陽能空調製冷系統等，中溫利用主要有太陽能灶、太陽能熱發電聚光集熱裝置等，高溫利用主要有高溫太陽爐等。

一般太陽能熱利用都有集熱器這一基礎構建。目前使用較多的太陽能收集裝置有兩種：一種是平板型集熱器，如太陽能熱水器等；另一種是聚光型集熱器（聚焦型集熱器），如反射式太陽能灶、高溫太陽能爐等。它的基本原理是將太陽輻射能收集起來，通過與物質的相互作用轉換成熱能加以利用。目前使用最多的太陽能收集裝置，主要有平板型集熱器、真空管集熱器和聚光型集熱器 3 種。

1. 平板型集熱器　歷史上早期出現的太陽能裝置，主要為太陽能動力裝置，大部分採用聚光型集熱器，只有少數採用平板型集熱器。平板型集熱器是在 17 世紀後期發明的，但直至 1960 年以後才真正進行深入研究和規模化應用。在太陽能低溫利用領域，平板集熱器的技術經濟性能遠比聚光型集熱器好。

為了提高效率，降低成本，或者為了滿足特定的使用要求，開發研製了許多種平板集熱器：按物質形態劃分有空氣集熱器和液體集熱器，目前大量使用的是液體集熱器，按吸熱板芯材料劃分有鋼板鐵管、全銅、全鋁、銅鋁複合、不銹鋼、塑膠及其他非金屬集熱器等；按結構劃分有管板式、扁盒式、管翅式、熱管翅片式、蛇形管式集熱器，還有帶平面反射鏡集熱器和逆平板集熱器等；按蓋板劃分有單層或多層玻璃、玻璃鋼或高分子透明材料、透明隔熱材料集熱器等。目前，國內外使用比較普遍的是全銅集熱器和銅鋁複合集熱器。銅翅和銅管的結合，國外一般採用高頻焊，中國以往採用介質焊，1995 年時也開發成功全銅高頻焊集熱器。1997 年從加拿大引進銅鋁複合生產線，經過消化吸收，現在中國已建成十幾條銅鋁複合生產線。為了減少集熱器的熱損失，可以採用中空玻璃、聚碳酸酯陽光板以及透明蜂窩等作為蓋板材料，但這些材料價格較高，一時難以推廣應用。

2. 真空管集熱器　為了減少平板集熱器的熱損，提高集熱溫度，國際上 20 世紀 70 年代研製成功真空集熱管，其吸熱體被封閉在高真空的玻璃真空管內，大大提高了熱性能。將若干隻真空集熱管組裝在一起，即構成真空管集熱器，為了增加太陽光的採集量，有的還在真空集熱管的背部加裝了反光板。真空集熱管大體可分為全玻璃真空集熱管，玻璃 -U 形管真空集熱管，玻璃—金屬熱管真空集熱管，直通式真空集熱管和貯熱式真空集熱管。其工作原理在於一切物體都在輻射紅外線，物體溫度不同，紅外線的波長和強度也不同。

太陽光譜中主要是可見光和近紅外線，輻射能量絕大部分集中在波長 0.29 ～ 3.0 μm 之間，而這些光波穿透玻璃的能力很強，幾乎全部可以穿透玻璃，但是當這種光線被箱內吸收材料吸收後轉變為熱時，這些吸收材料也能向外輻射能量，但由於它溫度較低，主要是遠紅外輻射，波長大於 3.0 μm，恰好玻璃能阻止這些波長的輻射通過。由於陽光進得來，而熱輻射出不去，慢慢箱內的溫度積累得越來越高，這種現象叫「溫室效應」，太陽能集熱器就是利用了這種原理，把光能轉化成內能。

最近，中國還研製成全玻璃熱管真空集熱管和新型全玻璃直通式真空集熱管。並自 1978 年起，從美國引進全玻璃真空集熱管的樣管以來，經 30 多年的努力，已經建立了擁有自主智慧財產權的現代化全玻璃真空集熱管的產業，用於生產集熱管的磁控濺射鍍膜機在百台以上，產品質量達世界先進水準，產量雄居世界首位。中國自 20 世紀 80 年代中期開始研製熱管真空集熱管，經過十幾年的努力，克服了熱壓封等許多技術難關，建立了擁有全部智慧財產權的熱管真空集熱管生產基地，產品質量達到世界先進水準，生產能力居世界首位。目前，直通式真空集熱管生產線正在加緊進行建設，產品即將投放市場。

3. 聚光型集熱器　聚光型集熱器主要由聚光器、吸收器和跟蹤系統三大部分組成。按照聚光原理區分，聚光型集熱器基本可分為反射聚光和折射聚光兩大類，每一類中按照聚光器的不同又可分為若干種。為了滿足太陽能利用的要求，簡化追蹤機構，提高可靠性，降低成本，在 20 世紀研製開發的聚光型集熱器品種很多，但推廣應用的數量遠比平板型集熱器少，商業化程度也低。

在反射式聚光型集熱器中應用較多的是旋轉拋物面鏡聚光型集熱器（點聚焦）和槽形拋物面鏡聚光型集熱器（線聚焦）。前者可以獲得高溫，但要進行二維追蹤；後者可以獲得中溫，只要進行一維追蹤。這兩種聚光型集熱器在 20 世紀初就有應用，幾十年來進行了許多改進，如提高反射面加工精密度，研製高反射材料，開發高可靠性追蹤機構等，現在這兩種拋物面鏡聚光型集熱器完全能滿足各種中、高溫太陽能利用的要求，但由於造價高，限制了它們的廣泛應用。

20 世紀 70 年代，國際上出現一種「複合拋物面鏡聚光型集熱器」（CPC），它由兩片槽形拋物面反射鏡組成，不需要追蹤太陽，最多只需要隨季節作稍許調整，便可聚光，獲得較高的溫度。其聚光比一般在 10 以下，當聚光比在 3 以下時可以固定安裝，不作調整。當時，不少人對 CPC 評價很高，甚至認為是太陽能熱利用技術的一次重大突破，預言將得到廣泛應用。但幾十年過去了，CPC 仍只是在少數示範工程中得到應用，並沒有像平板型集熱器和真空管集熱器那樣大量使用。中國不少科研單位在 20 世紀七、八十年代曾對 CPC 進行過研製，也有少量應用，但現在基本都已停用。

其他反射式聚光器還有圓錐反射鏡、球面反射鏡、條形反射鏡、鬥式槽形反射鏡、平面。拋物面鏡聚光器等。此外，還有一種應用在塔式太陽能發電站的聚光鏡——定日鏡。定日鏡由許多平面反射鏡或曲面反射鏡組成，在電腦控制下這些反射鏡將陽光都反射至同一吸收器上，吸收器可以達到很高的溫度，獲得很大的能量。

利用光的折射原理可以製成折射式聚光器，歷史上曾有人在法國巴黎用兩塊透鏡聚集陽光進行熔化金屬的表演。有人利用一組透鏡並輔以平面鏡組裝成太陽能高溫爐。顯然，玻璃透鏡比較重，製造過程複雜，造價高，很難做得很大。所以，折射式聚光器長期沒有什麼發展。20 世紀 70 年代，國際上有人研製大型菲涅耳透鏡，試圖用於製作太陽能聚光型集熱器。菲涅耳透鏡是平面化的聚光鏡，重量輕，價格比較低，也有點聚焦和線聚焦之分，一般由有機玻璃或其他透明塑膠製成，也有用玻璃製作的，主要用於聚光太陽能電池發電系統。

☼ 圖 3-1　多反射太陽能聚光器

中國從 20 世紀 70 年代直至 90 年代，對用於太陽能裝置的菲涅耳透鏡開展了研製。有人採用模壓方法加工大面積的柔性透明塑膠菲涅耳透鏡，也有人採用組合成型刀具加工直徑 1.5 m 的點聚焦菲涅耳透鏡，結果都不大理想。近來，有人採用模壓方法加工線性玻璃菲涅耳透鏡，但精密度不夠，尚需提高。還有兩種利用全反射原理設計的新型太陽能聚光器，雖然尚未獲得實際應用，但具有一定啟發性（如圖 3-1 所示）。一種是光導纖維聚光器，它由光導纖維透鏡和與之相連的光導纖維組成，陽光通過光纖透鏡聚焦後由光纖傳至使用處。另一種是熒光聚光器，它實際上是一種添加熒光色素的透明板（一般為有機玻璃），可吸收太陽光中與熒光吸收帶波長一致的部分，然後以比吸收帶波長更長的發射帶波長放出熒光。放出的熒光由於板和周圍介質的差異，而在板內以全反射的方式導向平板的邊緣面，其聚光比取決於平板面積和邊緣面積之比，很容易達到 10 ～ 100，這種平板對不同方向的入射光都能吸收，也能吸收散射光，不需要追蹤太陽。

3.2.2 太陽能熱利用系統

3.2.2.1 太陽能熱利用系統分類

按傳熱介質分類：可分為液體集熱器和空氣集熱器兩大類，其中以液體為傳熱介質的大多用水作介質，即構成各種太陽能熱水器；以空氣為傳熱介質的，則構成多種太陽能乾燥器。太陽能集熱器的核心是吸熱板，它的功能是吸收太陽的輻射能，並向傳熱介質傳遞熱量。在以液體為介質時，此種吸熱板有管板式、翼管式、扁盒式、蛇管式等，可用金屬材料和非金屬材料製成。吸熱板的向陽表面塗有黑色吸熱塗層。以空氣為傳熱介質的太陽能集熱器吸熱板的結構常有網格式、蜂窩式和多孔床式等。

按採光方式分類：可分為聚光式集熱器和非聚光式集熱器兩大類。非聚光式集熱器是利用熱箱原理（也稱溫室效應）將太陽能轉變為內能的設備。最常見的太陽能集熱器是非聚光式平板型集熱器。它的吸熱體基本上為平板形狀，吸熱面積與採光面積近似相等，其結構是利用溫室效應的非聚光式集熱器。在溫室充入 CO_2 可提高溫室效應。聚光式集熱器利用聚焦原理，即利用光線的反射和折射原理，採用反射器或折射器使陽光改變方向，把太陽光聚集集中照射在吸熱體較小的面積上，增大單位面積的輻射強度，從而使集熱器獲得更高的溫度。世界上最大的一面太陽能聚光型集熱器是法國比利牛斯山坡上的太陽能高溫爐。它的拋物面聚光反射鏡有 9 層樓高，面積有 1830 m^2，它是由 9500 塊小鏡片拼接而成的。反射鏡把安裝在對面山坡上的 63 塊巨型平面鏡反射過來的陽光聚焦，焦點處安裝高溫熔爐，溫度可達 4000℃ 以上。

按吸熱體周圍的狀態分類：可分為普通集熱器和真空管集熱器。

真空管集熱器是在玻璃壁與吸熱體之間抽成一定的真空度，以抑制空氣的對流和傳導熱損失。吸熱體表面鍍上一種特殊的塗層代替黑色的吸熱板，還可抑制吸熱體的輻射熱損失。因此，真空管集熱器具有比普通平板型集熱器更優良的熱性能。在高溫和低溫環境下均有較高的集熱效率。真空管集熱器按其材料結構可分為全玻璃型和金屬吸熱體型兩大類。其中全玻璃真空太陽能集熱管具有透過率和吸收率高、熱反射率低、對流熱損失小以及全年使用時間長等優良特性，同時製造過程簡便，技術成熟可靠，成本較低，全玻璃真空管熱水器的使用日益廣泛。如圖 3-2 所示為全玻璃真空管太陽能集熱器。

圖 3-2　全玻璃真空管太陽能集熱器

3.2.2.2　太陽能熱泵技術原理及其特點

太陽能熱泵一般是指利用太陽能作為蒸發器熱源的熱泵系統，區別於以太陽能光電或熱能發電驅動的熱泵機組。它把熱泵技術和太陽能熱利用技術有機地結合起來，可同時提高太陽能集熱器效率和熱泵系統性能。集熱器吸收的熱量作為熱泵的低溫熱源，在陰雨天，直膨式太陽能熱泵轉變為空氣源熱泵，非直膨式太陽能熱泵作為加熱系統的輔助熱源。因此，它可全天候工作，提供熱水或熱量。

1. 太陽能熱泵的分類　根據太陽能集熱器與熱泵蒸發器的組合形式（圖 3-3），可分為直膨式和非直膨式。在直膨式系統中，太陽能集熱器與熱泵蒸發器合二為一，即致冷材質直接在太陽能集熱器中吸收太陽輻射能而得到蒸發。在非直膨式系統中，太陽能集熱器與熱泵蒸發器分立，經過集熱介質（一般採用水、空氣、防凍溶液）在集熱器中吸收太陽能，並在蒸發器中將熱量傳遞給致冷劑，或者直接利用換熱器將熱量傳遞給需要預熱的空氣或水。根據太陽能集熱環路與熱泵循環的連接形式，非直膨式系統又可進一步分為串聯式、並聯式和雙熱源式。串聯式是指集熱環路與熱泵循環通過蒸發器加以串聯、蒸發器的熱源全部來自於太陽能集熱環路吸收的熱量；並聯式是指太陽能集熱環路與熱泵循環彼此獨立，前者一般用於預熱後者的加熱物件，或者後者作為前者的輔助熱源；雙熱源式與串聯式基本相同，只是蒸發器可同時利用包括太陽能在內的兩種低溫熱源。

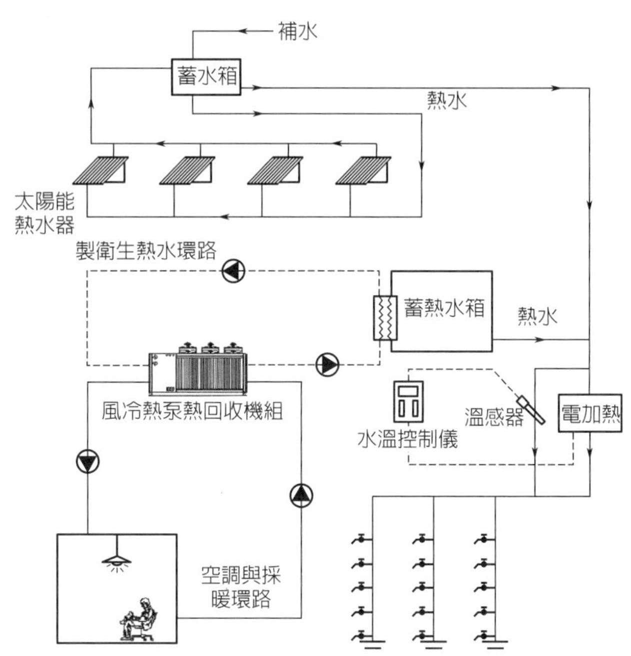

☼ **圖 3-3 太陽能集熱器與熱泵蒸發器組合系統**

2. 太陽能熱泵的技術特點 太陽能熱泵將太陽能利用技術與熱泵技術有機結合起來，具有以下幾個方面的技術特點。

(1) 與傳統的太陽能直接供熱系統相比，太陽能熱泵的最大優點是可以採用結構簡易的集熱器，集熱成本非常低。在直膨式系統中，太陽能集熱器的工作溫度與熱泵蒸發溫度保持一致，且與室外溫度接近，而非直膨式系統中，太陽能集熱環路往往作為蒸發器的低溫熱源，集熱介質溫度通常為 20 ～ 30℃，因此集熱器的散熱損失非常小，集熱器效率也相應提高。有研究證明，在非寒冷地區即使採用結構簡單、廉價的普通平板集熱器，集熱器效率也高達 60% ～ 80%，甚至採用無蓋板、無保溫的裸板集熱器也是可以的。

(2) 由於太陽能具有低密度、間歇性和不穩定性等缺點，一般的太陽能供熱系統往往需要採用較大的集熱和蓄熱裝置，並且配備相應的輔助熱源，這不僅造成系統初投資較高，而且較大面積的集熱器也難於佈置。太陽能熱泵基於熱泵的節能性和集熱器的高效性，在相同熱負荷條件下，太陽能熱泵所需的集熱器面積和蓄熱器容積等都要比常規系統小得多，使得系統結構更緊湊，佈置更靈活。

(3) 在太陽輻射條件良好的情況下，太陽能熱泵往往可以獲得比空氣源熱泵更高的蒸發溫度，因而具有更高的供熱性能係數（COP 可達到 4 以上），而且供熱性能受室外氣溫下降的影響較小。

(4) 由於太陽能無處不在、取之不盡，因此太陽能熱泵的應用範圍非常廣泛，不受當地水源條件和地質條件的限制，而且對自然生存環境幾乎不造成影響。

(5) 太陽能熱泵同其他類型的熱泵一樣也具有「一機多用」的優點，即冬季可供暖，夏季可致冷，全年可提供生活熱水。由於太陽能熱泵系統中設有蓄熱裝置，因此夏季可利用夜間谷時電力進行蓄冷運行，以供白天供冷之用，不僅營運費用便宜，而且有助於電力離峰供電。

(6) 考慮到致冷劑的充注量和洩漏問題，直膨式太陽能熱泵一般適用於小型供熱系統，如家用熱水器和供熱空調系統。其特點是集熱面積小、系統緊湊、集熱效率和熱泵性能高、適應性好、自動控制程度高等，尤其是應用於生產熱水，具有高效節能、安裝方便、全天候等優點，其造價與空氣源熱泵熱水器相當，性能更優越。

(7) 非直膨式系統具有形式多樣、佈置靈活、應用範圍廣等優點，適合於集中供熱、空調和供熱水系統。易於與建築一體化。

太陽能海水淡化最直接的方法就是利用太陽能集熱器收集太陽輻射熱量後加熱海水，海水蒸發後與海水中的鹽分分離，然後進入冷凝器冷凝達到淡化的目的（如圖 3-4 所示）。

☼ 圖 3-4　太陽能海水淡化裝置

3.3 太陽能光電轉換技術

太陽能電池是一種近年發展起來的新型的電池。太陽能電池是利用光電轉換原理使太陽的輻射光通過半導體物質轉變為電能的一種器件，這種光電轉換過程通常叫做「光生伏打效應」，因此太陽能電池又稱為「光伏電池」。

用於太陽能電池的半導體材料是一種介於導體和絕緣體之間的特殊物質，和任何物質的原子一樣，半導體的原子也是由帶正電的原子核和帶負電的電子組成，半導體矽原子的外層有 4 個電子，按固定軌道圍繞原子核轉動。當受到外來能量的作用時，這些電子就會脫離軌道而成為自由電子，並在原來的位置上留下一個「空穴」，在純淨的矽晶體中，自由電子和空穴的數目是相等的。如果在矽晶體中摻入硼、鎵等元素，由於這些元素能夠俘獲電子，它就成了空穴型半導體，通常用符號 P 表示；如果摻入能夠釋放電子的磷、砷等元素，它就成了電子型半導體，以符號 N 代表。若把這兩種半導體結合，交界面便形成一個 P-N 結。太陽能電池的奧妙就在這個「結」上，P-N 結就像一堵牆，阻礙著電子和空穴的移動。

當太陽能電池受到陽光照射時，電子接受光能，向 N 型區移動，使 N 型區帶負電，同時空穴向 P 型區移動，使 P 型區帶正電。這樣，在 P-N 結兩端便產生了電動勢，也就是通常所說的電壓。這種現象就是上面所說的「光生伏特效應」。如果這時分別在 P 型層和 N 型層焊上金屬導線，接通負載，則外電路便有電流通過，如此形成的一個個電池元件，把它們串聯、並聯起來，就能產生一定的電壓和電流，輸出功率。製造太陽能電池的半導體材料已知的有十幾種，因此太陽能電池的種類也很多。目前，技術最成熟，並具有商業價值的太陽能電池要算矽太陽能電池。

1953 年，美國貝爾研究所首先應用這個原理試製成功矽太陽能電池，獲得 6% 光電轉換效率的成果。太陽能電池的出現，好比一道曙光，尤其是航太領域的科學家，對它更是注目。這是由於當時宇宙空間技術的發展，人造地球衛星和太空船上的電子儀器和設備需要足夠的持續不斷的電能，而且要求重量輕、壽命長、使用方便，能承受各種衝擊、振動的影響。太陽能電池完全滿足這些要求，1958 年，美國的「先鋒一號」人造衛星就是用了太陽能電池作為電源，成為世界上第一個用太陽能供電的衛星，空間電源的需求使太陽能電池作為尖端技術，身價百倍。現在，各式各樣的衛星和空間飛行器上都裝上了佈滿太陽能電池的「翅膀」，使它們能夠在太空中長久遨遊。中國在 1958 年開始進行太陽能電池的研製工作，並於 1971 年將研製的太陽能電池用在了發射的第二顆衛星上。以太陽能電池作為電源可以使衛星安全工作達 20 年之久，而化學電池只能連續工作幾天。

空間應用範圍有限，當時太陽能電池造價昂貴，發展受到限。20世紀70年代初，世界石油危機促進了新能源的開發，開始將太陽能電池轉向地面應用，世界上許多國家掀起了開發利用太陽能和可再生能源的熱潮。1973年，美國制訂了政府級的陽光發電計畫，1980年又正式將光伏發電列入公共電力規劃，累計投入達8億多美元。1992年，美國政府頒佈了新的光伏發電計畫，制定了宏偉的發展目標。日本在20世紀70年代制訂了「陽光計畫」，1993年將「月光計畫」（節能計畫）、「環境計畫」、「陽光計畫」合併成「新陽光計畫」。德國等歐洲國家及一些發展中國家也紛紛制訂了相應的發展計畫。

太陽能電池近年也被人們用於生產、生活的許多領域。從 1974 年世界上第一架太陽能電池飛機在美國首次試飛成功以來，激起人們對太陽能飛機研究的熱潮，太陽能飛機從此飛速地發展起來，只用了六、七年時間太陽能飛機從飛行幾分鐘，航程幾公里發展到飛越英吉利海峽。現在，最先進的太陽能飛機，飛行高度可達 2 萬多公尺，航程超過 4000 km。另外，太陽能汽車也發展很快。

在建造太陽能電池發電站上，許多國家也取得了較大進展。1985 年，美國阿爾康公司研製的太陽能電池發電站，用 108 個太陽板，256 個光電池模組，年發電能力 300 萬度。德國 1990 年建造的小型太陽能電站，光電轉換率可達 30% 以上，適於為家庭和團體供電。1992 年，美國加州公用局又開始研製一種「革命性的太陽能發電裝置」。用太陽能電池發電確實是一種誘人的方式，據專家測算，如果能把撒哈拉沙漠太陽輻射能的 1% 收集起來，足夠全世界的所有能源消耗。

在生產和生活中，太陽能電池已在一些國家得到了廣泛應用，在遠離輸電線路的地方，使用太陽能電池給電器供電是節約能源降低成本的好辦法。芬蘭製成了一種用太陽能電池供電的彩色電視機，太陽能電池板就裝在住家的房頂上，還配有蓄電池，保證電視機的連續供電，既節省了電能又安全可靠。日本則側重把太陽能電池應用於汽車的自動換氣裝置、空調設備等民用工業。中國的一些電視差轉臺也已用太陽能電池為電源，投資省、使用方便，很受歡迎。

當前，太陽能電池的開發應用已逐步走向商業化、產業化；小功率、小面積的太陽能電池在一些國家已大批量生產，並得到廣泛應用；同時人們正在開發光電轉換率高、成本低的太陽能電池。可以預見，太陽能電池很有可能成為替代煤和石油的重要能源之一，在人們的生產、生活中占有越來越重要的位置。

3.3.1 晶體矽太陽能電池

3.3.1.1 光伏效應的原理

光生伏打效應（photovoltaic effect）簡稱為光伏效應，指光照使不均勻半導體或半導體與金屬組合的不同部位之間產生電位差的現象。產生這種電位差的機理有好幾種，主要的一種是由於阻擋層的存在。以下以 P-N 結為例說明。

1. 熱平衡態下的 P-N 結　P-N 結的形成：同質結可用一塊半導體經摻雜形成 P 區和 N 區。由於雜質的啟動能量 E 很小，在室溫下雜質差不多都電離成受主離子 N_A^- 和施主離子 N_D^+。在 P-N 區交界面處因存在載流子的濃度差，故彼此要向對方擴散。設想在結形成的一瞬間，在 N 區的電子為多子，在 P 區的電子為少子，使電子由 N 區流入 P 區，電子與空穴相遇又要發生複合，這樣在原來是 N 區的結面附近電子變得很少，剩下未經中和的施主離子 N_D^+ 形成正的空間電荷。同樣，空穴由 P 區擴散到 N 區後，由不能運動的受主離子 N_A^- 形成負的空間電荷。在 P 區與 N 區介面兩側產生不能移動的離子區（也稱耗盡區、空間電荷區、阻擋層），於是出現空間電偶層，形成內電場（稱內建電場），此電場對兩區多子的擴散有抵制作用，而對少子的漂移有幫助作用，直到擴散流等於漂移流時達到平衡，在介面兩側建立起穩定的內建電場（如圖 3-5 所示）。太陽能電池結構原理如圖 3-6 所示。

2. **P-N 結能帶與接觸電勢差**　在熱平衡條件下，結區有統一的 E_F；在遠離結區的部位，E_C、E_F、E_V 之間的關係與結形成前狀態相同。

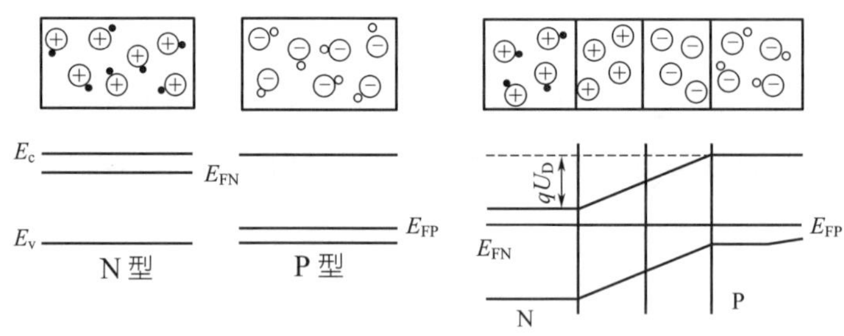

☼ 圖 3-5　熱平衡下 P-N 接面模型及能帶圖

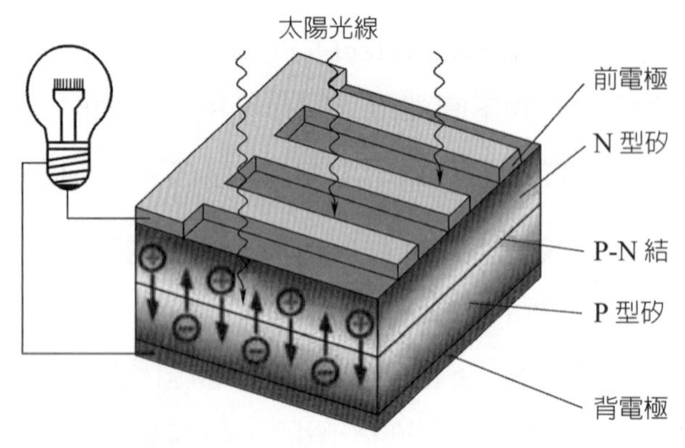

☼ 圖 3-6　太陽能電池結構原理

從能帶圖看，N 型、P 型半導體單獨存在時，E_{FN} 與 E_{FP} 有一定差值。當 N 型與 P 型兩者緊密接觸時，電子要從費米（Fermi）能級高的一方向費米能級低的一方流動，空穴流動的方向相反。同時產生內建電場，內建電場方向為從 N 區指向 P 區。在內建電場作用下，E_{FN} 將連同整個 N 區能帶一起下移，E_{FP} 將連同整個 P 區能帶一起上移，直至將費米能級拉平為 $E_{FN} = E_{FP}$，載流子停止流動為止。在接面區時，導帶與價帶則發生相應的彎曲，形成勢壘。勢壘高度等於 N 型、P 型半導體單獨存在時費米能級之差：

$$qU_D = E_{FN} - E_{FP}$$

得

$$U_D = (E_{FN} - E_{FP})/q$$

式中，q 為電子電量；U_D 為接觸電勢差或內建電勢。

對於在耗盡區以外的狀態：

$$U_D = (KT/q)\ln(N_A N_D/n_i^2)$$

式中，N_A、N_D、n_i 分別為受主、施主、特性的載流子濃度；K 為玻耳茲曼常數；T 為熱力學溫度；q 為電子電量。

可見 U_D 與摻雜濃度有關。在一定溫度下，P-N 接面兩邊摻雜濃度越高，U_D 越大。

禁帶寬的材料，n_i 較小，故 U_D 也大。

3. P-N 接面光電效應 當 P-N 接面受光照時，樣品對光子的本征（特性）吸收和非本征（特性）吸收都將產生光生載流子。但能引起光伏效應的只能是本征（特性）吸收所激發的少數載流子。因 P 區產生的光生空穴，N 區產生的光生電子屬多子，都被勢壘阻擋而不能過結。只有 P 區的光生電子和 N 區的光生空穴和接面區的電子空穴對（少子）擴散到接面電場附近時能在內建電場作用下漂移過接面。光生電子被拉向 N 區，光生空穴被拉向 P 區，即電子空穴對被內建電場分離。這導致在 N 區邊界附近有光生電子積累，在 P 區邊界附近有光生空穴積累。它們產生一個與熱平衡 P-N 接面的內建電場方向相反的光生電場，其方向由 P 區指向 N 區。此電場使勢壘降低，其減小量即光生電勢差，P 端正，N 端負。於是有接面電流由 P 區流向 N 區，其方向與光電流相反。

實際上，並非所產生的全部光生載流子都對光生電流有貢獻。設 N 區中空穴在壽命 τ_p 的時間內擴散距離為 L_p，P 區中電子在壽命 τ_n 的時間內擴散距離為 L_n。$L_n + L_p = L$ 遠大於 P-N 接面本身的寬度。故可以認為在接面附近平均擴散距離 L 內所產生的光生載流子都對光電流有貢獻。而產生的位置距離接面區超過 L 的電子空穴對，在擴散過程中將全部複合掉，對 P-N 接面光電效應無貢獻。

4. 光照下的 P-N 接面電流方程　與熱平衡時比較，有光照時，P-N 接面內將產生一個附加電流（光電流）I_{p}，其方向與 P-N 接面反向飽和電流 I_0 相同，一般 $I_p \geq I_0$。此時

$$I = I_0 e^{qU/(KT)} - (I_0 + I_p)$$

令 $I_p = SE$，則

$$I = I_0 e^{qU/(KT)} - (I_0 + SE)$$

(1) 開路電壓 U_{oc}　光照下的 P-N 接面外電路開路時，P 端對 N 端的電壓，即上述電流方程中 $I = 0$ 時的 U 值：

$$0 = I_0 e^{qU/(KT)} - (I_0 + SE)$$

$$U_{oc} = (KT/q)\ln[(SE + I_0)/I_0] \approx (KT/q)\ln(SE/I_0)$$

(2) 短路電流 I_{sc}　光照下的 P-N 接面外電路短路時，從 P 端流出，經過外

電路，從N端流入的電流稱為短路電流I_{sc}。即上述電流方程中$U=0$時的I值，得 $I_{sc}=SE$。

U_{oc} 與 I_{sc} 是光照下 P-N 接面的兩個重要參數，在一定溫度下，U_{oc} 與光照度 E 成對數關係，但最大值不超過接觸電勢差 U_D。弱光照下，I_{sc} 與 E 有線性關係。

a. 無光照時熱平衡態，NP 型半導體有統一的費米能級，勢壘高度為 $qU_D=E_{FN}-E_{FP}$。

b. 穩定光照下 P-N 接面外電路開路，由於光生載流子積累而出現光生電壓 U_{oc} 不再有統一費米能級，勢壘高度為 $q(U_D-U_{oc})$。

c. 穩定光照下 P-N 接面外電路短路，P-N 接面兩端無光生電壓，勢壘高度為 qU_D，光生電子空穴對被內建電場分離後流入外電路形成短路電流。

d. 有光照有負載，一部分光電流在負載上建立起電壓 U_f，另一部分光電流被 P-N 接面因正向偏壓引起的正向電流抵銷，勢壘高度為 $q(U_D-U_f)$。

從固體物理學上講，矽材料並不是最理想的光伏材料，這主要是因為矽是間接能帶半導體材料，其光吸收係數較低，所以研究其他光伏材料成為一種趨勢。其中，碲化鎘（CdTe）和銅銦硒（$CuInSe_2$）被認識是兩種非常有前途的光伏材料，而且目前已經取得一定的進展，但是距離大規模生產，並與晶體矽太陽能電池抗衡需要進行大量的研究工作。

1839 年，法國 Becqueral 第一次在化學電池中觀察到光伏效應。1876 年，在固態硒（Se）的系統中也觀察到了光伏效應，隨後開發出 Se/CuO 光電池。有關矽光電池的報導出現於 1941 年。貝爾實驗室 Chapin 等人 1954 年開發出效率為 6% 的單晶矽光電池，現代矽太陽能電池時代從此開始。矽太陽能電池於 1958 年首先在航空器上得到應用。在隨後 10 多年裡，矽太陽能電池在空間應用不斷擴大，製程不斷改進，電池設計逐步定型。這是矽太陽能電池發展的第一個時期。第二個時期開始於 20 世紀 70 年代初，在這個時期背表面場、細柵金屬化、淺結表面擴散和表面織構化開始引入到電池的製造過程方法中，太陽能電池轉換效率有了較大提高。與此同時，矽太陽能電池開始在地面應用，而且不斷擴大，到 20 世紀 70 年代末地面用太陽能電池產量已經超過空間電池產量，並促使成本不斷降低。20 世紀 80 年代初，矽太陽能電池進入快速發展的第三個時期。這個時期的主要特徵是把表面鈍化技術、降低接觸複合效應、後處理提高載流子壽命、改進陷光效應引入到電池的製造過程中。以各種高效電池為代表，電池效率大幅度提高，商業化生產成本進一步降低，應用不斷擴大。

在太陽能電池的整個發展歷程中，先後出現過各種不同結構的電池，如蕭特基（Ms）電池，MIS電池，MINP電池；異質接面電池〔如ITO(N)/Si(P)，a-Si/c-Si，Ge/Si〕等。其中同質P-N接面電池結構自始至終占主導地位，其他結構對太陽能電池的發展也有重要影響。以材料區分，有晶矽電池、非晶矽薄膜電池、銅銦硒（CIS）電池、碲化鎘（CdTe）電池、砷化稼電池等，而以晶矽電池為主導，由於矽是地球上儲量第二大元素，作為半導體材料，人們對它研究得最多、技術最成熟，而且晶體矽性能穩定、無毒，因此成為太陽能電池研究開發、生產和應用中的主體材料。

3.3.1.2　晶矽電池的技術發展

晶矽電池在 20 世紀 70 年代初引入地面應用。在石油危機和降低成本的推動下，太陽能電池開始了一個蓬勃發展時期，這個時期不但出現了許多新型電池，而且引入許多新技術。例如：

(1) 背表面電場（BSF）電池——在電池的背面接觸區引入同型重摻雜區，由於改進了接觸區附近的收集性能而增加電池的短路電流，背場的作用可以降低飽和電流，從而改善開路電壓，提高電池效率。

(2) 紫光電池——這種電池最早（1972年）是為通信衛星開發的。因其淺接面（0.1～0.2 μm）密柵（30/cm）、減反射（$Ta_2O_5^-$ 短波透過好）而獲得高效率。在一段時間裡，淺接面被認為是高效的關鍵技術之一而被採用。

(3) 表面織構化電池——也稱絨面電池，最早（1974）也是為通信衛星開發的。其 AM0 時電池效率 $\eta \geq 15\%$，AM1 時 $\eta > 18\%$。這種技術後來被高效電池和工業化電池普遍採用。

(4) 異質接面太陽能電池——即不同半導體材料在一起形成的太陽能電池，例如 SnO_2/Si，In_2O_3/Si，(In_2O_3 + SnO_2)/Si 電池等。由於 SnO_2、In_2O_3、(In_2O_3 + SnO_2) 等帶隙寬，透光性好，製作電池過程簡單，曾引起許多研究者的興趣。目前因效率不高等問題研究者已不多，但 SnO_2、In_2O_3、(In_2O_3 + SnO_2) 是許多薄膜電池的重要構成部分，可供收集電流和視窗材料使用。

(5) MIS 電池——是蕭特基（MS）電池的改型，即在金屬和半導體之間加入 1.5 ～ 3.0 nm 絕緣層，使 MS 電池中多子支配暗電流的情況得到抑制，而變成少子穿隧決定暗電流，與 P-N 接面類似。

經過改進的 MIS 電池正面有 20 ～ 40 μm 的 SiO_2 膜，在膜上真空蒸發金屬柵線，整個表面再沈積 SiN 薄膜。SiN 薄膜的作用是：a. 保護電池，增加耐候性；b. 作為減反射層（ARC），降低薄膜複合速度；c. 在 P 型半導體一側產生一個 N 型導電反型層。對效率產生決定性影響的是在介電層中使用了銀。該電池優點是製程簡單，但反型層的薄層電阻太高。

(6) MINP 電池——可以把這種電池看作是 MIS 電池和 P-N 接面的結合，其中氧化層對表面和晶界複合起抑制作用。這種電池對後來的高效電池產生過渡作用。

(7) 聚光電池——聚光電池的特點是電池面積小，從而可以降低成本，同時在高光強下可以提高電池開路電壓，從而提高轉換效率，因此聚光電池一直受到重視。比較典型的聚光電池是史丹佛大學的點接觸聚電池，其結構與非聚光點接觸電池結構相同，不同處是採用 200 Ω · cm 高阻 N 型材料並使電池厚度降低到 100 ～ 160 μm，使體內複合進一步降低。這種電池的轉換效率可達 26.5%。

在過去 20 年裡晶矽電池有了很大發展，許多新技術的採用和引入使太陽能電池效率有了很大提高。在早期的矽電池研究中，人們探索各種各樣的電池結構和技術來改進電池性能，如背表面場、淺結、絨面、氧化膜鈍化、Ti/Pd

金屬化電極和減反射膜等。後來的高效電池是在這些早期實驗和理論基礎上的發展起來的，並趨向高效化和薄膜化。

1. 單晶矽高效電池　單晶矽高效電池的典型代表是史丹福大學的背面點接觸電池（PCC），新南威爾士大學（UNSW）的鈍化發射區電池（PESC，PERC，PERL）以及德國 Fraunhofer 研究院的太陽能研究所的深結局部背場電池（LBSF）等。

中國在「八五」和「九五」期間也進行了高效電池研究，並取得了可喜結果。近年來矽電池的一個重要進展來自於表面鈍化技術的提高。從鈍化發射區太陽能電池（PESC）的薄氧化層（< 10 nm）發展到PCC/PERC/PERL電池的厚氧化層（110 nm）。熱氧化鈍化表面技術已使表面態密度降到10 cm^2 以下，表面複合速度降到100 cm/s以下。此外，表面V形槽和倒金字塔技術、雙層減反射膜技術的提高和陷光理論的完善也進一步減小了電池表面的反射和對紅外光的吸收。低成本高效矽電池也得到了快速發展。

(1) 新南威爾士大學高效電池

a. 鈍化發射區電池（PESC）：PESC 電池 1985 年問世，1986 年 V 形槽技術又被應用到該電池上，效率突破 20%。V 形槽對電池的貢獻是：減少電池表面反射；垂直光線在 V 形槽表面折射後以 41° 角進入矽片，使光生載流子更接近發射接面，提高了收集效率，對低壽命襯底尤為重要；V 形槽可使發射極橫向電阻降低 3 倍。由於 PESC 電池的最佳發射極方塊電阻在 150 Ω 以上，降低發射極電阻可提高電池填充因數。

在發射接面擴散後，Al 層沈積在電池背面，再熱生長 10 nm 表面鈍化氧化層，並使背面 Al 和矽形成合金，正面氧化層可大大降低表面複合速度，背面 Al 合金可吸除體內雜質和缺陷，因此開路電壓得到提高。早期 PESC 電池採用淺接面，然而後來的研究證明，淺接面只是對沒有表面鈍化的電池有效，對有良好表面鈍化的電池是不必要的，而氧化層鈍化的性能和鋁吸除的作用能在較高溫度下增強，因此最佳 PESC 電池的發射接面深增加到 1 μm 左右。值得注意的是，目前所有效率超過 20% 的電池都採用深接面而不是淺接面。淺接面電池已成為歷史。

PESC 電池的金屬化由剝離方法形成 Ti-Pd 接觸，然後電鍍 Ag 構成。這種金屬化有相當大的厚／寬比和很小的接觸面積，因此這種電池可以做到大於 83% 的填充因數和 20.8%（AM1.5）的效率。

b. 鈍化發射區和背表面電池（PERC）：鋁背面吸雜是 PESC 電池的一個關鍵技術。然而由於背表面的高復合和低反射，它成了限制 PESC 電池技術進一步提高的主要因素。PERC 和 PERL 電池成功地解決了這個問題。它用背面點接觸來代替 PESC 電池的整個背面鋁合金接觸，並用 TCA（氯乙烷）生長的 110 nm 厚的氧化層來鈍化電池的正表面和背表面。TCA 氧化產生極低的介面態密度，同時還能排除金屬雜質和減少表面層錯，從而能保持襯底原有的少子壽命。由於襯底的高少子壽命和背面金屬接觸點處的高復合，背面接觸點設計成 2 mm 的大間距和 200 μm 的接觸孔徑。接觸點間距需大於少子擴散長度以減小復合。這種電池達到了大約 700 mV 的開路電壓和 22.3% 的效率。然而，由於接觸點間距太大，串聯電阻高，因此填充因數較低。

c. 鈍化發射區和背面局部擴散電池（PERL）：在背面接觸點下增加一個濃硼擴散層，以減小金屬接觸電阻。由於硼擴散層減小了有效表面復合，接觸點間距可以減小到 250 μm，接觸孔徑減小到 10 μm 而不增加背表面的復合，從而大大減小了電池的串聯電阻。PERL 電池達到了 702 mV 的開路電壓和 23.5% 的效率。PERC 和 PERL 電池的另一個特點是其極好的陷光效應。由於矽是間接帶隙半導體，對紅外的吸收係數很低，一部分紅外光可以穿透電池而不被吸收。理想情況下入射光可以在襯底材料內往返穿過 $4n^2$ 次，n 為矽的折射率。PERL 電池的背面，由鋁在 SiO_2 上形成一個很好反射面，入射光在背表面上反射回正表面，由於正表面的倒金字塔結構，這些反射光的一大部分又被反射回襯底，如此往返多次。美國 Sandia 國家實驗室的 P.Basore 博士發明了一種紅外分析的方法來測量陷光性能，測得 PERL 電池背面的反射率大於 95%，陷光係數大於往返 25 次。因此 PERL 電池的紅外回應極高，也特別適應於對單色紅外光的吸收。在 1.02 μm 波長的單色光下，PERL 電池的轉換效率達到 45.1%。這種電池的效率也達到了 20.8%。

d. 埋柵電池：UNSW 開發的鐳射刻槽埋柵電池，在發射結擴散後，用鐳射在前面刻出 20 μm 寬、40 μm 深的溝槽，將槽清洗後進行濃磷擴散。然後在槽內鍍出金屬電極。電極位於電池內部，減少了柵線的遮蔽面積。電池背面與 PESC 相同，由於刻槽會引進損傷，其性能略低於 PESC 電池。電池效率達到 19.6%。

(2) 史丹佛大學的背面點接觸電池（PCC）　點接觸電池的結構與 PERL 電池一樣，用 TCA 生長氧化層鈍化電池正反面。為了減少金屬條的遮光效應，金屬電極設計在電池的背面。電池正面採用由光刻製成的金字塔（絨面）結構。位於背面的發射區被設計成點狀，50 μm 間距，10 μm 擴散區，5 μm 接觸孔徑，基區也作成同樣的形狀，這樣可減小背面複合。襯底採用 N 型低阻材料（取其表面及體內複合均低的優勢），襯底減薄到約 100 μm，以進一步減小體內複合。這種電池的轉換效率在 AM1.5 下為 22.3%。

(3) 德國 Fraunhofer 研究院的太陽能研究所的深結局部背場電池（LBSF）　LBSF 的結構與 PERL 電池類似，也採用 TCA 氧化層鈍化和倒金字塔正面結構。由於背面硼擴散一般造成高表面複合，局部鋁擴散被用來製作電池的表面接觸，2 cm×2 cm 電池效率達到 23.3%。

(4) 日本 SHARP 的 Si/μc-Si 異質接面高效電池　SHARP 公司能源轉換實驗室的高效電池，前面採用絨面織構化，在 SiO_2 鈍化層上沈積 SiN，用 RF-PECVD 摻硼的 μc-Si 薄膜作為背場，用 SiN 薄膜作為後表面的鈍化層，Al 層通過 SiN 上的孔與 μc-Si 薄膜接觸。5 cm×5 cm 電池在 AM1.5 條件下效率達到 21.4%（V_{oc} = 669 mV，I_{sc} = 40.5 mA，FF = 0.79）。

(5) 中國單晶矽高效電池　天津電源研究所開展了高效電池研究，其電池結構類似 UNSW 的 V 形槽 PESC 電池，電池效率達到 20.4%。北京市太陽能研究所「九五」期間在當地政府支援下開展了高效電池研究，電池前面有倒金字塔織構化結構，2 cm×2 cm 電池效率達到了 19.8%，大面積（5 cm×5 cm）鐳射刻槽埋柵電池效率達到了 18.6%。

2. 多晶矽太陽能電池　多晶矽太陽能電池的出現主要是為了降低成本，其優點是能直接製備出適於規模化生產的大尺寸方型矽錠，設備比較簡單，製造過程簡單、省電、節約矽材料，對材質要求也較低。晶界及雜質影響可經過電池製程改善；由於材質和晶界影響，電池效率較低。電池製程主要採用吸雜、鈍化、背場等技術。

近年來吸雜製程再度受到重視，包括三氯氧磷吸雜及鋁吸雜製程。吸雜製程也在微電子器件製程中得到應用，可見其對純度達到一定水平的單晶矽矽片也有作用，但其所用的條件未必適用於太陽能電池，因而要研究適合太陽能電池專用的吸雜製程。研究證明，在多晶矽太陽能電池上，不同材料的吸雜作用是不同的，特別是對碳含量高的材料就顯不出磷吸雜的作用。有學者提出了磷吸雜模型，即吸雜的速率受控於兩個步驟：① 金屬雜質的釋放／擴散決定了吸雜溫度的下限；② 分凝模型控制了吸雜的最佳溫度。另有學者提出，在磷擴散時矽的自間隙電流的產生是吸雜機制的基本因素。

一般鋁吸雜製程是在電池的背面蒸鍍鋁膜後經過燒接面形成，也可同時形成電池的背場。近幾年在吸雜上的工作證明，它對高效單晶矽太陽能電池及多晶矽太陽能電池都會產生一定的作用。

鈍化是提高多晶矽質量的有效方法。一種方法是採用氫鈍化，鈍化矽體內的懸掛鍵等缺陷。在晶體生長中受應力等影響造成缺陷越多的矽材料，氫鈍化的效果越好。氫鈍化可採用離子注入或等離子體處理。在多晶矽太陽能電池表面採用 PECVD 法鍍上一層氮化矽減反射膜，由於矽烷分解時產生氫離子，對多晶矽可產生氫鈍化的效果。

在高效太陽能電池上常採用表面氧鈍化的技術來提高太陽能電池的效率，近年來在光伏級的晶體矽材料上使用也有明顯的效果，尤其採用熱氧化法效果更明顯。使用 PECVD 法在更低的溫度下進行表面氧化，近年來也被使用，具有一定的效果。

多晶矽太陽能電池的表面由於存在多種晶向，不如（100）晶向的單晶矽那樣能經由腐蝕得到理想的絨面結構，因而對其表面進行各種處理以達減反射的作用也為近期研究目標，其中採用多刀砂輪進行表面刻槽，對 10 cm×10 cm 面積矽片的工序時間可降到 30 s，具有了一定的實用潛力。

多孔矽作為多晶矽太陽能電池的減反射膜具有實用意義，其減反射的作用已能與雙重減反射膜相比，所得多晶矽電池的效率也能達到 13.4%。中國北京有色金屬研究總院，及中國科學院感光化學研究所共同研製的在絲網印刷的多晶矽太陽能電池上使用多孔矽，也已達到接近實用的結果。

由於多晶矽材料製作成本低於直拉法（CZ）單晶矽材料，因此多晶矽元件比單晶矽元件具有更大的降低成本的潛力，因而提高多晶矽電池效率的研究工作也受到普遍重視。近 10 年來多晶矽高效電池的發展很快，其中比較有代表性的工作是 Georgia Tech 電池、UNSW 電池、Kysera 電池等。

(1) Georgia Tech 電池　美國 Georgia 工業大學光伏中心使用電阻率 0.65 Ω · cm、厚度 280 μm 的 HEM（熱交換法）多晶矽片製作電池，N^+ 發射區的形成和磷吸雜結合，採用快速熱過程製備鋁背場，用 lift-off 法製備 Ti/Pd/Ag 前電極，並加雙層減反射膜。1 cm^2 電池的效率 AM 1.5 下達到 18.6%。

(2) UNSW 電池　UNSW 光伏中心的高效多晶矽電池製程基本上與 PERL 電池類似，只是前表面織構化不是倒金字塔，而是用光刻和腐蝕製程製備的蜂窩結構。多晶矽片由義大利的 Eurosolare 提供，1 cm^2 電池的效率 AM 1.5 下達到 19.8%。這是目前水平最高的多晶矽電池的研究結果。該製程打破了多晶矽電池不適合採用高溫過程的傳統觀念。

(3) Kysera 電池　日本 Kysera 公司在多晶矽高效電池上採用體鈍化和表面

鈍化技術，PECVDSiN 膜既作為減反射膜，又作為體鈍化措施，表面織構化採用反應性粒子刻邊技術。背場則採用絲印鋁漿燒結形成。電池前面柵線也採用絲印技術。15 cm×15 cm 大面積多晶矽電池效率達 17.1%。目前日本正計畫實現這種電池的產業化。

(4) 中國多晶矽電池　北京有色金屬研究總院在多晶矽電池方面做了大量研究工作，目前 10 cm×10 cm 電池效率達到 11.8%。北京市太陽能研究所在「九五」期間開展了多晶矽電池研究，1 cm^2 電池效率達到 14.5%。中國試生產的 10 cm×10 cm 多晶矽太陽能電池的效率為 10% ～ 11%，最高效率為 12%。

3. 多晶矽薄膜電池　自 20 世紀 70 年代以來，為了大幅度降低太陽能電池的成本，光伏界一直在研究開發薄膜電池，並先後開發出非晶矽電池、碲化鎘（CdTe）電池、銅銦硒（CIS）電池等。特別是非晶矽電池，20 世紀 80 年代初一問世，很快實現了商業化生產。1987 年非晶矽電池的市場占有率超過 40%。但非晶矽電池由於效率低、不穩定（光衰減），市場占有率逐年降低，1998 年市場占有率降為 13%。CdTe 電池性能穩定，但由於資源有限和 Cd 毒性大，近 10 年來市場占有率一直維持在 13% 左右；CIS 電池的實驗室效率不斷攀升，最近達到 18%，但由於中試產品的重複性和一致性沒有根本解決，產業化進程一再推後，至今仍停留在實驗室和中試階段。

與此同時，晶體矽電池效率不斷提高，技術不斷改進，加上晶體矽穩定、無毒、材料資源豐富，人們開始考慮開發多晶矽薄膜電池。多晶矽薄膜電池既具有晶體矽電池的高效、穩定、無毒和資源豐富的優勢，又具有薄膜電池製程簡單、節省材料、大幅度降低成本的優點，因此多晶矽薄膜電池的研究開發成為近幾年的熱點。另一方面，採用薄片矽技術，避開拉製單晶矽或澆鑄多晶矽、切片的昂貴工藝和材料浪費的缺點，達到降低成本的目的。嚴格說，後者不屬於薄膜電池技術，只能算作薄片化矽電池技術。

(1) CVD（化學氣相沈積）多晶矽薄膜電池　各種 CVD（PECVD，RTCVD，cat-CVD，Hot-wire CVD 等）技術被用來生長多晶矽薄膜，在實驗室內有些技術獲得了重要的結果。例如日本 Kaneka 公司採用 PECVD 技術在 550℃ 以下和玻璃襯底上製備出具有 pin 結構的多晶矽薄膜電池，電池總厚度約 2 μm，效率達到 10%；德國 Fraunhofer 研究院之太陽能研究所使用 SiO_2 和 SiN 包覆陶瓷或 SiC 包覆石墨為襯底，用快速熱化學氣相沈積（RTCVD）技術沈積多晶矽薄膜，矽膜經過區熔再結晶（ZMR）後製備太陽能電池，兩種襯底的電池效率分別達到 9.3% 和 11%。

北京市太陽能研究所自 1996 年開始開展多晶矽薄膜電池的研究工作。該所採用 RTCVD 技術在重摻雜非活性矽襯底上製備多晶矽薄膜和電池，1 cm^2 電池效率在 AM 1.5 條件下達到 13.6%，目前正在向非矽質襯底轉移。

(2) 多層多晶矽薄膜電池　UNSW 1994 年提出一種多層多晶矽薄膜電池的概念和技術，1994 年與 Pacific Power 公司合作成立 Kcific Solar 公司開發這種電池。最近報導，該公司已經生產出 30 cm×40 cm 的中試電池組件。薄膜採用 CVD 製程沈積，襯底為玻璃，經過鐳射刻槽和化學鍍實現接觸、互聯和集成。據稱，電池組件的主要成本是封裝玻璃，商業化後的發電成本可與煤電相比。

3.3.2　非晶矽太陽能電池

1976 年卡爾松和路昂斯基報告了無定形矽（簡稱 a-Si）薄膜太陽能電池的誕生。單位面積樣品的光電轉換效率為 2.4%。時隔 20 多年，a-Si 太陽能電池現在已發展成為最實用廉價的太陽能電池品種之一。非晶矽科技已轉化為一個大規模的產業，世界上總元件生產能力每年在 50 MW 以上，元件及相關產品銷售額在 10 億美元以上。應用範圍小自手錶、計算器電源大到 10 MW 級的獨立電站。涉及諸多品種的電子消費品、照明和家用電源、農牧業抽水、廣播通信台站電源及中小型聯網電站等。a-Si 太陽能電池成了光伏能源中的一支生力軍，對整個潔淨可再生能源發展產生了巨大的推動作用。非晶矽太陽能電池的誕生、發展過程是生動、複雜和曲折的，全面總結其中的經驗教訓，對於進一步推動薄膜非晶矽太陽能電池領域的科技進步和相關高新技術產業的發展有著重要意義。況且，由於從非晶矽材料及其太陽能電池研究到有關新興產業的發展是科學技術轉化為生產力的典型事例，其中的規律性對其他新興科技領域和相關產業的發展也會有有益的啟示。本文將追述非晶矽太陽能電池的誕生、發展過程，簡要評述其中的關鍵之點，指出進一步發展的方向。

3.3.2.1 非晶矽太陽能電池的誕生

1. 社會需求催生 a-Si 太陽能電池　太陽能電池在 20 世紀 70 年代中期誕生，這是科學家力圖使自己從事的科研工作適應社會需求的一個範例。他們在報告中提出了發明非晶矽太陽能電池的兩大目標：與昂貴的晶體矽太陽能電池競爭；利用非晶矽太陽能電池發電，與一般能源競爭。20 世紀 70 年代曾發生過有名的能源危機，這種背景催促科學家把對 a-Si 材料的一般性研究轉向廉價太陽能電池應用技術創新，這種創新實際上又是非晶半導體向晶體半導體的第三次挑戰。太陽能電池本來是晶體矽的應用領域，挑戰者稱，太陽能電池雖然是高性能的光電子器件，但不一定要用昂貴的晶體半導體材料製造，廉價的非晶矽薄膜材料也可以勝任。

2. 非晶矽太陽能電池的理論與技術基礎的確立　無定形材料第一次在光電子器件領域嶄露頭角是在 1950 年。當時人們在尋找適用於電視錄影管和複印設備用的光電導材料時找到了無定形硒（a-Se）和無定形三硫化銻（a-SbS_3）。當時還不存在非晶材料的概念及有關的領域，而晶體半導體的理論基礎——能帶理論，早在 20 世紀 30 年代就已成熟，電晶體已經發明，晶體半導體光電特性和元件開發正是熱點。而 a-Se 和 a-SbS_3 這類材料居然在沒有基礎理論的情況下發展成為產值在 10 億美元的大產業，非晶材料的這第一次挑戰十分成功，還啟動了對非晶材料的科學技術研究。

1957 年斯皮爾成功地測量了 a-Se 材料的漂移遷移率；1958 年美國的安德松第一次在論文中提出，無定形體系中存在電子局域化效應；1960 年，前蘇聯人約飛與熱格爾在題為「非晶態、無定形態及液態電子半導體」的文章中，提出了對非晶半導體理論有重要意義的論點，即決定固體的基本電子特性是屬於金屬還是半導體、絕緣體的主要因素是構成凝聚態的原子短程結構，即最近鄰的原子配位元情況。從 1960 年起，人們開始致力於製備 a-Si 和 a-Ge 薄膜材料。早先採用的方法主要是濺射法。同時有人系統地研究了這些薄膜的光學特性。1965 年斯特林等人第一次採用輝光放電（GD）或等離子體增強化學氣相沈積（簡為 PECVD）製備了氫化無定形矽（a-Si-H）薄膜。這種方法採用射頻（直流）電磁場激發低壓矽烷等氣體，輝光放電化學分解，在襯底上形成 a-Si 薄膜。開始採用的是電感耦合方式，後來演變為電容耦合方式，這就是後來的太陽能電池用 a-Si 材料的主要製備方法。

1960 年發生了非晶半導體在元件應用領域向晶體半導體的第二次挑戰。這就是當年美國人歐夫辛斯基發現硫系無定形半導體材料具有電子開關存儲作用。這個發現在應用上雖然不算成功，但在學術上卻具有突破性的價值。諾貝爾獎獲得者莫特稱，這比電晶體的發明還重要。它把科學家的興趣從傳統的晶體半導體材料引向了非晶半導體材料，掀起了研究非晶半導體材料的熱潮。中國也正是在 20 世紀 60 年代末期開始從事該領域的研究的。從 1966 年到 1969 年有關科學家深入開展了基礎理論研究，解決了非晶半導體的能帶理論，提出了電子能態分佈的 Mott-CFO 模型和遷移邊的構想。

電子能帶理論是半導體材料和元件的理論基礎。它可以指導半導體元件的設計和製程，分析材料和元件的性能。儘管目前非晶矽能帶理論還不很完善，也存在爭議，但畢竟為非晶半導體元件提供了理論上的依據。

3. 半導體能帶結構簡介　固體能帶理論是把量子力學原理用於固態多體系統推算出來的。即，在特定的晶格和相應的電勢場分佈下求解薛定格方程式，獲得體系中電子態按能量的分佈。在晶體情況下，晶格結構具有空間的周期性，相應的電勢場也呈周期性分佈。在晶格絕熱近似和單電子近似條件下，可以求得相當準確的電子能態分佈，即電子能帶結構。晶體能帶的基本特徵是，存在導帶與價帶以及隔開這兩者的禁帶，或者稱為帶隙。

導帶底和價帶頂有單一的能量值，在導帶底以上的導帶態為擴展態，這些態上的電子是遷移率很高的自由電子。價帶頂以下的能態為空穴的擴展態，這裡的自由空穴遷移率也很高。理想半導體禁帶中是沒有電子能態的。但在半導體中難免有缺陷和雜質，分別具有各自的能態，表面和介面處晶格不連續帶來表面態和介面態，這些異常的能態常常落在禁帶中，稱為隙態。其上占據的電子是局域化的，產生載流子複合產生中心的作用。晶體的隙態密度很小，通常在 $10^{15}/cm^3$ 左右，且呈離散分佈。

另一方面，固體中電子按照能量的統計分佈遵循費米分佈函數規律。被電子占據的機率為 1/2 的能級稱為費米能級。費米能級也稱為平衡體系的化學勢。通常情況下，半導體的費米能級位於禁帶。費米能級距導帶底較近，則電子為多數載流子，材料為 N 型。費米能級距價帶頂近的，空穴為多數載流子，材料為 P 型。費米能級位置可以經過適當摻雜加以調節。就是說，半導體電導的數量和類型都可以用摻雜的方法調節。

由於非晶矽材料是亞穩固體，其晶格的近程配位元與相應晶體的相當。但它是長程無序，原子間的鍵長與鍵角存在隨機的微小變化，它的實際結構為矽原子組成的網路結構；網路內的矽懸掛鍵密度比較高。這些是非晶矽結構的兩個基本特點。這樣複雜的體系的電子能帶結構與晶體能帶既有相似之處，也存在巨大的差別。其相似之處在於，價電子能帶也可分為導帶、價帶和禁帶，但導帶與價帶都帶有伸向禁帶的帶尾態。帶尾態與鍵長、鍵角的隨機變化有關，導帶底價帶頂被模糊的遷移邊取代，擴展態與局域態在遷移邊是連續變化的，高密度的懸掛鍵在隙帶中引進高密度的局域態。

通常隙態密度高於 $10^{17}/cm^3$，過剩載流子藉由隙態複合，所以通常非晶材料的光電導很低，摻雜對費米能級的位置的調節作用也很小，這種 a-Si 材料沒有有用的電子特性。氫化非晶矽材料中大部分的懸掛鍵被氫補償，形成矽氫鍵，可以使隙態密度降至 $10^{16}/cm^3$ 以下，這樣的材料才表現出良好的元件級電子特長。

4. a-Si 太陽能電池的基本結構 對 a-Si 薄膜摻雜以控制其導電類型和電導數量的工作，1975 年第一次由萊康柏和斯皮爾實現，同時也就實現了 a-Si/P-N 結的製作。事實上，由於 a-Si 多缺陷的特點，a-Si/P-N 結是不穩定的，而且光照時光電導不明顯，幾乎沒有有效的電荷收集。所以，a-Si 太陽能電池基本結構不是 P-N 接面而是 PiN 接面。摻硼形成 P 區，摻磷形成 N 區，i 為非雜質或輕摻雜的特性層（因為非摻雜是弱 N 型）。重摻雜的 P、N 區在電池內部形成內建勢，以收集電荷。同時兩者可與導電電極形成歐姆接觸，為外部提供電功率。i 區是光敏區，光電導／暗電導比在 105 ～ 106，此區中光生電子空穴是光伏電力的源泉。

非晶體矽結構的長程無序破壞了晶體矽光電子躍遷的選擇定則，使之從間接帶隙材料變成了直接帶隙材料，對光子的吸收係數很高，對敏感光譜域的吸收係數在 10^{14} cm^{-1} 以上，通常 0.5 μm 左右厚度的 a-Si 就可以將敏感譜域的光吸收殆盡。所以，PiN 結構的 a-Si 電池的厚度取 0.5 μm 左右，而作為死光吸收區的 P、N 層的厚度在 10 nm 量級。

總之，非晶矽太陽能電池既是應用需求的產物，又是非晶半導體技術探索和基礎理論研究的結果。科技創新與社會需求相結合產生巨大的價值。當今每一項科技創新都包含技術探索和基礎理論研究兩方面，不可偏廢其中之一。當然，不同課題或一個課題的不同發展階段，側重點會有不同。科學技術發展史上，有些領域先形成基礎理論，等待技術成熟後才結出碩果，也有些領域先產生應用技術，技術發展推動基礎理論研究，產生理論成果，理論的確立又指導應用技術走向成熟。

3.3.2.2　非晶矽太陽能電池的初期發展

1. 初期的技術進步和繁榮　半導體巨型電子元件——太陽能電池可用廉價的非晶矽材料和製程製作，這就激發了科研人員、研究單位紛紛投入到這個領域的研究中，也引起了企業界的重視和許多國家政府的關注，從而推動了非晶矽太陽能電池的大發展。非晶矽太陽能電池很快走出了實驗室，走進了中試線和較大規模的生產線。從技術上看，非晶矽太陽能電池這一階段的進步主要表現在：① 從簡單的 ITO/P/i/N(a-Si)/Al 發展成為 SnO_2(F)/P-a-SiC/i-a-Si/N-a-Si/Al 這樣比較複雜實用的結構，SnO_2 透明導電膜比 ITO 更穩定，成本更低，易於實現織構，從而增加太陽能電池對光的吸收，採用 a-SiC：H 作為 P 型的窗口層，帶隙更寬，減少了 P 層的光吸收損失，更好地利用入射的太陽光能；② 對 a-Si 層和兩個電極薄層分別實現了鐳射劃線分割，實現了積體化元件的生產；③ 出現了單次成批次生產和多室的連續生產非晶矽薄膜的兩種方式。在生產上還出現了以透明導電玻璃為襯底的元件生產和以柔性材料（如不銹鋼）為襯底的兩種電池組件的生產方式。世界上出現了許多以 a-Si 太陽能電池為主要產品的企業或企業分支。例如，美國的 CHRONAR、SOLAREX、ECD 等，日本的三洋、富士、夏普等。CHRONAR 公司是 a-Si 太陽能電池產業開發的急先鋒，不僅自己有生產線，還向其他國家輸出了 6 條兆瓦級生產線。

美、日各公司還用自己的產品分別安裝了室外發電的試驗電站，最大的有 100 kW 容量。在 20 世紀 80 年代中期，世界上太陽能電池的總銷售量中非晶矽占有 40%，出現非晶矽、多晶矽和單晶矽三足鼎立之勢。

2. a-Si 太陽能電池的優勢　技術向生產力如此高速的轉化，說明非晶矽太陽能電池具有獨特的優勢。這些優勢主要表現在以下方面。

(1) 材料和製造方法成本低。這是因為襯底材料，如玻璃、不銹鋼、塑膠等，價格低廉。矽薄膜厚度不到 1 μm，昂貴的純矽材料用量很少。製作方法為低溫製程（100 ～ 300℃），生產的耗電量小，能量回收時間短。

(2) 易於形成大規模生產能力。這是因為核心方法適合製作特大面積無結構缺陷的 a-Si 合金薄膜；只需改變氣相成分或者氣體流量，便可實現 P-N 結以及相應的疊層結構；生產可全流程自動化。

(3) 品種多，用途廣。薄膜的 a-Si 太陽能電池易於實現積體化，元件功率、輸出電壓、輸出電流都可自由設計製造，可以較方便地製作出適合不同需求的多品種產品。由於光吸收係數高、電導很低，適合製作室內用的微低功耗電源，如手錶電池、計算器電池等。由於 a-Si 膜的矽網結構力學性能結實，適合在柔性的襯底上製作輕型的太陽能電池。靈活多樣的製造方法，可以製造建築積體的電池，適合家用屋頂電站的安裝。

3. 發展趨勢受挫　非晶矽太陽能電池儘管有如上諸多的優點，但缺點也是很明顯的。主要是初始光電轉換效率較低，穩定性較差。初期的太陽能電池產品初始效率為 5% ～ 6%，標準太陽光強照射一年後，穩定化效率為 3% ～ 4%，在弱光下應用當然不成問題，但在室外強光下，作為功率發電使用時，穩定性成了比較嚴重的問題。功率發電的試驗電站性能衰退嚴重，壽命較短，嚴重影響消費者的信心，造成市場開拓的困難，有些生產線倒閉，比如 CHRONAR 公司。

4. 封裝的不穩定問題　第一階段 a-Si 太陽能電池產品性能衰退問題實際上有兩個方面，即封裝問題和構成電池的 a-Si 材料不穩定性問題。封裝問題主要是：封裝材料老化和封裝存在缺陷，環境中的有害氣體對電池的電極材料和電極接觸造成損害，使電池性能大幅度下降甚至於失效。解決這一問題主要靠改進封裝技術，在採取了玻璃層壓封裝（這是指對玻璃襯底的電池）和多保護層的熱壓封裝（對不銹鋼襯底電池）措施後，基本上解決了封裝問題。目前太陽能電池使用壽命已達到 10 年以上。

5. a-Si 材料和太陽能電池的光致衰退機制　a-Si 薄膜在強光（通常是一個標準太陽的光強，100 mW/cm^2）下照射數小時，光電導逐漸下降，光照後電導可下降幾個數量級並保持相對穩定；光照的樣品在 160℃下退火，電導可恢復原值，這就是有名的斯太不拉－路昂斯基效應，簡稱 SWF。暗電導的阿蘭紐斯特性測量顯示，光照時電導啟動能增加，這意味著費米能級從帶邊移向帶隙中央，說明了光照在帶隙中部產生了亞穩的能態或者說產生了亞穩缺陷中心。這種亞穩缺陷可用退火消除。根據半導體載流子產生複合理論，禁帶中央的亞穩中心的複合機率最大，具有減少光生載流子壽命的作用；同時它又作為載流子的陷阱，引起突間電荷量的增加，降低 i 層內的電場強度，使光生載流子的自由漂移距離縮短，減少載流子收集效率。這就使太陽能電池的性能下降。

研究光致亞穩態的機制，尋找克服光致衰退的辦法，不僅對完善發展非晶矽材料的基礎理論是重要的，而且對改善太陽能電池的性能也很緊迫。從對太陽能電池產品的使用來說，還要解決加速光衰、標定產品穩定性能的問題。

世界上凡從事 a-Si 研究和開發應用的實驗室，都在研究光致衰退的問題，開展了各種實驗觀察，提出了種種的理論模型。但是，至今還沒有一個令人信服的統一的模型可以解釋各種主要的實驗事實。比較一致的看法是，光致衰退與 a-Si 材料中氫運動有關。比較重要的模型有：① 光生載流子無輻射複合引起弱的 Si ～ Si 鍵的斷裂，產生懸掛鍵（簡稱懸鍵），附近的氫通過擴散補償其中的一個懸鍵，同時增加一個亞穩的懸鍵。② 懸鍵的荷電與光生載流子相互作用，變成兩個乃態，乃態是一個單電子占據的懸鍵態，它的出現，使費米能級向下面的帶隙中央移動（通常非摻雜的 i 層呈弱的 N 型，費米能級在帶隙中距導帶邊稍近），這個模型假定，懸鍵為雙電子占據時，相關能為負值，負相關能最可能存在於氫富集的微空洞的表面。③ 布朗茲最近提出的新模型認為，光生電子相互碰撞產生兩個可動的氫原子，氫原子的擴散形成兩個不可動的 Si ～ H 鍵複合體，亞穩懸鍵出現在氫被激發的位置處，此模型可定量說明光生缺陷的產生機理，並可解釋一些主要的實驗現象。

以上列舉的較為可信的模型都說明，光致衰退效應與 a-Si 材料中的氫的移動有關，a-Si 材料是在較低的溫度下，利用矽烷類氣體等離子體增強化學分解，在襯底上澱積獲得的。它的矽網路結構不可避免地存在矽的懸鍵。這些懸鍵如果沒有氫補償，隙態密度將非常高，不可能用來製作電子元件。廣泛採用的 PECVD 法沈積的 a-Si 膜含有 10% ～ 15% 的氫含量，一方面使矽懸鍵得到了較好的補償；另一方面，這樣高的氫含量遠遠超過矽懸鍵的密度。可以肯定，氫在 a-Si 材料中占有啟動能不同的多種位置，其中一種是補償懸鍵的位置，其他則處於啟動能更低的位置。理想的 a-Si 材料應該既沒有微空洞等缺陷，也沒有 SiH_2、$(SiH_2)_n$、SiH_3 等的鍵合體。

材料密度應該儘量地接近理想的晶體矽的密度，矽懸掛鍵得到適量氫的完全補償，使得隙態密度低，結構保持最高的穩定性。尋找理想廉價的製程技術來實現這種理想的結構，應能從根本上消除光致衰退，這是一項非常困難的任務。

6. a-Si 太陽能電池效率低的原因　非晶矽太陽能電池屬於半導體結型太

陽能電池，可以依據結型太陽能電池的模型對其理想的光伏性能作出估算。有 1.7 eV 帶隙的非晶矽太陽能電池的理論效率在 25% 左右。實際上，第一階段製作的小面積電池初始效率約為理論效率的一半，其他品種的太陽能電池實際達到的光伏性能與理論值相比，差距都小於非晶矽的差距。

a-Si 太陽能電池效率低的主要原因如下。

(1) a-Si 材料的帶隙較寬，實際可利用的主要光譜域是 0.35 ～ 0.7 μm 波長，相對地較窄。

(2) a-Si 太陽能電池開路電壓與預期值相差較大，其原因是：a. 遷移邊存在高密度的尾態，摻雜雜質離化形成的電子或空穴僅有一定比例的部分成為自由載流子，電導啟動能即費米能級與帶邊的差不可能很小；b. 材料多缺陷，載流子擴散長度很短，電荷收集主要靠內建電場驅動下的漂移運動，靠擴散收集的分量可以忽略，這與晶體矽電池正好相反，為了維持足夠強的內建電場，P-N 結的能帶彎曲量必須保持較大才能保證有足夠的電場維持最低限度的電荷收集，能帶彎曲量與電池輸出電壓對應的電子能量之和為 P、N 兩種材料費米能級之差。既然剩餘能帶彎曲量較大，輸出電壓必然較低。而晶體電池電荷收集主要靠載流子擴散，剩餘能帶彎曲量可以較小，加之 P、N 兩種材料的啟動能較低，所以開路電壓與其帶隙寬度相對接近。

(3) a-Si 材料隙態密度較高，載流子複合機率較大，二極體理想因數通常大於 2，與 $n = 1$ 的理想情況相差較大。

(4) a-Si 太陽能電池的 P 區和 N 區的電阻率較高，TCO/P-a-Si（或 N-a-Si）接觸電阻較高，甚至存在介面壁壘，這就帶來附加的能量損失。

以上這些問題必須由新的措施來解決，這就構成了非晶矽太陽能電池下一階段發展的主要任務。

3.3.2.3　非晶矽太陽能電池技術的發展

1. 非晶矽太陽能電池技術完善與提高　由於發展趨勢遭到挫折，20 世紀 80 年代末 90 年代初，非晶矽太陽能電池的發展經歷了一個調整、完善和提高的時期。人們一方面加強了探索和研究，一方面準備在更高技術水準上做更大規模的產業化開發，主要任務是提高電池的穩定化效率。為此探索了許多新元件結構、新材料、新製程和新技術，其核心就是完美結技術和疊層電池技術。在成功探索的基礎上，20 世紀 90 年代中期出現了更大規模產業化的高潮，先後建立了多條數兆瓦至十兆瓦高水準電池組件生產線，組件面積為平方米量級，生產流程實現全自動。採用新的封裝技術，產品組件壽命在 10 年以上。組件生產以完美結技術和疊層電池技術為基礎，產品組件效率達到 6% ～ 8%；中試組件（面積 900 cm^2 左右）效率達 9% ～ 11%；小面積電池最高效率達 14.6%。

2. 完美接面技術　完美接面技術是下列技術的組合：① 採用帶織構的 $SiO_2/SnO_2/ZnO$ 複合透明導電膜代替 ITO 或 SnO_2 單層透明導電電極，複合膜電極具有阻擋離子污染、增大入射光吸收和抗等離子還原反應的效果；② 在 TCO/P 介面插入汙摻雜層以克服介面壁壘；③ P 層材料採用寬帶隙高電導的微晶薄膜，如 μc-sic，可以減少 P 層的光吸收損失；減少電池的串聯電阻；④ 為減少 P/i 介面缺陷，減少二極體質量因數，在 P/i 介面插入 C 含量緩變層，此層的最佳製備方法是交替沈積與氫處理法；⑤ 低缺陷低氫含量的 i 層——用精確控制摻雜濃度的梯度摻雜法，使離化雜質形成的空間電荷與光照產生的亞穩空間電荷中和，保持穩定均勻的內建電場，這是從元件結構上消除光致衰退效應的又一種方案；⑥ i/N 介面緩變以減少介面缺陷；⑦ 採用 K-KS 可以減少電池的串聯電阻，同時減少長波長光的損失；⑧ 採用 ZnO/Al 複合背電極增強對長波長光的反射，增加在電池中的光程，從而增加太陽能電池的光的吸收利用。

值得一提的是，中國已採用此類技術，完成大面積元件電池 6.55% 的穩定效率，小面積電池單結開路電壓高達 1.12V。

3. 疊層電池技術　減薄 a-Si 太陽能電池的 i 層厚度可以增強內建電場，減少光生載流子通過帶隙缺陷中心和／或光生亞穩中心複合的機率，又可以增加載流子移動速率，同時增加電池的量子收集效率和穩定性。但是，如果 i 層太薄，又會影響入射光的充分吸收，導致電池效率下降。為了截長補短，人們想到了多薄層電池相疊的結構。起先是兩個 PiN 結的疊層限 Pa-Si/a-Si 疊層電池，其穩定化效率有所提高。中國用此結構做出元件電池（400 cm^2）穩定化效率達 7.35%。

一種材料的太陽能電池可以利用波長比 1.24/Eg（μm）更短的譜域的光能。如果把具有不同帶隙（Eg）材料的薄膜電池疊加，則可利用更寬譜域的光能，由此可提高太陽能電池的效率。異質疊層太陽能電池中，利用寬帶隙材料作頂電池，將短波長光能轉變為電能；利用窄帶隙材料作底電池，將長波長光能轉變為電能。由於更加充分地利用了陽光的譜域，異質疊層太陽能電池應有更高的光電轉換效率，同時具有抑制光致衰退的效果。

形成異質疊層太陽能電池的材料的帶隙必須有恰當的匹配，才可能獲得最佳的效果。目前流行的非晶矽鍺為基礎的異質疊層太陽能電池較好的匹配帶隙，分別為 1.8 eV、1.6 eV、1.4 eV。除了匹配帶隙的要求外，組成疊層太陽能電池的各子電池中光電流應基本相等；子電池之間的 P-N 結應為高透光高電導的隧道結。

4. 新材料探索　探索的寬帶隙材料主要有非晶矽碳、非晶矽氧、微晶矽、微晶矽碳等，這些材料主要用於窗口層。頂電池的 i 層主要是寬帶隙非晶矽和非晶矽碳。最受重視的窄帶隙材料是非晶矽鍺。改變矽鍺合金中鍺含量，材料的帶隙在 1.1 ～ 1.7 eV 範圍可調。矽與鍺的原子大小不一，成鍵鍵能不同，非晶矽鍺膜通常比非晶矽缺陷更多。膜中矽與鍺原子並不是均勻混合分佈的，氫化時，氫擇優與矽鍵合，克服這些困難的關鍵是，採用氫稀釋沈積法和摻氟。這些材料的光電子特性可以做得很好，但氫含量通常偏高，材料的光致衰退依然存在，疊層結構在一定程度上抑制了它對電池性能的影響。

5. 新技術探索　為了提高非晶矽太陽能電池的初始效率和光照條件下的穩定性，人們探索了許多新的材料製備製程方法。比較重要的新製程方法有：化學退火法、脈衝氖燈光照法、氫稀釋法、交替沈積與氫處理法、摻氟、本質層摻痕量硼法等。此外，為了提高 a-Si 薄膜材料的摻硼效率，用三甲基硼代替二乙硼烷作摻雜源氣。為了獲得 a-Si 膜的高沈積速率，採用二乙矽烷代替甲矽烷作氣體來源。

所謂化學退火，就是在一層一層生長 a-Si 薄膜的間隔，用原子氫或啟動的 Ar、He 原子來處理薄膜，使表面結構鬆弛，從而減少缺陷和過多的氫，在保證低隙態密度的同時，降低光致衰退效應。這裡，化學處理粒子是用附加的設備產生的。

氫稀釋法則採用大量（數十倍）氫稀釋矽烷作源氣沈積 a-Si 合金薄膜。實際上，一邊生長薄膜一邊對薄膜表面作氫處理。原理一樣，方法更簡單，效果基本相當。

交替沈積與氫處理則是，重複進行交替的薄膜沈積與氫等離子體處理，這是上述兩種方法的結合。脈衝氙燈光照法是在一層一層生長 a-Si 薄膜的間隔，周期地用脈衝氙燈光照處理薄膜表面，其穩定性有顯著提高。在製備 a-Si 的源氣中加入適量的四氟化矽，就可實現 a-Si 摻氟。摻氟使矽網路結構更穩定。本質 a-Si 呈弱 N 型，摻入痕量硼可將費米能級移向帶隙中央，既可提高光靈敏度又可減少光致衰退。

6. 新製備技術探索　射頻等離子體增強 CVD（RF-PECVD）是當今普遍採用的製備 a-Si 合金薄膜的方法。它的主要優點是：可以用較低的襯底溫度（200℃ 左右），重複製備大面積均勻的薄膜，製得的氫化 a-Si 合金薄膜無結構缺陷、臺階覆蓋良好、隙態密度低、光電子特性符合大面積太陽能電池的要求。此法的主要缺點也是致命的缺點是，製備的 a-Si 膜含氫量高，通常有 10% ～ 15% 氫含量，光致衰退比較嚴重。因此，人們一方面運用這一方法實現了規模化生產，另一方面又不斷努力探索新的製備技術。

與 RF-PECVD 最相近的技術有，超高真空 PECVD 技術，甚高頻（VHF）PECVD 技術和微波（包括 ECR）PECVD 技術。激發等離子體的電磁波光子能量不同，則氣體分解粒子的能量不同，粒子生存壽命不同，薄膜的生成及對膜表面的處理機制不同，生成膜的結構、電子特性及穩定性就會有區別。VHF

和微波 PECVD 在微晶矽的製備上有一定的優勢。

其他主要新技術還有，離子束沈積 a-Si 薄膜技術，HOMO-CVD 技術和熱絲 CVD 技術等。離子束沈積 a-Si 合金薄膜時，包括矽烷在內的反應氣體先在離化室離化分解，然後形成離子束，沈積到襯底上，形成結構較穩定的 a-Si 合金薄膜。HOMO-CVD 技術利用加熱氣體，使之熱分解，分解粒子再沈積在襯底上。成膜的先級粒子壽命較長，膜的電子性能良好，氫含量低，穩定性較好。這兩種技術成膜質量雖好，但難以形成產業化技術。熱絲 CVD 技術也是較有希望的優質薄膜矽的高速製備技術。

3.3.2.4　非晶矽太陽能電池的未來發展

非晶矽太陽能電池無論在學術上還是在產業上，都已取得巨大的成功，全世界的生產能力超過 50 MW，最大生產線年產為 10 MW 元件。這種大規模高技術生產線滿負荷正常運轉的生產成本已低達 1 美元／峰瓦左右。據預測，若太陽能電池成本低於每峰瓦 0.1 美元，壽命 20 年以上，發電系統成本低於每峰瓦 0.2 美元，則光伏發電電力將可與一般電力競爭。與其他品種太陽能電池相比，非晶矽太陽能電池更接近這一目標。非晶矽太陽能電池目前雖不能與一般電力競爭，但在許多特定的條件下，它不僅可以作為功率發電使用，而且具有比較明顯的優勢。如依託於建築物的屋頂電站，它不占地面，免除占地的開支，發電成本較低；作為聯網電站，不需要儲能設備，太陽能電池在發電成本中占主要部分，太陽能電池低成本就會帶來電力低成本。

目前世界上非晶矽太陽能電池總銷售量不到其生產能力的一半，應用上除了少數較大規模的試驗電站外仍然以小型電源和室內弱光電源為主。儘管晶體矽太陽能電池生產成本是 a-Si 電池的兩倍，但功率發電市場仍以晶體矽電池為主。這說明光伏發電市場尚未真正成熟。另一方面，非晶矽太陽能電池必須跨過一個「門檻」才能進入大光伏市場。一旦跨過「門檻」，市場需求將帶動產業規模擴大，而規模越大生產成本越低。要突破「門檻」，一方面須加強市場開拓力度，加強營銷措施；另一方面政府應給予用戶以適當補貼鼓勵，刺激市場的擴大。許多已開發國家正在推行的諸如「百萬屋頂計畫」這類光伏應用項目，就是這種努力的具體表現。

3.3.3 化合物半導體太陽能電池

共軛高分子聚合物材料由於沿著其化學鏈的格點，以軌道交疊形成了非定域化的導帶和價帶，因而呈現半導體性質。利用適當的化學摻雜可達到高電子遷移率，禁帶寬度為幾個電子伏特。有機半導體有許多特殊的性質，可用來製造許多薄膜半導體元件，如：場效應電晶體、場效應電光調製器、光發射二極體、光伏器件等。用有機半導體製造太陽能電池製程方法簡單、重量輕、價格低、便於大規模生產。

用於光伏元件的高分子材料主要有酞青鋅（ZnPc）、甲基卟啉（TTP）、聚苯胺（PAm）、聚對苯乙炔（PPV）等。一般用金屬電極與有機半導體之間形成蕭特基勢壘和產生的內建電場，離解光生激子成為自由載流子並驅動載流子在有機半導體中傳輸。以 PPV 為例，製作太陽能電池過程如下：先在透明玻璃上沈積透明導電膜 ITO 層，再用旋轉法將 PPV 溶液塗於 ITO 層上，然後在 250℃ 下加熱使溶液轉換成 PPV。PPV 的厚度控制在 100 nm 左右。最後利用熱蒸發將金屬 Al、Mg 或 Cd 沈積於 PPV 上，這樣製備成金屬／PPV/ITO 結構光伏二極體。

有機半導體光伏元件中光生載流子的產生依賴介面之間的電場，即只有擴散到金屬／有機介面的激子，才能夠有效地轉化為自由載流子。因而蕭特基型有機太陽能電池光伏特性與電極性質有關。同時金屬電極透光性差，又能促使激子複合，以及金屬電極表面態又是自由載流子的強複合中心，所以導致了金屬／有機半導體太陽能電池的填充因數很低。例如 Mg/PPV 太陽能電池的填充因數只有 0.2。

為了提高填充因數，改進太陽能電池的特性，利用有機半導體與有機半導體形成雙層 P-N 異質結的系統。這種結構可使內建電場存在的結合面與金屬電極隔開。例如用 PPV 作為 N 型半導體，Perylene 為 P 型半導體，構成 ITO/

PPV（90 nm）/Perylene（120 mm）/Al 結構的太陽能電池，在電場下 3 V 偏壓時，其整流比率大於 10^6。在 490 nm 波長和 0.27 mW · cm^{-2} 功率的光照下，開路電壓約為 1 V，短路電流量子產額大於 6%。激子的擴散長度約為 9×10^{-9} m。

雙層有機半導體異質結太陽能電池不同於單層電池的另一個關鍵性的原因是，有機 / 有機介面決定其光伏性質，而不是有機 / 電極介面。有機 / 有機介面區控制著光生載流子的產生，介面內建場提供了自由載流子輸運到電極的驅動力。

經理論分析表明，異質結北紅（Me-pTC）/ 鋁氯酞菁（ClAlPc）太陽能電池最佳厚度為 3×10^{-8} m 時，電池的理論轉換效率最大可達 4.76%。而單層膜層厚度為 2×10^{-8} m 時，其單層蕭特基電池的最大轉換效率為 1.0%。另外北紅和鋁氯酞菁在真空沈積過程中，酞菁分子呈有序排列，因而激子擴散長度（1.5×10^{-8} m）比無序結構中的激子的擴散長度（6×10^{-8} m）長得多。

目前所有的非晶有機半導體或摻雜的高分子聚合物的一個明顯問題是，低的載流子遷移率，即遷移率僅約 10^{-8} ～ 10^{-2} cm^2/V · s。一般電子遷移率低於空穴遷移率。無序有機材料荷電粒子的傳輸主要是利用跳躍式過程進行的，即中性分子和荷電衍生物之間單電子氧化 - 還原過程。荷電粒子的跳躍速率或遷移率主要受無序性對電荷電粒子傳輸位置的影響。因此增加分子有序或減少無序性是增強遷移率的一種有效辦法。

最近 Lin 等人利用真空共蒸發的方法將 NTDI（*N*, N-bis-1, 2-dimeethyl propyl-1, 4, 5, 8-naphthal-enetetracarboxylic diimide）TTA（tri-tolylamine）形成組分薄膜，其成分比例 0.55/0.45。這種 NTDI/TTA 成分有機半導體薄膜的電子遷移率比單一的 NTDI 膜增加了 4 ～ 6 倍。另外，在 125℃ 的襯底溫度下，真空蒸發 CuPc 形成的膜，其載流子遷移率達到 0.02 cm^2/(V · s)。利用透射和掃描電子顯微鏡觀察發現，在 125℃下形成的 CuPc 膜是由尺寸為 50 nm ×260 nm 棒狀小晶體組成，已成為結晶薄膜，所以大大地增強了遷移率。

綜上所述，選擇最佳有機半導體材料、提高轉換效率和穩定性等諸多方面問題，需要進行大量的工作才能解決，只有這樣有機半導體太陽能電池才能達到實際應用水平。

3.3.4 奈米晶化學太陽能電池

近年來，隨著奈米材料科學的迅速發展，人們發現奈米 TiO_2 不僅在光輔助催化降解方面具有優越性能，而且在光電轉換方面也有顯著成效。1991 年，瑞士 Grätzel 小組研製出用羧酸聯吡啶釕（II）染料敏化的 TiO_2 奈米晶多孔膜作為光電陽極的化學太陽能光電池，稱為染料敏化奈米晶體太陽能光電池（Dye-Sensitized Nanocrystalline Photovoltaic Solar Cells）或 Grätzel 電池，其光電轉換效率由原來的不到 1% 提高到了 7.1% ～ 7.9%，接近了多晶矽電池的能量轉換效率，而成本僅為矽光電池的 1/10 ～ 1/5，使用壽命可達 15 年以上。這一重大突破使得有機染料敏化的太陽能電池向實用階段邁進了一大步。1998 年，Grätzel 等進一步研製出全固態奈米晶體光電池，利用固體有機空穴傳輸材料替代液體電解質，單色光電轉換效率達到 33%，引起了全世界的關注。聯吡啶釕類染料敏化 TiO_2 在穩定性和電池光電轉換效率上都比較好，但釕是重金屬，毒性強，且其在地球上的儲藏量小，這就限制了其廣泛應用。純有機染料種類繁多，合成方法簡單，成本低，可以實現半導體電極的回收利用和避免貴金屬釕資源的消耗，因此近年來得到迅速發展。目前，純有機染料敏化電池總的光電轉換效率最高可達 6%，而雙層染料疊加敏化則可達到 10.5% 的光電轉換效率，為純有機染料敏化奈米太陽能電池的應用開闢了新的前景。菁染料由於在可見及近紅外區（500 ～ 800 nm）有較強的吸收及較大的莫耳消光係數，且其合成簡單，成本低，因而是一類具有發展前景的奈米晶體太陽能電池光敏材料，逐漸引起了學者們的廣泛關注。下面將介紹染料敏化奈米晶太陽能電池的原理及菁染料作為敏化劑的應用文獻進展。

3.3.4.1 染料敏化奈米晶太陽能電池

輻射到地球表面的太陽光中，紫外光占 4%，可見光占 43%。而 N 型半導

體 TiO_2 的帶隙為 3.2eV，這決定了其吸收譜位於紫外光波段，對於可見光吸收較弱，為了增加對太陽光的利用率，人們把染料吸附在 TiO_2 表面，借助染料對可見光的敏感效應，增加了整個染料敏化太陽能電池對太陽光的吸收率。

3.3.4.2　染料敏化 TiO_2 奈米晶體太陽能電池的結構

染料敏化 TiO_2 奈米晶體太陽能電池的結構如圖 3-7 所示，主要由導電膜、導電玻璃、奈米 TiO_2 多孔膜、染料光敏劑、電解質（I^-/I_3^-）和對電極（鉑電極）等組成。

3.3.4.3　電池的工作原理

TiO_2 是一種寬禁帶的 N 型半導體，其禁帶寬為 3.2 eV，只能吸收波長小於 375nm 的紫外光，可見光卻不能將它激發。需要對它進行一定的敏化處理，即在 TiO_2 表面吸附染料光敏劑。在一般的矽光伏電池中，半導體產生兩種作用：其一為捕獲入射光，其二為傳導光生載流子。但是，對於染料敏化 TiO_2 太陽能電池，這兩種作用是分別執行的。光的捕獲由敏化劑完成，受光激發後，染料分子由基態躍遷到激發態（即電荷分離態）。若染料分子的激發態能級高於半導體 TiO_2 導帶能級，且二者能級匹配，處於激發態的染料就會將電子注入 TiO_2 的導帶中。注入導帶中的電子在膜中的傳輸非常迅速，可以瞬間到達膜與導電玻璃的接觸面而進入到外電路中。除了負載敏化劑外，TiO_2 的主要功能就是電子的收集和傳輸。圖 3-8 所示為染料敏化 TiO_2 奈米晶體太陽能電池的工作原理。

太陽光照射染料光敏劑分子（Dye），使染料分子受到激發，躍遷至激發態（Dye*），激發態向半導體電極的導帶內迅速注入電子，同時自身轉化為染料氧化態（Dye^+）；注入TiO_2導帶中的電子在TiO_2膜中的傳輸非常迅速，可以瞬間到達膜與導電玻璃的接觸面，並在導電基片上富集，利用外電路流向對電極產生工作電流；處於氧化態的染料分子與電解液中的氧化—還原電對（I^-/I_3^-）反應，獲得電子被還原回到基態（Dye），以便再次吸收光子；電解液中的氧化-還原電子對（I^-/I_3^-）則可獲得從外電路中傳來的對電極上的電子而被還

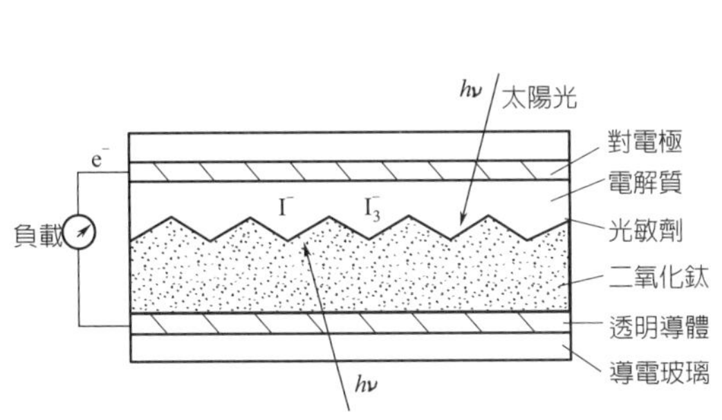

☼ 圖 3-7　染料敏化 TiO_2 奈米晶體太陽能電池的結構

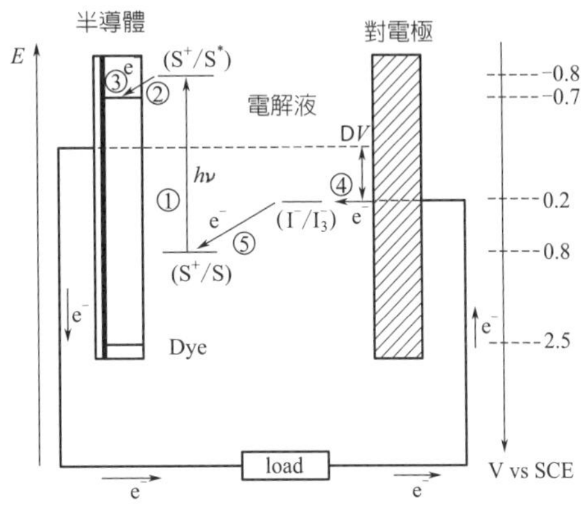

☼ 圖 3-8　染料敏化 TiO_2 奈米晶體太陽能電池的工作原理

原，至此整個電路得到再生並可形成循環。具體表示如下。

電池正極：　$\text{Dye} + h\nu \rightarrow \text{Dye*}$　（染料激發）

$\text{Dye*} \rightarrow \text{Dye}^+ + e^-(TiO_2)$　（產生光電流）

$\text{Dye}^+ + 1.5I^- \rightarrow \text{Dye} + 0.5I_3^-$　（染料還原）

正極發生的淨反應為：$1.5I^- + h\nu \rightarrow 0.5I_3^- + e^-(TiO_2)$

電池負極：$0.5I_3^- + e^-(Pt) \rightarrow 1.5I^-$　（電解質還原）

整個電池的反應結果為：$e^-(Pt) + h\nu \rightarrow e^-(TiO_2)$　（光電流）

但是實際的染料敏化太陽能電池（DSSC）光伏發電過程中還存在著一些不可避免的暗反應，這主要包括：① 注入 TiO_2 導帶中的電子與氧化態的染料發生複合反應；② 注入 TiO_2 導帶中的電子與電解液中的 I_3^- 發生複合反應。為了提高 DSSC 的光電轉換效率，應儘量避免這些暗反應的發生。另外，電子在多孔奈晶 TiO_2 膜中的輸運機理目前還不十分清楚。

3.3.4.4　光電池的重要參數

一般用來評價太陽能電池的指標有：光電轉換效率（incident photon-to-current conversion efficiency）IPCE、短路電流（short circuit photocurrent）

I_{sc}、開路電壓（open circuit photovoltage）V_{oc}、電池的總效率 $\eta_{總}$ 等。

1. **光電轉換效率** IPCE　入射單色光的光子轉變成電流的轉換效率（IPCE）是光電池的重要參數，可利用外電路產生的電子數（N_e）除以總的入射單色光子數（N_p）來確定，數學運算式為：

$$\text{IPCE} = N_e / N_p = 1.241 \times 10^{-6} I_{sc} / (\lambda P_{in}) \tag{3-1}$$

式中，λ 為單色光波長，m；P_{in} 為入射光的功率，W · m^{-2}。N_e 利用方程式(3-2)計算：

$$N_e = I_{sc} N_A / F \tag{3-2}$$

式中，I_{sc} 為短路光電流密度，A · m^{-2}；N_A 為阿伏伽德羅常數（6.022×10^{23} mol^{-1}）；F 為法拉第常數（96485 C · mol^{-1}）。N_p 用方程式（3-3）計算：

$$N_p = \lambda P_{in} / (hc) \tag{3-3}$$

式中，h 為普朗克常數（6.626×10^{-34} J · s）；c 為光速（3×10^8 m · s^{-1}）。

從電流產生的過程考慮，IPCE 可以分解為三個部分，即捕獲效率〔LHE(λ)〕，電子注入量子效率（ϕ_{inj}）及注入電子在後接觸面上的收集效率（ϕ_c）：

$$\text{IPCE} = \text{LHE}(\lambda)\,\phi_{inj}\,\phi_c \tag{3-4}$$

ϕ_{inj} 可由數學運算方程式（3-5）得到：

$$\phi_{inj} = k_{inj} / (k_r + k_{nr} + k_{inj}) = k_{inj} / (\tau^{-1} + k_{inj}) \tag{3-5}$$

式中，k_{inj} 為電子注入的速率常數；k_r 和 k_{nr} 分別為染料激發態的輻射和非輻射衰減速率常數；τ 為無電子注入情況下的染料激發態壽命。可見：電子注入的速率常數越高，激發態壽命越長，則量子產率越大。若激發態染料的輻射與非輻射衰減可以與電子注入相抗衡時，ϕ_{inj} 會降低，從而導致 IPCE 減小。

ϕ_c 為外電路收集電子的效率——電荷分離率，它可能受以下幾種因素的影響：

(1) 激發態的染料分子與注入 TiO_2 導帶中電子的重新複合；

(2) 電解液中的 I_3^- 在光電陽極上就被 TiO_2 導帶中的電子還原；

(3) 被激發的染料分子直接與表面染料敏化劑分子複合。

$$\mathrm{LHE}(\lambda) = 1 - 10^{-\Gamma\sigma(\lambda)} \quad (3\text{-}6)$$

式中，Γ 為每單位平方釐米 TiO_2 膜表面覆蓋染料的物質的量；σ 為每莫耳染料吸收的截面積。從方程式（3-6）中可以看出，TiO_2 膜的比表面積越大，吸附的染料分子越多，光吸收效率也就越高。研究顯示，染料分子層中只有最靠近半導體的單層能夠有效地進行電荷轉移，如果是多分子層吸附，雖然可以增加染料對入射光的吸收，但也同時增加了電池的內阻（因為相對於外層分子，內層分子傾向於成絕緣體），使電子在傳輸過程中損耗很大，電荷轉移效率降低，所以沒有實用價值。奈米晶體 TiO_2 多孔膜比平滑 TiO_2 膜面積增加了近千倍，即使只利用單分子層的染料就能達到足夠的吸光量，其多孔性能有利於對光的反覆吸收，完全滿足了實際需要。

2. 短路電流 I_{sc} 電池的短路電流是指電路處於短路（即電阻為零，只連接對電極和安培計）時的電流，它是光電池所能產生的最大光電流，此時的光電壓為零。

3. 開路電壓 V_{oc} 電池的開路電壓 V_{oc} 是指電路處於開路（即電阻為無窮大，只連接參考電極和伏特計）時的電壓，它是光電池所能產生的最大電壓，此時的電流為零。理論上開路電壓 V_{oc} 等於光照下半導體 TiO_2 的費米能級 $(E_{Fermi})_{TiO_2}$ 與電解質中的氧化—還原可逆電對的 Nernst 電勢（$E_{R/R}$）之差。可用方程式（3-7）來表示：

$$V_{oc} = \frac{1}{q}[(E_{Fermi})_{TiO_2} - (E_{R/R})] \quad (3\text{-}7)$$

式中，q 為完成一個氧化—還原過程所需要的電子數量。

4. 電池的總效率 $\eta_{總}$　光生電流的效率，即光電池總的光電轉換效率可利用方程式（3-8）來計算：

$$\eta_{總} = P_{opt}/P_{in} = I_{sc} \times V_{oc} \times FF/P_{in} \quad (3\text{-}8)$$

式中，P_{in} 為入射單色光功率；FF 為電池的填充因數（fill factor），它定義為電池具有最大輸出功率（P_{opt}）時的電流（I_{opt}）和電壓（V_{opt}）的乘積與電池的短路電流和開路電壓乘積的比值，如方程式（3-9）所示：

$$FF = P_{opt}/(I_{sc}V_{oc}) = I_{opt}V_{opt}/(I_{sc}V_{oc}) \quad (3\text{-}9)$$

較高的短路電流和開路電壓是產生較高能量轉換效率的基礎。如果兩個電池的短路電流和開路電壓完全相同，限制其效率大小的參數就是填充因數，FF 越大，能量轉換效率即電池的總效率就越高。

3.3.4.5　影響染料敏化太陽能電池性能的因素

適當厚度的二氧化鈦膜，半導體奈米晶多孔膜是光電化學領域中光電轉換的前沿和重要基礎，它與緻密膜的光電傳輸特性有顯著的差別，TiO_2 多孔膜的厚度一般為 5 ～ 20 μm。TiO_2 粒徑多數在 100 nm 以下。粒徑太大，染料的吸附率低，不利於光電轉換；粒徑太小，介面太多，晶界勢壘阻礙載流子傳輸，載流子遷移率低，同樣不利於光電轉換。適當的導帶能級以便與染料激發態相匹配，提高激發態染料向半導體電極注入電子的效率。較高的費米能級以提高電池的開路電壓以及較小的電阻率，以減小電池的內消耗，提高輸出特性的填充因數等。由於大多數無機半導體具有單一的基態和激發態性質，因此太陽能的轉換效率，主要取決於光敏染料分子的性質。Ru 配體系列染料，酞菁系列染料，卟啉系列染料，葉綠素及其衍生物染料等都可作為染料光敏劑。電解液

主要由 I^- 和 I_3^- 組成，其作用是還原被氧化了的染料分子，並傳輸電子。

染料是 DSSC 的核心材料之一，其性能的優劣對 DSSC 光電轉換效率發揮決定性的作用。敏化染料一般要符合以下幾個條件：① 與 TiO_2 奈米晶半導體電極表面有良好的結合性能，能夠快速達到吸附平衡，而且不易脫落，這要求其分子中含有能與 TiO_2 結合的官能團，如—COOH，$—SO_3H$，$—PO_3H_2$ 等，羧基能與奈米 TiO_2 表面的羥基結合生成酯，從而增強 TiO_2 導帶 3d 軌道和染料 π_3 軌道電子的耦合，電子雲擴展到了 TiO_2 表面，使電子轉移更為容易；② 在可見光區有較強的、盡可能寬的吸收帶，以吸收更多的太陽光，捕獲更多的能量，提高光電轉換效率；③ 染料的氧化態和激發態的穩定性較高，且具有盡可能高的可逆轉換能力，即經過上百萬次的可逆轉換而不會分解；④ 激發態壽命足夠長，且具有很高的電荷傳輸效率，這將延長電子空穴分離時間，對電子的注入效率有決定作用；⑤ 有適當的氧化還原電勢，以保證染料激發態電子注入 TiO_2 導帶中，即敏化染料能級與 TiO_2 能級匹配；⑥ 敏化染料分子應含有大 π 鍵、高度共軛、並且有強的給電子基團，這樣染料分子的能級軌道才能與奈晶 TiO_2 薄膜表面的 O^- 形成大的共軛體系，使電子從染料轉移到 TiO_2 薄膜更容易，電池的量子產率更高，它的主要作用是對太陽光的吸收，並把光電子傳輸到 TiO_2 的導帶上。

3.4 太陽能化學能轉化技術

3.4.1 光合作用

光合作用是地球上最大規模地把太陽能轉化為化學能，把無機物二氧化碳和水轉變成有機物，並放出氧氣的過程。它為幾乎所有生命活動提供有機物、能量和氧氣。每年地球上經由光合作用合成的有機物約為 2,200 億噸，相當於人類每年所需能耗的 10 倍。由此可見，光合作用是地球上最大規模的二氧化碳固碳（碳彙）過程，它是作物和能源植物、生物資源的物質基礎。

綠色植物的光合作用原理，就是利用葉綠素捕獲太陽能，然後利用太陽能啟動一系列複雜的化學反應，利用這些化學反應將水和二氧化碳轉化成澱粉和多糖等能量豐富的碳水化合物，其中包括光反應和暗反應兩個步驟。

$$6H_2O + 6CO_2 + \text{光} \rightarrow C_6H_{12}O_6\text{（葡萄糖）} + 6O_2 \uparrow$$

1. 光反應　光反應只發生在光照下，是由光引起的反應。光反應發生在葉綠體的基粒片層（光合膜）。光反應從光合色素吸收光能激發開始，經過電子傳遞，水的光解，最後是光能轉化成化學能，以三磷酸腺苷（ATP）和輔酶 II（NADPH）的形式貯存。

2. 暗反應　暗反應是由酶催化的化學反應。暗反應所用的能量是由光反應中合成的 ATP 和 NADPH 提供的，它不需要光，所以叫做暗反應。暗反應發生在葉綠體的基質，即葉綠體的可溶部分。因為它是酶促反應，所以對溫度十分敏感。暗反應極複雜，主要是用二氧化碳製造有機物，使活躍的化學能轉變成穩定的化學能，即把二氧化碳和水合成葡萄糖。

光合作用是光反應和暗反應的綜合過程。在此過程中，光能先轉化為電能，再轉化為活躍的化學能貯存在 ATP 和 NADPH 中，最後經過碳同化轉變為穩定的化學能，貯存在光合產物中。光反應為暗反應做準備，兩者密切聯繫，不可分割。

光反應中能量轉化：光能—電能—活躍化學能
暗反應中能量轉化：活躍化學能—穩定化學能

研究人員類比光合作用的研究重點，主要集中在光合作用的第一步，即蛋白質和無機催化劑如何共同作用，幫助植物中的水分高效分解成氧離子和氫離子。

早在20世紀70年代初，日本東京大學一位研究生最先證明，利用TiO_2（白色塗料的組分）製作的電極，500 W氙燈產生的強光能夠將水慢慢分解，這一發現首次證明光能夠被用來分解植物外的水分。1974年，美國北卡羅來納大學化學系教授湯姆斯·梅爾證明，釕金屬塗料能夠在光能作用下發生化學變化，使水失去電子，幫助完成水分解反應最開始的重要一步。

幾十年來，科學家們已經利用研究清楚了植物吸收太陽光和儲存能量所需要的特殊結構和物質，但是反應所涉及的詳細機理還沒有弄清楚，直到2004年，英國倫敦皇家學院的研究人員才證明，植物光合作用中水中氧分子得以分離的關鍵，在於一組特殊結構的蛋白質和金屬，催化劑的核心組分是蛋白質、氧原子、鎂離子和鈣離子，以特殊方式結合後形成的。

此外，一些科學家發現，某些含鈷的化合物是這類反應比較好的催化劑，當他反過來重新研究水分解反應的時候，選擇了同樣的鈷化合物作為催化劑。鈷化合物在水中很容易溶解後將鈷分離，所以無法對這些鈷化合物的催化作用進行研究，於是選用了磷酸鈷代替那些複雜的鈷化合物，直接驗證鈷對水分解反應的作用。將電極浸在含有磷酸鈷的水溶液中，當通上電流後，鈷離子和磷酸根離子會聚集在電極上，並形成一層非常薄的薄膜，幾分鐘後電極上就會形成一層濃厚的氣泡，進一步的試驗證明，這些氣泡就是水分解後產生的氧氣。而這個簡單的催化劑能夠在光合作用一樣的室溫條件下，將水分解成氧氣和氫氣。

進一步的研究發現，其他金屬也有催化作用，並且利用這些金屬催化劑設計出分解水的電池。這個設計可以真正類比樹葉的光合作用原理，是「人造樹葉」。作為催化劑的塗料本身像一根分子電線，當陽光照射時，塗料電極能夠產生電壓，分子電線能夠導電，被塗料吸收的太陽光能夠驅動水分解的反應。人造樹葉比單獨使用太陽能板和電極來得更加便宜，能量轉化效率也更高。

光合作用高效吸能、傳能和轉能機制及其調控原理，以及碳素同化的代謝網路及調控機制，是光合作用研究的核心問題，也是重大的科學理論問題。現已確定，光合作用過程中光能的吸收、傳遞和轉化均是在具有一定分子排列及空間結構，並鑲嵌在光合膜中的捕光色素複合體和反應中心色素蛋白複合體，及有關電子載體中進行的。從光能吸收到原初電荷分離的時間長度為 10^{-15} ～ 10^{-7} s，它包含著一系列光子、電子、離子等傳遞和轉化的複雜的物理和化學過程。

在光合膜系統中，光能傳遞效率可達 94% ～ 98%，光能轉化效率幾乎可達 100%；在可見光推動下，在常溫常壓下，使水裂解放出氧氣來，這些是當今科技還遠遠達不到的。據預測，對光合作用高效吸能、傳能和轉能機制的揭示，對光合膜蛋白有關的電子載體空間結構的揭示，將可能使光合膜系統或成為第一個在原子水平上，以物理和化學概念進行解釋的複雜的生物膜系統。這不僅能闡明光合作用高效轉能的機制，豐富和發展分子體系的電子傳遞理論，促進生命科學、物理學及化學學科前沿領域的發展，而且突破光合作用機制，發掘光能吸能、傳能和轉能的潛力，可大幅度提高光合作用光能轉化效率，大幅度提高作物及能源植物產量。

當今人類文明所需古生物燃料，無論是煤、石油和天然氣都是古代植物光合作用直接和間接的產物。光合作用釋放的氧氣是地球氧氣的主要來源。當今人類面臨的糧食、能源、資源和生態環境等問題，都和光合作用密切相關，對於人口、糧食、能源、資源和環境均處於重大壓力之下的中國，光合作用的研究具有更為重大的意義。長期以來，光合作用機制的研究是自然科學的前提，也是生命科學研究的核心問題和重點之一。科學的前提、科學的核心問題往往是科學本身發展規律與社會需求的交彙點。光合作用研究就是一個明顯的例子。

對光合作用的太陽能光生物轉化產物的利用，可提供生產清潔能源（包括生物乙醇、生物柴油、沼氣、氫氣及生物發電等）的原料。仿生類比光合作用機制可開闢太陽能利用新途徑，例如，研製光能轉化效率高的生物太陽能電池，以微藻為基礎研製光合細胞工廠等，這些全新的概念和思路，對實現農業及可再生的生物能源的可持續發展具有革命性的意義。在 21 世紀，光合作用機制的研究及其在高新技術中的應用將孕育著重大的突破。

3.4.2 光化學作用、光催化水解製氫

氫能是一種高品質能源。太陽能可以通過分解水或其他途徑轉換成氫能，即太陽能製氫，其主要方法如下。

1. **太陽能電解水製氫** 電解水製氫是目前應用較廣且比較成熟的方法，效率較高（75%～85%），但耗電大，用一般電製氫，從能量利用而言得不償失。所以，只有當太陽能發電的成本大幅度下降後，才能實現大規模電解水製氫。

2. **太陽能熱分解水製氫** 將水或水蒸汽加熱到 3000 K 以上，水中的氫和氧便能分解。這種方法製氫效率高，但需要高倍聚光器，才能獲得如此高的溫度，一般不採用這種方法製氫。

3. **太陽能熱化學循環製氫** 為了降低太陽能直接熱分解水製氫要求的高溫，發展了一種熱化學循環制氫方法，即在水中加入一種或幾種中間物，然後加熱到較低溫度，經歷不同的反應階段，最終將水分解成氫和氧，而中間物不消耗，可循環使用。熱化學循環分解的溫度大致為 900 ～ 1200 K，這是普通旋轉拋物面鏡聚光器比較容易達到的溫度，其分解水的效率在 17.5% ～ 75.5%。存在的主要問題是中間物的還原，即使按 99.9% ～ 99.99% 還原，也還要做 0.1% ～ 0.01% 的補充，這將影響氫的價格，並造成環境污染。

4. **太陽能光化學分解水製氫** 這一制氫過程與上述熱化學循環製氫有相似之處，在水中添加某種光敏物質作催化劑，增加對陽光中長波光能的吸收，利用光化學反應制氫。日本有人利用碘對光的敏感性，設計了一套包括光化學、熱電反應的綜合制氫流程，每小時可產氫 97L，效率達 10% 左右。

5. **太陽能光電化學電池分解水製氫** 1972 年，日本本多健一等人利用 N 型二氧化鈦半導體電極作陽極，而以鉑黑作陰極，製成太陽能光電化學電池，在太陽光照射下，陰極產生氫氣，陽極產生氧氣，兩電極用導線連接便有電流通過，即光電化學電池在太陽光的照射下同時實現了分解水製氫、製氧和獲得電能。這一實驗結果引起世界各國科學家高度重視，認為是太陽能技術上的一

次突破。但是，光電化學電池製氫效率很低，僅 0.4%，只能吸收太陽光中的紫外光和近紫外光，且電極易受腐蝕，性能不穩定，所以至今尚未達到實用要求。

6. 太陽光配合（絡合）催化分解水製氫　從 1972 年以來，科學家發現三聯吡啶釕配合物的激發態具有電子轉移能力，並從配合催化電荷轉移反應，提出利用這一過程進行光解水製氫。這種配合物是一種催化劑，它的作用是吸收光能，產生電荷分離、電荷轉移和集結，並通過一系列偶聯過程，最終使水分解為氫和氧。配合催化分解水製氫尚不成熟，研究工作正在繼續進行。

7. 生物光合作用製氫　40 多年前發現綠藻在無氧條件下，經太陽光照射可以放出氫氣；十多年前又發現，藍綠藻等許多藻類在無氧環境中適應一段時間，在一定條件下都有光合放氫作用。

目前，由於對光合作用和藻類放氫機理瞭解還不夠，藻類放氫的效率很低，要實現工程化產氫還有相當大的距離。據估計，如藻類光合作用產氫效率提高到 10%，則每天每平方米藻類可產氫 9 mol，用 5 萬平方公里接受的太陽能，利用光合放氫工程即可滿足美國的全部燃料需要。

20 世紀 70 年代科學家發現：在陽光輻照下 TiO_2 之類寬頻帶間隙半導體，可對水的電解提供所需能量，並析出 O_2 和 H_2，從而在太陽能轉換領域產生了一門新興學科——光電化學。隨著光電化學及光伏技術和各種半導體電極試驗的發展，使得太陽能制氫成為發展氫能產業的最佳選擇。

1995 年，美國科學家利用光電化學轉換中半導體／電介質介面產生的隔柵電壓，利用固定兩個光粒子床的方法，來解決水的光催化分離問題取得成功。其兩個光粒子床概念的光電化學水分解機制為：

H_2 的光反應　　$4H_2O + 4M \rightarrow 2H_2 + 4OH^- + 4M^+$

O_2 的光反應　　$4OH^- + M^+ \rightarrow O_2 + 2H_2O + 4M$

淨結果為：$2H_2O \rightarrow 2H_2 + O_2$（其中 M 為氧化還原介質）

近來，美國國家可再生能源實驗室還推出了一種利用太陽能一次性分解成氫燃料的裝置。該裝置的太陽能轉換率為 12.5%，效率比水的二步電解法提高一倍，製氫成本也只有電解法的大約 1/4。日本理工化學研究所以特殊半導體做陽電極，鉑作對電極，電解質為硝酸鉀，在太陽光照射下製得了氫，光能利用效率為 15% 左右。

在太陽能製氫產業方面，1990 年德國建成一座 500 kW 太陽能製氫示範廠，沙烏地阿拉伯已建成發電能力為 350 kW 的太陽能製氫廠。印度於 1995 年推出了一項製氫計畫，投資 4800 萬美元，在每年有 300 個晴天的塔爾沙漠中，建造一座 500 kW 太陽能電站製氫，用光伏 - 電解系統製得的氫，以金屬氧化物的形式貯存起來，保證運輸的安全。自 20 世紀 90 年代以來，德、英、日、美等國已投資積極進行氫能汽車的開發。美國佛羅里達太陽能中心研究太陽能製氫（SH）已達 10 年之久，最近用 SH 作為汽車燃料 - 壓縮天然氣的一種添加劑，使 SH 在高價值利用方面獲得成功，為氫燃料汽車的實用化提供了重要基礎。其他，在對重量十分敏感的太空、航空領域，以及氫燃料電池和日常生活中「貯氫水箱」的應用等方面，氫能都將獲得特別青睞。

由於氫是一種高效率的含能體能源，它具有重量最輕、熱值高、「爆發力」強、來源廣、品質純淨、貯存便捷等許多優點，因此，隨著太陽能製氫技術的發展，用氫能取代碳氫化合物能源將是 21 世紀的一個重要發展趨勢。

3.4.3 太陽能、高溫熱化學反應

1. 化學貯熱 利用化學反應貯熱，貯熱量大、體積小、重量輕，化學反應產物可分離貯存，需要時才發生放熱反應，貯存時間長。

真正能用於貯熱的化學反應必須滿足以下條件：反應可逆性好，無副反應，反應迅速，反應生成物易分離且能穩定貯存，反應物和生成物無毒、無腐蝕、無可燃性，反應熱大，反應物價格低等。目前已篩選出一些化學反應能基本滿足上述條件，如 $Ca(OH)_2$ 的熱分解反應：

$$Ca(OH)_2 + 63.6\ kJ \rightleftharpoons CaO + H_2O$$

利用上述吸熱反應貯存熱能，用熱時則通過放熱反應釋放熱能。但是，$Ca(OH)_2$ 在大氣壓脫水反應溫度高於 500℃，利用太陽能在這一溫度下實現脫水十分困難，加入催化劑可降低反應溫度，但仍相當高。所以，對化學反應貯存熱能尚需進行深入研究，一時難以實用。

其他可用於貯熱的化學反應還有金屬氫化物的熱分解反應、硫酸氫鉀循環反應等。

2. 塑晶貯熱　1984 年，美國在市場上推出一種塑晶家庭取暖材料。塑晶學名為新戊二醇（NPG），它和液晶相似，有晶體的三維周期性，但力學性質像塑膠。它能在恆定溫度下貯熱和放熱，但不是依靠固—液相變貯熱，而是利用塑晶分子構型發生固—固相變貯熱。塑晶在恆溫 44℃ 時，白天吸收太陽能而貯存熱能，晚上則放出白天貯存的熱能。

美國對 NPG 的貯熱性能和應用進行了廣泛的研究，將塑晶熔化到玻璃和有機纖維牆板中可用於貯熱，將調整配比後的塑晶加入玻璃和纖維製成的牆板中，能製冷降溫。中國對塑晶也開展了一些實驗研究，但尚未實際應用。

參考文獻

〔1〕何梓年。太陽能熱利用。合肥：中國科學技術大學出版社，2009。

〔2〕吳振一，竇建清。全玻璃真空太陽集熱管熱水器及熱水系統。北京：清華大學出版社，2008。

〔3〕羅運俊，李元哲，趙承龍。太陽熱水器原理、製造與施工。北京：化學工業出版社，2005。

〔4〕王君一，徐任學。太陽能利用技術。北京：金盾出版社，2008。

〔5〕施鈺川。太陽能原理與技術。西安：西安交通大學出版社，2009。

〔6〕熊紹珍，朱美芳。太陽能電池基礎與應用。北京：科學出版社，2009。

〔7〕黃漢雲。太陽能光伏發電應用原理。北京：化學工業出版社，2009。

〔8〕楊金煥，于化叢，葛亮。太陽能光伏發電應用技術。北京：電子工業出版

社，2009。
〔9〕王長貴，王斯成。太陽能光伏發電實用技術。(第2版)。北京：化學工業出版社，2009。
〔10〕吳財福，張健軒，陳裕愷。太陽能光伏並網發電及照明系統。北京：科學出版社，2009。

第四章
生物質能源

4.1 概述

4.2 生物質氣化

4.3 生物質熱解技術

4.4 生物質直接液化

4.5 生物燃料乙醇

4.6 生物柴油

4.7 沼氣技術

4.1 概述

4.1.1 生物質

生物質是地球上最廣泛存在的物質，廣義地講，生物質是一切直接或間接利用綠色植物進行光合作用而形成的有機物質，它包括所有動物、植物和微生物，以及由這些由生命物質衍生、排泄和代謝的許多有機質。這些有機物質有一定的能量，是太陽能以化學能形式儲存在生物中的一種能量形式、直接或間接來源於植物的光合作用。生物質能即是指直接或間接地通過綠色植物的光合作用，把太陽能轉化為化學能後固定和儲藏在生物體內的能量。狹義地說，生物質是指來源於草本植物、樹木和農作物等的有機物質。

地球上生物質資源相當豐富，世界上生物質資源不僅數量龐大，而且種類繁多，形態多樣。按原料的化學性質主要分為糖類、澱粉和木質纖維素物質。按原料來劃分，主要包括以下幾類：① 農業生產廢棄物，主要為作物秸稈等；② 薪柴、枝杈柴和柴草；③ 農林加工廢棄物，木屑、穀殼、果殼等；④ 人畜糞便和生活有機垃圾等；⑤ 工業有機廢棄物、有機廢水和廢渣；⑥ 能源植物，包括作為能源用途的農作物、林木和水生植物等。

4.1.2 生物質能

生物質能是太陽能以化學能形式蘊藏在生物質中的一種能量形式，它直接或間接地來源於植物的光合作用，是以生物質為載體的能量。

生物質能是人類使用的最古老的能源，是人類賴以生存的重要能源。生物質能是僅次於煤炭、石油和天然氣而居於世界能源消費總量第四位的能源，在整個能源系統中占有重要地位。據科學家估算，地球上每年經太陽能光合作用生成的生物質能總量約為 1440 億～ 1800 億噸，大約等於現在世界能源消耗總量的 10 倍。人們利用生物質在沼氣池中產生沼氣，可供炊事照明用；用生物質製造乙醇、甲醇，用做汽車燃料等；高效生物質燃燒爐，熱效率可達到85%。

生物質能具有以下特點：① 生物質利用過程中 CO_2 的零排放特性；② 生物質是一種清潔的低碳燃料，其含硫和含氮都較低，同時灰分含量也很小，燃燒後 SO_x、NO_x 和灰塵排放量比化石燃料小得多，是一種清潔的燃料；③ 生物質資源分佈廣，產量大，轉化方式多種多樣；④ 生物質單位質量熱值較低，而且一般生物質中水分含量大，而影響了生物質的燃燒和熱裂解特性；⑤ 生物質的分佈比較分散，收集運輸和預處理的成本較高；⑥ 可再生性。在世界能耗中，生物質能約占14%，在不發達地區占60%以上。全世界約25億人的生活能源的90%以上是生物質能。據預測，生物質能極有可能成為未來可持續能源系統的組成部分，到21世紀中葉，採用新技術生產的各種生物質替代燃料，將占全球總能耗的40%以上。

生物質能的優點是燃燒容易、污染少、灰分較低；缺點是熱值及熱效率低、體積大而不易運輸。直接燃燒生物質的熱效率僅為10%～30%。

4.1.3 生物質的組成與結構

4.1.3.1 生物質的化學組成

生物質是多種複雜的高分子有機化合物組成的複合體，其化學組成主要含有纖維素、半纖維素、木質素、澱粉、蛋白質、脂質等。

1. 纖維素 是由許多 β-D-葡萄糖基利用1，4位苷鍵連接起來的線形高分子化合物（見圖4-1），其分子式為 $(C_6H_{10}O_5)_n$（n 為聚合度），天然纖維素的平均聚合度很高，一般從幾千到幾十萬。它是白色物質，不溶於水，無還原性，水解一般需要濃酸或稀酸在加壓下進行，水解可得纖維四糖、纖維三糖、纖維二糖，最終產物是D-葡萄糖。

2. 半纖維素 是由多糖單元組成的一類多糖（見圖4-1），其主鏈上由木聚糖、半乳聚糖或甘露糖組成，在其支鏈上帶有阿拉伯糖或半乳糖。大量存在於

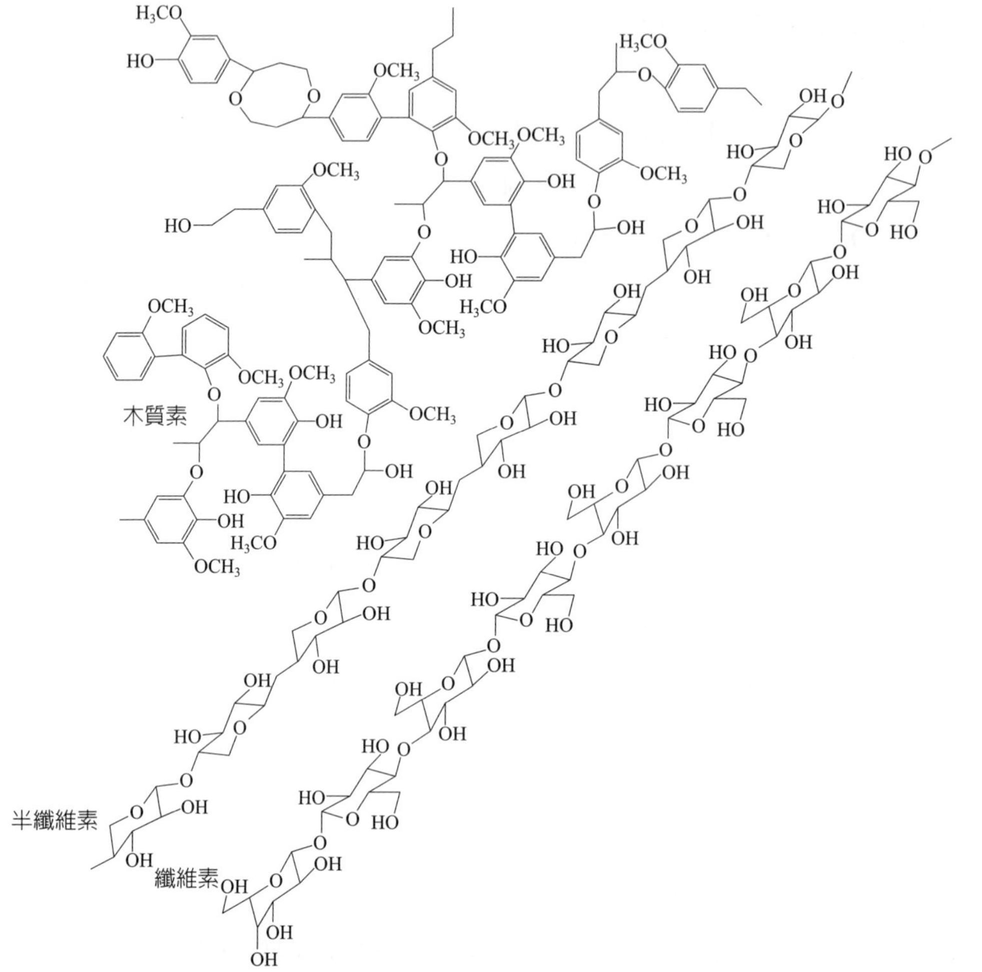

☼ 圖 4-1　纖維素、半纖維素及木質素結構

植物的木質化部分，如秸稈、種皮、堅果殼及玉米穗等，其含量依植物種類、部位和老幼程度而有所不同，半纖維素前驅物是糖核苷酸。

3. 木質素　是植物界中僅次於纖維素的最豐富的有機高聚物（見圖 4-1），廣泛分佈於具有維管束的羊齒植物以上的高等植物中，是裸子植物和被子植物所特有的化學成分。木質素是一類由苯丙烷單元，利用醚鍵和碳碳鍵連接的複雜的無定形高聚物，它和半纖維素一起作為細胞間質填充在細胞壁的微細纖維之間，加固木化組織的細胞壁，也存在於細胞間層，把相鄰的細胞黏結在一起。藉由生物合成的大量研究工作及示蹤碳 ^{14}C 進行的試驗，證明木質素的前驅體是松柏醇、芥子醇和對香豆醇。

4. 澱粉　是 D- 葡萄糖分子聚合而成的化合物，通式為 $(C_6H_{10}O_5)_n$，它在細胞中以顆粒狀態存在，通常為白色顆粒狀粉末，按其結構可分為膠澱粉和糖澱粉。膠澱粉又稱澱粉精，在澱粉顆粒週邊，約占澱粉的 80%，為支鏈澱粉（見圖 4-2），由一千個以上的 D- 葡萄糖以 α-1，4 鍵連接，並帶有 α-1，6 鍵連接的支鏈，相對分子質量為 5 萬～ 10 萬，在熱水中膨脹成黏膠狀。糖澱粉又稱澱粉糖，位於澱粉粒的中央，約占澱粉的 20%，糖澱粉為直鏈澱粉（見圖 4-3），由約 300 個 D- 葡萄糖以 α-1，4 鍵連接而成，相對分子質量為 1 萬～ 5 萬，可溶於熱水。

5. 蛋白質　是構成細胞質的重要物質，約占細胞總幹重的 60% 以上，蛋白質是由多種氨基酸組成，相對分子質量很大，由五千到百萬以上，氨基酸主要由 C、H、O 三種元素組成，另外還有 N 和 S。構成蛋白質的氨基酸有 20 多種，細胞中的儲存蛋白質以多種形式存在於細胞壁中成固體狀態，生理活性較穩定，可以分為結晶和無定形。

6. 脂類　是不溶於水而溶於非極性溶劑的一大類有機化合物。脂類主要化學元素是 C、H 和 O，有的脂類還含有 P 和 N。脂類分為中性脂肪、磷脂、類

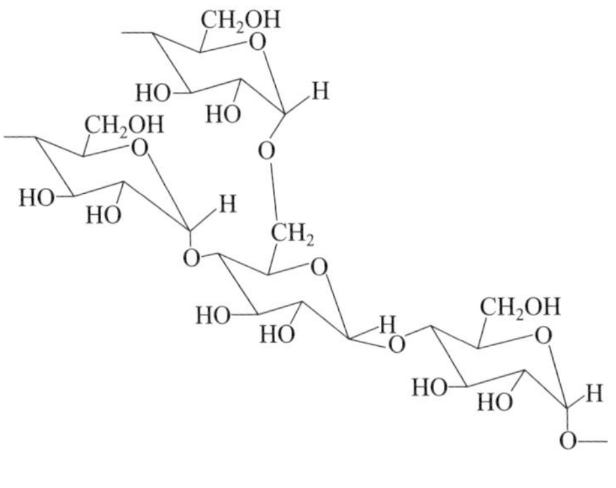

圖 4-2　支鏈澱粉

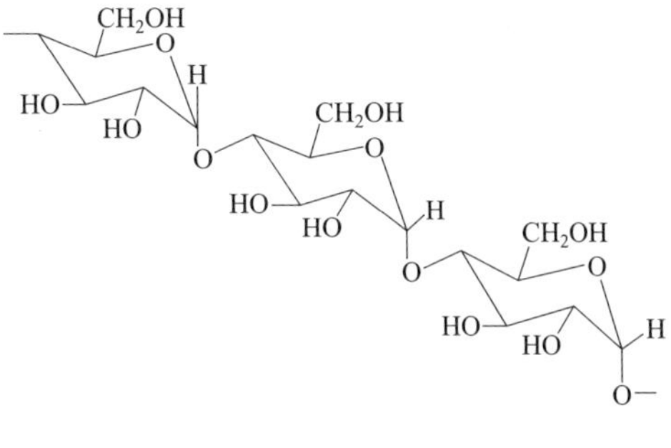

圖 4-3　直鏈澱粉

固醇和萜類等。油脂是細胞中含能量最高而體積最小的儲藏物質，在常溫下為液態的稱為油，固態的稱為脂。植物種子會儲存脂肪於子葉或胚乳中以供自身使用，是植物油的主要來源。

生物質中除了絕大多數為有機物質外，尚有極少量無機的礦物元素成分，如鈣、鉀、鎂、鐵等，它們經生物質熱化學轉換後，通常以氧化物的形態存在於灰分中。生物質的主要成分，即細胞壁物質，屬於高分子化合物，這些高分子化合物相互穿插交織構成複雜的高聚合物體系。要把這些物質彼此分離又不受到破壞，那是非常困難的。因此，目前用任何一種方法分離出來的各種組分，實際上只能代表某一組分的主要部分。

4.1.3.2　生物質的元素成分

生物質燃料中除含有少量的無機物和一定量的水分外，大部分是可以燃燒的有機質，稱為可燃質。生物質燃料可燃質的基本組成是碳、氫、氧、氮、硫、磷、鉀等元素。

1. **碳**　是燃料中的主要元素，其含量的多少決定燃料發熱值的大小。在烘乾的柴草中，碳的含量一般在 40% 左右。碳燃燒後變成 CO_2 或 CO，並放出大量的熱。1 kg 純碳完全燃燒約放出 33913 kJ 的熱量，不過，純碳是不易燃燒的，所以含碳量越高的燃料，它的燃點就越高，點火就越困難。燃燒中，碳的存在形式有兩種：一種是化合碳，即碳與氫、氮等元素組成不穩定的碳氫化合物，燃燒是以揮發物析出燃燒；另一種是固定碳，揮發物析出後在更高溫度下才能燃燒，這部分碳往往不易燃燒。在柴草中，固定碳的含量比煤炭要少（柴草 12% ～ 20%，煤炭 80% ～ 90%），而揮發物的含量要多，因此，容易點燃，也容易燒盡。

2. **氫**　是僅次於碳的主要可燃物質，柴草中含量約 6%，常以碳氫化合物的形式存在，燃燒時以揮發氣體析出。1 kg 氫燃料可放出 142,256 kJ 的熱量。但氫的燃燒產物是水蒸汽，水蒸汽的汽化潛熱（約 22,600 kJ/kg）要帶走一部分熱量，故實際上氫燃燒放出的熱量比上述數值要低（約 119,700 kJ/kg）。氫容易著火燃燒，所以柴草中含的氫越多，越容易燃燒。

3. 氧和氮 燃料中的有機質含有氮和氧。氮不能燃燒產生熱量，氧可以增強燃燒反應，但它本身不放出熱量。它們的存在只會降低燃料的發熱量。在一般情況下，N 不會發生氧化反應，而是以自由狀態排入大氣；但是，在一定條件下（如高溫狀態），部分 N 可與 O 生成 NO_x，污染大氣環境。柴草中氮的含量一般為 0.5% ～ 1.5%，氧的含量為 20% ～ 25%。

4. 硫 也是可燃物質。每千克硫燃燒的熱量為 9,210 kJ。其燃燒產物是 SO_2 和 SO_3，它們在高溫下與煙氣中的水蒸汽發生化學反應，生成亞硫酸和硫酸。這些物質對金屬有強烈的腐蝕作用，污染大氣，危害人體，也影響動植物的生長。所以，硫是一種有害的物質。但它在柴草中含量不大，一般為 0.1% ～ 0.2%。

5. 磷和鉀 磷和鉀是生物質燃料中特有的成分，都是可燃物質。柴草中磷的含量不多，一般為 0.2% ～ 0.3%；而鉀的含量較大，一般在 11% ～ 20%。磷燃燒後變成 P_2O_5，鉀燃燒後變成 K_2O，它們就是草木灰中的磷肥和鉀肥。

6. 灰分 是燃料中不可燃的礦物質，其成分如 SiO_2、Al_2O_3、CaO、Fe_2O_3 等。灰分對燃料發熱量有較大的影響，灰分多，發出的熱量就少，燃燒的溫度就低。如稻草的灰分高達 13.86%，發熱量為 13,980 kJ/kg，豆秸含灰分僅 3.13%，發熱量為 16,156 kJ/kg。另外，灰分過大，還會沈積於煙道，污染大氣。

表 4-1 所列為中國主要生物質工業成分、元素組成及生物質的低熱值等。

4.1.4 生物質轉化利用技術

作為生物質能的載體，生物質是以實物存在的，相對於風能、水能、太陽能、潮汐能，生物質能源是唯一物質性的能源，最具有可儲存性，它既具備替代化石燃料的能力，也可以被看成是一種化學原料。生物質能的組織結構與一般的化石燃料相似，它的利用方式也與化石燃料相似。一般能源的利用技術無需做多大的改動，就可以應用於生物質能。生物質能的轉化利用途徑主要包括

表 4-1　中國主要生物質工業成分、元素組成及生物質的低熱值

燃料種類	工業分析法（含水分）／%				元素分析法（不含水分）／%						低位熱值 /(kJ/kg)
	水分	揮發分	灰分	固定碳	H	C	S	N	P	K_2O	
雜草	5.43	9.40	68.27	16.40	5.24	41.00	0.22	1.59	1.68	13.60	16,203
豆秸	5.10	3.13	74.65	17.12	5.81	44.79	0.11	5.85	2.86	16.33	16,157
稻草	4.97	13.86	65.11	16.06	5.06	38.32	0.11	0.63	0.15	11.28	13,980
玉米秸	4.87	5.93	71.45	17.75	5.45	42.17	0.12	0.74	2.60	13.80	15,550
麥秸	4.39	8.90	67.36	19.35	5.31	42.28	0.18	0.65	0.33	20.40	15,374
馬糞	6.34	21.85	58.99	12.82	5.35	37.25	0.17	1.40	1.02	3.14	14,022
牛糞	6.46	32.40	48.72	12.52	5.46	32.07	0.22	1.41	1.71	3.84	11,627
雜樹葉	11.82	10.12	61.73	16.83	4.68	41.14	0.14	0.74	0.52	3.84	14,851
針葉木					6.20	50.50					18,700
闊葉木					6.20	49.60					18,400
煙煤	8.85	21.37	38.48	31.30	3.81	57.42	0.46	0.93			24,300
無煙煤	8.00	19.02	7.85	65.13	2.64	65.65	0.51	0.99			24,430

物理轉化、化學轉化、生物轉化等，可以轉化為二次能源，分別為熱能或電力、固體燃料、液體燃料和氣體燃料等，圖 4-4 所示為目前生物質的主要轉化技術。

4.1.4.1　物理轉化

生物質的物理轉化是指生物質的固化，將生物質粉碎至一定的平均粒徑，不添加黏結劑，在高壓條件下，擠壓成一定形狀。其黏結力主要是靠擠壓過程所產生的熱量，使得生物質中木質素產生塑化黏結，成型物再進一步炭化製成木炭。物理轉化解決了生物質形狀各異、堆積密度小且較鬆散、運輸和儲存使用不方便等問題，提高了生物質的使用效率，但固體在運輸方面不如氣體、液體方便。另外，該技術要真正達到商品化階段，尚存在機組可靠性較差、生產能力與能耗、原料粒度與水分、包裝與設備配套等方面的問題。

4.1.4.2　化學轉化

生物質化學轉化主要包括直接燃燒、熱解、氣化、液化、酯交換（如生物柴油）等。

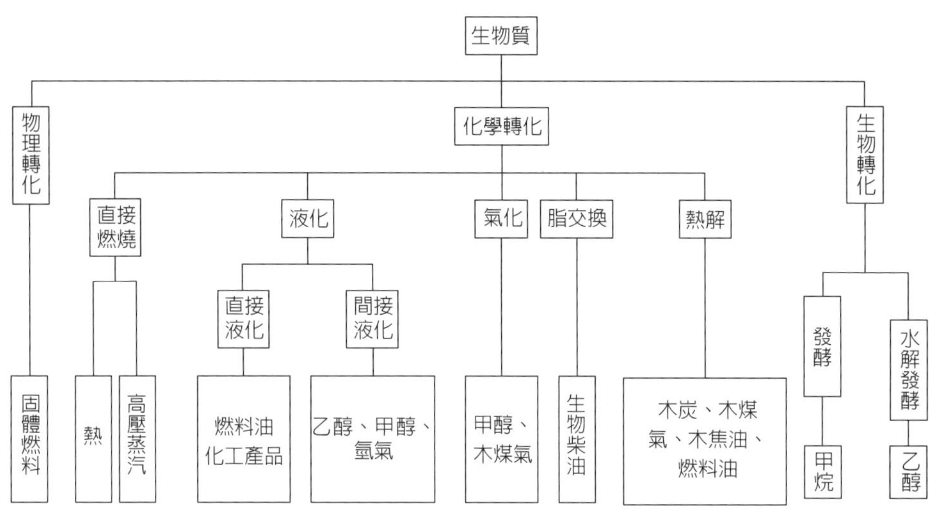

☼ **圖 4-4　生物質的主要轉化技術**

1. **直接燃燒**　利用生物質原料生產熱能的傳統辦法是直接燃燒，燃燒過程中產生的能量可被用來產生電能或供熱。在生物質燃燒用於燒飯、加熱房間的過程中，能量的利用效率極低，只能達到 10% ～ 30% 左右。而在高效率的燃燒裝置中，生物質能的利用效率可獲得較大幅度的提高，接近化石能源的利用效率。供熱廠的設備主要由生物質原料乾燥器、鍋爐和熱能交換器等組成。早期開發應用的爐柵式鍋爐和旋風鍋爐，由於大量熱能不可避免地從煙道丟失，其熱能轉換效率小於 26%。芬蘭於 1970 年開始開發流體化床鍋爐技術，現在這項技術已經成熟，並成為燃燒供熱電製程的基本技術。歐美一些國家基本都使用熱電聯合生產技術，來解決生物質原料燃燒用於單一供電或供熱在經濟上不合算的問題。根據生物質原料的不同特點，研究者又開發了沸騰流體化床技術和循環流體化床技術。BWE 公司於 1990 年設計並生產出單程柵式重型鍋爐，特別適用於結構鬆散、能量密度和容積密度較小的生物質原料的燃燒。

2. **生物質的熱解**　是在無氧條件下加熱或在缺氧條件下不完全燃燒，最終轉化成高能量密度的氣體、液體和固體產物。熱解技術很早就為人們所掌握，人們利用這一方法將木材轉化為高熱值的木炭和其他有用的產物。在這一轉化過程中，隨著反應溫度的升高，作為原料的木材會在不同溫度區域發生不同反應。當熱解溫度達到 473 K 時，木材開始分解，此時，木材的表面開始脫水，同時放出水蒸汽、二氧化碳、甲酸、乙酸和乙二醛。當溫度升至 473 ～ 533 K 時，木材將進一步分解，釋放出水蒸汽、二氧化碳、甲酸、乙酸、乙二醛和少量一氧化碳氣體，反應為吸熱反應，木材開始焦化。若溫度進一步升高，達到 535 ～ 775 K 時，熱裂解反應開始發生，反應為放熱反應，在這一反應條件下，木材會釋放出大量可燃的氣態產物，如一氧化碳、甲烷、甲醛、甲酸、乙酸、甲醇和氫氣，並最終形成木炭。通過改變反應條件，人們可以控制不同形態熱解產物的產量。最近國外又開發了快速熱解技術，即暫態裂解，製取液體燃料油，液化油產率以乾物質計，可得 70% 以上，由於液體產品容易運輸和儲存，國際上近來很重視這類技術，該法是一種很有開發前景的生物質應用技術。

3. 生物質的氣化　是以氧氣（空氣、富氧或純氧）、水蒸汽或氫氣作為氣化劑，在高溫下經過熱化學反應，將生物質的可燃部分轉化為可燃氣（主要為 CO、H_2 和 CH_4 以及富氫化合物的混合物，還含有少量的 CO_2 和 N_2）。利用氣化，原先的固體生物質能被轉化為更便於使用的氣體燃料，可用來供熱、加熱水蒸汽或直接供給燃氣機以產生電能，並且能量轉換效率比固態生物質的直接燃燒有較大的提高。

4. 生物質的液化　是一個在高溫高壓條件下進行的熱化學過程，其目的在於將生物質轉化成高熱值的液體產物。生物質液化的實質即是將固態大分子有機聚合物轉化為液態小分子有機物質。根據化學加工過程的不同技術路線，液化又可以分為直接液化和間接液化，直接液化通常是把固體生物質在高壓和一定溫度下與氫氣發生加成反應（加氫）；間接液化是指將生物質氣化得到的合成氣（$CO + H_2$），經催化合成為液體燃料（甲醇或二甲醚等）。

5. 生物柴油　是將動植物油脂與甲醇或乙醇等低碳醇在催化劑或者超臨界甲醇狀態下進行酯交換反應生成的脂肪酸甲酯（生物柴油），並獲得副產物甘油。生物柴油可以單獨使用以替代柴油，又可以一定的比例與柴油混合使用。除了為公共交通車輛、卡車等柴油機車提供替代燃料外，又可為海洋運輸業、採礦業、發電廠等具有非移動式內燃機行業提供燃料。

4.1.4.3 生物轉化

生物質的生物轉化是利用生物化學過程將生物質原料轉變為氣態和液態燃料的過程，通常分為發酵生產乙醇製程方法和厭氧消化技術。

乙醇發酵製程方法依據原料不同分為兩類：一類是富含糖類作物發酵轉化為乙醇，另一類是以含纖維素的生物質原料經酸解或酶水解轉化為可發酵糖，再經發酵生產乙醇。厭氧消化技術是指富含碳水化合物、蛋白質和脂肪的生物質在厭氧條件下，依靠厭氧微生物的協同作用轉化成甲烷、二氧化碳、氫及其他產物的過程。一般最後的產物含有 50% ～ 80% 的甲烷，熱值可高達 20 MJ/m^3，是一種優良的氣體燃料。

4.2 生物質氣化

4.2.1 生物質氣化及其特點

生物質氣化是以生物質為原料，以氧氣（空氣、富氧或純氧）、水蒸汽或氫氣等作為氣化劑（或稱為氣化介質），在高溫條件下利用熱化學反應將生物質中可以燃燒的部分轉化為可燃氣的過程。生物質氣化時產生的氣體，主要有效成分為 CO、H_2、CH_4、CO_2 等。所用氣化劑不同，得到的氣體燃料也不同。目前應用最廣的是用空氣作為氣化劑，產生的氣體主要作為燃料，用於鍋爐、民用爐灶、發電等場合。利用生物質氣化可以得到合成氣，可進一步轉變為甲醇或提煉得到氫氣。

生物質氣化有如下特點。

(1) 材料來源廣泛，可以利用自然界大量的生物質能。中國是一個農業大國，每年有 6 億餘噸農作物，除用於農村炊事燃料、副業原料和飼料外，其餘均成為廢棄物。另外，在中國有薪炭林總面積近 540 多萬平方公尺，每年有相當於 1 億噸標準煤的薪材。

(2) 可進行規模化生產處理。用氣化技術可進行大規模的生物質處理，日處理量可達幾百乃至上千噸。

(3) 氣化技術藉由改變生物質原料的形態來提高能量轉化效率，獲得高品質能源，能改變傳統方式利用率低的狀況。通常生化技術的能量轉換效率至多為 40% 左右，而氣化技術的能量轉換效率可高達 80% 以上，同時還可進行工業化生產氣體或液體燃料，直接供用戶使用。

(4) 生物質氣化具有廢物利用、減少污染、使用方便清潔等優點。對於含水分少的有機物質，如木材以及紙屑和塑膠為主的城市垃圾，都可以採用氣化技術將其變廢物為寶貴物質。

(5) 可以實現生物質燃燒的碳循環，推動可持續發展。

在生物質氣化、熱解反應的製程和設備研究方面，流體化床技術是受關注的熱點之一。印度 Anna 大學新能源和可再生能源中心研究開發出用流體化床氣化農林剩餘物和稻殼、木屑、甘蔗渣等，建立了流體化床系統，氣體用於柴油發電機發電。1995 年，美國 Hawaii 大學和 Vermont 大學在國家能源部的資助下，開展了流體化床氣化發電工作，建造並試運行達到預定的生產能力。Vermont 大學建立了氣化工業裝置，其生產能力達到 200 t/d，發電能力為 50 MW，現已進入正常運行階段。

中國生物質氣化技術也在 20 世紀 80 年代以後得到了較快發展。80 年代初期，中國研製了由固定床氣化器和內燃機組成的稻殼發電機組，形成了 200 kW 稻殼氣化發電機組的產品並得到推廣。同期中國農業機械化科學研究院、中國林業科學研究院進行了用固定床木材氣化器烘乾茶葉、為採暖鍋爐供應燃氣的嘗試，中國農業機械化科學研究院研製了用固定床氣化器進行木材烘乾技術，並得到一定程度的推廣。90 年代中期，中國科學院廣州能源研究所進行了流體化床氣化器的研製，並與內燃機結合，組成了流體化床氣化發電系統，使用木屑的 1 MW 流體化床發電系統已經投入商業運行並取得了較好的效益。表 4-2 所列為生物質氣化系統應用現狀。

在借鑒國外生物質氣化技術的基礎上，山東省科學院能源研究所在「七五」期間，提出了生物質氣化集中供氣技術的設想，希望藉由技術的研究開發，形成適合中國農村生物質資源和農村能源需求的技術路線。生物質氣化集中供氣技術的特點是：① 以農村量大面廣的各種秸稈為主要氣化原料；② 以集中供氣的方式向農民供應炊事燃氣。通過「七五」、「八五」期間的研究和改進，研製成功了秸稈氣化機組和集中供氣系統中的關鍵設備，在燃氣發生、輸配及使用方面形成了配套完整的技術。1994 年，建成第一個實際運行的集中供氣的試點工程以後，迅速在全國推廣，目前在中國全國已經建設了約 500 個的生物質氣化集中供氣工程。生物質氣化集中供氣技術在高效利用農村剩餘秸稈，減輕由於秸稈大量過剩引起的環境問題，為農村居民供應清潔的生活燃料方面已經開始發揮作用，逐漸成為以低品質生物質原料供應農村現代生活燃氣的新事業。

表 4-2　中國在生物質氣化系統應用的現狀

氣化原料	氣化類型	氣化效率／%	熱値／（kJ/m^3）	功率／（MJ/h）	應用情況
農村殘餘物	下吸式	76	4,180 ～ 5,850	210 ～ 290	供熱
秸稈、農林廢棄物	下吸式		6,222	500 ～ 650	供熱
玉米芯、刨花、木塊	下吸式	65 ～ 75	4,844 ～ 6,084	203 ～ 280 kW	供熱
秸稈、鋸末、稻殼、果殼、樹皮	下吸式	70	4,500 ～ 5,000	42 ～ 50	家用氣化
棉稈、玉米秸、木質廢棄物	下吸式	72 ～ 75	3,800 ～ 5,200	600	集中供氣
秸稈類	下吸式	72 ～ 75	5,000 左右	1000	集中供氣
秸稈類	下吸式	72 ～ 75	5,000 左右	2500	集中供氣
生物質	上吸式	73.8	5,000 左右	1,080 ～ 2,630	供熱
木材加工剩餘物	流體化床	70	5,000 左右	10,000 ～ 15,000	
木屑、農作物秸稈、野草、樹枝	上吸式	> 70		40 ～ 50	家用氣化
木屑、農作物秸稈、野草、樹枝	乾餾熱解	28.8	150,000	58.8	集中供氣

4.2.2　生物質氣化原理

生物質氣化是在一定的熱力學條件下，將組成生物質的碳氫化合物轉化為含 CO 和 H_2 等可燃氣體的過程。為了提供反應的熱力學條件，氣化過程需要供給空氣或氧氣，使原料發生部分燃燒。氣化過程和常見的燃燒過程的區別是：燃燒過程中供給充足的氧氣，使原料充分燃燒，目的是直接獲取熱量，燃燒後的產物是 CO_2 和水蒸汽等不可再燃燒的煙氣；氣化過程只供給熱化學反應所需的那部分氧氣，而盡可能將能量保留在反應後得到的可燃氣體中，氣化後的產物是含氫、CO 和低分子烴類的可燃氣體。生物質氣化過程可以分為以下四個區域，但每個區域之間沒有嚴格的界限。

1. **乾燥層**　生物質進入氣化器頂部，被加熱至 200 ～ 300℃，原料中水分首先蒸發，產物為乾原料和水蒸汽。

2. **熱解層**　生物質向下移動進入熱解層，揮發分從生物質中大量析出，在 500 ～ 600℃ 時基本完成，只剩下木炭。熱解過程析出的揮發分主要是焦油、CO_2、CO、CH_4、H_2 等。

3. **氧化層**　熱解的剩餘物木炭與引入的空氣發生反應，並釋放出大量的熱以支援其他區域進行反應。該層反應速率較快，溫度達 1000 ～ 1200℃，揮發分參與燃燒後進一步降解。氧化過程發生的主要反應為：

$$C + O_2 \rightarrow CO_2 + 393.51\ kJ$$

$$2C + O_2 \rightarrow 2CO + 221.34\ kJ$$

$$2CO + O_2 \rightarrow 2CO_2 + 3565.94\ kJ$$

$$2H_2 + O_2 \rightarrow 2H_2O + 483.68\ kJ$$

$$CH_4 + 2O_2 \rightarrow CO_2 + 2H_2O + 890.36\ kJ$$

4. **還原層**　還原層中沒有氧氣存在，氧化層中的燃燒產物及水蒸汽與還原層中的木炭發生還原反應，生成 H_2 和 CO 等。這些氣體和揮發成分形成了可燃氣體，完成了固體生物質向氣體燃料轉化的過程。因為還原反應為吸熱反應，所以還原層的溫度降低到 700 ～ 900℃，所需的能量由氧化層提供，反應速率較慢，還原層的高度超過氧化層。還原過程發生的主要反應為：

$$C + CO_2 \rightarrow 2CO - 172.43\ kJ$$
$$C + H_2O \rightarrow CO + H_2 - 131.72\ kJ$$
$$C + 2H_2O \rightarrow CO_2 + 2H_2 - 90.17\ kJ$$
$$CO + H_2O \rightarrow CO_2 + H_2 - 41.13\ kJ$$
$$CO + 3H_2 \rightarrow CH_4 + H_2O + 250.16\ kJ$$

生物質的氣化是非常複雜的熱化學過程，受到很多因素的影響。一般原料中揮發成分越高，燃氣的熱值就越高，但燃氣熱值並不是按揮發成分的量按比例增加。物料中少量的水分不致對氣化有太大的影響。但水分太大時，則將破壞氣化過程的進行，使燃氣質量下降。同時物料水分過高時，燃氣出口溫度降低，焦油凝結現象嚴重，妨礙氣體流通。物料灰分愈高，其燃料發熱量就愈低，所產燃氣熱值就相應較低。另外，當灰分含量較高且熔點較低時，在反應區內容易結渣，由此引起氣流不均勻和燒穿現象，影響汽化質量，並增加了灰渣帶走的熱損失。

在運行中，當料層中粒度分佈很不均勻時，大塊的物料多偏向爐壁附近，較小的物料則集中在料層中心，從而導致沿料層截面上的氣體流動阻力很大，料層透氣性極不均勻。尤其小粒徑物料密度較大時，容易在局部地區形成不透氣的死氣柱，破壞了反應區的正常分佈，並且在阻力較小的部位造成燒穿現象，嚴重惡化了燃氣質量，並容易因局部溫度過高而結渣。物料粒度不均時，正常的氣化過程將受到破壞。

料層高度也是氣化製程方法中的一個重要參數，它關係到料層中的擴散和熱交換過程，對整個氣化過程都有直接影響。

4.2.3 生物質氣化製程方法

在生物質氣化過程中，原料在限量供應的空氣或氧氣及高溫條件下，被轉化成燃料氣。氣化過程可分為三個階段：首先物料被乾燥失去水分，然後熱解形成小分子熱解產物（氣態）、焦油及焦炭，最後生物質熱解產物在高溫下進一步生成氣態烴類產物、氫氣等可燃物質，固體碳則通過一系列氧化還原反應生成 CO。氣化介質可用空氣，也可用純氧。在流體化床反應器中通常用水蒸汽作載氣。生物質氣化主要分以下幾種。

1. 空氣氣化　以空氣作為氣化介質的生物質氣化是所有氣化技術中最簡單的一種，根據氣流和加入生物質的流向不同，可以分為上吸式（氣流與固體物質逆流）、下吸式（氣流與固體物質順流）及流體化床等不同形式。空氣氣化一般在常壓和 700 ～ 1000℃下進行，由於空氣中氮氣的存在，使產生的燃料氣體熱值較低，僅在 5400 ～ 7300 kJ/m^3 左右。

2. 氧氣氣化　與空氣氣化比較，用氧氣作為生物質的氣化介質，由於產生的氣體不被氮氣稀釋，故能產生中等熱值的氣體，其熱值是 11 ～ 18 MJ/m^3 左右。該製法也比較成熟，但氧氣氣化成本較高。

3. 蒸汽氣化　用蒸汽作為氣化劑，並採用適當的催化劑，可獲得高含量的甲烷與合成甲醇的氣體，以及較少量的焦油和水溶性有機物。

4. 乾餾氣化　屬於熱解的一種特例，是指在缺氧或少量供氧的情況下，對生物質進行乾餾的過程。主要產物為醋酸、甲醇、木焦油、木炭和可燃氣等。可燃氣主要成分為 CO_2、CO、CH_4、C_2H_4、H_2 等。

5. 蒸汽－空氣氣化　主要用來克服空氣氣化產物熱值低的缺點。蒸汽－空氣氣化比單獨使用空氣或蒸汽為氣化劑時要優越。因為減少了空氣的供給量，並生成更多的氫氣和碳氫化合物，提高了燃氣熱值。

6. 氫氣氣化　以 H_2 作為氣化劑，主要反應是 H_2 與固定碳及水蒸汽生成甲烷的過程，此反應可燃氣的熱值為 22.3 ～ 26 MJ/m^3，屬於高熱值燃氣。但是反應的條件極為嚴格，需要在高溫下進行，所以一般不採用這種方式。

生物質氣化的技術路線很多，根據反應器類型的不同分為固定床氣化、流體化床氣化兩大類。對於固定床氣化，可分為上吸式固定床氣化、下吸式固定床氣化、層吸式固定床氣化；對於流體化床氣化，可以進一步劃分為鼓泡流體化床氣化、循環流體化床氣化、雙流體化床氣化、增壓流體化床氣化等。下面將對幾種典型的生物質氣化技術進行介紹。

1. 上吸式固定床氣化 生物質在這種氣化爐（圖 4-5）中氣化時，由上部加料裝置進入爐體，然後依靠自身重力下落，再由上部流動的熱氣流對其烘乾，析出揮發組分，其原料層及灰渣層由下部的爐箅所支撐，反應後殘餘的灰渣從爐箅下方排出。

氣化劑由下部的送風口進入，通過爐箅的縫隙均勻地進入灰渣層，被灰渣層預熱後與原料層接觸並發生氣化反應，所產生的生物質燃氣從爐體的上方被引出。該類氣化爐（裝置）的主要特點是氣體的流動方向與物料進入方向相反，故又稱逆向氣化爐。鑒於該類氣化爐中的原料乾燥層和熱解層在爐內所處的空間位置可充分利用還原反應氣體的餘熱，可燃性氣體在出口處的溫度可降低至 300℃ 以下，故上吸式固定床氣化爐的熱效率高於其他種類的固定床氣化爐。此外，這種氣化爐在對生物質氣化過程中也可加入一定量的水蒸汽，使其提高燃氣中的含氫量及燃氣熱值。但因上吸式固定床氣化爐燃氣中的焦油含量較高，需對燃氣作進一步淨化處理。

2. 下吸式固定床氣化 該類氣化爐的特點在於氣化劑流向和生物質進料的方向相同，故又稱順流式氣化爐（圖 4-6）。下吸式固定床氣化爐通常設置高溫喉管區，氣化劑從喉管區中部偏上的位置噴入，生物質在爐內的喉管區發生氣化反應，可燃氣從下部被析出。下吸式固定床氣化爐的熱解產物必須通過熾熱的氧化層，故揮發組分中的焦油可得到充分分解，燃氣中的焦油含量比上吸式固定床氣化爐顯著減少。該類氣化爐對較乾燥的塊狀物料（含水量 ＜ 30%、灰分 ＜ 1%），以及含有少量較粗糙顆粒的混合物料的氣化較適合，裝置的結構較簡單，運行方便可靠。鑒於下吸式固定床氣化爐燃氣中的焦油含量較低，特別

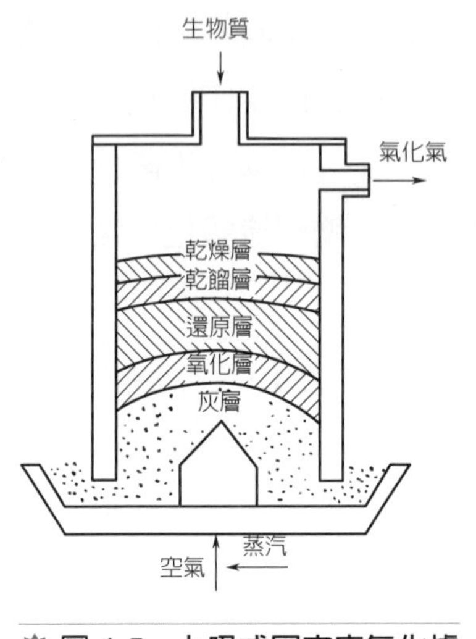

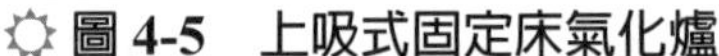

☼ 圖 4-5　上吸式固定床氣化爐

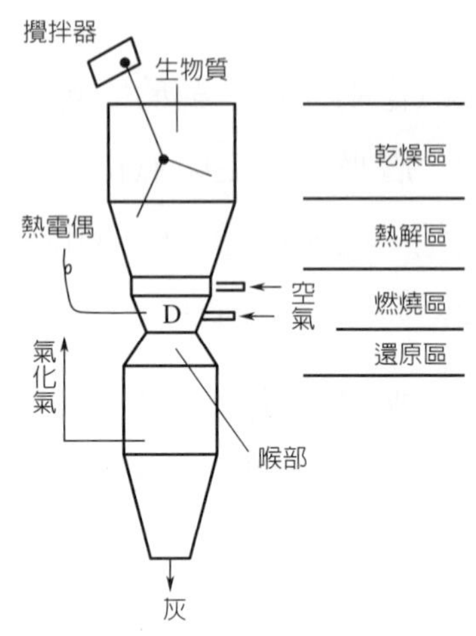

☼ 圖 4-6　下吸式固定床氣化爐

受到小型發電企業的青睞。

下吸式固定床氣化爐的爐身通常為圓筒形，由鋼板焊接而成，氣化室採用耐火材料以防止燒損爐體。爐內裝有爐箅、風道和風嘴，爐外上下分別設有加料口和渣灰口。

燃料從加料口送入，用爐箅托住，引燃後密封，當向爐內鼓風時即可產生燃氣。鑒於物理條件的侷限性，這種氣化爐的直徑不能太大，一般處理生物質的上限為 500 kg/h，發電量僅為 500 kW。

此外，還有一種被稱作開心式固定床氣化爐，採用轉動爐柵替代高溫喉管區，它是由中國自主研製而成的，主要應用於稻殼的氣化，現已進入商業化運行階段。

3. 鼓泡流體化床氣化　該類氣化爐一般是以炙熱的砂子作為流體化床的介質。砂子在床內流化，使反應器內呈現類似於燒開水的「沸騰」狀態，是最基本、最簡便的氣化爐（圖 4-7），只設一個反應器，氣化後所生成的可燃性氣體直接進入淨化系統，該類氣化爐流化速度較慢，只適用於顆粒度較大的物料的氣化。鼓泡流體化床氣化時，生物質需加工成具有一定粒徑的顆粒。當生物質

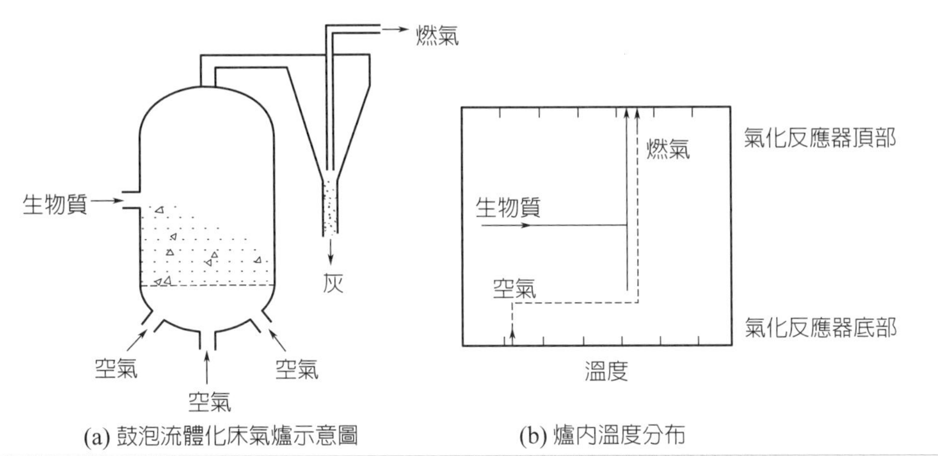

圖 4-7　鼓泡流體化床氣化爐

進入反應器後，反應物料、砂子、氣化劑（空氣或水蒸汽混合物）充分接觸，生物質迅速氣化，產生燃氣。鼓泡流體化床氣化產生的氣體中含有較多飛灰和夾帶炭顆粒，一般需要經過旋風分離器除塵和煤氣淨化後方可利用。鼓泡流體化床氣化爐的溫度一般控制在 800℃ 左右。

4. 循環流體化床氣化　循環流體化床與鼓泡流體化床的主要差別在於氣化反應器內流化風速更高，出口氣體中的固體顆粒含量更高，旋風分離器分離的固體顆粒會回送到反應器繼續進行氣化反應，提高氣化效率。循環流體化床氣化爐的溫度一般控制在 700 ～ 900℃，如圖 4-8 所示。

5. 雙流體化床氣化　雙流體化床氣化技術中採用兩個流體化床反應器，一個反應器進行生物質氣化反應，另一個反應器進行氣化焦炭燃燒反應。雙流體化床反應器不需要氧氣供應即可生產中熱值煤氣。該方法利用固體熱載體作為熱量傳遞的媒介，氣化室中的生物質與作為熱載體的灼熱床料直接接觸，受熱熱解產生燃氣；熱解半焦和被冷卻的床料進入流體化床燃燒室，在其中半焦燃燒產生熱量加熱床料；熱床料再被送回氣化室為熱解供熱。該製程的流程在不需要氧氣的情況下實現了熱值為 11 ～ 20 MJ/m^3（標準狀態）的中熱值煤氣的穩定生產，運行成本較低；但由於熱載體循環的限制，高溫下固體熱載體的穩定、可靠循環實現難度較大，系統比較複雜，如圖 4-9 所示。

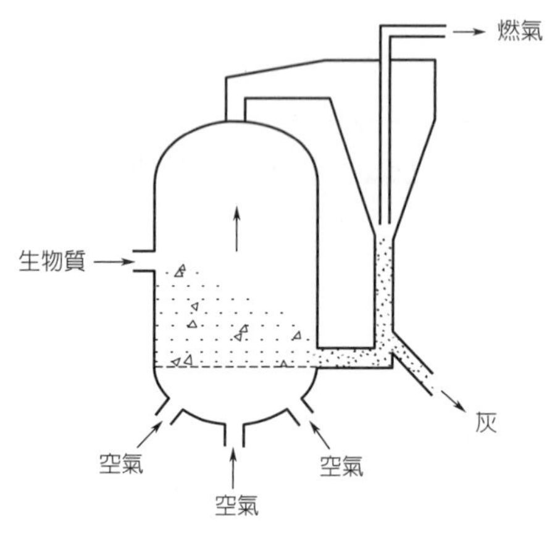

☼ 圖 4-8　循環流體化床氣化爐

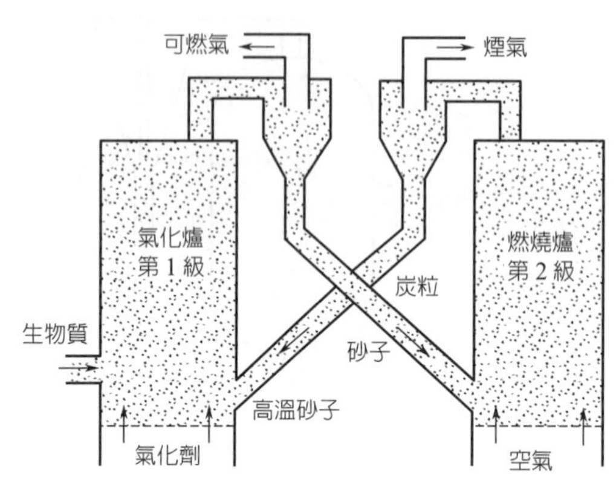

☼ 圖 4-9　雙流體化床氣化爐

6. **攜帶床氣化**　是流體化床汽化爐的一種特例。它不使用惰性材料，氣化劑直接吹動生物質原料，不過原料在進爐前必須粉碎成細小顆粒。攜帶床具有氣化溫度高，碳的轉化率高的優點，其運行溫度高達 1100 ～ 1300℃，碳轉化率可達 100%，並且氣化氣中焦油含量很少。但由於運行溫度高，易燒結，故選材較難。

7. **增壓流體化床氣化**　該製程以生物質增壓流體化床氣化為特徵，氣化介質可以是氧或空氣或水蒸汽混合物，主要用於生產合成原料氣或工業過程燃料氣。該技術採用單級流體化床反應器，操作壓力高達 25 atm（1atm = 101,325 Pa），操作溫度在 750 ～ 950℃，生物質碳轉化率可以達到 95% 以上。該製程目前已有商用規模項目在實際運行，如夏威夷生物質氣化工程。該項目生物質處理量為 100 t/d，由西門子—西屋公司、DOE、夏威夷州政府等單位聯合出資建造，實踐證明工作良好。

採用不同氣化爐及不同氣化劑產出的氣體成分不同，其熱值也不同，大概在 5 ～ 15 MJ/m^3 之間。

4.2.4 生物質氣化發電技術

生物質氣化發電技術是把生物質轉化為可燃氣，再利用可燃氣推動燃氣發電設備進行發電。它既能解決生物質難於燃用而且分佈分散的缺點，又可以充分發揮燃氣發電技術設備緊湊而且污染少的優點，所以氣化發電是生物能最有效、最潔淨的利用方法之一。

生物質氣化發電過程包括生物質氣化、氣體淨化、燃氣發電等三個方面。生物質氣化發電技術具有三個方面的特點：一是技術有充分的靈活性，二是具有較好的潔淨性，三是經濟性。

生物質氣化發電系統從發電規模可分為小規模、中等規模和大規模三種。小型氣化發電系統多採用固定床氣化設備，特別是下吸式氣化爐，主要用於農村照明或作為中小企業的自備發電機組，一般發電功率小於 200 kW。中型生物質氣化發電系統以流體化床氣化為主，研究和應用最多的是循環流體化床氣化技術，主要作為大中型企業的自備電站或小型上網電站，發電功率一般為 500 ~ 3,000 kW，是當前生物質氣化發電技術的主要方式。流體化床氣化技術中對生物質原料適應性強，也可混燒煤、重油等傳統燃料，生產強度大、氣化效率高。大型生物質氣化發電系統主要作為上網電站，它適應的生物質較為廣泛，所需的生物質數量巨大，必須配套專門的生物質供應中心和預處理中心，系統功率一般在 5,000 kW 以上，雖然與常規能源相比仍顯得非常小，但在技術發展成熟後，將是今後替代常規能源電力的主要方式之一。一般來說，發電規模越大，單位發電量需要的成本就越低，也越有利於提高熱效率和降低二次污染，如表 4-3 所示。

生物質氣化發電技術按燃氣發電方式可分為內燃機發電系統、燃氣輪機發電系統，和燃氣—蒸汽聯合循環發電系統。

內燃機發電系統可單獨使用低熱值燃氣，又可以燃氣、油兩用。內燃機發電系統具有設備簡單、技術成熟可靠、功率和轉速範圍寬、配套方便、機動性好、熱效率高等特點。但是，內燃機對燃氣的質量要求高，燃氣必須經過淨化

表 4-3　中國生物質氣化發電系統主要參數對比

比較項目	氣化器	
	下吸式固定床	循環流體化床
發電量／kW	200	1000
總效率／%	12.5	17
成本／（元／kW）	2750	3060
耗電成本／（元／kW）	0.35	0.27
中國國內已投入使用機組數	約 30	2

及冷卻處理。生物質燃氣的熱值低且雜質含量高，與天然氣和煤氣發電技術相比，其設備需要採用獨特的設計。

燃氣輪機發電系統在使用低熱值生物質燃氣發電時，必須進行相應的改造，將熱值較低的氣化氣增壓，否則發電效率較低。另外，由於生物質燃氣中的雜質較多，有可能腐蝕葉輪，因此燃氣輪機對氣化氣質量要求高，並且需要有較高的自動化控制水平，所以單獨採用燃氣輪機的生物質氣化發電系統較少。

燃氣—蒸汽聯合循環發電系統是在內燃機、燃氣輪機發電的基礎上，增加餘熱蒸汽的聯合循環，該系統可有效地提高發電效率。一般燃氣—蒸汽聯合循環的生物質氣化發電系統，採用的是燃氣輪機發電設備，而且最好的氣化方式是高壓氣化，構成的系統稱為生物質整體氣化聯合循環（B-IGCC），它的效率一般可達 40% 以上，是大規模生物質氣化發電系統的重點研究方向。

圖 4-10 所示為生物質整體氣化聯合循環（B-IGCC）方法，是大規模生物質氣化發電系統重點研究方向。整體氣化聯合循環由空分製氧系統、氣化爐、燃氣淨化系統、燃氣輪機、餘熱回收系統和蒸汽輪機等組成。

世界上首家以生物質為原料的整體氣化聯合循環發電廠是瑞典 Sydkraft AB 公司建設，1993 年正式在瑞典 VARNAMO B-IGCC 電廠運行。該電廠裝機容量為 6 MW，供熱容量為 9 MW，發電效率為 32%（除自用電外）。生物質原料主要是木屑和樹皮，經過乾燥粉碎後，在帶有密閉閥門的上下料斗中加

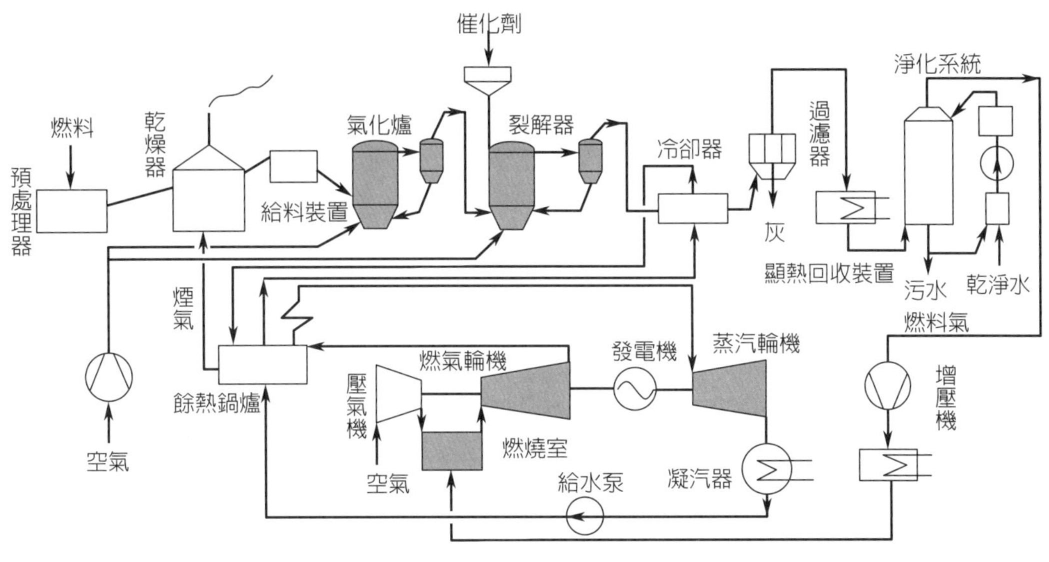

☼ **圖 4-10　整體氣化聯合循環方法流程圖**

壓後進入增壓氣化爐，操作溫度為 950 ～ 1000℃，壓力為 1.8 MPa，從燃氣輪機的壓縮機抽調 10% 左右的空氣作為氣化劑，經二次壓縮後由流體化床底部布風板通入。產氣經過旋風分離器分離後，進入煙氣冷卻器冷卻至 350 ～ 400℃，然後利用高溫陶瓷管式篩檢程式淨化。淨化燃氣通過燃氣輪機（4.2 MW）發電，燃氣透平排氣進入餘熱鍋爐，連同煙氣冷卻器一起產生蒸汽（4 MPa，455℃），蒸汽進入蒸汽輪機發電（1.8 MW），同時供熱（9 MW）。該電廠從 1993 年開始運行，系統整體運行時間達 3600 h/ 年，驗證了生物質增壓氣化和高溫煙氣淨化系統的可行性，得到了一些寶貴的運行經驗。

除瑞典 VARNAMO B-IGCC 項目外，美國、英國、芬蘭等國家都投資建立了 B-IGCC 示範項目。但 B-IGCC 技術尚未完全成熟，投資和運行成本都很高，目前其主要應用還只停留在示範和研究的階段。

由於資金和技術問題，在中國現有條件下研究開發與國外相同技術路線的大型 B-IGCC 系統是非常困難的。針對目前中國具體情況，採用內燃機代替燃氣輪機，其他部分基本相同的生物質氣化發電系統，不失為解決中國生物質氣化發電規模化發展的有效手段。一方面，採用氣體內燃機可降低對氣化氣雜質的要求（焦油與雜質含量 $< 100mg/m^3$ 即可），因此可以大大減少技術難度；另一方面，避免了改造相當複雜的燃氣輪機系統，從而大大降低了系統的成本。從技術性能上看，這種氣化及聯合循環發電系統在常壓氣化時，整體發電效率可達 28% ～ 30%，只比傳統的低壓 B-IGCC 降低 3% ～ 5%。但由於該系統簡單，技術難度小，單位投資和造價大大降低（約 5000 元 /kW）。這種技術方案比較適合中國目前的工業水準，設備可以全部國產化，適合發展分散的、獨立的生物質能源利用體系。

4.3 生物質熱解技術

4.3.1　生物質熱解及其特點

生物質熱解指生物質在無空氣等氧化環境情形下發生的不完全熱降解生成炭、可冷凝液體和氣體產物的過程，可得到炭、液體和氣體產物。根據反應溫度和加熱速率的不同，可將生物質熱解方法分成慢速、一般、快速熱解等製程方法（見表 4-4）。慢速熱解主要用來生成木炭，低溫和長期的慢速熱解使得炭產量最大可達 30%，約占 50% 的總能量；中等溫度及中等反應速率的一般熱解可製成相同比例的氣體、液體和固體產品；快速熱解是在傳統熱解基礎上

表 4-4　生物質熱解的主要製程方法類型

工藝類型	工作溫度 / ℃	加熱速率	停留時間	主要產物
慢速熱解	400	非常低	數小時至數天	炭
常規熱解	600	低	5 ～ 30min	氣、油、炭
快速熱解				
快速	650	較高	0.5 ～ 5s	油
閃速	> 650	高	< 1s	油
極快速	1000	非常高	< 0.5s	氣

發展起來的一種技術，相對於傳統熱解，它採用超高加熱速率、超短產物停留時間及適中的熱解溫度，使生物質中的有機高聚物分子在隔絕空氣的條件下迅速斷裂為短鏈分子，使焦炭和產物氣降到最低限度，從而最大限度獲得液體產品。

生物質在慢速熱解的條件下以得到炭為目的的炭化，是一種有幾千年歷史的方法，20 世紀初其成為生產乙酸、乙醛和乙醇等化學用品的木材化學工業的基礎。然而，由於煤炭及石油的開發利用，生物質的熱裂解通常被用於炭化，直到最近幾十年，由於化工和能源等領域中新型反應工程的不斷開發，尤其是相比於傳統慢速熱裂解的新型快速或閃速熱裂解方法的開發，人們發現利用改變熱裂解過程的溫度、加熱速率及停留時間等因素，可分別有效地最大化氣體和液體產物產量，並且對所得產物進行相應的改性及優化後可用作其他多種用途，如氣體產物可作為民生用途燃氣或 B-IGCC 的燃氣，生物油則不僅可以繼續用來提取有價值的化工產品外，還因其高容積熱值而被認為是一種具有開發價值的動力燃料。

4.3.2 生物質熱解原理

在生物質熱解反應過程中，會發生化學變化和物理變化，前者包括一系列複雜的化學反應；後者包括熱量傳遞。通過對國內外熱裂解機理研究的歸納概括，從以下四個角度對反應機理進行分析介紹。

1. 從生物質組成成分分析 生物質主要由纖維素、半纖維素和木質素三種主要組成物以及一些可溶於極性或弱極性溶劑的提取物組成。生物質的三種主要組成物常常被假設獨立進行熱分解，半纖維素主要在 225 ～ 350℃ 分解，纖維素主要在 325 ～ 375℃ 分解，木質素在 250 ～ 500℃ 分解。半纖維素和纖維素主要產生揮發性物質，而木質素主要分解為炭。生物質熱裂解方法的開發和反應器的正確設計，都需要對熱裂解機理進行良好的理解。因為纖維素是多數生物質最主要的組成物（如在木材中平均占 43%），同時它也是相對最簡單

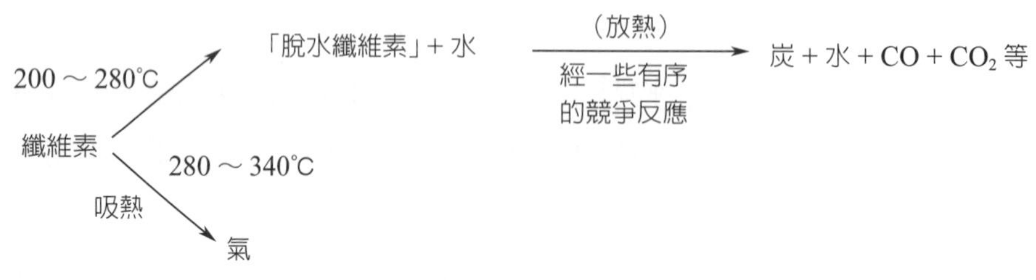

☼ 圖 4-11　Kilzer 提出的纖維素熱分解途徑

的生物質組成物，因此纖維素被廣泛用作生物質熱裂解基礎研究的實驗原料，最為廣泛接受的纖維素熱分解反應途徑模式一是分解為炭、H_2O、CO_2、CO，二是分解為焦油，該兩條反應途徑是競爭反應。

很多研究者對纖維素熱分解反應途徑模式進行了詳細的解釋。Kilzer（1965）提出了一個很多研究所廣泛採用的概念性的框架，其反應式如圖 4-11 所示。

從圖 4-11 中可以看出，低的加熱速率傾向於延長纖維素在 200 ～ 280℃ 範圍所用的時間，結果以減少焦油為代價增加了炭的生成。Antal 等對圖 4-11 進行了評述：首先，纖維素脫水作用生成脫水纖維素，脫水纖維素進一步分解產生大多數的炭和一些揮發物。與脫水纖維素反應在略高的溫度競爭的是，一系列相繼的纖維素解聚反應產生左旋葡聚糖（1，6- 脫水 β-D 呋喃葡糖）焦油，根據實驗條件，左旋葡聚糖焦油的二次反應或者生成炭、焦油和氣，或者主要生成焦油和氣。例如纖維素的閃速熱裂解把高升溫速率、高溫和短滯留期結合在一起，實際上排除了炭生成的途徑，使纖維完全轉化為焦油和氣；慢速熱裂解使一次產物在基質內的滯留期加長，從而導致左旋葡聚糖主要轉化為炭。纖維素熱裂解產生的化學產物包括 CO、CO_2、H_2、炭、左旋葡聚糖以及一些醛類、酮類和有機酸，醛類中包括羥乙醛（乙醇醛），它是纖維素熱裂解的一種主要產物。

最近十幾年來，一些研究者相繼提出了與二次裂化反應有關的生物質熱裂解途徑，但基本上都是以 Shafizadeh 提出的反應機理為基礎，其分解反應途徑如圖 4-12 所示。

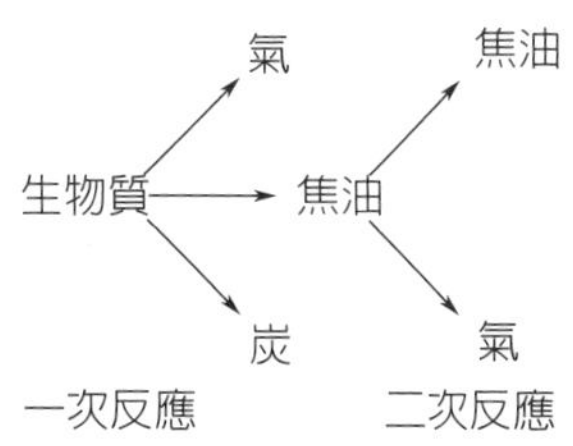

圖 4-12　Shafizadeh 提出的分解反應途徑圖

2. 從物質及能量的傳遞分析　首先，熱量被傳遞到顆粒表面，並由表面傳到顆粒的內部。熱裂解過程由外至內逐層進行，生物質顆粒被加熱的成分迅速分解成木炭和揮發分。其中，揮發分由可冷凝氣體組成，可冷凝氣體經過快速冷凝得到生物油。一次裂解反應生成了生物質炭、一次生物油和不可冷凝氣體。在多孔生物質顆粒內部的揮發分還將進一步裂解，還將穿越周圍的氣相成分，在這裡進一步裂化分解，稱為二次裂解反應。生物質熱裂解過程最終形成生物油、不可冷凝氣體和生物質炭（圖 4-13）。反應器內的溫度越高且氣態產物的停留時間越長，二次裂解反應則越嚴重。為了得到高產率的生物油，需快速去除一次裂解產生的氣態產物，以抑制二次裂解反應的發生。

與慢速熱裂解產物相比，快速熱裂解的傳熱過程發生在極短的原料停留時間內，強烈的熱效應導致原料極迅速降解，不再出現一些中間產物，直接產生熱裂解產物，而產物的迅速淬冷，使化學反應在所得初始產物進一步降解之前終止，從而最大限度地增加液態生物油的產量。

3. 從反應進程分析　生物質的熱裂解過程分為三個階段，其生物質熱裂解過程曲線如圖 4-14 所示。

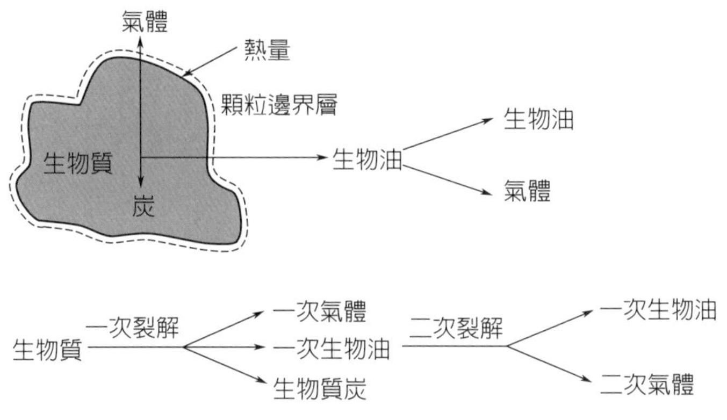

圖 4-13　生物質熱裂解過程示意圖

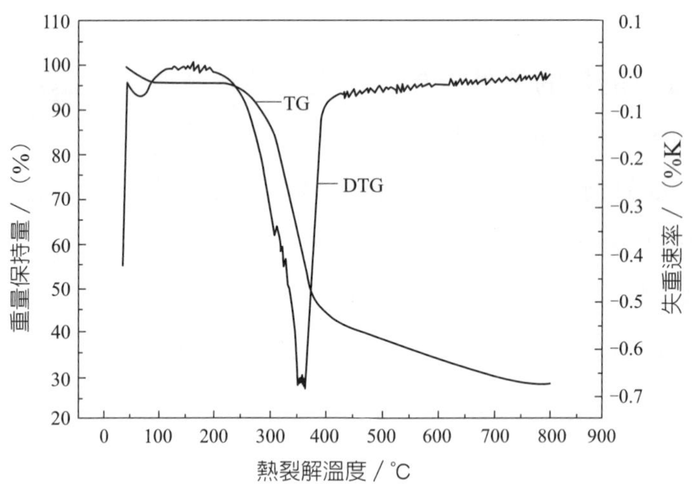

圖 4-14　生物質熱裂解過程曲線圖

TG—熱重曲線；DTG—微分熱重曲線

(1) 脫水階段（室溫～ 100℃）　在這一階段生物質只是發生物理變化，主要是失去水分。

(2) 主要熱裂解階段（100 ～ 380℃）　在這一階段生物質在缺氧條件下受熱分解，隨著溫度的不斷升高，各種揮發物相應析出，原料發生大部分的質量損失。

(3) 炭化階段（約 400℃）　在這一階段發生的分解非常緩慢，產生的質量損失比第二階段小得多，該階段通常被認為是 C—C 鍵和 C—H 鍵的進一步裂解所造成的。

4. 從線型分子鏈分解角度　看利用簡單分子並以蒙特卡洛類比來描述反應過程，它既要考慮時間和樣品空間，也要考慮物理空間（聚合物長度），用線型鏈結構代替三維空間結構。該方法可解釋生物質熱裂解反應過程。

線型聚合物隨機分解以 N 個聚合體表示，線型聚合物隨機反應途徑如圖 4-15 所示。

蒙特卡洛把聚合物分解看成是由獨立的馬爾可夫鏈分解組成。馬爾可夫（無後效）過程是指在很高的加熱速率下生物質閃速熱裂解時，聚合物鏈結構

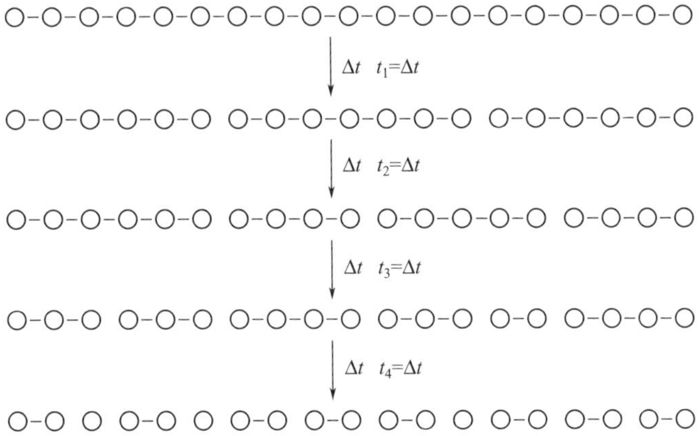

O-O-O-O-O-O-O-O-O-O-O-O-O-O-O-O-O-O-O

↓ Δt $t_1=\Delta t$

O-O-O-O-O-O O-O-O-O-O-O-O O-O-O-O-O-O

↓ Δt $t_2=\Delta t$

O-O-O-O-O-O O-O-O-O O-O-O-O-O O-O-O-O

↓ Δt $t_3=\Delta t$

O-O-O O-O-O O-O-O-O O-O-O O-O O-O-O-O

↓ Δt $t_4=\Delta t$

O-O O O-O O O-O O-O O-O O O-O O-O O-O

圖 4-15　線型聚合物隨機反應途徑圖

分解是隨機發生的。在假設的模型中，用 N 代表聚合物中的每個單體結構的結合總個數。用每個鏈的長度來代表所形成的氣體、固體和液體狀態，產品存在狀態用兩個參數來描述，保持固相狀態最小的鏈的長度（N_S^-）和保持氣相狀態最大的鏈的長度（N_g^+）。而長度在 N_S^- 和 N_g^+ 之間的部分為液體焦油狀態。

以生產生物油為目的的快速熱裂解反應，被認為是由於非常高的加熱及熱傳導速率，並嚴格控制反應終溫，熱裂解蒸汽得到迅速冷凝，因此產物以中等長度分子鏈形式存在。

4.3.3　生物質熱解製程方法

4.3.3.1　生物質熱解液化一般製程的流程

生物質熱解液化技術的一般製程的流程由物料的乾燥、粉碎、熱解、產物炭和灰的分離、氣態生物油的冷卻和生物油的收集等幾個部分組成，如圖 4-16 所示。

1. 原料乾燥和粉碎　生物油中的水分會影響油的性能，而天然生物質原料中含有較多的自由水，為了避免將自由水分帶入產物，物料要求乾燥到水分含量低於 10%（重量百分比）。另外，原料尺寸也是重要的影響因素，通常對原

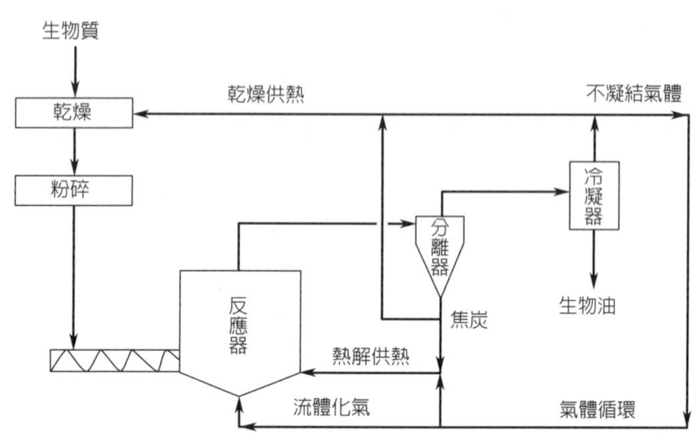

圖 4-16 生物質快速熱解製程方法的流程圖

料需要進行粉碎處理。不同的反應器對生物質粒徑的要求不同，旋轉錐所需生物質粒徑小於 200 μm；流體化床要小於 2 mm；傳輸床或循環流體化床要小於 6 mm；燒蝕床由於熱量傳遞機理不同可以採用整個的樹木碎片。但是，採用的物料粒徑越小，加工費用越高，因此，物料的粒徑需在滿足反應器要求的同時與加工成本綜合考慮。

2. 熱裂解 熱裂解生產生物油技術的關鍵在於，要有很高的加熱速率和熱傳遞速率、嚴格控制的中溫，以及熱裂解揮發分的快速冷卻。只有滿足這樣的要求，才能最大限度地提高產物中油的比例。適合於快速熱解的反應器型式是多種多樣的，在目前已開發的多種類型反應工藝中，還沒有最好的製程類型，但反應器都應該具備加熱速率快、反應溫度中等和氣相停留時間短的特點。

3. 焦炭和灰的分離 在生物質熱解製法方程中，幾乎所有的生物質中的灰都留在了產物炭中，一些細小的焦炭顆粒不可避免地隨攜帶氣進入到生物油液體當中，影響生物油的品質。同時炭會在二次裂解中起催化作用，在液體生物油中產生不穩定因素，所以，對於要求較高的生物油生產製程方法，快速徹底地將炭和灰從生物油中分離是必需的。

4. 液體生物油的收集 在較大規模系統中，採用與冷液體接觸的方式進行冷凝收集，通常可收集到大部分液體產物，但進一步收集則需依靠靜電捕捉等處理微小顆粒的技術。在設計時除需保證溫度的嚴格控制外，還應在生物油收集過程中避免由於生物油的多種重組分的冷凝而導致的反應器堵塞。

4.3.3.2 快速熱解裝置

生物質快速熱解液化是在傳統裂解基礎上發展起來的一種技術，相對於傳統裂解，它採用超高加熱速率（$10^2 \sim 10^4$ K · s^{-1}）、超短產物停留時間（0.2 ～ 3 s）及適中的裂解溫度，使生物質中的有機高聚合物的分子在隔絕空氣的條件下迅速斷裂為短鏈分子，使焦炭和產物氣降到最低限度，從而最大限度獲得液體產品。這種液體產品被稱為生物油，為棕黑色黏性液體，熱值達 20 ～ 22 MJ · kg^{-1}，可直接作為燃料使用，也可經精製成為化石燃料的替代物。因此，隨著化石燃料資源的減少，生物質快速熱解液化的研究在國際上引起了廣泛的興趣。自 1980 年以來，生物質快速熱解技術取得了很大進展，成為最有開發潛力的生物質液化技術之一。

快速熱解過程在幾秒或更短的時間內完成，液體產物收率相對較高，其化學反應、傳熱傳質以及相變現象都產生重要作用。關鍵問題是使生物質顆粒只在極短時間內處於較低溫度（此種低溫利於生成焦炭），然後一直處於熱解過程最優溫度。要達到此目的一種方法是使用小生物質顆粒，另一種方法是利用熱源直接與生物質顆粒表面接觸達到快速傳熱。較低的加熱溫度和較長氣體停留時間有利於碳的生成，高溫和較長停留時間會增加生物質轉化為氣體的量，中溫和短停留時間對液體產物增加最有利。生物質熱解技術常用裝置類型有固定床、流體化床、夾帶流、多爐裝置、旋轉爐、旋轉錐反應器、分批次處理裝置等。其中，流體化床裝置因能很好地滿足快速熱解對溫度和升溫速率的要求而被廣泛採用。

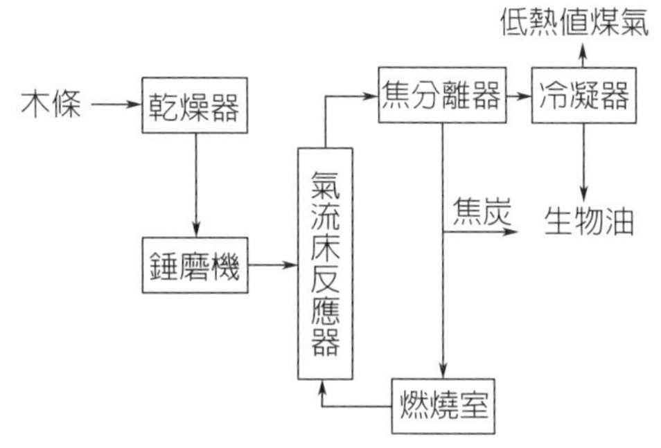

圖 4-17　生物質氣流床熱解工藝流程圖

1. 氣流床熱解　喬治亞技術研究公司開發出一種氣流床，其流程如圖 4-17

所示。床直徑為 15 cm，高 4.4 m 能保證停留時間 1 ～ 2 s。木材粉末（粒徑 0.3 ～ 0.42 mm）被燃燒廢氣帶入反應器。熱解所需熱量由載氣提供，載氣溫度低於 745℃，和生物質的質量比為 8，以保證所提供的熱量能獲得最大的液體收率。該系統進料速率為 15 kg · h^{-1}。可生成 58% 的生物油（幹基）和 12% 的焦炭（無水無灰基）。

2. 真空熱解　加拿大 Laval 大學設計了生物質真空熱解裝置，以完善反應過程和提高產量，在 1996 年成立了 Pro-system 能源公司，並且負責把這個反應器大型化，上述這套系統已經進行商業化運行。物料乾燥和破碎後進入反應器，物料送到兩個水平的金屬板，金屬板被混合的熔融鹽加熱且溫度維持在 530℃左右，熔融鹽是通過一個靠在熱解反應中產生的不可凝氣體燃燒提供熱源的爐子來加熱。另外，合理地使用電子感應加熱器以保持反應器中的溫度連續穩定，物料中的有機質加熱分解所產生的蒸汽依靠反應器的真空狀態很快被帶出反應器，揮發分氣體直接輸入到兩個冷凝系統：一個收集重油，一個收集輕油和水分。利用這套系統得到的比較典型的和物料有關的熱解產物是 47% 的生物油、17% 的裂解水、12% 的焦炭、12% 的不可凝熱解氣。該系統最大的優點是真空下一次裂解產物很快移出反應器，從而降低了揮發分的裂化和重整等，減少了裂解氣二次反應的概率。不過，該反應器所需要的真空需要真空泵的正常運作以及很好的密封性來保證，這就加大了成本和運行難度。其製程之流程如圖 4-18 所示。

3. 旋轉錐反應器　以生物質油為主要產品的各種熱解液化技術中，旋轉錐式熱解反應器具有較高的生物產油率。旋轉錐反應器由 Twente 大學開發（見圖 4-19）。旋轉錐技術的主要特色如下：旋轉的加熱錐產生離心力驅動熱砂和生物質；碳在第二個鼓泡流體化床燃燒室中燃燒，砂子再循環到熱解反應器中；熱解反應器中的載氣需要量比流體化床和傳輸床系統要少，然而需要增加用於碳燃燒和砂子輸送的氣體量；旋轉錐熱解反應器、鼓泡床碳燃燒器和砂子再循環管道三個子系統統一操作比較複雜；典型液體產物收率 60% ～ 70%（以基質量計算）。

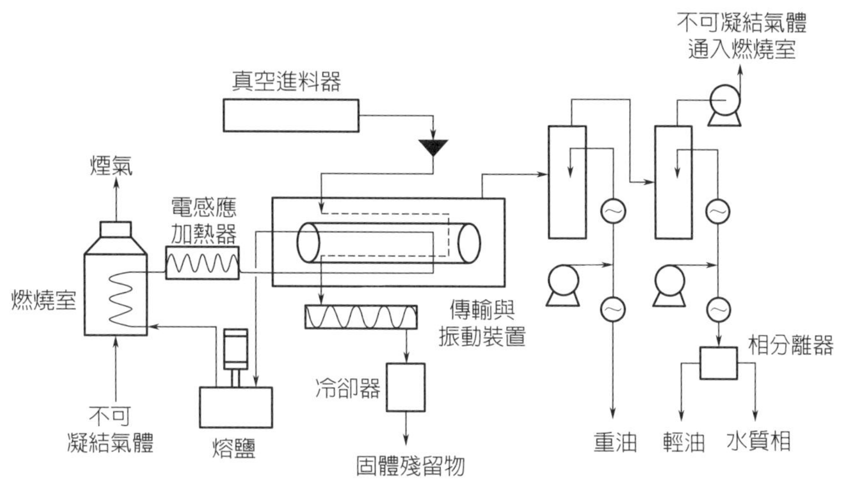

圖 4-18　真空熱解反應器製程方法之流程圖

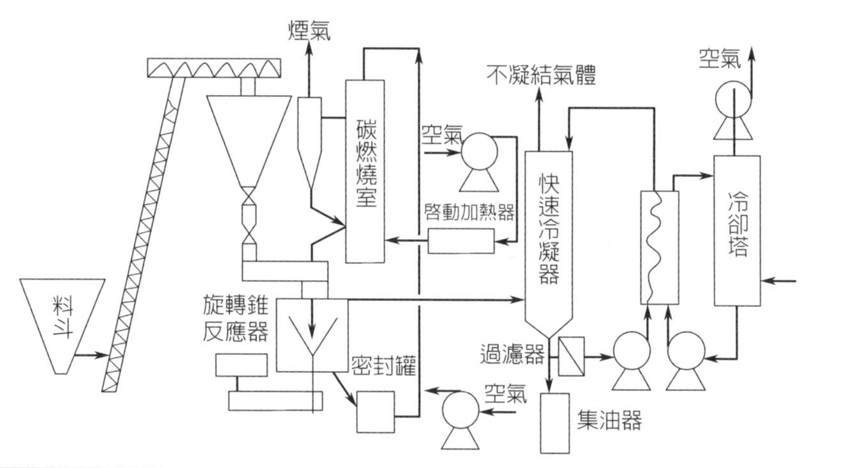

圖 4-19　旋轉錐實驗工廠流程圖

4. 循環流體化床熱解製程　加拿大 Ensyn 工程師協會開發研製的循環流體化床方法在義大利的 Bastardo 建成了 650 kg · h^{-1} 規模的示範裝置，在反應溫度 550℃ 時，以楊木粉作為原料可產生 65% 的液體產品。該裝置的優點是設備小巧，氣相停留時間短，防止熱解蒸汽的二次裂解，從而獲得較高的液體產率。但其主要缺點是需要載氣對設備內的熱載體及生物質進行流體化。加拿大的 Waterloo 大學開發了近似的閃速熱解方法（WFPP），見圖 4-20，裝置規模為 5 ～ 250 kg · h^{-1}，液體產率可達 75%。中國科學院廣州能源研究所也自主研製了生物質循環流體化床液化小型裝置，以石英砂作為循環介質，木粉進料速率為 5 kg · h^{-1}，反應溫度 500℃ 左右，可獲得 63% 的液體產率。

5. 渦流式燒蝕熱解　圖 4-21 所示為美國能源部的國家可再生能源實驗室（NREL）開發的燒蝕旋轉反應器。裝置中的生物質被加速到超音速來獲得加熱筒體內的切向高壓。未反應的生物質顆粒繼續循環，反應生成的蒸汽和細小的碳粒沿軸向離開反應器進入下一步驟。典型的液體收率為 60% ～ 65%（以基質計算）。同其他熱解方法相比，燒蝕熱解在原理上有實質性的不同。在所有其他熱解方法中，生物質顆粒的傳熱速率限制了反應速率，因而要求較小的生物質顆粒。在燒蝕熱解過程中，熱量通過熱反應器壁面來「融化」與其接觸的處於壓力下的生物質（就好像在煎鍋上熔化黃油，通過加壓和在煎鍋上移動可顯著增加黃油的熔化速率）。熱解前鋒通過生物質顆粒單向地向前移動。生物質被機械裝置移走後，殘留的油膜可以給後續的生物質提供潤滑，蒸發後即成為可凝結的生物質熱解蒸汽。反應速率的影響因素有壓力、反應器表面溫度和生物質在換熱表面的相對速率。

在上述生物質快速裂解技術中，使用循環流體化床製程方法的最多，該製程方法具有很高的加熱和傳熱速率，且處理規模較高，目前來看，該方法獲得的液體產率最高。

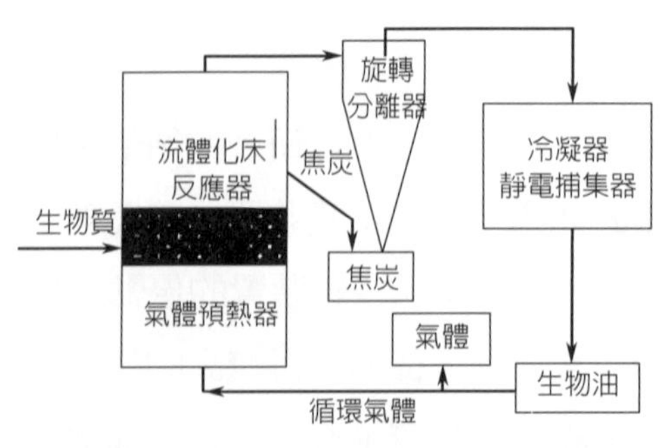

☼ **圖 4-20　WFPP 熱解方法示意圖**

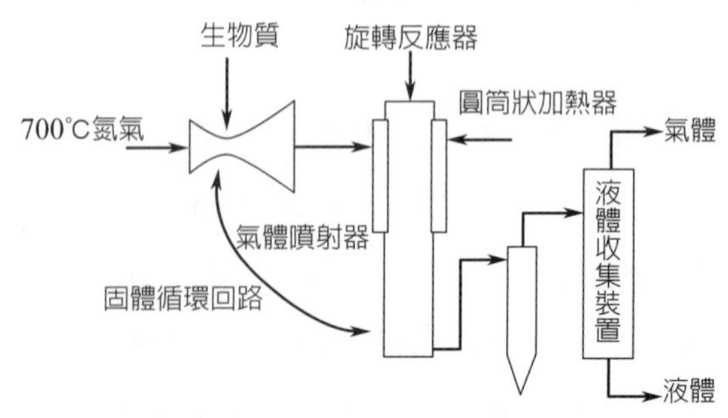

☼ **圖 4-21　NREL 燒蝕旋轉反應器示意圖**

4.3.4 生物質熱解產物及應用

生物熱解產物主要由生物油、不可凝結氣體和炭組成。

4.3.4.1 生物油

生物油通常是黑色到暗紅棕色，其顏色的深淺取決於原料種類、化學組成和炭微粒的存在。它是由分子量大且含氧量高的複雜有機化合物的混合物所組成，幾乎包括所有種類的含氧有機物，如醚、酯、酮、酚醇及有機酸等。生物油是一種用途極為廣泛的新型可再生液體清潔能源產品，與石油相比，生物油中硫、氮含量低，並且灰分少，對環境污染小。在一定程度上可替代石油直接用做燃油燃料，也可對其進一步催化、提純，製成高質量的汽油和柴油產品，供各種運輸工具使用；生物油中含有大量的化學品，從生物油中提取化學產品具有很明顯的經濟效益。

1. 生物油製取液體燃料　生物油密度比水大，大約為 1200 kg/m^3；pH 值較低，對於油的穩定有益；25% 含水率的生物油熱值為 17 MJ/kg，相當於 40% 同等質量的汽油或柴油。這意味著 2.5 kg 的生物油與 1 kg 的化石燃油能量相當；黏度為 35 ～ 1000 mPa · s（40℃），取決於水分、熱解條件、物料情況及儲存環境和時間；生物油加熱不宜超過 80℃，宜避光，避免與空氣接觸保存。目前還沒有一個明確的生物油質量評定標準。一般燃料有其品質判定的標準，因此有必要建立一個針對於不同用途的生物油品質的評定標準。

生物油組成成分的複雜性使其具有很大的利用潛力，但也對其利用造成很大的難度。生物油能夠作為化石燃料的替代品產生熱、電和化學物質。短期內可應用於燒鍋爐和熱電發電。長期考慮可應用於渦輪和柴油機。將生物油升級為交通油，技術上是可行的，但需進一步的開發。利用生物油提煉和衍生，可獲取大量更廣泛的化學物質。

2. 生物油分離製取木醋液和木焦油

(1) 木醋液　含義極為廣泛，其根本含義是指木材熱解得到的液體產物在澄清分離出沈澱木焦油後的紅褐色液體。生物質在 270 ～ 400℃左右進行熱解的過程中，得到一些含氧化合物，這些化合物在常溫下呈液體，如：甲酸、乙酸、丙酸、丁酸、戊酸、己酸、巴豆酸、當歸酸、糠酸、甲醇、烯丙醇、乙醛、丙酮、丁酮、己酮、兒茶酚、糠醛、甲基糠醛等。由於木醋液多種化合物以直鏈結構為主，所以木醋液是水溶性的。根據色譜分析，木醋液中有近百種化合物分子存在，是一種多種有機酸的混合液。

目前，木醋液廣泛應用於化工業、林業、農業、畜牧業、食品加工業和醫藥衛生業。木醋液具有殺菌、治蟲、抗病、提高水和土壤有益微生物活性、促進作物生長等作用，可作為綠色無公害農藥、微肥使用，可提高作物產量和品質，並能降解農藥殘留。也可作為飼料添加劑、天然植物生長調節劑、純天然殺蟲劑、合成天然化妝品、純天然食品添加劑以及除臭劑等。經過深加工，可用於浸泡手足，具有疏通經絡、流暢血脈、提高免疫功能。能抑制各類真菌，促進新陳代謝，對預防手、足癬有顯著效果。

(2) 木焦油　木焦油是生物質在 270 ～ 400℃熱解過程中產生的較大分子化合物。由於木焦油成分中以環狀結構為主，所以木焦油是油溶性的，很難溶於水，易溶於酒精、乙醚、二硫化碳、汽油之中。木焦油中的成分很複雜，有上百種之多，目前已知道的有苯、甲苯、二甲苯、苯乙烯、萘、苯酚、甲苯酚、鄰乙基苯酚、甲氧甲酚、愈瘡木酚、焦兒茶酚以及其他雜酚油、石蠟等。木焦油進一步加工可提煉製造多種名貴藥物。在農業上與底肥混合施田，可有效殺死地下害蟲。木焦油優於煤焦油，具有柔和度好、耐老化、耐溫度高等優點，耐溫可達 280℃，是生產防水材料、防腐塗料、船舶漆和木焦油系硬質聚氨酯泡沫的優良原料，還是良好的抗凝劑原料。目前市場需求量巨大，據調查，僅活性炭加工業，日產 30t 活性炭的廠家對焦油的日需求量可達 10t。目前，木焦油在國際市場上比較暢銷，可大量向國外出口，屬於國家出口退稅產品。

4.3.4.2　生物質炭

木炭疏鬆多孔，具有良好的表面特性；灰分低，具有良好的燃料特性；低容重；含硫量低；易研磨；熱值較高、燃燒時無煙、反應能力強等特點，在生活與生產中得到了廣泛應用，如可直接用作民生用燃料或用氣化爐轉化為氣體燃料；作機械零件的滲碳劑，提高鋼製零件表面的硬度和耐磨性；可與硝酸鉀、硫黃配製黑火藥；用於冶煉高質量的有色金屬和鑄鐵；可製成石墨，作固體潤滑劑和石墨電極；加工成活性炭等。

炭是熱解生產的主要產品之一，其品質和產量與原料類型、原料濕度、熱解溫度等多種因素有密切關係。實際運行資料顯示，如對玉米秸稈進行乾餾，溫度為 350℃ 時，產炭量為 300 kg 左右，450℃ 時產炭量為 290 kg 左右，而當溫度提高為 1200℃ 時，產炭量僅為 180 kg 左右。

炭主要以碳（C）元素為主，還有少量的 H、O、N、灰分。在 450℃ 乾餾溫度下得到的炭，碳含量為 81% ～ 83%，在 1500℃ 乾餾溫度下得到的炭，碳含量達 95%。碳含量為 81% ～ 83% 的木炭，發熱值可達 29 MJ/kg 左右。

目前，生物質炭已經廣泛應用於烘烤、取暖、化工、印染、捲煙及淨化等多種行業，可代替天然炭、工業用炭。可用於燒烤、取暖、工業淨水和冶煉廠，也可供矽廠、活性炭廠生產碳化矽、結晶矽和二硫化碳。

4.3.4.3 不可凝結氣體

由生物質熱解得到不可凝結氣體含有 CO、CO_2、H_2、CH_4 及飽和或不飽和烴類化合物（C_nH_m）。熱解氣體可作為中低熱值的氣體燃料，它可以用作生物質熱解反應的部分能量來源，如熱解原料烘乾或用作反應器內部的惰性流化氣體和載氣，動力發電或改性為汽油、甲醇等高熱值產品。熱解氣體的形成有兩種方式：熱解形成焦炭過程中，少量的（低於乾生物質質量 5%）初級氣體隨之產生，其中 CO、CO_2 約占 90% 以上，還有一些烴類化合物。在隨後的熱解過程中，部分有機蒸汽裂解成為二次氣體。最後得到的熱解氣體，實際上是初級氣體和其他氣體的混合物。這些氣體還可以用於生產其他化合物及為家庭和工業生產提供原料。

4.4 生物質直接液化

4.4.1 生物質直接液化及其特點

液化是指通過化學方式將生物質轉換成液體產品的過程，主要有間接液化和直接液化兩類。間接液化是把生物質氣化成氣體後，再進一步合成為液體產品；直接液化是將生物質與一定量溶劑混合放在高壓釜中，抽真空或通入保護氣體，在適當溫度和壓力下將生物質轉化為燃料或化學品的技術。生物質液化的實質，即是將固態的大分子有機聚合物轉化為液態的小分子有機物質，其過程主要由三個階段構成：首先，破壞生物質的宏觀結構，使其分解為大分子化合物；然後，將大分子鏈狀有機物解聚合，使之能被反應介質溶解；最後，在高溫高壓作用下經水解或溶劑溶解以獲得液態小分子有機物。

4.4.2 生物質直接液化製程方法

4.4.2.1 生物質高壓直接液化

生物質高壓直接液化具有許多優越性，如原料來源廣泛、不需要經過對原料進行脫水和粉碎等高耗能步驟；操作簡單、不需要極高的加熱速率和很高的反應溫度；產品氧含量較低、熱值高等。

高壓液化始於 Fierz 等人於 1925 年開始進行木材液化方面的研究工作，液化條件類比煤的液化過程，直接將木粉進行液化，製備出液體燃料。Appell 等人在 300～350℃、通 CO 或 H_2、壓力為 14～24 MPa、以 Na_2CO_3 為催化劑，把木屑轉化為重油。該法進行木材液化時，液化油得率為絕乾原料木材質量的 42% 左右。元素分析表明：液化油中含碳 76.1%、氫 7.3%、氧 16.6%，液化油的相對密度為 1.10，以產品液化油的燃燒熱與原料木材燃燒熱比值表示的熱效率為 63% 左右。這項研究是在匹茲堡能源研究中心完成的，所以也被命名為 PERC 法。

LBL 法是美國能源部與加利福尼亞大學聯合研究開發而成，特點是用預水解代替 PERC 法的木材乾燥粉碎及用液化油混合的步驟，其餘操作相同。此法預水解時，用木材質量 0.17% 的硫酸作催化劑，在 180℃、1.0 MPa 壓力下預水解 45 min，得到的預水解產物中和後，加入占原料木材質量 5% 的碳酸鈉作催化劑，而後在 360℃ 和 28 MPa 條件下，用 CO 進行高壓液化，LBL 法的木材液化油得率為絕乾木材質量 35% 左右。元素分析的結果顯示，液化油中含碳 81.4%、氫 7.8%、氧 10.8%，相對密度 1.10，發熱量 35.9 MJ/kg。

生物質高壓液化是以比較劇烈的高溫高壓液化條件為特徵的熱化學直接液化，相對於後來發展起來的在有機溶劑中相對溫和條件下的木材液化，可以更準確地稱為「燃油化」。影響高壓液化的因素如下，包括原料種類、溶劑、催化劑、反應溫度、反應時間、液化氣氛、反應壓力等。

1. 生物質原料　生物質高壓液化過程中，其主要組成即纖維素、半纖維素和木質素首先被降解成低聚合物，低聚合物再經脫羥基、脫羧基、脫水或脫氧而形成小分子化合物，小分子化合物再通過縮合、環化、聚合而生成新的化合物。纖維素的主要液化產物含左旋葡萄糖，半纖維素的降解產物主要有乙酸、甲酸、糠醛等，木質素的降解產物主要含有芳香族化合物。由於不同的生物質原料的三成分含量不同，三成分的液化產物也不同，因此生物質的種類將影響生物原油的組成和產率。有研究顯示，當採用木材為原料時，液化油的產率較高，酸含量低。Demirbas 對九種生物質進行了液化，結果發現粗油和焦的產率都與原料中木質素的含量有很強的相關性，當原料中木質素含量增加時，生物原油的收率下降，焦碳的含量上升。另有研究者認為木質素的含量越高，液化效果越好，如 Dietrich 對雲杉木、白樺木、甘蔗渣、麥稈、松樹皮、纖維素、木質素為原料進行液化。結果顯示：隨著原料中木質素含量的增加，液化收率也增加，以木質素為原料液化所得的液化收率可達 64%，而以纖維素和松樹皮為原料進行液化所得的液化收率只有 20% ～ 30%，這可能是由於不同的原料、溶劑及液化條件的影響所致。另外，原料的粒徑、形狀等對液化反應也有影響，原料反應前一般需經乾燥、切屑、研磨、篩選等處理。

2. 溶劑　使用溶劑可以分散生物質原料、抑制生物質成分分解所得中間產物的再縮聚合，同時由於採用供氫溶劑，高壓液化生物原油的 H/C 比高於快速熱裂解生物原油的 H/C 比。常用的溶劑有水、苯酚、高沸點的雜環烴、芳香烴混合物、中性含氧有機溶劑如酯、醚、酮、醇等。

3. 催化劑　生物質直接液化中催化劑的使用有助於抑制縮聚合、重聚合等副反應，減少大分子固態殘留物的生成量，提高生物質粗油的產率。高壓液化常用的催化劑主要分為鹼、鹼金屬的碳酸鹽和碳酸氫鹽、鹼金屬的甲酸鹽和酸催化劑等，高壓液化還需 Co-Mo、Ni-Mo 系加氫催化劑等。Minow 等在 200 ～ 350℃ 水中研究了纖維素的液化行為，並比較了有無催化劑對液化結果的影響。在沒有催化劑存在的情況下，液化的主要產物是焦碳，其收率為 57%，而在 Na_2CO_3 催化劑存在的情況下，得到的生物油為主要產物，其收率為 43%，在 Ni 催化劑存在的情況下，則主要發生了氣化反應，得到的氣化產物收率高達 74%，可見催化劑對整個液化過程有著很大的影響，催化劑不僅能改善產物的品質，同時能使液化反應向低溫區移動，使反應的條件趨於溫和。

4. 反應溫度和時間　反應溫度和時間是影響生物質液化的重要因素。Minowa 等在無催化劑高壓水中研究了纖維素在 200 ～ 350℃ 範圍內的反應行為，並對產物分佈進行分析。實驗發現纖維素在 200℃ 左右開始分解，大約在 240 ～ 270℃ 時反應加快，280℃ 以後纖維素反應基本完全。240℃ 以前只檢測到水可溶物，隨著溫度的升高，生物油產率升高，並在 280℃ 達到最大，而焦和氣體產率繼續增加，顯示在 280℃ 後隨著溫度的進一步增加，生物油發生二次反應生成焦和氣體。因此適當提高反應溫度有利於液化過程，但溫度過高時，生物油的得率降低，較高的升溫速率有利於液體產物的生成。另外，反應時間也是影響生物質液化的重要因素之一。時間太短反應不完全，但反應時間太長會引起中間體的縮合和再聚合，使液體產物中重油產量降低，通常最佳反應時間為 10 ～ 45 min，此時液體產物的產率較高，固體和氣態產物較少。

5. 液化氣氛　液化反應可以在惰性氣體或還原性氣體中進行。使用還原性氣體有利於生物質降解，提高液體產物的產率，改善液體產物的性質。Lancas 用乙醇（或水）為溶劑，用 SiO_2-Al_2O_3 為載體的鎳催化劑（或碳為載體的鈀催化劑），在氫氣初壓為 7 ～ 8 MPa 和 240 ～ 370℃ 的條件下，將甘蔗渣液化成燃油和瀝青狀物。Minowa 用水為溶劑，用碳酸鈉為催化劑，氮氣的初始壓力為 3 MPa，在 200 ～ 350℃ 下液化纖維素和甘蔗渣、可可殼等多種木質纖維原料，最終液化殘渣率可達 5% ～ 16%，得到燃料油的產率為 21% ～ 36%。在還原性氣體氫氣氣氛下液化時，提高氫氣壓力可以明顯減少液化過程中焦炭的生成量，但在還原性氣氛下液化生產成本較高。

6. 反應壓力　近年來，歐洲國家較為重視在生物質高壓液化方面的研究。2004 年 4 月位於荷蘭的一個生物質高壓液化制生物原油的示範工廠正式投料試車，處理量為 100 kg/h（濕物料），在 300 ～ 350℃、10 ～ 18 MPa 下操作，過程的熱效率為 70% ～ 90%，生物原油的低熱值為 30 ～ 35 MJ/kg，產量為 8 kg/h。

常見的生物質高壓直接液化製程方法之流程見圖 4-22。生物質原料中的水分一般較高，含水率可高達 50%。在液化過程中水分會擠占反應空間，需將木材的含水率降到 4%，且便於粉碎處理。將木屑乾燥和粉碎後，初次啟動時與溶劑混合，正常運行後與循環相混合。木屑與油混合而成的泥漿非常濃稠，且壓力較高，故採用高壓送料器送至反應器。反應器中工作條件優化後，壓力為

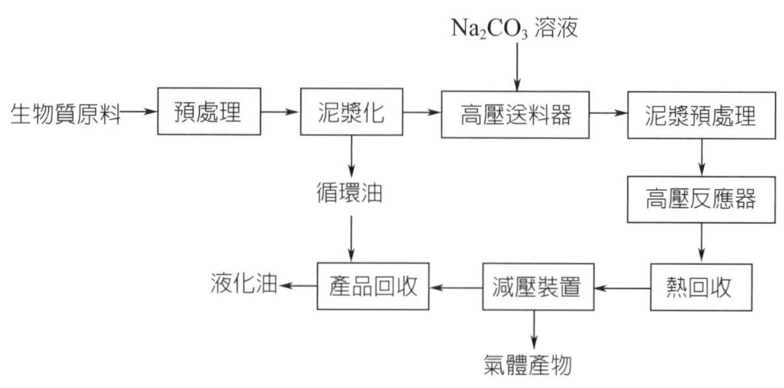

圖 4-22　生物質高壓直接液化製程方法之流程圖

28 MPa，溫度為 371℃，催化劑濃度為 20% 的 Na_2CO_3 溶液，CO 通過壓縮機壓縮至 28MPa 輸送至反應器。反應的產物為氣體和液體，離開反應器的氣體被迅速冷卻為輕油、水及不冷凝的氣體。液體產物包括油、水、未反應的木屑和其他雜質，可通過離心分離機將固體雜質分離開，得到的液體產物一部分可用作循環油使用，其他（液化油）作為產品。

4.4.2.2　生物質低壓（常壓）直接液化

由於高壓液化的操作條件較為劇烈，20 世紀 80 年代開始了對低壓（常壓）液化的研究。在有機溶劑中，木材可以在比較溫和的條件下液化，在沒有催化劑作用時，液化溫度需高達 240 ～ 270℃，而用酸作催化劑時，反應溫度可降至 80 ～ 150℃，節約能源的同時也獲得了令人滿意的結果。

1982 年，Yu 利用木材本身熱解或液化得到的溶劑（如乙二醇、丁醇、環己醇、苯酚等），採用濃硫酸、鹽酸、乙酸和甲酸為催化劑，初始氮氣壓力約為 0.1 MPa，在密閉高壓釜中 250℃下反應 0.5h，可以得到 95% 的可溶於丙酮的產物。該產物室溫下為黑色柔軟的焦油狀固體，在 140℃下即可熔化，平均分子量大約為 300。他提出了木材溶解的機理：即乙酰基氧原子的質子化，使得其連接的鍵斷裂，形成了正碳離子，並由於溶劑的烷氧基化作用而變得穩定。在劇烈的液化條件下，聚合和縮聚反應會形成丙酮不溶物。

Wang 則用 57% 的 HI 水溶液作為液化介質，在常壓大約 125℃下，只要 20 s 就可以使木材幾乎完全液化，但是這個液化過程會消耗初始水溶液中至少 50%（重量百分比）的 HI，脫除木材組分中氧的過程會發生從 I^- 到 I_2 的氧化過程。於是，他設計了一個新型電化學反應器，在陰極實現液化，同時 I_2 還原為 I^-；在陽極水電解生成 O_2 和 H^+，以供給陰極鉑電極生成 HI，從而使 I_2 的濃度維持在 55%（重量百分比）。這種電化學過程還可以減少液化產物中碘的含量，但是由於 I_2 與產物中一些官能團之間有著強烈的物理作用，所以仍有 7% 的 I_2 殘留在液化產品中。

酚（苯酚）和多羥基醇（乙二醇、甘油、乙二醇聚合物或其衍生物）等，是低壓（常壓）液化的常用溶劑，其中日本在這些方面的研究最為引人注目。

1. 木質纖維原料在酚類溶劑中的液化 Lin 採用苯酚為液化溶劑，在磷酸的催化下，120 ～ 180℃下將樺樹木粉液化 120 min，液化殘渣為 4% ～ 50%，並發現在苯酚液化的過程中，有相當一部分的苯酚參與了液化反應而被消耗，成為液化產物中的結合苯酚，其量為木材原料質量的 50% ～ 89%，而其他的苯酚為未參與反應的自由苯酚。

Lin 還用凝膠色譜分析的方法，研究了不同液化條件和催化劑種類下液化產物的平均分子量和分子量分佈，從而解釋了液化木材的成分及結構的變化。他發現在苯酚液化中，木材成分發生了分解、酚化和縮聚三種反應，其中後兩種反應互為競爭反應，依賴於催化劑類型、液化溫度和苯酚／木材的液固比。硫酸與磷酸等弱酸相比可以更快地液化，並產生更多的結合苯酚。酸濃度的增加只會加快初始的反應速率，不會顯著影響最終液化產物的成分和結構。液化溫度不但會顯著地影響液化速度，而且也會影響酚化反應速率和液化木材的分子量性質。實際上，當木材組分溶解到液相時，它們就在硫酸的催化作用下分解為非常低分子量的物質，分解後的組分有更多的反應位點，因此也有更多的機會發生酚化或縮聚反應。一方面，這使得液化木材的平均分子量隨著反應時間的延長而增加，但增加的趨勢越來越慢，這是因為反應位點逐漸被飽和了的緣故。另一方面，液固比的增加可以有更多的苯酚來飽和反應位點，從而有效地抑制縮聚反應，減少分子量的增加。

Maldas 採用苯酚為溶劑，NaOH 為催化劑，在密閉容器中 250℃下液化了樺樹木粉。在不添加任何催化劑的情況下，得到的最低殘渣率為 6%，NaOH 為催化劑時，最低殘渣率為 1%。他還研究了苯酚／木材的液固比、NaOH 用量對液化殘渣率、結合苯酚和自由苯酚的量，以及液化產物性質的影響。Maldas 還研究了採用苯酚水溶液為溶劑，鹼及鹼金屬碳酸鹽、氯鹽、硫酸鹽為催化劑，在密閉容器中 170℃ 或 250℃ 下液化木粉，結果顯示：在 170℃ 時，這些催化劑的液化效果都很差，在 250℃ 時，採用 NaOH、$NaHCO_3$、乙酸鈉做催化劑，其液化效果較好。

Lee 用苯酚為溶劑，在濃硫酸催化下，150 ～ 200℃ 下液化了玉米麩皮，150℃ 下最低殘渣率為 10%，而 200℃ 下則小於 5%。他將液化產物直接與甲醛共聚得到了酚醛樹脂，並研究了這種樹脂的性能，發現酚化玉米麩皮／苯酚／甲醛共聚樹脂的熱流動性、熱固反應性和撓曲性能都比縮聚合以前的液化產品有較大的改善，並可與玉米澱粉酚化樹脂和市售的酚醛清漆樹脂相比，這樣就可以有效地利用農業廢棄物來生產酚醛清漆樹脂。Lee 還以新聞紙、包裝紙、商業用紙等廢紙為原料，研究了它們在濃硫酸催化下在苯酚中液化的情況，液化溫度為 130 ～ 170℃，並且液化產物也被用作生產酚醛清漆樹脂的原料。

2. 木質纖維原料在多羥基醇類溶劑中的液化 Shiraishi 採用多羥基醇類（如乙二醇、聚乙二醇和甘油）作為液化溶劑，在酸催化劑的作用下，常壓 150℃ 加熱，幾乎可以實現木材的完全液化。

Demirbas 採用甘油為液化溶劑，KOH 或 Na_2CO_3 為催化劑，在常壓 187 ～ 287℃ 下加熱 20 min 完全液化了諸如木粉、榛子殼、煙草莖等木質纖維原料。從液化產物中酸化得到的丙酮可溶物質稱為生物燃料，它作為汽油和醇類混合燃料的一種新型混合添加劑，可以達到穩定汽油 - 醇 - 水系統防止分層的作用，但是 Demirbas 也發現，在這個液化過程會消耗催化劑 KOH，因為在纖維素的液化過程中會形成 $C_6H_7O_3(OK)(OH)_2$，而且中和生成的酸性輕成分也會消耗 KOH，同時在鹼的作用下，甘油受熱容易形成聚合物（如聚甘油酯），這樣將大量地消耗甘油。

Yamada採用聚乙二醇400（PEG400）一甘油（7/3，質量比）的混合溶劑，在濃硫酸的催化下150℃ 液化雪松木粉，混合溶劑的液化效果（殘渣率 > 1%）遠較單獨使用聚乙二醇400（殘渣率 > 20%）和甘油（殘渣率 > 32%）為溶劑的效果好。在PEG400液化體系中，隨液化時間的延長，液化殘渣率先是急劇下降，接著出現了溶解產物的再縮聚現象。但若在PEG400中加入一定量的甘油，最低殘渣率大幅下降，且溶解產物的再縮聚也可明顯得到控制。

Kurimoto也採用PEG400-甘油混合溶劑，在濃硫酸催化下，常壓150℃下將木粉液化75min，然後將80%的1，4-二氧六環可溶的液化產物分離出來，除去溶劑後就得到了液化木材。然後將液化木材溶解在二氯甲烷中，與聚亞甲基二亞苯基二異氰酸鹽（PMDI）反應，經處理後可以得到聚氨酯膜（PU）。而Maldas也採用PEG400-甘油混合溶劑，在NaOH催化下，常壓150～250℃ 液化木粉，得到的液化木材也按照前面提到的類似方法，與PMDI反應得到了聚氨酯膜（PU）。

Yamada 採用碳酸乙烯酯（EC）和碳酸丙烯酯（PC）在濃硫酸催化下，120 ～ 150℃ 可以實現纖維素木材的快速完全液化。他分析比較了相同液化條件下（溫度 120 ～ 150℃、催化劑為 97% 的硫酸、加酸量為液化劑量的 3%）採用乙二醇（EG）、PEG400-EG 混合溶劑〔V(PEG400)：V(EG) = 8：2〕、碳酸乙烯酯（EC）和碳酸丙烯酯（PC）為液化劑的效果，結果顯示：採用 EC 為溶劑，其反應速率比 EG 快 27.9 倍，比 PEG400-EG 混合試劑快 10 倍；而 PC 的液化速度也比 EG 快 12.9 倍。PC 完全液化纖維素需要 40 min，而 EC 完全液化纖維素只需 20 min。對於不易液化的軟木，採用 EC 和 EG 的混合溶劑也可以完全液化。他還發現，EC 的纖維素液化產物中含有乙酰丙酸衍生物，可以作為添加劑使用。

除溶劑外，影響低壓（常壓）液化的因素也包括原料、催化劑、反應溫度等，其中原料、溫度、反應時間等的影響與高壓液化相似。除金屬催化劑外，低壓（常壓）液化採用的催化劑種類也與高壓液化的相近或基本相同，主要分為酸性催化劑、鹼性催化劑和其他鹽類。其中酸性催化劑又分為強酸類（如硫酸、鹽酸、苯磺酸等）和弱酸類（如磷酸、草酸、乙酸等）；鹼性催化劑主要包括鹼〔如 NaOH、KOH、$Ca(OH)_2$〕；鹽類催化劑主要包括鹼金屬鹽（如碳酸鹽、碳酸氫鹽、甲酸鹽等）和 Lewis 酸（氯化鋅、氯化鋁等）。

4.4.3　生物質直接液化產物及應用

生物質直接液化產物成分複雜，因此需建立合適的分離方法用於分析及應用。張婷等人按照極性將液化產物分為水溶物、丙酮溶物和殘渣，如圖 4-23 所示。液化產物先經過水洗、過濾，得到水相產物；水不溶物用丙酮洗滌、過濾，得到丙酮相產物；丙酮不溶的殘渣在 105℃ 烘箱中乾燥過夜，就得到了最終的殘渣。

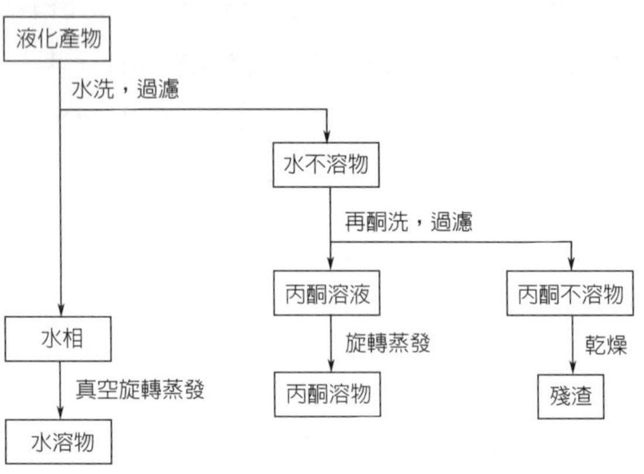

圖 4-23　按極性分離液化產物流程圖

也可按照酸鹼性分離液化產物，具體操作過程如圖 4-24 所示。先用二氯

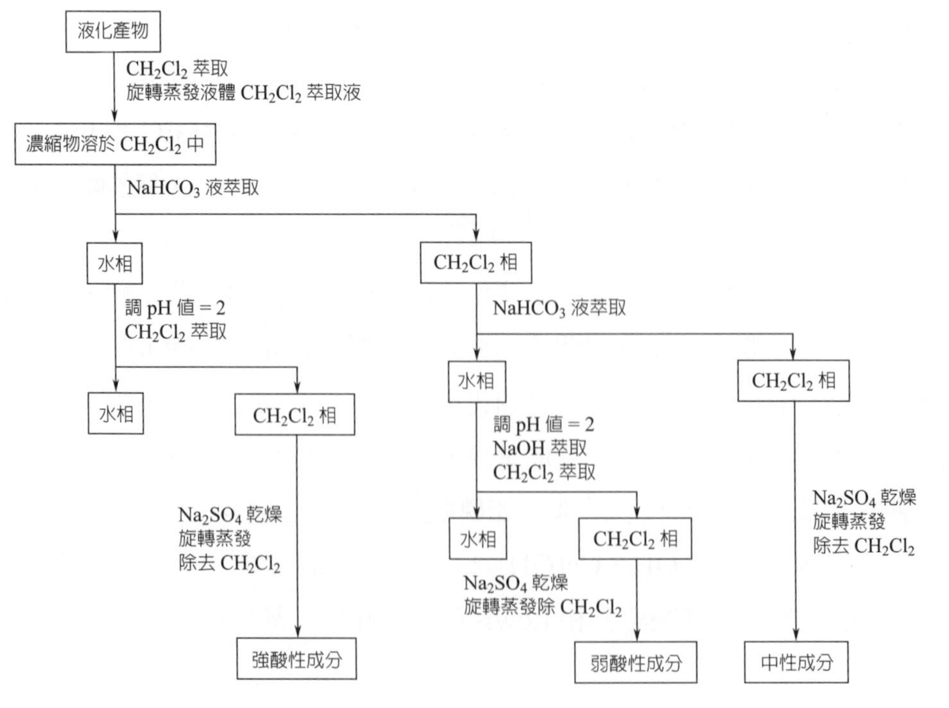

圖 4-24　按照酸鹼性分離液化產物流程圖

甲烷萃取液化產物，再按照液化產物的酸鹼性，將其分為強酸性成分、弱酸性組分和中性成分。

高壓液化的產物主要作為粗燃料油使用，但需要進一步精製和改良處理。

低壓（常壓）液化由於液化條件上與高壓液化的差異，液化產物的組成也有所不同，目前廣泛應用的領域是作為高分子產品的生產原料。由於低壓（常壓）液化的酚類液化產物含有苯酚官能團，因此可用作膠黏劑和塗料樹脂，日本的小野擴邦等人成功地開發了基於苯酚和間苯二酚液化產物的膠黏劑，其膠合性能相當於同類商業產品，同時他們正在研發環氧樹脂增強的酚類液化產品，可利用乙二醇或聚乙烯基乙二醇木材液化產物生產可生物降解塑膠如聚氨酯；木材液化後得到的糊狀物與環氧氯丙烷反應，可以製得縮水甘油醚型樹脂，向其中加入固化劑如胺或酸酐，即可成為環氧樹脂膠黏劑。據報導，日本森林綜合研究所於 1991 開始對速生樹種進行可溶化處理，開發功能性樹脂的研究，經苯酚化的液化反應物添加甲醛水使之木脂化，再添加硬化劑、填充劑等製成膠黏劑，其性能能達到或超過日本 JIS 標準。但目前由於各方面的原因，木材液化產物還沒得到充分利用，其產業化還存在很多問題。

此外，還可利用液化產物製備發泡型或成型模壓製品，可利用乙二醇或聚乙烯基乙二醇木材液化產物生產可生物降解塑膠如聚氨酯。研究者採用兩段製程製備酚化木材／甲醛共縮聚線型樹脂，該製備方法能將液化後所剩餘的苯酚全部轉化成高分子樹脂，極大地提高了該液化技術的實用價值，也大大地提高了酚化木材樹脂的熱流動性及其模壓產品的力學性能。

目前這些以低壓（常壓）液化產物為原料的高分子產品所面臨的共同問題在於：由於不同種類木質纖維原料的組成不同，會顯著影響到高分子產品的性質，從而影響產品的穩定性，另外，某些產品在一些性質方面與傳統的產品也稍有差距。

總之，生物質低壓（常壓）液化產物可作為燃油或其他添加劑，也可以利用液化產物中的糖類用於發酵，而由於液化產物具有較高的反應活性，因此也可以進一步製備高分子材料。但由於目前低壓（常壓）液化的機制和液化產物的具體組成仍不十分明晰，因此隨著這些方面研究的進一步深入，其液化產物的應用前景將更為廣闊。

4.5 生物燃料乙醇

4.5.1 生物燃料乙醇及其特點

乙醇，俗稱酒精。燃料乙醇是未加變性劑的、可作為燃料用的無水乙醇。變性燃料乙醇是指加入 2% ～ 5%（體積百分比）的變性劑（即車用無鉛汽油）後，使其與食用酒精相區別而成為不能飲用的燃料乙醇。

生物燃料乙醇在燃燒過程中所排放的 CO_2 和含硫氣體均低於汽油燃料所產生的對應排放物。作為增氧劑，使燃燒更充分，節能環保，抗爆性能好，可以替代甲基叔丁基醚（MTBE）、乙基叔丁基醚，避免對地下水的污染。更重要的是，用生物質原料生產的乙醇是太陽能的一種表現形式，在自然系統中，可形成無污染的閉路循環，可再生、燃燒後的產物對環境沒有危害，是一種新型綠色環保型燃料，因此越來越受到重視。

乙醇生產的方法有化工合成法和發酵法兩大類。本節只介紹屬於生物技術範疇的生物質發酵法。生物質轉化為乙醇的過程一般可以分為三部分：將生物質轉化為可發酵的原料；生物質降解產物發酵為乙醇；分離提取乙醇及其副產物。具體地講，乙醇發酵就是利用酵母或細菌等微生物的生理活動，把澱粉、各種糖、纖維素類的農產品、林產品、工業副產品及野生植物等經水解、發酵，使多糖類轉化為單糖並進一步轉化為乙醇，再分離提取乙醇及其副產物。

從生產方法的角度來看，凡是含有可發酵性糖或可轉化為可發酵性糖的物料，都可作為乙醇生產的原料。隨著科技的發展，可發酵性糖的範圍在不斷擴大。目前，常用的乙醇生產原料可分成以下幾大類：① 澱粉質原料；② 糖質原料；③ 纖維質原料。

從可再生植物生物質資源生物轉化發酵乙醇的角度出發，本節討論澱粉質、纖維質原料發酵制乙醇。

4.5.2 澱粉質原料製備生物燃料乙醇

澱粉質原料乙醇發酵是以含澱粉的農副產品為原料，利用 α- 澱粉酶和糖化酶將澱粉轉化為葡萄糖，再利用酵母菌產生的酒化酶等將糖轉變為乙醇和 CO_2 的生物化學過程。

澱粉類生物質原料生產乙醇製程與方法及糖類原料乙醇發酵製程與方法的主要區別是增加了澱粉糖化的環節。其主要製程與方法過程為：原料預處理、水熱處理、糖化、酵母培養、乙醇發酵、蒸餾精製、副產品利用和廢水廢渣處理等。

生產乙醇的澱粉質原料一般可以分為下列幾類。

1. **薯類**　甘薯、馬鈴薯、木薯、山藥等。
2. **糧穀類**　高粱、玉米、大米、穀子、大麥、小麥、燕麥、黍和稷等。
3. **野生植物**　橡子仁、葛根、土茯苓、蕨根、石蒜、金剛頭、香符子等。
4. **農產品加工副產物**　米糲、米糠餅、麩皮、高粱糠、澱粉渣等。

為了將原料中的澱粉充分釋放出來，增加澱粉向糖的轉化，對原料進行處理是十分必要的。原料處理過程包括：原料除雜、原料粉碎、粉料的水熱處理和醪液的糖化。澱粉質原料通過水熱處理，成為溶解狀態的澱粉、糊精和低聚糖等，但不能直接被酵母菌利用生成乙醇，必須加入一定數量的糖化酶，使溶解的澱粉、糊精和低聚糖等轉化為能被酵母利用的可發酵糖，然後酵母再利用可發酵糖發酵乙醇。

下面以玉米澱粉做原料生產乙醇為例，介紹其生產方法過程。

1. **生產過程**　發酵法乙醇的生產方法有乾法和濕法，不同的方法會產生不同的副產品，其中包括酒糟蛋白飼料（DDGS）、玉米粕、玉米油、CO_2、沼氣等。吉林省的 60 萬噸／年燃料乙醇項目係引進國外技術和關鍵設備，以玉米

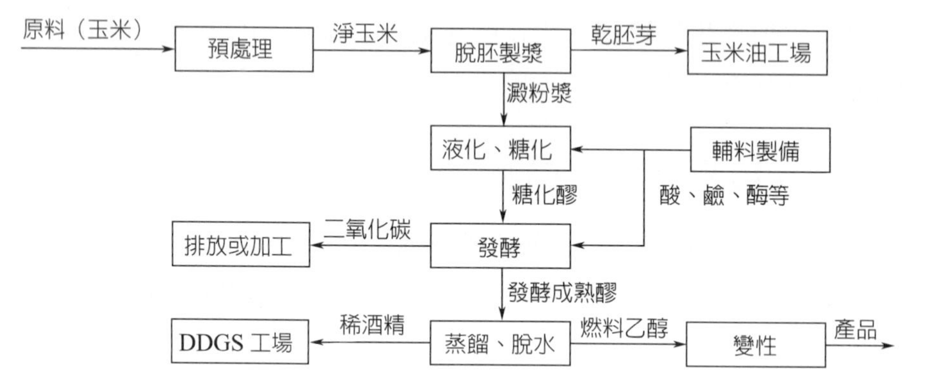

☼ **圖 4-25　澱粉類生物質原料生產乙醇製程方法之流程圖**

為原料，採用改良濕法生產燃料乙醇。如圖 4-25 所示，生產過程包括玉米預處理（粉碎）、脫胚制漿、液化、糖化、發酵、蒸餾、脫水和變性。

玉米經過水或者酒糟離心清液在一定溫度下進行浸泡，浸泡後的玉米經破碎磨破碎，分離出胚芽並將纖維及澱粉顆粒粉碎到一定的粒度。脫胚後的玉米澱粉漿（含有澱粉、蛋白質和纖維等物質）送入液化步驟。

對澱粉原料進行預處理是為了提高澱粉酶的水解糖化效率，其處理方法主要是物理法（機械研磨、超微粉碎等）。預處理是否適當，對水解糖化效果和澱粉轉化率會產生直接或間接的影響。原料還可以通過化學、物理化學等方法處理。但無論採用何種方法，都要達到提高酶的水解率，減少碳水化合物的損失，降低對水解及發酵過程導致抑制作用的副產物的過度產生，以及方法流程的性價比等幾個方面的優化結果。

2. 液化、糖化和發酵　澱粉在高溫下糊化，同時在 α- 澱粉酶的作用下降解，物料的黏度降低，這一過程稱為液化。液化後的醪液稱為液化醪。液化前需要加入氫氧化鈉和氨水來調節物料的 pH 值和補充部分氮源，同時加入氧化鈣用於保持 α- 澱粉酶的穩定性。液化醪經稀硫酸調節 pH 值後加入糖化酶進行糖化。糖化的目的是將液化醪中的澱粉及糊精水解成酵母能發酵的糖類（主要是單糖及部分二糖及三糖，如葡萄糖、麥芽糖、蔗糖等），糖化後的醪液稱為糖化醪。通過酵母對糖化醪進行連續發酵。在發酵過程中，酵母將糖轉化成乙

醇和 CO_2，同時釋放熱量。所產生的 CO_2 經水洗回收隨之帶出的乙醇，排入大氣。

3. 蒸餾、脫水、變性　含有乙醇的發酵成熟醪利用蒸餾裝置進行蒸餾提純。所產生的高純度乙醇蒸汽經過兩級分子篩的交替吸附作用吸除水分，從分子篩出來的含有少量水分的乙醇氣體經冷卻後即為燃料乙醇。分子篩使用 3A 沸石。該材料上的微孔孔徑比水分子大，而小於乙醇分子，因此水分子可以被吸附，而乙醇分子可以從其表面通過，產生高純度乙醇氣體。

所產生的燃料乙醇加入體積分數為 2% ～ 5% 的變性劑（無鉛汽油），成為變性燃料乙醇產品。

4.5.3　乙醇發酵製程方法

4.5.3.1　發酵菌種

菌種是乙醇工業生產的原動力，菌種優劣不僅直接影響發酵率的高低，而且影響乙醇的產量和質量。因此，菌種選育是實現乙醇工業的關鍵。理想的乙醇發酵微生物應該具備快速發酵、乙醇耐受高、副產品少、滲透壓和溫度耐受力強等特性。雖然利用酵母發酵生產乙醇有些缺點，但比其他已知能生產乙醇的微生物更接近上述的特性，目前引起普遍關注能生產乙醇的微生物是運動發酵單孢菌。運動發酵單孢菌利用葡萄糖生產乙醇的速度比酵母快 3 ～ 4 倍，乙醇產量可以達到理論值的 97%，而且生長不需要氧氣，能忍耐 40%（重量百分比）葡萄糖溶液，在 13%（體積百分比）乙醇濃度中可以生存。儘管這樣，運動發酵單孢菌利用碳水化合物時因代謝存在的問題，如用於細胞生長的能量和副產物等，並沒有在工業上取代酵母的生產地位。

4.5.3.2　發酵方法

乙醇發酵方法有間歇發酵、半連續發酵和連續發酵。

1. 間歇發酵方法　間歇發酵也稱單罐發酵，發酵的全過程在一個發酵罐內完成。按糖化醪液添加方式的不同可分為連續添加法、一次加滿法、分次添加法、主發酵醪分割法。

(1) 連續添加法　將酒母醪液打入發酵罐，同時連續添加糖化醪液。糖化醪液流加速度一般控制在 6 ～ 8 h 內加滿一個發酵罐。流加過慢，延長發酵時間，可能造成可發酵物質的損失；流加過快，因醪液中酵母細胞密度小，對雜菌無抑制，可能發生雜菌污染。連續添加法基本消除了發酵的遲緩期，所以總發酵時間相對較短。

(2) 一次加滿法　此法是將糖化醪冷卻到 27 ～ 30℃ 後，送入發酵罐一次加滿，同時加入 10% 的酒母醪，經 60 ～ 72 h 即得發酵成熟醪，可送去蒸餾工場。此法操作簡便，易於管理。缺點是初始酵母密度低，初始醪液中可發酵糖濃度高，對酵母生長繁殖和發酵有抑制作用，發酵遲緩期延長。

(3) 分次添加法　此法糖化醪液分三次加入發酵罐，先打入發酵罐總容積1/3的糖化醪，同時加入8%～10%的酒母醪；隔1～3 h再加入1/3的糖化醪，再隔1～3 h，加滿發酵罐。此法優點是：發酵旺盛，遲緩期短，有利於抑制雜菌繁殖。採用分次添加法必須注意，從第一次加糖化醪至加滿發酵罐總時間不應超過10 h。否則，可能造成葡萄糖等可發酵物質不能徹底發酵，導致發酵成熟醪殘總糖過高，出酒率下降。

(4) 主發酵醪分割法　此方法是將處於主發酵階段的發酵醪分割出 1/3 ～ 1/2 至第二罐，然後，兩罐同時補加新鮮糖化醪至滿罐，繼續發酵，當第二罐又處於主酵階段時，再進行分割。此方法要求發酵醪基本不染菌。在使用此方法時，為抑制雜菌生長繁殖，可在分割時加入 1 ppm（10^{-6}）的滅菌靈或 50 ppm 的甲醛。

2. 半連續式發酵方法　半連續式發酵是主發酵階段採用連續發酵，後發酵階段採用間歇發酵的方法。按糖化醪的流加方式不同，半連續式發酵法分為下述兩種方法。

(1) 將發酵罐連接起來，使前幾只發酵罐始終保持連續主發酵狀態，從第 3 只或第 4 只罐所流出的發酵醪液順次加滿其他發酵罐，完成後發酵。應用此法可省去大量酒母，縮短發酵時間，但是必須注意消毒殺菌，防止雜菌污染。

(2) 將若干發酵罐組成一個組，每只罐之間用溢流管相連接，生產時先製備發酵罐體積 1/3 的酵母，加入第 1 只發酵罐中，並在保持主發酵狀態的前提下流加糖化醪，滿罐後醪液通過溢流管流入第 2 只發酵罐，當充滿 1/3 體積時，糖化醪改為流加第 2 只發酵罐，滿罐後醪液通過溢流管流加到第 3 只發酵罐……如此下去，直至末罐。發酵成熟醪以首罐至末罐順次蒸餾。此法可省去大量酵母，縮短發酵時間，但每次新發酵周期開始時要製備新的酒母。

3. 連續式發酵方法 澱粉質原料乙醇連續發酵採用階梯式發酵罐組來進行，梯階式連續發酵法是微生物（酵母）培養和發酵過程在同一組罐內進行，每個罐本身的各種參數基本保持不變，從首罐至末罐，可發酵物濃度逐罐遞減，乙醇濃度則逐罐遞增。發酵時糖化醪液連續從首罐加入，成熟醪液連續從末罐送去蒸餾。這種方法有利於提高澱粉的利用率和設備利用率，自動化程度高，極大減輕了勞動強度，提高了生產效率，是乙醇發酵的發展方向。但因設備投資較大，容易產生雜菌污染，目前未能普遍推廣應用

4.5.4 纖維質原料製備生物燃料乙醇

纖維素是地球上豐富的可再生的資源，每年僅陸生植物就可以產生纖維素約 500 億噸，占地球生物總量的 60% ～ 80%。中國的纖維素原料非常豐富，僅農作物鵠稈、皮殼一項，每年產量就達 7 億多噸，其中玉米秸（35%）、小麥秸（21%）和稻草（19%）是中國三大秸稈，林業副產品、城市垃圾和工業廢物數量也很可觀。中國大部分地區依靠秸稈和林副產品作燃料，或將秸稈在田間直接焚燒，不僅破壞了生態平衡，污染了環境，而且由於秸稈燃燒能量利用率低，造成資源嚴重浪費。

纖維質原料生產乙醇工藝包括預處理、水解糖化、乙醇發酵、分離提取等如圖 4-26 所示。

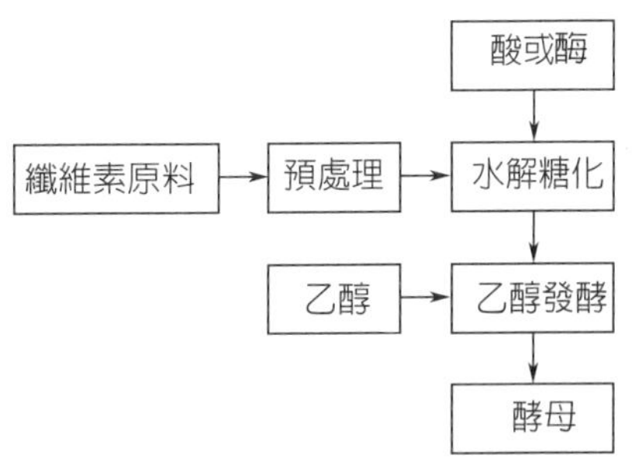

圖 4-26 纖維素製乙醇方法流程圖

4.5.4.1　原料預處理

纖維類生物質原料的預處理主要包括原料的清洗和機械粉碎。其目的是破壞木質纖維原料的網狀結構，脫除木質素，釋放纖維素和半纖維素，以有利於後續的水解糖化過程。原料的粒度越小，比表面積就越大，越有利於原料與水解催化劑及蒸汽充分接觸，從而破壞木質素—纖維素—半纖維素之間形成的結晶結構。不同的水解工藝對原料粉碎粒度的要求不同，文獻建議的粒度大小從 1 ～ 3 mm 到幾釐米不等。一般採用切碎、研磨兩個步驟，即先將原料切碎到 10 ～ 30 mm，再研磨後可使原料粒度達到 0.2 ～ 2 mm。原料粉碎的最終尺度越小，耗能越高。據報導，在高的粒度要求下，用於原料粉碎的能耗可占到過程總能耗的 1/3。

4.5.4.2　纖維素原料的糖化

纖維素的糖化有酸法糖化和酶法糖化，其中酸法糖化包括濃酸水解法和稀酸水解法。

濃硫酸法糖化率高，但採用了大量硫酸，需要回收重複利用，且濃酸對水解反應器易腐蝕。近年來在濃酸水解反應器中利用加襯耐酸的高分子材料或陶瓷材料解決了濃酸對設備的腐蝕問題。利用陰離子交換膜透析回收硫酸，濃縮後重復使用。該法操作穩定，適於大規模生產，但投資大，耗電量高，膜易被污染。

稀酸水解製程方法較簡單，也較為成熟。稀酸水解方法採用兩步法：第一步稀酸水解在較低的溫度下進行，半纖維素被水解為五碳糖，第二步酸水解是在較高溫度下進行，加酸水解殘留固體（主要為纖維素結晶結構）得到葡萄糖。

製程方法過程為木質纖維原料被粉碎到粒徑 2.5 cm 左右，然後用稀酸浸泡處理，將原料轉入一級水解反應器，溫度 190℃，0.7% 硫酸水解 3 min，可把約 20% 的纖維素和 80% 的半纖維素水解。水解糖化液經過閃蒸器後，用石灰中和處理，調 pH 後得到第一級酸水解的糖化液。將剩餘的固體殘渣轉入二級水解反應器中，在 220℃、1.6% 硫酸處理 3 min，可將剩餘纖維素中約 70%

轉化為葡萄糖，30% 轉化為羥基糠醛等。經過閃蒸器後，中和得到第二級水解糖液。合併兩部分糖化液，轉入發酵罐，經發酵生產得到乙醇等產品。

在稀酸水解中添加金屬離子可以提高糖化收率，金屬離子的作用主要是加快水解速度，減少水解副產物的發生。總的說來，稀酸水解方法，糖的產率較低，一般為 50% 左右，而且水解過程中會生成對發酵有害的副產品。

纖維素的酶法糖化是利用纖維素酶水解糖化纖維素，纖維素酶是一個由多功能酶組成的酶系，有很多種酶可以催化水解纖維素生成葡萄糖，主要包括內切葡聚糖酶（又稱為 ED）、纖維二糖水解酶（又稱為 CHB）和 β- 葡萄糖苷酶（GL），這三種酶協同作用催化水解纖維素使其糖化。纖維素分子是具有異體結構的聚合物，酶解速度較澱粉類物質慢，並且對纖維素酶有很強的吸附作用，致使酶解糖化方法中酶的消耗量大。

4.5.4.3 纖維素發酵製乙醇方法

纖維素發酵生成乙醇有直接發酵法、間接發酵法、混合菌種發酵法、SSF 法（連續糖化發酵法）、固定化細胞發酵法等。直接發酵法的特點是基於纖維分解細菌直接發酵纖維素生產乙醇，不需要經過酸解或酶解前處理。該方法設備簡單，成本低廉，但乙醇產率不高，會產生有機酸等副產物。間接發酵法是先用纖維素酶水解纖維素，酶解後的糖液作為發酵碳源，此法中乙醇產物的形成受末端產物、低濃度細胞以及基質的抑制，需要改良生產方法來減少抑制作用。固定化細胞發酵法能使發酵器內細胞濃度提高，細胞可連續使用，使最終發酵液的乙醇濃度得以提高。固定化細胞發酵法的發展方向是混合固定細胞發酵，如酵母與纖維二糖一起固定化，將纖維二糖基質轉化為乙醇，此法是纖維素生產乙醇的重要手段。

已開發的生物質制乙醇的方法流程有如下幾種。

1. **濃酸水解方法**　生物質制乙醇的濃酸水解方法僅有 Arkenol 方法。

2. **稀酸水解方法**　稀酸水解方法的變化也比較少，為了減少單糖的分解，實際的稀酸水解常分兩個步驟進行。第一步驟是用較低溫度分解半纖維素，產

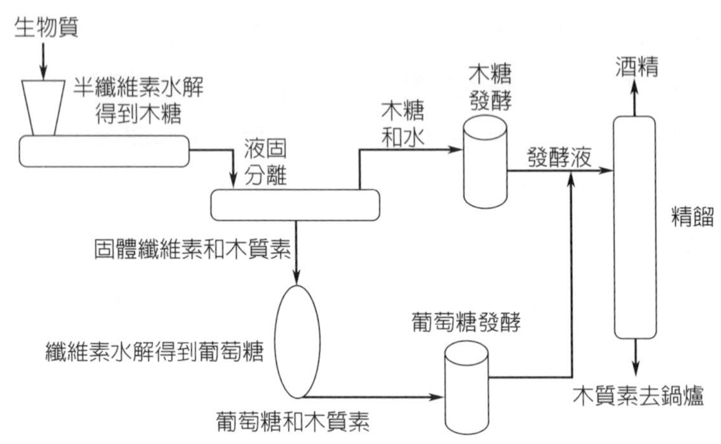

☼ 圖 4-27　Cellmol 公司二級稀酸水解方法示意圖

物以木糖為主；第二步驟是用較高溫度分解纖維素，產物主要是葡萄糖。圖 4-27 所示為 Cellmol 公司開發的二級稀酸水解方法示意圖。

3. **酶水解方法**　酶水解方法的流程變化較多，它們基本上可以分為兩類：在第一類方法中，纖維素的水解和糖液的發酵在不同的反應器內進行，它因此被稱為分別水解和發酵方法，簡稱 SHF；第二類方法中，纖維素的水解和糖液的發酵在同一個反應器內進行，由於酶水解的過程又被稱為糖化反應，故被稱為同時糖化和發酵方法，簡稱 SSF。圖 4-28 ～圖 4-31 顯示了幾種酶水解的方法，其中的預處理步驟是酶水解所特有的，其目的是使生物質原料的結構變得比較疏鬆，便於酶到達纖維素的表面。在預處理過程中，半纖維素一般能被水解為單糖。

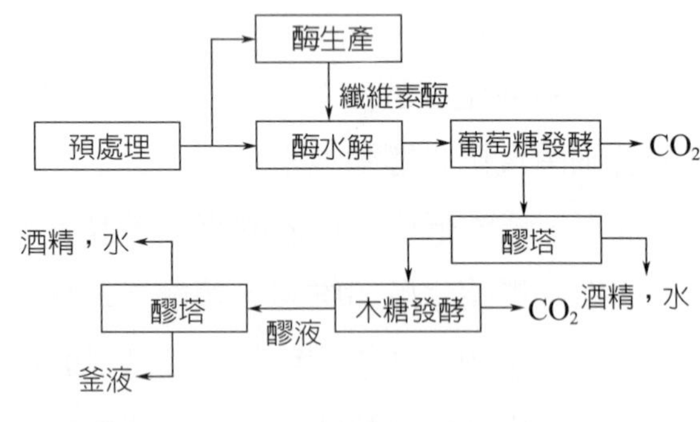

☼ 圖 4-28　SHF-1 製程方法示意圖

在圖 4-28 所示的 SHF-1 方法中，預處理得到的含木糖的溶液和酶水解得到的含葡萄糖的溶液混合後首先進入第一台發酵罐，在該發酵罐內用第一種微生物把混合液中的葡萄糖發酵為乙醇。隨後在所得的醪液中蒸出乙醇，留下未轉化的木糖進入第二只發酵罐中，在那裡木糖被第二種微生物發酵為乙醇，所得醪液再次被蒸餾。這樣安排是考慮到在預處理得到的糖液中也有相當量的葡萄糖存在，而任何微生物在同時有葡萄糖和木糖存在時，總是優先利用葡萄糖，但流程中第二種微生物對葡萄糖的發酵效率比較低，故這樣安排有利於提高木糖的發酵效率，但增加了設備成本。

在圖 4-29 所示的 SHF-2 方法中，預處理得到的含木糖的溶液和酶水解得到的含葡萄糖的溶液分別在不同的反應器發酵，所得的醪液混合後一起蒸餾。和前一流程相比，它少了一個醪塔，有利於降低成本。當所用微生物發酵木糖和葡萄糖的能力提高後，這樣的流程安排比較合理。

在圖 4-30 所示的 SSF 方法中，纖維素的水解和糖液的發酵在同一個反應器內進行。和 SHF 相比，它不但簡化了流程，而且可消除葡萄糖對水解的抑制作用，是很受關注的一種方法。但由於水解和發酵的條件不容易匹配，目前問題還未能完全解決。

在上面的幾個流程中，木糖的發酵和葡萄糖的發酵在不同的反應器內進行，當然也可用不同的發酵微生物。圖 4-31 所示的 SSCF 方法流程中，預處理得到的糖液和處理過的纖維素放在同一個反應器中處理，就進一步簡化了流程，當然對於發酵的微生物要求也更高了。

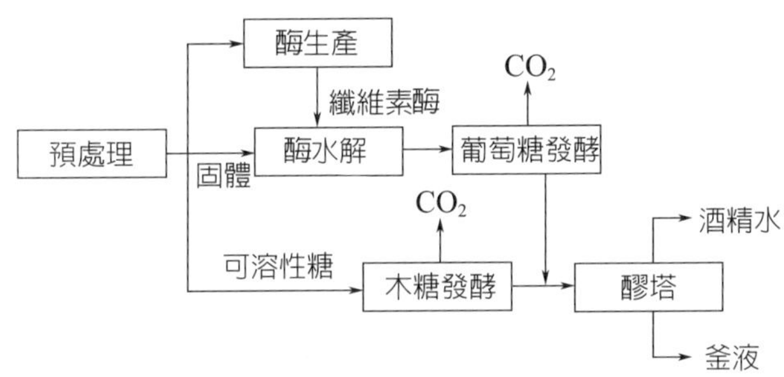

圖 4-29　SHF-2 製程方法示意圖

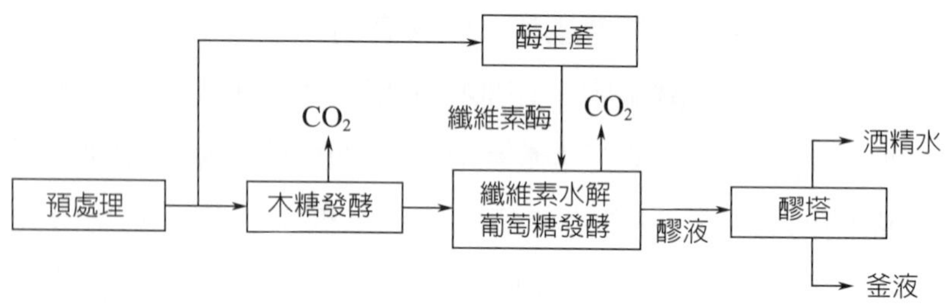

圖 4-30　SSF 方法

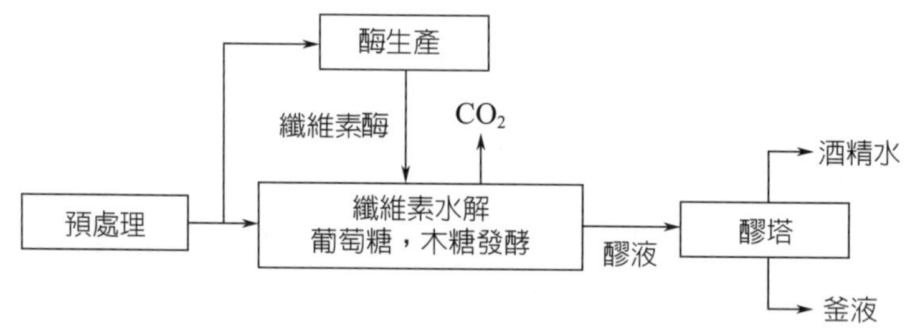

圖 4-31　SSCF 方法

4.5.5　生物燃料乙醇的應用

近 10 年來，巴西是世界上年產燃料酒精最多的國家，也是世界上唯一不使用純汽油作汽車燃料的國家。2003 年，巴西每年就有至少 250 萬輛車由含水酒精驅動，1,550 萬輛車由 22% 變性酒精驅動，全國共有 25,000 家出售含水酒精的加油站，其燃料酒精總產量超過了全國汽油消耗總量的 1/3，平均替代原油 20 萬桶／天，累計節約近 18 億美元。全國法定的車用燃料酒精濃度為 20% ～ 24%。在巴西的加油站裡含水酒精的售價已經降為一般汽油的 60% ～ 70%。美國也是世界上年產燃料酒精最多的國家之一，但是與巴西不同的是，美國使用的燃料酒精大多數是汽油中添加 10% 無水酒精的變性酒精（E10）。歐盟國家乙醇產量在 2003 年為 175 萬噸左右，乙醇汽油使用量大約在 100 萬噸以上。

中國非常重視燃料乙醇的生產。在國家「十五」規劃期間，2003 年改造和建成了年生產能力為 102 萬噸的四個大型燃料乙醇生產項目：吉林燃料乙醇有限責任公司 30 萬噸／年（一期）、河南天冠集團 30 萬噸／年、安徽豐原生物化學股份有限公司 32 萬噸／年、黑龍江華潤酒精有限公司 10 萬噸／年。E10 使用總量已達到 1,000 萬噸以上，約占全國汽油消費量的 1/4。

4.6 生物柴油

4.6.1 生物柴油及其特點

1. 生物柴油的概述 生物柴油是以生物質資源為原料加工而成的一種柴油（液體燃料）。具體地說，它利用植物油脂如菜籽油、蓖麻油、花生油、大豆油、玉米油、棉籽油等；動物油脂如豬油、魚油、牛油、羊油等；或者是上述油脂精煉後的下腳料——皂腳或稱油泥、油渣；城市地溝油；或者是各種油炸食品後的廢油和各種其他廢油進行改性處理後，與有關化工原料複合而成。狹義上講，生物柴油是由動植物油脂或其廢油製備的脂肪酸酯；廣義上講，生物柴油是指一切從生物質生產的柴油。生物柴油的製備可採用物理法和化學法。其中直接混合法和微乳液法屬於物理法，高溫熱裂解法和酯交換法屬於化學法。使用物理法能夠降低動植物油的黏度，但積炭及潤滑油污染等問題難以解決；而高溫熱裂解法的主要產品是生物汽油，生物柴油只是其副產品。相比之下，酯交換法是一種更好的製備方法。本節所述是指狹義上講的生物柴油，即由動植物油脂或其廢油通過酯交換反應（包括某些預處理過程採用的酯化反應）製備的脂肪酸酯。

生物柴油的主要成分為軟脂酸、硬脂酸、油酸等長鏈飽和、不飽和脂肪酸同甲醇或乙醇所形成的酯類化合物。生物柴油分子中含 18 ～ 22 個碳原子，與柴油的 16 ～ 18 個碳原子基本一致，經酯化作用後，相對分子質量大約為 280，與柴油（220）接近，它與柴油相溶性極佳，顏色與柴油一樣透明，能夠與國標柴油一樣混合或者單獨用於汽車及機械。

2. 生物柴油與一般柴油的性能比較　生物柴油性質與普通柴油非常相似，作為可代替柴油的一種環保型燃料油，它具有很多優點。

(1) 環保特性好。由於生物柴油中硫含量低，使得二氧化硫和硫化物排放低；生物柴油中不含對環境會造成污染的芳香族烷烴，使用生物柴油可降低 90% 的空氣毒性，降低 94% 的患癌率，因而廢氣對人體損害低於柴油。生物柴油含氧量高，使其燃燒時排放黑煙少，CO 的排放與柴油相比減少約 10%；生物柴油的生物降解性高，且燃燒產生的 CO_2，供植物吸收成長，並無 CO_2 淨值增加，形成密閉型的碳循環。

(2) 點火與燃料性能佳。生物柴油的十六烷值高，分子中雙鍵位於分子鏈的末端或均勻分佈，增加了抗震性能，易於點燃，燃燒性、抗爆性能好於柴油，燃燒殘留物呈微酸性。沒有支鏈的存在，保證充分燃燒，不會產生積炭，使發動機機油的使用壽命加長。

(3) 潤滑性能好。生物柴油具有較高的動態黏度，容易在汽缸內壁形成一層油膜，因而具有較好的潤滑性能，使噴油泵、發動機缸體和連杆的磨損率低，延長使用壽命。

(4) 安全性能高。由於生物柴油碳鏈較長，有比較高的沸點，閃點高，約為 150℃，生物柴油不屬於危險品。因此，在運輸、儲存、使用方面有比普通柴油高的安全性。

(5) 具有可再生性能。作為可再生能源，與石油儲量不同，其原料供應不會枯竭，可部分緩解目前對石油的依賴。

(6) 無須改動柴油機，可直接添加使用，同時無須另添設加油設備、儲存設備及人員的特殊技術訓練。

生物柴油及柴油的一般性能比較見表 4-5，其中植物油甲酯即為不同植物油原料製備的生物柴油。

表 4-5 生物柴油的物化性能

植物油甲酯	動態黏度 / (mm^2/s)	十六烷值	低熱值 / (MJ/L)	濁點 / ℃	閃點 / ℃	密度 / (kg/L)	硫 / %
花生油甲酯	4.9	54	33.6	5	176	0.883	—
大豆油甲酯	4.5（37.8℃）	45	33.5	1	178	0.885	—
大豆油甲酯	4.0（40℃）	45.7 ～ 56	32.7	—	—	0.88（15℃）	—
巴巴酥油	3.6（37.8℃）	63	31.8	4	127	0.879	—
棕櫚油甲酯	5.7（37.8℃）	62	33.5	1	164		—
棕櫚油甲酯	4.3 ～ 4.5（37.8℃）	64.3 ～ 70	32.4	—	—	0.872 ～ 0.877（15℃）	—
葵花籽油甲酯	4.6（37.8℃）	49	33.5	1	183	0.860	—
動物油甲酯	—	—	—	12	96	—	—
菜籽油甲酯	4.2（40℃）	51 ～ 59.7	32.8	—	—	0.882（15℃）	—
廢菜籽油甲酯	9.48（30℃）	53	36.7	—	192	0.895	0.002
廢棉籽油甲酯	6.23（30℃）	63.9	42.3	—	166	0.884	0.0013
大豆油甲酯	4.75（40℃）	47	—	—	170	0.882	0.0148
棉籽油甲酯	3.92（40℃）	46	—	—	—	0.880	0.0007
菜籽油甲酯	5.41（40℃）	52	—	—	170	0.883	0.00071
廢食用油甲酯	4.5（40℃）	—	—	—	—	0.878	—
廢菜籽油甲酯	5.8（40℃）	52	—	—	170	0.878	0.0007
大豆油甲酯	4.7（37.8℃）	—	34.6	—	100	0.894	—
柴油	12 ～ 3.5（40℃）	51	35.5	—	—	0.830 ～ 0.840	—

4.6.2 化學法轉酯化製備生物柴油

轉酯反應也稱為酯交換反應或醇解反應，是用一種醇置換脂肪酸甘油三甘酯中的甘油。使用的醇是含 1 ～ 8 個碳原子的脂肪醇，主要有甲醇、乙醇、丙醇、丁醇和戊醇等。甲醇和乙醇使用較多，尤其是甲醇，因為其價格便宜，同時其碳鏈短、極性強，能夠很快地與脂肪酸甘油酯發生反應，且鹼性催化劑易溶於甲醇，國內大都採用甲醇。該反應可用酸、鹼或酶作為催化劑。其中鹼性催化劑包括 NaOH、KOH、各種碳酸鹽以及鈉和鉀的醇鹽、固體鹼等，酸性催化劑常用的是硫酸、磷酸、鹽酸或固體超強酸。甲醇越多產率越高，但也會給分離帶來困難。酯交換反應法是目前中國國內生物柴油生產最常用的方法。

其反應方程式如下：

$$
\begin{array}{l} CH_2-OOCR^1 \\ | \\ CH_2-OOCR^2 \\ | \\ CH_2-OOCR^3 \end{array} + 3ROH \rightleftharpoons \begin{array}{l} R^1-COOR \\ \quad\ \ | \\ R^2-COOR \\ \quad\ \ | \\ R^3-COOR \end{array} + \begin{array}{l} CH_2OH \\ CH-OH \\ CH_2OH \end{array}
$$

因酯交換反應是可逆反應，過量的醇可使平衡向生成產物的方向移動，所以醇的實際用量遠大於其化學計量比（醇：油 = 3：1）。中國常用 KOH 作為反應的催化劑。動、植物油在 KOH 催化劑作用下與甲醇進行的酯交換反應是由一系列串聯的、可逆反應組成的，甘油三酸酯分步轉變成甘油二酸酯、甘油一酸酯，最後轉變成甘油，每一步驟反應均產生一個甲酯（即生物柴油）。

下面對不同工業化生產流程進行說明。

1. 廢油脂生產生物柴油方法　廢油脂是指餐飲業和食品加工業在生產過程中產生的不能食用的動植物油脂，俗稱工業用油、垃圾油、地溝油、潲水油、下腳油等。這種廢油脂不僅嚴重影響環境和生活，而且還會造成大面積的水體污染。利用廢油脂製造生物柴油，可以採用預酯化 - 酯交換兩步法進行。

首先將廢油脂水化脫膠，用離心機除去磷脂和膠等水化時形成的絮狀物，然後將廢油脂脫水。原料廢油脂加入過量甲醇，在酸性催化劑存在下，進行預甲酯化，使游離酸轉變成甲酯。酯化反應式為

$$RCOOH + CH_3OH \rightarrow RCOOCH_3 + H_2O$$

分餾蒸出甲醇和水後，可得到無游離酸的中間產品，酯化後的中和水洗等後處理步驟可以避免催化劑的污染，酯化後游離酸含量可降低到 0.3%。這時油脂即可送到酯交換工序，經預處理的油脂與甲醇一起，在少量 KOH 作催化劑條件下進行酯交換反應，即能生成生物柴油。

中國江蘇高科石化股份有限公司採用固體酸催化半連續預酯化反應，酯化

條件為壓力為常壓，溫度約為 120℃，甲醇連續進入預酯化反應器中進行預酯化反應，並連續從預酯化反應中蒸餾出來，同時帶走反應器中的反應所生成的水分，大大加快預酯化反應速度，游離酸含量可降低到 0.3% 左右，這時油脂即可送到酯交換步驟，與甲醇進行酯交換反應，採用 KOH 催化劑，反應溫度為 60 ～ 70℃，反應時間為 2 h 左右，反應結束後，蒸餾出多餘甲醇，反應產物冷卻後，採用離心分離的方法分離出粗生物柴油與粗甘油。粗生物柴油採用蒸餾方式進行精製，得到高質量的淺黃色生物柴油產品，其製程方法之流程如圖 4-32 所示。

2. 間歇式酯交換方法 加壓、高溫下的酯交換反應，反應速率快，但對設備要求高，為降低設備投資成本，常採用低溫、常壓下的反應裝置。間歇式酯交換製程方法之流程如圖 4-33 所示。油脂、甲醇、催化劑（甲醇鈉、KOH 等）分批投入反應器中，物料保持沸騰狀態，在 70℃下回流 2 ～ 3 h，使酯交換轉化率在 95% 以上。如果油脂中游離脂肪酸含量大於 2%，則必須進行鹼煉方式把脂肪酸除去，或採用 (1) 中介紹的兩步法製程，先用甲醇對油脂進行預酯化（常用的催化劑有固體酸、H_2SO_4、HCl、對甲苯磺酸、強酸性樹脂等）處理，以減少催化劑用量和粗甘油中皂化物的含量。反應物在沈降分層器中靜止或採用離心方式，分出粗甘油。粗甘油中的甲醇用甲醇蒸發器蒸出回用，粗甘油送至後加工精製步驟。粗生物柴油中少量甘油的回收方法是：先把粗生物柴油加

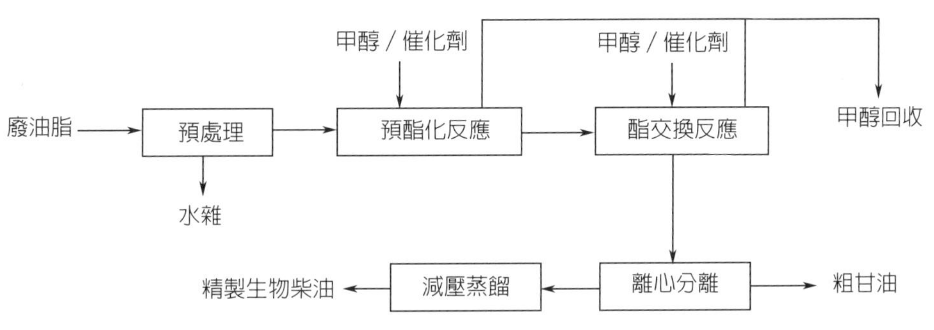

圖 4-32　廢油脂兩步法生產生物柴油方法之流程圖

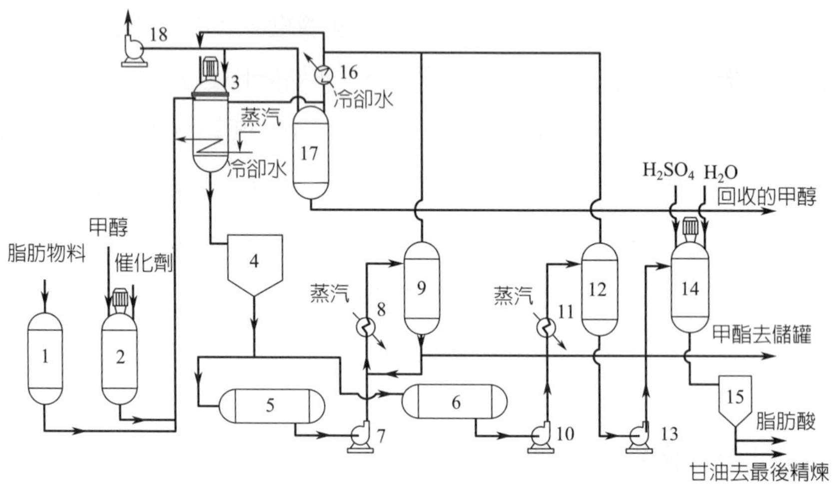

圖 4-33　間歇式酯交換方法之流程圖

1—油脂原料儲罐；2—甲醇儲罐；3—酯交換反應器；4，15—沉降器；5—生物柴油收集器；6—甘油收集器；7，10，13—輸送泵；8，9—甲醇蒸發器；11，12—甲醇閃蒸器；14—皂分解器；16—甲醇冷凝器；17—冷凝甲醇收集器；18—真空泵

熱回收甲醇，然後往粗生物柴油中加水、加稀酸（反應混合物的 3% 左右），以洗出粗生物柴油中的甘油和分解甲酯中的皂化物、催化劑。靜止分層或離心，粗甘油送至後加工精製步驟。

3. SKET 公司 CD 生物柴油連續式酯交換生產方法　SKET 公司 CD 生物柴油連續式酯交換生產製程方法之流程見圖 4-34。

工藝流程說明如下。

(1) 酯交換反應與分離。將完全脫膠和脫酸後的油脂過熱交換器，在溫度達到約 70℃ 時進入第一酯交換反應塔。在油進入反應塔前將一定比例的甲醇和 KOH 混合物與油混合。在塔底部來自酯交換反應後的甘油—甲醇—KOH 混合物通過特殊設計結構件連續地排出至製程收集中間罐。反應後的生物柴油混合物由塔上部排出，並進入第一台離心機分離為重相（甘油和甲醇）和輕相（生物柴油）。分出的生物柴油繼續進入第二酯交換塔中與 KOH—甲醇進行進一步的反應。反應的混合物由塔頂進入第二台離心機分離成兩相。

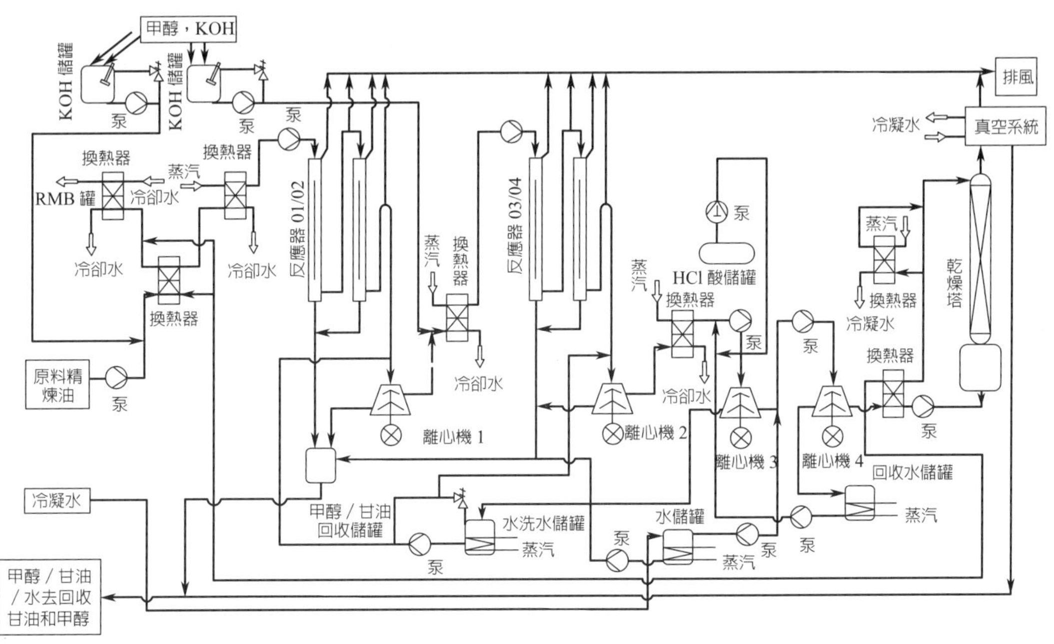

☼ **圖 4-34　SKET 公司 CD 生物柴油連續式酯交換生產方法之流程圖**

(2) 酸洗、水洗及其分離。將所得的輕相生物柴油繼續進入兩個水洗步驟。在水洗步驟中也包含兩台離心機，生物柴油首先經酸水洗滌以脫皂、催化劑和甲醇。再經下一步驟的水洗可將生物柴油中的游離甘油含量進一步降低至較低值。

(3) 真空乾燥。經洗滌和提純後的生物柴油還含有少量的水，為除去該殘餘水分，將處理後的生物柴油泵入真空乾燥塔，乾燥完成後即為最終產品。

(4) 甲醇和甘油回收。含有甲醇和甘油水的混合物作為副產品可加以收集，然後進一步進行蒸發濃縮、蒸餾等精製步驟，以回收甘油和甲醇，所回收的甲醇可被重新用於酯交換步驟中。蒸餾甘油可達到 99% 以上的純度，可用作藥用甘油。

(5) 生產輔料消耗。表4-6所列為該步驟生產1 t生物柴油的平均消耗指標。

4. 中壓油脂連續式酯交換方法　中壓油脂連續式酯交換製程方法流程見圖 4-35。油脂、無水甲醇、催化劑溶液由多頭（容積）計量泵 P1 從 V1、V2、

表 4-6　生產 1t 生物柴油的平均消耗指標

原材料	消耗指標	原材料	消耗指標
蒸汽（0.4 MPa）/kg	170	甲醇 / kg	96
電耗（380V/50Hz）/（kW · h）	18	氫氧化鉀 / kg	30
冷卻水（循環，24℃ /32℃）/m^3	2.2	鹽酸 / kg	20
壓縮空氣（標準狀態）/ m^3	6		

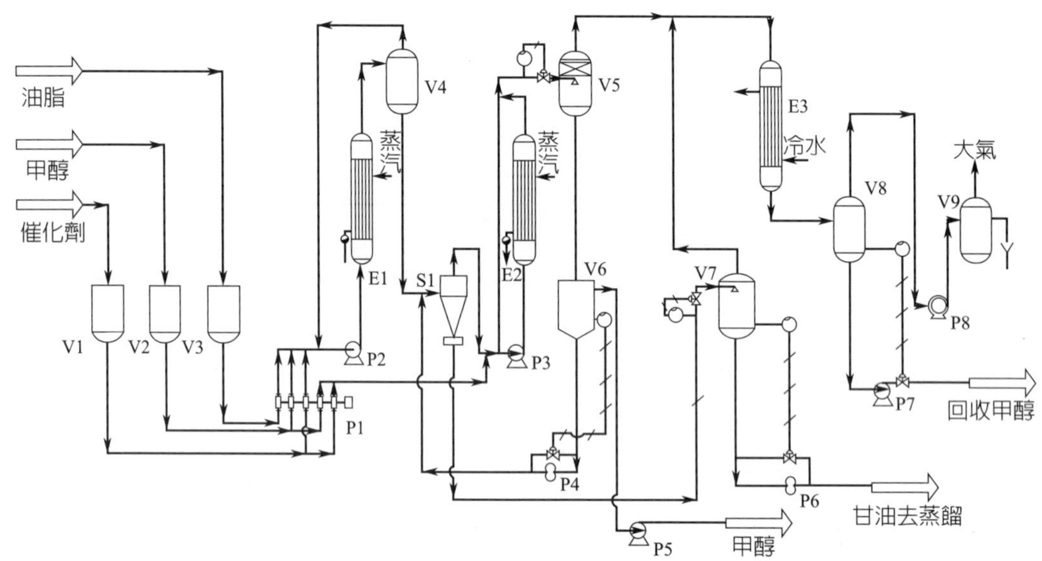

圖 4-35　中壓油脂連續式酯交換方法之流程圖

V3 儲罐定量地輸到第一反應器 E1，並由泵 P2 構成循環回路。在一定的壓力（0.3 ～ 0.4 MPa）、一定的溫度（90 ～ 110℃）下，完成第一次反應。第一反應系統配有靜態混合器 V4。V4 上層的物料回到反應器 E1，下層醇解反應生成的甘油、生物柴油及部分未反應的甘油酯、甲醇，經離心分離機 S1 把甘油分離出來。生物柴油及部分未反應的甘油酯和由 P1 補充的甲醇、催化劑一起進入第二反應器 E2，在由 P3 構成的循環回路中進一步進行醇解反應。來自第二反應器的物料經閃蒸器 V5 蒸出甲醇，蒸出的甲醇與來自 V7 的甲醇在冷凝器 E3 冷凝後回用。反應物料在分層器 V6 中靜止，下層的甘油回到離心分離機 S1。從 S1 分離出的甘油進入閃蒸器 V7，蒸出甲醇後排出，粗甘油純度可達 70% 以上。可以看出，由於使用離心機，可把第一反應器中生成的甘油基本除盡，有利於第二反應器醇解反應的進行，使酯交換率顯著提高，同時也使粗甘油的濃度顯著提高。

5. 高溫高壓連續式酯交換方法　除了常壓和中壓下的酯交換方法外，Henkel 高壓酯交換方法也被廣泛地採用。圖 4-36 所示為 Henkel 公司的醇解裝置，此方法的主要優點是在 9.0 MPa 和 240℃下操作，酸性油中的游離脂肪酸含量達到 20% 時也可作為原料使用。

6. LURGI 連續式酯交換方法　LURGI 公司的生物柴油方法（圖 4-37），是在催化劑存在下，在一個二段式攪拌、澄清整理器中進行酯交換反應，生成的甘油和多餘的甲醇在一個精餾分離塔中回收，第二段攪拌、澄清整理器中，輕相部分進入逆流洗滌器，洗出的甘油、甲醇進入精餾分離塔，分離出的甲醇與新鮮甲醇一起進入第一反應器，澄清整理器中分出的重相（包括催化劑、甘油、甲醇）也進入第一反應器參與醇解反應。此裝置確保甘油的完全分離，如需要提高甲酯的質量，可進行蒸餾，以除去甲酯中的雜質。

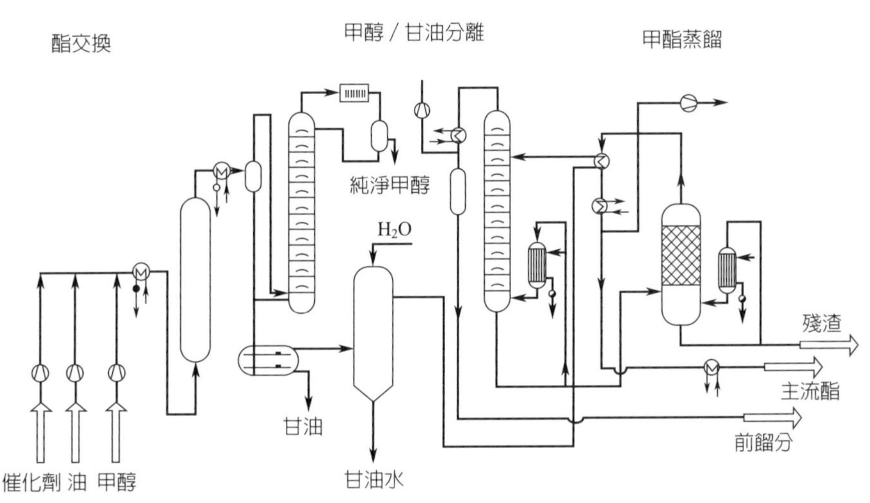

圖 4-36　Henkel 高壓酯交換方法之流程圖

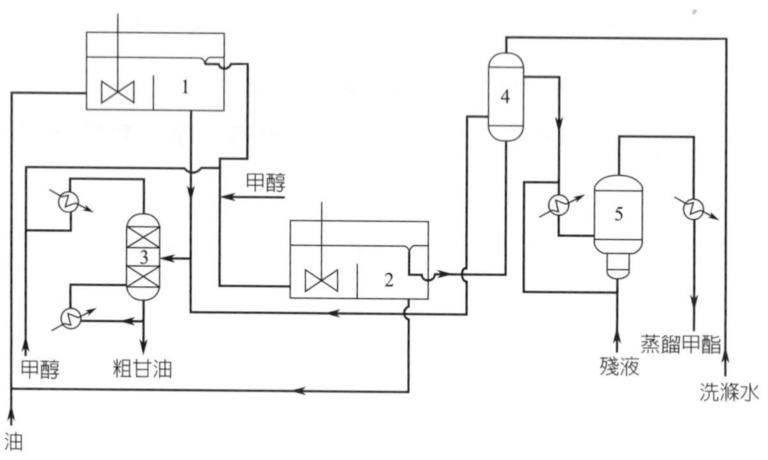

圖 4-37　LURGI 連續式酯交換方法之流程圖

1，2—二段式攪拌，澄清整理器；3—精餾分離塔；4—逆流洗滌器；5—蒸餾塔

上述液體鹼（KOH 等）催化成生物柴油有以下缺點：此方法較複雜，醇必須過量，後續方法必須有相應的醇回收裝置，能耗高；色澤深，由於脂肪酸中不飽和脂肪酸在高溫下容易變質，酯化產物難於回收，成本高，生產過程中有含油廢酸鹼液排放。近年來，已逐漸把目光轉向用固體催化劑進行非均相催化酯交換反應及脂肪酶、超臨界等方法。非均相催化酯交換法，使得產品與催化劑分離容易，副產物甘油的純度高，不需要大量水洗，避免了大量廢液的排放，有效防止了環境污染，是一條綠色的生物柴油生產路線。非均相催化避免了催化劑的後續處理問題，催化劑可循環使用，近幾年得到了一些研究者的廣泛關注。

李為民等人用共沈澱法製備的水滑石，並焙燒得到的 Mg-Al 複合氧化物作為催化劑，進行菜籽油的酯交換反應，反應溫度 65℃，醇油莫耳比 6：1，反應時間 3 h，催化劑加入量為菜籽油重的 2%，所製備的生物柴油產品呈中性且脂肪酸甲酯含量達 95.7%，得到的生物柴油低溫流動性能好，閃點高達 170℃，氧化安定性好，主要性能指標符合 0# 柴油標準，可以和 0# 柴油任何比例調和。不需要酸洗、水洗等後處理過程。

Hak-Joo Kim 等人利用 Na/NaOH/γ-Al_2O_3 非均相催化劑進行了酯交換反應製備生物柴油，發現 Na/NaOH/γ-Al_2O_3 的催化活性與 NaOH 相當。他們為油脂的酯交換反應提供了一條新思路。

孟鑫等人將 KF/CaO 作為強鹼性催化劑用於油脂的酯交換反應製備生物柴油，醇油莫耳比 12：1，催化劑用量為油重 3%，反應溫度為 60 ～ 65℃，反應時間 1 h，生物柴油收率達 90%，且研究結果證明，以等體積浸漬法製備並經過高溫煅燒的 KF/CaO 催化劑在酯交換反應中的催化活性與 CaO 催化劑相比有明顯提高。

王廣欣則製備了一種活性好，在甲醇中溶解度低的鈣基負載型固體鹼催化劑，在酯交換反應中得到很好結果。在常壓、65℃、醇油莫耳比 12：1、反應 1.5 h，甘油收率大於 80%。該催化劑比普通均相鹼催化劑有更好的抗酸、抗水性，可以在酸值為 2 mg．KOH/g 或水含量在 2% 條件下操作。

4.6.3 生物酶催化法生產生物柴油

目前生物柴油的工業化生產方法主要有化學法，生產企業大多利用化學法酯化及酯交換兩步反應製程方法，間歇生產生物柴油。化學法間歇生產生物柴油有以下缺點：產品質量不穩定、製程複雜、醇必須過量，後續製程必須有相應的醇回收裝置，能耗高；由於脂肪中不飽和脂肪酸在高溫下容易變質，產品色澤深；酯化產物難於回收，成本高；生產過程中有大量廢酸鹼液排放，污染環境。

用生物酶法生產生物柴油可以解決上述問題。生物酶法生產生物柴油的反應溫度在 20 ～ 40℃；生物酶法生產生物柴油所需的油脂範圍比較廣，如精煉油脂、未精製的植物油、脂肪酸、酸化油、餐飲廢油等；另外生物酶法具有提取簡單，反應條件溫和、醇用量小、產品回收過程簡單、無廢物產生及適用範圍廣等優點，脂肪酶法與化學法優缺點比較見表 4-7。因此，生物酶法是生物柴油工業化生產的發展方向。但脂肪酶價格昂貴、並由於在油脂中存在過多的酶抑制劑，如低碳醇及酸、蛋白質、糖、甾醇以及水等，縮短了酶的使用壽

表 4-7　脂肪酶法與化學法生產生物柴油優缺點比較

比較項目	脂肪酶法	化學法
反應溫度 / ℃	20 ～ 40	＞60
原料中脂肪酸	直接轉化為生物柴油	皂化、需要酸鹼催化預酯化處理過程
原料中水分	沒有影響	影響催化效果
脂肪酸甲酯轉化率	98%	約 96%
甘油純化	簡單、低成本	複雜、高成本
產品中催化劑的去除	沒有	反覆「水洗」
甲醇回收	沒有	甲醇抽提
排放	非常低	使用過的催化劑、廢水
催化劑	重複使用 1 年	基本上使用 1 次即棄
設施與製程方法	簡單	複雜

命，使得採用這種生物催化劑生產生物柴油的工業規模受到了很大的限制。為了提高脂肪酶法生產方法的轉化率以及產率，廣泛研究了各種方法，如定向變異、蛋白質工程、酶固定化技術等。

利用固定化脂肪酶催化製備生物柴油有利於酶的回收和連續化生產，使酶的熱穩定性及對甲醇等短鏈醇的耐受性顯著提高，因此，脂肪酶固定化技術在生物柴油工業規模生產中極具吸引力。採用分批加入甲醇的方式，可有效提高脂肪酶的穩定性和在非水介質中的酶促轉酯反應活性。Watanabe 等發現，在固定化 Candida antarctica Novozmy 435 的催化下，脫膠大豆油能進行轉酯化反應，應用三步醇解法成功地將 93.8% 的脫膠大豆油轉化為相應的甲酯，並且脂肪酶可重復使用 25 個周期（即 50 天）而幾乎無活性損失。

中國清華大學劉德華等人開發的酶法生產生物柴油生產方法，選用的脂肪酶包括 Novozym435、Lipozyme TL 和 Lipozyme RM，該方法解除了甲醇和甘油對酶反應活性的影響，脂肪酶不需處理即可應用於下一批次反應，在反應器上連續運轉 10 個多月後，酶活性未見下降，表現出較好的操作穩定性。

中國北京化工大學譚天偉經過選育，得到了適合脂肪酸甲酯、乙酯、丙酯及辛酯的專一性的假絲酵母脂肪酶，解決了傳統甲醇對脂肪酶的毒性問題，酯化率可達 95% 以上，並且固定化酶的使用半衰期可以達到 200 h 以上。該課題組還開發了反應和分離耦合方法生產生物柴油方法，即在反應器後接一個甘油旋液分離裝置，將及時分離出反應液循環中生成的甘油，實現生物柴油的連續酶法轉化。目前已建立 200 噸／年生物柴油中試生產裝置。

吳虹等人利用 Novozym 435 酶催化廢油脂，在反應體系中每 10 h 加入反應所需的 1/3 甲醇，每次加入甲醇之前均將脂肪酶用丙酮清洗，共反應 30 h 後酯交換率達到 88.6%，連續反應 300 h 後，酶活性基本沒有下降。以不同大孔樹脂吸附法固定化 *Candida* sp.992125 脂肪酶，間歇催化油酸與甲醇酯化時，可重複使用 15 批次（每批次 24 h），其操作半衰期約為 360 h。繼而又將該脂肪酶固定在非極性樹脂 NKA 上，以正庚烷為介質固定化脂肪酶催化合成生物柴油，採用三次流加甲醇的方式，單批轉化率最高達到 97.3%，連續反應 19 批以後轉化率仍保持為 70.2%。

中國連雲港正豐生物能源有限公司與常州大學及以色列 TransBiodiesel 公司合作，建設 500 噸／年脂肪酶法生物柴油中試連續生產線，該脂肪酶的處理能力為 3000 ～ 7000 kg 生物柴油 /kg 固定化脂肪酶，固定化脂肪酶成本比較低，目前正在進行中試研究開發，流程簡圖如圖 4-38 所示。

目前酶法催化方法之產業化的瓶頸是脂肪酶製品較高的成本和較短的使用壽命，一般不使用有機溶劑就達不到酯交換效率，但反應體系中甲醇達到一定量，會導致脂肪酶失活而失去催化能力，反應時間較長。因此提高脂肪酶活性和防止酶失活是該法是否實現工業化生產的關鍵。而通過固定化酶和全細胞催

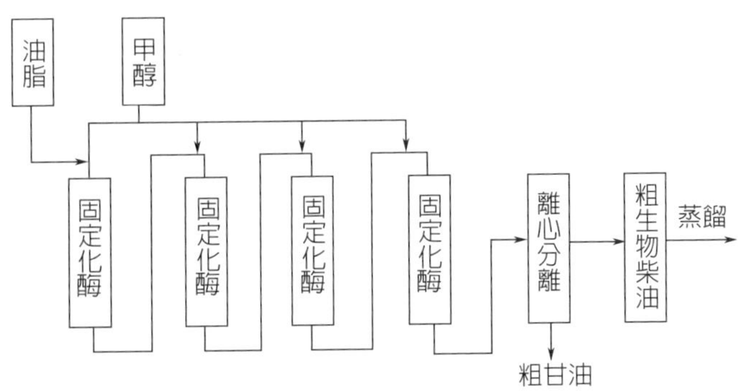

圖 4-38　脂肪酶法生物柴油中試連續生產線之流程圖

化劑與連續化的反應方法相結合可以降低生物催化劑的成本，提高固定化酶的使用壽命。目前，固定化酶尚未應用於工業化的生物柴油裝置中，主要原因是甲醇及酶抑制劑使這些固定化酶失活，壽命低，生產成本太高，無法提供一個用於工業規模轉化油脂及廢油脂的低廉的生物催化劑。

4.6.4　超臨界法製備生物柴油

超臨界法是在醇的臨界溫度、壓力以上（如甲醇反應溫度 > 240℃、反應壓力 > 8MPa）不使用催化劑進行酯交換反應生產生物柴油，優點是產品後處理簡單，缺點是醇油比及反應溫度與壓力都比較高，反應條件苛刻，生產成本高，對反應設備要求很高。傳統生物柴油製備方法中，由於甲醇和動植物油脂的互溶性差，反應體系呈兩相，酯交換反應只能在兩相介面上進行，傳質受到限制，因此反應速率低。但在超臨界狀態下，甲醇和油脂為均相，均相反應的速率常數較大，所以反應時間短；另外由於反應中不使用催化劑，因而使後續的製程方法較簡單，不排放廢液。

採用超臨界甲醇與菜籽油在 350℃、醇油物質的量之比為 42∶1 進行反應，30 s 後菜籽油的轉化率達到 40% 以上，240 s 後 95% 的菜籽油轉化為脂肪酸甲酯。榛籽油與超臨界甲醇物質的量之比為 41：1 發生反應，200s 後脂肪酸甲酯收率達 90% 以上。可見，利用超臨界方法可顯著提高反應速率。日本住友化學公司成功開發一種超臨界方法製成柴油的方法，它以甲醇與菜籽油和大豆油等植物油在 240℃、8 MPa 下進行反應，脂肪酸甲酯產率達到 100%，甘油產出比為 1：3。油脂在超臨界甲醇中，反應條件對酯交換率有顯著影響。

根據超臨界酯交換的原理，Saka 和 Kusdiana 用超臨界法研究了生物柴油的製備。反應在一預加熱的 5 mL 的不銹鋼間歇反應器中進行，反應溫度 350 ～ 400℃，壓力 45 ～ 65 MPa，甲醇與菜籽油的原料比為 42：1。研究發現，在反應溫度 350℃，甲醇超臨界處理 30 s，即可以使 40% 的菜籽油轉化為菜籽油甲酯，處理 240 s 可以使 95% 以上的菜籽油轉化為菜籽油甲酯。其產率高於普通的催化過程，且反應溫度較低，同時還避免了使用催化劑所必需的分離純化過程，此製程方法縮短了反應時間，酯交換過程更加簡單、安全和高效。超臨界甲醇一步法製備生物柴油的主要缺陷是：反應條件苛刻，溫度壓強過高，對設備的腐蝕大，醇油比高造成分離甲醇成本增大。

對此，Saka 等人對上述方法進行修正和改進，提出了超臨界甲醇二步法製備生物柴油的製程方法（圖 4-39），該方法使製備生物柴油苛刻的條件（高溫、高壓等）得到降低。Minami 等人對比了 Saka 等提出的兩種方法，研究發現二步法中水解生成的脂肪酸具有催化作用，開始油脂水解緩慢，隨著脂肪酸含量的增多，反應速率加快，脂肪酸在隨後的酯化製備生物柴油中也發揮重要作用。

鑒於超臨界法採用高溫高壓的方式生產生物柴油，對設備要求高。中國常州大學採用甲醇臨界法製備生物柴油，該方法的關鍵是在植物油與臨界甲醇在鹼加入量為 0.05% ～ 0.1% 的微量鹼催化劑下進行酯交換反應，而粗產品生物柴油及甘油呈中性，不需要中和水洗等過程，後處理過程與超臨界法相同，而反應溫度與壓力下降到（245±5）℃及 6.9 ～ 7 MPa，轉化率為 97% ～ 99%，對反應設備的耐溫耐壓要求得到了降低，有助於工業化過程。

超臨界法與化學法生產柴油之製程方法比較見表 4-8。

從表 4-8 可以看出，與傳統酯交換方法相比，具有如下優點：① 不需要催化劑，對環境污染小；② 對原料要求低，水分和游離酸對反應的不利影響較小，不需要進行原料的預處理；③ 反應速率快，反應時間短；④ 產物後處理簡單；⑤ 易於實現連續化生產。

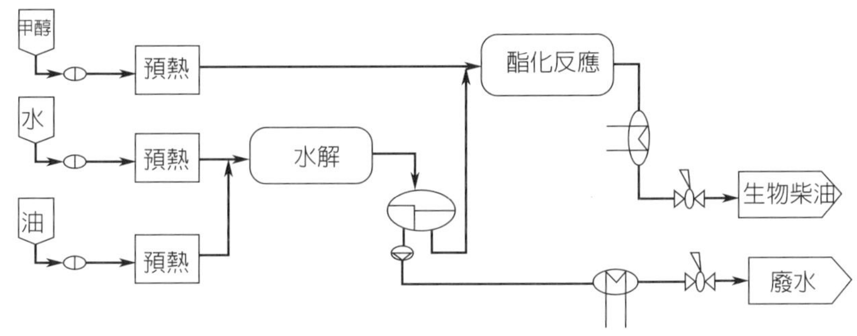

圖 4-39　超臨界二步法製備生物柴油之製程示意圖

表 4-8　超臨界法與化學法生產柴油製程方法之比較

比較項目	化學法	超臨界法	比較項目	化學法	超臨界法
反應時間	1 ～ 8 h	120 ～ 240s	皂化產物	有	無
反應溫度	30 ～ 70℃	＞239℃	產品收率	一般	更高
反應壓力	常壓	＞8 MPa	分離物	甲醇、催化劑、皂化物	甲醇
催化劑	酸或鹼	無	製程方法	複雜	簡單
原料水分、酸值要求	高	低	設備要求	低	高

但是超臨界甲醇法製備生物柴油也有其明顯的缺點：① 反應條件苛刻（高溫，高壓），使反應系統設備投資增加；② 醇油比太高，甲醇回收循環量大。

目前對超臨界法的研究仍處於初期，應加強該法連續化的研究，儘快應用於工業化生產。

4.6.5　生物柴油的應用

1. 國際　國際市場上一些發達國家如美國、歐洲等正在積極加快開展生物柴油的工業化生產的研究工作。1991 年奧地利標準局首次發佈了生物柴油的標準，其中包括產品性能及廢氣排放量、生物可降解能力、毒性等，以確保發動機製造商和最終用戶使用高質量的生物柴油。世界上其他一些國家，如法國、義大利、捷克、瑞典、美國和德國，也相繼建立了生物柴油標準。1996 年，歐洲成立了以生產生物柴油為主的生物柴油委員會，這顯示了又一個新興工業的形成。

目前世界各國積極推廣的工作有：

(1) 義大利建立了規模最大的生物柴油工廠，年生產能力達 25 萬噸。

(2) 德國最大的生物柴油（又稱甲基酯菜籽油）工廠已破土動工，投資 5,000 萬馬克。設計年生產能力為 10 萬噸生物柴油和 1 萬噸甘油。德國有 8 家生物柴油生產廠，生物柴油生產能力在 1995 ～ 2002 年期間從 11 萬噸增至約 100 萬噸。2002 年，德國共有 1400 個加油站提供生物柴油，生物柴油銷售量約為 100 萬噸。其他如法國有 7 家生物柴油生產廠，總能力 40 萬噸／年；義大利有 9 家生物柴油生產廠，總能力 33 萬噸／年；奧地利有 3 家生物柴油生產廠，總能力 5.5 萬噸／年；比利時有 2 家生物柴油生產廠，總能力 24 萬噸／年；日本生物柴油生產能力也達 40 萬噸／年。

(3) 美國農業部 2000 年 11 月決定每年拿出 1.5 億美元補貼生物燃料生產廠家，目前，有 4 家生物柴油生產廠，總能力約為 50 萬噸／年。生物柴油作為燃料和燃料組分已在環保署註冊，它是唯一通過「清潔空氣法案」要求的嚴格的健康影響測試的替代燃料。測試結果顯示生物柴油與柴油相比，減少可致癌有害氣體 75% ～ 90%。這個結果已於 2000 年提交美國環保署，這也說明生物柴油是無毒、可生物降解、不含硫的燃料。全美國 50 個州都可以得到生物柴油，400 多萬公里的行駛里程證明這種燃料是成功的。目前美國已有部分城市開始使用生物柴油，如辛辛那提和聖路易斯等大城市公共汽車上已使用生物柴油。

(4) 泰國首家供應汽車用椰子油加油站，價格僅為汽油的 1/5。泰國科學技術和環境部、泰國國家石油公司與美國福特汽車公司最近簽署了合作研究開發生物燃料用於柴油車的諒解備忘錄。

(5) 阿根廷已成功從向日葵和黃豆中提取燃料，這種燃料適用於各種燃油發動機，並且對環境污染少，價格低廉（僅為目前普通柴油價格的 1/2），是一種很有發展前途的替代性生物燃料，目前正在做行車試驗。2.5L 向日葵籽可提取這種生物柴油 1L。

(6) 馬來西亞棕櫚油研究院已成功研究開發了利用棕櫚油生產柴油的技術，目前國家石油公司和棕櫚油局聯合投資 1.3 億美元建廠，應用這種技術生產生物柴油。

2. 中國　中國開展生物柴油的研究開發工作較早。據調查，1981 年已有用菜籽油、棉籽油、烏桕油、木油、茶油等植物油生產生物柴油的試驗研究。近年來，江蘇工業學院（現更名為常州大學）、中國科學技術大學、北京化工大學、華中科技大學等研究機構和大學紛紛啟動生物柴油技術方法的研究開發，目前取得了一系列重要階段性成果。此外，也有一些企業涉足生物柴油的研究、開發和產業化，並形成了萬噸級的生產規模。

海南正和生物能源公司採用地溝油、榨油廢渣和林木油酯為原料、化學法連續式並採用樹脂催化劑進行預催化方法，在河北武安建設 7 萬噸／年生物柴油生產線，2001 年 9 月投產。

四川古杉油脂化學有限公司採用高芥酸菜籽油和大豆油腳料、廢動植物油和地溝油等為原料，採用中壓連續催化、酶化方法和高壓連續催化酯化方法，已建成 1 萬噸／年生產線 1 條，3 萬噸／年生產線 2 條，10 萬噸／年生產線 1 條。

福建龍岩卓越新能源發展有限公司，採用地溝油及其他廢動植物油為原料，採用連續式化學法，在福建龍岩建設 2 萬噸／年生物柴油生產線，並於 2002 年 9 月投產。

江蘇高科石化股份有限公司以廢棄動植物油脂為原料，採用常州大學固體催化劑催化技術，建設了 12 萬噸／年生物柴油生產線，並於 2008 年 11 月投產。

江蘇卡特新能源有限公司以廢棄動植物油脂為原料，聯合常州大學開發出兩步法生物柴油生產技術，建設了 3 萬噸／年生物柴油生產線，於 2006 年 8 月投產，並擴建為 8 萬噸／年生物柴油生產線，於 2009 年 11 月投產。

中國生物柴油產業發展已經引起主管部門的高度重視。中石油、中石化、中海油三大石油集團開始介入生物柴油，國家林業局、發改委、環保局協調三大公司發展這一產業；儘快建立中國的生物柴油質量標準和生物柴油標準體系，要利用三大石油公司的力量改善中國生物柴油技術和設備落後的狀況；在林業局的管理下合理種植油料樹木，保持生物多樣性；環保部門切實建立起中國的廢棄油脂處理系統，使廢棄油脂流向生物柴油產業。要統籌安排、科學發展，使中國生物柴油產業儘快發展起來，為保護環境與增進石油安全做出貢獻。

卓越和古杉公司是依靠生物柴油上市的，這對於中國生物柴油行業是一劑興奮劑。尤其是對於那些資金雄厚的企業，它們會堅定不移地走下去，進而帶動行業的進步和發展。生物柴油產業的蓬勃發展將會引起更多的資本的跟進和追逐，產業競爭的激烈性將會實現企業之間的優勝劣汰，產業的發展也會促進中國政府部門加快對於生物柴油企業的行業管理。生物柴油產業雖然得到較快發展，但當前大力發展生物柴油的主要問題是其生產成本較高，缺乏競爭力。綜合考慮當前生物柴油生產的發展趨勢以及中國的國情，降低其生產成本可從以下幾個方面著手：① 降低原料成本；② 降低生產成本；③ 國家的政策支援。

4.7 沼氣技術

4.7.1 沼氣的成分和性質

沼氣是由有機物質（糞便、雜草、作物、秸稈、污泥、廢水、垃圾等）在適宜的溫度、濕度、酸鹼度和厭氧的情況下，經過微生物發酵分解作用產生的一種可燃性氣體。由於這種氣體最初在沼澤地帶發現，故名為沼氣。在農村的糞池或池塘中，往往也可以看到這類氣泡浮出水面，點火即燃燒，這些都是池底有機物質厭氧發酵而生成的沼氣。

沼氣主要成分是 CH_4 和 CO_2，還有少量的 H_2、N_2、CO、H_2S 和 NH_3 等。通常情況下，沼氣中含有 $CH_4$50% ～ 70%，其次是 CO_2，含量為 30% ～ 40%，其他氣體含量較少。

沼氣最主要的性質是其可燃性，沼氣的主要成分是甲烷，甲烷是一種無色、無味、無毒的氣體，比空氣輕一半，是一種優質燃料（見表 4-9）。H_2、H_2S 和 CO 也能燃燒。一般沼氣因含有少量的硫化氫，在燃燒前帶有臭雞蛋味或爛蒜氣味。沼氣燃燒時放出大量熱量，熱值為 21520 kJ ／ m^3，約相當於 1.45 m^3 煤氣或 0.69 m^3 天然氣的熱值。因此，沼氣是一種燃燒值很高，很有應用和發展前景的可再生能源。

表 4-9　甲烷與沼氣的主要理化性質

特性	甲烷	標準沼氣	特性	甲烷	沼氣
體積分數／%	54～80	CH_4 60，CO_2 < 40	密度／g · L^{-1}	0.72	1.22
熱值／kJ · L^{-1}	35.82	21.52	相對密度	0.55	0.94
爆炸範圍／%	5～15	8.33～25	臨界溫度／°C	−82.5	−25.7～48.42
氣味	無	微臭	臨界壓力／10^6 Pa	46.4	59.35～53.93

4.7.2　沼氣發酵微生物學原理

沼氣發酵微生物學是闡明沼氣發酵過程中微生物學的原理，微生物種類及其生理生化特性和作用，各種微生物種群間的相互關係和沼氣發酵微生物的分離培養的科學。它是沼氣發酵製程方法學的理論基礎，沼氣技術必須以沼氣發酵微生物為核心，研究各種沼氣工藝條件，使沼氣技術在不久的將來在農村和城鎮的推廣應用和發展。

4.7.2.1　沼氣發酵微生物

沼氣發酵微生物種類繁多，分為不產甲烷群落和產甲烷群落。不產甲烷微生物群落是一類兼性厭氧菌，具有水解和發酵大分子有機物而產生酸的功能，在滿足自身生長繁殖需要的同時，為產甲烷微生物提供營養物質和能量。產甲烷微生物群落通常稱為甲烷細菌，屬一類特殊細菌。甲烷細菌的細胞壁結構沒有典型的膚聚糖骨架，其生長不受青黴素的抑制。在厭氧條件下，甲烷細菌可利用不產甲烷微生物的中間產物和最終代謝產物，作為營養物質和能源而生長繁殖，並最終產生甲烷和 CO_2 等。

1. **不產甲烷菌**　它主要包括一些好氧菌、兼性厭氧菌和厭氧菌，也就是通稱的發酵細菌、產氫和產乙酸細菌。它們的主要作用是將複雜的有機物質降解為簡單的小分子有機物，供產甲烷菌將其轉化成沼氣的基質。不產甲烷菌可分為纖維素分解菌、半纖維素分解菌、澱粉分解菌、脂肪分解菌和蛋白質分解菌等。

不產甲烷菌的作用是為產甲烷菌提供營養，原料中的碳水化合物、脂肪和蛋白質等有機物不能被產甲烷菌直接吸收利用，要先利用不產甲烷菌的液化作用（胞外酶水解），形成可溶性的簡單化合物（如乙酸、丙酸等），作為產甲烷菌的發酵基質，同時也為產甲烷菌創造適宜的氧化還原條件，和產甲烷菌一起共同維持發酵液的合適 pH 值。

2. **產甲烷菌**　根據它們的形態可分為杆狀菌、球狀菌、螺旋狀菌和八疊球菌等幾大類。

產甲烷菌有 4 大特點：① 嚴格的厭氧，對氧氣和氧化劑非常敏感；② 要求中性偏鹼的環境條件；③ 菌體倍增的時間長；④ 只能利用比較簡單的有機化合物作為基質。幾乎所有產甲烷菌都能利用 H_2 和 CO_2，代謝產生 CH_4。在自然界沼氣發酵中，乙酸是形成甲烷的關鍵基本物質之一，大約有 72% 的甲烷來自於乙酸。

由於完成沼氣發酵的最後一道「步驟」是產甲烷菌，故它們的種類、數量和活性常決定著沼氣的產量。為了提高沼氣發酵的產氣速度和產氣量，必須在原料、水分、溫度、酸鹼度以及沼氣池的密閉性能等方面，為甲烷發酵微生物特別是產甲烷菌創造一個適宜的環境。同時，還要通過間斷性的攪拌，使沼氣池中各種成分均勻分佈。這樣，有利於微生物生長繁殖和其活性的充分發揮，提高發酵的效率。

關於基本物質在產甲烷菌的作用下被轉化為甲烷，目前已知的主要途徑有以下兩條。

一是在沼氣發酵過程中，在專性礦質營養產甲烷菌的參與下，產酸菌、伴生菌發酵有機物產生 H_2，以 H_2 作為電子供體還原 CO_2，或者直接利用 CH_3CH_2OH 形成 CO_2（圖 4-40）。

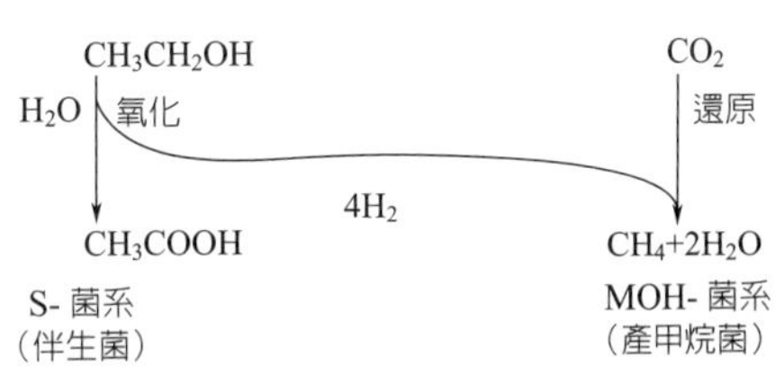

圖 4-40　甲烷的產生途徑示意圖

伴生菌和產甲烷菌在發酵過程中形成了共生關係，S- 菌系分解乙醇產 H_2，H_2 對它繼續分解乙醇有阻抑作用，而 MOH- 菌系可利用 H_2，這樣又為 S-

菌系清除了阻抑，兩者一起生活互惠互利，但都無法單獨生存。

二是在甲基營養產甲烷菌的參與下，對含有甲基的化合物進行脫甲基作用，基本物質主要是乙酸，因為乙酸是有機物厭氧分解的主要中間產物，典型反應式為：$CH_3COO^- + H_2O \rightarrow CH_4 + HCO_3^-$。嗜乙酸甲烷細菌主要為甲烷八疊球菌和甲烷毛髮菌屬。相對於其他菌來說，嗜乙酸甲烷細菌的代謝和生長速率緩慢，是沼氣發酵過程的限速步驟，也是發酵液因乙酸積累而導致酸化的主要原因。

4.7.2.2　沼氣發酵的幾個階段

沼氣發酵有二階段理論、三階段理論、四階段理論等，四階段理論比較複雜，在此就不再敘述了。

1. 二階段理論　沼氣發酵過程比較複雜，最簡單的二階段理論認為沼氣發酵過程包括兩個階段，即產酸階段和產氣階段。

沼氣池中的大分子有機物，在一定的溫度、水分、酸鹼度和密閉條件下，首先被不產甲烷微生物菌群之中基質分解菌所分泌的胞外酶，水解成小分子物質，如蛋白質水解成複合氨基酸，脂肪水解成丙三醇和脂肪酸，多糖水解成單糖類等。然後這些小分子物質進入不產甲烷微生物菌群中的揮發酸生成菌細胞，利用發酵作用轉化成為乙酸等揮發性酸類和 CO_2。由於不產甲烷微生物的中間產物和代謝產物都是酸性物質，使沼氣池液體呈酸性，故稱酸性發酵期，即產酸階段。甲烷細菌將不產甲烷微生物產生的中間產物和最終代謝物分解轉化成甲烷、CO_2 和氨。由於產生大量的甲烷氣體，故這一階段稱為甲烷發酵或產氣階段。在產氣階段產生的甲烷和 CO_2 都能揮發而排出池外，而氨以強鹼性的亞硝酸氨形式留在沼池中，中和了產酸階段的酸性，創造了甲烷穩定的鹼性環境，因此，這一階段又稱鹼性發酵期。

2. 三階段理論　從有機物質厭氧發酵到形成甲烷，是一個非常複雜的過程，它不是一種細菌所能完成的，而是由很多微生物參與聯合作用的結果。1979 年 M. P. Brant 依據對產甲烷菌、產氫菌及產乙酸菌的研究成果，提出了

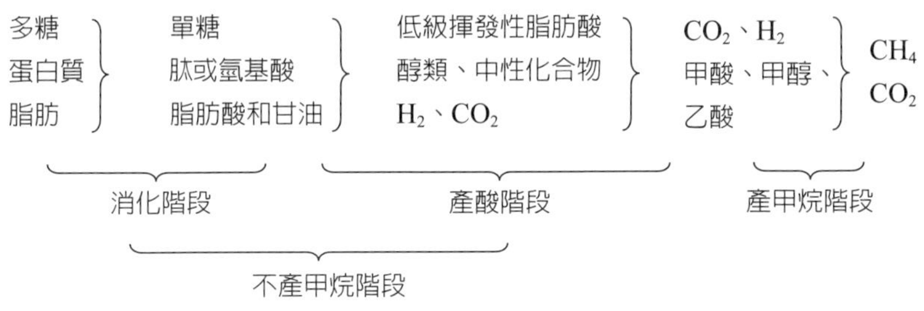

☼ **圖 4-41　沼氣發酵的三個階段示意圖**

三階段發酵理論（圖 4-41）。即液化階段、產酸階段和產甲烷階段；其中液化階段和產酸階段又可合稱為不產甲烷階段。因此，沼氣發酵過程也可分為 2 個階段，即不產甲烷階段和產甲烷階段。

第 1 階段是液化階段，各種固形有機物通常不能進入微生物體內，被微生物利用，但在微生物分泌的胞外酶（大多是水解酶類）作用下，固形物又被水解為分子量較小的可溶性有機物質。經過水解作用後，多糖分解成可溶性單糖、蛋白質分解成酶或氨基酸、脂肪分解為甘油和脂肪酸。這些可溶性物質就可以進入微生物體內，被微生物利用。

第 2 階段是酸化階段，進入微生物體內的可溶性物質，在各種胞內酶作用下，進一步分解代謝，產生各種揮發性脂肪酸，其中主要是乙酸（CH_3COOH），同時也有氨和 CO_2。

第 3 階段是由產甲烷菌所完成的產甲烷階段。產甲烷菌把一些簡單的有機物如乙酸、甲酸、氫和二氧化碳等轉換成甲烷。和液化階段相比，這一階段進行得較快。不過不同的基質，生成甲烷的速度也不同。

液化階段是由水解反應來完成的，反應速度較慢，所以，沼氣發酵速度主要受液化階段的限制。尤以農作物秸稈類原料固形物含量高，可溶性成分少，液化過程更顯緩慢。因此，對這類原料，一般在入池前要進行切碎堆漚預處理，以提高其液化速度。

以上 3 個階段不是截然分開的，也不是獨立進行的，而是密切聯繫在一起互相交叉進行的，沒有明顯的界線。甲烷是沼氣發酵 3 個階段相互作用的結果，在發酵反應體系中，非產甲烷細菌為產甲烷細菌提供生長和產甲烷所需的基質，創造適宜的氧化還原條件，並清除有毒物質；產甲烷細菌為非產甲烷細菌的生化反應解除反饋抑制，創造熱力學上的有利條件。兩類細菌共同維持環境中適宜的 pH 和一定的氧化還原電位，並透過互營聯合實現甲烷的高效形成。甲烷產生是這個體系中的第一步，也是極關鍵的過程，它是一個生物化學過程，充足的基本物質供應和適宜的產甲烷細菌生長環境，其為甲烷形成的先決條件。

4.7.3　大中型沼氣工程

大中型沼氣工程，是指沼氣發酵裝置或其日產氣量達到一定規模，即單體發酵容積不小於 100 m^3，或多個單體發酵容積之和不小於 100 m^3，或日產氣量不小於 100 m^3 即為中型沼氣工程。如果單體發酵容積大於 500 m^3，或多個單體發酵容積之和大於 1000 m^3，或日產氣量大於 1000 m^3 為大型沼氣工程。人們習慣把中型和大型沼氣工程放到一起去評述，稱為大中型沼氣工程。

經過多年的發展，2005 年底，中國已建成大中型沼氣工程 700 多座。這些工程主要分佈在中國東部地區和大城市郊區。其中僅江蘇、浙江、江西、上海和北京 5 省市，這些地區目前正在運行的大中型沼氣工程就占中國全國總量的一半左右。

4.7.3.1　大中型沼氣工程的發酵原料

大中型沼氣工程的發酵原料主要有城市汙水處理廠污泥、高濃度工業有機廢水、人畜糞便污水以及生活垃圾等。這類原料都富含有機物，僅由於來源不同，其化學成分和生產沼氣的潛力差異很大，因此所採用的發酵方法也會有很大差異。

以往污泥、污水的厭氧消化通常採用中溫（35 ～ 37℃）和高溫（52 ～ 55℃）發酵，很少採用常溫（15 ～ 25℃）發酵。近 20 年，隨著高效、常溫厭氧消化方法的開發，對厭氧消化 COD 濃度的限制有了極大突破。鄭元景等人進行了有機廢水處理的 3 種流程的能耗比較分析：① 好氧處理；② 厭氧處理；③ 厭氧—好氧串聯處理。根據試驗結果顯示，根據目前技術水準，對 COD > 2000 mg / L 的廢水採用厭氧—好氧處理流程，在理論上可以使產生的能源與消耗的能量基本平衡。濃度越高，所回收的沼氣越多；並且在處理過程中，操作營運簡單、管理方便、剩餘污泥少、污泥穩定易於處理。如果僅從廢水處理角度，採用厭氧技術處理低 COD 濃度的廢水仍具有優勢。

4.7.3.2 製程方法的類型

沼氣生產方法多種多樣，但有一定的共性，即原料收集，預處理，消化（所需裝置為沼氣池、消化反應器），出料的後處理，沼氣的淨化、儲存和輸送及利用等環節。隨著沼氣工程技術研究的深入和較廣泛的推廣應用，近年來已逐步總結出一套比較完善的製程方法流程，它包括對各種原料的預處理，發酵方法參數的優選，殘留物的後處理及沼氣的淨化、計量、儲存及應用。不同的沼氣工程有不同的要求和目的，所使用的發酵原料也不同，因而工藝流程並不完全相同。根據工程運行的方法條件如溫度和工程目的及原料來劃分，如圖 4-42 所示。

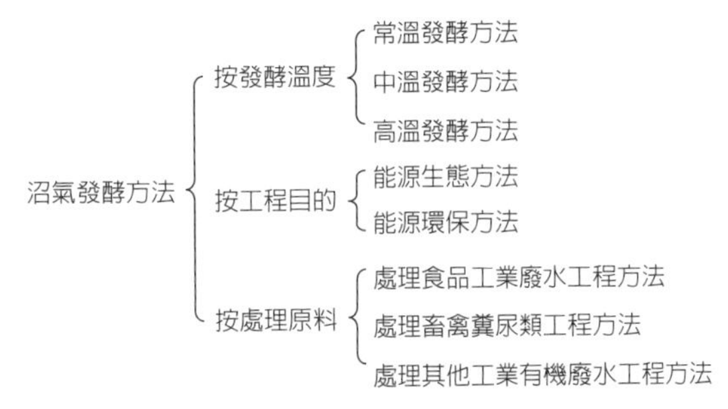

圖 4-42　沼氣發酵工藝的分類

4.7.3.3 製程方法流程

製程方法流程是沼氣工程項目的核心，大中型沼氣工程方法流程可分為三個階段，即預處理階段、沼氣發酵階段和後處理階段。料液進入消化器之前為原料的預處理階段，主要是除去原料中的雜物和沙粒，並調解料液的濃度。如果是中溫發酵，還需要對料液升溫。原料經過預處理可使之滿足發酵條件要求，減少消化器內的浮渣和沈砂。料液進入消化器進行厭氧發酵，消化掉有機物生產沼氣為中間階段。從消化器排出的消化液要經過沈澱或固液分離，以便對沼渣進行綜合利用，這為後處理階段。

一個完整的大中型沼氣發酵工程，包括如下的方法流程：原料（廢水等）的收集、預處理、消化、出料的後處理、沼氣的淨化、儲存和輸配以及利用等環節。在確定具體的方法流程時，要考慮到原料的來源、原料的性質和數量。不同的發酵原料具有不同的發酵方法，同種發酵原料也有不同的發酵方法，因此，方法流程不能照抄照搬。就目前國內外沼氣工程發酵原料的情況來看，主要為畜禽糞便和工業有機廢棄物，在這些原料中，有固態原料和固液混合原料，也有液體原料。對於固態或固液混合原料，在利用常規消化器時，原料預處理要進行除雜、稀釋、沈砂、調節等步驟；如果利用高效厭氧裝置，預處理還要增加固液分離和沈澱等步驟。對於沼氣發酵排出液，如果可以直接開展綜合利用，對環境不造成污染，就不需進行後處理；如果出水直接排放，並且對環境影響很大，就必須增加必要的後處理設施，如曝氣池、氧化溝、生物濾池等。沼氣工程的製程方法之流程一般如圖 4-43 所示。

4.7.3.4　沼氣發酵反應器

1. 常規反應器　該反應器無攪拌裝置，原料在反應器內呈自然沈澱狀態，一般分為 4 層，從上到下依次為浮渣層、上清液層、活性層和沈渣層，其中厭氧消化活動旺盛場所只限於活性層內，因而效率較低。常規反應器結構見圖 4-44。

2. 完全混合式厭氧反應器　完全混合式厭氧反應器是在傳統消化池內採用攪拌技術，使消化池生化速率大幅提高。因此，這種反應器也被稱為高速厭氧消化池，又稱普通厭氧消化池。如圖 4-45 所示。它的工作原理是：污水（或污泥）定期或連續加入消化池，經過消化的污泥和污水分別由底部和上部排出，所產生的沼氣則從頂部排出。為了使細菌和營養料均勻接觸，使產生的氣泡及時逸出，必須定期攪拌池內的消化液。攪拌方式一般有機械攪拌、水攪拌和沼氣攪拌等三種。

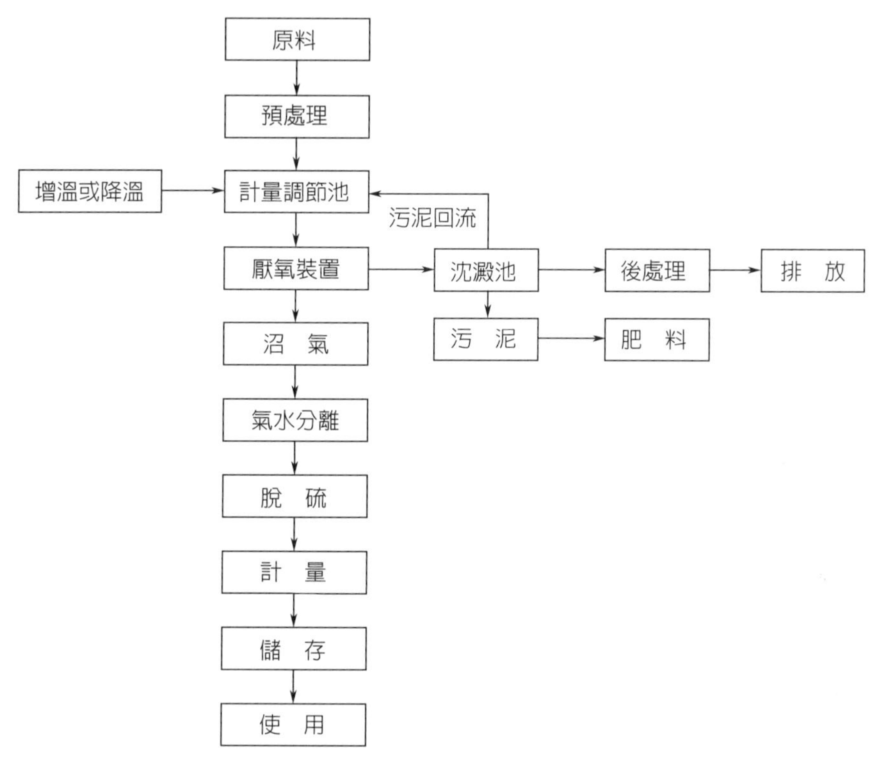

圖 4-43 沼氣工程的製程方法的流程示意圖

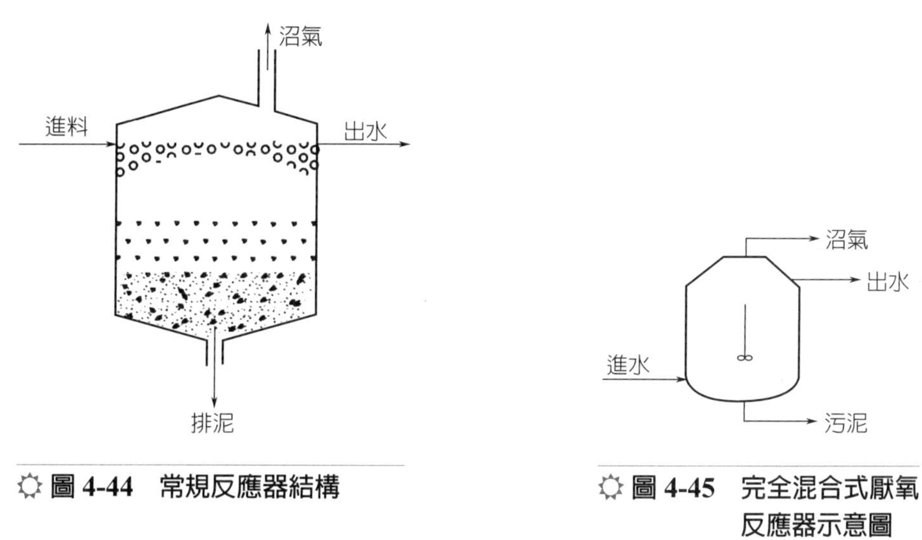

圖 4-44 常規反應器結構

圖 4-45 完全混合式厭氧反應器示意圖

由於先進的高效厭氧消化反應器的出現，完全混合式厭氧反應器的應用越來越少，但在一些特殊領域其仍占有一席之地，主要應用於城市污水廠污泥穩定化處理、高濃度有機工業廢水的厭氧消化、高懸浮物有機廢水的厭氧消化、難降解有機廢水的處理等方面。

3. 厭氧接觸反應器　厭氧接觸反應器是在厭氧消化池之外增加一個沈澱池來收集污泥，並使其回流至消化池。其結果是減少了污水在消化池內的停留時間，如圖 4-46 所示。

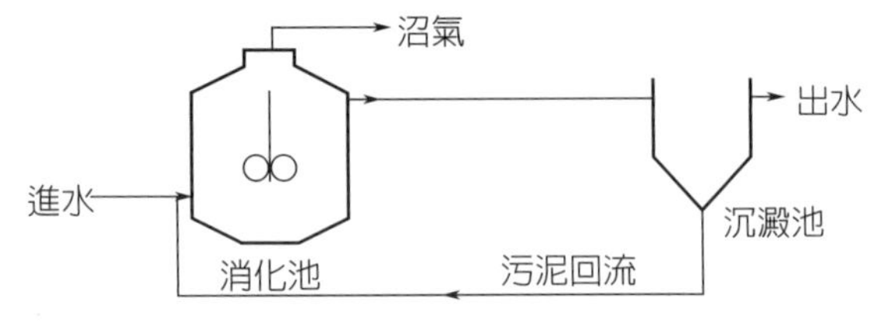

圖 4-46　厭氧接觸反應器示意圖

由消化池排出的混合液首先在沈澱池中進行固液分離。污水由沈澱池上部排出，而沈澱下來的污泥大部分回流至消化池，少部分作剩餘污泥排出，再進行處理或處置。污泥回流可提高消化池內的污泥濃度，固液分離可減少出水懸浮物濃度，改善出水水質和提高回流污泥的濃度，從而在一定程度上提高了設備的有機負荷率和處理效率。由於厭氧接觸方法具有這些優點，故在生產上被普遍採用。

在厭氧接觸反應器設計中，重要問題是沈澱池的固液分離。一方面，從消化池排出的混合液含有大量厭氧活性污泥，污泥的絮體吸附著微小的沼氣泡，使得靠重力作用進行固液分離很難取得令人滿意的效果，有相當一部分污泥上漂至水面，隨水外流；另一方面由於從消化池排出的污泥仍具有產甲烷活性，在沈澱過程中仍能繼續產氣，使已經沈澱的污泥隨產生的氣體上浮。結果使出水的 BOD、COD 和懸浮物濃度增大。目前採用真空脫氣、混合液冷卻、投加混凝劑及用超濾膜代替沈降池等方法來提高沈澱池中混合液的固液分離的效果。

4. 厭氧濾池（AF）　厭氧濾池也稱高速厭氧反應器，如圖 4-47 所示。它在處理溶解性廢水時，COD 負荷可高達 10 ～ 15 kg ／ (m^3 · d)，而一般厭氧反應器的 COD 負荷在 4 ～ 5 kg ／ (m^3 · d) 以下。它採用生物固定化技術，即

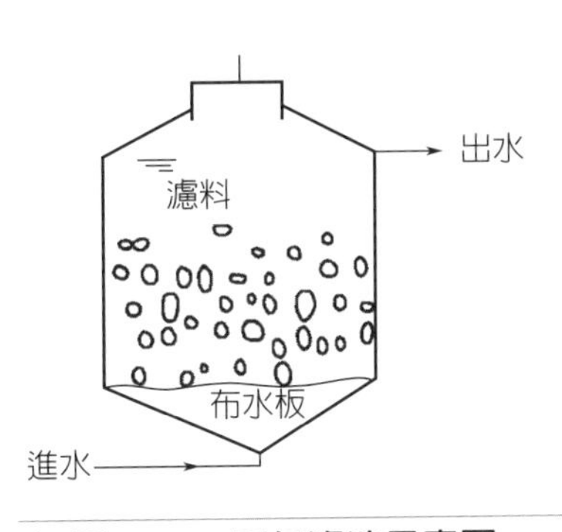

圖 4-47 厭氧濾池示意圖

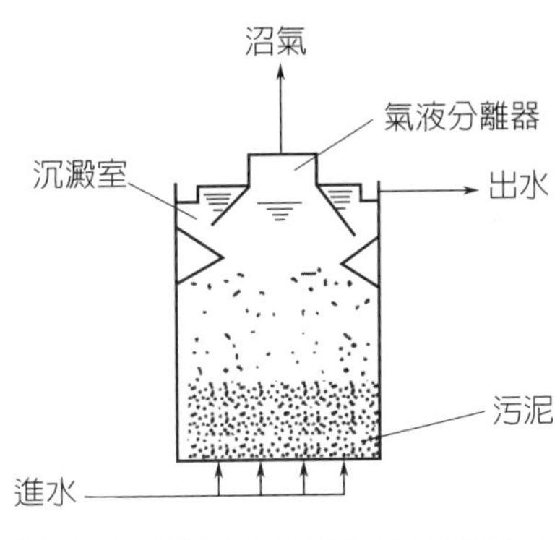

圖 4-48 上流式厭氧污泥床示意圖

在厭氧濾池內部填充微生物載體。厭氧微生物部分附著在填料上生長，形成厭氧生物膜；部分微生物在填料空隙處於懸浮狀態。填料一般為碎石、卵石、焦炭或各種形狀的塑膠製品。料液從底部通過布水裝置進入裝有填料的反應器，在填料表面附著的與填料截留的大量微生物作用下，將料液中的有機物降解轉化為沼氣，從反應器頂部排出。反應器中的生物膜也不斷新陳代謝。脫落的生物膜隨水帶出，進入沈澱分離裝置。

5. 上流式厭氧污泥床（UASB） 該反應器的底部有濃度很高的具有良好沈澱和凝聚性能的顆粒污泥，稱污泥床（見圖 4-48）。要處理的料液從反應器的底部通過布水裝置進入污泥床，並與污泥床內的污泥混合。污泥中的微生物分解料液中的有機物，並將其轉化成沼氣。微小的沼氣泡在上升過程中不斷合併形成較大的氣泡上升，產生攪拌作用，因此，反應器上部的污泥處於懸浮狀態，形成一個濃度較稀薄的污泥懸浮層。

在反應器的上部設有固、氣、液三相分離器。固、液混合進入沈澱區後，污水中的污泥發生聚合，顆粒逐漸增大，並在重力作用下沈降，沈澱在斜壁上的污泥沾著斜壁滑回厭氧反應區內，在厭氧反應區積累成大量的污泥。分離出污泥後的處理水，從沈澱區溢流，然後排出。在反應區內產生的沼氣氣泡上升，碰到反射板時折向反射板的四周，然後穿過水層進入氣室，集中在氣室的沼氣由管道導出。

6. 厭氧顆粒污泥膨脹床（EGSB）反應器　EGSB 反應器實際上是改進的 UASB 反應器。它們的最大區別在於反應器內液體上升的流速不同。在 UASB 中，水力上升流速 $V_{上升}$ 一般小於 1 ～ 2 m/h，而 EGSB 通過採用出水循環，其 $V_{上升}$ 一般可達 5 ～ 10 m/h，顆粒污泥床通過採用較大的上升流速，運行在膨脹狀態。所以整個顆粒污泥床是膨脹的。由於具有這些優勢，使它可以向空間方向發展，反應器的高徑比可高達 20 或更高。因此，它的占地面積可以大大減少。EGSB 除主體外，主要組成部分有進水分流系統，氣、液、固三相分離器以及出水循環系統（圖 4-49）。

7. 內循環厭氧反應器（IC）　內循環厭氧反應器是 1986 年由荷蘭一家公司成功研製並運用於生產的，也是目前世界上效能最高的厭氧反應器。該反應器集 UASB 反應器和流體化床反應器的優點於一身，利用反應器內所產生沼氣的提升力來實現發酵料液內循環，具有容積負荷效率高、基礎建設投資小、占地面積小、不必外加動力、抗衝擊負荷能力強、具有 pH 緩衝能力、出水穩定等技術優點，是一種新型高效的厭氧反應器。

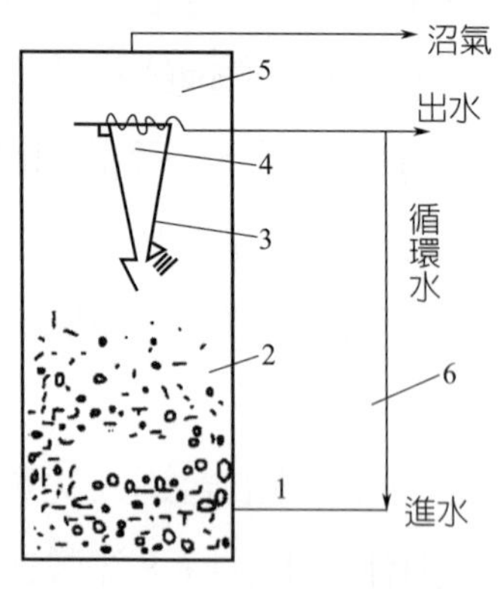

圖 4-49　厭氧顆粒污泥膨脹床反應器結構

1—配水系統；2—反應區；3—三相分離器；4—沉澱區；5—出水系統；6—出水循環系統

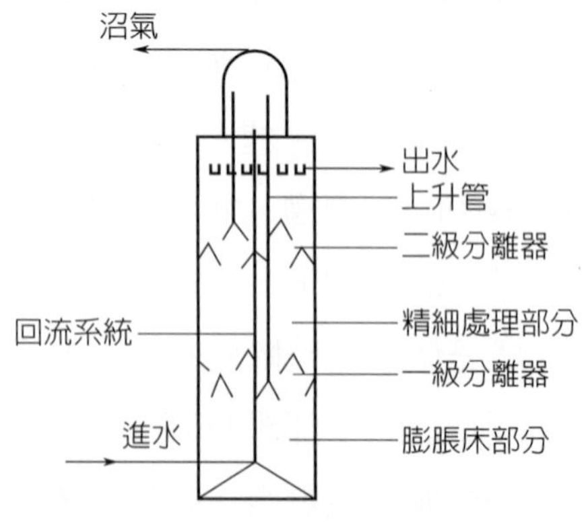

圖 4-50　IC 反應器示意圖

IC 反應器為細高形，高徑比一般為 4 ～ 8，內有上下兩個 UASB 反應室，一個高負荷一個低負荷，如圖 4-50 所示。廢水經布水系統均勻進入，與反應器內的循環水混合。前處理區是一個膨脹的顆粒污泥床，由於進水向上的流動、氣體的攪動以及內循環作用，污泥床呈膨脹和懸浮狀態。在前處理區，COD 負荷和轉化率都很高，有機物大部分在此處被轉變為沼氣，然後在一級沈降分離器收集。沼氣產生的上升力使泥水向上流動，通過上升管進入頂部氣體收集室。沼氣排出，水和污泥經過泥水下降管直接滑落到反應室底部，這就形成內部循環流。一級分離器分離後的混合液進入後處理區，後處理區是消化前處理區未完全消化的少量有機物，沼氣產量不大；同時，由於前處理區產生的沼氣是沿著上升管外逸，並未進入後處理區，故後處理區產氣負荷較低。此外，循環是發生在前處理區，對後處理區影響很小，後處理區的水力負荷僅取決於進水時的水力負荷，故後處理區的水力負荷較低。較低的水力負荷和較低的產氣負荷有利於污泥的沈降和滯留。

IC 反應器從功能上講是由 4 個不同製程單元的結合而成，即混合區、膨脹床部分、精處理區和回流系統。

該技術已在啤酒、澱粉等工業廢水處理中成功應用，水力停留時間僅需要幾小時，厭氧消化速率是常規厭氧處理方法的幾倍。

8. 厭氧複合反應器（UBF） 厭氧複合反應器是將 UASB 與 AF 相結合的複合反應器。一般是將厭氧濾池置於污泥床上部，取消二相分離器，減少了填料的厚度，在池底布水系統與填料層之間留出一定空間，以便懸浮狀態的絮狀污泥和顆粒污泥在其中生長、積累，在此混合液懸浮固體濃度可達每升數克。

UBF 系統的最大優點是反應器內水流方向與產氣上升方向相一致，一方面減少堵塞的機會，另一方面加強了對污泥床層的攪拌作用，有利於微生物同進水基質的充分接觸，也有助於形成顆粒污泥。反應器上部空間所架設的填料，不但在其表面生長微生物膜，在其孔隙截留懸浮微生物，既利用原有的無效容積，增加了微生物總量，又防止生物膜的突然脫出，而且 COD 去除率可提高 20% 左右。更重要的是由於填料的存在，夾帶污泥的氣泡在上升過程中與之發生碰撞，加速了污泥與氣泡的分離，從而降低了污泥的流失。由於二者的聯合作用，使得 UBF 反應器的體積可以最大限度地利用，反應器積累微生物的能力大為增強，反應器的有機負荷更高，因而 UBF 具有啟動速度快、處理效率高、運行穩定等顯著特點。

9. 厭氧擋板反應器（ABR）　厭氧擋板反應器是在 1982 年前後提出的一種新型高效厭氧反應器。反應器在垂直於水流方向設置多塊擋板來維持反應器內較高的污泥濃度。擋板將反應器分為上向流室和下向流室。上向流室較寬，便於污泥聚集，下向流室較窄。通往上向流室的擋板下部邊緣處加 50° 的導流板，便於將污水送至上向流室的中心，使泥水混合。每個反應室都是一個相對獨立的上流式污泥床（UASB）系統，其中的污泥可以是以顆粒化形式或以絮狀形式存在。水流由導流板引導上下折流前進，逐個通過反應室內的污泥床層。進水中的底物與微生物充分接觸間得以降解去除。借助於廢水流動和沼氣上升的作用，反應室中的污泥上下運動，但是由於導流板的阻擋和污泥自身的沈降性能，污泥在水平方向的流速極其緩慢，從而大量的厭氧污泥被截留在反應室中（見圖 4-51）。

4.7.3.5　沼氣淨化、儲存與輸配系統

沼氣在使用前必須經過淨化，使沼氣的質量達到標準。沼氣的淨化一般包括沼氣的脫水、脫硫及脫 CO_2。圖 4-52 所示為沼氣淨化方法之流程。

沼氣發酵時會有水分蒸發進入沼氣，由於微生物對蛋白質的分解或硫酸鹽的還原作用也會有一定量的 H_2S 氣體生成並進入沼氣。水的冷凝會造成管路

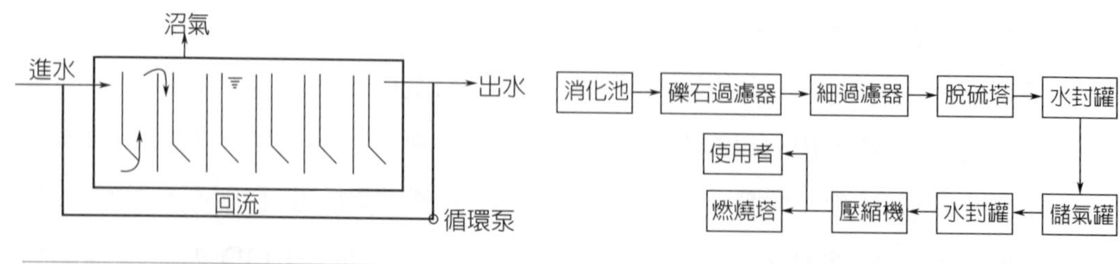

圖 4-51　厭氧擋板反應器（ABR）示意圖

圖 4-52　沼氣淨化製程方法之流程示意圖

堵塞，有時氣體流量計中也充滿了水。H_2S 是一種腐蝕性很強的氣體，它可引起管道及儀錶的快速腐蝕。H_2S 本身及燃燒時生成的 SO_2 對人體和環境都有毒害作用。大型沼氣工程，特別是用來進行集中供氣的工程必須設法脫除沼氣中的水和 H_2S。中溫 35℃ 運行的沼氣池，沼氣中的含水量為 40 g/m^3，冷卻到 20℃ 時，沼氣中的含水量只有 19 g/m^3，也就是說每立方米沼氣在從 35℃ 降溫到 20℃ 的過程中會有 21 g 水冷凝，脫水通常採用脫水裝置進行。沼氣中的 H_2S 含量在 1 ～ 12 g/m^3 之間，蛋白質或硫酸鹽含量高的原料，發酵時沼氣中的 H_2S 含量就較高。根據城市煤氣標準，煤氣中 H_2S 含量不得超過 20 mg/m^3。H_2S 的脫除通常採用脫硫塔，內裝脫硫劑進行脫硫。因脫硫劑使用一定時間後需要再生或更換，所以脫硫塔最少要有兩個輪流使用。

大中型沼氣工程，由於厭氧消化裝置工作狀態的波動和進料量及濃度的變化，單位時間沼氣的產量也有變化。為了合理、穩定、有效地平衡產氣與用氣，必須採取適當的儲氣方式來實現。目前採用較多的有低壓儲氣櫃、低壓乾式儲氣櫃和橡膠儲氣袋等，以調節產氣和用氣的時間差別。

自沼氣站到用戶前一系列沼氣輸配設施總稱為沼氣輸配系統。較大的沼氣工程主要是由中、低壓力的管網，居民小區的調壓器組成；而小規模居民區或大中型沼氣工程站內的供氣系統主要包括低壓網管及管路附件。輸送管道通常採用金屬管，近年來已成功採用高壓聚乙烯塑膠管作為輸氣乾管。用塑膠管輸氣不僅避免了金屬管的銹蝕，而且造價較低。氣體輸送所需的壓力通常依靠沼氣產生所提供的壓力即可滿足，遠距離輸送可採用增壓措施。

4.7.4 沼氣發酵的綜合利用

人類對沼氣的研究已經有百年的歷史。中國自 20 世紀 20 ～ 30 年代出現了沼氣生產裝置。近年來，沼氣發酵技術已經廣泛應用於處理農業、工業及人類生活中的各種有機廢棄物並制取沼氣，為人類生產和生活提供了豐富的可再生能源。

沼氣的用處很多，可以代替煤炭、薪柴用來煮飯、燒水，代替煤油用來點燈照明，還可以代替汽油開動內燃機或用沼氣進行發電等，因此，沼氣是一種值得開發的新能源。現在 90% 以上的能源是靠化石燃料提供的，這些燃料在自然界儲量有限，而且都不能再生。而人類對能源的需求卻不斷增加，如不及早採取措施，能源將會枯竭。所以推廣沼氣發酵，是開發生物能源，解決能源危機問題的一個重要途徑。隨著科學技術的發展，沼氣的新用途不斷地開發出來，從沼氣分離出甲烷，再經純化後，用途更廣泛。美國、日本、西歐等國已經計畫把液化的甲烷作為一種新型燃料用在航空、交通、太空、火箭發射等方面。在非洲蘇丹，沼氣作為一種可替代能源正在興起和開發。

沼氣發酵的產物除了傳統的能源方式外，沼氣可以直接發電、儲糧滅蟲、保鮮以及生產二氧化碳氣肥；沼液、沼渣可作飼料、餌料，發展畜牧和漁業生產，可作優質肥，生產無污染的糧食、蔬菜、水果和經濟作物；可替代部分農藥，浸種、拌種、防治病蟲害，也可作培養基、生產食用菌等。藉由沼氣多層次的綜合利用，取得良好的經濟和社會效益。

1. 沼氣燈增溫施肥　把沼氣燈接入塑膠溫棚，沼氣燃燒後可增溫，同時燃燒後產生的 CO_2 能實現植物的葉面施肥，從而提高產量。每 60 ～ 80 m^2 安一盞沼氣燈，增溫施肥效果明顯，產量提高 20% 以上。同時可有效地解決溫室大棚在冬季受寒潮侵襲的問題，用沼氣燈防寒潮，投資少、不占地、使用人工少、易操作、效果均勻。

2. 沼液沼渣施肥技術　沼液沼渣是優質有機肥，可作農作物的基肥和追肥，沼液還可作根外追肥生產無公害綠色食品。沼肥保氮率高達 99.5%，氨態氮轉化率 16.5%，分別比敞口漚肥高 18% 和 1.25 倍，是一種速緩兼備的多元複合有機肥料。沼液、沼渣中含有 18 種氨基酸、生長激素、抗生素和微量元素，是高效優質的有機肥。已有沼肥綜合利用實踐經驗證明：施用沼肥與直接施用人畜糞便相比，土豆每畝產量提高 30%，蔬菜提高 20% ～ 25%，水果提高 35% 左右。更重要的是農作物施沼肥後可提高品質、減少病蟲害、增強抗逆性、減少化肥、農藥用量、改良土壤結構，使農產品真正成為無公害綠色食品。

3. 沼液治蟲防病技術 沼液對蚜蟲、紅蜘蛛、菜青蟲等有明顯的防治效果，沼液要從正常產氣使用 2 個月以上的沼氣池水壓間內取出，用紗布過濾，存放 2 h 左右，然後再脫水用噴霧器噴施。沼液脫水澆灌作物還可以防治作物的根腐病、赤黴病和西瓜枯萎病等病害，使用濃度一般脫 5 ～ 6 倍水即可，如果沼液稀時則脫水 3 ～ 4 倍，沼液稠時脫水 10 ～ 15 倍。

總之，沼氣綜合利用技術是指將沼氣、沼液、沼渣（簡稱「三沼」）運用到生產過程中，降低生產成本，提高經濟效益的技術措施，是將農業廢棄物轉化為多種農業生產資料，綜合提高生產能力和回收生物能源的一種可靠手段。對有限的農業資源進行高效和多層次的綜合利用，是農業走可持續發展道路的重要舉措。

參考文獻

〔1〕王革華，艾德生主編，新能源概論。北京：化學工業出版社，2006。
〔2〕程備久，盧向陽，蔣立科等主編。生物質能學。北京：化學工業出版社，2008。
〔3〕張建安，劉德華主編。生物質能源利用技術。北京：化學工業出版社，2009。
〔4〕劉容厚主編。生物質能工程。北京：化學工業出版社，2009。
〔5〕李全林主編。新能源與可再生能源。南京：東南大學出版社，2008。
〔6〕宋安東等編著。可再生能源的微生物轉化技術。北京：科學出版社，2009。
〔7〕吳治堅，葉枝全，沈輝主編。新能源和可再生能源的利用。北京：機械工業出版社，2006。
〔8〕肖波，周英彪，李建芬主編。生物質能循環經濟技術。北京：化學工業出版社，2006。
〔9〕高虹，張愛黎主編。新型能源技術與應用。北京：國防工業出版社，

2007。

〔10〕劉容厚，牛衛生，張大雷編著。生物質熱化學轉換技術。北京：化學工業出版社，2005。

〔11〕李方正主編。新能源。北京：化學工業出版社，2008。

〔12〕袁權主編。能源化學進展。北京：化學工業出版社，2005。

〔13〕翟秀靜，劉奎仁，韓慶編著。新能源技術。北京：化學工業出版社，2005。

〔14〕劉廣青，董仁傑，李秀金主編。生物質能源轉化技術。北京：化學工業出版社，2009。

〔15〕黃鳳洪，黃慶德主編。生物柴油製造技術。北京：化學工業出版社，2009。

〔16〕張瑞芹主編。生物質衍生的燃料和化學物質。鄭州：鄭州大學出版社，2004。

〔17〕Varese R, Varese M. Methyl ester biodiesel: opportunity or necessity?. Inform, 1996, 7:816-824.

〔18〕Yamane K, Ueta A, Shimamoto Y. Influence of physical and chemical properties of biodiesel fuel on injectionm, combustion and exhaust emission characteristics in a DI2CI engine. Proc 5th Int Symp on Diagnostics and Modeling of Combustion in Internal Combustion. Engines, Nagoya, 2001: 402-409.

〔19〕鄔國英等。棉籽油甲酯化聯產生物柴油和甘油。中國油脂，2003，28(4)：70-73。

〔20〕李為民。鈣基負載型固體鹼製備生物柴油研究。北京　：中國石油大學，2007。

〔21〕李為民，鄭曉林，徐春明等。固體鹼法製備生物柴油及其性能。化工學報，2005，56(4)：711-716。

〔22〕盛梅，李為民，鄔國英。生物柴油研究進展。中國油脂，2003，28(4)：

66-70。

〔23〕Hak-Joo Kim, et al.Transesterification of vegetable oil to biodiesel using heterogeneous base catalyst. Catalysis Today, 2004, 93-95: 315-320.

〔24〕Lisa Ryan, Frank Convery, Susana Ferreira.Stimulating the use of biofuels in the European Union: Implications for climate change policy. Energy Policy, 2006, 34: 3184-3194.

〔25〕孟鑫。KF / CaO 催化劑催化大豆油酯交換反應製備生物柴油。石油化工，2005，34(3)：283-286。

〔26〕王光欣。用於生物柴油的非均相催化劑的研究。四川：四川大學，2005。

〔27〕鄔國英，林西平，李為民等。甲醇臨界低鹼法製備生物柴油的方法。ZL200510041267.6。

〔28〕蔣劍春。生物質催化氣化工業應用技術研究。林產化學與工業，2001，21(4)：21-26。

〔29〕姚志彪。應用生物質氣化技術實現農業廢棄物資源化。能源研究與利用，2005(3)：35-37。

〔30〕Belgiorno V. Energy from gasification of solid wastes.Waste Management, 2003(23): 1-15.

〔31〕Ragnar Warnecke. Gasification of biomass: comparison of fxed bed and fuidized bed gasifier. Biomass and bioenergy, 2000(18): 489-497.

〔32〕米鐵。生物質流體化床氣化爐氣化過程的實驗研究。化工裝備技術，2001，22(6)：7-10。

〔33〕方夢。雙流體化床物料循環系統的實驗研究。農業機械學報，2003，34(6)：54-58。

[illegible]

[illegible] Kim [illegible] Transesterification of vegetable oil to biodiesel using [illegible]

[illegible] 2006 [illegible] 315-320.

[illegible] Stimulating [illegible]

[illegible] for climate change [illegible]

[illegible]

2000 [illegible]

[illegible]

[30] Belgiorno V. [illegible] Energy [illegible] of solid wastes. Waste Management [illegible]

[31] [illegible] Warnecke [illegible] comparison of fixed bed and [illegible] Biomass and Bioenergy, 2000 [illegible] 489-497.

[32] [illegible]

2001, 22(6) [illegible]

[33] [illegible]

26(6) [illegible]

第五章
風　能

5.1　風能資源

5.2　風能利用原理

5.3　風力發電

5.4　風力發電設備中的材料

5.1 風能資源

地球被厚厚的大氣層所包圍，在太陽光的照射和地表形態的共同作用下，大氣的溫度會出現冷熱不均的現象，從而導致大氣層內部出現壓力差，引起空氣的對流運動，形成了風。空氣流動過程中形成的動能被稱為風能，風能是太陽能的一種轉化形式，到達地球的太陽能約有 2% 轉變成風能。據估算，地球近地層的風能總量約為 13,000 億千瓦，其中可利用的風能約為 10 億千瓦。因此風能是一種取之不盡、用之不竭的免費且可靠的新能源。

人類很早就已經學會利用風能為生產和生活進行服務，中國是最早使用帆船和風車的國家之一，在 3000 年前的商代就出現了風力推動的帆船；唐代的時候，出現了利用風車推動水車灌溉的應用。700 多年前的歐洲也出現了風力碾磨糧食的實用裝置，19 世紀末，丹麥人首先開始利用風力發電。1891 年，Poul la Cour 教授發明了高速風力發電機組，用於驅動直流發電機和電解水製氫，揭開了現代利用風能的新篇章，他本人也被公認為風力發電的創始人。由於風能的可再生性和無污染的優點，在能源短缺的當今世界，它是最具有誘惑力的一種新能源，引起發達國家的重新重視。

5.1.1 風能資源分佈的一般規律

風是由於緯度溫差和地球自轉而形成的，同時還受大氣環流和颱風的影響。地球上的風向，原則上是如圖 5-1 所示的方向，但是因為地球上的高山，河流的影響，風會改變方

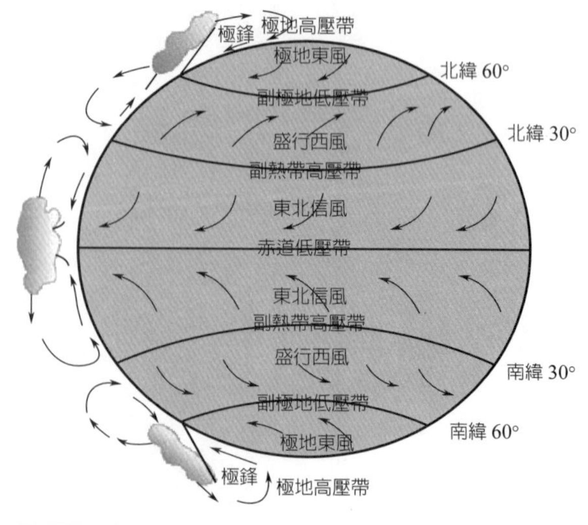

圖 5-1　地球上的風向

向和速度，因此，地理等自然條件對風向風速都有影響，進而影響到風能的利用。

當風速的方向垂直於山脈的走向時，山脈對風產生阻擋的作用。山的迎風面風速很大，而背風面風速很低。因此山的迎風面是風能資源豐富的地方，背面則是風能不可利用的地方。當風向與兩個山的走向相同時，山脊會阻礙風的前進，強制風轉向山谷，山谷的風力就會增大。群山中的長峽谷、山谷中的隘口、山坳處也是風能資源非常豐富的地方，因為這些地方風速很大，甚至山谷和山脊的晝夜溫差都會在這些地方形成較強的風。河流、河谷兩岸有山，會使河流和河谷的風速增大，河流、河谷兩岸是風能資源很豐富的地方；即使河流兩岸沒有山，河流及其兩岸的風力也比遠離河流的地方大。湖泊及其周圍的風力也要比遠離湖泊的地方風力大。建築物越高，對風速的影響越大。建築物越高，使建築物背風面的風速越低。樹、普通民用住宅、草地、種植的植物都影響風速。圖 5-2 是三類障礙物削弱風能的程度示意圖。

由圖 5-2 可以看出，障礙物的柔性越大對風速的影響越大：如果草叢高 30 m 的話，它就可以使通過草叢的風速降低達 70%，而高層建築要達到約 250 m 才達到相同的效果。濱海的地方風速不穩定性較小，高山附近在不同風向下的風都有一定程度的不穩定性，而郊區風的不穩定性較大。自然風在風速、風向方面的不穩定性主要與地貌及地形條件有關。關於風速的不穩定性與地貌和地形條件的關係，有文獻曾經給出更加詳盡的觀測資料。

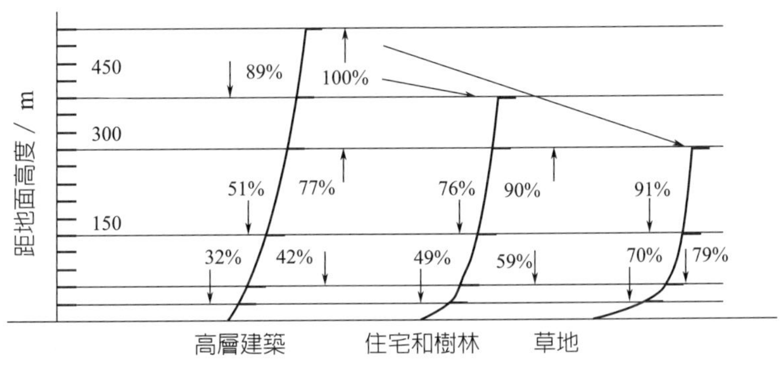

圖 5-2　高層建築、住宅和樹林、草地對風速的影響示意圖

5.1.2 風能資源的特性

1. 年平均風功率密度 評價風電場開發價值的一個重要指標是年平均風功率密度，它蘊含風速、風速分佈和空氣密度 3 個要素，是風資源評價的一個綜合指標，其定義為氣流垂直通過單位截面積的風能量，計算公式為

$$\overline{D_{\text{wp}}}=\frac{1}{2n}\sum_{i=1}^{n}\rho v_i^3 \quad (i=1, 2, 3, \cdots, n) \tag{5-1}$$

式中，$\overline{D_{\text{wp}}}$ 為評估時段內的平均風功率密度，W · h/m^2；n 為評估時段內風速的樣本總數；v_i 為評估時段內第 i 個小時平均風速值，m/s；i 代表平均風速序列；ρ 為空氣密度，kg/m^3，其計算公式如下：

$$\rho=\frac{1.276}{1+0.0366t}\times\frac{p-0.378e}{1000} \tag{5-2}$$

式中，p 為氣壓，Pa；t 為氣溫，℃；e 為水汽壓，Pa。

2. 年風能密度 風能密度是衡量一地風能大小的重要指標，其定義是在評估時段與風向垂直的單位面積中風所具有的能量，其計算公式為：

$$D_{\text{we}}==\frac{1}{2}\sum_{i=1}^{n}\rho\cdot v_i^3 \quad (i=1, 2, 3, \cdots, n) \tag{5-3}$$

式中，D_{we} 為評估時段內的風能密度，W · h/m^2；n 為評估時段內風速的樣本總數；i 表每小時平均風速序列；ρ 為空氣密度，kg/m^3；v_i 為評估時段內第 i 個小時平均風速值，m/s。

3. 年有效風速時數 對風力發電機而言，從切入風速（3 m/s）到切出風速（25 m/s）這一範圍內的風速稱為有效風速，所以計算 3 ～ 25 m/s 風速段的風速時數，稱為有效風速時數，計算公式如下：

$$T=\sum_{i=1}^{m_1}t(i) \quad (i=1, 2, 3, \cdots, m_1) \tag{5-4}$$

式中，T 為評估時段內有效風速時數，h；m 為評估時段內的記錄數；$t(i)$ 是評估時段內的第 i 個有效風速的時數，h；m_1 為風速序列號。

4. 各等級風速和風能頻率分佈　在風能利用中，各等級風速的頻率分佈是反映風特性的一個重要指標，在此，以 1 m/s 為各等級風速的等級差，計算 0～25 m/s 風速區間各等級風速出現的頻率，對 $v > 25$ m/s 的風速合計為同一等級。各等級風速頻率 $P(j)$ 的計算運算式為：

$$P_v(j) = \frac{N_v(j)}{N_v} \times 100\% \quad (j = 0, 1, 2, 3, \cdots, 26) \tag{5-5}$$

式中，$P_v(j)$ 是評估時段內第 j 個等級風速的頻率；$N_v(j)$ 是所評估的第 j 個等級風速的頻次；j 代表各等級風速的序列；N_v 是評估時段的總次數。同理，第 j 個等級風速的風能密度頻率 $P_{we}(j)$ 可用下式求出：

$$P_{we}(j) = \frac{D_{we}(v_j)}{D_{we}} \times 100\% \quad (j = 0, 1, 2, 3, \cdots, 26) \tag{5-6}$$

式中，$P_{we}(j)$ 為評估時段內第 j 個等級風速的頻率；$D_{we}(v_j)$ 是第 j 個等級風速的風能密度值，W．h/m^2；j 代表各等級風速的序列；D_{we} 是全風速段風能密度，W．h/m^2。

5. 各等級風速持續性　風速持續性以風速持續時間和風速持續時間頻率來表徵。風速持續時間是指某一風速（或風速區間）連續出現的時間長度；風速持續時間頻率指某一風速（或風速區間）連續出現的時間占總時間的比例。風速持續性直接影響風機發電功率和功率輸出的穩定性。為了客觀評估風速持續性對風力發電的影響，根據目前大型風機淨功率輸出的風速指標，將風速分為無效、有效、「滿發」和切出風速 4 個等級，具體指標如下。

(1) 無效風速（$v < 5$ m/s）：環境風速小於風機產生淨功率輸出所需的風速值。

(2) 有效風速（5 m/s $< v <$ 25 m/s）：風機產生淨功率輸出的風速區間值。

(3)「滿發」風速（15 m/s $< v <$ 25 m/s）：也即「額定風速」，風機以額定功率輸出電能的風速區間值。

(4) 切出風速（$v > 25$ rn/s）：也稱作「切出風速」，環境風速超過風機正常發電要求的風速值。

風速持續時間頻率的運算式為：

$$P_{\text{dur}}(j) = \frac{N_{\text{dur}}(j)}{N_{\text{dur}}} \times 100\% \quad （j = 1, 2, 3, 4） \tag{5-7}$$

式中，$P_{\text{dur}}(j)$ 是評估時段內第 j 個等級風速的持續時間頻率；$N_{\text{dur}}(j)$ 為所評估的第 j 風速等級的累積持續時間，h；N_{dur} 為評估時段的總時間，h。

5.1.3 中國風能資源

中國風能資源十分豐富。根據該國氣象局的資料，中國離地 10 m 高的風能資源總儲量約 32.26 億千瓦，其中可開發和利用的陸地上風能儲量有 2.53 億千瓦，50 m 高度的風能資源比 10 m 高度多 1 倍，約為 5 億多千瓦。近海可開發和利用的風能儲量有 7.5 億千瓦。

根據圖 5-3 中國風能資源分佈〔即有效風能密度（W/m^2）分佈〕狀況圖，中國風能資源豐富的地區主要分佈在以下地區。

(1) 三北（東北、華北、西北）地區包括東北三省、河北、內蒙古、甘肅、寧夏和新疆等省（自治區）近 200 km 寬的地帶。風功率密度在 200 ～ 300 W/m^2 以上。

(2) 東南沿海及附近島嶼包括山東、江蘇、上海、浙江、福建、廣東、廣西和海南等省（市）沿海近 10 km 寬的地帶，年風功率密度在 200 W/m^2 以上。

(3) 內陸個別地區由於湖泊和特殊地形的影響，形成一些風能豐富點，如鄱陽湖附近地區和湖北的九宮山和利川等地區。

(4) 近海地區，中國東部沿海水深 5 ～ 20 m 的海域面積遼闊，按照與陸上風能資源同樣的方法估測，10 m 高度可利用的風能資源約是陸上的 3 倍，即 7 億多千瓦。

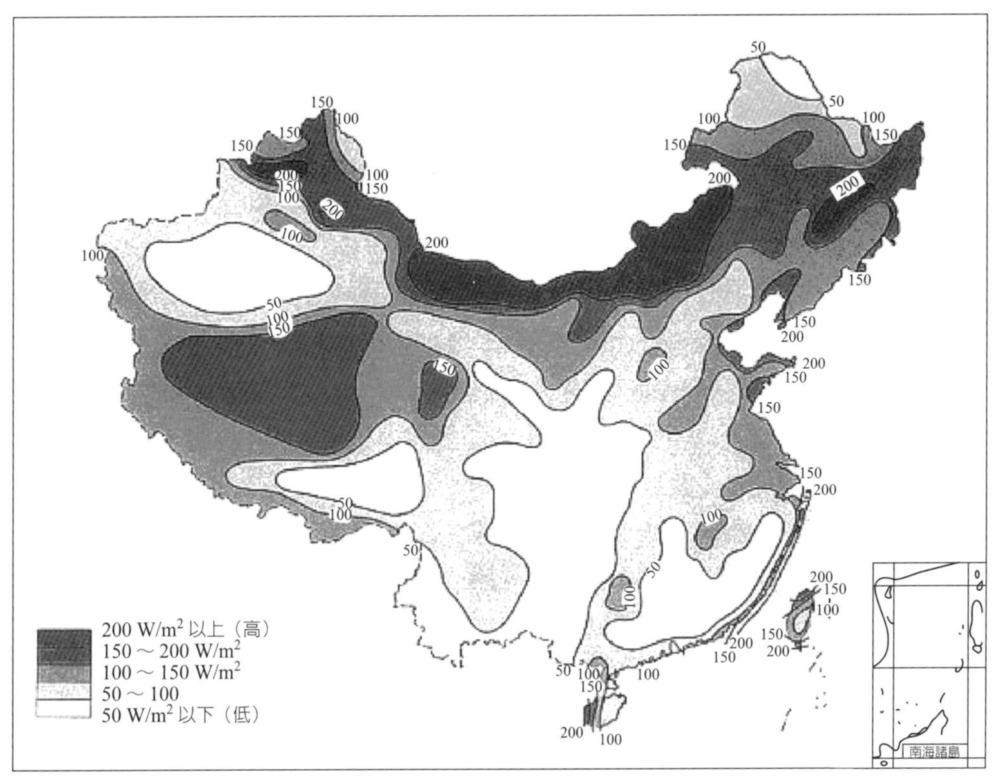

☼ **圖 5-3　中國風能資源分佈狀況**

中國風能資源分佈與電力需求存在不匹配的情況。東南沿海地區電力需求大，風電場接入方便，但沿海土地資源緊張，可用於建設風電場的面積有限。廣大的三北地區風力資源豐富和可建設風電場的面積較大，但其電網建設相對薄弱，且電力需求相對較小，需要將電力輸送到較遠的電力負荷中心。海上風電資源豐富且距離電力負荷中心很近。隨著海上風電場技術的發展成熟，經濟上可行，發展前景勢必良好。風能既是近期的一種補充能源，又是未來能源結構的基礎，對中國來說，尤其如此。實施西部大開發戰略，對能源的需求將相應增加，特別是農村地區對能源的需求很大。因此，因地制宜地利用新能源和可再生能源，對西部廣大農村地區脫貧致富，促使農村經濟和生態環境的協調發展有重要的意義。

5.2 風能利用原理

5.2.1 風力機簡介

風力機是將風能轉換為機械功的動力機械，又稱風車。廣義地說，它是一種以太陽為熱源，以大氣為工作介質的熱能利用發動機。

風車最早出現在波斯，起初是立軸翼板式風車，後又發明了水平軸風車。風車傳入歐洲後，15 世紀在歐洲已得到廣泛應用。荷蘭、比利時等國為排水建造了功率達 66 千瓦以上的風車。18 世紀末期以來，隨著工業技術的發展，風車的結構和性能都有了很大提高，已能採用手控和機械式自控機構改變葉片槳距來調節風輪轉速。

一般說來，凡在氣流中能產生不對稱力的物理構形都能成為風能接收裝置，它以旋轉、平移或擺動運動而發出機械功。風力機大都按風能接收裝置的結構形式和空間佈置來分類，一般分為水平軸結構和垂直軸結構兩類。以風輪作為風能接收裝置的常規風力機為例，按風輪轉軸相對於氣流的方向可分為水平軸風輪式（轉軸平行於氣流方向）、側風水平軸風輪式（轉軸平行於地面、垂直於氣流方向）和垂直軸風輪式（轉軸同時垂直於地面和氣流方向）。廣義風力機還包括那些利用風力產生平移運動的裝置，如風帆船和中國古代的加帆手推車等。但無論何種類型的風力機，都是由風能接收裝置、控制機構、傳動和支承部件等組成的。近代風力機還包括發電、蓄能等配套系統。

5.2.2 風力機工作原理

風力機的基本功能是利用風輪接受風能，並將其轉化成機械能，再由風輪軸將它輸送出去。風力機的工作原理為：空氣流經風輪葉片產生升力或阻力，推動葉片轉動，將風能轉化為機械能。

風力機的種類很多，但應用較為普遍的是水平軸和垂直軸兩大類，國外普遍應用的風力機以水平軸升力型居多。下面重點介紹水平軸升力型和垂直軸阻力型風力機的基本工作原理。

1. 升力型風力機的工作原理 圖 5-4 所示是水平軸風力機的機頭部分，風輪主要由兩個螺旋槳式的葉片組成。風從左方吹來，葉片產生升力 F_y 和阻力 F_x。阻力是風對風輪的正面壓力，由風力機的塔架承受；升力是推動風輪旋轉的動力。現代風力發電機的葉片都製成螺旋槳式的，其原因如下所述。

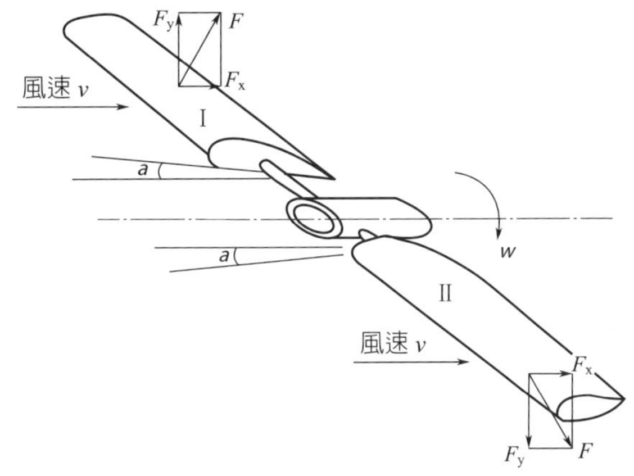

☼ 圖 5-4　風力轉換成葉片的升力與阻力之示意圖

風以 v 的速度吹向風輪旋轉平面，風輪以 ω 角速度旋轉，風相對翼型的風速為：

$$v_r = \omega_r + v \tag{5-8}$$

假如相對風速 v_r 與翼型的弦的夾角 α 是最佳攻角值，此時的升力係數 C_{ymax} 是所希望的。然而，由於葉片各截面的旋轉半徑 r 不同，因此，各截面的相對風速 v_r 也不同，甚至在某些截面上升力係數為負值。所以要把葉片製成跟葉片長度方向成扭曲的螺旋狀，讓整個葉片由根部到尖部各截面翼型的弦與對應處的相對風速 v_r 大致相同，並應使其在最佳攻角值附近，使風力盡可能多地轉換成葉片的升力，此升力由葉柄傳給風輪軸，再由風輪軸將機械能傳遞出去。

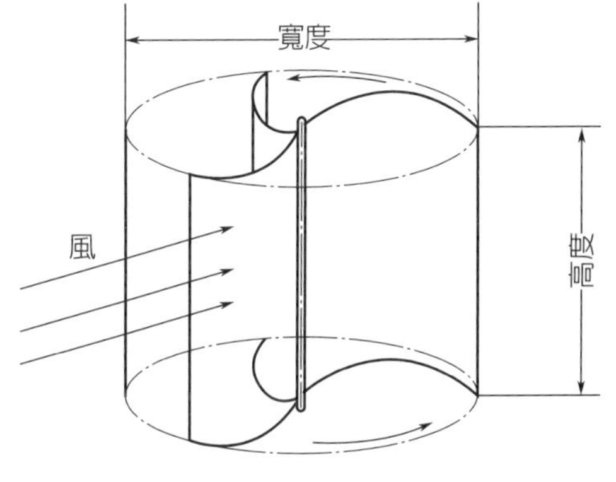

☼ 圖 5-5　垂直軸阻力型葉片風輪

2. 阻力型風力機的工作原理 圖 5-5 所示為垂直軸阻力型風力機的風

輪，它主要由 3 個曲面葉片組成。當風吹向風輪，葉片產生阻力，驅動風輪旋轉，凸起的葉片阻礙風輪的轉動，每個葉片產生的阻力值 F_{d} 可按下式計算：

$$F_d = 1/2\rho(v \pm u)^2 A_{\mathrm{v}} C_{\mathrm{d}} \tag{5-9}$$

式中 ρ ——空氣密度；

v ——風速；

u ——葉片線速度；

A_{v} ——葉片的最大投影面積；

C_{d} ——葉片阻力係數，對於雙曲面葉片風輪，凹下的葉片系數值可取 1.0；突起的葉片係數可取 0.12 ～ 0.25。

在計算 F_{d} 時，式中 ± 號的選取：對風凹下的葉片取「−」，對風突出的葉片取「＋」。

這種垂直軸阻力型風力機，凹下的葉片產生的阻力大於凸起葉片產生的阻力，風輪自然是按逆時針方向旋轉。當然，若把吹向風輪左邊的風擋住，使凸起的葉片不被風吹，更有助於風輪的轉動。

儘管如此，由於風速是在經常變化的，風速的變化也將導致攻角的改變。如果葉片裝好後安裝角不再變化，那麼雖在某一風速下可能得到最好的氣動力性能，但在其他風速下則未必如此。為了適應不同的風速，可以隨著風速的變化，調節整個葉片的安裝角，從而有可能在很大的風速範圍內均可以得到優良的氣動力性能。這種槳葉叫做變槳距式葉片，而把那種安裝角一經裝好就不再能變動的葉片稱為定槳距式葉片。顯然，從氣動性能來看，變槳距式螺旋槳型葉片是一種性能優良的葉片。還有一種可以獲得良好性能的方法，即風力機採取變速運行方式。通過控制輸出功率的辦法，使風力機的轉速隨風速的變化而變化，兩者之間保持一個恆定的最佳比值，從而在很大的風速範圍內均可使葉片各處以最佳的攻角運行。

5.3 風力發電

第一次世界大戰後，製造飛機螺旋槳的先進技術和近代氣體動力學理論，為風輪葉片的設計創造了條件，於是出現了現代高速風力機。在第二次世界大戰前後，由於能源需求量大，歐洲一些國家和美國相繼建造了一批大型風力發電機。1941 年，美國建造了一台雙葉片、風輪直徑達 53.3 m 的風力發電機，當風速為 13.4 m/s 時輸出功率達 1250 kW。英國在 20 世紀 50 年代建造了三台功率為 100 kW 的風力發電機。其中一台結構頗為獨特，它由一個 26 m 高的空心塔和一個直徑 24.4 m 的翼尖開孔的風輪組成。風輪轉動時造成的壓力差迫使空氣從塔底部的通氣孔進入塔內，穿過塔中的空氣渦輪再從翼尖通氣孔溢出。法國在 20 世紀 50 年代末到 20 世紀 60 年代中期相繼建造了三台功率分別為 1000 kW 和 800 kW 的大型風力發電機。

現代的風力機具有增強的抗風暴能力，風輪葉片廣泛採用輕質材料，運用近代航空氣體動力學成就，使風能利用係數提高到 0.45 左右，用微處理機控制，使風力機保持在最佳運行狀態，發展了風力機陣列系統，風輪結構形式多樣化。法國人在 20 世紀 20 年代發明的垂直軸風輪在淹沒了半個多世紀之後，已成為最有希望的風力機型之一。這種結構有多種形式，它具有運轉速度高、效率高和傳動機構簡單等優點，但需用輔助裝置啟動。人們還提出了許多新的設想，如旋渦集能式風力機，據估計這種系統的單機功率將 100 ～ 1,000 倍於一般的風力機。

風力發電雖然已經經歷了一個多世紀發展，但從最初的技術到現在還沒有本質的改進，成本和火電雖然接近，但是它的建造環境要求以及對於自然環境的影響已然體現（最近美國加利福尼亞因為風力發電機的雜訊和對鳥類的危害，停止了 4,000 台風力發電機的運行），另外，某些科學家指出，在同一地區大量採用超大型水平軸風力發電機，還可能會對當地的季風流動產生影響。當一個國家或地區容量達到一定的時候（20% 以上），分佈地區的限制還會導致電網的不穩定，如果採用輔助設備來調節，那麼它的成本顯然會直線上升！

中國利用風車的歷史至少不晚於 13 世紀中葉，曾建造了各種形式的簡易風車碾米磨面、提水灌溉和製鹽。直到 20 世紀 50 年代仍可見到「走馬燈」式風車。雖然在替代能源研究這方面遇到了很大的困難，但可喜的是，最近國外一家新能源權威雜誌報導，英國一家公司和美國 GE 都提出了一項計畫，開展一項新型風力發電機的研究，它是垂直軸風力發電機形式，單台功率可達到 10 ～ 60 MW 級，該設備將不產生雜訊和對季風風向改變等影響，旋轉速度將大幅放慢，對鳥類幾乎不產生影響。它的發電成本是火力發電的一半左右，風力發電場的設置地點不再要求苛刻，實現了低風速啟動發電。它的設置地點靈活、成本低，使區域性調節電力輸出成為了可能。作為劃時代的研究課題，中國也加入了這一競爭領域，並且在技術研究上進入了衝刺階段，有望研製出世界上首套系統，在第三次工業革命前進浪潮中，將首次出現中國的身影。

5.3.1 關鍵設備及工作原理

風力發電最主要的設備就是風力發電機組。從能量轉換的角度看，風力發電機組由兩大部分組成：其一是風輪，它的功能是將風能轉換為機械能；其二是發電機，它的功能是將機械能轉換為電能。風力發電機一般由風輪、增速齒輪箱、發電機、偏航裝置、控制系統、塔架等主要部件所組成。風以一定速度和攻角作用在槳葉上，使槳葉產生旋轉力矩而轉動，將風能轉變成機械能，進而通過增速器驅動發電機並入電網。

5.3.1.1 風輪機系統

風力發電的研究工作大多集中在風輪機葉片、槳距機構、傳動鏈和塔架等部件。20 世紀 80 年代，商用風輪機大約 55kW，葉片長度 9 m，當時人們不相信葉片能長過 15 m。然而，在經濟性驅使下，風輪機正在變得越來越大。因為，風輪機台數越少，塔架、基礎、安裝工程、輸電電纜等費用也就越低，在離岸風力發電情況下，尤其關鍵。至 2000 年，風力發電機額定容量已達到 2500 kW，轉子直徑從 15 m 增大至 70 ～ 80 m，輪轂高度從 20 m 增大至 60 ～ 80 m。德國 REPower 公司的 5MW 風力發電機組，轉子直徑 126 m，塔頂重量 400 t。專家估計，風輪機最終會達到現有風輪機兩倍這麼大。對風輪機系統性能有決定性影響的因素是氣動阻力和氣動升力。早期垂直軸風磨使用阻力原理工作，這種風磨的功率係數較低，最大值約為 0.16。現代風輪機主要基於氣動升力原理，通過空氣來流與翼型（葉片）的相互作用推動轉子旋轉。根據旋轉軸的方位，按氣動升力原理工作的風輪機可進一步分為水平軸和垂直軸兩大類。垂直軸風輪機的研究與商業化生產是在 20 世紀 70 ～ 80 年代，最大的垂直軸風輪機安裝在加拿大，容量為 4200 kW。此後，幾乎全世界都不再進行垂直軸風輪機的研發了。

風輪機設計的基礎是氣彈仿真，包括氣動翼型和葉片的結構特性。分析系統穩定性和風的隨機回應時，氣彈仿真尤其重要。穩定性是部件設計中需要重點考慮的問題，葉片和塔筒設計時，還需考慮結構彎曲。不同風況下使用的氣動轉子直徑也不同。隨著風輪機轉子直徑的增大，某些運行負載將按轉子直徑的三次方增加，而可用功率僅按轉子直徑的二次方增加。風輪機越大，總費用中用於結構設計部分的比例也越高。因此，直覺上似乎風輪機越大越好，實際上轉子也有一個最優直徑問題。通常，在高風速場址，使用較小的轉子直徑，風速在 14 ～ 16 m/s 時，氣動翼型達到最高效率。在低風速場址，則使用較大的轉子直徑，風速在 12 ～ 14 m/s 時達到最高效率。選擇最優轉子直徑的主要目的是最大化年發電量。此外，風輪機製造商還必須考慮總體費用，包括風輪機壽命周期內的維護費用。

風輪機葉片數選擇似乎不是什麼難題，其實不然。兩塊葉片的造價顯然比三塊相同的葉片要低，但兩葉片風輪機需要運行在更高的額定轉速下，因此，每塊葉片要做得更輕、更硬，結果也就更昂貴。兩葉片風輪機可以採用「蹺蹺板」式輪轂設計，轉子可以自由地鎖定在旋轉平面以外，從而顯著降低葉片上的彎曲力矩。這一特性以及對更大葉片重力負載的考慮，使人們普遍認為 500 kW 以上的風輪機採用兩葉片將更經濟。目前，市場上以三葉片風輪機為主，其優點是塔頂重量更輕，因而整體支援結構的費用更低。另一方面，三葉片風輪機的轉子慣性矩更容易理解。此外，三葉片的視覺效果更好，雜訊也比兩葉片風輪機低，這是人口稠密地區風輪機應用須考慮的重要問題。

離岸風力發電的雜訊問題不是很重要，因而可以利用提高葉尖速比來降低負載。兩葉片風輪機有助於提高柔性（包括某些轉子懸掛裝置中的柔性），從而減輕負載。可以利用先進的葉片和控制系統提高柔性，由柔軟材料製成的先進葉片可以隨風況改變形狀，從而提高能量捕獲、降低負載。然而，先進葉片的開發需要持續的材料研究。先進的控制系統包括風速和風向的預測，以提高能量捕獲，此類控制系統研究只是剛剛開始。可以說，柔性研究仍處於初級階段。新型風輪機研究也包括材料研究，重量輕、剛性好是風輪機葉片設計與製造所追求的關鍵特性。玻璃纖維增強塑膠，以及越來越多的碳纖維增強塑膠可以使大型葉片結構強度、剛度更好，重量更輕，從而不會因自身重量而折斷，不會在強風作用下彎曲打到塔筒上，不會因自身扭轉從風中抽取太大的功率。

風輪機轉子系統對材料的承受能力是一個挑戰。水平軸風輪機每旋轉一周，葉片在自身重量的作用下，就要經歷一次從受壓狀態到受拉狀態的交替，這種引起疲勞的交變負載在整個葉片使用壽命內都一直存在。葉片越重，負載也越大，因此，設計人員首選的是最輕的設計方案。葉片旋轉過程中所經歷的風速周期性變化，使疲勞效應雪上加霜。葉片必須能夠承受強風、陣風以及偶爾出現的極限風速，其剛度必須使之免遭彎曲破壞和諧振。葉片還必須能夠抵禦雨水、近岸或離岸風中鹽分以及沙塵的侵蝕。對工程塑膠葉片而言，還要抵擋造成老化的天敵——太陽光中的紫外線。

許多人認為：要想 60 m 以上的葉片足夠輕盈、剛強，必須使用更強、也更昂貴的複合材料。葉片剛度是主要驅動力，碳纖維的剛度約為玻璃纖維的 3 倍，因此，可以用更少的材料製造出更纖細的葉片。60 m 以上葉片已經超出玻璃纖維增強塑膠的能力限度，而且，當葉片長到一定程度時，玻璃纖維與碳纖維的價格差已不那麼重要，因為用料並不多。使用碳纖維也可能受到供應鏈和價格的限制。系列化生產超大葉片需要大量的材料，對碳纖維供應商來說，他們可能滿足不了這種需求。

若單純從製造的角度來看，完全有可能用大量的碳纖維製造出超大的葉片，但問題是：不用碳纖維也要能製造出這樣的葉片才行。只有使用巧妙的工程方法，而不是昂貴的材料，才能用低規格的材料製造出高性能的葉片。生產過程的可靠性是另一個潛在的問題，改進的真空輔助轉注生產方法（Vacuum Assisted Resin Transfen Moulding, VA-RTM）和半浸漬材料有望解決這一問題。當然，風輪機研發的目的不是單純為了追求更大。使用者需要的是價格、重量和效率的最佳組合，從而使每千瓦時發電量的費用最低。在進一步降低每千瓦小時發電量費用的過程中，風輪機大型化只是可能的方案之一。

隨著風輪機的增大，齒輪箱故障會呈指數規律上升，齒輪箱成為故障的主要來源。維護、維修或更換一台離岸數英里〔1 mile（英里）= 1609.344 m〕風電場中的齒輪箱，其費用將相當昂貴。齒輪箱越大，費用相對也越高。因此，無齒輪箱直接驅動變速運行技術將是大型風輪機發展的必由之路。永磁發電機可以降低重量，尤其是在直接驅動設計情況下。其他挑戰包括：可靠地鑄造 25 ～ 40 t 的機架、轉子輪轂及其他部件（如用於齒輪箱和軸承的大直徑連接環）。嵌入式監視系統是未來兆瓦級風輪機的一個關鍵技術。將感測器通過光纖嵌入層壓板，構成葉片監視系統，用以監視負載、溫度等參數和葉片結構安全。記錄的事件包括雷擊、極端負載等，用以指導維修。狀態監視還可以擴展到機械部件，尤其是齒輪和軸承。

5.3.1.2 風力發電機及電力電子變換裝置

最初用於風力發電系統的發電機是傳統發電中使用的同步發電機，後來逐漸轉向鼠籠式非同步發電機。無論是使用傳統的同步發電機，還是鼠籠式非同步發電機，早期的風力發電機都是直接並網恆速運行。這種方式的最大優點是系統配置簡單、投資小，但風速波動引起氣動轉矩波動，使風輪機葉片、傳動鏈和塔架等承受很高的機械應力，並且導致發電機輸出功率波動，使電能質量受到很大影響。因此，直接並網恆速營運方式只適合於小規模、小型風力發電機併入大電網。隨著風輪機、發電機、電力電子和控制技術的不斷發展，風力發電系統已能實現變速營運。變速營運的優點主要體現在：① 允許槳距控制有較大的時間常數，以降低槳距控制的複雜性和所需的最大調節功率；② 降低機械應力（陣風能量可以儲存在轉子慣性中）；③ 改善電能質量；④ 提高系統效率；⑤ 降低雜訊（可以低速營運）。變速營運風力發電系統中的發電機和電力電子變換器配置方式見圖 5-6。

在風力發電機設計時，需要考慮有效材料重量、運行特性、可用的電力電子變換器類型、保護、維修、營運環境和價格等因素。風力發電系統中使用的發電機包括：感應電機（鼠籠式、繞線式），同步電機（永磁式、繞線式），開關磁阻電機，橫向磁通電機，高壓電機(用於 3 MW 及以上)，它們各有特點。

- 鼠籠式感應電機結構簡單、可靠、無需特別維修，但需要外部提供勵磁，其電網故障渡過能力(fault ride through capablity)是一個關鍵問題。
- 繞線式感應電機的弱點在於其電刷和滑環，價格比鼠籠式昂貴，需要特別維修，但可以從外部對電機特性進行控制。

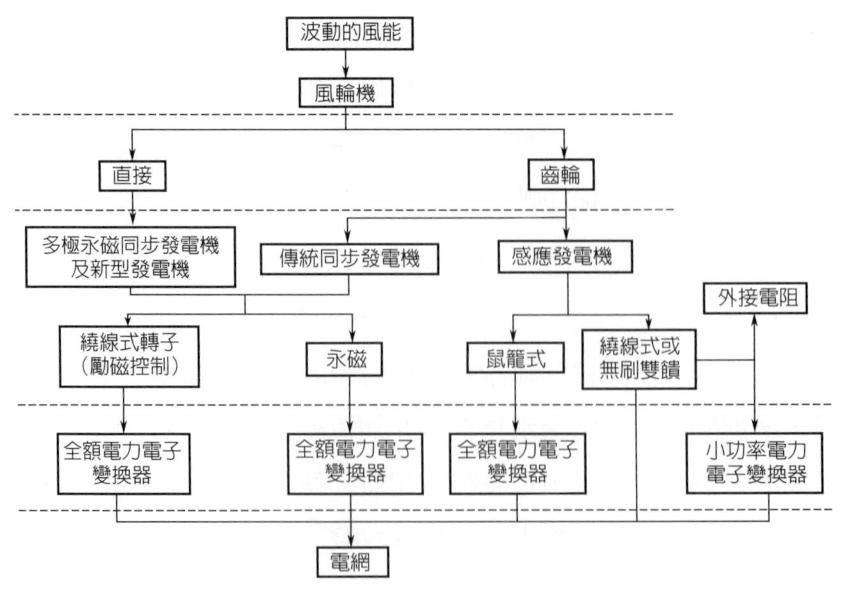

圖 5-6　變速營運風力發電系統中的發電機和電力電子變換器配置方式

· 同步電機有很好的特性，但繞線式轉子易受振動影響，電刷和滑環需特別維護。永磁同步發電機可以消除繞線式轉子同步電機的大部分缺點，但也帶來一些其他問題：溫度、磁極重量、故障渡過能力等。
· 開關磁阻電機和橫向磁通電機尚未在風力發電中得到應用。開關磁阻電機的優點與鼠籠式感應電機相似：結構簡單、轉子堅固，並且適於低速營運，但需要複雜的電力變換器及控制。開關磁阻電機運行於固定頻率，該頻率由轉子速度確定，與負載和勵磁狀況無關。目前，對開關磁阻電機的研究多集中於電動機應用。
· 橫向磁通電機的轉矩大，適於直接驅動，但結構複雜，製造和安裝方法比較特別。
· 高壓電機可降低電樞繞組電流，進而降低銅損，有可能直接並網。

目前，研究較多的風力發電機是永磁同步發電機和雙饋感應發電機。在小型系統中，永磁同步發電機的造價幾乎可以與普通非同步發電機相抗衡。但對於較大的系統而言，永磁材料價格還太高。永磁同步發電機不用外部勵磁，因而 AC/DC 變換器比較簡單，但直流連接的電壓變化不受控制，AC/DC 變換器的容量也要大一些。使用永磁體，可以採用較小的極距，增加極對數，因而可以在 20 ～ 200 s/min 的較低轉速下運行。

風力發電系統中採用永磁同步發電機的主要目的是借助多極而達到低速運行，從而取消增速齒輪箱。齒輪箱的確給風力發電帶來很大的麻煩：易磨損，是風力發電系統故障的主要來源，笨重，產生雜訊，效率低。然而，問題遠沒有「一棄了之」這麼簡單。取消齒輪箱，必定會導致直接驅動的發電機直徑增大，重量加大，效率降低，大直徑發電機還會降低風輪機的氣動效率。雙饋感應發電機的靜態特性已為人們熟知。但系統出現擾動時，其營運特性研究尚不夠多，一些簡單的問題尚無答案：① DFIG 提供的短路電流；② 向 DFIG 提供故障渡過能力及慣性回應所需的電力變換器和直流連接電容器容量；③ DFIG 的保護等。當電網出現擾動時，變頻器是風力發電系統中最敏感的部分。哪怕電網擾動並不大，變頻器也可能被「鎖死」，導致風力發電系統跳閘。因此，DFIG 模型應足夠詳細，以便能正確類比變頻器被「鎖死」的後果。

現代輸電和配電電網規程中的故障渡過技術條件規定：電網電壓低於額定值時，風力發電機必須保持與電網相聯。在電壓水平大大降低的情況下可靠運行，面臨著許多問題。就基於電力變換器的風力發電機而言，其特殊問題是：為額定電壓水平上下可靠營運而設計的標準控制器，在網路電壓降低的情況下無法像設計的那樣工作。其結果是：變換器電流大大增加，從而導致變換器故障。

此外，還有一些較新穎的風力發電機設計思想，例如：永磁感應發電機和「姊妹定子繞組」無刷雙饋發電機。永磁感應發電機的定子與普通感應電機相同，但轉子由兩部分組成：外層鼠籠式轉子和內層永磁轉子。

外層鼠籠式轉子耦合到主軸，內層永磁轉子則自由旋轉。「姊妹定子繞組」無刷雙饋發電機有兩套定子繞組：連接到電網或負載的定子繞組稱為「功率繞組」，另一個接至變頻器的定子繞組稱為「控制繞組」。控制繞組和功率繞組通過轉子繞組的控制部分與定子控制繞組之間的氣隙，和轉子繞組的功率部分與定子功率繞組之間的氣隙進行電磁耦合，兩部分共用一個繞組互聯的轉子。轉子可以是繞線式，也可以是鼠籠式。前者用於高速情形，後者用於低速、多極情形。電力電子在風力發電中有著廣泛的應用。鼠籠式非同步發電機直接並網的恆速運行風力發電系統通常需要軟啟動器限制並網衝擊電流。1MW 及以上風輪機都需要變速營運，變速營運風力發電系統都需要複雜的電力電子變頻器。

然而，當今許多情況下使用的電力電子裝置對風力發電應用而言並不理想：效率不高、可靠性差、費用昂貴。PWM 裝置輸出的系列脈衝電壓通常適合於驅動工業電動機（只要這些電動機的絕緣良好，PWM 裝置與電動機彼此很近），但將這種脈衝電壓輸入公用電網是完全不能接受的。工業電動機控制器和並網變頻器的結構和工作原理差不多，但二者的價格卻相差很大，原因是可靠性要求和複雜性有所不同。

電動機驅動是「用電」，而不是「發電」，不會受到可能對電網造成擾動的嚴格標準限制。而且，電動機 PWM 驅動裝置的「有源」部分（形成系列脈衝電壓的部分）是接至電動機，而不是電網。連接到電網的輸入端通常是 6 脈衝無源全波整流器，雖然來自整流器的電能質量並不好，但它不會像 PWM 部分那樣引起電壓擾動。

用於風輪機並網的變換器 PWM 部分是向電網直接輸出電力，因而受到電壓和電流諧波畸變標準的嚴格限制。為了滿足這些電能質量標準，PWM 前端必須配置合適的濾波器，通常是用 LC 濾波器濾去電壓和電流諧波。該濾波器是笨重、昂貴、低效率的元件，這是造成並網變換器昂貴、低效的原因之一。直流竄入交流電網，會帶來一系列嚴重後果。電動機驅動用的變換器不會出現這種情況，但風力發電用的變換器卻極有可能出現這種情況，因此需要用變壓器來隔離。隔離變壓器也是昂貴、複雜、笨重、效率不高的設備。某些情況下，設計人員可能會選擇兩個「背靠背」PWM 變換器，以獲得比無源整流器更好的風輪機控制能力，但這將需要解決 PWM 裝置開通時的高電壓變化率 dV/dt 問題。美國能源部及其 NREL 實驗室正在研究一種稱為「交流連接」的新一代電力變換技術：使用可控矽，而不是 IGBT，取消了「背靠背」PWM 變換器中的直流連接部分。據稱這種新型電力交換技術有一系列當今電力變換器夢寐以求的良好特性。

5.3.2 離網風力發電

許多風輪機並沒有併入大電網，如果風力發電並入小型的孤立柴油發電電網，那麼，風力發電在這些小型電網中所占的比例可能很高。這些電力系統稱為風 - 柴電力系統。有時候還有其他可再生能源發電加入，作為對風力發電的補充。既有傳統發電，也有可再生能源發電的電力系統通常稱為混合電力系統。

風電集合這種混合電力系統時，有一些需要特別考慮的設計問題。許多孤立地點、島嶼和發展中國家是由小型孤立柴油發電電網供電的。這些孤立電網大小不一，裝機容量從幾十千瓦到數兆瓦不等。有些孤立柴油發電電網只在一天當中的部分時段供電，以節約燃料。一兩個大負荷的投入就會使系統電壓出現很大的波動。因此，孤立電網一般也是弱電網，電能質量問題突出，並且負荷或發電機投切很容易導致電壓或頻率崩潰。風輪機或其他可再生能源發電（如太陽能、生物質能或微型水力發電）集合這些小型孤立電網時，也可以用「風電穿透」或「可再生能源穿透」之類的術語來顯示風電或可再生能源發電相對於額定負荷的幅值。

孤立電網中的風輪機可能會影響到整個系統的運行。在風電穿透水平高的混合電力系統中，風力發電的輸出功率可能會超出暫態系統總負荷。這時，不僅需要關閉所有傳統發電機組，可能還需要投入額外的負載來吸收超額的風電功率。柴油機空載或輕載營運時的燃料消耗是相當可觀的，而且，偏遠地區的柴油通常很昂貴。因此，若能將輕載柴油機停機，便可節約大量燃料。可再生能源發電有可能做到這一點，但也會帶來一些負面影響。例如，頻繁啟／停會加速柴油機磨損。為了提高整個系統的運行經濟性，通常要求運行中的柴油發電機負載、營運時間達到最小。這些措施的燃料消耗要比頻繁啟／停或保持空載運行來得大一些，但可以減少大修和更換柴油機，從而提高整個系統的經濟性。

5.3.3 併網風力發電

風力發電系統或風電場自動化程度高，一般是無人值班營運的。因此，並網風力發電系統營運問題研究主要集中在風力發電與電力系統的相互影響，或風力發電與混合系統中其他發電設備（如柴油發電機組）的聯合營運等。

風力發電與電力系統的相互影響範圍很廣，幾乎涉及電力系統運行與控制的所有方面。依據相互影響的程度、範圍、時間尺度等特點，可將這些問題概括為：① 電能質量；② 經濟性；③ 穩定性；④ 可靠性。當風力發電與弱電網併網運行，或者與其他發電設備（如柴油發電機組）組成小型混合電力系統時，可能會導致電能質量問題，具體包括：無功問題、電壓波動、電壓閃變、電壓驟降、電壓塌陷及諧波等問題。在弱電網中，電網負荷特性對電網的靜態、動態特性有很大影響。因此，研究風力發電與弱電網併網營運問題時，特別需要注意綜合考慮風力發電和負荷特性。

由於風電固有的波動性，風電併入電力系統後，部分負荷從生產成本較低的高效機組向生產成本較高的調頻或經濟調度機組轉移，導致電力系統的營運費用增加。除了風電的波動性外，風力發電所使用的發電機（鼠籠式感應發電機、雙饋感應發電機或永磁同步發電機）、電力電子變換器介面等特性均與傳統發電有很大差異。因此，大量風電併入電力系統後，可能會對電力系統的穩定性、可靠性等帶來深刻影響。這些影響都是整個電力系統範圍內、全局性的。當風電在電力系統中所占的比例（稱為「風電穿透水平」）達到一定程度時，風電可能會給電力系統的安全、經濟營運帶來嚴重影響，對應的風電穿透水平稱為「風電穿透極限」。

關於風電穿透極限，也有不同的觀點，多數研究人員認為：風電穿透極限與風電、電力系統兩方面的特性有關；也有人認為：風電穿透極限只是一個經濟問題，從純技術的角度來說，根本不存在該極限。無論是哪種觀點，風電對電力系統存在影響是不爭的事實，因此，更多的研究集中於採取各種措施來消除或減輕風電與電力系統之間不良的相互影響，例如：採用各種儲能措施或水電 - 風電聯合運行解決風電輸出功率波動問題，用飛輪、SVC 等解決電壓質量問題。

5.4 風力發電設備中的材料

5.4.1 風力發電的葉片材料

風力發電機組在惡劣的環境中長期不停運轉，不僅要承受強大的風載荷，還要經受氣體沖刷、砂石粒子衝擊，以及強烈的紫外線照射等外界侵蝕。在風力發電初期，由於發電機功率小，所需的葉片尺寸也小，其質量分佈的均勻性對發電機和塔座的影響並不明顯。葉片的類型主要有木製葉片、布蒙皮葉片、鋼梁玻璃纖維蒙皮葉片、鋁合金等弦長擠壓成型葉片等。隨著風力發電機功率的不斷提高，安裝發電機的塔座和捕捉風能的葉片也越做越大，葉片的質量也越來越大，對葉片的要求也越來越高：質量輕且分佈均勻，外形尺寸精度控制準確；具有最佳的疲勞強度和力學性能，能經受暴風等極端惡劣條件和隨機負荷的考驗；葉片旋轉時的振動頻率特性曲線正常，傳遞給整個發電系統的負荷穩定性好；耐腐蝕、抗紫外線照射和抗雷擊的性能好；發電成本較低，維護費用最低。葉片的材料越輕、強度和剛度越高，葉片抵禦載荷的能力就越強，葉片就可以做得越大，它的捕風能力也就越強。因此，輕質高強、耐蝕性好、具有可設計性的複合材料是目前大型風機葉片的首選材料。

1. 玻璃纖維複合材料葉片 玻璃纖維補強聚酯樹脂和玻璃纖維補強環氧樹脂是目前製造風機葉片的主要材料，E- 玻纖則是主要的補強材料。美國的研究顯示，採用射電頻率等離子體沈積法塗覆 E- 玻纖，可降低纖維間的微振磨損，其耐拉伸疲勞強度就可以達到碳纖維的水平。為了更好地發揮 E- 玻纖在結構中的強度和剛度作用，使其能與樹脂進行良好匹配，目前已經開發了單軸向、雙軸向、三軸向、四軸向，甚至三維立體結構等編織形式，以滿足不同的需要，使靈活的結構設計得到更好的體現。但是，E- 玻纖密度較大，隨著葉片長度的增加，葉片的質量也越來越重，完全依靠玻璃纖維複合材料作為葉片的材料已逐漸不能滿足葉片發展的需要。

2. 碳纖維複合材料葉片 作為提高風能利用率和發電效益的有效途徑，風力機單機容量不斷向大型化發展，兆瓦級風力機已經成為風電市場的主流產品。目前，歐洲 3.6 MW 機組已批量安裝，4.2 MW、4.5 MW 和 5 MW 機組也已安裝運行；美國已經成功研製 7 MW 風力機；英國正在研製 10 MW 的巨型風力機。風電機組沿著增大單機容量和提高風能轉換效率的方向發展，對葉片提出了更高的要求，葉片長度的增加使得碳纖維在風力發電上的應用不斷擴大，研究顯示，碳纖維（CF）複合材料葉片的剛度是玻璃纖維複合材料葉片的 2 ～ 3 倍，大型葉片採用碳纖維作為補強材料更能充分發揮其輕質高強的優點。現在碳纖維軸已廣泛應用於轉動葉片根部，因為製動時比相應的鋼軸要輕得多，但在發展更大功率風力發電裝置和更長轉子葉片時，採用性能更好的碳纖維複合材料勢在必行。

3. 碳纖維／輕木／玻纖混雜複合材料葉片　由於碳纖維的價格是玻璃纖維的 10 倍左右，目前葉片增強材料仍以玻璃纖維為主。在製造大型葉片時，採用玻纖、輕木和 PVC 相結合的方法，可以在保證剛度和強度的同時減輕葉片的質量。中材科技風電葉片股份有限公司研製的 40 m、1.5 MW 葉片的質量只有 6 t，在滿足強度的情況下，質量大幅降低。LM 公司在《2004 全球碳纖維展望》的報告中指出：在風力機葉片中採用碳纖維，應注意它和玻璃纖維混合時所增加的重量；其進一步開發的以玻璃纖維複合材料為主的 61 m 大型葉片，只在橫梁和葉片端部選用少量碳纖維，以配套 5 MW 的風力機。

目前，碳纖維／玻璃纖維與輕木／ PVC 混雜使用製造複合材料葉片已被各大葉片公司所採用，輕木／ PVC 作為填充材料，不僅增加了葉片的結構剛度和承受載荷的能力，而且還最大程度地減輕了葉片的質量，為葉片向長且輕的方向發展提供了有利的條件。

4. 熱塑性複合材料葉片　風能是清潔無污染的可再生能源，但退役後的風機葉片卻是環境的一大殺手。目前葉片使用的複合材料主要是熱固性複合材料，不易降解，而且葉片的使用壽命一般為 20 ～ 30 年，其廢棄物處理的成本比較高，一般採用掩埋或者燃燒等方法處理，基本上不再重新利用。面對日益突出的複合材料廢棄物對環境造成的危害，一些製造商也開始探討葉片的回收和再利用技術。

隨著人類環保意識的與日俱增，研究開發「綠色葉片」成為擺在人們面前的一大課題。所謂的「綠色葉片」，就是在葉片退役後，其廢棄材料可以回收再利用，因此熱塑性複合材料成為首選材料。與熱固性複合材料相比，熱塑性複合材料具有密度小、質量輕、抗衝擊性能好、生產周期短等一系列優點，但該類複合材料的製造方法技術與傳統的熱固性複合材料成型方法差異較大，製造成本較高，成為限制熱塑性複合材料用於風力機葉片的關鍵問題。

隨著熱塑性複合材料製造方法技術研究工作的不斷深入和相應的新型熱塑性樹脂的開發，製造熱塑性複合材料葉片正在一步步地走向現實。

在「綠色葉片」研究的最初階段，愛爾蘭 Gaoth 公司負責 12.6 m 長的熱塑性複合材料葉片的製造，日本 Mitsubishi 公司負責在風力發電機上進行「綠色葉片」的實驗，這項實驗成功後，他們繼續研究開發 30 m 以上的熱塑性複合材料標準葉片。為降低熱塑性複合材料的成本，愛爾蘭 Limerick 大學和國立 Galway 大學開展了熱塑性複合材料的先進成型方法技術的基礎研究。為了解決熱塑性複合材料葉片的纖維浸潤和大型熱塑性複合材料結構件製造過程的樹脂流動性問題，美國 Cyclics 公司為此開發出一種低黏度的熱塑性工程塑膠基體材料── CBT 樹脂，這種樹脂黏度低、流動性好、易於浸潤增強材料，可以更充分地發揮增強材料的性能和複合材料良好的韌性。與玻璃纖維環氧樹脂複合材料大型葉片相比較，如果採用熱塑性複合材料葉片，每台大型風力發電機所用的葉片重量可降低 10% 左右，抗衝擊性能大幅度提高，製造成本至少降低 1%，製造周期至少降低 1/3，而且可以完全回收和再利用。

5.4.2　風電設備的鑄件材料

風電設備中的一些重要部件，如輪轂、主軸座、底座、齒輪箱體等，都是鑄件。設備所需的鑄件量，平均每 1MW 容量約 15 t。

風電設備架設在高處運行，不便於經常維修，設備設計時確定的維修期通常為 20 年，甚至 30 年。因此，對鑄件材質的疲勞強度，對鑄件質量的可靠性和耐用性，都有非常嚴格的要求。設備在室外高處營運，冬季氣溫很低，鑄件材質還必須確保在低溫下有良好的韌性。由於這樣的要求，風電設備的主要鑄件的材質都是鐵素體球墨鑄鐵，而且在低溫衝擊韌度和疲勞強度等方面都有嚴格要求。

一般的鑄件生產中，規定的力學性能要求都基於單鑄試棒，測定的資料與鑄件關鍵部位的實際性能可能有相當大的差別。對於重要的鑄件，可規定在鑄件的關鍵部位附鑄試塊，用以測定的力學性能資料比較接近於鑄件本體的性能。但是，對於風電鑄件，採用附鑄試塊仍不足以確認其質量的可靠性。風電鑄件生產廠家，除在試製過程中解剖鑄件、測定鑄件本體性能外，還必須具備有效的質量保證體系，以確保鑄件質量的可靠性。製程方法設計過程中，必須採用電腦類比作為參照，以避免製程方法設計中的隨意性。生產過程中必須建立完善的製程方法程序控制體系，使各步驟的製程方法參數變數減到最低程度。在鑄鐵熔煉方面，應有控制爐料和各種原材料質量一致的制度，有保證化學成分波動很小的手段，有穩定的球化處理和孕育處理製程方法。

鑄件的金相組織不正常，如石墨球數量太少、晶間偏析明顯、石墨的形狀退化等，會使低溫衝擊韌度和疲勞強度大幅度下降。鑄件內部有縮孔、縮鬆或夾渣，也會導致低溫衝擊韌度和疲勞強度大幅度下降。因此，必須嚴格控制鑄件的金相組織。從中國鑄造行業的實際情況看來，目前真正具備生產高質量厚大球墨鑄鐵件資質的企業還不太多。如果沒有充分的準備而倉促投入生產，將來就有可能陷入被動局面。

風力發電設備箱體鑄件輪廓尺寸較大，高度較高，壁厚大。澆注系統應以慢速平穩、不旋轉、不沖刷為宜。為此，選擇底注式為主，側注式為輔。同時在澆注系統中的橫澆道部位，設置了纖維過濾網。選用大比例開放式，慢速平穩充型的製程方法措施。

5.4.3 風力發電機塔架的防腐材料

風力發電機塔架這種大型鋼結構長期暴露在自然環境下，維修特別困難，選擇一種長效的防腐蝕塗料配套體系顯得極其重要。在參考國際先進的塗料配套體系和近十幾年來在中國重點工程上的成功應用，採用環氧富鋅底漆一環氧雲鐵中塗漆一丙烯酸脂肪族聚氨酯面漆配套體系，完全可以滿足要求，達到長期保護作用。

1. 環氧樹脂的選擇　環氧樹脂具有突出的附著力，良好的耐腐蝕性，品種、性能的多樣性和應用的廣泛性，在防腐蝕塗料中占有重要的地位。本試驗中選用環氧當量為 454 ～ 555 的環氧樹脂，因為其分子中含有一定量的羥基，有利於縮短誘導期，更適合在低溫潮濕的條件下使用。該環氧樹脂與進口硬化劑配製成固體分高、誘導期短、不需長時間硬化、流動性優良的塗料。

2. 硬化劑的選擇　環氧樹脂的硬化劑主要有脂肪胺及其加成物、脂環胺及其加成物、聚醯胺及其加成物等，它們各有優缺點，應配合使用以盡可能發揮其優點。本試驗中選用的是一種性能獨特、不含苯酚的多用途改性胺硬化劑，具有類似於 T 31 硬化劑的綜合性能，同時又具有良好的柔韌性，能在低溫潮濕環境下硬化，且黏度低，揮發性小，無毒。硬化後塗層具有優異的耐水性、耐酸鹼性。

3. 面漆的選擇　面漆應具有耐紫外線、不變色、耐候性好的特點及優良的裝飾性，而含羥基丙烯酸樹脂與 HDI 縮二脲硬化劑製成的丙烯酸脂肪族聚氨酯面漆完全能夠滿足要求，且漆膜堅韌，耐磨，耐腐蝕，裝飾性優異，是首選的面漆之一。

4. 顏料的選擇　富鋅底漆含有大量鋅粉，其作用機制是：在環氧樹脂和硬化劑作用下提供優良的附著力，鋅粉相互接觸，且與鋼底材緊密接觸而導電，形成連續緻密的塗層。在塗層受侵蝕時鋅的電位比鐵的電位低，鋅作為陽極，先受到腐蝕，鋼底材作為陰極而受到保護，鋅作為犧牲陽極所形成的氧化物又對塗膜起到一種封閉作用，加強了塗膜對底材的保護。因此，鋅粉是重防腐蝕塗料底漆中的優良顏料。

5.4.4　風力發電機塔架的質量要求

1. 焊接的要求　塔架縱環焊縫必須是自動杆，並且均要在縱縫端部點焊引弧、收弧板，環縫接頭要延長，不允許在一處。同時，製造廠須有經評定合格的焊接方法來保證焊接質量。

2. 焊接質量控制 焊接時隨時觀看記錄焊機上表示參數，並隨時按焊接方法修正。控制多層焊肉厚度 ≤ 4 mm，手工焊則 ≤ 3 mm；多層焊肉塔接頭至少錯開 100 mm；清理焊渣必須徹底、乾淨，最好用鋼絲輪；清焊根必須將未熔物徹底清除，並保證清理的部位圓滑、平整、打磨出金屬光澤，經檢查員確認後方可施焊；焊縫蓋面一定要光滑、平整，並不允許咬邊。

3. 探傷質量控制 塔架焊縫不僅在焊接上要求嚴格，而且在探傷上要求也相當嚴格。這就要求在探傷質量控制方面採取以下措施。

(1) 超探傷採取雙側探傷；

(2) 射線探傷處由於結構限制，調整好焦距進行補償保證成片率；

(3) 法蘭與筒節的幾何焊縫結構特殊，超探準確性受到影響，可採取超探加射線探傷的方法來控制質量；

(4) 對於環向焊縫因厚不同，使得超探準確率受到影響，因此，一邊進行新的探傷方法試驗，一邊用射線探傷來作保證手段；

(5) 對於厚度差異較大（如：門框與筒節環縫的 T 形接頭處）射線探傷就受到影響，要採取特殊方法。

參考文獻

〔1〕劉萬琨。風能與風力發電技術。北京：化學工業出版社，2007。

〔2〕原鯤，王希麟。風能概論。北京：化學工業出版社，2010。

〔3〕錢伯章。風能技術與應用。北京：科學出版社，2010。

〔4〕芮曉明。風力發電機組設計。北京：機械工業出版社，2010。

〔5〕葉杭冶。風力發電系統的設計、運行與維護。北京：電子工業出版社，2010。

〔6〕張志英。風能與風力發電技術。第 2 版。北京：化學工業出版社，201。

〔7〕霍志紅。風力發電機組控制技術。北京：水利水電出版社，2010。

〔8〕任清晨。風力發電機組工作原理和技術基礎。北京：機械工業出版社，2010。

〔9〕姚興佳，宋俊。風力發電機組原理與應用。北京：機械工業出版社，2009。
〔10〕劉新。電力工業防腐塗裝技術。北京：中國電力出版社，2010。

第六章
氫　能

6.1　氫的應用

6.2　氫的製取

6.3　氫的儲存

6.1
氫的應用

氫是地球上儲量最豐富、分佈最廣的資源之一。它既是一種能源材料，也是一種功能材料，在許多領域都有重要的應用。

1. 在能源領域中的應用　氫能是一種理想的新能源，它和氧氣可以發生燃燒反應生成水並放出大量的熱來提供能源。因為氫燃燒後生成的唯一產物是水，所以不會帶來任何污染。與甲烷（燃燒值50,054 kJ/kg）、汽油（燃燒值44,467 kJ/kg）、乙醇（燃燒值7,006 kJ/kg）和甲醇（燃燒值20,254 kJ/kg）相比，氫的燃燒值（以單位質量計）最高，達到121,061 kJ/kg。由液氫和液氧組成的推進劑的比推力非常高，已經在航太事業得到重用。

氫是未來的綠色能源，美國能源部的國家氫能計畫預計，化石燃料將逐步被淘汰，2005 年氫的產量增加為 2000 年的 200%，到 2025 年氫在總能源市場中將占 8% ～ 10%。

隨著燃料電池發電新技術的發展，氫能由於能量轉換的高效率和對環境友好而受到能源界的極大關注，已被首選為燃料電池的燃料，在未來交通和發電領域將具有廣闊的市場前景。

2. 在石油化工領域中的應用　氫氣是現代石油化學工業的基本原料之一。在氫氣的化工用途中，合成氨和石油煉製所占的比例較大。在化肥工業生產中，合成氨過程用氫量約占商業消耗氫量的一半。在石油煉製工業中，氫氣主要用於油品的催化重整、催化裂化、加氫精製等過程。對石腦油、燃料油、柴油、重油等進行加氫精製，不但可以去除其中的有害物質，如硫化氫、硫醇、含氮化合物、金屬等，還可以使不飽和烴轉化為飽和烴，提高了產品質量。燃料規範對硫、烯烴和芳烴有嚴格的限制，所以為改變油品性能，以及加工更多的劣質原油，加氫處理需使用更多的氫氣，預計世界煉油廠對氫氣的需求量的年增長率為 5% ～ 7%。

3. 其他領域的應用　電子工業：用於大規模、超大規模和百萬位元級積體電路，光導纖維製造過程的基本氣體。

冶金工業：作為還原劑將金屬氧化物還原為金屬；在金屬高溫加工過程中作保護氣。食品工業：對植物油進行加氫處理，使其性能穩定，易存放，且有抵抗細菌增長、易被人體吸收之功效。

6.2 氫的製取

目前主要的製氫方法有化石燃料製氫（包括天然氣製氫和煤製氫）、電解水製氫、光化學製氫、生物質製氫、太陽能製氫、核能製氫和等離子化學法製氫。化石燃料製氫是目前最主要的製氫方法，能量轉化效率高，技術成熟，而天然氣裂解法製氫的投資成本很低，但是從長遠來看，由於化石燃料是不可再生能源，儲量有限，因此它不能解決未來人類的能源問題。

電解水製氫是某些工業部門進行商業化生產的方法，一般電耗量為 4.5～5.5 kW · h/m^3（H_2，標準狀態）。電解水製氫消耗的是電能，而電能是高品質的二次能源，因此電解水製氫過程不是解決未來能源問題的途徑。醇類製氫主要用來為流動型動力裝置供氫，而且醇類製氫存在不能大規模提供醇類原料的問題。利用生物質製氫目前正處於研究階段，還沒有用於大規模的生產，但具有很好的應用前景。光化學製氫包括光伏、光電化學製氫和光催化製氫幾種方法，所謂光伏製氫是利用半導體材料光伏發電以後，再利用電能來電解水製氫，光伏製氫需要單晶半導體材料，成本很高。

光電化學製氫是利用半導體電極吸收光能，然後水在半導體電極上分解成氫氣和氧氣，需要使用半導體電極，而且電極的製備和反應系統都比較複雜。半導體光催化分解水製氫是利用半導體催化劑在光催化下製氫，半導體光催化劑可以是價格便宜的多晶半導體。光催化製氫具有反應簡單、投資少的優點。光催化分解水製氫是在多相體系中進行的，利用多相體系能夠進行定向的光化學反應，而且效率比在均相體系中所能達到的要高。在多相體系中雖然電解產物空間分離的可能性被抵銷，但是它卻能將半導體所固有的光敏性和具有展開面的體系所特有的光催化活性結合起來。在多相體系中如顆粒的尺寸比光波的波長小，就不會對光產生散射和反射作用。由於沒有反射和散射的耗損，從而可以提高能量轉換效率。

利用太陽能光催化製氫，以水和生物質為原料、氫氣作為載能體，大規模地收集利用太陽能，既能滿足人類的能源需求、又不污染環境。地球上存在大量的水，而生成的氫氣燃燒後又形成水，可以循環使用。而且生物質作為可再生的資源是自然界最好的太陽能捕集器，實現高效、低成本的生物質製氫可為人類提供長期穩定的能源供給；同時光催化製氫產生的 CO_2 可在植物的光合作用中被消耗；發展快速生長的作物種植可以提供製氫原料和改善生態環境、實現農業結構調整的同時解決能源供應的問題。光催化製氫和利用生物質製氫，兩種方法都可以實現能源的完全可持續開發和利用。

在不加入電子給體的條件下大多數光催化劑產氫的速率都非常低，而加入生物質作為一種特殊的電子給體，能大幅提高反應中產氫的效率。同時在眾多已發現或潛在的光催化劑中找出高效的催化劑，對於眾多研究者來說是一個巨大的挑戰。

6.2.1　天然氣製氫

天然氣資源豐富，其主要成分是甲烷，因此天然氣正逐漸成為製氫的主要原料。天然氣水蒸汽重整轉化製氫是目前世界上普遍採用的製氫過程，但並不是最經濟合理的過程。天然氣水蒸汽製氫是強吸熱反應，反應過程需要吸收大量的熱，製氫過程能耗高，燃料成本占生產成本的 52.68%，而且反應需要昂貴的耐高溫不銹鋼管做反應器。天然氣水蒸汽重整是慢速反應，因此該過程製氫能力低，裝置規模大，投資高。

天然氣製氫系統主要包括脫硫、天然氣轉化反應、高低變換過程、選擇性催化氧化過程和氣體提純過程。將從以下幾個方面，介紹各國的研究現狀。

6.2.1.1 天然氣製氫的方法

天然氣製備氫氣有兩種途徑：一種是利用天然氣製備合成氣，從而得到氫氣，包括天然氣蒸汽重整（steam reforming of methane, SRM）、部分氧化法（partial oxidation of methane, POM）、自熱重整（auto-thermal reforming, ATR）、二氧化碳重整（也叫乾法重整，dry reforming）以及聯合重整；另外一種是將天然氣直接催化裂解從而得到氫氣與炭。

$$CH_4 + H_2O\text{（汽）} \rightleftharpoons CO + 3H_2 + 206.29\ \text{kJ/mol} \tag{6-1}$$

$$CH_4 + 1/2O_2 \rightleftharpoons CO + 2H_2 - 35.5\ \text{kJ/mol} \tag{6-2}$$

$$CH_4 + CO_2 \rightleftharpoons 2CO + 2H_2 + 247.32\ \text{kJ/mol} \tag{6-3}$$

$$CH_4 \rightleftharpoons C + 2H_2 - 79.94\ \text{kJ/mol} \tag{6-4}$$

天然氣蒸汽重整的主要反應為甲烷與蒸汽的轉化反應〔反應式（6-1）〕，該反應是一個強吸熱反應，有可能發生甲烷裂解的副反應〔反應式（6-4）〕。天然氣蒸汽重整是目前工業上應用最為廣泛的製氫方法，技術也最為成熟，但是該方法過程能耗高、投資大、生產能力低。天然氣部分氧化法是指天然氣與氧氣發生部分氧化反應〔反應式（6-2）〕，該反應是一種輕放熱反應，可使氫氣生產規模縮小。20 世紀 90 年代以來，這一方法過程受到了國內外的廣泛重視，但目前在催化科學、反應工程、技術安全等方面還有一些問題尚待解決。

天然氣自熱重整用 POM 過程的反應熱來供給強吸熱的 SRM 反應，是結合 SRM 和 POM 的一種新方法，其前景十分樂觀。工業上對於二氧化碳重整的興趣來自某些對低 H_2/CO 比率合成氣的需要。另外一些天然氣或沼氣中 CO_2 含量太高，此時乾轉化可能是最有效的方法。然而它存在較嚴重的固體炭積累、金屬顆粒的燒結等問題，導致催化劑活性降低甚至失去活性，成功的案例均需要添加水蒸汽。

近年來，為改善天然氣單一重整方法中的不足，研究人員將天然氣的水蒸汽重整、部分氧化及乾法重整相結合，對製程方法的條件、反應裝置、催化劑活性及穩定性等方面進行了廣泛的研究，但聯合重整的研究開發尚處於起步階段，其經濟可行性、技術安全性、反應裝置及高活性催化劑的開發等方面還存在很多問題。

天然氣裂解過程的主要反應就是，甲烷在高溫下裂解為氫氣與炭〔反應式(6-4)〕，甲烷裂解作為甲烷均相反應已經被廣泛研究，而作為製純氫的方法直到近年來才引起人們的重視。天然氣裂解會生成大量的炭，不僅會導致催化劑失活，而且會堵塞反應器，關於炭的回收再利用也是一個尚待解決的問題。

天然氣蒸汽重整技術的另一潛在應用就是用作燃料電池氫源。採用天然氣蒸汽重整法製備氫氣，其方法成熟，成本低廉，所以尋求高效、小型化的天然氣蒸汽重整製氧技術已經成為一個新的研究課題。

6.2.1.2　小型化天然氣製氫反應器的研究

在工業生產中，天然氣蒸汽重整的主要設備包括預轉化爐、轉化爐等，並採用廢熱鍋爐回收熱量，設備龐大而複雜。當重整製氫過程用於燃料電池系統時，傳統重整器笨重的缺點很明顯，因此很多學者對小型化天然氣重整器進行了研究。

1. 燃料電池小型重整器　為了減小重整器體積，將傳熱、傳質或不同反應過程綜合進行的多功能反應器是研究的熱點之一。放熱反應或熱介質為吸熱反應供熱的方式有三種：混合供熱、循環反應供熱、熱交換供熱。因催化燃燒基本上可以達到完全燃燒，所以多採用催化燃燒反應作為熱源。而且無焰燃燒的輻射熱量很少，從而有效減小了反應器的體積。

混合供熱過程中，在反應器內同時發生兩種反應，放熱反應為吸熱反應提供熱量。該過程已經廣泛應用於天然氣蒸汽二段轉化爐中，但是需要有在相同條件下既能促進放熱反應，又能催化吸熱反應的催化劑。如果僅僅是兩種不同催化劑機械的混合，可能會使轉化率下降。

循環反應供熱過程中，在反應器內循環進行放熱反應和吸熱反應。放熱反應時產生的熱量被存儲在反應器中，並為下一循環的吸熱反應供熱。文獻〔3，4〕研究了逆流反應器中循環進行的甲烷蒸汽重整與甲烷催化燃燒過程，該過程容易產生「熱點」，致使催化劑失效。美國匹茲堡大學 Dirk 等人利用熱量整合（heat-integration）的原理，成功研製了循環供熱小型重整器（見圖 6-1）。通過設置對稱的能量存儲區域（inert zone），利用成對的磁性閥門，使原料氣以一定頻率交換流向，循環進行放熱反應與吸熱反應。結果顯示，在 Pt、Ru 催化劑上，合成氣的產量得到了顯著的提高。

Hunter、Mcguire 等人最先研究了熱交換供熱過程，採用催化燃燒或者輕放熱反應作為熱源，利用熱交換的方式為吸熱反應供熱，反應器主要有兩種形式，一種為板式反應器，一種為管式反應器。Polman 等人所設計的板式反應器獲得了 99.8% 的燃燒效率以及 97% 的重整效率。

Ioannides 等人研究了換熱型管式反應器，反應器由一個末端開口的陶瓷管構成，內外表面均有催化劑塗層，具有非常好的熱傳導性。甲烷與氧氣混合進入管道，在內部的催化劑上燃燒，反應後的混合氣體在管外吸熱並進行重整反應。實際結果顯示，該反應器性能明顯優於一般反應器。Ismagilov 等人設計的管式反應器（見圖 6-2）內外管壁也均有催化劑塗層，不過管內為重整催化劑，管外為燃燒催化劑。甲烷的轉化率為 65%，反應區溫度比較均衡，維持在 850 ～ 900℃ 之間。

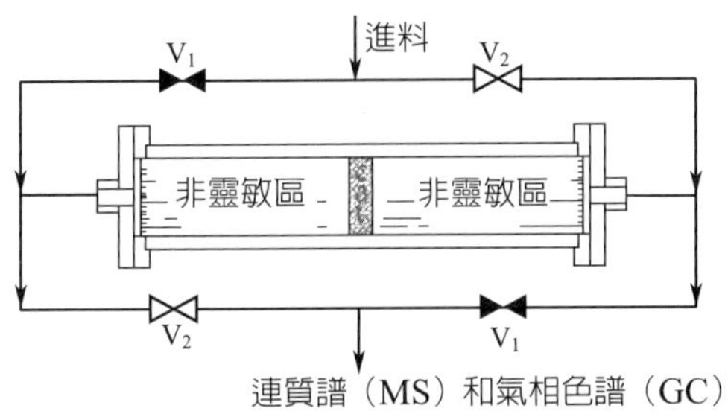

圖 6-1　小型重整器示意圖

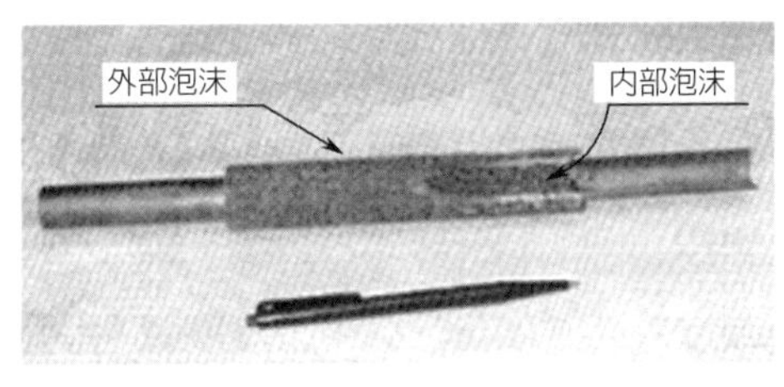

圖 6-2　管式反應器

20 世紀 90 年代中期，IMM（英國礦冶學會）、紐卡斯大學、Battle Pacific Northwest National Laboratory 等一大批公司先後進行了微通道反應器的研究，近十年來，關於 SRM 微通道反應器的研究得到了迅速的發展。

Branch 和 Tomlinson 首先對 SRM 微通道反應器進行了理論研究，主要研究了催化劑對反應性能的影響。倫敦大學的 Gavriilidis 課題組也對耦合甲烷蒸汽重整與催化燃燒的微通道反應系統進行了研究，他們預測並證實了該系統熱流量比常規的反應系統要高兩個數量級。Eigenberger 工作小組研製了整體蜂巢結構的微通道陶瓷反應器，研究了反應的影響因素，以及確保反應器內溫度分佈較為均衡的措施，以避免「熱點」的產生。

Velocys 公司與美國太平洋西北實驗室基於熱量整合的原理，根據如下的設計構想製作了微通道反應器：在相鄰的微通道中分別進行甲烷催化燃燒與甲烷蒸汽重整；燃燒過程中，燃料先部分氧化成合成氣，合成氣再完全燃燒，從而有效地提高了燃燒效率；利用反應產生的高溫氣體來預熱原料氣體，提高能量利用效率。實驗結果表明：該反應器熱交換速率明顯超過了一般反應器中進行的轉化反應速率。

2. 膜反應器　1987 年，Ocrtel 最先提出將膜反應器用於天然氣蒸汽重整過程中。最初採用自支撐鈀合金膜來分離氫氣，這種膜成本高且機械強度差。經過改進，目前均採用雙管膜反應器，將薄鈀膜沈積在內管的外表面，有效提高了膜反應器的機械強度及壽命。氫的滲透速度與鈀膜的厚度成反比，與支撐體多孔材料的性質無關。Uenuta 的研究顯示降低鈀膜的厚度有助於提高氫的滲透速度、提高甲烷的轉化率。雖然透氫率取決於膜的厚度，但鈀膜的厚薄受支撐體平均孔徑的限制。經驗顯示，平均孔徑為 200 nm 時，鈀膜的最小厚度為 4.5 μm；平均孔徑為 300 nm 時，膜的最小厚度為 13 μm。鈀膜的一大缺點為耐高溫性能差，一般適用於 800 K 以下的溫度。

在膜反應器和一般反應器中，溫度對轉化過程的影響是一致的，即甲烷轉化率隨溫度的升高而增加。甲烷轉化反應是等體積的反應，所以壓力對轉化反應本身並無太大影響，但在膜反應器中，壓力增大能夠提高氫的滲透速度，從而使得甲烷的轉化率也隨之增加。甲烷轉化率還與膜的厚度、膜反應器的長度有關。Fausto 等人通過數值類比，研究了各種不同的參數（如壓力、溫度、膜厚度、膜反應器長度等）對轉化率的影響。

微通道方法製作的重整器用於燃料電池有許多優點，在減少反應器體積的同時又顯著提高了傳熱傳質效率。但在微通道反應器中，如何維持催化燃燒反應與重整反應系統的穩定性，仍然是一個尚待解決的問題，需要提高重整器的可靠性，進一步優化流道結構和分佈，提高催化劑的效率和能量利用率，同時保證重整器的啟動速度。

膜反應器也是研究的熱點之一，其優點是能夠產生純氧，不會使燃料電池催化劑中毒（不含 CO）。但要使膜反應器實現工業化，並具有與傳統的製純氫方法相競爭的能力，還必須進一步提高膜的經濟性、耐高溫性和使用壽命，並提高膜反應器的安全性與穩定性。研究與燃料電池相配套的氫源技術是天然氣製氫技術的重要發展方向與目標，實現這一目標還需要進行大量的實驗與理論研究：進一步開發具有高選擇性、高活性和高穩定性的催化劑，並最大限度發揮催化劑的效率；研製出體積小、重量輕、低溫下快速啟動的天然氣重整器，從而獲得最大的氫氣產率和能量利用率：在單一原料製氫的基礎上，進一步開發天然氣、甲醇、乙醇、汽油等多碳烴的重整製氫體系，拓展燃料電池氫源的原料範圍。

6.2.1.3 催化劑的研究現狀

1. 催化劑的種類 以天然氣為原料製取氫氣的反應過程都需要有催化劑來提高反應速率。催化劑體系大致可以分為兩類：一類是以 Ni、Co 為主的Ⅷ B 族複合金屬氧化物；另一類則是貴金屬氧化物、稀土金屬氧化物以及它們的混合物。目前已研究了 Ni、Co、Pd、Pt、Rh、Ru、Ir 等多種催化劑。

近年來，Ni、Co、Fe 這幾種催化劑被廣泛研究。它們具有良好的催化活性和穩定性，並且價格低廉，已大量應用於工業生產。其中，在商業上應用最多的催化劑是 NiO 型催化劑，NiO 的含量約為 15%。文獻〔15〕認為：Ni/La_2O_3 催化劑的穩定性優於 $Ni/\gamma\text{-}Al_2O_3$ 和 Ni/CaO。而 Ni/ZrO_2 催化劑不僅具有較好的穩定性，也具有較高的活性。文獻〔16〕研究了一種低鎳含量的（$Ni_{0.05}Mg_{0.95}O$）催化劑，在高溫 850℃ 和低水碳比條件下，催化劑反應 60 h 以後活性仍未有明顯降低，且幾乎不產生積炭，而同樣條件下的商業催化劑活性只能保持 20 h，同時有顯著的積炭生成。

貴金屬催化劑具有活性高、穩定性好、抗積炭性能好等優點，其中又以 Ru、Pt 性能最好。釕系催化劑是近年來研究較多的典型貴金屬催化劑之一，因為它們不僅具有上述優點，並且機械強度高，可抗硫中毒。其活性組分均為 Ru（一般為 0.5% ～ 5%），一般添加周期表第Ⅱ、Ⅲ族金屬以及鑭系金屬的氧化物作為助劑。托普索公司提出，在含鎳催化劑中加入 0.1% ～ 3.0% 的金（以催化劑中鎳含量計），可以改善催化劑的抗積炭能力，加入催化劑中金的含量，取決於鎳的表面積。雖然金會在一定程度上降低催化活性，但對於蒸汽轉化來說，反應活性仍然足夠，只是工業應用成本太高。Ayabe 等人研究了以氧化鋁為載體的催化劑，金屬含量為 2% 時的活性順序為：Rh > Pd > Ni > Pt > Co，而 10% 的 Ni/Al_2O_3 的活性優於 2% 的 Rh/Al_2O_3，這是因為在較低溫度下，氣態氧使部分 Ni 被氧化，從而導致催化劑的活性下降。

2. 催化劑積炭的研究　在蒸汽轉化反應中，積炭反應會造成多方面的害處：阻斷催化劑的活性位，引起催化劑活性下降；造成催化劑顆粒散裂和粉化，導致催化劑床層壓降升高；甚至造成反應器的堵塞。

甲烷在負載型鎳催化劑上反應生成的積炭有兩種，一種被稱作包容碳，另一種被稱作絲狀碳。前者會造成催化劑失活，而後者不會。Claridge 等人認為甲烷裂解是生成積炭的主要途徑。李春義也認為，甲烷裂解產生的 Ni_xC 轉化生成的石墨碳是造成積炭及催化劑失活的主要物種。

3. 催化劑助劑　為了提高和改善催化劑性能，可加入少許促進劑，一般應低於催化劑含量的 10%。目前研究較多的催化劑助劑主要有鹼金屬、鹼土金屬、稀土金屬氧化物以及它們的混合物等。在催化劑中加入鹼性助劑，可以減弱催化劑的酸性、降低積炭，但這會降低催化劑的活性，而且鹼在使用過程中會產生遷移和蒸發問題。因此，鹼金屬助劑一般和其他稀土金屬助劑配合使用，且用量較低。鹼土金屬主要用於調變載體，使其呈鹼性，如與 Al_2O_3 高溫焙燒形成 $Ca(Mg)Al_2O_4$ 尖晶石，從而提高催化劑的抗積炭性能和熱穩定性。添加稀土氧化物對 Ni 催化劑的性能有改善作用，它能提高催化劑的穩定性和選擇性，使活性組成成分 Ni 的分散度和抗積炭性能有明顯的提高。嚴前古等人研究發現添加稀土氧化物可使 $Ni/\alpha\text{-}Al_2O_3$ 的穩定性有顯著提高，對 CO 和 H_2 的選擇性順序為：

$$Ni/CeO_2\text{-}Al_2O_3 > Ni/Pr_6O_{11}\text{-}Al_2O_3 >$$
$$Ni/La_2O_3\text{-}Al_2O_3 > Ni/Nd_2O_3\text{-}Al_2O_3 > Ni/\alpha\text{-}Al_2O_3$$。

Choudhary 研究了 Pt 和 Pd 分別擔載在鹼土金屬和稀土金屬上（La_2O_3、Pr_6O_{11}、Nd_2O_3、Sm_2O_3、Gd_2O_3、Dy_2O_3、Er_2O_3）催化劑的性能，反應性能最好的是 Pt/Gd_2O_3 和 Pd/Sm_2O_3。

在 Ni 催化劑中添加少量的 ⅣA 族和 ⅤA 族金屬作促進劑，也可以達到抑制積炭的功效。其中性能較好的為鍺、錫、鉛、砷、銻、鉍等。另外，許多文獻都提出了以鉑族元素作為催化劑助劑，但是鉑族元素價格昂貴，加入量太多則會提高催化劑的成本。是否添加鉑族元素和添加多少鉑族元素，要從性能提高和成本增加兩個角度平衡考慮。

6.2.1.4 水汽變換的研究

碳氫化合物重整的富氫氣體可用於 PEMFC 燃料電池，但 PEMFC 要求 CO 的濃度要小於 50 ppm（50×10^{-6} mg/m^3），而且合成氣需要經過水汽變換（water gas shift，WGS）反應調整 CO 含量。因此，關於 WGS 的研究成為一個新的研究熱點。研究者們對 WGS 的催化劑及反應器進行了大量的研究。其中，研究的催化劑的類型主要包括：金屬催化劑（Fe、Cu、Zn、Cr、Co、Ni）、金屬氧化物催化劑以及混合氧化物催化劑。中國的研究基本集中於催化劑以及反應動力學的研究。而對於 WGS 反應器，研究較多的有膜反應器及微通道反應器。

1. **WGS 膜反應器**　20 世紀 80 年代末，Kikuchi、Seok 等人開始將選擇性透氫膜用於水汽變換反應器中。在膜反應器內進行水汽變換反應，不同的學者均獲得了超過平衡轉化率或接近 100% 的轉化率。20 世紀 90 年代初，一些學者將金屬鈀擔載在多孔陶瓷管的內壁作為膜反應器，如 Basile 將雙層鈀膜擔載在陶瓷管的內壁製作膜反應器。20 世紀 90 年中期，學者們開始採用鈀銀合金作為膜材料，在膜反應器內腔填充催化劑，以 N_2 作為吹掃氣體，反應溫度為 331 ～ 350℃，進行水汽變換反應之後，氫氣與其他氣體完全分離，數值類比結果與試驗結果也非常吻合。將 Pd-Ag 鍍在多孔陶瓷管的表面製作膜反應器，如圖 6-3 所示，內管中裝填催化劑，在膜反應器內進行的 WGS 反應中獲得了 80% 的轉化率，超過了平衡轉化率。

2. **WGS 微型反應器**　微通道反應器具有動力學特性優良、體積小和重量輕等優點，因而很多學者研究了應用於選擇性氧化反應的微通道反應器。這方面的研究主要包括：研究適合於 WGS 微通道反應器的催化劑，研究絕熱或等溫微通道反應器上的傳質性能，並對過程的反應動力學進行試驗與理論研究。

1999 年，Tonkovich 在寬度為 10 ～ 100 μm，長度為 1 ～ 10 cm 的微通道反應器上進行了催化劑適應性的研究。將 Ru/ZrO_2 擔載在 Ni 的多孔介質上，研究了 WGS 的反應動力學特性，試驗結果顯示 Ru/ZrO_2 催化劑可應用於

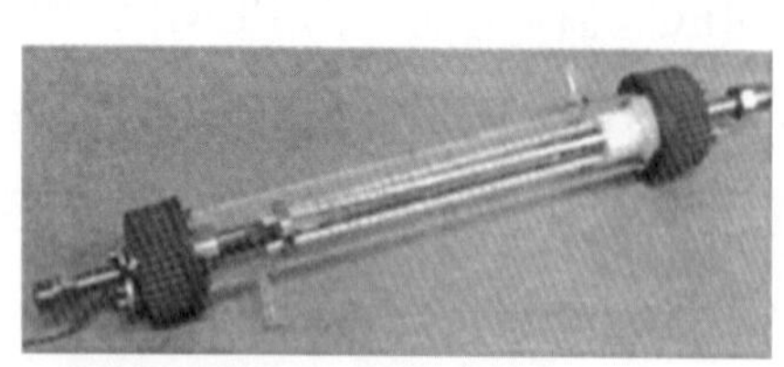

☼ **圖 6-3　WGS 膜反應器**

☼ **圖 6-4　微型水汽變換及選擇性催化氧化反應器**

WGS 微通道反應器。Goerke 等人以 Ru/ZrO_2 作為催化劑，在圖 6-4 所示的反應器中進行 WGS 反應，反應後 CO 含量減少了 95%。WGS 微通道反應器及膜反應器的研究才剛剛起步，距離實際應用相差甚遠，需要進行全面的研究：研究性能更好的催化劑或提高催化劑的性能；提高膜的壽命和強度；進行合理的反應器設計，以早日實現其在 WGS 中的應用。

6.2.2 煤製氫

化石資源製氫法是以天然氣、煤、石油餾分為原料的製氫過程，是目前世界上主要的製氫方法。在這些化石資源中，煤的資源較為豐富，但需處理固體物料，因此其生產成本較高，所以煤氣化製氫發展呈減慢趨勢。

煤炭製氫涉及複雜的方法過程。煤炭經過氣化、一氧化碳耐硫變換、酸性氣體脫除、氫氣提純等關鍵環節，可以得到不同純度的氫氣。一般情況下，煤氣化需要氧氣，因此煤炭製氫還需要與之配套的空分系統。

6.2.2.1 煤氣化技術

煤的氣化指煤在高溫、常壓或加壓條件下，與氣化劑（水蒸汽、氧氣或空氣）反應轉化成氣體產物（合成氣）的過程。氣體產物中氫氣等組分的含量因氣化方法而異。

現代大型煤氣化裝置中，應用較為廣泛的技術主要包括：德國魯奇公司（Lurgi）的 Lurgi 碎煤加壓氣化工藝、美國 GE 公司的水煤漿加壓氣化製程方法〔原為德士古公司（Texaco）技術〕和荷蘭殼牌公司（Shell）的 SCGP 粉煤加壓氣化工藝技術。

6.2.2.2 一氧化碳變換

CO 變換作用是將煤氣化產生的合成氣中 CO 變換成 H_2 和 CO_2，調節氣體成分，滿足後續步驟的要求。CO 變換技術依據變換催化劑的發展而發展，變換催化劑的性能決定了變換流程及其先進性。

6.2.2.3　酸性氣體脫除技術

國外應用較多的溶液物理吸收法主要有低溫甲醇洗法，應用較多的化學吸收法主要有熱鉀鹼法和 MDEA（N- 甲基二乙醇胺）法。國內應用較多的液體物理吸收法主要有低溫甲醇洗法、NHD（聚乙二醇二甲醚）法、碳酸丙烯酯法，應用較多的化學吸收法主要有熱鉀鹼法和 MDEA 法。溶液物理吸收法中以低溫甲醇洗法能耗最低，可以在脫除 CO_2 的同時完成精脫硫。

6.2.2.4　氫氣提純技術

將粗 H_2 提純的主要方法有深冷法、膜分離法、吸收—吸附法、膜擴散法、金屬氫化物法及變壓吸附法等。在規模化、能耗、操作難易程度、產品氫純度、投資等方面都具有較大綜合優勢的分離方法是變壓吸附法。

6.2.2.5　空氣分離技術

空氣分離技術經過 90 餘年的不斷發展，現在已步入大型全低壓流程的階段，能耗不斷降低。大型全低壓空分裝置的整個流程由空氣壓縮、空氣預冷、空氣淨化、空氣分離、產品輸送組成。

6.2.3　水電解製氫

電解水製氫是已經成熟的一種傳統製氫方法，但是生產成本較高，所以目前利用電解水製氫的產量僅占總產量的 1% ～ 4%。電解水製氫具有產品純度高和操作簡便的特點，在一些核電站和水電站，都設有水電解製氫站。氫氣用作儲能手段，在用電低谷時，利用水電解製取氫氣，將電能以氫氣的形式儲存起來。

水電解製氫從第一台製氫設備問世以來，至今已有二百多年歷史。該法具有設備簡單、穩定可靠、操作管理方便、生產無污染、製得的氫氣純度高和適應性高等優點，缺點是電耗大。

6.2.3.1　電解槽

電解槽是水電解製氫過程的關鍵設備，主要有鹼性電解槽、固體聚合物電解槽和固體氧化物電解槽三類。

1. 鹼性電解槽 鹼性電解槽是最古老、技術最成熟、也是最經濟的電解槽，並且易於操作。其在中國國內被廣泛使用，但缺點是其效率是三種電解槽中最低的。其基本原理示意圖如圖 6-5 所示。

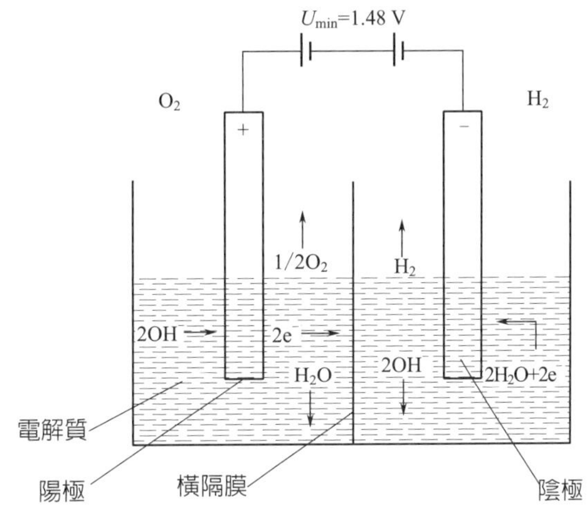

圖 6-5 鹼性電解槽原理示意圖

鹼液電解槽主要由電源、極框、陰極、陽極、隔膜、密封墊片及電解液組成，每一組陽極、陰極、隔膜及密封墊片組成一電解小室，簡稱小室（如圖 6-5 所示，小室電壓為組成小室的陽極與陰極電位差）。通常電解液採用氫氧化鉀（KOH）溶液，濃度為 26% ～ 30%（重量百分比），隔膜一般為石棉布，主要起分隔氫氣和氧氣的作用；陰極和陽極採用金屬合金製成，比如 Raney Nickel、Ni-Mo 和 Ni-Cr-Fe 等，主要作用是電解水，產生氫氣和氧氣。

電解槽工作溫度一般為 70 ～ 90℃，工作壓力一般為 100 ～ 3000 kPa，小室電壓在 2 V 左右，電流密度在 2000 A/m^2 左右。

鹼性電解槽的工作原理為：在陰極，兩個水分子（H_2O）被分解為兩個氫離子（H^+）和兩個氫氧根離子（OH^-），氫離子得到電子生成氫原子，並進一步生成氫分子（H_2），而兩個氫氧根離子（OH^-）則在陰、陽兩極之間的電場力作用下穿過多孔的隔膜，到達陽極，在陽極失去兩個電子生成一個水分子和 1/2 個氧分子。

陰、陽兩極的反應式分別為：$2H_2O + 2e^- = H_2 + 2OH^-$（陰極）和 $2OH^- = 1/2O_2 + H_2O + 2e^-$（陽極）。

目前廣泛使用的鹼性電解槽結構主要有兩種：單極式電解槽（圖 6-6）和雙極式電解槽（圖 6-7）。如圖 6-6 所示，在單極式電解槽中電極是並聯的，而

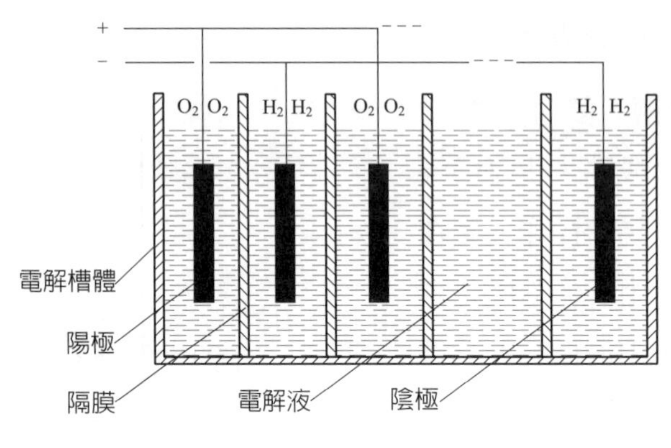

☼ 圖 6-6　單極式電解槽

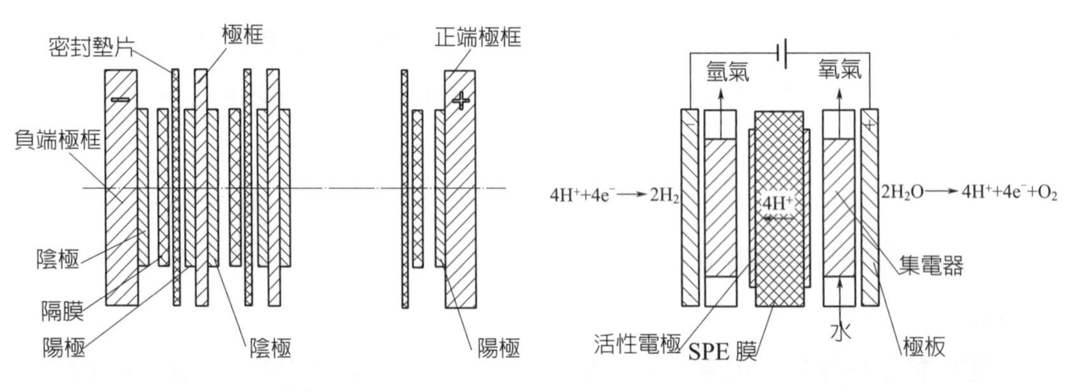

☼ 圖 6-7　雙極式電解槽

☼ 圖 6-8　SPE 電解槽技術原理示意圖

在雙極式電解槽中則是串聯的。雙極式電解槽結構緊湊，減小了因電解液的電阻而引起的損失，從而提高了電解槽的效率。但雙極式電解槽在另一方面也因其緊湊的結構增大了設計的複雜性，從而導致製造成本高於單極式的電解槽。鑒於目前更強調的是轉換效率，現在工業上基本採用雙極式電解槽。

2. 固體聚合物薄膜電解槽　鹼性電解槽結構簡單，操作方便，價格較便宜，比較適合用於大規模的製氫，但缺點是效率不夠高，約 70% ～ 80%。為了進一步提高電解槽的效率，開發出了固體聚合物薄膜電解槽（圖 6-8）。固體聚合物薄膜電解槽（SPE）是基於離子交換技術的高效電解槽，第一台聚合物薄膜電解槽是由通用電氣公司在 1966 年研製出來的。

SPE 水電解技術與傳統鹼性水電解的主要不同之處在於 SPE 水電解技術用一種特殊的有機氟聚合物膜片替代了傳統鹼性水電解中的隔膜和電解質，達到分離氣體及離子傳導的作用。氫離子沿著膜上的磺酸根移動，而導電的磺酸根離子固定於膜的基團上不動，這區別於液體導電的特性，所以被因其形象稱為固體聚合物電解質，有時又叫固體電解質。它的優點是在低小室電壓下具有高的電流密度和高電流效率，因此它的能耗低，槽體體積小，重量輕；並且由於採用的 SPE 電解質為非透氣性膜，可承受高壓差且只需要無腐蝕的去離子水，因此它的氣體純度高，安全可靠，使用壽命長，裝置簡化了控制，結構更加緊湊。

例如，核潛艇上 SPE 製氫裝置產氫量約 6.37 m^3/h（標準狀態），電流密度 14,000 A/m^2，氫氣純度 99.99%，可承受 3.5 MPa 的壓差，裝置總質量 5.32 t，總體積約 3 m^3，槽體體積只有鹼性電解槽的 1/5；美國漢密爾頓標準公司（Hamilton Sundstrand Co.）為美海軍和空間站研製的高壓差 SPE 電解槽單小室連續運行的壽命已超過 11 年，能在氫氧壓差 21 MPa 下工作，而鹼性電解槽的隔膜僅耐受幾百毫米的水柱；日本 WE-NET 中 SPE 電解槽的指標已達到常壓、80℃、電流密度 10,000 A/m^2 下小室電壓 1.53 ～ 1.55 V，電流效率 98.2% ～ 100%，能效 93.8% ～ 96.5%。鹼性電解槽的指標一般為 80℃、電流密度 2,000 A/m^2 下小室電壓 1.9V，電流效率約 96%，能效只能達至約 70%。可以看出，SPE 電解槽的技術優勢非常明顯。

目前 SPE 電解槽的效率雖然具有非常明顯的技術優勢，但由於電極中使用鉑等貴重金屬，nafion® 也是很昂貴的材料，故 SPE 電解槽目前還難以投入大規模的使用。隨著研究的進一步深入，將可能找到更合適的質子交換膜，並且隨著電極中貴金屬含量的減少，SPE 電解槽成本會大大降低，成為主要的製氫裝置之一。

3. 固體氧化物電解槽　固體氧化物電解槽從 1972 年開始發展起來，目前還處於早期發展階段。由於工作在高溫下，部分電能由熱能代替，效率很高，

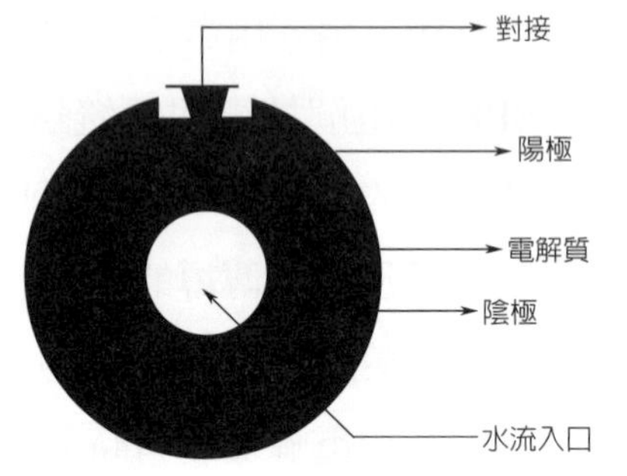

☼ 圖 6-9　固體氧化物電解槽技術原理示意圖

並且營運成本也不高。其基本原理示於圖 6-9。高溫水蒸汽進入管狀電解槽後，在內部的負電極處被分解成 H^+ 和 O^{2-}。H^+ 得到電子生成 H_2，而 O^{2-} 則利用電解質到達外部的陽極，生成 O_2。

三種電解槽中固體氧化物電解槽的效率最高，並且反應的廢熱可以利用汽輪機和製冷系統等利用起來，使得總效率達到 90%，但是由於其工作溫度高（1000℃），存在著材料和使用上的一些問題。適合用作固體氧化物電解槽的材料主要是 YSZ（yttria-stabilized zirconia），雖然這種材料不昂貴，但是由於製造方法比較貴，使得固體氧化物電解槽的成本也大大高於鹼性電解槽。

6.2.3.2　水電解製氫設備主要技術指標

世界各國生產的水電解製氫設備的氫產量不同，但是生產的氣體純度沒有明顯的差距。大致都是：氫氣純度為（99.7±0.1）%；氧氣純度為 99.2% ～ 99.5%。美國水電解製氫設備產出的氫氣和氧氣的純度高達 99.999% 以上，原因是裝置中已設置有氫氣和氧氣的後處理裝置。另一項主要技術指標是單位產氫量的能耗，各國稍有差異，大致在 4.3 ～ 49 kW · h/m^3（標準狀態）。中國生產的加壓型水電解製氫設備能耗偏高，常壓型略有超出。

6.2.3.3　水電解製氫一般的製程方法流程

世界各國生產的水電解製氫設備的方法流程經不斷改進和完善，沒有多大差別。大致過程如下：在電解槽中經過電解產生的氫或氧連同鹼液一起進入氫或氧分離器，在分離器中進行氣液分離，分離後的鹼液經冷卻器冷卻，除去多餘的熱量，再經鹼液過濾器過濾，除去鹼液中的固體雜質，然後返回電解槽繼續進行電解。電解分離出來的氫氣或氧氣經氣體冷卻器冷卻降溫，再經捕滴器除去夾帶的水分後純化或直接使用。

根據鹼液循環方式，分為強制循環和自然循環兩類。自然循環主要利用系統中液位的高低差和鹼液的溫差來實現。強制循環主要用鹼液泵作動力來推動鹼液循環，其循環強度可由人工來調節。強制循環過程又分為以下 3 種循環流程。

1. 雙循環流程　雙循環是將氫分離器分離出來的鹼液用氫側鹼液泵經氫側冷卻器、過濾器、計量器後，送到電解槽的陰極室，由陰極室出來的氫氣和鹼液再進入氫分離器。同樣，將氧分離器分離出的鹼液，用氧側泵經氧側冷卻器、過濾器、計量器後送到電解槽的陽極室，由陽極室出來的氧氣和鹼液再進入氧分離器。這樣各自形成一個循環系統，鹼液互不混合（見圖 6-10）。

雙循環流程法的優點是獲得的氫、氧氣純度高（不低於 99.5%），可直接裝瓶銷售。缺點是流程複雜，設備儀器儀錶多，控制檢測點也多，造價高些。美國 EC 系列電解槽、天津大陸製氫設備有限公司和蘇州競立製氫設備有限公司等採用了此流程。

2. 混合循環流程　混合循環流程是由氫分離器和氧分離器分離出來的鹼液在泵的入口混合，由泵經過冷卻器、過濾器、計量器後同時送到電解槽的陰極室和陽極室內（見圖 6-11）。這種循環方式為世界上多數國家生產的水電解製氫設備所採用。

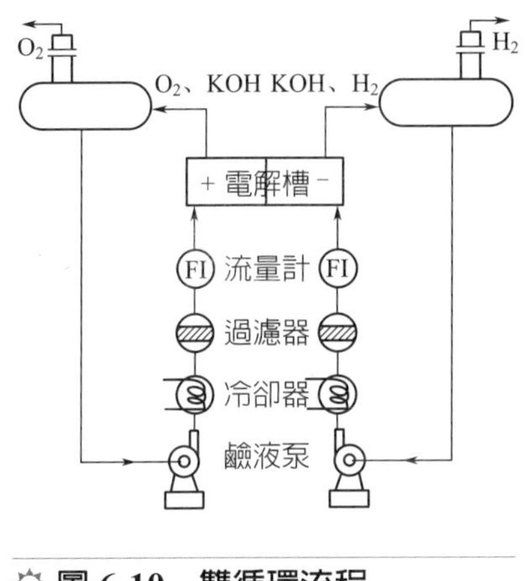

圖 6-10　雙循環流程

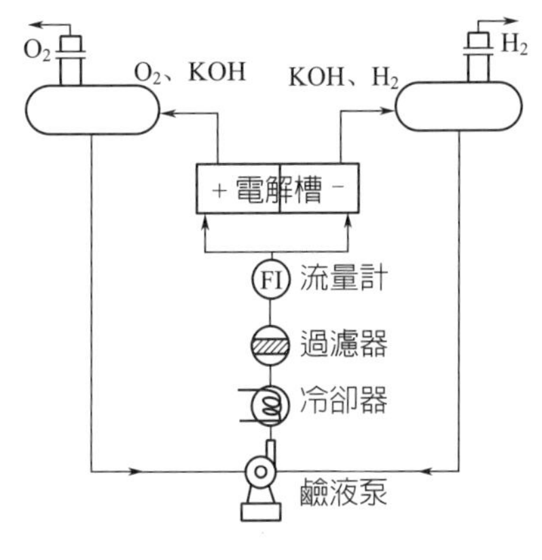

圖 6-11　混合循環流程

3. 單循環流程　單循環流程沒有氫分離器，鹼液由泵經冷卻器、過濾器、計量器後直接送到電解槽的陽極室（陰極室無鹼液），由陽極室出來的鹼液在氧分離器中進行氣液分離（見圖 6-12）。此循環方式為美國 HM 系列水電解製氫設備所用。

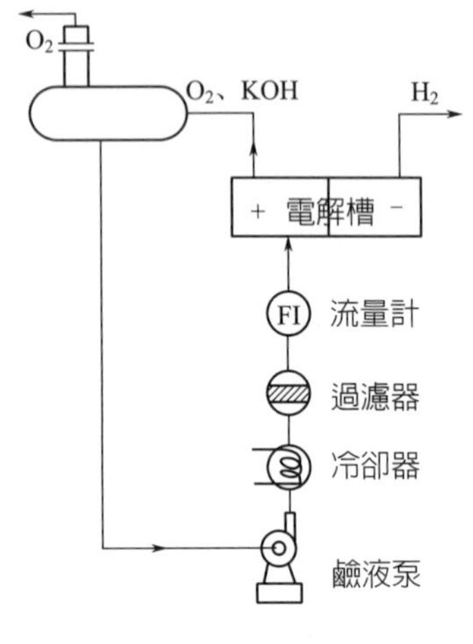

☼ **圖 6-12　單循環流程**

6.2.3.4　水電解製氫的發展趨勢

水電解製氫技術成熟，應用廣泛。但是，隨著世界經濟的發展，科技的進步，仍有許多工作需進一步改進和開發，根據當前的研究和生產應用現狀，其發展趨勢總結如下。

1. 降低設備電能消耗　水電解的理論分解電壓為 1.23 V，而實際分解電壓為理論分解電壓的 1.5 ～ 2 倍，有許多能量被轉換成熱能而浪費了。許多年來，人們研究採用導電能力強的 KOH 電解溶液、最佳的電解液濃度、最佳營運溫度、加速電解液循環和加入添加劑等措施以降低電耗，但效果都不顯著。因此，繼續大幅度降低電耗仍是設計研究部門和生產使用部門面臨的重大問題。降低電耗的研究重點為降低小室電壓，降低水電解制氫電耗的措施有：

(1) 研究一種薄型新材料隔膜，取代現今所用的較厚、小室電壓較高、同時有致癌性的石棉布隔膜；

(2) 採用多孔催化電極；

(3) 深入展開 Ni-Mo-S 複合金屬塗層水電解製氫節能新技術的工業應用研究；

(4) 利用現代科技，加速固體聚合物電解質水電解槽和固體電解質高溫水蒸汽電解槽新方法新產品的開發應用；

(5) 研究開發太陽能、風能水電解製氫設備；

(6) 提高現今水電解製氫設備功能，使之成為適合於利用低谷電能的快開快停式水電解製氫設備；

(7) 製造和推廣在能耗最佳的 3.2 MPa 壓力下工作的水電解製氫設備。

2. 降低設備製造成本 降低設備製造成本最重要的一點是提高電解槽的電流密度。電流密度提高一倍，設備生產能力就提高一倍，這樣電解槽體小質輕，製造成本自然大幅下降。其次是採用能取代現今生產程式繁多，壓制成本較高的石棉布隔膜墊片的薄型新材料隔膜。再次是採用碳鋼材質並內外化學鍍鎳的設備。這樣不僅保留了不銹鋼材質一樣的光亮美觀度，又提高了對 30% KOH 電解液的耐腐蝕性，使設備經久耐用，延長壽命，降低生產成本。

3. 向設備大型化方向發展 挪威常壓型水電解制氫設備單台最大產氫量可達 400 m^3/h，德國 Lurgi 公司中壓槽單台容量為 200 m^3/h，組合式產氫量可達 750 m^3/h。

中國 20 世紀 90 年代前，多為仿前蘇聯的常壓型，單台最大生產能力為 200 m^3/h，中壓型最大的只有 DQ60/1.6，20 世紀 90 年代後，常壓型逐步被淘汰，中壓型發展到 DQ200/1.6、DQ250/1.6 型；21 世紀初發展到了 DQ350/1.6 和迄今的 DQ375/1.6 型。總的趨勢是水電解制氫設備向大型化方向發展。

6.2.4 生物質製氫

6.2.4.1 生物質製氫的優勢

化石能源製取氫氣的技術固然成熟，但不能解決化石燃料資源枯竭的問題，也不能從根本上消除 CO_2 排放，真正能夠永遠使用的氫能系統應該以可再生能源為基礎。其中生物質能源作為可再生能源有明顯的優勢。

(1) 生物質是資源豐富的重要可再生能源。生物質是植物利用光合作用產生的有機物，而綠色植物的光合作用是地球上最重要、最大規模的太陽能轉換和利用過程。地球上每年生長的生物質總量為 1400 億～ 1800 億噸乾物質，相當於目前世界總能耗的 10 倍，是生生不息的可再生資源。生物質資源分佈廣泛，較少受地域限制，這對於國家的能源安全十分重要。中國是生物質資源豐富的國家，在工農業生產中產生了大量農林殘餘物、工業生物質廢棄物和有機廢水，每年可利用的生物質資源量超過 10 億噸標準煤，使生物質制氫技術建立在可持續供應的資源基礎上。

(2) 生物質能是 CO_2 零排放的潔淨能源。植物生長過程從空氣中吸收大量的 CO_2，是空氣中碳元素返回土壤的主要途徑，從而保持了大氣中 CO_2 的基本平衡，保證了人類的生存條件。因此生物質能的利用將有利於減少 CO_2 排放，減輕全球變暖趨向，生物質製氫技術是一條真正清潔的氫能技術路線。

(3) 生物質是氫和能量的雙重載體。構成生物質的碳水化合物是自然界中第二大氫源，生物質自身的能量足以將其含有的氫分解出來，合理的技術路線還可能利用多餘能量分解一定量的水，得到更多的氫。

(4) 生物質具有穩定的可獲得性。在可再生能源中，太陽能、風能、水能等都是非物質的過程性能源，只有生物質是可儲存、可運輸的物質能源，收穫以後可以全天候使用而不受氣候的影響。與其他可再生能源相比，穩定的可獲得性是生物質能的突出優點。

(5) 與化石燃料的類似性。生物質是主要由碳、氫、氧元素組成的固體燃料，其物質構成與化石燃料類似，許多已經充分發展的常規能源技術可以移植到生物質，這將縮短生物質製氫技術的發展進程。

6.2.4.2　生物質熱解製氫

1. 生物質熱解　生物質熱解是在溫度為 600 ～ 800 K、壓力為 0.1 ～ 0.5 MPa、隔絕氧氣的條件下加熱生物質，將其轉化為液態油、固態木炭和氣體產物，其中氣態產物包括 H_2、CH_4、CO、CO_2 和其他氣態烴，液態產物包括焦油和一些水溶性產物如醇、丙酮和乙酸等，固相成分主要是焦炭，另外還有一些惰性成分如灰分等。

熱解可進一步細分為慢速熱解、快速熱解和閃速熱解三種。慢速裂解的加熱速率較低，約 5 ～ 7 K/min，產品主要是焦炭，而不用來生產氫氣。一般來說，快速熱解用來生產高品質的生物油，經由快速熱解可以獲得比較高的液體產量，其加熱速率大約在 300℃ /min，停留時間在 0.5 ～ 10 s。閃速熱解的加熱速率很高，可以達到 1000℃ /min，停留時間一般小於 0.5 s。在高溫和充足的氣相停留時間條件下，快速或閃速熱解可以直接生成氫氣。當氣相的停留時間足夠的情況下，生物質熱解產生的一些高分子烴可以在高溫下發生分解，生成低分子烴類和 H_2、CO 等。

近年來，農業殘渣、花生殼及消費污染物，如下水道油脂（地溝油）、混合生物質、人工合成聚合體、油菜籽等，都曾被用來裂解製取氫氣。王天崗等人以密封的管式爐為反應器，以稻殼粉為原料，利用自動控制系統控製熱解反應參數，在 550 ～ 850℃ 的溫度範圍內對生物質熱解的三種產物（氣體、焦油和木炭）單獨收集並進行了分析。結果表明，產氣中氫氣的百分含量隨著熱解溫度的提高明顯增加，在一定溫度範圍內，反應時間越長，產氫量越大。

生物質熱解製氫的方法流程如圖 6-13 所示，其要點為：① 利用隔絕空氣的第一次熱解，將占原料主要部分的揮發性物質析出轉變為氣態；② 將殘留木炭移出，對氣體產物進行二次高溫裂解，使分子量較大的重烴（焦油）裂解為氫、甲烷等氣體，並徹底消滅焦油；③ 對熱解氣體進行重整，將其中的甲烷和

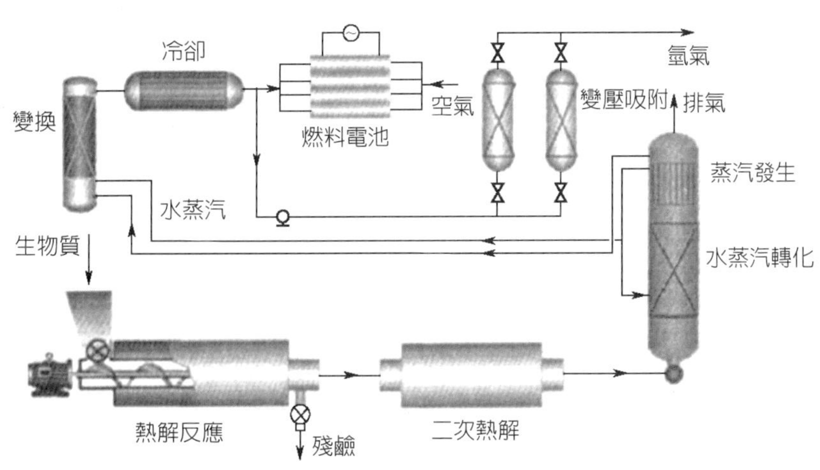

圖 6-13　二次熱解法生物質製氫製程方法流程之示意圖

CO 轉換為 H_2；④ 產出的富氫氣體可以直接用於高溫碳酸鹽等類型的燃料電池，成為一種高效清潔的分佈型發電系統，或用變壓吸附、膜分離技術等分離出純氫氣，用做工業用途。

2. 影響熱解的主要因素

(1) 反應壓力　常壓下隨著升溫速率的升高，熱解反應變得更激烈、更容易，反應時間變短。但隨著壓力提高，生物質的活化能減小，且減小的趨勢減緩。加壓和常壓相比，加壓下生物質的熱解反應速率有明顯的提高，反應更激烈，即在加壓條件下，生物質熱解有更好的經濟性。

(2) 升溫速率　升溫速率越快，溫度滯後越嚴重，熱重曲線和差熱曲線的分辨力就會越低。升溫速率增大會使樣品分解溫度明顯升高，如果升溫太快，會使試樣來不及達到平衡，從而使反應各階段分不開。而且樣品在升溫過程中，往往會有吸熱或放熱現象，這樣使溫度偏離線性程序升溫，從而改變了熱重曲線位置，影響熱解的分析結果。

(3) 氣氛　在對生物質進行熱重試驗時，一般可在靜態氣氛或動態氣氛下進行測定。為了獲得重複性好的試驗結果，一般在嚴格控制的條件下採用動態氣氛。氣氛對熱重曲線的影響與反應類型、分解產物的性質和所通氣體的類型有關。

6.2.4.3　生物質氣化製氫

1. 生物質氣化　生物質氣化是以生物質為原料，以氣化劑在高溫條件下（一般在 800 ～ 900℃），利用熱化學反應將生物質中可以燃燒部分轉化為可燃氣的過程。氣化過程中會產生焦炭，但是焦炭在反應過程中也會逐漸轉化成 H_2、CO、CO_2 和 CH_4。生物質氣化過程可以簡示為：生物質 + 熱量 + 蒸汽 = H_2 + CO + CO_2 + CH_4 + 碳氫化合物 + 焦炭。和熱解不同，生物質氣化是在有氧環境中進行的，另外氣化主要是為了獲得氣態產物，而熱解主要產物是生物油和焦炭。生物質氣化所用的原料與熱解基本相同，主要是原木生產及木材加工的殘餘物、柴薪、農業副產物等，但氣化過程只適用於含水量小於 35% 的生物質原料。

生物質氣化過程，包括生物質炭與氧的氧化反應，碳與二氧化碳、水等的還原反應和生物質的熱分解反應，反應器內可以分為四個主要區域：乾燥層、熱解層、還原層和氧化層。

生物質氣化主要是為了生產燃料氣，單純的氣化製氫並不能體現生物質製氫的優勢。國外生物質氣化主要應用於生物質氣化發電、生物質燃氣區域供熱、水泥廠供氣與發電聯產、生物質氣化合成甲醇或二甲醚、生物質氣化合成氨等。

在生物質氣化製氫方面，近年來中國國內科研單位加大了研究力度，也取得了明顯進展。中國科學院廣州能源研究所在循環流體化床氣化製氫方面取得了一系列進展，並基於循環流體化床氣化建設營運了多套氣化發電系統。

2. 影響氣化的主要因素

(1) 氣化溫度　在實驗的其他參數不變的情況下，產氣率隨著溫度的升高而增加。溫度越高，反應速度加快，有利於後續的吸熱反應繼續進行，相應的產氫率就隨著溫度的升高而增加。但是從經濟角度考慮，生物質氣化不適宜使用較高的溫度，一般以 800℃ 為宜。

(2) 氣化介質　生物質氣化介質一般為空氣、氧氣、水蒸汽或氧氣、水蒸汽的混合氣。有研究顯示，在其他條件相同且採用白雲石作催化劑時，以水蒸汽或水蒸汽、純氧的混合氣作為氣化介質與以空氣作為氣化介質相比，前者在氣化過程中產生的焦油更容易裂解。

(3) 空氣當量比（ER）　ER 不是獨立的變數，它與營運溫度相互聯繫，高的 ER 對應高的氣化溫度。在實驗過程中，ER 有一個最佳值，此時產氣率和產氫率都最大。

(4) S/B 值　S/B（水蒸汽加入量）值與 ER 的影響相似，適量的水蒸汽的加入可以使燃氣質量提高，當水蒸汽加入過量時，燃氣質量開始下降。

6.2.4.4 生物質催化裂解／氣化制氫

1. 生物質催化裂解和氣化 生物質熱解和氣化製氫，雖然可以直接用來生產能源替代產品，但是製程方法條件中僅僅用熱解或者氣化都不能達到要求。因為單一的處理方法，使得產品氣中氫氣含量都不是很高，過程的經濟性比較差。而且無論是生物質熱解還是氣化，產品氣中都含有一定量的焦油。焦油不及時除去，會在反應器內形成焦油煙霧並發生聚合反應，從而生成不利於藉由水蒸汽重整制氫的複雜化合物，大大降低了出口氣中氫氣的含量。

目前，主要有三種方法用來減少反應器中焦油的產生：① 合理設計反應器；② 正確控制和操作；③ 使用添加劑或催化劑。據相關研究報導，焦油在 1273 K 以上的高溫下才可以利用熱裂解除去，而一般的熱解、氣化過程很少達到此溫度。另外，一些添加劑如白雲石、橄欖石和焦炭的加入，有利於焦油的減少。催化劑不僅可以減少焦油的產生，而且也可以提高產品氣的質量和系統的轉化效率，使生物質轉化的總效率提高 10%。因此，很有必要在以生物質裂解或氣化制氫過程中添加一定的催化劑或助劑，來提高產品氣中氫氣的含量。

2. 採用的催化劑 生物質催化裂解制取氫氣採用兩種催化劑：白雲石和鎳基催化劑。白雲石經粉碎、篩選（粒度為 0.3 ～ 0.45 mm），在 900℃ 下煅燒 4 h 後備用。鎳基催化劑的主要化學組分為：$NiO \geq 22\%$（重量百分比）、$K_2O = (6.5 \pm 0.3)\%$（重量百分比）。使用這兩種催化劑的主要目的是為了消除裂解制氫過程中生成的焦油，提高氫氣含量，避免造成環境污染。

3. 實驗裝置 催化裂解／氣化製氫使用的實驗裝置如圖 6-14 所示。它的主要部件有：生物質氣化反應器、給料裝置、蒸汽發生器、空氣壓縮機、旋風分離器和固定床催化反應器。

生物質氣化反應器（氣化爐）是一個常壓鼓泡流體化床，下部內徑 40 mm，上部內徑為 60 mm，流體化床總高 1,400 mm。該流體化床為電加熱控溫，上、下部各有一個圓柱形電爐，可分別由溫度控制儀進行控制。

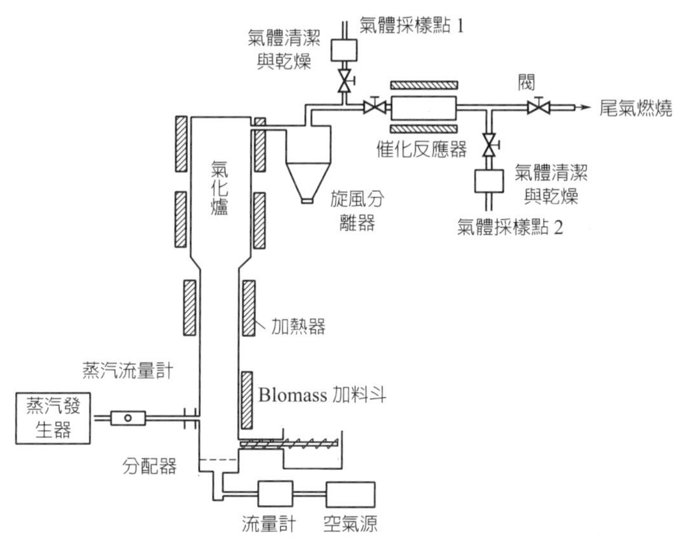

☼ 圖 6-14　生物質催化裂解／氣化製氫流程圖

進風系統由空氣壓縮機、氣體流量計、空氣預熱器（可以預熱到65℃ 左右）以及位於流體化床底部的空氣分佈板組成，分佈板厚為3 mm，上面均勻分佈有25個直徑為1 mm的小孔。實驗所用蒸汽由一個蒸汽發生器產生，蒸汽溫度為154℃，壓力為0.4 MPa。

在實驗開始前，向流體化床內加入 30 g、60 ～ 80 目的建築用沙作為流體化介質。同時打開電加熱爐對反應器進行預熱。當反應器溫度達到預定值並保持恆定時，開始通入空氣；當反應器再一次達到穩定時，開始進料、進氣，實驗開始。一般情況下，實驗開始 15 min 後，反應達到穩定狀態，此時每間隔 3 min 取一次樣，共取樣 3 次。

6.2.5　太陽能製氫

太陽能作為一種永不竭盡的能源，具有清潔、環保和廣泛持久存在的優勢，是人類應對能源短缺、氣候變化與節能減碳的重要選擇之一，因而太陽能製氫受到了世人的普遍關注。

6.2.5.1　光催化製氫的發展

1972 年，Fujishima 等用 TiO_2 在光電極上研究水分解時發現了光催化反應。光催化製氫光能轉化為化學能的最終研究目的是，將太陽能轉化成化學能。太陽能是取之不盡、用之不竭的一次性能源，利用太陽能分解水，把太陽能轉化成可儲存的化學能是人們最感興趣的研究課題之一。其中以半導體氧化物為催化劑光催化分解水製氫被認為是最有前途的製氫方法。科學家經過幾十年的努力取得了很大的進步，先後開發出能夠在紫外光或可見光照射下將水分解為氫氣和氧氣的光催化劑，前者如 TiO_2、$SrTiO_3$、$Na_2Ti_6O_{13}$、$BaTi_4O_9$、$K_2La_2Ti_3O_{10}$、$K_4Nb_6O_{17}$、ZrO_2 等，後者如 Bi_2InNbO_7，CdS，ZnS，$Bi_2W_2O_9$ 等，在後者中設計了電子給體和電子受體。最近報導了在可見光照射下，不依靠電子給體或電子受體，可以將水分解成氫氣和氧氣的光催化劑 $InTaO_4$。在現有的報導中催化劑活性大多在 μmol/(h · gcat) 級上〔高的幾十 μmole/(h · gcat)，低的幾 μmol/(h · gcat)〕，顯然離工業化還有很大的距離，因此繼續研究開發新的光催化劑和新的光催化反應非常重要。

1. 光催化分解水製氫的原理　在光作用下能將水裂解成 H_2 和 O_2 的催化劑一般為半導體光催化劑，與金屬相比，半導體能帶是不連續的，價帶（VB）和導帶（CB）之間存在一個禁帶。用作光催化劑的半導體大多為金屬的氧化物和硫化物，一般具有較大的禁帶寬度。如 TiO_2 的禁帶寬度一般為 3.0 eV 左右，當它受到能量相當或高於該禁帶寬度的光輻照時，半導體內的電子受激發從價帶躍遷到導帶，從而在導帶和價帶分別產生自由電子和電子空穴。水在這種電子對的作用下發生裂解，生成 H_2 和 O_2。

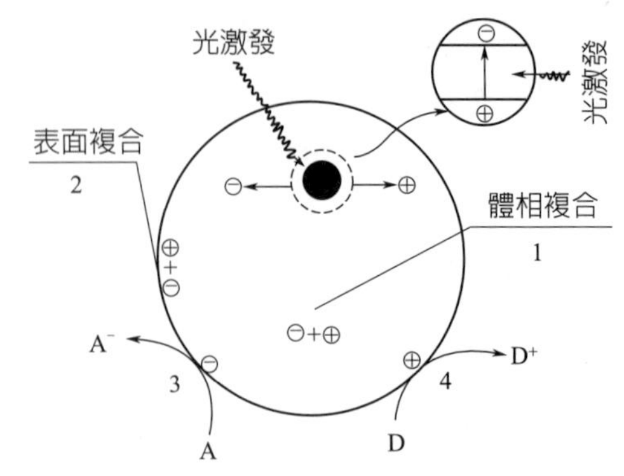

圖 6-15　半導體光催化反應歷程示意圖

圖 6-15 繪出了半導體在吸收光子能量等於或大於禁帶寬度能量後發

生的反應。電子和空穴被光激發出來後，會經歷俘獲和複合兩個相互競爭的過程。光致空穴具有很強的氧化性，可奪取半導體表面吸附的有機物或溶劑分子中的電子，使原本不吸收光而無法被光子直接氧化的物質被氧化。

光致電子具有很強的還原性，能使半導體表面的電子受體被還原。遷移到體內和表面的光致電子和空穴又存在複合的可能，此為去啟動過程。其中，步驟 1、2 為去啟動過程，對光催化反應無效；步驟 3、4 是在半導體表面的氧化劑和還原劑分別發生還原和氧化過程而引發的光催化反應。為了阻止半導體粒子表面和體相的電子和空穴再結合（步驟 1、2），反應物種須預先吸附在其表面上。同時要使水發生分解。熱力學要求半導體的導帶電位比氫電極電位稍負，而價帶電位則應比氧電極電位稍正。

理論上，半導體禁帶寬度 > 1.23 eV 就能進行光解水的反應，但是由於存在過電位，最合適的禁帶寬度為 1.8 eV。通常在禁帶寬度不太大的半導體上容易發生光腐蝕（如 CdS）反應，而在禁帶寬度較大的穩定的半導體（如 TiO_2）上只能部分利用或不能利用太陽的可見光，從而需要人工紫外光源。

完全的光催化分解水能放出化學計量的氫和氧，但通常對於氧化物或硫化物半導體，在光解水時產生的氧小於化學計量。對 TiO_2 負載 Pt 催化劑的研究顯示，在光解水過程中，半導體吸收氧氣會產生過氧化物。進一步研究顯示，Pt-TiO_2 在無犧牲劑存在下光照 600 h 後，即使再加入電子施體，也不再有放氫活性。這表明電子施體對於維持光催化劑的活性是必要的。CdS 也會發生吸收氧的光腐蝕反應，在放氫的同時不能放氧，氧與 CdS 反應生成 $CdSO_4$。因此，嚴格意義上的循環體系光解水是難以實現的。通常，只能在電子施體存在下放氫或在電子受體存在下放氧。由於光解水的主要目的是製氫，選擇廉價電子給體構建光解水反應體系，有可能使光解水產氫向應用研究階段發展，因此可以選用生物質這一廉價的電子給體，進行光分解水。

2. 光催化分解水的反應效率　光催化反應效率是以光催化反應的量子效率來度量的。為了確定量子效率，必須把電子 - 空穴所有經歷途徑的機率考慮在內。對於一個簡化的理想體系，只考慮體相和表面的電子一空穴再結合和電荷轉移引發光催化反應。光催化分解水反應的效率，可以用每吸收 2 個光子產生的氫分子數的量子效率來衡量。顯然，電子和空穴的再結合對半導體光催化分解水是十分不利的。為了在光催化劑表面上有效地轉移電荷引發光解水反應，必須抑制或消除光激發電子和空穴的再結合。

與釋放能量的光催化消除污染物的不可逆反應不同，光催化分解水是一個耗能的上坡反應，逆反應易進行。水在半導體光催化劑上光解時，產生的氫和氧的逆反應結合途徑包括：①半導體負載的鉑等金屬上產生的氫原子，藉由「溢流」作用和表面產生的氧原子反應；②在半導體表面已形成的分子氧和氫，以氣泡形式留在催化劑上，當它們脫離時，氣泡相互結合產生逆反應；③已進入氣相的氫和氧，在催化劑表面上再吸附並反應。通常，反應①並不很明顯，否則就觀察不到Pt/TiO_2光解水的活性。再結合方式②通常對光解水的效率產生較大的影響，氫和氧在催化劑上的重新結合與溶液層厚度有關，減小液膜厚度可以獲得很高的量子效率。方式③再結合也是相當顯著的，可利用除去生成的氣相產物抑制逆反應。

由於存在電子和空穴再結合和逆反應，在沒有犧牲劑存在下，半導體光催化分解水反應效率通常都不高。

3. 提高光催化反應效率的方法

(1) 電子空穴再結合的抑制

a. 金屬修飾半導體　電中性的、相互分開的金屬和半導體，具有不同的費米能級。當金屬和 N 型半導體接觸，兩者的費米能級將會持平，從而引起電子從 N 型半導體向金屬流動，金屬表面將獲得負電荷，而在半導體表面上則有多餘的正電荷。這種在金屬 - 半導體介面上形成的能壘稱為蕭特基能壘，能有效地阻止半導體上的電子 - 空穴再結合，是一種有效的電子俘獲阱。電子激發後向金屬遷移時為蕭特基能壘所俘獲，從而抑制了電子 - 空穴對的再結合，有利於光催化反應的進行。這種作用已由 Pt-TiO_2 電導過程發生的還原作用所證實。研究得最多的金屬修飾半導體體系為 Pt-TiO_2 體系。研究顯示，

Pt 以原子簇形態沈積在半導體表面。Pt 本身也是好的催化劑，它在 TiO_2 表面的沈積，有利於氣體特別是氫氣發生反應。其他貴金屬修飾也有類似的電荷分離作用，但鉑具有最大的功函，效應最強。金屬氧化物負載也能促進光解水。在 $SrTiO_3$ 上負載銠氧化物、NiO 可以提高光催化反應的活性。最近發現，鉑負載於 $K_{4n}b_6O_{17}$ 後，較其他一些貴金屬的放氫效率高。

b. 複合半導體　半導體複合是提高光催化反應效率的有效手段。利用半導體的複合，可以提高系統的電荷分離效果，同時可擴展其光譜回應範圍，研究得最多的是 CdS-TiO_2 體系。CdS 在激發過程中產生的空穴留在其價帶中，而電子則從 CdS 導帶轉移到 TiO_2 導帶中，這明顯地增大了電荷分離和光催化反應效率。利用選擇合適的 N 型和 P 型半導體金屬硫化物組成異質結，可以很好地分離電荷。過渡金屬離子摻雜作為複合半導體的特殊形式，能阻止電子 - 空穴再結合，且通常摻雜離子的濃度不高。TiO_2 中摻入 W^{6+}、Ta^{5+}、Nb^{5+} 等高價離子，可使放氫速度加快；但摻入低價態離子（In^{3+}、Zn^{2+}、Li^{+}）時，放氫速度則減慢。

c. 減小半導體粒子大小——量子尺寸效應　半導體粒子尺寸在 1～100 nm 範圍內，存在著明顯的量子尺寸效應。隨著粒子尺寸的減小，半導體粒子的有效禁帶寬度增大，其相應的吸收光譜藍移。如體相 CdS 的 E_g = 2.6 eV，當其粒子尺寸為 2.6 nm 時，E_g = 3.6 eV。具有量子尺寸的奈米粒子提高光催化反應效率的原因主要有：① 對於奈米粒子半導體微粒，其粒徑通常小於空間電荷層厚度，電子從體內向表面的擴散時間隨粒徑減小而縮短，電子與空穴複合的機率減小，電荷分離效率提高；② 由於半導體粒徑減小，其禁帶寬度增大，導帶電位變負，價帶變正，奈米半導體的氧化還原能力增強；③ 反應表面積增大。許多奈米半導體，如 TiO_2、CdS 等，表面光催化活性均大於相應的體相材料。但隨著粒徑減小，其結晶度下降，會產生新的電子一空穴結合中心。高活性的催化劑在具有大的表面積和高的結晶度之間應有合適的平衡。

(2) 抑制逆反應

a. 加電子施體或受體　光催化分解水可以分為水的還原和水的氧化兩個反應。利用施體系加入電子給體不可逆的消耗反應產生的空穴（或羥基自由基），以提高放氫反應的效率：或通過加入電子受體不可逆結合產生的電子促進放氧反應。在 TiO_2 光催化分解水體系中加入電子施體，放氫效率明顯提高。如 Fe^{3+} 的加入特別顯著提高分解水放氫的效率。從應用的角度考慮，人們主要關心的是光催化分解水製氫。許多有機物是很好的電子給體，能顯著提高光催化分解水放氫的效率。但人為的加入電子施體，則大幅提高了製氫成本，在實際應用中受到限制。

b. 添加高濃度的碳酸根離子　典型的 Pt-TiO_2 催化劑由於在 Pt 上存在快速的逆反應，在水溶液中難以分解水，但在高濃度碳酸鈉溶液中能有效地產生氫和氧，碳酸根離子顯著提高了反應效率。由此顯示該體系的逆反應被有效地抑制。他們認為吸附在催化劑上的碳酸根阻止了在 Pt 上的逆反應，同時利用形成過碳酸根促進了氧的釋放。這種效應也在其他催化劑體系中表現出來。此外，他們發現在含碳酸鈉水溶液中以 NiO、TiO_2 為催化劑，用可見光照射能產生氫和氧。

6.2.5.2　利用光伏系統轉化的電能電解水製氫

利用光伏系統將太陽能轉化成電能，再利用電解水製氫，整個系統由光伏電池，最大能量輸出跟蹤器（MPPT）和電解槽組成。由於光伏電池產生的是直流電，無需進行交直流轉換就可以直接與電解槽相連接，為電解水製氫提供動力。電解水製氫的詳細過程請見 6.2.3 節。

6.2.5.3 利用太陽能的熱化學反應循環製氫

利用太陽能的熱化學反應循環製取氫氣就是利用聚焦型太陽能集熱器將太陽能聚集起來產生高溫，推動由水為原料的熱化學反應來製取氫氣的過程。聚焦型太陽能集熱器主要有槽型集熱器、塔型集熱器和碟型集熱器。槽型集熱器、塔型集熱器和碟型集熱器的聚光比分別為 30 ～ 100，500 ～ 5000 和 1000 ～ 10000。聚光比越高，可以獲得的溫度越高，效率也越高。

由聚焦型集熱器收集到的太陽能可以用來直接分解水，產生氫和氧，但所需溫度很高，要達到 2500 K，對使用材料的要求較高。另外，直接分解水製氫循環的產物是水蒸汽、氫氣和氧氣的混合物，在高溫下這些混合物可能會重新結合又生成水，或是發生爆炸，這就需要對氫和氧進行及時的分離。

近幾年發展較快的太陽能熱化學循環技術，跨過了氫和氧的分離這一步，使利用太陽能熱化學反應製氫更為可行。這種製氫方式採用金屬氧化物作中間物，輸入系統的原料是水，產物是氫和氧，不產生 CO 和 CO_2。在太陽能熱化學循環中，第 1 步是利用太陽能將金屬氧化物分解為金屬單質和氧；第 2 步是金屬單質在高溫下和水蒸汽反應，生成金屬氧化物和氫氣。

6.2.6 核能製氫

從長遠的角度考慮，基於油氣資源的短缺和可持續發展的要求，核能是製氫的最佳候選能源。同時，核電廠在非發電高峰時段可以將核反應爐與產氫系統相結合，保證核電站始終營運在恆定負荷狀態，有利於提高核電站的經濟效益。以核反應爐為熱源大規模製取氫氣的研究，是一個正在興起的國際研究熱點。

6.2.6.1 鉛冷快堆甲烷熱裂解製氫方案

以甲烷為原料是目前主要的製氫方法，包括水蒸汽重整法和部分氧化法。美國布克海文國家實驗室（BNL）比較分析了各種製氫方法的能耗，認為甲烷直接熱裂解是潛在的最低能耗和最少二氧化碳排放的製氫方法。

甲烷製氫的反應溫度在 700 ～ 1000℃，適合為該反應提供高質量熱源的反應堆類型有高溫氣冷堆（HTGR）、先進高溫堆（AHTR），以及鉛冷快堆（LFR）。美國阿崗國家實驗室（ANL）結合鉛冷快堆的冷卻劑穩定性好、出口溫度高等優點，提出了以鉛冷快堆為熱源的甲烷裂解製氫構想。近幾年鉛冷快堆的發展也為鉛冷快堆為熱源的製氫方案提供了技術支援。

基於這種概念，中國設計了一套簡單的鉛冷快堆與甲烷熱裂解製氫反應器相互配合的核能製氫系統方案。該方案將核反應爐與製氫反應器進行簡單的組合，以反應堆液態金屬冷卻劑作為熱源，甲烷氣體直接與鉛液接觸發生熱裂解反應。這種製氫方案原理簡單，系統也得到很大簡化。以鉛冷快堆為熱源的甲烷熱裂解核能製氫系統方案如圖 6-16 所示。系統主要包括兩個部分，左邊是一個液態金屬冷卻快中子堆，右邊是甲烷熱裂解製氫反應器，通過泵將反應堆的鉛冷卻劑引出到製氫反應器中。甲烷通過管道通入液態鉛中的鼓泡器形成小氣泡，與高溫鉛液接觸發生熱裂解生成氫氣和碳。由於密度差的原因生成的碳將漂浮在鉛液面上，可以方便地分離。生成氫氣和剩餘的甲烷混合氣經過分離，甲烷重新再循環。生成的氫氣和碳經過再處理即可用於其他工業部門。

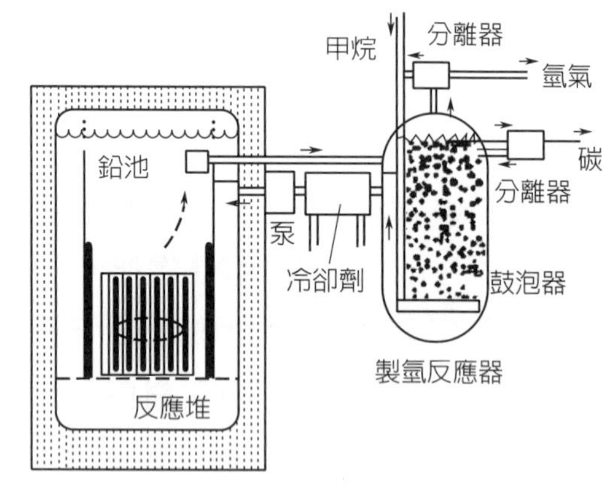

圖 6-16　鉛冷快堆甲烷熱裂解核能製氫系統示意圖

6.2.6.2　甲烷熱裂解製氫效率研究

甲烷裂解反應的反應溫度範圍很大，隨著反應溫度和反應時間的不同，將生成氫氣和各種碳氫化合物（CH_x）。但是若溫度範圍在 700 ～ 980℃ 之間，甲烷熱裂解的產物只有碳和氫氣。甲烷熱裂解反應機制可以認為是甲烷不斷脫氫生成中間產物 CH_3，CH_2，CH，最終生成碳和氫氣，其總化學反應式為：$CH_4(g) = C(s) + 2H_2(g) + 74.8$（kJ/mol）。

甲烷裂解反應是一個吸熱過程，隨著溫度的升高，平衡常數不斷增大，甲烷的轉化率也就不斷提高。熱力學計算顯示，在 500℃ 時甲烷的理論轉化率為 45.7%，在 600℃ 時轉化率達到 71.8%，在 1000℃，超過 95% 的甲烷被分解。但是，由於甲烷分子結構類似於惰性氣體，熱力學性質非常穩定，實際反應中並不能達到如此高的轉化率。反應必須在催化條件下進行，需要找到合適而高效的催化劑。

6.2.7 等離子體化學法製氫

用等離子體激發的製氫化學反應原理和傳統的原理大致是相同的，不一樣的是激發化學反應的活性物質不同：傳統方法的活性物質是催化劑，而等離子體方法的活性物質是高能電子和自由基。等離子體是由於氣體不斷地從外部吸收能量離解成正、負離子而形成的，基本組成是電子和重粒子。重粒子包括正、負離子和中性粒子。根據等離子體的粒子溫度，通常把等離子體分為熱平衡等離子體和非平衡等離子體。當重粒子溫度接近於電子溫度時，稱為熱平衡等離子體，這時電子密度高（$10^{23} \sim 10^{28}\ m^{-3}$），主要有電弧和等離子體炬放電形式。當重粒子溫度遠遠低於電子溫度時，稱為非平衡等離子體，這時電子密度在 $10^{10}\ m^{-3}$ 左右，但電子溫度和熱平衡等離子體的電子溫度一樣，約 10^4 K，而重粒子溫度在一般情況下比室溫高不了多少，非平衡等離子體主要有輝光、微波、電暈等放電形式。

因為使用電，等離子體反應有高度的可控性，可以在大範圍內調節氣體速率和組成，達到反應的最優化。借助於電子、離子、激發態物質這些高活性的粒子，等離子體能大大提高化學反應速度，或者為吸熱反應提供能源，並避免使用非均相催化劑。這些優點以及其高能量密度並由此導致的反應時間減少，為製氫反應器縮小尺寸和減輕重量提供了可能。另外等離子體轉化製氫對原料要求不高，只要是含氫物質，像天然氣、汽油、柴油、重油、醇類、生物燃料，甚至水，都可以成為等離子體法製氫的原料。等離子體制氫反應器設備投入少，它的主要部件電極僅僅是金屬或石墨材料。鑒於以上特點，等離子體法適合於各種規模甚至佈局分散、生產條件多變的製氫場合。

由於等離子體反應的獨特優點，國外的研究者近年來廣泛開展了各種等離子體化學製氫的實驗與設計優化研究。下面將根據原料以及相應的製程方法分類說明相關的研究進展。

6.2.7.1 等離子體甲烷重整製氫技術

1. 熱等離子體轉化甲烷製氫氣 目前利用熱等離子體轉化甲烷的主要有熱等離子體裂解甲烷製乙炔和氫氣、製炭黑和氫氣，熱等離子體中的高溫是利用體系中的耦合電能獲得的。早在 20 世紀 30 年代，德國的 Hues 公司就開始了電弧放電熱等離子體裂解甲烷製乙炔和氫的研究，不過其目標為乙炔。其溫度高達 18,000 K，實驗中需要用大量的水冷卻，並且設備龐大，能耗高。該裝置的功率可以達到 50% 左右。1990 年，挪威的 Kvaerner Oil & Gas 公司開發了等離子體法分解天然氣製成氫氣和炭黑的方法流程。氫氣的純度可以達到 98%，等離子體發生器的熱效率為 97% ～ 98%，電能消耗為 $1.1\ kW \cdot h \cdot m^{-3}$。原料轉化率接近 100%，當產能達到 $2.5 \times 10^5 m^3 \cdot h^{-1}$ 時，可以與天然氣重整製氫相媲美。在此製程方法中，除了原料和等離子體炬所需的電源外，過程能量可以自給。並且用高溫產品氣加熱原料氣，提高了能量的利用率，但是能量消耗仍較高。

美國的 Bromberg 和 Cohn 等人利用熱等離子體技術製得富氫氣體，實驗中以 Ni/Al_2O_3 作催化劑，在高於 2000℃ 的溫度下等離子體重整製得的氫氣的濃度達到了 50% ～ 75%，此時體系中 CO 的含量為 25% ～ 50%；同時他們也進行了甲烷高溫裂解和甲烷部分氧化 / 水蒸汽重整的實驗研究。在甲烷的高溫裂解實驗中，他們加入氮氣作為背景氣體，並且探討了氮氣和甲烷的不同比例、功率對於氫氣產率的影響。

當功率從 250 kJ/mol CH_4 增加到 650 kJ/mol CH_4 時，氫氣的產率從 30% 增加到 70%。在產物氣體中，氫氣的體積比最高為 33.3%，其他產物分別為 N_2 54.4%；CH_4 6.8%；C_2H_2 3.2%；C_2H_4 1.2%。甲烷部分氧化 / 水蒸汽重整

的實驗研究中，可得到氫氣產率為 100% 的最佳結果，此時空氣的加入量是按照甲烷反應所需空氣的化學計量比計算的，而加入的水蒸汽的量是化學計量比所需水蒸汽的 4 倍。

Yu 等人利用電弧等離子體 - 催化劑協同反應的方法部分氧化製得氫氣。反應用 50%（重量百分比）的 $Ni(NO_3)_2 \cdot 6H_2O$ 和 γ-Al_2O_3 作催化劑，在 750℃ 反應時，實驗中甲烷的轉化率高達 90.2%，氫的產率為 89.9%，能量效率為 1.21 MJ/kg H_2，反應中等離子體的電壓為 7.5kV，頻率為 2.0kHz。放電發生時，電極間的電壓減少到 (1.9±0.2)kV，電流為 (17.9±0.1)mA，消耗的功率為 (32.4±2.8)W。該實驗研究了 400 ～ 1200℃不同溫度範圍時氧炭比在 0.8 ～ 3.0 之間不同實驗條件下的氫的產率的情況。

Chun 等人研究了使用等離子體法重整甲烷製取富氫氣體。將甲烷、二氧化碳和水蒸汽通入反應室，在溫度為 1100℃，輸入功率為 6.4kW 的實驗條件下實驗。此時產物氣體中 H_2、CO、CO_2、C_2H_2、CH_4 和 N_2 的體積濃度分別為：45.4%、6.9%、1.5%、1.1%、0.9% 和 45.1%。

2. 冷等離子體轉化甲烷　非平衡等離子體由於可在環境友好的條件下試驗，被認為是轉化甲烷製氫的最有前景的方法。

Kabashima 等人採用無聲放電協同鐵電體催化劑分別轉化水、甲烷、甲醇製取氫氣。在使用甲烷作為轉化原料時，通入氦氣和甲烷的總流量為 100 mL/min（含甲烷 1.0%），能量密度為 15 kJ/L 時，甲烷的轉化率為 45%，此時氫氣的產率為 30%，當總流量上升到 300 mL/min，能量密度為 5 kJ/L 時，甲烷的轉化率降低到了 20%，此時氫氣的產率僅為 13%。

Yao 等人利用高頻脈衝等離子體在大氣壓下轉化甲烷製取乙炔和氫氣，當甲烷的流速為 300 mL/min、反應的輸入功率為 32 W 時，甲烷的轉化率可以達到 39%。實驗中為了防止反應氣體的溫度過高，每放電 2 ～ 3 min 後就讓反應暫停 50 min。在此實驗條件下，反應的能量利用率可以達到 72%。

Horng 等人研究利用火花放電的小型等離子體發生器轉化甲烷製氫。在放電電弧頻率為 200 Hz，O_2/C 為 0.1，甲烷流量為 30 mL/min 的時候，氫氣的體積分數達到了 44%，但是當甲烷的流量達到 200 mL/min 時，氫氣的體積百分比卻降到了 22%，此時甲烷的轉化率僅為 25%。

Tomohiro 等人研究了在 Ni/γ-Al_2O_3 作催化劑的條件下，使用介質阻擋放電等離子體轉化甲烷製取富氫氣體。在外部電極溫度為 511℃，CH_4、N_2 和 H_2O 的體積分別為 1100 mL，733 mL 和 1100 mL，放電功率為 47.8 W 時，甲烷的轉化率為 28%，此時製氫的能耗為 53 kJ/mol H_2。

朱愛民等人進行了脈衝電暈放電等離子體轉化甲烷製取氫氣和乙炔的實驗研究。實驗結果顯示：當能量密度在 194 ～ 1788 kJ/mol 範圍變化時，可獲得 7% ～ 30% 的乙炔單程收率和 6% ～ 35% 的 H_2 單程收率，此時，甲烷的轉化率在 8% ～ 44.6% 之間變化。

熱等離子體雖然能製得較高產率的氫氣和得到較高的甲烷轉化率，但是存在著反應溫度高（最高達到 15,000 K），電極燒蝕嚴重、能耗高、設備龐大、過程難以控制等缺點，反應過程不僅需要大量的水冷卻，也會增加氮氧化物的產生。而 Wonihl 等人雖然得到了較高的甲烷的轉化率，但是需要在鉑做催化劑的條件下才能進行，價格昂貴。這些缺點都使其在車載製氫方面難以應用。

6.2.7.2　等離子體甲醇製氫技術

甲醇是合成氣的重要產品，相對於天然氣和烴類製氫，甲醇製氫具有投資省、能耗低的特點。傳統催化甲醇製氫方法已得到廣泛研究，而等離子體法甲醇製氫的研究才剛剛起步。

Bromberg 用電弧放電熱等離子體發生器，以被激發的空氣為等離子體氣處理甲醇，在甲醇轉化率為 50% 時，轉化能耗為 26kJ/mol CH_3OH，而在轉化率達到 100% 時，能耗則為 52kJ/mol CH_3OH。

Tanabe 等用頻率為 1kHz 的交流電為電源，採用介質阻擋放電激發氫氣為等離子體氣源處理甲醇。內部電極是銅棒，外部電極是緊貼在石英管外壁的鋁管。利用甲醇分解製氫時，輸入能量約為 1.58 W · h/cm^3 H_2（標準狀態），可使氫產率達 55%；進一步提高氫產率到 80%，則需輸入能量為 6.4 W · h/cm^3 H_2（標準狀態）。利用甲醇蒸汽重整製氫時，輸入能量約為 1.58 W · h/cm^3 H_2（標準狀態），氫產率可達約 80%，輸入能量為 6.4 W · h/cm^3 H_2（標準狀態），氫產率可達約 120%。

Kabeshima 用內外電極間填充鐵電物質 $BaTiO_3$ 顆粒的等離子體發生器分解甲醇，電源是 50 Hz 的交流電。當外部電壓施加到兩極上，鐵電顆粒被極化，在每個顆粒的觸角附近，形成一個強烈的電場，又產生新的放電。以氬氣為等離子體氣，比能量密度約為 5 kJ/L，氫產率達到 50%；同樣能量條件，用氮氣為等離子體時，氫產率僅約為 30%，提高比能量密度到 14 kJ/L，氫產率可達約 62%。他們認為，不同等離子體氣傳導能量給反應物的效率是不同的，氬氣的效率高於氮氣。鐵電顆粒也掠取了甲醇中的碳，已轉化的甲醇中，有 9% ～ 20% 的碳沈積在鐵電顆粒上。如果以甲烷為原料製氫，在輸入電能 20 W 的情況下，甲烷分解的碳只有 14% 存在於氣體產品中，其餘沈積在鐵電顆粒上。他們也用介質阻擋放電分解甲醇，內部電極是塗有銅的不銹鋼棒，外電極是裹在玻璃管上的鋁箔。當以氮氣為等離子體氣，比能量密度為 5 kJ/L 時，氫產率僅有 5%。

6.2.7.3 等離子體汽油、柴油製氫技術

汽油、柴油的能量密度高，且儲運基礎設施完善。利用汽油、柴油製氫最容易被現代人所接受。但汽油柴油組分複雜，碳原子數、分子結構相差較大。用傳統方法從汽油柴油製氫存在許多問題，如碳沈積、堵塞、污染催化劑等。這類轉換器往往又大又重，回應時間長，對原料純度要求高，世界各國在這方面研究已經有了很大進展，中國僅有中國科學院大連化學物理研究所進行了催化轉換研究。而用等離子體法則可以克服分子結構複雜的障礙，在一個緊湊的反應器內，不用或少用催化劑快速完成汽油柴油的轉換製氫。

Bromberg 曾用電弧熱等離子體發生器進行異辛烷（汽油的主要成分）和柴油的部分氧化製氫，在沒有加熱回收系統時，比能耗分別為 62 MJ/kg H_2 和

50 MJ/kg H_2。後來使用了改進型熱等離子體發生器，進行了柴油水蒸汽 - 氧氣重整制氫，水經過高溫換熱器預熱後進入反應器。實驗證明，柴油進入反應器的形式對氫產率有很大影響：柴油以液體形式進入反應器，不經預熱，氫產率為 90% 左右；經預熱，氫產率為 90% ～ 110%；柴油被加熱成蒸汽後進入反應器，即使空氣不預熱，氫產率也可達 120% 左右，比能耗為 29 ～ 32 MJ/kg H_2，H_2 28% ～ 30%，CO 4.2% ～ 7.6%。Bromberg 也使用這一等離子體發生器進行過汽油部分氧化制氫，比能耗為 H_2 16%，CO 20%。他們的第二代冷等離子發生器極大地降低了柴油製氫能耗：如果不用催化劑，則比能耗為 13 MJ/kg H_2；如果放置催化劑，比能耗降為 4 ～ 6 MJ/kg H_2；如果進料中再加入水蒸汽（H_2O/C = 1.78），則 H_2 含量增加 4%，比能耗進一步降為 3 MJ/kg H_2。

Sekigucji 等人用微波放電進行水蒸汽重整己烷（汽油的主要成分之一），所用功率為 1.6～2.5 kW，己烷進料速度為 0.37～1.00 mmo1/s，O/C = 2 時，功率從 1.6 kW 增到 2.5 kW，己烷轉化率大約從 55% 提高到 72%；在功率為 2 kW 時，製氫能耗約為 143 MJ/kg H_2。

6.2.7.4　等離子體硫化氫製氫技術

硫化氫是天然氣、輕烴脫硫和重油升級的重要副產品。它的工業價值有限，排放到大氣中又是嚴重的污染物。通常用 Claus 方法將它氧化成水和硫，這一方法也沒有什麼經濟價值。隨著製氫研究進展，硫化氫作為氫和硫兩種產品的來源而得到重視。目前，各種硫化氫分解方法均處於研究階段，而等離子體法的研究早在 20 世紀 80 年代於前蘇聯就已開展。建立的微波放電硫化氫與二氧化碳混合氣分解製氫中試裝置，功率可達到 1 MW，生產能力可達 1000 m^3/h（標準狀態），當 H_2S/CO_2 = 0.5 ～ 0.6，壓力在 0.3 ～ 1 atm（1atm = 101325 Pa）之間，能耗不超過 40 MJ/kg H_2。

研究者還在中試旋轉放電設備上充分利用放電區域離心效果，回收硫重新結合放出的熱。他們認為放電區域和放電後反應區的優化設計是節能關鍵，實驗室放電設備太小而無法進行這樣的優化。加拿大 Alberta 氫研究規劃署、原子能署和殼牌有限公司合資也建立了相似的裝置，但能耗相對較高。利用低壓介質阻擋放電分解硫化氫，電極材料為銀，操作溫度為 443 ～ 833 K，氣體流量為 50 mL/s 和 100 mL/s，硫化氫進料濃度為 20% ～ 100%，輸入電壓為 0 ～ 15 kV。他們分別用氬氣和氦氣作等離子氣，硫化氫轉化率在 0.5% ～ 12% 範圍內。他們還使用了常壓輝光放電分解硫化氫，使兩個同心電極處在軸向電場中形成旋轉放電。電極材料是無磁性不銹鋼，外部電極加熱到 443 K，以保證分解得到的硫有相當低的黏度。

6.2.7.5 等離子體水製技術

對於地球來說，水很可能是未來世界的主要能源。等離子體法製氫的特點是水蒸汽在激發區迅速分解，離開激發區後又迅速冷卻，氫氣和氧氣再結合機會少。這一特點加上等離子體反應器投資少的優點，激勵著研究者不斷努力開發這一技術。內外電極間為鐵電物質 $BaTiO_3$ 顆粒，填充床的等離子體發生器也被用於分解水。以氦氣為等離子體氣，比能量密度約為 5 kJ/L，氫產率達到 5%；提高比能量密度到 15 kJ/L，氫產率可近 20%。他們也用介質阻擋放電分解水，以氦氣為等離子體氣，比能量密度為 5 kJ/L 時，氫產率僅有 0.5%。在內部電極上塗上不同的重金屬，以氬氣為等離子體氣，結果發現有利於水分解的金屬活性次序為 Au > Ni > Rh > Pd，這一順序和他們測得的被激發的電子溫度的順序是一致的。他們也發現，提高功率（提高電壓）可使轉化率提高，但比能效下降。同時，他們根據實驗指出放電區域加長可增加轉化率，但也增加了比能耗。利用旋轉輝光放電分解水，內部電極為帶有 10 個葉片的轉子，轉速為 3,600 r/min，外部電極為定子，兩電極均用非電解鍍塗上各種金屬層（Pt, Pd, Rh, Cu, Ni, Fe），以氦氣為等離子體，結果發現，有利於水分解的金屬活性次序為 Rh, Pd > Pt, Cu > Fe, Ni。

目前已發表的實驗結果顯示，等離子體法分解水製的能效還是很低的，還需要進一步改進。此外，利用水蒸汽為介質的等離子體氣化煤製合成氣，也得到中國和其他煤儲量豐富的國家的重視。

6.2.7.6　車載製氫

由於等離子體反應具有啟動快、原料適用面廣、體積小、重量輕、功率大的特點，等離子體法最適合於車載製氫。汽車上即時發生的氫氣不僅可用於燃料電池，也可用於混氫燃燒。在汽油、柴油中混入 5% 左右氫氣混合燃燒，可提高壓縮比、實現稀薄燃燒，有助於提高廢氣再循環量，以及在啟動過程中減少使用礦物燃料。這樣的燃燒效果可以極大地降低尾氣中碳氫化合物和 NO_x 排放，混氫燃燒是達到各種尾氣排放標準的重要手段。汽車上即時產生的氫氣，還可以用來即時再生尾氣處理器中的催化劑，保證尾氣淨化最後一道防線的有效性。為混氫燃燒和再生催化劑提供的氫源不要求 CO 轉換器，因為 CO 可以燃燒，也可以作為還原劑再生催化劑。

汽油柴油等液體燃料的環境污染關鍵在於使用環節，氫能的環境污染關鍵在於生產環節。車載製氫的原料是生產環節造成污染，比氫能生產小得多的液體燃料，且車載製氫免去了氫能的儲存與運輸環節，車載製氫的消費是燃料電池上的「燃燒」和與液體燃料的混合燃燒，是絕對清潔的消費。等離子體法車載製氫的保養，是對等離子體電極材料的保養，沒有催化劑的再生與更新，成本很低。

車載製氫的缺點在於碳的再循環，但是目前大規模生產氫氣且釋放二氧化碳的工廠還沒有解決這一問題，碳的再循環還需要相當長時間的努。在相當長時間內，車載製氫在能效、排放及經濟性方面都明顯優於車載儲氫。為了應對汽油、柴油供應量下降，合成燃料以及生物燃料將大量出現的局面，國外已開發了可處理多種燃料的車載制氫轉換器，而目前中國所進行的轉換器研究幾乎都是以甲醇為原料，未見有既可轉化汽油又可轉化甲醇的催化轉換器。

6.3 氫的儲存

6.3.1 高壓氣態儲氫

高壓壓縮儲氫技術是最為常見的儲氫技術，通常用鋼瓶來壓縮儲氫，中國國內外許多科研組都對此項技術進行了改進，其近年來的進展主要體現在以下兩個方面。

第一方面是對容器材料的改進上，目標是提高容器的承受壓力，減輕容器本身的重量以及防止產生氫脆現象。據最新的報導，美國通用汽車公司（GM）與關丹姆製程公司（GTC）共同開發的碳複合材料雙層結構儲氫容器，其儲氫壓力已可達 70 MPa，重量儲氫密度可達 7% ～ 8%，且這類容器具有本身重量小、抗壓強度高的優點，使用過程中氫分子不會在高壓下滲透、不會與容器金屬結合產生氫化物從而引起氫脆等問題。另外，美國加州 Irvine 的 IMPCO 技術公司、加拿大的 DYNETEK 公司及美國福特公司等，也相繼開發出具有良好性能的儲氫罐。

第二方面則是通過向容器中加入某些吸氫物質，提高壓縮儲氫的儲氫密度，甚至使其達到「準液化」的程度，當壓力降低時，氫可以自動地釋放出來。目前研究過的物質主要有奈米碳材料、經過渡金屬改性的奈米碳材料及其他具有奈米孔結構或大比表面積的物質，具體有奈米碳管及其改性物質、纖維摻雜的碳液晶體、BN 奈米管、TiS_2 奈米管、TiO_2 奈米管、奈米孔結構的磷酸鎳和 MoS_2 等，在容器中加入一定量的這些物質，常常可以使得容器的儲氫能力得到顯著提高。

6.3.2 冷液化儲氫

液化法面臨的問題是液化過程的效率和液氫的氣化。氫氣的理論液化功是 3.23 kW · h/kg，實際液化功約為 15.2 kW · h/kg，此值大約是氫氣低限熱值的一半。即使盛放液氫的瓶子具有完美的絕熱設施（21.2 K），也不能阻止液氫發生氣化，因為氫的正 / 仲轉化是自發的放熱反應。77 K 時的轉化熱為 519 kJ/kg，77 K 以下為 523 kJ/kg，顯著高於氫的氣化潛熱 451.9 kJ/kg。氫的臨界溫度很低（33.2 K），高於臨界溫度只能以氣體狀態存在，所以液氫容器必須保持常壓，否則在封閉體系內室溫下壓力可能高達 1000 MPa。液氫不可避免的氣化和液氫容器必須保持常壓的必然結果，是不斷向大氣釋放氫氣，這也是公眾關注的一個問題。所以，液化法一般適於不在乎氫氣成本，而且在相當短暫時間內將氫氣消耗完畢的場合，例如作為火箭燃料。作為汽車燃料的儲存方法，在沒有其他更好方法情況下，液氫因在儲氫密度和成本方面的優勢而最有可能商業化。

6.3.3　金屬氫化物儲氫

某些金屬或合金與氫反應後以金屬氫化物形式吸氫，生成的金屬氫化物加熱後釋放出氫，可有效地利用這一特性儲氫。有些金屬氫化物儲氫密度可達標準狀態下氫氣的 1,000 倍，與液氮相同甚至超過液氮。此外，金屬氫化物還具有易於純化、壓縮的功能，僅需一次吸放氫循環，就可將 4 個 9（99.99%）的氫提純至 6 個 9（99.9999%）。

用於氫儲存的金屬氫化物，其要求的主要性能有：① 室溫下合適的吸氫壓力；② 成分－壓力曲線寬而平坦，且滯後小；③ 氫化物生成熱和氫燃燒熱比值小；④ 易活化；⑤ 良好的抗氧化性能；⑥ 成本低。

6.3.3.1　金屬氫化物儲氫原理

在一定的溫度和壓力下，許多金屬、合金和金屬間化合物與氣態 H_2 可逆反應生成金屬固溶體 MH_x 和氫化物 MH_y。反應分 3 步驟進行：

(1) 開始吸收少量氫後，形成氫固溶體（α 相），合金結構保持不變，其固溶度 $[H]_M$ 與固溶體平衡氫壓的平方根成正比；

(2) 固溶體進一步與氫反應，產生相變，生成氫化物相（β 相）；

(3) 再提高氫壓，金屬中的氫含量略有增加。

這個反應是一個可逆反應，吸氫時放熱，放氫時吸熱。不論是吸氫反應，還是放氫反應，都與系統溫度、壓力及合金成分有關。根據 Gibbs 相律，溫度一定，反應有一定平衡壓力。儲氫合金—氫氣的相平衡圖可由壓力—濃度等溫線，即 p-c-T 曲線表示。

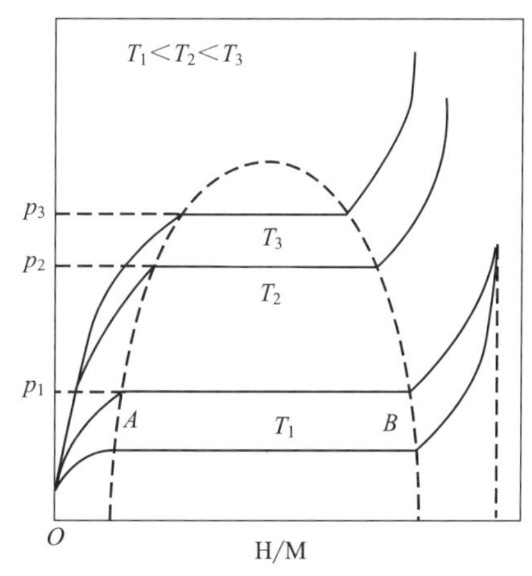

圖 6-17 典型儲氫合金的 p-c-T 曲線圖

圖 6-17 表示合金—氫系的理想等溫曲線。橫軸表示固相中的氫與金屬原子比（H/M），縱軸為氫壓。溫度不變時，從 O 點開始，隨著氫壓的增加，氫溶於金屬的數量使其組成變為 A，OA 段為吸氫過程的第 1 步驟，金屬吸氫形成含氫固溶體，固溶體氫的金屬相稱為 α 相。A 點對應於氫在金屬中的極限溶解度。達到 A 點時，α 相與氫反應，生成氫化物相，即 β 相。當繼續加氫時，系統壓力不變，而氫在恆壓下被金屬吸收。當所有 α 相都變為 β 相時，組成達到 B 點。AB 段為吸氫過程的第 2 步驟，此區為兩相互溶體系，達到 B 點時，β 相最終消失，全部金屬都變成金屬氫化物。這段曲線呈平直狀，故稱為平臺區，相應的恆定平衡壓力稱為平臺壓（分解壓或平衡壓）。

在全部組成變成 β 相後，如再提高氫壓，則 β 相組成就會逐漸接近化學計量組成。氫化物中的氫僅有少量增加，B 點以後為第 3 步驟，氫化反應結束，氫壓顯著增加。p_1、p_2 和 p_3 分別代表 T_1、T_2、T_3 下的反應平衡壓力。

對 AB 間的平臺區，可以根據 Gibbs 相律進行解釋。設該體系的自由度為 F，組分為 C，相數為 P，則 $F = C - P + 2$。

該體系的組分為金屬和氫，即 $C = 2$，則 $F = 4 - P$。在圖 6-17 中，在 OA 段，即氫的固溶區內，成分為金屬和氫，C 等於 2；相為 α 相和氣體氫，P 為

2。所以 $F = 2$。也就是說，即使溫度不變，壓力也要發生變化。在平臺區內，即 AB 段內，$P = 3$（包括 α 相、β 相和氣體氫）。因此 $F = 1$。如溫度不變，則壓力也不隨組成變化。在 B 點以後，P 包括 β 相和氣體氫，等於 2。所以 $F = 2$，壓力隨溫度和組成變化。

p-c-T 曲線是衡量儲氫材料熱力學性能的重要特性曲線。由該圖可以瞭解，金屬氫化物中的含氫量和任一溫度下的分解壓力值。*p-c-T* 曲線的平臺壓力、平臺寬度與傾斜度、平臺起始濃度和滯後效應，既是一般鑒定儲氫合金吸放氫性能的主要指標，又是探索新的儲氫合金的依據。同時利用 *p-c-T* 曲線也可求出熱力學函數。

儲氫合金形成氫化物的反應焓和反應熵，不但有理論意義，而且對儲氫材料的研究、開發和利用，有極重要的意義。生成熵表示形成氫化物反應進行的趨勢，在同類合金中數值越大，其平衡分解壓越低，生成的氫化物越穩定。生成焓就是合金形成氫化物的生成熱，負值越大，氫化物越穩定。值的大小，對探索不同目的的金屬氫化物具有重要的意義。做儲氫材料用時，從能源效率角度看，值應該小，而做蓄熱材料用時該值又應該大。

一般說來，氫與金屬或合金的反應是一個多相反應，這個多相反應由下列幾個反應組成：① H_2 的傳質；② 化學吸附氫的解離；③ 表面遷移；④ 吸附的氫轉化為吸收氫；⑤ 氫在 α 相的稀固態溶液中擴散；⑥ α 相轉變為 β 相；⑦ 氫在氫化物（β 相）相中擴散。

6.3.3.2　儲氫合金的分類

表 6-1 為各種主要金屬氫化物儲氫性能比較。儲氫合金的研究至今，根據成分和結構的不同，可分為稀土系、鈦系、鎂系、鋯系和釩基五大系列。

(1) 稀土系儲氫合金以 $LaNi_5$ 為代表，其通式為 AB_5，具有 $CaCu_5$ 型結構。它們一般都具有優良的吸放氫特性，室溫下就能放氫，主要作為二次電池的負極材料得到了廣泛的研究和應用，不足之處在於材料成本高，吸氫容量較低（約 1.37%，重量百分比）。

(2) 鈦系儲氫合金主要是由 Ti 與三價過渡金屬結合而成的合金。目前已發展出多種鈦系儲氫合金，如鈦鐵、鈦錳、鈦鉻、鈦鋯、鈦鎳、鈦銅等。其中，除鈦鐵為 AB 型外，其餘都為 AB_2 型系列合金。該系合金中以鈦鐵和鈦錳儲氫合金最為實用。TiFe 是一種非常有希望的儲氫材料，它的儲氫能力略高於 $LaNi_5$，儲氫量可達 1.85%（重量百分比），吸脫氫速度也比較快，只是活化比較困難，需要在 400℃ 以上的高溫和 65 atm（1 atm = 101,325 Pa）下長時間與氫氣接觸才能完全活化，吸放氫過程也有比較嚴重的滯後效應，而且對雜質也比較敏感。

(3) 鋯系合金以 ZrV_2、$ZrCr_2$、$ZrMn_2$ 等為代表，可用通式 AB_2 表示，屬於 Laves 相結構，其儲氫量可達 1.72%（重量百分比）。鋯系合金最初用於熱泵研究，到 20 世紀 80 年代中期以後逐步用於電極材料。鋯系合金具有吸氫量高、與氫反應快、易活化、沒有滯後效應等優點，但其氫化物生成熱大，吸放氫平臺壓力太低，而且價格昂貴，限制了它的廣泛應用。

(4) 鎂基儲氫合金的代表為 Mg_2Ni，其通式可用 A_2B 表示，具有四方晶系結構。該類儲氫合金價格低廉，吸氫量大，但要在 300℃ 以上高溫才能釋放氫氣，而且難以活化，吸放氫熱力學和動力學性能差。但鎂基儲氫材料由於其儲氫量大（7.65%，重量百分比）、重量輕、價格便宜、資源豐富等優點而發展前景十分廣闊，現在很多研究者已將研究的重點放在了鎂基儲氫材料的研究上。

表 6-1　各種主要金屬氫化物的儲氫能力

儲氫介質	氫原子密度／（10^{22} 個 · cm^{-3}）	儲氫相對密度	含量（重量百分比）／%
標準狀態下的氫氣	5.4×10^{-3}	—	100
氫氣鋼瓶（15 MPa）	8.1×10^{-1}	150	100
液態氫	4.2	778	100
$LaNi_5H_6$	6.2	1148	1.37
$FeTiH_{1.95}$	5.7	1056	1.85
Mg_2NiH_4	5.7	1037	3.6
MgH_2	6.6	1222	7.65

1. 純鎂儲氫體系　MgH_2 的理論儲氫量為 7.65%（重量百分比），是所有儲氫合金體系中儲氫量最大的一種，使其成為最有利用前景的儲氫體系之一。而在實際應用中，為了獲得完全的 MgH_2 氫化物和合適的反應速度，MgH_2 儲氫體系往往需要在更高的溫度（623K）下進行。

過於穩定的 MgH_2 熱力學性能是 Mg-H_2 儲氫體系的一大缺陷，另一方面它緩慢的反應速度和較差的活化性能，同樣也限制了它的實際應用，因此改善 Mg-H_2 儲氫體系動力學性能一直是研究者們關注的重點。影響純 Mg 儲氫體系的熱力學及動力學性能的因素主要有以下幾點。

(1) 在 473 ～ 673 K，純 Mg 粉末能夠在高於平臺壓力的氫壓下與氫發生反應，但是在低溫時反應速度較慢；利用球磨可以明顯降低純 Mg 粉末吸放氫溫度，增加其動力學性能；

(2) Mg 表面容易形成氧化層。當氧化層薄且堅韌時，氧化層起到一定的阻礙作用，但當氧化層較厚，並且形成結晶體後，它會自動開裂，允許氫的通過，所以在 Mg 粉的生產過程中似乎不應該使之避免接觸空氣，而是應當適當地使之氧化到一定的程度；

(3) 吸放氫循環沒有明顯地降低純 Mg 的儲氫量；

(4) 吸放氫量與反應的溫度有密切關係，溫度越高，吸放氫量越大，且反應速度越快；但壓力越高，極限吸氫量卻降低，說明 Mg-H_2 反應時表面為形核生長機制，形核數目與壓力有關；

(5) 在某些表面狀態下，氫化物形核控制反應速度，生長由金屬一氫化物介面的擴散控制，而不是由氫在氫化物中的擴散所控制。

總之，由於純鎂過高的放氫溫度和相當差的吸放氫動力學，縱然其有很高的應用價值，也難以在實際應用中發揮出來。為了改善鎂氫系統的吸放氫性能，各國科學家進行了多種嘗試。氫化物的熱力學穩定性，只決定於氫化反應的反應物和生成物本身，與反應途徑無關，藉由合金化可以降低純鎂氫化物的穩定性。至於動力學性能，則與反應的途徑有很大關係，它可以利用改善表面活性，增加其表面積來提高基體表面對氫氣的親和力，以及提高擴散速度來實現。此外，有機改性利用增加材料的比表面積和產生一些活性中心，也能顯著提高吸放氫動力學性能。科學研究者發現利用球磨技術來改善鎂氫化物的性質，可以得到很好的結果。由於氫化物比較脆，在球磨過程中金屬氫化物的結構變化很大，球磨效果比較明顯。

2. 鎂基儲氫材料合金化 合金化的鎂基儲氫材料主要有鎂基二元儲氫合金 Mg-Ni、Mg-Cu、Mg-Al、Mg-Fe、Mg-Co、Mg- 稀土儲氫合金，和 Mg- 稀土三元或多元複合儲氫材料。

圖6-18所示為Mg-Ni合金的二元相圖，可以看到Mg和Ni存在兩種穩定的化合物形態：Mg_2Ni和$MgNi_2$。Mg_2Ni可以與氫氣發生反應，反應式如下：

$$Mg_2Ni + 2H_2 \rightarrow Mg_2NiH_4$$

Mg_2NiH_4 氫化物中 Mg^{2+} 和 $[NiH_4]^{4-}$ 形成離子型化合物，其中 H 與 Mg_2Ni 是由共價鍵結合，相比於 MgH_2 氫化物的結合穩定性要低。

圖 6-19 所示為 Mg_2Ni 與 H_2 反應的 *p-c-T* 曲線，由圖中可以看到，在 2.0 MPa、349℃ 情況下可以發生吸氫反應。該反應的化學生成焓為 −64.6 kJ/mol H_2，比 MgH_2 的化學生成焓略低，因此可以認為金屬 Ni 與 Mg 結合形成化合物降低了 Mg 基儲氫體系的熱力學穩定性。在 Mg_2NiH_4 中，氫的含量為 3.6%

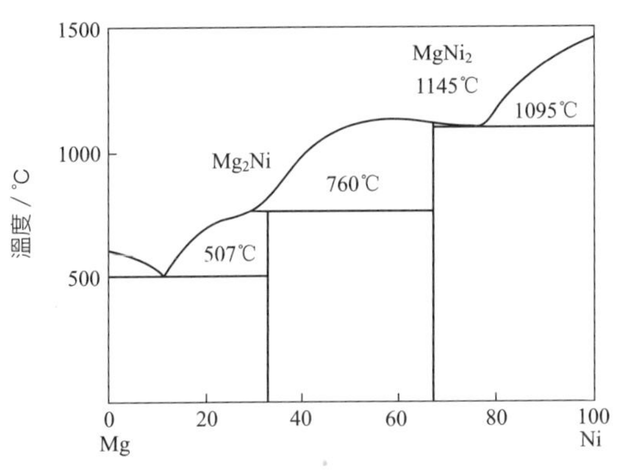

圖 6-18 Mg-Ni 二元相圖

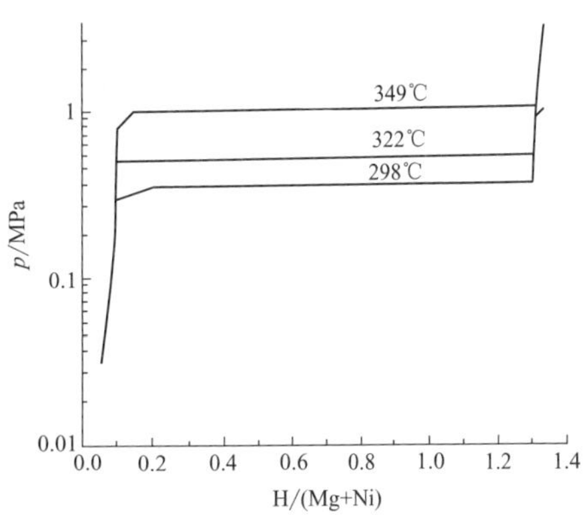

圖 6-19 Mg_2Ni 與 H_2 反應的 *p-c-T* 曲線

(重量百分比),是 $LaNi_5$ 氫化物的三倍,但與 MgH_2 相比,只相當於它的一半。而 $MgNi_2$ 具有 Laves 相結構,其晶態相在 623 K 溫度下也不會與氫氣發生反應,不適合作為儲氫材料。

關於合金元素降低 Mg_2Ni 合金氫化物中金屬—氫鍵鍵能的機制,一般的看法認為:Mg-H 鍵有著非常強的結合力,而 Ni 與氫結合的鍵能很低,加入 Ni 可以削弱 Mg-H 鍵的鍵能。但研究顯示,不能簡單地將這種作用理解為合金元素 Ni 在降低 Mg_2Ni-H 鍵能中所產生的作用。試驗證明,在 Mg_2NiH_4 氫化物中,H 離子更傾向與 Ni 離子相結合,而不是與 Mg 離子結合。決定 Mg_2NiH_4 氫化物穩定性的鍵是 Ni-H 鍵,而不是 Mg-H 鍵,這種存在於 Mg_2NiH_4 氫化物中的 Ni-H 鍵能要比純 Mg-H_2 體系中 Mg-H 鍵能小很多,從而可以降低 Mg-H_2 的穩定性。

Yukawa 等人也指出:在對 Mg_2Ni 合金用第三元素替換製備三元合金 $Mg_2Ni_{1-x}M_x$ 時,M-H 鍵的鍵能同樣決定了 $Mg_2Ni_{1-x}M_x$ 氫化物穩定性。這對 Mg 基儲氫材料的合金化設計具有指導意義。

Mg-Cu 合金和 Mg-Ni 合金相似,也有 Mg_2Cu 和 $MgCu_2$ 兩種。其中 Mg_2Cu 可以在 573 K 左右與氫氣發生反應,而 $MgCu_2$ 在 623 K、2.24 MPa 下也不能吸氫。與 Mg_2Ni 與氫氣反應不同,Mg_2Cu 與 H_2 快速發生歧化反應,生成 MgH_2 和 $MgCu_2$。

$$2Mg_2Cu + 3H_2 = 3MgH_2 + MgCu_2$$

由於 Mg_2CuH_4 生成焓(1.7 kJ/mol H_2)大於歧化反應的生成焓,Mg_2Cu 與 H_2 的反應沒有按照生成 Mg_2CuH_4 的反應進行,而是按歧化反應進行。但是這一反應不是完全的可逆反應,它的氫含量為 2.7%(重量百分比),在 512 K 下的放氫平臺壓力為 0.1 MPa。

Mg-Al 合金存在兩種 Al 相對含量較高的中間化合物:Mg_2Al_3 和 $Mg_{12}Al_{17}$。室溫下,Al 在 Mg 中的固溶度非常小($< 1.0\%$,原子百分比),而

在 710 K 時可以形成 h. c. P 晶格的固溶體（Mg + 11.8% Al，原子百分比）。

Mg_2Al_3 的氫化過程按下式進行：$\frac{1}{2}Mg_2Al_3 + H_2 \rightarrow MgH_2 + \frac{3}{2}Al$。這是一個歧化反應，且反應速度緩慢。$Mg_{12}Al_{17}$ 吸氫後也形成 MgH_2 和 Al，其吸氫量達到 3.3%（重量百分率）。

據報導，$Mg_{12}Al_{17}$ 具有比較小的反應生成焓，穩定性較差，在（Mg + 10Al）合金與 Ni 球磨後，會有一部分 $Mg_{12}Al_{17}$ 發生分解，生成 AlNi，而未發生分解的 $Mg_{12}Al_{17}$ 會對球磨後 (Mg + 10Ai) + Ni 儲氫體系的動力學性能產生催化作用。

Mg-Fe 和 Mg-Co 體系氫化物分別為 Mg_2FeH_6 和 Mg_2CoH_6，兩種氫化物的吸氫量分別為 5.8%（重量百分率）和 4.7%（重量百分率），比 Mg_2NiH_4 的 3.7%（重量百分率）要高。但是 Mg_2FeH_6（−98 kJ/mol H_2）和 Mg_2CoH_6（−86 kJ/mol H_2）的化學生成焓太高，比 Mg_2NiH_4（−64 kJ/mol H_2）和 MgH_2（−76 kJ/mol H_2）都要高，如此高的穩定性使得氫氣離解非常困難。並且這兩種氫化物很難由 Mg-Fe 和 Mg-Co 直接合成，因此給 Mg_2Fe 和 Mg_2Co 合金儲氫體系的應用帶來了困難。對 Mg_2FeH_6 的氫化和分解進行了研究，發現將 Fe 與 Mg 在氫氣氣氛中經過高能球磨之後，可以得到 Mg_2FeH_6，這種方法製備的 Mg_2FeH_6 以及 Fe 的混合物與 MgH_2 合金相比，放氫溫度降低了 100 K。

如同 Mg-Fe 體系一樣，要合成 Mg-Co 合金也非常困難。利用球磨的方式，得到了一種穩定的 Mg-Co 合金 Mg_2Co，且用 Ni 和 Fe 對 Co 進行替換，研究了它們的穩定性。發現 Fe 和 Ni 的添加沒有對 Mg_2Co 的形成造成不利影響，且最多只能對 Co 進行 10% 比例的替換，說明利用這種方法得到的 Mg_2Co 相是穩定的。利用球磨過程中 Mg 與 H_2 的反應生成 MgH_2，對合成 Mg_2Co 有很大的促進作用，並且使得 Mg 基合金吸氫不需要預先活化，提高了 MgH_2-Co 合金的吸氫性能。

稀土和鎂能形成金屬間化合物 $LnMg_9$（Ln = La、Ce、Mm）、$LnMg_{12}$（Ln = La、Ce、Mm），Ln_2Mg_{17}（Ln = La、Ce）和 Ln_5Mg_{41}（Ln = Ce）。La_2Mg_{17}

吸氫量為 5.3%，其氫解壓與 MgH_2 基本相同，$CeMg_9$ 和 $MmMg_9$ 的吸氫量分別為 4.1%（重量百分比）和 4.4%（重量百分比）。

Mg_2Ni 與純鎂相較，在吸放氫動力學性能上已有很大的改善，但其放氫溫度仍然太高，動力學性能方面也還不夠理想。針對這一問題研究最多的是，用 3d 過渡態元素來部分代替鎂或鎳形成三元或多元合金。用 Ti 部分取代 Mg 合成 $Mg_{1.9}Ti_{0.1}Ni$，其無需預活化，在 473 K 就可以吸氫，而同樣方法製得的 Mg_2Ni 在此溫度不能形成氫化物，且 $Mg_{1.9}Ti_{0.1}Ni$ 奈米晶具有良好的吸放氫動力學性能。Ti 的加入，降低了 $Mg_{1.9}Ti_{0.1}Ni$ 相形成的障礙，未反應的 Ti 對合金的氫化反應和低溫氫化物的擴散速率具有催化作用。

3. 鎂基儲氫材料奈米化　多元以及複相鎂基儲氫合金是降低 MgH_2 熱力學穩定性的主要途徑，但晶態合金的吸放氫性能，還遠遠沒有達到實用性要求。從材料科學的角度來看，使用微加工技術來設計開發具備奈米級或原子級結構的合金，是提高 Mg 基儲氫材料性能的一種重要手段。

奈米級或原子量級的合金晶粒，對 Mg 基儲氫材料吸放氫性能的影響，主要表現在奈米級晶界對氫氣在合金中的吸收和擴散的影響。從熱力學和擴散動力學的角度，將奈米晶結構的合金與普通晶態的合金進行比較，發現奈米晶合金具有一些獨特的吸放氫特點。比如在 PdH、奈米氫化物中，奈米結構改變了氫氣的固溶度，使得氫氣在合金奈米晶界區域的溶解度增加，從而可以提高金屬 Pd 的儲氫量。

鎂基奈米儲氫材料具有優異的活化性能和動力學性能的原因如下：

(1) 氫原子在大量的奈米晶界上擴散容易；

(2) 奈米晶極高的比表面積，使氫原子容易滲透到儲氫材料內部；

(3) 奈米儲氫材料避免了氫原子透過氫化物層進行長距離擴散，而氫原子在氫化物層中的擴散是控制動力學性能的最主要因素。

可見，奈米化是改善鎂基儲氫材料活化性能和動力學性能，推進其實用化的關鍵所在。

從上述內容可以看到，奈米結構的儲氫材料具備了更好的吸放氫性能，給

Mg 基儲氫材料的實用化帶來了希望。但如何製備奈米晶合金，並且使得合金具備良好的表面特徵和分散度，也是眾多研究者們研究的重點。

4. 釩基固溶體型儲氫合金 釩可與氫生成 VH_2、VH 兩種氫化物。釩基儲氫材料的顯著特點是可逆儲氫量大，可以實現室溫下吸放氫，吸放氫反應速率大，但是滯後效應大，低平衡壓下殘餘氫量也較大，表面易生成氧化膜使活化較困難，而且價格也較高。目前主要研究開發的釩基固溶體型儲氫合金是 $V_3TiNi_{0.56}M_x$（$x = 0.046 \sim 0.24$；M 為 Al、Si、Mn、Fe、Co、Cu、Ge、Zr、Nb、Mo、Pd、Hf、Ta 等元素），其中添加元素 M 可以提高合金充放電的循環穩定性，但是會引起儲氫容量降低。

6.3.4 碳質材料儲氫

碳質吸附儲氫是近年來出現的利用吸附理論的物理儲氫方法。氫在碳質材料中的吸附儲存主要分為在活性炭上吸附，和在碳奈米材料中的吸附儲存。因此，儲氫碳材料主要有單壁奈米碳管（SWNT）、多壁奈米碳管（MWNT）、碳奈米纖維（CNF）、碳奈米石墨、高比表面積活性炭、活性炭纖維（ACF）和奈米石墨等。MWNT、CNF 和高比表面積活性炭等碳材料的儲氫（表 6-2）是目前研究的重點。另外，金屬與碳材料聯合儲氫也受到了極大的重視。

各國學者對碳奈米材料的吸附儲氫研究都剛剛開始，在不同的條件下，其儲氫性能存在較大差異，氫吸附量從 1.8% 到 65% 不等。這主要在於他們所採用的物理模型、碳奈米管類型的不同，以及奈米管是否開口等。儘管如此，碳質吸附儲氫已經顯示出了顯著的優越性，有望成為未來儲氫的有效方法。

表 6-2 幾種碳質材料儲氫性能的比較

吸附材料	吸附溫度 / K	吸附壓力 / MPa	吸附容量
活性炭	65 ～ 78	4.2	6.8% ～ 8.2%
石墨奈米纖維	常溫	常壓	較好
碳奈米管	200 ～ 400	常壓	14% ～ 20%
多壁奈米管	300	0.1	1.8%

6.3.4.1　碳奈米管儲氫

碳奈米管由於具有儲氫量大、釋放氫速度快、可在常溫下釋氫等優點，被認為是一種有廣闊發展前景的儲氫材料。碳奈米管可分為單壁碳奈米管（SWNT）和多壁碳奈米管（MWNT），它們均是由單層或多層的石墨片捲曲而成，具有長徑比很高的奈米級中空管。中空管內徑為 0.7 nm 到幾十奈米，特別是 SWNT 的內徑一般 < 2 nm，而這個尺度是微孔和中孔的分界尺寸，這說明 SWNT 的中空管具有微孔性質，可以看作是一種微孔材料。其研究重點主要集中於 H_2 在碳奈米管內的吸附性質、氫在碳奈米管中的存在狀態、表面勢和碳奈米管直徑對儲氫密度的影響等上。H_2 在常溫下的吸附溫度和壓強都遠高於其臨界溫度（$T_c = -240$℃）和臨界壓力（$p_c = 1.28$ kPa），是一種超臨界狀態的吸附。根據吸附勢理論，在奈米孔中由於分子力場的相互疊加形成寬而深的勢阱，即使壓力非常低，吸附質 H_2 分子也很容易進入勢阱中，並以分子簇的形式存在，在強大的分子場的作用下，吸附態 H_2 的性質已與本體大不相同。並且氫在碳奈米管中的吸附為單分子層吸附，氫在活性炭及碳奈米管上的飽和吸附量的對數值隨溫度升高線性地下降。

BET 吸附理論認為，在固體表面吸附的第一層吸附質分子靠氣 - 固之間的相互作用維繫，第二層以後的吸附分子靠凝聚力維繫。因此第一層的吸附熱必與第二層以後各層的吸附熱不同，後者類似於吸附質的蒸發潛熱。對 N_2 在炭黑上吸附熱的測量結果，使該理論得到生動的證明：實驗測得的第一層分子的吸附熱為 11 ～ 12 kJ/mol（0.11 ～ 0.12 eV），以後各層的吸附熱下降到 5.56 kJ/mol（0.058 eV），相當於氮的凝聚潛熱。超臨界溫度下分子間的凝聚力不足以把它們維繫住（因為臨界溫度以上不存在液態），因此不可能存在第二層以後的凝聚層，即超臨界溫度氣體只能發生單分子層吸附，而與吸附劑的幾何特徵無關。

Strobel 等人對多種碳材料的吸氫量進行了測量，在吸附劑比表面積 100 ～ 3300 m^2/g 時，12.5 MPa、296 K 條件下，氫的吸附量與比表面積成正比；77 K 下，氫在多種碳吸附劑上的吸脫附實驗亦證明：氫的吸附量與樣品的比表面積呈線性相關，從而為單分子層吸附機理提供了有力的證明。

6.3.4.2 碳奈米纖維儲氫

由於碳奈米纖維具有很高的比表面積，大量的 H_2 被吸附在碳奈米纖維表面，並為 H_2 進入碳奈米纖維提供了主要通道；並且，碳奈米纖維的層間距遠遠大於 H_2 分子的動力學直徑（0.289 nm），大量的 H_2 可進入碳奈米纖維的層面之間；而且，碳奈米纖維有中空管，可以像碳奈米管一樣具有毛細作用，H_2 可凝結在中空管中，從而使碳奈米纖維具有較高儲氫密度。碳奈米纖維的儲氫量與其直徑、結構和質量有密切關係。在一定範圍內，直徑越細，質量越高，碳奈米纖維的儲氫量越大。幾種碳奈米纖維儲氫容量如表 6-3 所示。

在碳奈米纖維和碳奈米管吸附 H_2 的過程中，奈米孔的結構和性質對吸附影響最大。根據吸附勢理論，微孔填充的本質是：在奈米級的孔隙中，相對孔壁勢能疊加形成的強大分子場對吸附質分子的吸附。在奈米孔中，由於分子力場的相互疊加形成了寬而深的勢阱。即使壓力非常低，吸附質分子也很容易進入勢阱中，並以分子簇的形式存在，同時受到孔壁上的碳原子和其他吸附態分子的作用。由於強大的分子場作用，吸附相分子之間的作用力遠遠大於本體分子間的作用力，所以吸附態氣體的性質與本體大不相同。

6.3.4.3 高比表面積活性炭儲氫

高比表面積活性炭儲氫是利用其巨大的表面積與氫分子之間的凡得瓦爾力來實現的，是典型的超臨界氣體吸附。一方面 H_2 的吸附量與碳材料的表面積成正比；另一方面 H_2 的吸附量隨著溫度的升高而呈指數規律降低。活性炭吸

表 6-3 碳奈米纖維儲氫容量

平均直徑／nm	質量／mg	壓力變化 Δp /MPa	儲氫容量（重量百分比）／%
80	317	9	12.4
90	237.8	7	12.8
100	335	7.5	10.0
125	674	15.2	10.1

氫性能與溫度和壓力密切相關，溫度越低、壓力越大，儲氫量越大。但在某一溫度下，吸附量隨壓力增大將趨於某一定值。壓力的影響小於低溫的影響，超臨界氫在高比表面積活性炭（超級活性炭）上的吸附儲氫的壓力不高。吸附量隨溫度的下降增長很快，說明吸附儲氫適宜低溫。

氫氣在活性炭上的吸附是一種物理平衡。溫度恆定時，加壓吸附（吸氫），減壓脫附（放氫）。從實測吸附等溫線看，脫附線與吸附線重合，沒有滯留效應。即在特定的壓力區間內，增壓時的吸氫量與減壓時的放氫量相等。吸氫與放氫僅僅取決於壓力的變化，因此吸放氫條件十分溫和。

活性炭儲氫主要利用炭對 H_2 的吸附作用儲氫。普通活性炭的儲氫密度很低，即使在低溫下也達不到 1%（重量百分比）。比表面積高達 3,000 m^2/g 的超級活性炭在 196℃、3MPa 下儲氫密度高達 5%（重量百分比）。

6.3.4.4　奈米石墨儲氫

奈米石墨儲氫近年來也取得了較大的進展，Orimo 等人在 1 MPa 氫氣氣氛中用機械球磨法製備的奈米石墨粉儲氫，儲氫密度隨球磨時間的延長而增加，當球磨 80 h 後，氫濃度可達 7.4%（重量百分比），熱分析（TDS）出現了 2 個峰，解吸溫度在 377 ～ 677℃。Shindo 等人在 0.8 MPa 氫氣氣氛中，用機械球磨法研究天然石墨球磨儲氫，球磨 10 h 後進行熱分析，出現了 2 個解吸峰，峰溫為 500℃和 800℃，儲氫密度為 3%（重量百分比）。文潮等人用炸藥爆轟法製備了奈米石墨粉，其結構為六方結構，奈米晶平均粒度為 1.86 ～ 2.61 nm，比表面積為 500 ～ 650 m^2/g，室溫、12 MPa 壓力條件下，其氫密度僅為 0.33 ～ 0.37%（重量百分比）。

6.3.4.5　金屬與碳材料聯合儲氫

金屬與碳材料聯合儲氫主要是利用金屬對碳材料儲氫性能的催化作用來完成。Pd 和 PdO 使活性炭的儲氫能力提高了 2 ～ 5 倍，在常溫常壓下，儲氫密度達到 4.0%（重量百分比）。金屬 Pd 或 PdO 對活性炭儲氫性能的改善，與 Pd 原子具有 d 軌道密切相關，當氫分子運動到金屬表面附近時，表面原子可以利用沒有參與金屬鍵雜化軌道的電子或未結合的電子，與被吸附分子形成吸附鍵。當氫原子被吸附後，以氫分子（H_2）、氫分子正離子（H_2^+）和氫分子負離子（H_2^-）三種形式進行化學吸附。Pd 的作用主要表現在兩個方面；一方面增加了 MWNT 的缺陷；另一方面 Pd 能夠離解氫分子為氫原子，氫原子可以直接穿透 Pd 層進入 MWNT，然後在內部重新組合成氫分子，H_2 以化學吸附或電荷轉移進入碳材料中，完成氫的儲存。

當前，金屬對碳材料儲氫性能的催化作用主要體現在如下幾個方面。

1. 金屬對活性炭儲氫的催化　常溫高壓下，以Ni對活性炭儲氫的催化作用進行了研究。儘管Ni的加入使活性炭的表面積有所減少，但卻引起了氫的催化反應，使氫分子發生了離解變成了氫原子，從而吸附在金屬或碳原子上，增加了活性炭的儲氫密度。結果證明：當Ni的加入量為1%（重量百分比）時，其催化效果最顯著，表面積為1071 m^2/g的活性炭的儲氫密度為0.53%（重量百分比）；不加Ni時儲氫密度僅為0.1%（重量百分比）；即使表面積高達3000m^2/g時，活性炭的儲氫密度僅0.3%（重量百分比）。

2. 金屬對碳奈米管儲氫的催化　將 Li 摻雜在 MWNT 中，在常壓、400℃時，儲氫密度為 14.5%（重量百分比）；在室溫下摻雜 K 的 MWNT 的儲氫密度為 14.0%（重量百分比）；而相同實驗條件下，摻雜 Li 或 K 的石墨的吸附量只有 MWNT 的 35% ～ 70%。K 原子至少可以與 3 個 H_2 分子結合，結合的 H_2 分子越多，結合能越小。在摻雜 K 的 SWNT 中，K 向 SWNT 轉移了電荷，帶正電荷的 K 原子極化了 H_2 分子，從而增加了 SWNT 的儲氫密度。

3. 金屬對石墨儲氫的催化　將 1%（重量百分比）的 Co、Ni 和 Cu 分別與石墨混合在不銹鋼球磨罐中球磨儲氫，球磨 32 h 後檢測物料中 Fe 的含量。實驗結果顯示：Fe 對石墨儲氫具有良好的催化作用。儲氫密度與物料受 Fe 摻雜的程度有關，如當含 Co 物料中 Fe 的含量達到 4.5%（重量百分比）時，石墨儲氫密度可達到 3.7%（重量百分比）；加 Ni 物料中的 Fe 含量為 0.21%（重量百分比），儲氫密度僅 0.9%（重量百分比）。

綜上所述：由於碳奈米材料的製備工藝複雜、實驗所用樣品量少、受溫度和壓強等實驗條件的影響重複性差等，使得儲氫所得結論差別甚大。近十幾年來，國內外投入鉅額資金開展儲氫研究，但還沒有取得所期望的結果，且存在生產成本高、吸氫速度慢等缺點。

6.3.5　金屬有機結構化合物儲氫

金屬有機結構化合物（MOFs）是由含氧、氮等的多齒有機配體（大多是芳香多酸或多鹼）與過渡金屬離子自組裝而成的配位聚合物。Tomic 在 20 世紀 60 年代中期報導的新型固體材料即可看作是 MOF 的雛形。在隨後的幾十年中，科學家對 MOFs 的研究主要致力於其熱力學穩定性的改善和孔隙率的提高，在實際應用方面沒有大的突破。直到 20 世紀 90 年代，以新型陽離子、陰離子及中性配體形成的孔隙率高、孔結構可控、比表面積大、化學性質穩定、製備過程簡單的 MOFs 材料才被大量合成出來。

其中，金屬陽離子在 MOFs 結構中的作用一方面是作為結點提供結構的中樞，另一方面是在中樞中形成分支，從而增強 MOFs 的物理性質（如多孔性和手性）。這類材料的比表面積遠大於相似孔道的分子篩，而且能夠在去除孔道中的溶劑分子後，仍然保持結構的完整性。因此，MOFs 具有許多潛在的特殊性能，在新型功能材料如選擇性催化材料、分子識別材料、可逆性主客體分子（離子）交換材料、超高純度分離材料、生物傳導材料、光電材料、磁性材料和晶片等新材料開發中，顯示出吸引人的應用前景，給多孔材料科學帶來了新的曙光。

MOFs 作為新型儲氫材料是最近 10 來年才被報導的，用作儲氫材料的 MOFs 與通常的 MOFs 相比，最大的特點在於具有更大的比表面積。Yaghi 教授的研究組於 1999 年發佈了具有儲氫功能、由有機酸和鋅離子合成的 MOFs 材料——MOF-5，並於 2003 年首次公佈了 MOF-5 的儲氫性能測試結果。MOF-5 結構單元的直徑大約為 18 nm，有效比表面積為 2500 ～ 3000 m^2/g，密度約為 0.6 g/cm^3。通過改變 MOF-5 的有機聯結體可以得到一系列網狀結構的 MOF-5 的類似化合物 IRMOF；利用同時改變 MOF-5 的金屬離子和有機聯結體，可以得到一系列具有與 MOF-5 類似結構的微孔金屬有機配合物 MMOMs（microporous metal organic materials）。MOF-5、IRMOFs 和 MMOMs 因具有純度高、結晶度高、成本低、能夠大批量生產、結構可控等優點而在氣體存儲尤其是氫的存儲方面展示出廣闊的應用前景，國內外研究者近年來對其進行了大量的實驗改性和理論計算方面的研究工作。

6.3.5.1 MOF-5 儲氫材料

MOF-5 是由 4 個 Zn^{2+} 和 1 個 O^{2-} 形成的無機基團 $[Zn_4O]^{6+}$ 與 1，4- 苯二甲酸二甲酯（1，4-benzenedicarboxylate, BDC）以八面體形式連接而成的三維立體骨架結構。其中每個立方體頂點部分的二級結構單元 $Zn_4O(-CO_2)_6$，是由以 1 個氧原子為中心、利用 6 個羧酸根相互橋接起來的 4 個鋅離子為頂點的正四面體組成。MOF-5 在 298 K、2 MPa 的條件下，可吸收 1.0%（重量百分比）的氫氣，在 78 K、0.07 MPa 的條件下可以吸收 4.5%（重量百分比）的氫氣，相當於每個配合物分子可以吸收 17.2 個氫氣分子。MOF-5 之所以能夠理想地吸氫，主要是由於其中相互獨立的聯結體，使得從任何一邊靠近的氫分子都可以被吸收，氫與 MOF-5 之間可以利用結合於鋅部位和結合於配體部位兩種不同的模式相結合。

在 MOF-5 的合成過程中，溶解 Zn^{2+} 的溶劑和有機配體 BDC 溫度的變化與 MOF-5 的結構形成有密切的關係。將 $Zn(NO_3)_2 \cdot 6H_2O$ 與 BDC 混合後，於 80℃放置 10 h 製得的 MOF-5 為無色的立方晶體結構，而增加反應溫度和反應時間得到的材料為黃色的晶體。另外，由於 MOF-5 在去溶劑化處理之前，會有有機配體以及溶劑分子填充於材料的孔道結構中，去溶劑化作用的條件如煅燒溫度和氣氛的選擇，對材料的性能影響也很大。曝露於空氣中製得的 MOF-5 在 77 K、4 MPa 條件下的儲氫量為 5.1%（重量百分比），而不曝露於空氣中製得的 MOF-5，在同樣條件下的儲氫量達到了 7.1%（重量百分比）。顯然，MOF-5 如此低的儲氫能力基本上不具備實用價值。因此，為了進一步改善 MOF-5 的儲氫性能，國內外研究者最近幾年主要致力於利用改變 MOF-5 的有機聯結體，或同時改變 MOF-5 的有機聯結體，和中心金屬離子合成結構類似的 MOFs 類材料 IRMOFs 和 MMOMs，從而使 MOFs 類儲氫材料的儲氫性能有了明顯的改善。

6.3.5.2 IRMOFs 儲氫材料

IRMOFs 系列配合物具有和 MOF-5 非常相似的配位元結構，其金屬離子的二級結構單元與 MOF-5 完全相同，區別只在於因聯結的有機配體的大小和結構等方面的差異，而形成的微孔的形狀和大小不同。研究這一系列配合物，對於利用調節 MOFs 材料的微孔結構，進一步改善其吸放氫的性能具有重要意義。

Yaghi 教授的研究組 2004 年首次報導，將 MOF-5 中的有機配體 BDC 分別替換為 NDC（2，6- 萘二甲酸）、HPDC（4，9- 二羧酸 -1，2，6，9- 四氫芘）和 TMBDC（四甲基對苯二甲酸），製備了 IRMOF-8、IRMOF-11 和 IRMOF-18。在 77 K 時，除 IRMOF-18 的儲氫性能比 MOF-5 差以外，IRMOF-8 和 IRMOF-11 在相同條件下的儲氫性能，都比 MOF-5 好；若折算成每個配合物分子的儲氫容量，IRMOF-11 的吸放氫容量是 MOF-5 的近兩倍。他們認為，這主要是因為 IRMOF-8 和 IRMOF-11 結構中的有機聯結體，比 MOF-5 和 IRMOF-18 要大得多，因而使得 IRMOF-8 和 IRMOF-11 對氫分子具有更強的親合力。

6.3.5.3 MMOMs 儲氫材料

MMOMs 系列配合物也具有和 MOF-5 非常相似的配位元結構，也是由金屬核心和有機配體構成的三維結構組成的。MMOMs 中非常有序的開放通道允許氫氣分子有效地進入內部空間，而且通道的直徑、表面孔徑和內外比表面積等微觀結構也可以方便可控地調整。研究這一系列配合物的儲氫性能，對於促進 MOFs 類材料在儲氫領域的應用具有重要意義。

Panella 等人利用將中心金屬離子 Zn^{2+} 換成 Cu^{2+}、將有機配體 BDC 換成 BTC 對 MOF-5 進行了改進研究。新合成的 MMOM 材料 $Cu_3(BTC)_2$ 在 77 K 和 87 K 時的儲氫量雖不及 MOF-5，但達到飽和吸氫量的壓力卻遠低於 MOF-5。同時，$Cu_3(BTC)_2$ 在 298 K 和 200 K 時的儲氫能力較 MOF-5 有明顯的提高。他們認為，這一方面是由於 $Cu_3(BTC)_2$ 與氫之間的結合能（4.5 kJ/mol），遠高於 MOF-5 與氫之間的結合能（3.8 kJ/mol），另一方面是由於 $Cu_3(BTC)_2$ 主要由直徑為 0.9 nm 和 0.35 nm 兩種類型的孔組成、MOF-5 由直徑為 1.2 nm 的更大孔組成，而氫更容易在小孔結構的表面吸附。

6.3.5.4　MOFs 儲氫材料的其他改性方法

美國密西根大學 Yang 的研究組，在純的 IRMOFs 材料中，摻雜了 10%（重量百分比）的 Pt/CA 催化劑〔活性炭 CA 表面負載 5%（重量百分比）的 Pt〕，使該類材料在常溫下的儲氫性能得到了大幅度的提高。在 298 K、10 MPa 的條件下，IRMOF-1 即 MOF-5 的儲氫量，由 0.4% 提高到 3%（重量百分比），IRMOF-8 的儲氫量由 0.5% 提高到 4%（重量百分比），HKUST-1 的儲氫量，由 0.35% 提高到 1.12%（重量百分比）。

美國加州理工學院 Goddard 教授的研究組用輕金屬元素（如 Be、Mg）取代 Zn、用與氫結合能力更強、具有更長、更大結構的有機配體，取代 BDC 製得了分別具有不同中心金屬離子的 MOF-C6、MOF-C10、MOF-C16、MOF-C22 和 MOF-C30 等 MOFs 材料（其中，Zn-MOF 系列的 MOF-C6 即 MOF-5），並用基於第一原理的計算化學的方法，對其儲氫能力進行了預測。

結果證明，用各種有機配體取代後的 Zn-MOFs 材料，在 77 K 和 300 K 時的儲氫量，均比取代之前有明顯的提高；輕金屬 Mg 和 Be 對 Zn 的取代，均可以使 MOFs 材料的儲氫量明顯提高；有機聯結體分子中共軛碳原子的個數越多，相應 MOFs 材料的儲氫量越高。該研究組還預測了 MOF-177，和一系列具有比 MOF-177 更大的配體結構的 MOFs 材料 IRMOF-2-42、IRMOF-2-60、IRMOF-2-54 和 IRMOF-2-96 的儲氫性能，預測的 MOF-177 的儲氫性能與實驗結果基本吻合，其他幾種材料都具有較 MOF-177 更高的儲氫量。其中，IRMOF-2-96 在低壓下具有最高的儲氫量，而具有更長鏈結構的 IRMOF-2-60，在中壓和高壓條件下具有最高的儲氫量。他們認為，氫在 MOFs 材料表面的過剩吸附在低壓條件下，主要受氫與材料間吸附能的影響；在中等壓力下的主要影響因素為 MOFs 材料的自由孔的大小；在高壓下的決定性影響因素為 MOFs 材料表面積的大小；而對於 MOFs 材料的總吸氫量，其表面積的大小起決定性的作用。

6.3.6 有機液體儲氫

有機液體氫化物儲氫技術具有儲氫量大，儲存、運輸、維護保養安全，便於利用現有儲油和運輸設備，可多次循環使用等優點。苯、甲苯和萘等是理想的液態儲氫材料，其儲氫量高於傳統的高壓壓縮儲氫和金屬氫化物儲氫。

1. 有機液體氫化物儲氫技術的原理 有機液體氫化物儲氫技術是借助某些烯烴、炔烴或芳香烴等儲氫劑，和 H_2 的一對可逆反應，來實現加氫和脫氫的。從反應的可逆性和儲氫量等角度來看，苯和甲苯是比較理想的有機液體儲氫劑，環己烷和甲基環己烷是較理想的有機液態氫載體。有機液態氫化物可逆儲放氫系統，是一個封閉的循環系統，是由儲氫劑的加氫反應、氫載體的儲存和運輸、脫氫反應等三個過程組成。利用催化加氫裝置，將氫儲存在環己烷或甲基環己烷等氫載體中。由於氫載體在常溫、常壓下呈液態，儲存和運輸簡單易行。將氫載體輸送到目的地後，利用催化脫氫裝置，在脫氫催化劑的作用下釋放出被儲存的氫能，供使用者使用；儲氫劑則經過冷卻後儲存、運輸，循環再利用。

2. 有機液體氫化物儲氫技術的特點

(1) 儲氫量大、儲氫密度高。苯和甲苯的理論儲氫量分別為 7.19% 和 6.16%（重量百分比），儲氫密度分別為 56.0 g/L 和 47.4 g/L，高於現有的金屬氫化物儲氫和高壓壓縮儲氫的儲氫量。

(2) 儲氫效率高。以環己烷儲氫構成的封閉循環系統為例，假定苯加氫反應放出的熱量可以回收，整個循環過程的效率將高達 98%。

(3) 氫載體的儲存、運輸和維護的安全性好，儲氫設施簡便，適合於長距離氫能輸送。氫載體環己烷和甲基環己烷在室溫下呈液態，與汽油類似，可以方便地利用現有的儲存和運輸設備。

(4) 加氫、脫氫反應高度可逆，儲氫劑可反覆循環使用。

3. 研究現狀 有機液體氫載體的脫氫是一個強吸熱、高度可逆的反應，其脫氫效率在很大程度上決定了這種儲氫技術的應用前景。要提高脫氫效率，必須升高反應溫度或降低反應體系的壓力。現在採用的脫氫催化劑 Pt-Sn/γ-Al_2O_3 在較高溫度下，尤其在隨車供氫的非臨氫及溫度、進料量都可能隨時間變化的非穩態操作條件下，極易因積炭而失活。為了降低脫氫能耗，在不降低脫氫催化劑的脫氫效率和使用壽命的同時，希望催化劑也具有良好的低溫活性。現有催化劑的高溫活性、穩定性和低溫脫氫活性還很難令人滿意。有機液體氫載體的脫氫系統能否應用的關鍵性問題之一，是要開發出低溫、高效、長壽命的脫氫催化劑。

參考文獻

〔1〕TrautIllann S R, R A Davis. AICHE Spring Meeting. New Orleans, 2002.

〔2〕Stoll R E, Linde F V. Hydrocarbon Processing, 2002, 79(12) : 42-46.

〔3〕Kulkarni M S, Dudukovijc M P. Industrial and Engineering Chemistry Research, 1998, 37: 770-781.

〔4〕Gosiewski L. Chemical Engineering Science, 2001, 56: 1501-1510.

〔5〕Polman E A, Der Kinderen J M, Thuis F M. Catalysis Today, 1999, 47: 347-351.

〔6〕Ioannides T H, Verykios X E. Catalysis Letters, 1997, 47: 183-188.

〔7〕Ioannides T, Verykios X E. Catalysis Today, 1998, 46: 71-81.

〔8〕Ismagilov Z R, Pushkarev V V, Podyacheva Yu O, et al. Chemical Engineering Journal, 2001, 82: 355-360.

〔9〕Zanr M, Gavriilidis A. Chemical Engineering Science, 2003, 58: 3947-3960.

〔10〕Frauhammer J, Eigenberger G, Hippel L. Chemical Engineering Science, 1999, 54: 3661-3670.

〔11〕Kolios G, Frauhammer J, Eigenberger G. Chemical Engineering Science, 2001, 56: 351-357.

〔12〕Kolios G, Frauhammer J, Eigenberger G. Chemical Engineering Science, 2002, 57: 1505-1510.

〔13〕Tonkovich A Y, Perry S, Wang Y, et al. Chemical Engineering Science, 2004, 59: 4819-4824.

〔14〕Fausto Gallucci, Luca Paturzo, Angelo Basile. International Journal of Hydrogen Energy, 2004, 29: 611-617.

〔15〕Xenophon E Vetykios. International Journal of Hydrogen Energy, 2003, 28: 1045-1063.

〔16〕Choudhary V R, Banerjee S, Rajput A M. Applied Catalysis A: General, 2002, 234: 259-270.

〔17〕Ayabe S, Omotoa H, Utaka T, Kikuchi R, et al. Applied Catalysis A: General, 2003, 241: 261-269.

〔18〕李春義，余長春，沈師孔。催化學報，1999，22(4) ：377-382。

〔19〕嚴前古，於作龍，遠松異。應用化學，1997，8(4) ：70-73。

〔20〕R. Choudhary V R, Prabhakar B, Amarjeet M, et al. Fuel, 1998, 77(13) : 1477-1481.

〔21〕Basile A, Criscuoli A, Santella F, et al. Gas Separation Purification, 1996.10: 243-254.

〔22〕Basile A, Chiappetta G, Tosti S, et al. Separation and Purification Technology, 2001, 25: 549-571.

〔23〕Tosti S, BasiIe A, Chiappetta G, et al. Chemical Engineering Journal,

2003, 93: 23-30.

〔24〕Keiski R L, Salmi T, Pohjola V J. Chemical Engineering Journal, 1992, 48: 17-29.

〔25〕Levent M. International Journal of Hydrogen Energy, 2001, 26: 551-558.

〔26〕Beenackers A, Laan G P. Applied Catalysis A: General, 2000, 193: 39-53.

〔27〕Andrecva D, Idakiev V, Tabakova T, et al. Catalysis Today, 2000, 72: 51-57.

〔28〕Tonkovich A Y, Zilka J L, La Mont, et al. Engineering Science, 1999, 54: 2947-2951.

〔29〕Goerke O, Pfeifer P, Schubert K. Applied Catalysis A: General, 2004, 263: 1-18.

〔30〕Winter C, Nitsch J. Hydrogen as an energy Carrier: Technologies, systems, economy. Berlin: Springer-Verlag, 1988: 179-181.

〔31〕王天崗，孫立，張曉東等：山東理工大學學報，2006，20(5) ： 41-43。

〔32〕Fujishima A, Honda K. Nature, 1972, 238: 37-38.

〔33〕Maruska P, Ghosh A K, Solar Energy, 1978, 20: 443-458.

〔34〕Kiwi J, Graetzel M. Journal of Molecular Catalysis, 1987, 39: 63-70.

〔35〕Abe T, Suzuki E, Nagoshi K, et al. Journal of Physical Chemistry B, 1999, 103: 1119-1123.

〔36〕Dimitrijevic N M, Li S B, Graetzel M. Journal of American Chemical Society, 1984, 106: 6565-6569.

〔37〕李樹本。太陽能學報（特刊），1999，14：1-10。

〔38〕Sato S, New J, Chemistry, 1988, 12: 859-863.

〔39〕佐藤真理。日本化學會志，1988，67：1182-1190。

〔40〕Linsebigler A L, Lu G, Yates J T. Chemical Review, 1995, 95: 735-758.

〔41〕Disdier J, Herrmann J M, Pichapt P. J Chem Soc: Faraday Trans I, 1983, 79: 651-660.

〔42〕Lehn J M, Sauvage J P, Ziessel R. J Chim, 1980, 4: 623-627.

〔43〕Domen K, Natio S, Soma M, et al. J Phys Chem, 1982, 86: 3657-3661.

〔44〕Gopidas K R, Bohorguez M, Kamat P V. J Phys Chem, 1990, 94: 6435-6440.

〔45〕於開錄，劉昌俊。夏清等。化學進展，2002，14(6)：456-461。

〔46〕Fincke J R, Anderson R P, Hyde T, et al. Plasma Chemistry and Plasma Processing, 2002, 22(1) : 105-135.

〔47〕Bjorn Gandernack, Steinar Lynum. Hydrogen Energy, 1998, 23(12) : 1087-1093.

〔48〕Bromberg L., Cohn D R, Rabinovich A, et al. International Journal of Hydrogen Energy, 2000, 25: 1157-1161.

〔49〕Yu Chao, Huang Ching-Tsuen, Lee How-Ming. International Journal of Energy, 2008, 33: 664-671.

〔50〕Young N Chun, Hyoung W Song, Seong C Kim. Energy & Fuels, 2008, 22: 123-127.

〔51〕Hajime Kabashima, Hisahiro Einaga, Shigeru Futamura. IEEE Transactions on Industry Applications, 2003, 39(2) : 340-345.

〔52〕S Yao, A Nakayama, E Suzuki. Catalysis Today, 2001(71): 219-223.

〔53〕Rong-Fang Horng, Yuh-Ping Chang, Hui-Hui Huang, et al. Fuel, 2007, 86: 81-89.

〔54〕Tomohiro Nozaki, Tsukijihara Hiroyuki, Ken Okazaki. Energy & Fuels, 2006, 20: 339-345.

〔55〕朱愛民，張秀玲，李小松等。中國科學 B 輯：化學，2004，32(2)：179-185.

〔56〕Bromberg L , Cohn D R, Rabunovich A , et al. International Journal of Hydrogen Energy, 1999, 24: 341-350.

〔57〕Tanabe S, Matsuguma H, OkitsuK, et al. Chem Lett, 2000, 1116-1117.

〔58〕Kabeshima H, Einaga H, Futamura S. IEEE Transaction on Industry Applications, 2003, 39(2) : 340-345.
〔59〕Sekigucji H, Mori Y. Thin Solid Film, 2003, 435: 44-48.
〔60〕Jivotov V, Rusanov V. International Journal of Hydrogen Energy, 1999, 24(1) : 83-84.
〔61〕Von Ardenne M, Effekte der Physik. Frankfurth: Verlag Harry Deutsch, 1990: 712-715.
〔62〕〔日〕大角泰章著。金屬氫化物的性質與應用。吳永寬，苗豔秋譯。北京：化學工業出版社，1990。
〔63〕Zeppelin F Von, Reule H, Hirseher M, J Alloys Comp, 2002: 330-332, 723-726；Huot J, Liang Q, Boily S, et al. J Alloys Comp, 1999: 293-295, 495-500.
〔64〕Mofinaga M, Yukawa H. Nature of chemical bond phase stability of hydrogen storage compounds. Materials Science and Engineering, 2002: 329-331: 268-275.
〔65〕Bououdina M, Guo Z X. Journal of Alloys and Compounds, 2002, 336: 222-231.
〔66〕Gennari F C, Castro F J. Journal of Alloys and Compounds, 2002, 339: 261-267.
〔67〕Zhon L, Zhon Y P. Chemical Engineering Science, 1998(14): 53-56.
〔68〕Strobel R, Jorison L, Schliermaun T, et al. Journal of Power Sources, 1999(12) : 84-88.
〔69〕Orimo S, Majer G, Fukunaga T, et al. Applied Physics Letter, 1999: 293-295.
〔70〕Orimo S, Matsushima S, Fujii H, et al. Applied Physics, 2002: 330-332.
〔71〕Shindo K, Kondo T, Sakurai Y. Journal of Alloys and Compounds, 2004, 379(1-2): 252-255.

〔72〕文潮，金志浩。李迅等。物理學報，2004(7)：53。
〔73〕Tomic E A. Journal of Applied Polymer Science, 1965, 9: 3745-3752.
〔74〕Li H L, Eddaoudi M, Yaghi O M, et al. Nature, 1999, 402: 276-279.
〔75〕Eddaoudi M, Kim J, Rosi N L, et al. Science, 2002, 295: 469-472.
〔76〕Panella B, Hirscher M, Muller U, et al. Advanced Functional Materials, 2006, 16: 520-524.

第七章
燃料電池

7.1　概述

7.2　燃料電池的一般原理

7.3　質子交換膜燃料電池

7.4　直接甲醇燃料電池

7.5　微生物燃料電池

7.1 概述

燃料電池（fuel cell）發電是繼水力、火力和核能之後新的發電技術之一。1839 年，英國的 Grove 提出了氫和氧反應可以發電的原理，他把封有鉑電極的玻璃管浸入稀硫酸中，電解產生氫氣和氧氣。當將氣體、電解液與電極三者之間組裝起來後，氫和氧就發生化學反應，產生電流，成為了燃料電池的雛形。1889 年，英國的 Mond 和 Langer 採用浸有電解質的多孔非傳導材料為電池隔膜，使用鉑黑作為電催化劑，仍以氫和氧為燃料和氧化劑，運用鑽孔的鉑或金片為電流收集器組裝出燃料電池。1932 年，Bacon 在 Mond 和 Langer 等人研究的基礎上，採用非貴金屬催化劑和自由電解質，成功開發了第一個鹼性燃料電池（Alkaline Fuel Cell，AFC）。20 世紀 50 年代，實用功率水平的 Bacon 型燃料電池的出現，開始引起科學家的廣泛注意和研究，並在 20 世紀 60 年代，質子交換膜燃料電池（proton exchange membrane fuel cell, PEMFC）和鹼性燃料電池（AFC），先後成為登月太空船上主電源的燃料電池系統。燃料電池取得了在人類科技進步上的新里程。20 世紀 70 年代，由於能源危機的出現，美國、日本和歐洲許多國家均製定了燃料電池的長期發展規劃，燃料電池研究出現了第一次高潮。20 世紀 80 年代初，全氟磺酸膜（如 Nafion®）在質子交換膜燃料電池上的應用，使得其性能取得了巨大突破。到 20 世紀 90 年代，也就是在 Grove 實驗之後的 150 多年，一種比較廉價的、清潔的、可再生的新能源技術正逐漸變成事實。在過去的若干年中，一批醫院和學校安裝了燃料電池用作中小型發電源，諸多汽車製造公司也已設計出以燃料電池為動力的原型車輛。現如今，燃料電池正在向商業化、普及化進行著不懈的努力。

燃料電池作為一種按電化學方式直接將燃料和氧化劑的化學能轉化為電能的能量轉換裝置，其最顯著的特點是高效和環境友好。其具體特點可概括如下。

(1) 高效：燃料電池直接將化學能轉變為電能，不受卡諾循環的限制，理論能量轉化效率達 85% ～ 90%。而實際應用中，由於陰、陽電極極化和濃差極化的限制，電解質的歐姆電位降以及熱損失等，燃料電池的實際能量轉換效率也在 40% ～ 60%。對於高溫燃料電池，如果把產生的熱量以熱機發電的形式加以利用，燃料的總利用率可達 80%。

(2) 環境友好：燃料電池的反應產物主要是水和 CO_2。由於燃料電池具有高的能量轉換效率，CO_2 的排放量要比熱機過程減少 40% 以上，這對緩解地球溫室效應具有重要作用。並且不向大氣排放有毒物種如 NO_x、SO_x、粉塵等，降低了水的消耗和廢水的排放。另外，燃料電池轉動機件少，避免了產生雜訊污染。

(3) 可靠性高：與燃燒渦輪機或內燃機相比，燃料電池的轉動部件較少，避免了產生部件失靈、失控等危險事故，可作為各種應急電源和不間斷電源使用。

(4) 建設周期短：燃料電池發電站的建設周期短、選址限制少、占地面積小，可根據用戶需求調節發電容量，對輸出負荷回應快。

(5) 比能量高：目前，燃料電池的實際比能量儘管只有理論值的1/10左右，但仍比一般電池的實際比能量要高得多。

此外，燃料電池具有一般電池（鋅錳乾電池）的「積木式（性）」特性，即可由多個電池串聯、並聯的組合方式向外供電。因此，燃料電池即可用於集中發電，也可用作各種規格的分散電源和可移動電源。主要應用在以下幾個方面。

1. 固定發電站　燃料電池具有無污染、無雜訊、可積木性的優點，因此，可以根據需要在合適地點建立電站，尤其適合為居民區和特殊需要（如軍需設施）供電。由於近距離供電省去了遠距離輸變電過程，對目前的能源結構、能源的戰略儲備和國家安全等具有重要意義。

2. 交通運輸的動力電源　質子交換膜燃料電池（PEMFC）可在室溫快速

啟動，並可按負載需求快速改變輸出功率，它是汽車、船舶以及可移動電源的最佳候選者。目前，燃料電池已被用於給汽車提供動力。

3. **電子移動產品**　由於使用甲醇、乙醇、甲酸等液體燃料可直接進料，無需重整裝置，結構簡單，體積小巧，且燃料來源豐富、價格經濟、便於攜帶與儲存，因此，採用此類燃料的移動電源可作為攜帶型小型電源，用於筆記本電腦、手機等電子產品中。

燃料電池的分類方式有多種，可按照電池的工作溫度、電池輸出功率大小、使用燃料種類和電池採用的電解質進行分類（見表 7-1）。現在常用的分類方法是按照電池採用的電解質和燃料進行分類，即分為以下幾類燃料電池：鹼性燃料電池（AFC）、質子交換膜燃料電池（PEMFC）、直接甲醇燃料電池（DMFC）、磷酸燃料電池（PAFC）、熔融碳酸鹽燃料電池（MCFC）和固體氧化物燃料電池（SOFC）。其中鹼性燃料電池必須以純氧作為氧化劑，這就需要在電池系統中設有氧氣盛裝容器，因而不適合小型化。磷酸燃料電池效率低、啟動時間長，不宜做移動電源使用。熔融碳酸鹽燃料電池和固體氧化物燃料

表 7-1　燃料電池的技術狀態

類型	工作溫度 / ℃	電解質	燃料	氧化劑	技術狀況	應用領域
鹼性燃料電池	50 ～ 200	KOH	純氫	純氧	1 ～ 100 kW 高度發展	航空，特殊地面應用
質子交換膜燃料電池	室溫～ 100	全氟磺酸膜	氫氣，重整氫	空氣	1 ～ 300 kW 高度發展，但成本較高	電動車、潛艇動力源和可移動動力源
直接甲醇燃料電池	室溫～ 100	全氟磺酸膜	甲醇等	空氣	1 ～ 1000 W 正在開發	微型移動動力源
磷酸燃料電池	100 ～ 200	H_3PO_4	重整氣	空氣	1 ～ 2000 kW 高度發展	特殊需求，區域性供電
熔融碳酸鹽燃料電池	650 ～ 700	$(Li, K)_2CO_3$	淨化煤氣，天然氣，重整氣	空氣	250 ～ 2000 kW	區域性供電
固體氧化物燃料電池	900 ～ 1000	氧化釔穩定的氧化鋯	天然氣，淨化煤氣	空氣	1 ～ 200 kW	區域性供電，聯合循環發電

電池由於很高的操作溫度，也不適合微型化。質子交換膜燃料電池和直接甲醇燃料電池具有價格經濟、能量密度高、結構簡單、啟動快、營運條件溫和、穩定、壽命長、適用多種燃料及攜帶方便等優點，而成為最有微型化潛力和前景的燃料電池。本章擬從陰陽兩極的電催化劑和核心技術膜電極兩方面系統，介紹質子交換膜燃料電池和直接甲醇燃料電池。

7.2 燃料電池的一般原理

與其他化學電源相同，燃料電池的電極部分提供電子的轉移，陽極催化燃料（如氫、甲醇、甲酸等）氧化，陰極催化氧化劑（如氧等）還原；導電離子在電解質內遷移，電子利用外接電路形成迴路，從而輸出電能。其化學原理如下：

對於一個氧化還原反應為 [O] + [R] → P。式中，[O] 代表氧化劑，[R] 代表還原劑，P 代表反應產物；也可以把上述反應分為兩個半電池反應，一個為氧化劑 [O] 的還原反應，另一個為還原劑 [R] 的氧化反應，若 e 代表電子，則為：

$$[R] \rightarrow [R]^+ + e^-$$

$$[R]^+ + [O] + e^- \rightarrow P$$

總反應為：$$[O] + [R] \rightarrow P$$

圖 7-1 所示為 H_2-O_2 質子交換膜燃料電池的示意圖。氫氣和氧氣（或空氣）分別通入陰陽電極區域，中間部分為質子交換膜，氫氣在陽極發生氧化反應，氧氣在陰極發生還原反應，產生電流經過外電路形成

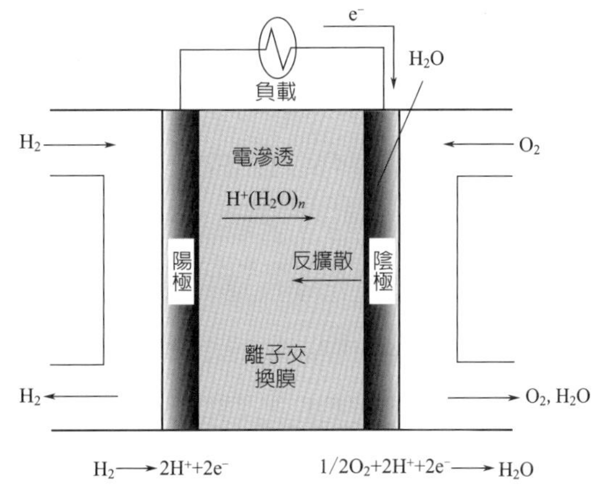

☼ 圖 7-1　氫氧質子交換燃料電池示意圖

電的回路。燃料電池的燃料和氧化劑不是儲存在電池內，而是儲存在電池外部的儲槽中，當它工作時需要不間斷地向電池內輸入燃料和氧化劑，並同時排放出反應產物。由於燃料電池需要不斷向電池內補入燃料和氧化劑，所以燃料電池使用的燃料和氧化劑均為流體，即氣體和液體。最常用的燃料為純氫、含富氫的氣體和某些諸如甲醇水溶液、甲酸水溶液等。常用的氧化劑為純氧、淨化空氣等氣體和某些液體如過氧化氫水溶液等。

7.3 質子交換膜燃料電池

通用電氣公司（GE）是最早研究 PEMFC 的機構，在 20 世紀 60 年代為美國國家航空太空總署（NASA）首創並應用於航太領域。PEMFC 具有高功率密度、高能量轉換效率、低溫啟動和環境友好等特點，最有希望成為零污染排放電動汽車的動力源。目前針對 PEMFC 的研究已經成為電化學和能源科學領域的一個重點，許多國家和跨國公司都在投入鉅資發展這一技術。

質子交換膜燃料電池在 20 世紀 60 年代首次應用於 Gemini 太空飛行，但由於聚苯乙烯磺酸膜在電化學反應條件下穩定性太差和高鉑黑用量，NASA 選用了當時技術比較成熟的 AFC 代替 PEMFC 用於 Apollo 計畫和太空飛行，使質子交換膜燃料電池在空間的發展應用陷入停滯狀態。此後，GE 公司繼續對 PEMFC 進行研究開發，在 20 世紀 60 年代中期取得整個研究階段最大的突破，美國杜邦（DuPont）公司研製出新型的性能優良的全氟磺酸膜，即 Nation® 系列產品。全氟磺酸膜與聚苯乙烯磺酸膜相比，前者的 C—F 鍵比後者的 C—H 在電化學反應環境中具有更高的穩定性。儘管如此，由於燃料電池系統工作過程中膜的乾涸問題沒有得到有效的解決，PEMFC 技術的發展仍然十分緩慢，後來 GE 公司採用內部加濕和增大陰極區反應壓力的辦法解決了上述問題，並開發出 GE/HS-UTC 系列產品，但其仍然存在兩大不足：一是貴金屬鉑催化劑用量太高，達 4 mg · cm^{-2}，導致成本過高；二是必須以純氧做氧化劑，如果採用空氣做氧化劑，即使在較高的壓力下，電池的電流密度也只有 300 mA · cm^{-2}，限制了 PEMFC 的應用。1983 年，加拿大國防部注意到，PEMFC 可以滿足特殊的軍事要求，並有良好的商業前景，對 PEMFC 產生了極大的興趣，並於 1984 年開始資助 Ballard 公司研究 PEMFC，其首要任務是解決氧化劑的問題，即用空氣代替純氧。另外，擬採用石墨極板代替 NASA 電池中的鈮板以降低電池的成本。

20 世紀 90 年代初期，特別是近幾年，人們對由傳統發電技術和汽車造成的環境污染更加重視，PEMFC 的開發逐漸由軍用轉向民用，如移動式電源、家用電站和電動車，使得其應用前景更加廣泛。

隨著許多國家都陸續開展 PEMFC 的基礎理論和應用研究，至今在電極、質子交換膜和雙極板等各方面已取得了突破性進展，正接近商業化應用，但是製造成本是限制其商業化的主要障礙。

7.3.1 PEMFC 的工作原理與結構

PEMFC 的工作原理就是氫氣和氧氣（或空氣）在電極上自發地發生反應並產生電流，是電解水的逆過程。其工作原理如圖 7-2 所示。

(1) 在陽極催化劑作用下，氫分子解離為帶正電的氫離子（即質子），並釋放出電子。

$$\text{陽極：} H_2 \rightarrow 2H^+ + 2e^-$$

產生的質子穿過電解質（質子交換膜）到達陰極；電子則通過外電路到達陰極。

(2) 在陰極催化劑作用下，氧氣與質子及電子發生反應生成水。

$$\text{陰極：} 1/2O_2 + 2H^+ + 2e^- \rightarrow H_2O$$

$$\text{總的電池化學反應：} 1/2O_2 + H_2 \rightarrow H_2O$$

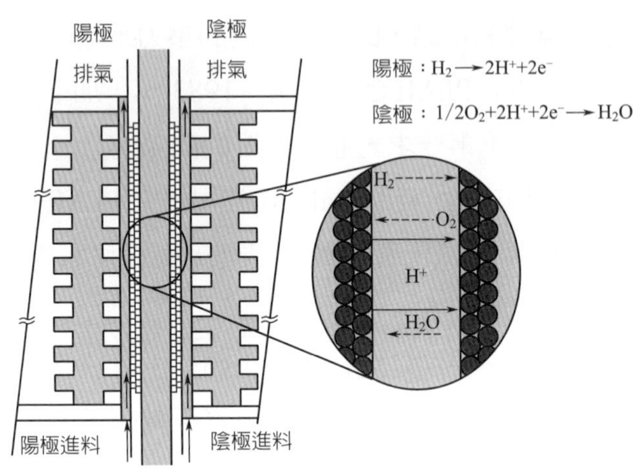

圖 7-2　PEMFC 原理示意圖

當 1 mol H_2 通入到陽極，在陽極催化劑的作用下分解成 2 mol H^+ 同時釋放出 2 mol 電子；質子穿過電解液到達陰極後，在陰極催化劑的催化作用下與 1/2 mol 的氧氣和 2 mol 電子結合生成圖 7-3 PEMFC 組成示意圖 1 mol 水，同時外電路有 2 mol 電子自陽極流向陰極，體系對外做功。

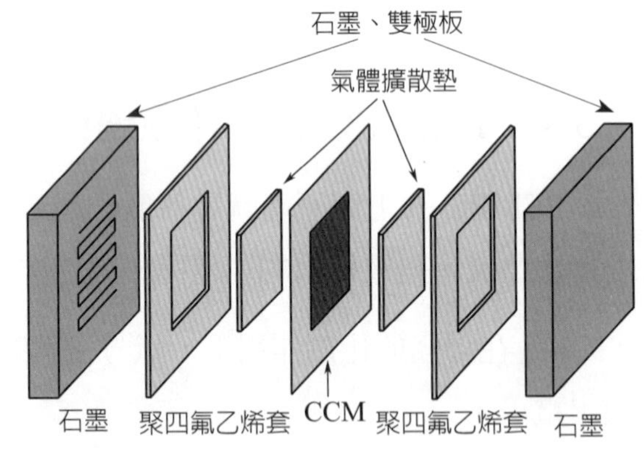

圖 7-3　PEMFC 組成示意圖

PEMFC 單電池主要由膜電極、碳紙、雙極板、集流板和密封墊片等元件和關鍵材料組成（見圖 7-3）。其中，由催化劑層和質子交換膜等構成的膜電極是燃料電池的核心部件，燃料電池的所有電化學反應均通過膜電極來完成。質子交換膜的主要功能是作為電解質膜，產生導質子阻電子作用，同時，作為隔膜防止兩極氣體間的互串。目前普遍採用 Nation® 系列全氟磺酸質子交換膜。催化劑的主要功能是促進電極反應的快速進行。

7.3.2 PEMFC 的質子交換膜

質子交換膜（PEM）是 PEMFC 中的關鍵部件之一，它直接影響電池性能與壽命。性能良好的 PEM 應當滿足以下條件：

(1) 有低的氣體（尤其是 H_2 和 O_2）滲透性，以產生阻隔燃料和氧化劑相互滲透的作用；

(2) 質子傳導性高，降低電池內阻，保證在高電流密度下，歐姆極化小；

(3) 化學和電化學穩定性好，在電池工作條件下不發生降解，保證電池工作壽命；

(4) 水分子在平行膜表面方向上有足夠大的擴散速度，否則膜局部脫水，影響電池壽命；

(5) 膜的水合／脫水可逆性好，不易膨脹，電池操作條件變化時，質子交換膜局部應力和形變要小；

(6) 有一定的機械強度，可加工性好，滿足大規模生產的要求；

(7) 恰當的性價比。

最早應用於 PEMFC 的質子交換膜是聚苯乙烯磺酸膜，後來被杜邦公司生產的全氟磺酸質子交換膜所代替。現在全氟磺酸質子交換膜包括以下幾種類型：① Nafion® 膜（美國 DuPont 公司），包括 Nafion®115、Nafion®112、Nafion®117 和 Nafion®1135 等；② Aciplex® 膜（日本 Asahi Chemical 公司）；③ Flemion® 膜（Asahi Glass 公司），以上 3 種均為長支鏈全氟磺酸質子交換膜；④ Dow 膜（美國 Dow Chemical 公司），短支鏈全氟磺酸質子交換膜。Nafion® 膜以其特有的性質，在燃料電池中有著廣泛的應用，而且是目前唯一的商品化質子交換膜。

在質子交換膜內，氫離子是以水合質子 $H^+(xH_2O)$ 的形式，從一個固定的磺酸根位跳躍到另一個固定的磺酸根位，當質子交換膜中的水化離子簇彼此連接時，膜才會傳導質子。因此在膜中，當水含量達到某一臨界點時，離子簇的直徑達到一定值，在膜中能形成連續的離子通道，膜才能傳導質子。這就是膜導電的「滲流模型」。研究證明，在相對濕度低於 35% 時，Nafion® 膜電導顯著下降；而在相對濕度低於 15% 時，Nafion® 膜幾乎成為絕緣體。

由於 Nafion® 膜為固體電解質膜，為使其與催化層具有更好的接觸介面，所以在製作電極－膜－電極元件（MEA）時，需先將其在一定的溫度下軟化成玻璃態，然後用一定壓力再將其與催化層壓制到一起。表 7-2 為不同形式的 Nafion® 的玻璃態轉化溫度。

Gore Associates 公司將全氟磺酸樹脂沈積到多孔 PTFE 中，生產 NF-PTFE 複合膜（Gore-Select 膜），多孔 PTFE 作為支撐體可以增強複合膜的機械強度，全氟磺酸樹脂在微孔中形成質子傳遞通道，這既可以減少全氟樹脂的用量，也可以保持膜的質子傳導性能。雖然上述膜的電導率要比 Nafion® 膜或 Dow 膜的小，但 Gore-Select 膜的厚度一般在 5 ～ 40 μm 之間，比 Nafion® 112（50 μm）的厚度還薄，所以採用 Gore-Select 膜組裝的電池性能與 Nafion® 膜或 Dow 膜組裝的電池性能接近，而且還有利於實現 PEMFC 的自增濕。目前質子交換膜在燃料電池成本中占有較大比例，這也是燃料電池商品化必須降低成本的關鍵材料之一。經過減小膜厚度，不僅可以降低膜電阻，改善電池性能，同時也節省材料、降低成本。

Nafion® 膜及其溶液因其高質子導率和穩定性被廣泛地應用於微型燃料電池（μPEMFC）的研究中。Wainright 等人在他們的微型燃料電池中，使用重鑄的方法，將商品化的 Nafion® 溶液和更高沸點的溶劑混合形成微型燃料電池的電解膜，這項技術在大型燃料電池的生產中已經相對成熟。為了探索其他低成本的材料充當燃料電池的電解膜，Gold 等人將硫酸灌注在 40 ～ 70 nm 厚的奈米多孔矽膜做質子交換膜，並應用於微型燃料電池，其離子電導率（0.0068 ～ 0.33 S/cm）和常溫下甲酸滲透率〔4.3×10^{-8} ～ 3.9×10^{-7} mol/(s · cm^2)〕均

表 7-2 Nafion 的玻璃態轉化溫度

Nafion® 化學組成	$-SO_3H$ 形式	$-SO_3Li$ 形式	$-SO_3Na$ 形式	$-SO_3K$ 形式
玻璃態轉化溫度	約 376 K	489 K	508 K	498 K

與 Nafion®117 相當。Mex 等人用等離子增強化學沈積法，製備了具有高膠聯度的聚合膜用於 μPEMFC，不幸的是，等離子聚合膜因其低的離子電導率和高氣體透過性，而無法提高電池的性能。電解質膜除離子導電功能外，還要發揮組隔陰陽極反應劑透過而相互混合的作用。要滿足燃料電池使用，電解質膜需要具有特定結構，因此一味降低電解質膜厚度，或者簡單地在一些多孔結構薄膜上灌注 Nafion® 或硫酸，是不可取的。

7.3.3 PEMFC 的催化劑

PEMFC 對其所用催化劑的基本要求為：高電催化活性、高導電性、高穩定性、高機械性能和便於生產。由於具有高效催化性，Pt 及 Pt 合金是目前在 PEMFC 中陽極和陰極主要的催化劑。研究顯示，在 H_2-O_2 PEMFC 體系中，催化劑的真實表面積達到 100 cm^2 Pt · cm^{-2} MEA 面積以上時，在忽略聚合物電解質和陽極極化的情況下，燃料電池產生的電流密度可達 1 A · cm^{-2}。

由於 Nafion® 膜存在水熱平衡問題，PEMFC 一般在 100℃ 以下營運，該溫度下氧在陰極還原反應的交換電流密度相對較低，所以陰極貴金屬催化劑用量相對要大。Pt 價格昂貴且資源有限，故人們一直試圖減少其用量，提高其利用率以降低成本。

PEMFC 發展的初期，陰極所使用的電催化劑為 Pt 黑，擔載方法是直接將 Pt 黑與 PTFE 混合後熱壓到質子交換膜上，由於技術粗糙，Pt 的擔載量超過 9 mg · cm^{-2}。為了解決陰極 Pt 和電解質介面陰極氧還原動力學緩慢問題，可以最大程度地利用 Pt，降低 Pt 用量，目前，在 Pt 催化劑的研究方面，均以奈米級顆粒形式高分散地擔載到導電、耐腐蝕的擔體上為主要內容。目前應用最廣的單體是 Vulcan XC-72 炭黑，它的平均粒徑為 30 nm，比表面積為 250 m^2 · g^{-1}。將 Pt 擔載到多孔碳上，這極大地提高了 Pt 的分散性，但是，由於電極的製作技術相對落後，使用碳載體的 Pt/C 電催化劑在 PEMFC 中的擔載量，仍然超過 4 mg · cm^{-2} 左右。考慮到 PEMFC 使用的隔膜為全固態聚合物，電解質不能像液體那樣浸漬到多孔電極的內部的侷限性，美國洛斯 · 阿拉莫斯國家實驗室（Los Alamos National Laboratory, LANL）的 Wilson 等人，採用 Nafion® 聚合物溶液浸漬正負電極技術，實現了膜電極介面的立體化，擴展了電極反應區域，從而大大提高了氧電極中 Pt 的利用率，結果使 Pt 的載量從 4 mg · cm^{-2} 迅速下降到 0.4 mg · cm^{-2} 左右。為了減少這些貴金屬催化劑的載量、降低成本，濺鍍鉑技術被應用到製備催化層上。濺鍍作為半導體工業製造微晶片的一項技術，能夠在電解膜表面沈積一層很薄的均質膜。Ticianelli 等人在 Wilson 立體化電極技術的基礎上，在電極表面濺鍍了厚度約為 50 nm 的 Pt 薄層，進一步提高了電極的性能。

PEMFC 的非貴金屬催化劑的研究，對於國民經濟和世界工業發展都有很重要的意義。由於 PEMFC 中氫電極過程的可逆性較高（正常工作條件下，氫-氧質子交換膜燃料電池陽極的過電位僅為 20 mV 左右），而氧的電化學還原反應可逆性很低，氧的還原反應總是伴隨著很高的過電位，高達幾百毫伏。另外，在酸性電解質中，氧還原反應的標準電極電位為 1.23 V（相對氫標），在如此高的電位下，大多數金屬在水溶液中不穩定，在電極表面易出現氧和多種含氧離子的吸附，或生成氧化膜，使電極表面狀態改變，導致反應歷程更為複雜，而且，還導致電池電勢下降，降低了電池的工作性能。所以，目前非鉑系電催化劑的研究主要集中在氧還原陰極電催化劑。

近年來，除了貴金屬及其合金之外，已經研究的幾種新型非貴金屬的電催化劑，主要有如下幾類。

1. 過渡金屬大環類化合物 現在已廣泛研究了酞菁（Pc）、卟啉（PP）、四苯基卟啉（TPP）和苯並四氮雜輪烯（TAA）等過渡金屬大環化合物。它們的共同特點是具有平面型的 M-N 結構，從而有可能促進氧獲得 4 個電子而被還原，已經證實它們確實具有氧還原的催化能力，而且其催化活性與中心金屬離子、配位體及載體等相關。對酞菁過渡金屬大環化合物的研究發現，中心離子對氧的電化學還原催化能力影響排序為 Fe > Co > Ni > Cu ≈ Mn；穩定性排序為 Co > Fe > Mn。

關於過渡金屬大環類化合物，早在 1965 年，Jasinski 就發現 Co 酞菁對氧還原反應有催化活性。但是，由於水解作用和過氧化物所造成的大環分解，使其在酸性環境中穩定性很差，難以在質子交換膜燃料電池中應用。之後，人們在提高這類化合物催化活性和穩定性方面做了大量工作。Bagotzky 等在 800 ～ 900℃ 對鈷基配合物進行熱處理後，顯著提高了其穩定性。在硫酸溶液中，工作幾千小時後，催化劑性能未見衰減。Ladouceur 等研究了 Co 酞菁經 300 ～ 1150℃ 熱解後的催化性能，經 950℃ 熱解後產物具有最好的催化性能，600℃ 以上會有單質 Co 出現。在硫酸中，30 min 後鈷的流失為 40%。Sun 等人研究了 800℃ 處理後的 Fe 基配合物的催化性能，在 900 $mA \cdot cm^{-2}$ 電流下，電壓達到 0.6 V（vs.RHE）。Bouwkamp 等人研究了鐵卟啉經 700℃ 熱處理後產物的氧還原反應催化過程，發現在高電位下氧還原反應以四電子反應進行，在低電位下，氧還原反應以二電子反應進行，並提到反應活性位為 FeN_4。Zhang 等人合成了一系列的 Fe 基和 Co 基螯合物，研究了其氧還原催化性能及其催化機理。

利用對熱處理產物進行分析，有專家指出，熱分解後產物主要為含有過渡金屬、氧、氮、碳元素的結構碎片或化合物，有機大環結構在高溫下被破壞。Subramanian 等人研究了 Co、O、N 等元素在活性點中所產生的作用，指出高溫處理後鈷價態變低以及熱解形成的苯醌集團，有利於催化活性的提高。Lalande 等對金屬大環有機物高溫分解後的催化活性點研究發現：① 必須過渡金屬（Fe，Co）和 N 元素同時存在，才有催化活性；② Fe 以氧化態存在，沒有形成 Fe-N 鍵；③ 用較便宜、較簡單的含過渡金屬的前驅體和含氮化合物，同樣可以製備含有過渡金屬、O、N 等元素的氧還原活性催化劑。Wei 和 Sirk 等相繼採用乙腈、乙二胺、苯二胺等小分子含氮有機物作為配合基和過渡金屬的配合作為前驅體，研究了熱解產物的氧還原電催化活性。Sirk 等人的研究結果顯示，乙二胺、苯二胺和過渡金屬形成的配合物，經碳載後的熱解產物對氧還原反應具有電催化活性，但未對熱解產物的結構進行特性分析。

2. 過渡金屬原子簇化物催化劑　這一大類化合物可以分為二元化合物

（Mo_6X_8，X為S、Se、Te）、三元物（$M_xMo_6X_8$，M為額外插入的附加金屬離子）和假二元物（$Mo_{6-x}M_xX_8$），即鉬元素被另外一種過渡金屬元素部分取代。這類晶體結構可以描述為一個八面體的鉬簇周圍環繞著八個組成立方形的碲原子。

1986 年，Alonso 等首次發現 $(MoRu)_6Se_8$ 對氧還原有很好的電催化活性，而且 96% 左右的氧是利用 4 電子歷程被還原的。在這類催化劑中，Mo-Ru 基的催化劑對氧還原的電催化活性最高，但還是低於 Pt。Solorza 採用低溫液相反應方法，製備得到一系列不同組分的催化劑 $(Ru_{1-x}Mo_x)_ySeO_z$（$0.02 < x < 0.04$；$1 < y < 3$；$z \approx 2y$），並同碳載鉑電極的催化性能進行了比較，發現製備的 $(Ru_{0.975}Mo_{0.025})_2SeO_4$ 催化劑性能最優。2000 年，Schmidt 等人研究了 $Ru_{1.92}M_{0.008}SeO_4$ 催化劑，發現該催化劑對氧還原有很好的電催化活性，但對甲醇呈現出完全的惰性。這個發現使人們對 Chevrel 相催化劑作為 DMFC 的陰極催化劑開始感興趣。這類催化劑的問題是它們對氧還原的電催化活性沒有 Pt 高。另外，這類催化劑一般是在 1200℃ 左右通過單質元素的固相反應製備的，成本上高於貴金屬基電催化劑，極大地限制了其在 DMFC 中的應用。

3. 過渡金屬氧化物催化劑　過渡金屬氧化物因具有廉價、對氧還原和氧析出反應，都有很好的催化活性而受到關注。包括：鈣鈦礦、尖晶石型氧化物以及二氧化錳、二氧化鉻等其他氧化物。鈣鈦礦型氧化物（ABO_3）是一種含稀土元素的複合氧化物，其中 A 位為稀土原子，B 位為過渡金屬離子。既具有電子導電性，又具有離子導電性。它的離子傳導特性源於晶格中的氧空位。這類氧化物具有在保持穩定的晶體結構的基礎上，可利用 A 位或 B 位金屬離子的部分替換對組分原子價進行控制的特點，使該材料的催化活性呈現豐富的多樣性。

Bursell 等人研究的鈣鈦礦型氧化物，用於氧電極的催化活性順序為：$LaNiO_3 < La_{0.6}Ca_{0.4}CoO_3 < La_{0.1}Ca_{0.9}MnO_3$。鈣鈦礦型的電催化劑結構為 $M'_{1-x}M''_xMO_3$，$M' =$ La、Nd、Ca；$M'' =$ Sr、Co、La、Ca、Nd、Bi、Ni；$M =$ Mn、Co、Fe、Ni。在鹼性電解質中，按 M 為活性中心的催化活性順序：

Mn > Ni > Co > Fe，其中 Mn 為 4 價時的催化活性最高。其他的鈣鈦礦型電催化劑的性能為 $La_{0.5}Sr_{0.5}CoO_3$ > $La_{0.99}Sr_{0.01}NiO_3$ > $La_{0.7}Sr_{0.3}MnO_3$ > $LaNiO_3$。White 等人通過對甲醇陽極催化氧化機制研究提出，採用含氧豐富的高導電性和高催化活性的 ABO_3 型金屬氧化物，作為 DMFC 甲醇氧化催化劑，其中 A 和 B 分別為一些過渡金屬（A = Sr、Ce、La；B = Co、Pd、Ru、Pt 等），並利用化學共沈沈澱或熱解，製備了 ABO_3 電催化劑。

尖晶石結構的氧化物在自然界中廣泛存在。廣義的尖晶石型複合金屬氧化物的分子式為 $A_xB_yC_zO_4$。式中 A，B，C 等分別代表不同的金屬元素，O 為氧元素。其中 x，y，z 等滿足 $x + y + z + \cdots = 3$；$xM_A + yM_B + zM_C + \cdots = 8$；$M_A$、$M_B$、$M_C$ 等代表 A，B，C 的化合價。具有尖晶石結構的複合金屬氧化物中，最常見和研究最廣泛的是 AB_2O_4 型。由於其結構特殊，具有耐熱、耐光、無毒、防銹、耐火、絕緣等特點，在冶金、電子、化學工業等領域都得到了廣泛的應用，並發現過渡金屬尖晶石氧化物，對於氧的還原和析出反應有優良的催化性能。

尖晶石氧化物在電池用氧催化劑方面的研究，目前主要限於過渡金屬系尖晶石。任志偉等人運用微波法製備了奈米晶型 $MnCo_2O_4$ 尖晶石型氧化物，測試了其對鹼性條件下氧還原電極的催化性能。Hua 等人用電沈積方法在鋁氧化物膜板上製得了 $CoFe_2O_4$，並研究了產物在不同氧化條件下的物理性質的變化。Singh 等人發現 $CoFe_2O_4$ 與聚吡咯的複合電極對氧還原反應具有較好的催化性能。Restovic 等人研究發現，$Mn_xCo_{3-x}O_4$ 存在 Co^{3+}/Co^{2+}、Mn^{4+}/Mn^{3+} 固態氧化一還原對，其催化還原性能則是隨著 Co^{3+}/Co^{2+} 的比值的增加而增大。Jiang 等人研究了鹼性溶液中鈷離子對 H_2O_2 分解的化學動力學，發現溶解的 Co^{2+} 以 $HCoO_2^-$ 的形式對 H_2O_2 的分解有很高的催化活性，探討了 Co_3O_4/C 催化劑在鹼性環境中催化氧還原反應的動力學和機制，發現氧還原反應的動力學主要為 HO_2^- 中間體的均勻分解，以及溶液中 $HCoO_2^-$ 和氧化物晶格中的 Co^{3+} 兩者的異相過程，並將 Co_3O_4 沈積在 C 上，製備出在鹼性溶液中對氧還原有較高催化活性的催化劑。

4. 過渡金屬氮化物、氮氧化物、碳化物等　過渡金屬氮化物是元素 N 插入到過渡金屬晶格中所生成的一類金屬間充型化合物，它兼具有共價化合物、離子晶體和過渡金屬三種物質的性質。由於元素 N 的插入，致使金屬晶格擴張，金屬間距和晶胞常數變大，金屬原子間的相互作用力減弱，產生相應的 d 帶收縮修飾和費米能級附近態密度的重新分佈，價電子數增加，結構也隨之變化。這種調變，使過渡金屬氮化物這類化合物具有了獨特的物理和化學性能。在基本不破壞氧化物前驅體晶體結構和嚴格的氮化條件下，氧化物前驅體藉由程序升溫氮化經由「局部規整反應」，可以製備出高表面積的過渡金屬氮化物。

Zhong 等人利用溫度程序控制反應（TPR），合成了碳載氮化鉬（Mo_2N/C）、碳載氮化鎢（W_2N/C）和碳載氮化鉻（CrN/C），並研究了 Mo_2N/C 和 W_2N/C，作為質子交換膜燃料電池陰極電催化劑對氧還原反應的催化性能。結果顯示，採用 W_2N/C 做為催化劑，氧在酸性溶液中的還原利用近似四電子路徑進行，對氧還原反應具有比較好的電池性能，W_2N/C 電催化劑對氧化還原反應（ORR）表現了顯著的催化活性和穩定性，有希望作為 PEMFC 的陰極催化劑，尤其是高溫質子交換膜燃料電池。採用 CrN/C 作為催化劑，氧的還原以四電子路徑為主，部分以二電子路徑進行，儘管催化活性比 N 低，優化製備過程可能會提高其催化活性並有希望用於 PEMFC。

近年來，有研究工作者發現，一些抗酸腐蝕的氮氧化物在酸性環境下對氧還原反應確實有催化活性。Ishihara 等人研究了氮氧化鉭和氮化鉭在非 Pt 質子交換膜燃料電池陰極催化劑方面的應用。研究顯示，最高氧化態鉭的氮化物和氮氧化物在硫酸溶液中表現了較高的穩定性。Ta_3N_5 對氧還原反應的催化活性較弱，溫度為 30℃時，$TaO_{0.92}N_{1.05}$(氮含量為 7.0%，重量百分比)在濃度為 0.1 mol/dm^3 的硫酸中，對氧還原反應有顯著的催化活性，但是此催化活性遠遠低於 Pt，同時還發現催化活性和晶體結構有關係。Doi 研究了鋯化物（ZrO_xN_y）作為一種新型聚合物電解質燃料電池非 Pt 陰極的性能。ZrO_xN_y 電催化劑採用無線電磁管濺鍍法在 $Ar + O_2 + N_2$ 氣氛下利用加熱濺鍍材料製備。探討熱處理對氧還原反應催化活性和 ZrO_xN_y 性能的影響。30℃、1 atm 下，ZrO_xN_y 在 0.1

mol/dm^3 硫酸溶液中的溶解性小於 5×10^{-8} mol/dm^3。顯示 ZrO_xN_y 在酸性介質中有很高的化學穩定性。800℃ 熱處理後 ZrO_xN_y 的 ORR 電流密度比 50℃沈澱所得的 ZrO_xN_y 高 30 倍。高溫處理引起了 ZrO_xN_y 晶體結構的變化並提高了結晶度。Liu 等人研究了 ZrO_xN_y/C 作為一種新型聚合物電解質燃料電池非 N 陰極的催化性能。ZrO_xN_y/C 在 PEMFC 的氧還原反應中的起始電勢為 0.7 V（vs. RHE），以四電子路徑為主。對 ORR 表現了較好的 ORR 催化活性，尤其是在相對高的溫度下。

金屬碳化物是利用金屬鹽或金屬混合物在還原氣氛下（如 CH_4+H_2，CO）高溫還原和碳化處理製得。其活性依賴於催化劑的製備方法和活化處理條件，其中，氣相化學沈積法製得電催化劑的活性最高，但該製備法昂貴。金屬碳化物具有較好的導電性和抗腐蝕能力，但活性有待提高，其活性低的一個很重要的原因是其比表面積小（小於 5 $m^2\cdot g^{-1}$），因此研究新的製備方法，得到大比表面積的非貴金屬材料是提高其活性的一個重要途徑。

Mcintyre 利用真空濺鍍法製得的 $Ni_{33}Ta_{41}C_{26}$ 電催化劑對氫氣氧化和氧氣的還原均有一定的催化活性，且腐蝕電流很小。Yang 等人研究了 WC 作為 PEMFC 陽極催化劑的性能，WC 載量為 0.5 $mg\cdot cm^{-2}$ 時，氫氧化反應（HOR）的電流密度達到 0.9 $A\cdot cm^{-2}$。

以上研究結果顯示，非鉑系催化劑與鉑系催化劑相比，在性能上還存在相當的差距，並且非鉑系催化劑的製備過程和條件比鉑系催化劑要複雜得多，但非鉑系催化劑的使用，將會在很大程度上降低燃料電池催化劑的成本，從而在很大程度上降低燃料電池的材料成本。

7.4 直接甲醇燃料電池

直接甲醇燃料電池（direct methanol fuel cell, DMFC）是將液體燃料甲醇的化學能直接轉化為電能的一種電化學反應裝置。DMFC 具有能量密度高、結構簡單、運行條件溫和及攜帶方便的優點。又由於使用甲醇作為燃料，無需重整和轉化裝置，而且甲醇來源豐富、價格經濟、存儲方便、運輸安全等優點，使得直接甲醇燃料電池在燃料電池的研究備受矚目，預計將在小型家用電器、筆記本電腦、手機，以及軍用移動設備等領域具有廣泛的應用前景。

7.4.1　DMFC 工作原理和基本結構

7.4.1.1　DMFC 的工作原理

圖 7-4 所示為 DMFC 的工作原理示意圖。直接甲醇燃料電池的電極反應如下：

陽極：$CH_3OH + H_2O \rightarrow CO_2 + 6H^+ + 6e^-$　　$E_1^{\ominus} = 0.046\ V$

陰極：$3/2O_2 + 6H^+ + 6e^- \rightarrow 3H_2O$　　$E_2^{\ominus} = 1.23\ V$

總反應：$CH_3OH + 3/2O_2 \rightarrow CO_2 + 2H_2O$　　$E = E_2^{\ominus} - E_1^{\ominus} = 1.18\ V$

7.4.1.2　甲醇的氧化機制

甲醇等有機小分子在 Pt 基電催化劑上，氧化是一個非常複雜的過程，涉及吸附、解離 - 吸附等多步驟，對於反應機理的解釋也不盡一致，隨著現場紅外光譜的問世，以及在有機小分子直接燃料電池中的應用，使人們對反應機制才

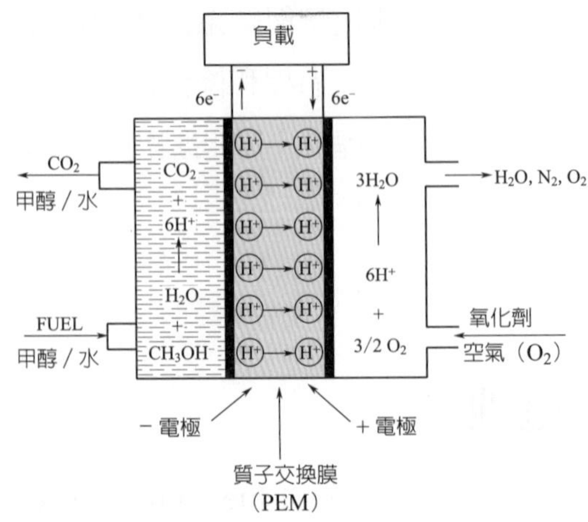

圖 7-4　DMFC 的工作原理示意圖

有了比較統一的認識。目前人們一致認為，甲醇首先在鉑催化劑表面發生吸附，然後解離 - 吸附產生一個或若干個吸附氫原子，並形成最終產物二氧化碳。就目前研究，在單金屬催化劑中，Pt 是最有效的電催化劑，一般認為甲醇在 Pt 電極上的氧化機制如下：

$$Pt + CH_3OH \rightarrow Pt\text{-}(CH_3OH)_{ad} + Pt\text{-}H_{ad} \tag{7-1}$$

$$Pt + Pt\text{-}(CH_3OH)_{ad} \rightarrow Pt\text{-}(CH_2OH)_{ad} + Pt\text{-}H_{ad} \tag{7-2}$$

$$Pt + Pt\text{-}(CH_2OH)_{ad} \rightarrow Pt\text{-}(CHOH)_{ad} + Pt\text{-}H_{ad} \tag{7-3}$$

$$Pt + Pt\text{-}(CHOH)_{ad} \rightarrow Pt\text{-}(COH)_{ad} + Pt\text{-}H_{ad} \tag{7-4}$$

$$Pt + Pt\text{-}(COH)_{ad} \rightarrow Pt\text{-}(CO)_{ad} + Pt\text{-}H_{ad} \tag{7-5}$$

同時，發生脫氫反應：

$$Pt\text{-}H_{ad} \rightarrow Pt + H^+ + e^- \tag{7-6}$$

已有大量研究結果顯示，甲醇等有機小分子在 Pt 或其他金屬電催化劑表面上的解離 - 吸附，取決於反應物的分子結構。有研究總結出了一條規則，即在 Pt 電催化劑表面能夠發生解離吸附反應，生成吸附 $(CO)_{ad}$ 產物的分子中，在與含氧官能團相連的碳原子上，一定帶有至少一個氫原子，而沒有檢測到解離吸附產物 CO 的分子結構中，不具備這一條件，而這只是一個必要條件，具備了這一條件，還未必能發生解離吸附生成中間吸附產物 $Pt\text{-}(CO)_{ad}$，它還與分子的空間位阻等因素有關。而這條規則對直接甲醇燃料電池的液體燃料的選擇有著非常重要的指導作用。

7.4.1.3 氧的電催化還原機制

在 DMFC 的陰極氧還原有兩種反應途徑，一是兩電子途徑，另一個是直接四電子途徑。兩種途徑的主要區別在於直接四電子途徑反應中沒有形成過氧化物中間體。理想的還原途徑是直接四電子還原〔如方程式（7-7）〕，但在實際反應的機制比較複雜，還原過程中還會伴有 H_2O_2 和 Pt 氧化物等中間副產物的產生〔如方程式（7-8）和方程式（7-9）〕。而 H_2O_2 可能會在反應過程中脫離，而不能被進一步還原，從而降低了氧的利用率；而吸附在 Pt 催化劑表面的氧化物，使催化劑活性位部分喪失，導致了催化活性降低。一般認為，氧分子中 O—O 鍵的斷裂是氧還原反應的速度控制步驟。

$$O_2 + 4H^+ + 4e^- \rightarrow 2H_2O \tag{7-7}$$

$$O_2 + 2H^+ + 2e^- \rightarrow H_2O_2 \tag{7-8}$$

$$Pt + H_2O \rightarrow Pt\text{-}O + 2H^+ + 2e^- \tag{7-9}$$

氧在 Pt 表面的初始吸附主要有直接解離吸附，即側基式（griffiths）、平行於催化劑表面的分子吸附的橋式（birdge），和垂直於催化劑表面的端基吸附（pauling）三種方式。其中前兩種吸附可以防止氧在 Pt 表面先解離形成吸附氧原子，有助於氧還原反應按照四電子過程進行，從而減少或避免 H_2O_2 的生成。

7.4.1.4 電解質的選擇

電解質的選擇可以是鹼，如 KOH、NaOH 等，也可以是酸（如硫酸等），但由於甲醇電催化產物二氧化碳在鹼液中容易生成溶解度小的碳酸鹽，所以，一般選用酸性電解質。

7.4.2 DMFC 的分類

DMFC 系統的輸出功率範圍一般在 0.1 ～ 10,000 W 之間，因此可按輸出功率，大致將其劃分為大中型 DMFC 和微小型 DMFC 兩大類。大中型 DMFC 主要作為家庭用電站和車載移動電源，其輸出功率在 100 ～ 10,000 W，為主動式操作，陽極需要使用液體泵供給低濃度甲醇作為燃料，陰極需要用氣體壓縮機提供純氧或壓縮空氣作為氧化劑。

微小型 DMFC 的輸出功率在 0.1 ～ 100 W，主要作為各種微型或者小型電子設備的攜帶型電源和後備電源。由於對此類電源便攜性方面的要求，微小型 DMFC 一般需要簡化系統，去除一些不必要的輔助設備，這樣一方面可以使系統簡單緊湊易於微型化，另一方面也可以消除由於需要為輔助設備提供動力所導致的功率損失，提高能量效率和實際輸出功率。因此通常微小型 DMFC 採用空氣自呼吸式（air-breathing mode）操作模式，即電池陰極直接暴露在自然空氣中，空氣中的氧氣通過濃差擴散和自然對流等傳遞形式，進入電池參與電化學反應，同時產生的水被排出。

而陽極燃料的傳輸有兩種模式（見圖 7-5 和圖 7-6），燃料甲醇以自然擴散形式進入陽極，稱為被動式操作；如果燃料甲醇是經過微型泵等輸入陽極，稱為主動式空氣自呼吸式操作（或半被動式操作）。目前採用這兩種甲醇進料方式的微型 DMFC 樣機都有報導，但以前者居多。也可以將這兩種操作模式統稱為空氣自呼吸式操作。空氣自呼吸式 DMFC 被認為最具有市場化潛力，它無需液體泵、空氣泵等輔助設備以及複雜的加熱控溫系統，從而降低了電池本身的功耗和生產成本，簡化了燃料電池結構系統，使電池系統的重量和體積能夠順利實現微型化和實用化。

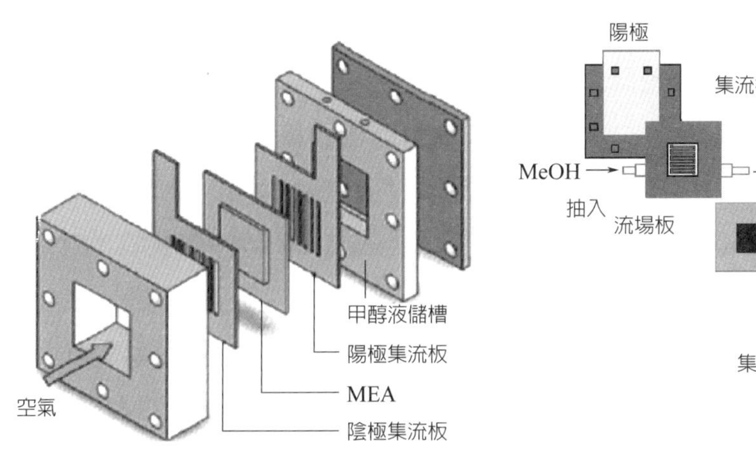

☼ **圖 7-5　被動式 DMFC 的示意圖**

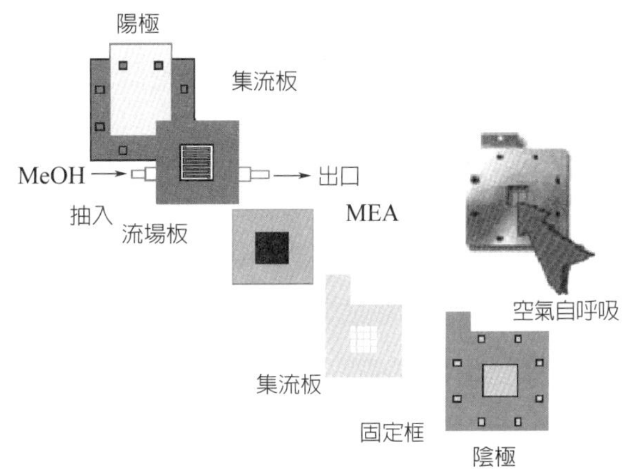

☼ **圖 7-6　主動式空氣自呼吸式 DMFC 的示意圖**

7.4.3 DMFC 的研究進展及存在問題

直接甲醇燃料電池是 20 世紀 90 年代初 NASA 的 JPL 實驗室，和南加州大學的研究者首先提出的，之後美、德、英等國相繼開展了基礎研究和應用方面的工作。1998 年 Robert 申請了用於手機電源的微型直接甲醇燃料電池的專利。針對無線通信電源方面的巨大市場，美國的摩托羅拉公司和洛斯阿拉莫斯國立實驗室的研發小組，共同研製開發了一種使用直接甲醇燃料電池的蜂窩電話電源。其電池體積更小巧、更輕便。藉由使用摩托羅拉公司設計的特殊電路，將低電壓轉變成可用於現有的移動電話的較高電壓，電池系統去除了空氣泵和換熱系統，不僅減小了體積和質量，也使手機待機達 1 個月，連續通話 20 h。

在歐洲，直接甲醇燃料電池開發也備受關注。有法、義、比等國家研究機構和公司共同組成的 New Low-cost Direct Methanol Fuel Cell 計畫，它是探索千瓦級工業需求的燃料電池供電系統。目標是建立一個 1 kW 的 DMFC 樣機，使用常壓下的空氣作氧化劑，溫度為 130℃，能量密度 200 mW · cm^{-2}。德國西門子公司在 1995 年就報導了 DMFC 方面的研究，使用 Nafion®117 膜，催化劑載量 4 mg · cm^{-2}，140℃，氧氣壓力為 0.4 MPa，輸出功率達 200 mW · cm^{-2}；在 1998 年將載量降低到 2 mg · cm^{-2}，溫度降低為 110℃，0.2 MPa 氧氣壓力，輸出功率相當。最近組裝了 3 對電極面積為 550 cm^2 的電池組。80℃，0.2 MPa 氧氣或空氣條件下，輸出功率分別為 88 W 和 77 W，功率密度在 0.5 V 時達 50 mW · cm^{-2}。他們的目標是建立 1 kW 的電池組，主要用作工業上的移動電源。

近幾年來，在空氣自呼吸式 DMFC 方面出現了大量的研究報導。Kho 等人發現，用一定濃度的甲醇溶液活化被動式 DMFC 的膜電極集合體（MEA），可以在短時間內達到它的優化性能。他們將這種性能的提高歸結為，活化處理後質子交換膜和電極內部離子電導的增加，以及由於催化層中離聚物的重排和溶脹所導致的電極結構的某種改變。Liu 等人研究了甲醇濃度對被動式 DMFC 的影響，發現使用高濃度甲醇可以提高電池的性能，是由於陽極滲透的甲醇在陰極氧化的放熱效應，引起電池內部溫度（即池溫）升高，從而改善了電極反應動力學。

Bae 等人報導了一個峰值功率密度達到 45 mW · cm^{-2} 的被動式 DMFC 時，也發現電池的高性能，主要是由於滲透的甲醇在陰極氧化放熱，導致池溫上升，改善了電極反應動力學。他們認為另一個可能的原因是被動式質傳條件下較慢的甲醇質傳速率。Kho 等人比較了在被動式操作和主動式操作下的空氣自呼吸 DMFC 的性能，發現由於甲醇供給方式的不同，被動式操作下，甲醇滲透對池溫和開路電壓（open circuit voltage, OCV）有著完全不同的影響。

在被動式 DMFC 的陽極甲醇質傳方面，Yang 等人提出一個基於表面張力驅動機制的燃料傳輸設計，即基於水和甲醇不同的表面張力，經過 PTFE 膜的毛細作用，實現由甲醇到水的單向性流動。在這個原型中，純甲醇儲存在一個分離的儲罐內，與水罐間用 PTFE 膜分開，由於表面張力的不同，甲醇可以透過 PTFE 膜，而水不能反向滲透。基於此原理的 DMFC 原型，比傳統的 DMFC，具有更高的性能和更長的工作時間。Chang 等人提出一個使用純甲醇蒸汽進料的被動式 DMFC，其陽極電氧化需要的水通過陰極水反擴散獲得。他們研究了陽極流道類型和流道開孔比的影響，發現開孔比越高，電池性能越高，這可能是因為開孔比影響流道內的壓差和甲醇的供給，高的開空比有利於陽極產物的排出。Yazici 等人設計了一個基於膨脹石墨（expanded graphite）的質傳層。使用這種新型質傳層的電池在室溫下的性能，可達到約 25 mW · cm^{-2}，極限電流密度接近 250 mA · cm^{-2}。這種新型的質傳層材料有望在微小型 DMFC 上得到應用。Guo 等人提出在被動式 DMFC 和甲醇儲罐間，使用一個被稱為熱體管理系統的質傳設計，把甲醇和水分開存儲於不同的介質，然後利用在特定介質材料中的擴散，形成一定濃度梯度的甲醇溶液，供給 MEA 陽極。他們發現，水存儲介質（water storage medium）的水含量，對甲醇的擴散質傳，以及電池的性能有重要影響。

Chen 等人研究了空氣自呼吸式 DMFC 的集流體的影響。在使用高濃度甲醇的條件下，表面鍍 Pt 處理的 Ni-Cr 多孔金屬泡沫作為陰極集流體，可以提高電池的性能和穩定性。當使用 4 mol/L 的甲醇溶液，22℃ 時單電池的峰值功率密度可以達到 28 mW · cm^{-2}。這主要歸結為多孔金屬發泡具有大的比質傳面積，增強了陰極的氧氣傳輸。而且金屬發泡的多孔結構具有較低的熱導率，提升了電池的池溫。多孔結構的毛細管作用，使陰極生成的水能夠更快地去除。接著他們提出一個被動式 DMFC 設計，去除 MEA 的陰極擴散層，用兼作為集流體的多孔金屬發泡材料代替。這種設計可以既提供高的氧氣質傳，又保證陰極的水更有效地排除。但是由於多孔集流體與催化層的非良好的直接接觸，導致 MEA 的內阻比一般的 MEA 明顯增加，因此總體上性能僅略有提高。Yang 等人發現，被動式 DMFC 陽極集流體的開孔比（exposure ratio），應該比陰極集流體更高一些，以確保好的燃料傳輸和最小化陰極的接觸電阻。V. Baglio 等人比較了不同的流場／集流體設計，對被動式微型 DMFC 電爐性能和放電行為的影響。

微型燃料電池需要滿足實際應用中負載設備的電壓要求，這就要求單體電池能夠連接在一起組成電池組工作。韓國科技研究院（KIST）於 2004 年報導了一個有 6 個單池組成的自呼吸式微型 DMFC 電池組，活性面積為 27 cm^2，輸出功率為 1 W，相應的功率密度約 37 mW · cm^{-2}。當使用 4 mol/L 的甲醇溶液，單體電池的峰值功率密度可以達到 40 mW · cm^{-2}。他們研究發現，優化陰極和陽極的流場結構，對單體電池性能的提高至關重要，因為流場結構同時影響陽極甲醇和 CO_2 的傳質和陰極 O_2 和水的質傳。Kim 等人報導了一個有 6 個單元電池組成的單極式被動式微型 DMFC 電爐。常溫下使用 4 mol/L 的甲醇，電爐的輸出功率可以達到 1 W，對應功率密度約 37 mW · cm^{-2}。他們研究了各種操作參數如溫度、甲醇濃度和反應物供給方式等對電爐營運模式的影響，發現電爐的性能和溫度的變化主要受甲醇濃度的影響。Guo 等人報導了平板型的空氣自呼吸式微型 DMFC 單池和電爐的製備方法。在 MEA 製備中，ETEK 碳布作為電極支撐層，對陽極微孔層作親水性處理，促進甲醇的質傳。他們組裝了兩個活性面積，分別為 18 cm^2 和 36 cm^2 的有 4 個單池組成的電爐，電爐的峰值功率密度分別為 28.8 mW · cm^{-2} 和 24 mW · cm^{-2}。Lu 等人報導了一個有 8 個單池組成的空氣自呼吸式微型 DMFC 電爐。每個單電池的活性面積為 5 cm^2，電爐的峰值輸出功率為 1.33 W，相應的功率密度為 33.3 mW · cm^{-2}。電爐恆電流放電約 100 min，輸出功率密度維持在 23.8 mW · cm^{-2}，沒有出現明顯的衰減。他們發現操作中陽極不均衡的 CO_2 氣泡排出，會影響電爐中單體電池的工作穩定性。Martin 等報導了一個有 3 個單池組成的被動式微型 DMFC 電爐，其峰值功率密度為 8.6 mW · cm^{-2}。他們發現，串聯形式的電爐結構較並聯結構的有更高的性能；高電阻是電爐性能較低的主要因素。Blum 等人組裝了一個有 3 個單池組成的被動式微型 DMFC 電爐，作為移動電話電池的充電設備。表 7-3 列出了最近文獻報導的各種空氣自呼吸式和被動式 DMFC 的製備條件、操作參數和性能指標。

微型 DMFC 的示範應用方面，Manhattan Scientifics 公司最早於 1998 年推出一款作為手機電源用的微型 DMFC 樣機。其核心技術為電爐的非壓濾式結構設計，即使用一種類似印刷電路板的技術，在一片絕緣材料板上鑲嵌 MEA，然後將幾片 MEA 在同一平面上串聯構成電池組。陰極為空氣自呼吸式設計，空氣中的氧氣通過陰極的蜂窩狀開孔進入電池，並讓水汽排出電池。電池面積約為 5 cm×13 cm，燃料為甲醇溶液。這種微型 DMFC 作為手機電源，可連續通話 20 h，是當時鋰離子電池通話時間的 10 倍。MTI Micro Fuel Cells 公司在微型 DMFC 示範應用研究中處於領先地位。2001 年，MTI Micro Fuel Cells 公司 Gottesfield 領導的研究組報導了一個空氣自呼吸的「孿生電池」的微型 DMFC 電池組。每個單電池面積為 10 cm^2，該電池組在常溫下工作，輸出功率可達 1.2 W，功率密度為 60 mW · cm^{-2}，體積比功率達到 87 mW · cm^{-3}。接著 MTI Micro Fuel Cells 公司又於 2002 年和 2003 年發佈了他們的第二代和第三代微型 DMFC 樣機。這些樣機都採用了所謂的 MobionTM 技術，該技術可以有效地克服甲醇滲透，使電池可以直接使用高濃度甲醇甚至純甲醇，從而大大提高了系統的能量密度。2004 年，該公司又展示了一款微型 DMFC 樣機，可提供 5 W 的常規輸出功率，其峰值功率高達 35 W，體積能量密度為 900 W · h/L，相當於美軍的軍用電池（BA5590 電池）能量的 2 倍多。

表 7-3　空氣自呼吸式和被動式 DMFC 的性能對比

作者	操作條件	甲醇濃度	陽極催化劑和載體	陰極催化劑和載體	膜	峰功率密度 / mW · cm^{-2}	製備方法
Liu 等人	室溫；被動式	4 mol/L	Pt-Ru 黑 4 mg · cm^{-2}	40%Pt/C 2 mg · cm^{-2}	Nafion® 112	29.5	GDE
Kho 等人	室溫；被動式	3 mol/L	Pt-Ru 黑 6 mg · cm^{-2}	Pt 黑 6 mg · cm^{-2}	Nafion® 115	47	CCM
Bae 等人	25°C；被動式	5 mol/L	Pt-Ru 黑 4～10mg · cm^{-2}	Pt 黑 4-10 mg · cm^{-2}	Nafion® 115	45	GDE
Chen 等人	22～23°C；被動式	4 mol/L	Pt-Ru 黑 4 mg · cm^{-2}	40 wt% Pt/C 2 mg · cm^{-2}	Nafion® 115	28	GDE
Kim 等人	室溫；被動	4 mol/L	Pt-Ru 黑	Pt 黑	Nafion® 115	43	GDE
Guo 等人	室溫；空氣自呼吸	5 mol/L	Pt-Ru 黑 7.0 mg · cm^{-2}	Pt 黑 6.5 mg · cm^{-2}	Nafion® 117	25	CCM
Lu 等人	室溫；空氣自呼吸	2 mol/L	Pt-Ru 黑 4.8 mg · cm^{-2}	40%Pt/C 0.9 mg · cm^{-2}	Nafion® 112	33.3	CCM
Shimizu 等人	被動式	4 mol/L	Pt-Ru 黑 6.4 mg · cm^{-2}	Pt 黑 3.9 mg · cm^{-2}	Nafion® 117	11	GDE
Pan	25°C；空氣自呼吸	2 mol/L	—	—	Nafion® 112	10	CCM
Chen 等人	30°C；空氣自呼吸	3%（重量百分比）	40%Pt20% Ru/C + 60%Pt 30% Ru/C 4.5 mg · cm^{-2}	50%Pt/C + Pt 黑 4.5 mg · cm^{-2}	Nafion® 117	23	CCM
Kim 等人	被動式	3 mol/L	Pt-Ru 黑 8 mg · cm^{-2}	Pt 黑 8 mg · cm^{-2}	Nafion® 112	45	GDE
Abdelkareem 等人	21°C；被動式	2 mol/L 及 16 mol/L	Pt-Ru 黑 10 mg · cm^{-2}	Pt 黑 10 mg · cm^{-2}	Nafion® 112	24	GDE
Reshetenko 等人	50°C；空氣自呼吸	3 mol/L	Pt-Ru 黑 6.2 mg · cm^{-2}	Pt 黑 6.7 mg · cm^{-2}	Nafion® 115	79	CCM
Song 等人	60°C；空氣自呼吸	3 mol/L	Pt-Ru 黑 8 mg · cm^{-2}	Pt 黑 6 mg · cm^{-2}	Nafion® 135	90	CCM

加州理工學院噴氣推進實驗室（Jet Propulsion Laboratory, JPL），與Giner公司合作，研究手機用微型化的DMFC。他們開發了一款「平包裝」（flat-pack）設計的微型DMFC電池組，這種設計每個單電池通過穿過質子交換膜平面的電子導體連接組成電池組，而且兩個「平包裝」電池組又可以背靠背地組裝成「孿生包裝」（twin pack）電池組。陽極供給低濃度甲醇，陰極空氣自呼吸，每個「平包裝」電池組可以連續輸出150 mW，只需三個「平包裝」孿生電池組串聯就可以給手機供電（手機待機約需要100～150 mW，通話時約需要800～1800 mW）。這種「平包裝」電池組的缺點是，與傳統的壓濾機式設計的電池組相比，電池內阻較大，因此JPL致力於降低電池內阻和改善電池組內電流分配的均勻性。2000年，洛斯．阿拉莫斯國家實驗室（Los Alamos National Laboratory, LANL）報導了一種主動式操作的微小型DMFC電爐，為壓濾式電池結構，電極面積45 cm^2。其工作時輸出功率為50 W，峰值功率80W，體積功率密度和質量比能量分別為300 W．L^{-1}和200 W．h．kg^{-1}。此外，洛斯阿拉莫斯國家實驗室還與Motorola公司合作，積極研究開發可應用於手機、掌上電腦、數位相機和電子遊戲機等微電源領域的非壓濾式的微型DMFC。他們開發的微型DMFC電池組為4個單池，單池活性面積為5×5 cm^2，採用多層陶瓷技術實現對電池的燃料與氧化劑的供給。該電池組輸出功率密度達到15～22 mW．cm^{-2}，4個單池串聯工作電壓大於1 V，再經DC/DC轉化可以升到4～5 V為手機或其他電子設備供電。

日本和韓國的許多公司和研究機構也在積極研發空氣自呼吸式微型DMFC。2001年，Toshiba公司展示了一款PDA用微型DMFC，其峰值功率為8 W，平均輸出功率在3～5 W，由5個單電池組成，尺寸為10.5 cm×12.7 cm×2.5 cm，其中燃料儲槽體積為10 mL。當採用90%的高濃度甲醇，可驅動PDA連續工作40 h。接著2004年，他們又展示了一款迄今世界上最小的DMFC，尺寸只有2.2 cm×5.6 cm×0.45 cm，重約8.5 g，輸出功率為100 mW。當用2 mL高濃度甲醇，可使MP3連續工作20 h。2003年，NEC公司展出了一款微型DMFC樣機，該樣機質量900 g，平均輸出功率14 W，功率密度為 50 mW · cm^{-2}，最大輸出功率 24 W，當使用 300 mL 的 10% 的甲醇，可以使筆記本電腦連續工作約 5 h。2004 年，富士通研究所公佈了他們研發的用於筆記本電腦的微型 DMFC 樣機。其輸出最大功率為 15 W，用 300 mL 的 30% 甲醇溶液作燃料，可驅動筆記本電腦持續運行 8～10 h。2006 年，韓國三星尖端技術研究所（SAIT）公開了一款功率為 1.3 W 的手機用被動式微型 DMFC 充電器，輸出電壓 3.5 V，燃料盒體積 10 mL，使用純甲醇。同年，三星公司展示了一台筆記本電腦用的微型 DMFC 樣機，在一次性注入燃料後，可供筆記本持續工作 1 個月而不需充電。

2009 年初，MTI Micro Fuel Cells 公司宣佈，他們基於 Mobion 技術的微型 DMFC 的壽命測試已超過 5500 h，性能衰減率也不高於 30%。因此，總部在加州的 PolyFuel 公司推出了一款完全融入消費者友好設計的筆記本電腦用微型 DMFC 原型機，可以提供在連續不間斷的營運中甲醇燃料盒的簡單熱插拔。這些象徵著微型 DMFC 研究開始進入實用化階段。中國也於 1999 年由中國科學院大連化學物理研究所與安徽天成電器公司，成立了直接醇類燃料電池聯合實驗室，開展了 DMFC 的研究，2002 年，又與南孚電池有限公司簽署了「直接醇類燃料電池的研究與開發」技術合作協定，目標是研製小型移動電源。實驗室已對 DMFC 的電極結構、製備方法和電池組裝技術等方面開展了廣泛研究，所組裝的單電池放電性能，也達到了目前國外文獻報導的水平。該所還採用物理氣相沈積法，在矽片表面沈積金屬複合層作為集流體，有效降低了微型燃料電池的內阻。清華大學的微電子研究所對以多孔矽為基礎的微型燃料電池，進行了深入研究。中國科學院上海微系統與資訊技術研究所，對微型燃料電池的電池結構、封裝、系統集成等方面的研究，也取得了較好的進展。雖然直接甲醇燃料電池的研發工作取得了很大進展，但是 DMFC 要真正走向商品市場，還需要解決如下一些關鍵技術難題：① 高活性、高抗甲醇陰極催化劑的研製；② 低溫高效陽極催化劑的研製；③ 膜電極的合理設計；④ 系統水管理技術的解決。

7.4.4 DMFC 陽極催化劑的研究進展

由於甲醇電氧化中間體吸附在鉑金屬表面，造成鉑利用率低，是甲醇電催化性能不高的原因。因此，在催化劑中引入有助於氧化去除吸附中間體的助催化劑，便成了提高陽極催化劑性能的主要手段。在對各種助催機理的研究中，目前公認的機理有雙功能機制和電子效應，電子效應是利用引入助催化劑降低吸附態的 CO 在金屬表面的吸附能，使吸附的 CO 物種得到活化，雙功能機是利用助催化劑降低含氧物種在金屬面的成核電位，從而使中毒中間產物更容易被氧化去除。除此外，還有一些機制，比如合金元素溶解，增加催化劑的活性表面積。

在眾多的甲醇陽極催化劑中，研究最廣泛，合成技術最成熟，效果最好，也是應用前景最光明的是合金式催化劑，以及氧化物助催式鉑基催化劑。此外，非鉑催化劑也受關注，但其效果與鉑基催化劑還有很大差距，遠遠達不到應用水平。

7.4.4.1 合金催化劑

利用其他金屬與鉑形成合金來提高甲醇電催化性能，是一種最常用的方法。研究較多的合金中有二元合金，三元合金，四元合金等。

1. 二元合金　二元合金催化劑中，研究最成熟，也是性能最高，應用最廣泛的是 PtRu 合金體系。大量研究顯示，PtRu 合金對甲醇電催化的助催機制，既有雙功能機制，又有電子效應。Gasteiger 等人發現含氧物種在 Ru 表面成核電位要比在 Pt 表面低 0.2 ～ 0.3 V，Kennedy 等發現 Ru 金屬的引入增加了催化劑中的 Pt-O 物種，增強了 Pt 解離水的能力，這些都歸因於雙功能機制。Iwasita 等人研究發現吸附的 CO 物種在 PtRu 表面吸附能比 Pt 低，Kua 等人則發現，甲醇在 PtRu 表面的吸附開始於氫的吸附脫附區，這些則歸功於 Ru 引入 Pt 晶格中產生的電子效應。PtSn 是另一種研究較多的二元合金。但是 Sn 的助催機制與 Ru 的有一定區別。普遍的觀點認為 Sn 的助催機制主要是電子效應，而 Ru 則是多重作用機制。另外，Sn 的助催作用與合金的製備方法，合金的形態，以及催化劑的組成也有關係。因此，目前對於 Sn 對甲醇電催化的助催作用還存在一定爭議。此外，Fe，W，Mo，Nb，Ni 等也都被證實具有助催 Pt 電催化甲醇的能力，由於合金成分的不同，助催實現途徑也有一定區別。

2. 三元合金　三元合金催化劑可以提高 Pt 對甲醇的催化性能，那麼增加合金的成分是否可以進一步提高催化劑的活性和穩定性？ Heinzel 等製備了具有面心立方結構的 PtRuOs 催化劑，並證實其具有比 PtRu 更高的甲醇電催化活性，這是因為 Os 的引入，使得活性氧物種更容易在催化劑表面形成。PtRuNi，PtRuW，PtRuFe 等也具有比 PtRu 更高的甲醇電催化活性。

3. 四元合金　四元合金催化劑的研究較少，其中效果最好、研究最多的是 PtRuOsIr 合金催化劑。Reddington 等研究了不同配比 PtRuOsIr 催化劑，發現少量 Os 和 Ir 的加入可以提高 PtRu 對甲醇的電催化活性。其中，Os 的作用主要是促進水在催化劑表面解離吸附生成含氧物種，而 Ir 的作用主要是活化 C—H 鍵，迅速釋放 Pt 活性位。另外，甲醇在 PtRuOsIr 合金催化劑上的反應動力學可能也有異於 PtRu 催化劑。

7.4.4.2　氧化物助催式催化劑

藉由在鉑基催化劑引入金屬氧化物，尤其是過渡多金屬氧化物來提高催化劑的甲醇電催化活性，是另外一個甲醇陽極電催化劑的研究方向。金屬氧化物對鉑電催化甲醇的助催機制根據氧化物不同也有差別。普遍認同的機理有雙功能機制，水在氧化物表面解離產生吸附含氧物種促進中毒物種的氧化脫附。此外，有些氧化物也有可能起到分散鉑金屬顆粒的作用，從而提高催化劑的利用率。Lee 等人研究了 Sb 摻雜的 SnO_2 對鉑電催化甲醇的助催作用。經過對不同鉑載量催化劑的甲醇電催化性能的研究，發現 SnO_2 的加入，提高了甲醇的催化活性和穩定性，電催化活性的提高是因為 Sb 摻雜的 SnO_2 具有較高效的解離水的性能，利於—OH 物種在催化劑表面的吸附，穩定性的提高，可能歸因於 SnO_2 對鉑金屬顆粒的分散作用。Maiyalagan 等人在 WO_3 上負載鉑，獲得了比商業鉑催化劑更高的甲醇電催化性能，這是因為 WO_3 一方面解離水產生吸附含氧物種，另一方面具有清潔鉑表面的功能。Yang 等人和 Park 等人同樣發現 WO_3 對於 PtRu/C 電催化甲醇反應具有明顯的促進作用。Lasch 等人和 Jusys 等人則將另外一些過渡金屬氧化物，如 MoO_x 和 VO_x 引入到 PtRu 催化劑中，也獲得了比 PtRu 催化劑更高的甲醇電催化性能。Xu 等人發現 CeO2 可以提高 Pt 在鹼性溶液中電催化醇的性能，因為 CeO2 同樣具有優異的解離水的性能。此外，TiO_2，MgO，OsO_x 也被證實對於鉑金屬電催化醇類反應具有助催作用。

7.4.5 DMFC 陰極催化劑的研究進展

DMFC 商業化的重要障礙，是由於甲醇滲透到陰極，使陰極催化性能衰退。經過 Nafion® 膜滲透到陰極的甲醇發生氧化和氧的還原，同時在陰極催化劑上進行，產生「混合電位」，嚴重降低了電池的輸出功率和甲醇的利用率。因此提高 DMFC 的性能和效率，解決「甲醇滲透」問題至關重要。從催化劑角度來講，解決此問題的思路是研製抗甲醇的氧還原電催化劑，即催化劑只對氧還原有催化活性，而對甲醇氧化無活性。

1. **鉑及其合金催化劑** 碳載鉑（Pt/C）催化劑是目前DMFC常用的陰極催化劑。Kinoshita研究發現，Pt粒子的粒徑對氧還原和耐甲醇氧化的電催化活性有很大影響。當Pt粒子粒徑約為2.5～3.5 nm時，Pt催化劑對氧還原的電催化活性最高。這主要是由於不同Pt晶面對氧還原的電催化活性差異很大，Pt的（110）和（100）晶面對氧還原的電催化活性比（111）晶面高100倍左右。當Pt粒子粒徑為2.5～3.5 nm時，鉑粒子表面的晶面以（110）和（100）為主，因此對氧還原的電催化活性高。當Pt粒子的粒徑大於5 nm時，其表面的（110）和（100）晶面含量減少，因此對氧還原的電催化活性也降低。陸天虹等研究顯示，Pt粒子的平均粒徑在4 nm左右的Pt/C催化劑對甲醇氧化的電催化活性最高，當粒徑大於或小於4 nm時，電催化活性都會降低。所以，如果使用Pt粒子粒徑在2 nm左右的Pt/C催化劑，在一定程度上能提高它對氧還原的電催化活性和降低對甲醇氧化的電催化活性。

為了改進陰極催化劑的性能，20 世紀 80 年代初，就開始 Pt 基合金催化劑的研究，發現 Pt 與其他過渡金屬如 Co、Ni、Cr、Ti 形成的合金催化劑對氧還原的電催化活性明顯優於純 Pt 催化劑。在以後的 20 多年中，諸多的二元和三元的 Pt 基複合催化劑研究成果相繼而出，這些 Pt 基複合催化劑可顯著增強對氧的還原電催化活性。該類型催化劑能有效地抑制甲醇氧化，降低陰極過電位。Toda 等製備的 Pt-Fe 合金陰極催化劑，對氧的還原電催化活性也超過了純 Pt 催化劑。當合金中 Fe 含量為 50% 時，催化活性最高，比純金屬 Pt 高 25 倍。一般來講，如果加入的金屬對甲醇氧化沒有電催化活性，則這種 Pt 基複合催化劑的耐甲醇性能就比較好。Pt 和一些含氧化合物的複合催化劑，也具有很好的耐甲醇能力。如 Xiong 等人報導了 $Pt/TiO_x/C$ 催化劑在甲醇溶液中對氧還原的電催化活性，並發現這種催化劑具有很好的耐甲醇性。陸天虹的研究小組發現在 Pt/C 催化劑表面修飾上適量的雜多酸，如加入磷鎢酸後，促進了氧在 Pt 上的還原反應。此外磷鎢酸又能阻擋甲醇擴散，使甲醇不易達到 Pt 表面，因此磷鎢酸修飾的 Pt/C 催化劑既有高的對氧還原的電催化活性，又有好的耐甲醇能力。

2. 過渡金屬大環配合物對氧氣還原的電催化　過渡金屬大環配合物（卟啉、酞菁及其聚合物）是燃料電池陰極催化劑的研究熱點之一。過渡金屬大環配合物作為陰極催化劑，其配合物結構、環上取代基的種類、中心金屬離子的種類、催化劑的氧化還原電勢，以及電解質的種類等對氧還原的電催化活性均有影響。就中心金屬離子而言，一般是指金屬 Fe、Co、Ni 等卟啉、酞菁的配合物。研究發現，過渡金屬大環化合物中的金屬對氧還原的電催化活性有著決定性的作用，例如過渡金屬的酞菁化合物對氧還原的電催化活性的影響順序為 Fe ＞ Co ＞ Ni ＞ Cu ≈ Mn。此類催化劑在惰性氣體中於 300 ～ 1300℃ 下熱分解後，對氧還原的電催化活性和穩定性都會有較大的提高。在 500 ～ 700℃ 條件下熱處理，催化劑的電催化活性最好，但穩定性不好；而在 800 ～ 1100℃ 熱處理後，催化活性降低，但穩定性提高；相較而言，在 800℃ 左右熱處理的催化劑具有較好的電催化活性和穩定性。目前，對此類化合物的熱處理對氧還原的電催化活性和穩定性提高的原因還沒有一致的認識。氧在這類催化劑上還原的機制比較複雜。在卟啉、酞菁和一些多核配位化合物，如二聚卟啉、聚合金屬卟啉及一些經熱處理部分分解的化合物上，氧分子通過 O—O 鍵與 2 個活性中心作用，促使 2 個氧均被活化，氧的還原經歷一個直接的 4 電子過程。而在酞菁核卟啉等化合物上，氧分子的吸附為端基式，只有 1 個氧原子受到活化，因此，有利於氧分子經過 2 電子途徑還原，這種途徑會生成中間產物 H_2O_2，但其穩定性較好。

過渡金屬大環配合物催化劑在 DMFC 中使用的優點是，它們對甲醇氧化幾乎沒有電催化活性，因此具有很好的耐甲醇性。例如，碳載四羧基酞菁鈷催化劑在含有 1 mol/L 甲醇的硫酸溶液中，對氧還原的電催化活性與不含有甲醇的硫酸溶液中基本相同。此類催化劑的缺點主要是該類化合物的製備比較困難，使其成本較高。而且對氧還原的電催化活性一般要比 Pt 低，在氧還原的過程中會不同程度地產生 H_2O_2，對這類化合物的結構也造成一定的破壞，因此穩定性較差。該類催化劑的應用還需繼續研究。

3. Chevrel 相催化劑　具有 Chevrel 相結構的過渡金屬原子簇化合物作為氧陰極電催化劑，這類化合物可以分為二元化合物 Mo_6X_8（X = S、Se、Te）；三元化合物 $M_xMo_6X_8$（M 為額外插入的過渡金屬離子）和假二元化合物 $Mo_{6-x}M_xX_8$（X = S、Te、Se 和 SeO；M = Os、Re、Rh 和 Ru 等）。這類物質是在高溫 1000 ～ 2000℃ 條件下，1.3 Pa 的氬氣氣氛中的固態反應，及研磨、熱處理等一系列操作得到的。這類晶體結構可以描述為 6 個八面體的鉬原子簇周圍環繞著 8 個組成立方形的碲原子，由於很高的電子離域作用，使其具有很高的電子導電性。

過渡金屬簇合物催化劑主要為 $Mo_{6-x}M_xX_8$（X = Se、Te、SeO、S 等，M = Os、Re、Rh、Ru 等）。對該類催化劑催化氧還原機制的研究證明：① Mo、Ru 及其氧化物對氧還原都沒有電催化活性，即簇合物中過渡金屬的協同作用決定催化活性，而非單獨的元素產生作用，如 Ru 取代 Mo 得到的八面體樣品

$Mo_{4.2}Ru_{1.8}Se_8$ 對氧還原的催化活性大大優於非取代 Mo 八面體樣品 Mo_6Se_8；② 該類催化劑對氧還原具有較高活性的原因之一是簇合物有較多的弱 d 態電子，如 $Mo_{4.2}Ru_{1.8}Se_8$ 約含 24 個弱 d 態電子；③ 簇合物為氧和氧還原中間體提供相鄰的鍵合位置，並且簇內原子間鍵距產生重要作用，如 $Mo_{4.2}Ru_{1.8}Se_8$ 的同一原子簇中原子間最小鍵距 $d_1 = 0.271$ nm，有利於氧的鍵合，以及隨後在簇內原子間形成橋式結構；④ 在氧與簇合物間的電子轉移過程中，該類簇合物能夠改變自身體積和成鍵距離，以有利於氧的四電子還原。

這類催化劑的特點是對氧還原有較好的電催化活性，同時對甲醇呈現惰性，因此也引起人們的興趣。但此類催化劑對氧還原的電催化活性沒有 Pt 高，而且是在 1200℃ 左右透過單質元素的固相反應製備的，成本高於貴金屬電催化劑，極大限制了其在 DMFC 中的應用。

4. 無定型硫化物　Trapp 等在合成碳載 MoRuS 催化劑時發現，對氧還原產生電催化作用的是無定型的 $Mo_2Ru_6S_6$。後來 Reeve 對炭載 $Mo_xRu_yS_z$、$Rh_xRu_yS_z$、$Re_xRu_yS_z$ 催化劑進行了較為系統的研究，發現碳載 $RhRu_6S_6$ 和 $ReRu_6S_6$ 對氧還原的電催化活性最好，並對甲醇氧化表現出惰性。但該類催化劑對氧還原的電催化活性並不是很高。

5. 過渡金屬羰基化合物催化劑　1999 年，Solorza 等合成了碳載無定型 Mo_2Os_2Se 羰基簇合物催化劑，該化合物在酸性溶液中對氧還原為 4 電子歷程。Pattabi 等人發現，$W_x(CO)_n$ 對氧還原有很好的電催化活性，對氧還原也為 4 電子歷程。Sebastian 用化學熱解的方法，由 $Ru_3(CO)_{12} + Mo(CO)_6 + Se$ 合成了多孔狀的 $Mo_xRu_ySe_z(CO)_n$ 化合物，發現對氧還原有較高的活性和穩定性。同時，Rodriguez 等人發現，在空氣中燒結要比在 Se 氛圍下燒結得到的該類催化劑對氧還原的電催化活性好。但這類催化劑的耐甲醇的性能還沒有被研究過。

6. 非 Pt 金屬和金屬氧化物催化劑　除了上述幾類催化劑外，研究過的氧還原催化劑還有非 Pt 金屬和金屬氧化物催化劑。研究過的非 Pt 金屬催化劑有 Ru 和 Cu_2Ni 等，這些催化劑對甲醇氧化呈現惰性，但它們對氧還原的電催化活性不高，因此限制了它們在 DMFC 中的應用。研究過的金屬氧化物催化劑較多，如 MnO_2、CrO_2、燒綠石、鈣鈦礦、尖晶石、$Cu_{1.4}Mn_{1.6}O_4$、$LaMnO_3$ 和 $La_{1-x}Sr_xFeO_3$ 等。該類催化劑雖然具有成本低，耐氧化，對氧還原的電催化活性較高等優點，但在酸性條件下都不穩定，而且電子導電性差，因而不易在 DMFC 中得到應用。

7.4.6 催化劑的主要製備方法

1. **液相還原法** 將 Pt 或者 Pd 的可溶性化合物溶解後，與碳載體混合，然後加入各種還原劑（如：$NaBH_4$、甲醛溶液、檸檬酸鈉、甲酸、肼等），使 Pt 或者 Pd 金屬離子還原並吸附在載體上，然後乾燥，製得 Pt/C、Pd/C 及其合金催化劑。這種方法的優點為簡單可行。缺點是分散性差，多成分時常發生各成分分佈不均勻地問題。

2. **溶膠法** 將 Pt 或其他金屬製成 Pt 或其他金屬溶膠再吸附在活性炭上，可以得到分散性較好的 Pt 或其他金屬的碳載催化劑。溶膠體系分為有機體系和水體系，有機體系中最著名的為 Bonnemann 方法，該方法雖然存在溶膠製備過程較複雜、條件苛刻等問題，但由於得到的粒子小且分佈窄，目前仍廣泛得到使用。在水體系中，存在水解過程很難控制、形成溶膠膠體難、陳化中膠體粒子大小控制，以及膠體粒子穩定性保持等問題。

3. **金屬有機化合物熱分解法** 將 Pt 或 Pd 等金屬的羰基簇合物在 N_2 或 H_2 氣體下熱分解，可以製得粒子尺寸和組成可控的奈米電催化劑，利用這種方法可以得到粒子小、分佈窄、合金化溫度低的單金屬和合金催化劑，國外在這方面的研究也剛剛起步。文獻報導，常用於燃料電池 Pt 基金屬催化劑的前驅體（金屬羰基簇合物）的合成方法主要有以下幾種：① 在鹼性條件下，非水溶劑中，CO 與金屬鹽作用，可以製得金屬羰基簇合物前驅體；② 在 H_2O 和異丙醇的混合溶液中，γ 射線激發合成金屬羰基簇合物前驅體。

4. **氣相還原法** Pt 或 Pd 等金屬化合物被浸漬或沈積在炭黑上後，乾燥，然後放入管式爐中經氫氣高溫還原獲得金屬電催化劑。如果採用低溫氣相沈積方法，必須採用揮發性的鹽，由於這類鹽易分解，因此，可以在較低溫度下獲得高分散性的碳載催化劑。

5. **電化學沈積法** 利用循環伏安、方波掃描、恆電位、欠電位沈積等方法將 Pt 或其他金屬還原。如何將金屬催化劑均勻地附載在活性炭上，以及共沈積過程中各組分金屬含量的控制，是一個不易解決的問題。

6. **高溫合金化法** 這種製備方法適用於製備多元金屬催化劑。其優點在於利用高溫技術溶解多元金屬，經過分散、冷卻後得到的多元金屬複合催化劑，具有很高的合金化程度，並且電催化性能優異。

7. **其他方法** 目前製備催化劑的方法不僅有化學方法，有些製備方法還引入了物理技術，譬如真空濺鍍法，它以要濺鍍的金屬（如鉑）為濺鍍源，作為陰極，被濺鍍物體（作為電極擴散層的炭紙）為陽極，在兩極間加以高壓，可使濺鍍源上的鉑粒子以奈米級粒度濺鍍到炭紙上。此外，利用微波介電加熱技術，間歇式加熱程序控制的研究方法也有相繼報導。

7.4.7 DMFC 膜電極集合體（MEA）的研究進展

膜電極集合體（MEA）作為 DMFC 的核心部件，其製備方法與結構的優化直接影響 DMFC 的性能、壽命和操作穩定性。目前，MEA 的性能是阻礙 DMFC 發展的主要瓶頸之一，製備高性能、高穩定性的 MEA 對 DMFC 研究具有重要意義。

7.4.7.1 MEA 的製備

膜電極集合體（MEA）由聚合物電解質膜、甲醇陽極和氧氣陰極構成。圖 7-7 所示為膜電極集合體（MEA）的示意圖。DMFC 的電極是一種多孔氣體擴散電極，一般由擴散層和催化層組成，催化層是電化學反應發生的場所，電極需同時具備質子、電子、反應物和產物的連續通道。擴散層發揮支撐催化層、收集電流和物質傳遞的作用，多為表面覆有微孔層（micro-porous layer,

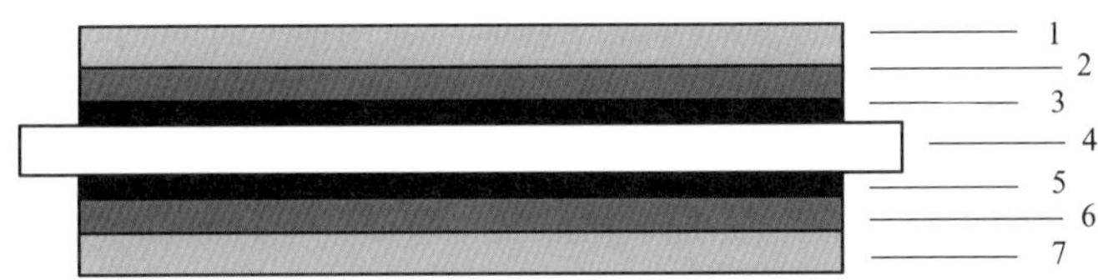

圖 7-7 膜電極集合體（MEA）的示意圖

1—陽極支撐層；2—陽極微孔層；3—陽極催化層；4—電解質膜；5—陰極催化層；6—陰極微孔層；7—陰極支撐層

MPL）的碳紙或碳布。電解質膜常使用全氟磺酸質子交換膜，如杜邦公司生產的 Nafion® 系列膜。催化層中的 Nafion® 聚合物構成 H + 通道，並作為催化劑奈米粒子的黏結劑。

MEA 的製備大體上可以分為兩大類：一類是先將催化劑層負載在擴散層的表面，形成氣體擴散電極（gas diffusion electrode, GDE），然後氣體擴散電極與電解質膜熱壓形成 MEA，這種製備方法簡稱為 GDE 法。另一類則是先將催化層負載在電解質膜上，形成催化劑覆蓋的電解質膜（catalyst coated membrane, CCM），再與擴散層壓合成 MEA，這種製備方法簡稱為 CCM 法。

採用 GDE 法製備 MEA 時，催化劑、Nafion® 或者 PTFE 乳液，以及溶劑（乙醇、異丙醇、甘油或水等）預先製成漿狀「墨水」，採用噴塗、刷塗或刮塗等方式將其均勻地塗布到擴散層表面，製成氣體擴散電極。在適當溫度和壓力下，與 Nafion® 膜熱壓一定時間形成 MEA。此法的優點是容易放大與批量生產，但操作工序較多，影響因素也多。另一方面，由於催化劑塗布在碳粉整平的碳紙或碳布上，碳粉整平層（即微孔層）厚度與孔隙分佈不均勻，容易導致催化層厚度與孔隙分佈不均。此外，部分的催化劑容易滲透到碳紙或碳布中，不能有效參與電化學反應而浪費，導致催化劑利用率的降低，同時 GDE 法製備的 MEA 穩定性也較差。

CCM 法製備 MEA 的關鍵是 CCM 的製備。通常有兩種方式，即薄層轉壓法（decal method）和澆鑄法（casting method）。美國 Los Alamos 國家實驗室首先提出薄層轉壓法，由於該法可顯著提高 PEMFC 或 DMFC 的電極性能，因而目前被廣泛使用。首先將催化劑和 Nafion® 溶液混合，並加入適量的溶劑（水和甘油），利用超音波分散均勻，形成漿狀「墨水」。接著將「墨水」均勻地噴塗在 PTFE 膜上，熱處理後在一定溫度和壓力下，催化層從 PTFE 膜轉移到 Nafion® 膜上。由於氫型 Nafion® 熱塑性差、不耐高溫，轉壓中難以形成網狀交聯結構，致使催化層不牢固。後來，他們在催化劑「墨水」中加入四丁基銨（TBA^+），通過離子交換得到熱塑性較高的 TBA^+-Nafion®，在高溫（200 ～ 210℃）下將催化層轉壓到鈉型 Nafion® 膜上，然後重新質子化。這些處理能使 Nafion 在催化層內形成交聯的網狀結構，且同 Nafion® 膜牢固結合。澆鑄法則是將催化劑「墨水」直接澆鑄在 Nafion® 膜上，待溶劑蒸發後，經一定溫度下熱處理可以提高催化層與膜之間的結合強度，並且降低 MEA 的電阻。該法缺點是催化層厚度難以控制。此外，也有研究者採用噴墨列印方式或絲網印刷技術在電解質膜表面製備催化層。總的來說，CCM 法製備 MEA，電極催化層與膜結合緊密，不易因膜的溶脹而剝離，MEA 穩定性較好，催化劑利用率較高。

此外也有一些其他的 MEA 製備方法。如 Witham 等人利用真空濺鍍方式製備 MEA。首先在真空下將 PtRu、Pt 催化劑濺鍍到 Nafion® 膜兩側，然後表面再刷塗一層 C/Nafion®/IPA 溶液，再真空乾燥去除溶劑，與擴散層一起熱壓成 MEA。真空濺鍍方式可以有效降低電極貴金屬載量，但單池功率密度較低，製備方法比較複雜。通常無論是 GDE 法還是 CCM 法，一般都是要通過熱壓得到 MEA。E. Gulzow 等人發明了一種滾壓的方法來製備 MEA。首先把碳粉和 PTFE 的混合物噴塗到碳布上，得到疏水層，然後將一定量的碳載（或者非碳載）催化劑與 PTFE 的混合物噴塗到疏水層上，最後將兩片電極置於電解質膜兩側，在 160℃下直接滾壓得到 MEA。這種製備方式特別適合大規模生產。Lindermeir 等發展了一種可大規模製備 MEA 的方法，此方法路線主要包括濕球磨、濕噴塗和拋光等步驟。J. H. Liu 等用過濾沈降法製備 DMFC 擴散層電極。首先過濾含有鉑黑、PTFE 和水的懸浮液，在聚碳酸酯薄膜上形成催化劑薄層，再通過壓力組裝將催化劑薄層轉移到氣體擴散層。過濾沈降法製備的 MEA 性能比傳統刷塗法製備的 MEA 高出 70%。此法可以製備均一的催化層，大大降低系統誤差。

S. Q. Song 等研究了電極製備過程對 MEA 的結構與性能的影響，發現轉壓法製備 CCM 對陰極和陽極催化層的結構，特別是陰極 Pt 黑催化劑的粒子尺寸有顯著的影響。而催化劑「墨水」的製備和高溫轉壓是影響 Pt 黑催化劑的粒子尺寸的關鍵因素。在空氣作為氧化劑時，轉壓法製備的 MEA 的單池最大功率密度是傳統方法製備的 MEA 的兩倍多，當用氧氣作為氧化劑時，甚至超過了三倍，這主要是因為 CCM 中較薄的催化層，使電極內部更容易的物質傳輸，以及催化層和電解質膜之間更良好的接觸降低了電極的內阻。Tang 等人比較了在相同催化劑載量條件下，CCM 製備方法和一般的 GDE 製備方法對催化劑利用率、甲醇滲透以及電池性能的影響，發現對於陽極甲醇的電氧化，CCM 法製備的 MEA 具有更高的電化學表面積和更低的電極極化電阻。CCM 法製備的 MEA 甲醇滲透比 GDE 法製備的 MEA 低 55%，功率密度高出 36%。MEA 性能的提高，可能歸結為 CCM 製備過程減少了電催化劑在氣體擴散層的損失，增強了電極與膜的介面，導致更高的電化學反應面積。Wan 等人將 MEA 和集流體整合在一起，製備了一個以金屬為基底整合的膜電極集合體（IC-MEA），這種 IC-MEA 通過在由膨體 PTFE（e-PTFE）和多孔鈦片集流體構成的夾心結構中注入 Nafion® 離聚物電解質，再塗布催化層和微孔層，當 26℃下使用空氣流和 2 mol/L 甲醇溶液，單池峰值功率密度為 19 mW · cm^{-2}。

7.4.7.2 MEA 結構和性能的優化

1. 催化層的優化 催化層是發生電化學反應的場所。DMFC 的陽極催化層，通常由 Pt-Ru/C 或 Pt-Ru 黑催化劑與 Nafion® 離聚物混合組成。陰極催化層，通常由 Pt/C 或 Pt 黑催化劑與 Nafion® 離聚物混合組成。由於甲醇電氧化慢的反應動力學，製備 DMFC 的電極催化層時，為提高電極的活性，陽極電催化劑的負載量要比 PEMFC 高很多，通常陽極催化層貴金屬 Pt-Ru 的負載量在 2 ～ 4 mg · cm^{-2}。由於甲醇滲透導致的陰極存在一定的混合電位，陰極催化層貴金屬 Pt 的負載量也高達 1 ～ 2 mg · cm^{-2}。對於被動式 DMFC，由於工作在常溫下，為確保足夠的活性，陽極和陰極催化層的貴金屬負載量還要更高一些，陽極 Pt-Ru 的負載量在 5 ～ 10 mg · cm^{-2}，陰極 Pt 的負載量則在 4 ～ 8 mg · cm^{-2}。如此高的載量，勢必導致催化層的厚度增加，增大質傳阻力和降低電催化劑的利用率。為了在增加電催化劑載量的前提下盡可能地減薄催化層，通常採用高金屬載量的碳載催化劑，或者直接使用奈米級的 Pt 黑和 Pt-Ru 黑催化劑。Chen 等人研究了 MEA 催化層中電催化劑載量與組成，以及催化層厚度等對性能的影響，利用混合碳載催化劑和非碳載催化劑，來調節催化劑「墨水」中電催化劑的含量，控制催化層的厚度。他們發現，催化層厚度的減薄能夠顯著提高電池的功率密度；陰極 Pt 載量相比陽極 Pt-Ru 載量，對電池性能的影響更大。電極的孔隙率對 MEA 性能有顯著影響，當孔隙率從 57% 增加到 76% 時，電池的特性功率密度增加近 1 倍。Thomas 等人研究了催化層中 Nafion® 離聚物的影響，對於陽極催化層，某些商業化 Pt-Ru 黑催化劑由於水合 RuOx 可以提供質子電導，離聚物含量可以減少，甚至不需要。對於陰極催化層，當用 Pt 黑催化劑時，離聚物是質子電導的基本來源，因此是必需的。而且比較不同離聚物含量的陽極催化層的厚度，發現隨著陽極催化層離聚物含量增加，催化層空隙程度明顯提高，這導致電子相互聯絡程度的下降。Kim 等人探討了陽極催化層 Nafion® 離聚物含量對性能的影響，發現當使用 Pt-Ru/XC-72 催化劑時，陽極最佳的 Nafion® 含量為 60%（重量百分比，相對於碳載催化劑）。而使用 Pt-Ru 黑催化劑時，最佳的 Nafion® 含量為 4%（重量百分比，相對於催化劑）。相同貴金屬載量條件下，Pt-Ru 黑催化劑比 Pt-Ru/XC-72 性能更好。

在催化層製備中，催化劑「墨水」的溶劑的選擇是影響 MEA 性能的重要因素。Kim 研究發現，催化劑「墨水」中使用極性較小的溶劑，可以降低離子聚合物的溶解度，導致形成催化劑粒子較大的聚集體，從而減少了催化層電阻，提高電池的性能。而且極性較小的溶劑可使二次孔增多，促進物質傳遞。

Uchida 等研究了 Nafion® 離聚物在有機溶劑中的穩定性，發現在介電常數（ε）大於 10 的溶劑中，Nafion® 離聚物以溶液形式存在；在介電常數大於 3 而小於 10 的溶劑中，Nafion® 離聚物以反膠束形式存在；在介電常數小於 3 的溶劑中，Nafion® 離聚物膠束團聚，形成沈澱。Nafion® 離聚物的分子結構主鏈為 PTFE，磺酸根在其支鏈上，溶劑與支鏈磺酸根基團的相互作用就決定了 Nafion® 離聚物的分佈形態。當 Pt/C 催化劑加入到 Nafion® 離聚物以膠束形式存在的溶液中時，Nafion® 離聚物吸附在 Pt/C 催化劑表面，超聲處理後 Nafion® 離聚物可能發生交聯分佈在碳載體上，形成 Nafion® 離聚物的質子傳導網路，從而增加催化劑與 Nafion® 離聚物之間的接觸面積，提高催化劑的利用效率。基於上述理論，Shin 等分別用異丙醇（ε 為 18.3）和乙酸丁酯（ε 為 5.01）作為溶劑，分散催化劑和 Nafion® 離聚物來製備 DMFC 催化層。結果顯示，Nafion® 離聚物在異丙醇中以溶液形式存在，離聚物可能會覆蓋在碳載體表面，從而阻礙電子電導，降低 Pt 的利用率。Nafion® 離聚物在乙酸丁酯中以膠束形式存在，離聚物主要吸附在 Pt/C 催化劑粒子上，使 Pt/C 催化劑粒子團聚增強，而且離聚物在電極層內為連續分佈，電極孔隙率大，傳質阻力降低。Lim 等人用超音波和球磨方式在兩種不同的溶劑（水和異丙醇）中分散 Pt-Ru 黑催化劑，研究 Pt-Ru 黑的分散方式對陽極性能的影響。他們發現，異丙醇中球磨製備的陽極催化層具有最多的孔結構和最高的性能。

Wei 等使用包括一個親水薄層和一個傳統的催化層的雙催化層，作為 DMFC 的陽極催化層。並在催化劑「墨水」中加入適量的草酸銨作為造孔劑，方便 CO_2 的排出。實驗結果顯示，這種多層電極結構比傳統的電極具有更高的性能，而且電池在短期壽命操作中的穩定性得到明顯提高。Kim 等人提出通過應用雙催化層和介面的微圖案化製備 MEA 新結構。雙催化層的第一層直接噴塗在 Nafion® 膜表面，第二層噴塗在擴散層上，通過熱壓在 Nafion® 膜表面轉印金屬網格圖案。結果顯示，雙催化層的引入導致電池性能提高約 18%，對介面的微圖案化處理使功率密度再提升 23%。極化曲線和交流阻抗分析指出，介面的微圖案化顯著地增加了陽極反應速率，但並不影響陰極反應速率，顯示陽極催化反應對介面微結構更敏感，介面的微圖案化增大了甲醇氧化的電化學活性面積。Wang 等人提出一種陰極雙催化層的 MEA 新結構，Pt-Ru 黑作為內層，Pt 黑作為外層，內層的 Pt-Ru 黑氧化陽極滲透過來的甲醇。這種陰極新結構可以提高 MEA 的性能，降低甲醇滲透對陰極的影響。

Park 等人使用 Nafion® 離聚物修飾的碳載體（MC），代替商業化碳載體 Vulcan XC-72R 作為催化劑載體，研究其對 DMFC 性能的影響。他們發現，Nafion® 的加入改變了 XC-72R 碳的孔尺寸分佈，減少了不需要的微孔。當使用 MC 負載的催化劑，在陽極催化層需要的 Nafion® 比普通商業化碳載催化劑少得多，而且 MC 的 Nafion® 含量越高，外加的 Nafion® 量越少，進一步減少了催化層中總的 Nafion 量。MC 導致 DMFC 性能增加的原因，可能是提高了催化劑的利用率，擴大了催化層中的三相介面。Wang 等人在 Nafion® 膜和催化層之間引入修飾的 Nafion® 層製備了五層結構的 CCM。引入修飾的 Nafion® 層可以增加介面接觸面積，提高膜與催化層的相互作用，MEA 具有更高 Pt 利用率、更低的接觸電阻和更好的穩定性。這種 CCM 新結構的單池最大功率密度達到 260 mW · cm^{-2}，而同樣條件下一般 CCM 結構單池的最大功率密度僅為 200 mW · cm^{-2}。Wu 等用矽烷偶聯劑將 Pt 與 Nafion® 離聚物橋聯，阻止陰極催化層 Pt 粒子的團聚，提高 Pt 催化劑的利用率。相同操作條件下 DMFC 性能大約提高 15%。Lee 等人發現，在成分膜和催化層間噴塗一層 Nafion® 離聚物，可以改善催化層和組分膜之間的接觸，降低 MEA 的介面電阻。而 Tsai 等人通過 CVD 方式將 Pt-Ru 修飾的碳奈米管直接生長在碳布上，製備具有部分催化性的陽極擴散層。應用這種催化性擴散層，室溫下的 DMFC 的性能提升約 27%。

2. 擴散層的優化　DMFC 膜電極集合體的擴散層，是反應物和產物運輸的通道，通常有兩個亞層，大孔擴散層（或稱支撐層）和微孔擴散層（或稱整平層）。支撐層一般為碳紙或碳布，厚度在 90 ～ 400 μm，上面塗覆一層由碳粉和 PTFE 組成的微孔層（MPL），厚度大約在 10 ～ 100 μm。陰極擴散層將氧氣傳輸到催化層，同時排出陰極生成的水。如果水不能及時排出，累積在陰極催化層內，占據催化層的活性位，將導致催化劑的利用率下降。陽極擴散層傳輸燃料甲醇，同時排出生成的 CO_2。如果 CO_2 不能及時排出，將影響甲醇的質傳，導致電流輸出的不穩定。擴散層沒有電化學反應發生，主要產生物質傳輸作用，同時還作為催化層的支撐層。因此，擴散層最重要的參數就是其孔結構，孔結構包括了孔徑分佈、孔隙率、比孔容等性質。優化孔結構的目的是提高擴散層的質傳排水排氣能力，增強電池性能與穩定性。Lim 等人研究了陰極擴散層中疏水性聚合物（FEP）對 PEMFC 性能的影響。接觸角測量實驗結果顯示，接觸角是溫度的函數，80℃時接觸角值接近 80°；用 FEP 疏水性處理的碳紙 FEP 含量範圍從 10% 到 40%（重量百分比），接觸角沒有明顯的區別。而性能測試結果顯示，陰極擴散層碳紙中含 10%（重量百分比）FEP 的 MEA 比相應含 30%（重量百分比）FEP 的有著更高的性能。這主要是由於過多的 FEP 導致擴散層表面孔道被 FEP 薄膜所阻塞，限制反應物的傳輸和產物的排除。

目前多數的擴散層研究工作集中在 PEMFC 方面，對 DMFC 擴散層的相關研究不多。一些研究者首先關注擴散層的支撐層對電池傳質性能的影響。三種支撐層材料，碳紙、碳布和金屬線布中使用金屬線布的電池性能最好，其次是使用碳布的，使用碳紙的電池性能最差。這是因為相比金屬線布和碳布，碳紙由於較小的孔尺寸和內部存在大量封閉通道，不利於質傳。他們發現，陽極擴散層中加入 PTFE 有助於提高 CO_2 氣體的傳輸，氣體和液體的傳輸發生在不同的路徑，導致電池輸出更穩定。碳布孔徑的增大，如孔徑約 50 μm 的 E-TEK 的 A 型碳布改為孔徑為 200 ～ 300 μm 的 B 型碳布，也會提高電池輸出的穩定性。A 型碳布由於大量的孔被 CO_2 小氣泡阻塞，直到生成更大的氣泡才會從孔道中排出。氣泡在催化層表面的生長及從擴散層中排出的過程導致了電流輸出的不穩定。雖然大孔的 B 型碳布輸出更穩定，但由於太厚，電子傳遞到催化層的平均路徑變長，導致電阻增加。

Jordan 等人探討了不同碳粉製備的 MPL 對 PEMFC 性能的影響，發現乙炔黑（SAB）要優於 Vulcan XC-72，他們認為這是由於乙炔黑的孔隙率較低，有利於陰極的氣體傳輸和排水。Passalacqua 等人用乙炔黑、XC-72 以及石墨粉來製備 PEMFC 的微孔層。他們也發現，乙炔黑製備微孔層對電池性能提高最有利，因為這種材料具有高的孔體積和小的平均孔徑，可能有利於排水，減小質傳阻力，而碳粉的最佳載量則與材料本性有關。Yu 等人使用 Vulcan XC-72R 碳和 Ketjen 炭黑製備 PEMFC 的 MPL。發現使用 Ketjen 炭黑製備的 MPL 的單池性能在幾乎所用電流密度下都有明顯提高。在 300 mA · cm^{-2}，使用 Ketjen 炭黑的電池電壓為 0.697 V，高出使用 XC-72R 的電池電壓（0.617V）約 13%。這可能歸結於 Ketjen 炭黑具有更多的孔和孔結構，提高了催化層 Pt 的利用率，增強了反應物和產物的傳輸。他們指出，另一個可能的原因是相比於 XC-72R，更多的水被限制在 Ketjen 炭黑的孔道中，提高了質子交換膜的水化程度，導致更低的電池阻抗。Han 等人研究了 PEMFC 的碳填充氣體擴散層（carbon-filled gas diffusion layer, CFGDL），這種 CFGDL 以 PE-704 SGL 碳紙為基底，覆蓋一層 XC-72 碳粉與 PTFE 混合的 MPL。結果表明，碳粉的載量對電池性能和貴金屬 Pt 的利用率有重要影響。碳載量過低的 CFGDL 對催化層的支撐作用差，導致催化層 Pt 的損失，增加電化學區域的過電位。碳載量的提高可以降低電池的接觸電阻，但過高的載量會導致孔隙率下降，增加氣體擴散路徑。在優化碳載量後，CFGDL 中 PTFE 含量的變化只影響到歐姆和質傳區域。CFGDL 優化條件為碳粉載量 6 mg · cm^{-2}，PTFE 含量 40%（重量百分比）。Neergat 等人研究了 3 種不同的碳粉對 MPL 結構和 DMFC 性能的影響，發現微孔層使用 Ketjen 炭黑的 MEA 性能，高於使用 XC-72 和乙炔黑的。從 TEM 照片看，Ketjen 炭黑所形成的孔結構更均一。微孔層 Ketjen 炭黑的最佳載量為 0.8 mg · cm^{-2}，而陽極微孔層使用親水性的 Nafion 明顯好於用疏水的 PTFE。Zhang 等人也發現陽極含親水性的 Nafion® 的 MPL，比含疏水性的 PTFE 的 MPL 更有利於甲醇質傳和促進 CO_2 氣泡的均勻排出。陽極 MPL 的最優 Nafion® 含量為 10%（重量百分比）。而大孔擴散層中 PTFE 的最優含量為 0%，這與 Giorgi 等對 PEMFC 陽極支撐層的研究一致。Shao 等人用交流阻抗譜研究了陽極擴散層對 DMFC 性能的影響，發現在 Black Pearls 2000、Vulcan XC-72 和 Shawinigan 乙炔黑這三種碳粉中，Black Pearls 2000 作為陽極微孔層碳材料，性能最好，微孔層最優的碳粉載量為 3 mg · cm^{-2}，而最優的 Nafion® 或 PTFE 含量分別是 10%（重量百分比）和 0%。Wang 等研究了 MPL 中碳粉類型和載量等對 DMFC 性能的影響，發現由於具有更大的表面積和更高的孔隙率，陰極 MPL 使用 XC-72 的電池，相比於使用乙炔黑的有著更好的性能。陰極微孔層中 XC-72 的載量為 1 mg · cm^{-2} 時對電池質傳和性能最有利。電化學阻抗譜顯示，陽極無 MPL 而陰極有 MPL，這種不對稱結構可以降低質傳阻力和電池內阻。

由於改變碳粉載量或 PTFE 含量，來優化 MPL 結構受到碳粉和 PTFE 本身性質的限制，而且單獨一種碳粉形成的 MPL 性質比較單一，很多研究嘗試通過改變碳粉的類型和性質或者混合不同的碳粉來改善 MPL 的孔結構，以期在增強擴散層傳質能力同時確保 MEA 較好的導電性。Xie 等用中間相碳微球（MCMB）和 Nafion® 離聚物製備親水性陽極 MPL。他們發現，使用 MCMB 可以顯著提高 DMFC 的性能，這可能是因為多孔親水的 MCMB/Nafion® 結構降低了陽極擴散層的液封效應，增強了甲醇擴散傳質和 CO_2 的排出。Wang 等人採用混合碳粉製備微孔擴散層，研究其對 PEMFC 性能的影響。他們發現，採用 Black Pearls 2000 製備的 MPL 氣體滲透率較低，導致嚴重的傳質極化，但具有較多的疏水孔，孔隙率約 20%；採用乙炔黑製備的 MPL 具有較高的氣體滲透率和較低的疏水孔孔隙率（11%），這種結構適於氣體傳輸，但不利於液態水排出。因此，綜合這兩種碳粉各自的性質優勢，形成一種雙功能的孔結構，同時具有較好的氣體滲透性和排水能力。用混合碳粉製備的 MPL，Black Pearls 2000 含量為 10%（重量百分比）時，電池的性能得到提高。

奈米材料由於獨特的奈米尺寸效應和一些特殊的結構性質而備受關注，因此有人嘗試將其應用在燃料電池領域。Kim 等人在 DMFC 陽極微孔層的製備中使用奈米二氧化矽和 PVDF 以改善甲醇傳質，促進 CO_2 排出。Park 等人使用碳奈米纖維和碳奈米管來製備 PEMFC 擴散層 MPL。MPL 製備中，將不同質量比例的碳奈米纖維和碳粉塗布在 PTFE 處理的碳紙上，利用測試擴散層的氣體滲透性和電池的極化曲線來優化 MPL。結果表明，MPL 有 25%（重量百分比）的碳奈米纖維和 75%（重量百分比）的 XC-72 時，電池性能最佳。這可能是由於碳奈米材料的使用減小了 MPL 的厚度，提高了擴散層的氣體滲透性和導電性，同時保持較好的水管理能力。

7.4.7.3　MEA 的性能表徵

1. **物理性能表徵**　隨著現代譜學技術和表面顯微技術的廣泛應用，MEA 的表徵手段不斷完善。常見的 MEA 的物理表徵技術有掃描電子顯微鏡、透射電子顯微鏡、X 射線衍射譜、元素分析，以及壓汞法、BET 比表面測試和接觸角測試等。

2. **電化學性能表徵**　傳統的電化學方法以電信號作為激勵和檢測手段，經過電信號發生器、恆電位儀、記錄儀、鎖相檢測裝置等一般儀器，獲得固／液介面的各種資訊，從而實現具特性電極表面和固／液介面結構、研究電化學反應過程，以及定量解析反應動力學資料。在 MEA 的研究和特性中，這些傳統的電化學方法由於簡便、快速和高效，仍然引起著主導作用。一般的電化學方法主要有循環伏安、線性掃描、交流阻抗等。

(1) 循環伏安　循環伏安（cyclic voltammetry, CV）可以提供三方面的資訊：a. 測定 MEA 中催化劑的電化學活性面積；b. 研究催化劑表面化學組成；c. 測定 MEA 的甲醇滲透。MEA 中貴金屬催化劑的電化學活性面積反映了與 Nafion® 接觸的催化劑活性位的總面積，可以利用循環伏安曲線上的氫吸附－脫附區間的電量計算得到。

經過氫脫附峰的積分面積可以推算催化劑的電化學活性面積。具體步驟如下：由脫附氫區的積分面積計算得到總電量 Q_h，扣除雙電層電量（圖 7-8 曲線端點 A 和 B 連接直線和橫軸所圍積分面積）後得實際反應電量 Q。計算過程如下：

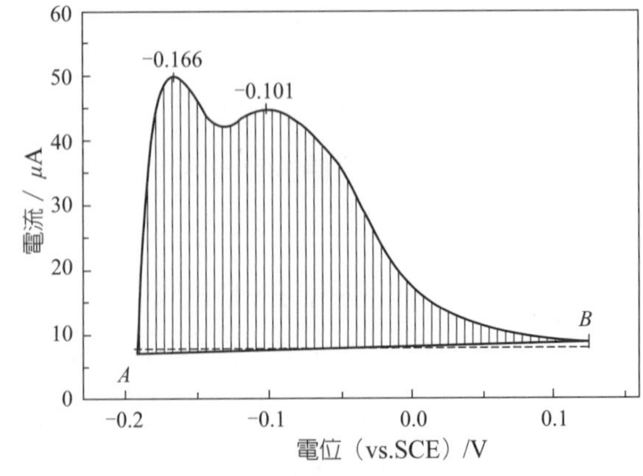

圖 7-8　循環伏安法計算 MEA 的電化學活性面積

$$Q_H = \int I\mathrm{d}t = \int I(\mathrm{d}E/v) = \frac{1}{v}\int I\mathrm{d}E \tag{7-10}$$

式中，Q_H 為總電量，μC；I 為電流，μA；E 為電位，V；v 為掃描速率，為 20 mV · s^{-1}。

催化劑的電化學比表面積 S_e 可以按下式計算：

$$S_e = \frac{10^{-4}Q}{mC} \tag{7-11}$$

式中，Q 為實際反應電量，μC；C 為 Pt 表面吸附氫氧化脫附電量常數，為 210 μC · cm^{-2}；S_e 單位為 m^2 · g^{-1}。

Pt/C 催化劑的電化學活性面積 ESA 按下式計算：

$$\mathrm{ESA} = \frac{Q}{C} \tag{7-12}$$

式中，Q 為實際反應電量，μC；C 為 Pt 表面吸附氫氧化脫附電量常數，為 210 μC · cm^{-2}；ESA 單位為 cm^2。

(2) 線性掃描　線性掃描（linear sweep voltammetry, LSV）主要用於測定 MEA 的甲醇滲透電流、陽極極化以及電催化劑對氧還原反應（ORR）的催化活性。

當 DMFC 工作時，工作電流與甲醇滲透電流以及極限電流之間的關係可以用式（7-13）表示：

$$I_{\mathrm{crossover}} = I_{\mathrm{crossover,\ ocv}}\left(1 - \frac{I}{I_{\mathrm{A,\ lim}}}\right) \tag{7-13}$$

式中，$I_{\mathrm{crossover,\ ocv}}$ 是當工作電流為 I 時電池的甲醇滲透電流，是電池在開路狀態下的甲醇滲透電流；$I_{\mathrm{A,\ lim}}$ 是陽極的極限電流。

測定電池在開路狀態下的甲醇滲透電流的過程如下：在 Princeton EG&G M273A Potentiostat/Galvanostat（Ametek Inc, USA）上，進行線性電位掃描實驗，掃描速率為 2 mV · s^{-1}，電位視窗從 0 ～ 1.0 V。陰極作為工作電極

（WE），陽極由於有氫氣產生，作為對電極（CE）和動力氫參比電極（DHE，RE）。圖 7-9 所示為甲醇滲透電流測定裝置示意圖。陽極側儲槽中注入 6 mL 的 3 mol/L 的甲醇溶液，陰極使用蛇型流場，常壓下通入加濕的高純氮氣（N_2），流量約為 100 mL · min^{-1}。

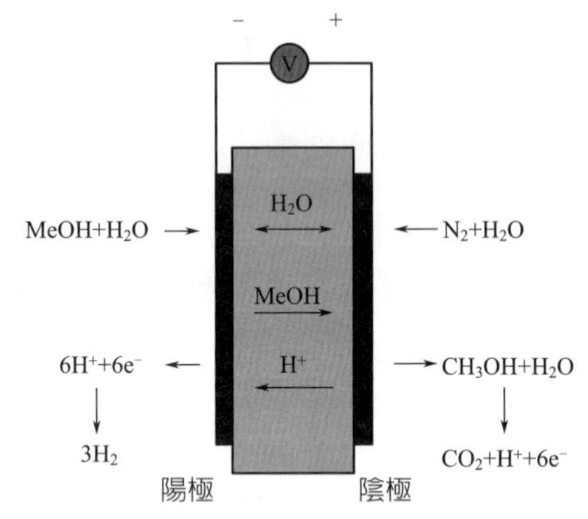

圖 7-9　甲醇滲透電流測定裝置示意圖

DMFC 的陽極極化曲線，也在 Princeton EG&G M273A Potentiostat/Galvanostat（Ametek Inc, USA）上測試，測試過程如下：DMFC 的陽極儲槽中注入 6 mL 的 3 mol/L 的甲醇溶液，陰極使用蛇型流場，常壓下通入加濕的高純氫氣（H_2），流量約為 100 mL · min^{-1}。工作電極（WE）連接陽極，對電極（CE）和動力氫參比電極（DHE，RE）連接陰極。電位掃描從 0 ～ 0.7 V，掃速為 2 mV · s^{-1}。

催化劑對氧還原反應（ORR）的電催化活性在 CTV101 型旋轉圓盤電極（RDE）和 CHI730B 恆電位儀上進行測試。採用三電極體系，參考電極為飽和甘汞電極（SCE），對電極為鉑電極，工作電極為玻碳電極。電解質為濃硫酸（H_2SO_4）和三次蒸餾水配製成的 0.5 mol · L^{-1} 溶液。在溶液中通氧氣（O_2）約 20 min，使氧氣在溶液中處於飽和狀態，在轉速為 2000 r/min 下測試，室溫為（25±1）℃。電位掃描速度為 5 mV · s^{-1}，掃描範圍為 -0.2 ～ 0.76 V（vs. SCE）。

(3) 電化學阻抗　電化學阻抗譜（electrochemical impendence spectra, EIS）採用小幅度的交流信號擾動電池，觀察體系在穩態時對擾動的跟隨情況，可獲得較多的動力學資訊和介面結構資訊。

電池的電化學阻抗譜測試過程如下：工作電極（WE）連接 DMFC 陰極，參比電極（RE）和對電極（CE）連接陽極。通過電子負載系統（Arbin FC

Testing Station，Arbin Instrument Corp）控制電池在 0.16 A（40 mA · cm^{-2}）下恆電流放電，頻率掃描範圍為 10 kHz ～ 10 mHz，採用從高頻到低頻的自動掃描方式，交流信號正弦波振幅為 10 mV。採用 PowerSine 軟體控制實驗和資料獲取，Zsimpwin 軟體進行 EIS 的數值類比。

MEA 恆電流放電測試過程為：將 MEA 固定在兩片鍍金不銹鋼（316 L）集流板之間，密封圈使用聚四氟乙烯或矽橡膠墊片，陽極和陰極集流板的開孔率約為 33%。對於被動式操作的 DMFC，甲醇儲槽容積為 8 mL，甲醇通過自然擴散方式進入電池陽極；對於陽極主動式操作的 DMFC，陽極使用蛇型流場，常壓下用蠕動泵通入甲醇溶液，流量為 0.2 mL · min^{-1}。陰極為鏤空結構，環境中氧氣利用自然對流或擴散進入電池陰極，參與電化學反應。電極的活性面積為 4 cm^2。在單電池性能測試時，為保證電池工作在穩態下和資料的重複性，以恆電流方式記錄電池的穩態極化曲線，在每個資料獲取點電壓穩定 2min，用 Arbin FCT 測試系統記錄電池的端電壓和電流密度。單電池的放電穩定性和長期壽命測試時，恆電壓放電測試時池電壓一般選在 0.35 V，恆電流放電測試時，電流密度一般選擇在 40 mA · cm^{-2}。恆電流放電測試時的電壓衰減率可用方程式（7-14）表示：

$$P_{\mathrm{volt}}=\frac{U_{\mathrm{i}}-U_{\mathrm{f}}}{U_{\mathrm{i}}}\times 100\% \tag{7-14}$$

式中，U_i 和 U_f 分別為放電起始時（通常取 5 min 時的電壓值）的電壓和放電結束時的電壓。電池的內部溫度使用 Omega 超薄型熱電偶檢測，熱電偶安裝在陽極擴散層與集流板之間。電池的內阻測試使用 Arbin FCT 測試系統內置的內阻測試模組。在性能測試前對單電池進行如下活化處理，即向陽極甲醇儲槽中注入 3 mol/L 的甲醇溶液 4 ～ 5 mL，封閉陰極 6 ～ 12 h。

7.4.8 陰極水管理研究

對於 DMFC，由於陽極甲醇電氧化過程需要水的參與和甲醇滲透問題的限制，陽極的燃料溶液必須稀釋，這意味著系統需要攜帶大量的水，這就降低電池的能量密度。另一方面，由於電滲作用和濃差擴散，導致部分水從陽極穿過膜遷移到陰極，而陰極氧還原反應和陽極滲透的甲醇的直接氧化會生成大量的水。這就導致陽極需要補充水，而陰極生成大量多餘的水難以排出，造成電池性能的下降。因此，防止陰極水淹同時為陽極電氧化反應提供足夠水，是DMFC 實際操作中的一個重要課題。

陰極擴散層是氧氣的傳輸和水的排出的通道，因此許多研究者首先關注陰極擴散層結構與性質對電池水管理的影響。Lin 等人考察了 PEMFC 的擴散層的厚度和疏水性等對其抗水淹能力和電池性能的影響。他們比較了三種不同的陰極擴散層即 SGL 碳紙、Toray 碳紙，以及帶 MPL 的 SGL 碳紙，發現帶 MPL 的 SGL 碳紙，甚至在低計量比空氣條件下，也能獲得最好的性能，在沒有 MPL 時，薄的碳紙比厚的碳紙對液態水的累積更加敏感。他們還發現，在碳紙中加入 PTFE，可以增強氣體和水的質傳，但過多的 PTFE 將導致催化層高度水淹。碳紙中同時需要氣體傳輸的疏水孔和液態水傳輸的親水孔，而疏水孔和親水孔的優化比例取決於材料的孔尺寸和它的分佈。Chen 等人研究 PEMFC 的水管理時，在大孔擴散層和催化層之間加入一層稱為水管理層（water management layer, WML）的 MPL，來調節電極中水的分佈和電解質膜中水的傳輸。WML 的使用，可以有效提高 MEA 的水管理能力。而水管理層的優化，可以使 MEA 中的水分佈更加均勻，有效地避免電解質膜的乾涸和陰極水淹。

7.5 微生物燃料電池

生物質能是植物葉綠素將太陽能轉化為化學能儲存在生物質內部的能量，這些生物質包括所有動物、植物、農作物、林產物、海產物（各種海草）、微生物以及由這些有生命物質派生、排泄和代謝的城市垃圾和廢水等。高效利用這些來源豐富、可再生的生物質能，被認為是取代化石燃料、減少溫室氣體排放、協調人類社會經濟快速發展對能源的廣泛需求與環境可持續發展矛盾的重要策略和途徑，是當今世界各國廣泛關注的熱點。傳統的生物質能轉化方式主要有生物質氣化、生物質液化、生物質固化、生物發酵等多種方式。與這些轉化方式不同，近年發展起來的技術是一種新概念的廢物處理和能源利用方式，具有在生物質能轉化和利用方面發揮重要作用的潛力，發展前景廣闊。

7.5.1 微生物燃料電池的定義與分類

微生物燃料電池（microbial fuelcells, MFCs）是一種特殊的燃料電池，是利用微生物（microbe）作為生物催化劑，直接將燃料的化學能轉化為電能的電化學裝置。MFC 可以利用不同的碳水化合物，同時也可以利用廢水中含有的各種複雜物質。利用酶和微生物的作用進行能量轉換（如碳水化合物的代謝或光合作用等），把呼吸作用產生的電子傳遞到電極上。

根據不同的分類方式，可以把為微生物燃料電池分成以下幾類。

1. 按電子轉移方式的不同分類

(1) 間接微生物燃料電池　間接微生物燃料電池的燃料被氧化後，產生的電子要利用某種途徑傳遞到電極上來。另外，也可用生物化學方法生產燃料（如發酵法生產氫、乙醇等），再用此燃料供應給普通燃料電池，這也是間接微生物燃料電池的一種。微生物的活性基因即酶的氧化還原活性中心存在細胞中，由於細胞膜含有肽鍵或類聚糖等不導電物質，對電子傳遞造成很大阻力，導致微生物與電極之間的電子傳遞通道受阻，需要借助介體將電子從呼吸鏈及內部代謝物中轉移到陽極，促進電子的傳遞，故間接微生物燃料電池也稱為介體微生物燃料電池。一些有機物和金屬有機物可以用作微生物燃料電池的電子傳遞中間體，其中較為典型的是亞甲基藍、硫堇、Fe(Ⅲ)EDTA 和中性紅等。

(2) 直接微生物燃料電池　直接微生物燃料電池是指燃料直接在電極上氧化，電子直接由燃料轉移到電極，也稱為無介體 MFC，是指 MFC 中的細菌能分泌細胞色素、醌類等電子傳遞體，直接將新陳代謝過程中產生的電子由細胞膜內轉移到電極。這種微生物燃料電池由於不需要投加電子中間介體，降低了營運成本，已經成為當前的研究重點。目前，已發現的這類細菌主要有：紅螺菌（Rhodoferax ferrireducens）、希瓦氏菌中的腐敗希瓦菌（Shewanella putrefaciens）、泥細菌中的地桿菌（Geobacteraceae）、丁酸梭菌（Clostridium butyricum）、糞產鹼菌（Alcaligenes faecalis）、鶉雞腸球菌（Enterococcus gallinarum）和銅綠假單胞菌（Pseudomonas aeruginosall）等。另外，從廢水或海底沈積物中富集的微生物群落，也可用於構建無介體 MFC。

2. 依據反應器構造的不同分類

(1) 雙極室微生物燃料電池　雙極室 MFC 構造簡單，易於改變營運條件（如極板間距、膜材料、陰陽極板材料等），可分為矩形式、雙瓶式、平盤式及升流式等。矩形 MFC 的反應器是由矩形的陰極室和陽極室組成，並利用質子交換膜將兩室隔開，如圖 7-10 所示。與矩形反應器的構造相似，雙瓶式 MFC 的陰、陽極室是由距瓶底一定距離處的圓柱形玻璃橋連接而成，兩橋橡膠墊間的質子交換膜將兩室隔開，如圖 7-11 所示。與矩形式 MFC 相比，雙瓶式反應器具有更優化的水利條件，例如，消除了水流死角；因採用了磁力攪拌裝置，使細菌均勻分佈在陽極懸浮灌中，增加了細菌附著在陽極上的概率；縮小的質子交換膜面積，不僅降低了氧氣擴散速率，還降低了反應器的製作成本。

平盤式 MFC 是在兩片絕緣板間開設一條蛇形廊道，該廊道被膜電極元件分隔為上、下兩部分。污水與空氣分別在質子變換膜上、下部的陽極室與陰極室內沿廊道流動，如圖 7-12 所示，圖 7-12(a) 為結構圖，圖 7-12(b) 為實驗拍攝圖。實驗中以 COD 為 1000 mg/L 的生活污水為底物，4 h 的水力停留時間下，MFC 獲得的平均功率為 43 mW/m^2，COD 去除率可達 79%。平盤式 MFC 的優勢在於：與汙水處理方法相匹配，連續進、出水以進行發電，無需攪拌，降低了營運成本；借鑒氫燃料電池中電極的設計，採用電極—膜—電極「三合一」元件，保持兩電極緊密結合，從而提高了電極間的質子傳導率。

升流式微生物燃料電池（UMFC）是由兩個圓柱形樹脂玻璃室組成，如

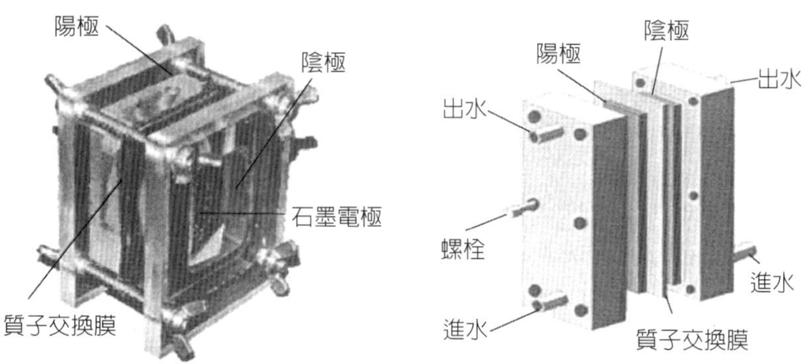

圖 7-10　矩形式微生物燃料電池結構

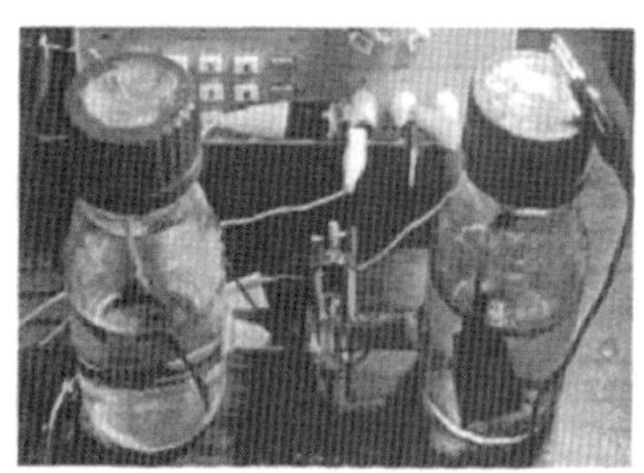

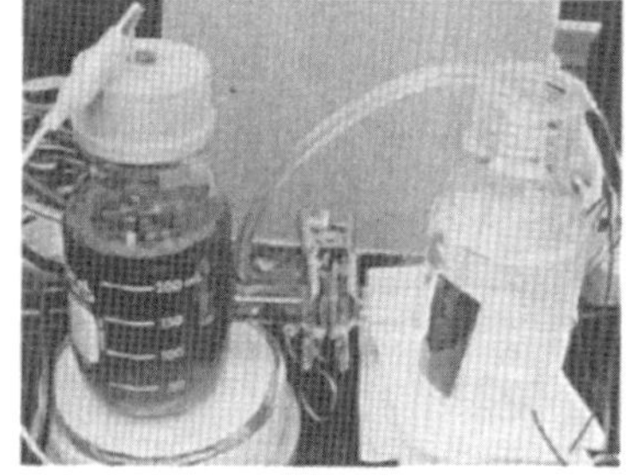

圖 7-11　雙瓶式微生物燃料電池

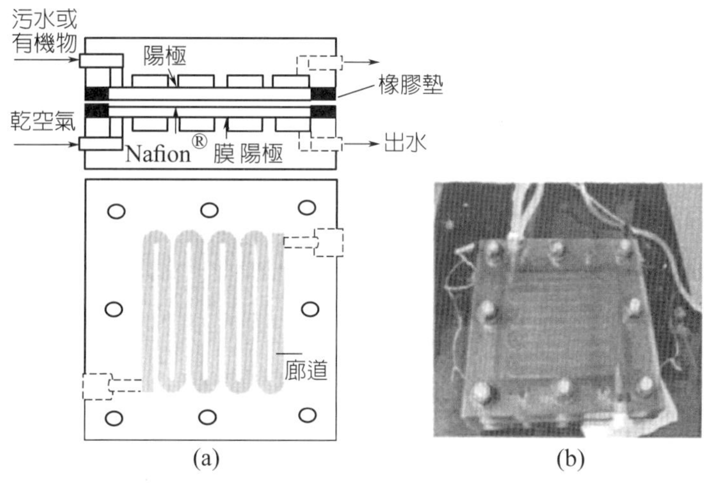

圖 7-12　平盤式微生物燃料電池

圖 7-13 所示。陰極室位於陽極室的頂部，採用一定開孔率的網狀玻碳電極，陽極採用孔徑稍大的網狀玻碳以阻止生物膜的堵塞。質子交換膜（PEM）與水平線成 150° 角安置在兩室間，以防止氣泡的積聚。它能夠不斷地從填滿活性炭粒的圓柱容器中抽吸污水，與以往的採用封閉系統的實驗不同，升流式微生物燃料電池系統需要不間斷的污水供給。升流式 MFC 具有結構簡單、體積負荷高、營運成本低的優點，更適合與汙水處理方法偶聯。

(2) 單極室微生物燃料電池　單極室 MFC 則更接近於化學燃料電池，陰極不需要曝氣，陰陽極板之間可以不加 PEM，但庫侖效率一般都很低，只有 30%。單一反應室是 MFC 設計的創新，可較好地與廢水處理方法偶聯。

單極室 MFC 是一密閉的圓柱形樹脂玻璃室（圖 7-14），內部裝有 8 條石

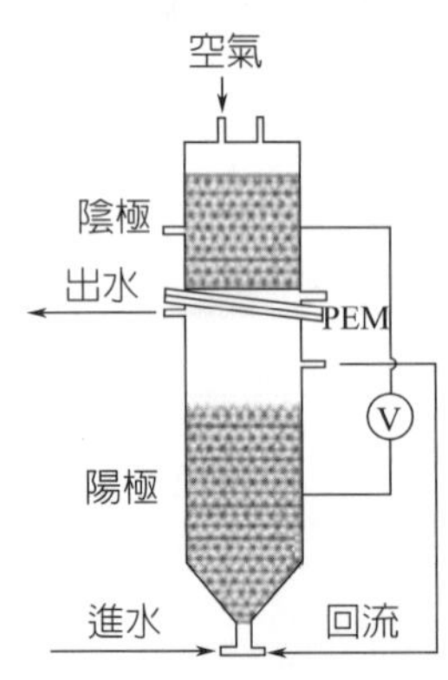

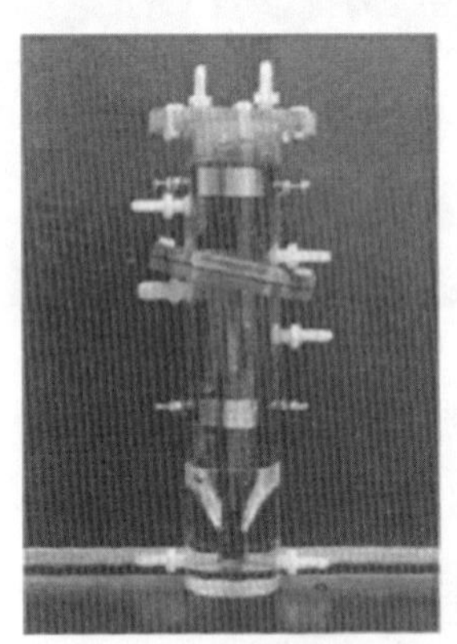

☼ **圖 7-13　升流式微生物燃料電池**

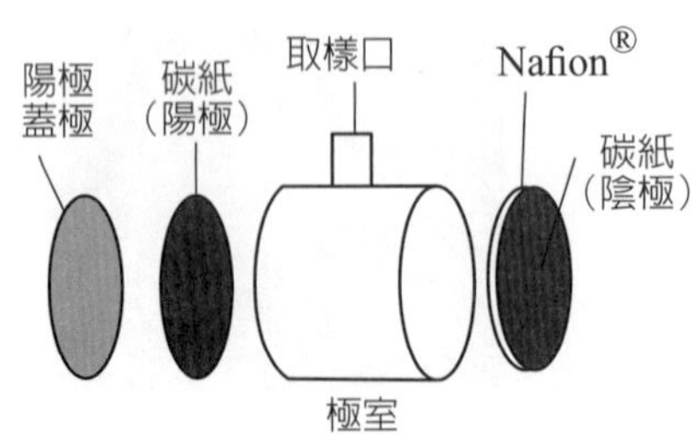

☼ **圖 7-14　單極室微生物燃料電池結構**

墨棒陽極，它們圍繞在由多孔塑膠管支撐的碳／鉑陰極周圍，質子交換膜熱壓到陰極上。該反應器借鑒了質子交換膜燃料電池中膜電極的製備，從而使陽極具有較大的掛膜面積，且盡可能地避免了溶解氧的擴散，提高了 MFC 的電能輸出。採用空氣多孔陰極取代了液相陰極系統，空氣中的氧氣可以直接在電極上反應，克服了液相陰極系統中氧氣溶解度小的不足。

單極室 MFC 是由圓柱形樹脂玻璃室內的碳紙陽極及置於對面的碳布／鉑／ PEM 陰極組成的。陰極室可以縮小簡化為與空氣接觸的碳紙，而所採用的 Nation® 膜和碳紙電極緊密壓貼成一體，和陽極同處一室，其輸功率可達到（494±21）$mW \cdot m^{-2}$，具體的電池結構如圖 7-14 所示。與傳統的兩極室 MFC 相比，該反應器有以下優點：提高了陰極傳質速率，因無需曝氣而降低了營運費用，占地小，結構簡單，可以利用去除質子交換膜，而進一步提高該 MFC 的電能輸出。由此可見，能量消耗最小。營運成本最低、輸出電能最大將是人們追求的目標。因此，研究和開發直接空氣陰極系統的 MFC 將具有一定的競爭力。

3. 按微生物分類　按陽極催化微生物的不同，微生物燃料電池可分為純菌和混菌 MFC。

(1) 純菌 MFC　目前使用的 MFC 多數採用純菌作為微生物催化劑，純種菌的性向比較單一明瞭：Eseheriehia coli，Enterobacter aerogenes，Cbutyricums 等菌種在厭氧條件下均能發酵產氫，其中 Cbutyricum 被認為是產氫效率最高的細菌。而海底泥、廢水污泥的混合菌培養在近期也常成為研菌茁種的主要來源。

(2) 混菌 MFC　從實踐應用需要，單一菌種由於比較容易受污染、難與外界隔離等，採用混合菌的微生物燃料電池，將成為發展主方向。與純菌 MFC 相比，混合菌群 MFC 有如下優點：抗衝擊能力強，更高的底物降解率，底物的多樣化和更高的能量輸出效率。採用具有電化學活性的混合菌群通常是從沈積物（海底和湖泊沈積物）或污水廠的活性污泥馴化出來的。

7.5.2 MFC 的特點

現代的微生物燃料電池與傳統的氫氣，或甲烷驅動的非生物的燃料電池相比較有顯著的不同。非生物的燃料電池不但需要昂貴的催化劑在高溫條件下促進電子供體的氧化，而且因為氫氣或甲烷氣體具有高度的爆炸性，需要做高度的純化。MFC 是利用自然存在的微生物在常溫常壓條件下催化燃料的氧化，可以利用多種被認為是沒有價值的「垃圾」燃料，例如有機廢水和沈積物中的有機物，而且不需要像非生物的燃料電池那樣的高度複雜的調節分配系統。所以，MFC 在偏遠地區和發展中國家是很有吸引力的電力能源。

MFC 與酶燃料電池也有很大的不同，它利用完整的菌體細胞氧化有機物，能夠高效地轉化有機物產生持續穩定的電流。在酶燃料電池中，電池電壓來自兩種不同酶修飾電極不同酶反應的氧化還原電勢差；而 MFC 中的微生物相對固定於電極表面的酶能夠提供更長久的穩定性。

微生物燃料電池利用燃料的方式與電解質的類型的多樣性決定了它在燃料電池領域的獨特地位，不僅在理論上具有很高的能量轉換效率，同時它還具有自身的特點：

(1) 能量利用率高，直接將基質物質的化學能轉化為電能；

(2) 原料來源廣泛，可以利用一般燃料電池不能利用的各種有機物、無機物以及微生物呼吸的代謝產物、發酵的產物、光合作用，甚至污水等作為燃料；

(3) 電池的操作條件較溫和，由於使用微生物作為催化劑，一般只要求在近中性的常溫、常壓條件下工作，這使電池維護成本低，安全性強；

(4) 生物相容性好，由於可利用人體血液中的葡萄糖和氧氣作燃料，可以作為能源方式為植入人體的一些人造器官提供電能；

(5) 清潔高效，將底物直接轉化為電能，具有較高的資源利用率，不需要進行廢氣處理，所產生的廢氣的主要組分是二氧化碳和水，無二次污染；

(6) MFC 不需要能量輸入，因為僅需通風就可以被動地補充陰極氣體。

7.5.3 MFC 的研究歷史

早在 1910 年，英國植物學家 Potte 首次發現了細菌的培養液能夠產生電流，他用鉑作電極，將其放進大腸桿菌和普通酵母菌培養液中，在鉑電極上顯示 0.33 ～ 0.5 V 的開路電壓和 0.2 mA 的電流，成功製造出了世界第一個 MFC。40 多年之後，美國太空科學研究促進了 MFC 的發展，當時研究的目標是開發一種用於太空飛行器中、以太空人生活廢物為原料的生物燃料電池。1984 年，他們利用太空人的尿液和活細菌製造了一種能在外太空使用的微生物燃料電池，不過它的放電率極低。至今，在太空科學研究過程中，已開發出幾種可用於太空飛行器的生物燃料電池，用航空器中的生活垃圾做電池的燃料，可說是真正意義上的環保新能源。在這一時期，微生物燃料電池的研究得以全面展開，出現了多種類型的電池（如直接微生物燃料電池、有介體生物燃料電池等）。但占主導地位的是間接微生物電池，即先利用微生物發酵產生氫氣或其他可作為燃料的物質，然後再將這些物質通入燃料電池發電。Rohrback 等人設計了第一個以 Clostridium butyyricum 為活性微生物，通過對原料葡萄糖發酵發電的微生物燃料電池。但隨著其他技術的成功發展，如太陽能光電技術作為能源供給應用於太空飛行，生物燃料電池遭到了冷落。隨後，20 世紀 70 到 80 年代的石油危機的出現，生物燃料電池又再次激起人們的研究興趣。

20 世紀 60 年代後期到 20 世紀 70 年代，直接生物燃料電池逐漸成為研究的重點。開發可植入人體、作為心律調整或人工心臟等人造器官電源的生物燃料電池，成為了研究的中心。這種電池多是以葡萄糖為燃料，氧氣為氧化劑的酶燃料電池。但是，正當研究取得進展的時候，由於可植入人體的鋰碘電池的研究取得了突破，並很快應用於醫學臨床，使得生物燃料電池研究受到較大衝擊。進入 20 世紀 80 年代後，由於氧化還原介體的廣泛應用，使微生物燃料電池的輸出功率密度有了很大提高，使其作為小功率電源的可能性增大，越來越多的科研人員對此產生了興趣，並因此推動了它的研究和開發。Bennetto 等人對 MFC 的研究做出了突出貢獻，他們對生物燃料電池進行改進，並驗證了使用各種微生物和中間介體的微生物燃料電池系統，實驗證明，中間介體可以同時提高電子傳遞效率和反應速率。Lithgow 等人研究發現，選擇適當的菌種-介體組合，對 MFC 的設計至關重要。由於介體（中性紅、亞甲基藍、勞氏紫等）價格非常昂貴，並需要經常補充，相對於微生物燃料電池提供的功率，添加介體所付出的成本極高。而且很多氧化還原介體有毒，使其不能在從有機物中獲得能量的開放環境中使用。因此，有氧化還原介體的微生物燃料電池不適於用做一種簡單的長期能源，阻礙了 MFC 的進一步發展。2002 年後，利用微生物發電技術出現了更大的突破，人們陸續發現了幾種特殊的細菌，這類細菌在沒有電子中間介體存在的條件下，可以直接將電子傳遞給固體電子受體，利用該類細菌研究人員發明了無需使用電子傳遞中間體的微生物電池。

Chaudhuri 和 Lovely 報導了在 Fe^{3+} 存在的條件下葡萄糖氧化成 CO_2，並且不需要電子傳遞介體將電子傳遞到碳電極上，電子回收率可達 83%。雖然這種類型的微生物燃料電池得以成功構建，但關於微生物與電極間的細胞外電子傳遞機制，尚在研究中。20 世紀 90 年代起，利用微生物發電的技術出現了較大突破，MFC 在環境領域的研究與應用也逐步發展起來。賓夕法尼亞州立大學環境工程系教授 Logan 等研發的以市政及工業污水為基材的新型 MFC，如圖 7-15 所示，是單一反應槽，裡面裝有 8 條陽極石墨棒，它們圍繞著一個陰極棒。密閉槽外部以銅線組成的閉合電路，用做電子流通的路徑。可以在對污水進行生物處理的同時獲得電能，不僅會降低汙水處理廠的營運費用，而且有望實現廢物資源化，給 MFC 的研究注入了新的活力，引起了世界各國科學家的高度關注。

☼ **圖 7-15　單槽式微生物燃料電池**

澳大利亞昆士蘭大學現代污水管理中心的 Keller 教授和 Rabaey 博士設計了總體積 12 m^3 的 MFC 反應器，進行 MFC 轉化和利用啤酒廢水的放大試驗，MFC 輸出功率僅 8 W/m^3，未達到設計指標，實際廢水較低的電導率是限制放大 MFC 輸出功率的主要原因。利用微生物燃料電池實現汙水處理廠污泥的資源化利用也一直是人們關注的重點。近期的實驗室研究結果顯示，污泥中 19% 總有機碳、37% 溶解性有機碳、15% ～ 32% 疏酸類物質能被 MFC 降解和轉化，同時產電 9 W/m^3。MFC 提取污泥能量的結果，可使污泥中芳香類化合物降低 66%，胞外有機質的親水性增加 48% ～ 65%。Zuo 等直接利用中性和酸性蒸爆預處理玉米秸稈作為 MFC 燃料，系統輸出功率 1.3 ～ 1.6 W/m^3。

由於微生物燃料電池能夠長時間提供穩定電能，所以它在諸如深海底部和敵方境內的軍事裝備這些「特殊區域」具有潛在應用前景。近年來，微生物燃料電池已成為國外研究學者關注的焦點，主要重點集中在兩大方面：即對具有電化學微生物的研究和對高效廉價 MFC 反應器的開發。

MFC 是目前全球關注重點生物技術之一，但是這一研究正處於起步階段。目前世界上幾個發達國家的實驗室正在加緊新型微生物燃料電池的研究，其中包括美國的麻塞諸塞州大學、華盛頓大學和賓夕法尼亞大學、比利時根特大學，法國里昂生態中心、德國 Greifswald 大學，北愛爾蘭的 Wageningen 大學，韓國大學等。在中國，也有少數的單位在微生物燃料電池方面進行了初步研究。

20 世紀 90 年代初，中國也開始了該領域的研究，得到了國家自然科學基金會、科技部的大力支持，該技術逐步被列入了重點研究計畫之中。近年來中國能源、電力供求趨緊，國內外對資源豐富、可再生性強、有利於改善環境和可持續發展的生物質資源的開發利用，給予了極大的關注。國內的重點高校如清華大學、中國科學院、北京科技大學、天津大學、浙江大學、同濟大學、武漢大學、哈爾濱工業大學等，都在這方面進行積極的初步研究工作。預計在不遠的將來，MFC 的研究將會獲得重大突破，如何充分將 MFC 為人類所用，如何提高生物質的轉化效率，改進 MFC 的性能，找到一種有效的途徑來提高電子的傳遞效率，還需要生物學家、電化學家和工程學家的攜手努力。依託生物電化學和生物感測器的研究進展，以及對修飾電極、奈米科學研究的層層深入，微生物燃料電池的研究必將得到更快的發展。

7.5.4　MFC 的現有改進技術

目前，微生物燃料電池的輸出功率還不夠理想，電子傳遞速率決定了電池功率的輸出，而影響電子傳遞速率的因素主要有：微生物對燃料的氧化；電子從微生物到電極的傳遞；外電路的負載電阻；向陰極提供質子的過程；氧氣的供給和陰極的反應。

針對上述影響因素，人們利用改進陰極和陽極材料、改變電極表面積、增強質子交換膜穿透性，以及對燃料多樣性的研究等方法，提高微生物燃料電池的性能。陽極直接參與微生物催化的燃料氧化反應，且吸附在電極上的微生物對產電量有重要的作用，所以陽極電極材料的改進及表面積的提高，都有利於更多的微生物吸附到電極上，利用把電極材料換成多孔性的物質，如石墨氈、發泡物質、活性炭等，增大電極比面積，可以增大吸附在電極表面的細菌密度，從而提高電能輸出。Chaudhuri 等人用石墨氈和發泡石墨代替石墨棒作為電池的陽極，結果增加了電能輸出。另外，在陽極上加入聚陰離子或錳元素，使其充當電子傳遞中間體的作用，都能使電池更高效地進行工作。

陰極室中電極的材料和表面積，以及陰極溶液中溶解氧的濃度等都會影響電能的產出。含鉑電極更容易與氧結合，催化氧氣參與電極的反應，同時又可以減少氧氣向陽極擴散。Sangeun 等人使用表面鍍鉑的石墨電極作陰極，在接種 120 h 後電能達到 0.097 mW，電子回收率在 63% ～ 78% 之間。當陰極表面積從 22.5 cm^2 增大到 67.5 cm^2 時，電能輸出增大了 24%；如果將陰極表面鍍的鉑除去，電能則減少 78%。另外，Sangeun 等人還將陰極浸入鐵氰化鉀溶液，利用鐵氰化鉀強化傳氧速率，電能產出增加了 50% ～ 80%。

目前，微生物燃料電池的電子回收率和電流密度都不高，因此高活性微生物的選擇尤其重要。高產電微生物的發現，不僅可提高燃料的利用率，也會使 MFC 的內涵發生根本性的變革。Kim 等人以澱粉加工廠的出水作為燃料，以活性污泥為細菌來源，利用微生物電池培養，並富集了具有電化學活性的微生物，該電池營運了 3 年多。

採用廉價的介體物質或開發無介體微生物燃料電池。介體的使用也帶來不容忽視的問題。它們往往都是雜環化合物，生物難降解，不僅價格昂貴，使用壽命短，在電池工作期間又需要不斷補充，導致成本升高；且對微生物有毒害作用，介體溶於水環境中或滯留於細菌細胞質和細胞膜內，便很難與溶液分離，直接排放會造成環境污染。這在很大程度上限制了有介體 MFC 的工業化應用，尤其是在汙水處理中的應用。採用介體固定化技術將氧化還原介體固定在電極表面，既能利用介體來增大電流的輸出，又能避免其不利方面。研究顯示，使用固定化介體能夠達到與使用溶解相介體，同樣的增大電流輸出的效果。為了將 MFC 中的微生物催化體系組合在一起，需要將微生物細胞和介體共同固定在陽極表面。然而，微生物細胞的活性成分，往往被細胞膜包裹在細胞內部，而介體又被吸附在細胞膜的表面，因而無法形成有效的電子傳遞，較難實現共同固定。因此，無介體 MFC 的研究更為重要。

雙極室 MFC 的 PEM 膜可以抑制陰極、陽極物質相互的擴散，提高產電效率，但其缺點是增加了質子擴散的阻力，另外也增加了電池的成本。而單極室 MFC 的陰陽兩極處於同一區間，雖然避免了雙極室 MFC 的缺點，但陰陽電極液體的相互擴散，也導致了電池效率降低。所以目前的研究集中在如何降低雙極室 MFC 的傳質阻力，和減少單極室 MFC 中電解質的混合造成的不利影響。

7.5.5 MFC 的發展趨勢

微生物燃料電池自身的優點展示了其良好的發展前景，但離實際生產應用還比較遠，主要是因為其輸出功率密度與其他電池相比存在數量級上的差距。此外，製作和營運成本都比較高。若 MFC 能降低成本和提高發電效率，將會為廢水處理節省龐大的開支，隨著 MFC 的不斷研究和實際應用的需要，其研究主流將朝以下四方面發展。

1. **高活性微生物的篩選與培育**　目前大多數 MFC 所用微生物品種單一，

急需發現能夠使用廣泛有機物作為電子供體的高活性微生物，今後將繼續致力於發現和選擇高活性微生物。以發酵廢水（如澱粉廠出水）為燃料建立MFC，或以海底沈積物作為微生物來源，分離所需菌種。

2. 新型 MFC 結構的研究與開發　在電池的構造方面，現有的 MFC 多數為陰陽兩個極室，中間由質子交換膜隔開，這種結構不利電池的放大。單室MFC 將質子交換膜纏繞於陰極棒上，置於陽極室，這種結構有利於電池的放大，可用於大規模處理污水。另外，Min 等人發明了平板式電池，這些新穎的電池結構受到越來越多科學家的青睞。近幾年來，一些國家的學者結合廢水處理反應器和燃料電池設計理念，研究設計新的 MFC 結構。

3. 陰陽極材料的選擇與修飾　電能的輸出很大程度上受到電極反應的影響，陽極對電子的傳遞阻力，陰極本身微弱的氧氣還原反應，以及氧氣利用質子交換膜擴散至陽極等，都導致了低電量輸出。特別是一些兼性厭氧菌，氧氣擴散到陽極會嚴重影響電量的產生，因為這類菌很可能不再以電極為電子受體而以氧氣作為最終電子受體。對於陰陽極材料的選擇仍是 MFC 研究的重點之一。

4. 質子交換膜的改進以及尋找其替代品　質子交換膜是影響 MFC 性能的重要因素之一，對於維持 MFC 電極兩端 pH 值的平衡、電極反應的正常進行都產生重要作用。但 PEM 膜微弱的質子傳遞能力，改變了陰陽極的 pH 值，從而減弱了微生物活性和電子傳遞能力，並且限制了陰極質子的供給，進而影響氧氣的還原反應。PEM 膜的好壞與性質的革新，直接關係到 MFC 的工作效率及產電能力等。另外，目前所用的 PEM 膜成本過高，不利於實現工業化。Min 等用鹽橋代替質子交換膜進行實驗，但效果不佳。所以今後應設法提高質子交換膜的穿透性，以及建立非間隔化的微生物電池。

7.5.6　MFC 的應用前景

MFC 在缺乏電力基礎設施的局部地區具有廣泛應用的潛力，它將在航空、太空、移動裝置、備用電力設備、醫學、環境保護等領域顯示出獨特的優勢。MFC 是一項具有廣闊應用前景的綠色能源技術，作為一項可持續生物工業技術，它為未來能源的需求提供了一個良好的保障。

微生物燃料電池需要依靠技術進步來達到大規模商業化，其最有潛力的應用是在環境保護方面，目前報導的最大的反應器內容積為 7.85 L。可以預見在不久的將來，會有兩種 MFC 應用於實際：一種是用於廢水處理的 MFC，另一種是轉化可更新生物質的 MFC 電池組。

1. **用於廢水處理的新方法**　目前，以有機污水為燃料、回收利用污水中有機質的化學能一直是 MFC 研究的主要目的。MFC 處理後污水水質的監測結果，使研究人員對以 MFC 工作原理為基礎，開發新的汙水處理方法產生了濃厚興趣。MFC 在淨化水質同時還可以發電，它的出現有望把汙水處理變成有利可圖的產業。雖然目前 MFC 還在不斷改進，尚未投入商業化生產，但以 MFC 作為污水的常規處理手段，COD 的去除率效果與一般厭氧過程相同，且不會使污水水質發生酸化，也不會產生具有爆炸性的危險氣體，具有很好的開發前景。

2. **生物修復**　生物修復技術是 20 世紀 80 年代以來出現和發展的清除和治理環境污染的生物工程技術，其主要利用生物特有的分解有毒有害物質的能力，去除污染環境如土壤中的污染物，達到清除環境污染的目的。利用環境中微生物氧化有機物產生電能，既可以去除有機廢物，又可以獲得能量。

3. **生物感測器**　例如乳酸感測器，BOD（biochemical oxygen demand）感測器。因為電流或電量產出和電子供體的數量之間有一定關係，所以被廣泛用於評價污水中可生化降解的有機物含量。由於傳統的 BOD 感測器測定方法需要 5 天的時間，以 MFC 工作原理為基礎的 BOD 感測器的研究，成為了研究人員關注的焦點。利用 MFC 工作原理開發新型 BOD 感測器的關鍵在於：① 電池產生的電流或電荷與污染物的濃度之間呈良好的線性關係；② 電池電流對污水濃度的回應速度較快；③ 有較好的重複性。

4. **偏遠地區分散式供電**　中國有許多偏遠的山區，遠離大電網，用電量很少。從效益考慮，架設高電壓輸電線路顯然是不經濟的。而採用生物質發電技術，可利用當地豐富的生物質為燃料，用高效 MFC 發展分散電源供電，就可以滿足當地長期的電能需求。此外，近年來中國農村就地焚燒秸稈等生物質，造成了十分嚴重的煙氣污染，對交通安全也構成嚴重威脅。利用生物質 MFC 發電技術將農林廢棄物轉化為電力，即可以減少環境污染，又可以利用廢棄資源。

5. 攜帶型電源　MFC 能夠利用廣泛的燃料，這些燃料無毒無害、綠色環保，容易獲得，易於儲藏，裝備這種電池的攜帶型設備也不會有發生火災或爆炸的危險，便於使用。若 MFC 能夠發展成一種單位體積輸出可用電能的產品，將是很受歡迎的攜帶型電源。

6. 人體內流動電池　MFC 在轉化過程中所產生的熱量也遠低於燃料電池，這使得它非常適用於那些需要與人接觸的應用。隨著安裝在人體內低能耗設備的數量激增，使用 MFC 為這些設備提供長期穩定的能量，呈現了很好的前景。如利用微生物燃料電池驅動的微型血糖濃度檢測儀，可將其植入到某一血管管壁上，在其提取血液中的血糖做分析時，可利用自帶的 MFC，利用其中的葡萄糖發電，一方面維持自身的能量，另一方面則可以產生電磁信號，向外界傳遞關於血糖濃度的資訊。

近年來，微生物技術、奈米材料技術、電化學技術、化學和環境工程的巨大發展和進步，為 MFC 研究提供了有利的物質、知識和技術儲備。因此，在不遠的將來，MFC 有望在生物質能的高效轉化和利用方面取得重要進展。

參考文獻

〔1〕楊輝，盧文慶。應用化學。北京：科學技術出版社，2001：119。

〔2〕H P Dhar. On Solid Polymer Fuel Cell. J Electronal Chem, 1993, 357: 237.

〔3〕杜學忠。質子交換膜的結構和性能。大連：中國科學院大連化學物理研究所，2001：10-35.

〔4〕Yeo S C, A Eisenberg. J Appl Poly Sci, 2000, 21(4) : 875-898.
〔5〕Savadogo O, J New Mat. For Electrochem. Systems, 1998(1) : 47-66.
〔6〕Verbrugge M W, Hill R F, Schneider E W. AICHE Journal, 1992, 38(1) : 93-100.
〔7〕Wainright J S, Savinell R F, Liu C C, et al. Electrochim Acta, 2003(48): 2869-2877.
〔8〕S Gold, K L Chua, C Lua, et al. J Power Sources, 2004(135): 198-203.
〔9〕Mex L, Ponath N, Muller J. Fuel Cells Bulletin, 2001(39): 9-12.
〔10〕S Gottesfeld, T A Zawodzinski. Polymer Electrode Fuel Cells, Germany: Wiley VCH, 1997: 202-218, 284-285.
〔11〕H Kim, J N Park, W H Lee. Catalysis Today, 2003(1-4): 237-245.
〔12〕R O Hayre, S J Lee, S W Cha, et al. J Power Sources, 2002(109): 483-493.
〔13〕E A Ticianelli, C R Derouin, A Redondo, et al. J Electrochem Soc, 1988, 135(9) : 2209-2214.
〔14〕Bashyam R, Zelenay E. Nature, 2006, 443(7) : 63-66.
〔15〕Seeliger W, Hanmett A. Electrochim Acta, 1992, 37(4): 763-765.
〔16〕Wiesener K. Mater Chem Phys, 1989, 22: 457-475.
〔17〕Jasinski R. J Electrochem Soc, 1965, 112(5): 526-528.
〔18〕Bagotzky V S, Tarasevich M R, Radyushkina K A, et al. J Power Sources, 1977, 2: 233-40.
〔19〕Ladouceur M, Lalande G, Guay D, et al. J Electrochem Soc, 1993, 140(7): 1974-1981.
〔20〕Sun G Q, Wang J L, Savinell R F. J Appl Electrochem, 1998, 28(10): 1087-1093.
〔21〕Bouwkamp W A L, Visscher W, Van V J A R, Electrochem Acta, 1998, 43(21-22): 3141-3152.

〔22〕Zhang J J, Anson F C. J Electroanal Chem, 1992, 341(1-2): 323-341.

〔23〕Zhang J J, Anson F C. J Electroanal Chem, 1993, 348(1-2): 81-97.

〔24〕Zhang J J, Anson F C. Electrochim Acta, 1993, 38(16): 2423-2429.

〔25〕Lefevre M, Dodelet J P. Bertrand P. J Phys Chem B, 2000, 104(47): 11238-11247.

〔26〕Ye S, Vijh A K. Int J Hydrogen Energy, 2005, 30(9) : 1011-1015.

〔27〕Subramanian N P, Kumaraguru S B, Mercado H C, et al. J Power Sources, 2006, 157(1) : 56-63.

〔28〕Lalande G, Cote R, Guay D, et al. Electrochim Acta, 1997, 42(9) : 1379-1388.

〔29〕Wei G, Wainright J S, Savinell R F. J New Mater Electroehem Syst, 2000, 3(2) : 121-129.

〔30〕Sirk A H C, Campbell S A, Birss V I.Electrochem Solid State Lett, 2005, 8(2) : A 104-A 107.

〔31〕Alonso V N, Tributsch H. Natrue, 1986, 323: 431.

〔32〕Solorza F O, Elmer K, Giersig M, et al. Electrochim Acta, 1994, 39: 1647-1653.

〔33〕Schmidt T J, Paulus U A, Gasteiger H A. J Electrochem Soc, 2000, 147: 620.

〔34〕Bursell M, Pirjamali M, Kiros Y. Electrochimica.Acta, 2002, 47.1651-1660.

〔35〕Nissinen T. Materials research bulletin, 2004(39): 1195-1208.

〔36〕White J H Sammells A F. J Electrochem Soc, 1993, 140: 2167.

〔37〕任志偉，周德璧，屠賽琦。催化學報 2007(3) ：217-221.

〔38〕Hua ZH, Chen L S, Li C L.J Alloys Compounds, 2007(427): 199-203.

〔39〕Singh R N, Lai B, Malviya M. Electroehim Acta, 2004, 49(26): 4605-4612.

〔40〕Restovic A, Rios E, Barbato S, et al. J Electroana Chem, 2002, 522(2) : 141-151.
〔41〕Jiang S P, Lin Z G, Tseung A C C. J Electrochem Soc, 1990, 137(3) : 759-764.
〔42〕沈強，盧春山，馬磊等。催化學報，2004，11(1)：33-37。
〔43〕Zhong H X, Zhang H M, Liu G, et al. Electroehem Commun, 2006, 8(5) : 707-712.
〔44〕Zhong H X, Zhang H M, Liang Y M, et al. J Power Sources, 2007, 164(2): 572-577.
〔45〕Zhong H X, Chen X B, Zhang H M, et al. Appl Phys Lett, 2007, 91: 1-3.
〔46〕Ishihara A, Leo K, Doi S, et al. Electrochem Solid-State Leg, 2005, 8(4) : A201-A203.
〔47〕Doi S, et al. ECS Transactions, 2005: 17-25.
〔48〕Liu G, Zhang H M, Wang M R, et al. J Power Sources, 2007, 172: 503-510.
〔49〕Mcintyre D R, Vossen A, et al. J Power Sources, 2002,108: 1-7.
〔50〕Yang X C, Wang C Y. Appl Phys Lett, 2005, 86: 1-3.
〔51〕G H Robert. Surface Replica Feul Cell. USP 5631099, 1997-05-20.
〔52〕BK Kho, IH Oh, SA Hong, HY Ha. Electrochim Acta, 2004, 50(2-3): 781-785.
〔53〕JG Liu, TS Zhao, R Chen, CW Wong. Electrochem Commun, 2005, 7(3): 288-294.
〔54〕B Bae, B K Kho, T H Lim, I H Oh, S A Hong, H Y Ha. J Power Sources, 2006, 158(2) : 1256-1261.
〔55〕B K Kho, B Bae, M A Scibioh, J Lee, H Y Ha. J Power Sources, 2005, 142(1-2): 50-55.
〔56〕Y M Yang, Y C Liang. J Power Sources, 2007, 165(1) : 185-195.

〔57〕I Chang, S Ha, J Kim, J Y Lee, S W Cha. J Power Sources, 2008, 184(1) : 9-15.

〔58〕M S Yazici J. Power Sources, 2007, 166(2) : 424-429.

〔59〕Z Guo, A Faghri. J Power Sources, 2006, 160(2) : 1142-1155.

〔60〕R Chen, T S Zhao. Electrochim Acta, 2007, 52(13) : 4317-4324.

〔61〕R Chen, T S Zhao. Electrochem Commun, 2007, 9(4) : 718-724.

〔62〕W M Yang, S K Chou, C Shu. J Power Sources, 2007, 164(2) : 549-554.

〔63〕V Baglio, A Stassi, F V Matera, V Antonucci, A S Arico. Electrochim Acta, 2009, 54(7) : 2004-2009.

〔64〕D Kim, E A Cho, SA Hong, I H Oh, H Y Ha. J Power Sources, 2004, 130(1-2): 172-177.

〔65〕Y J Kim, B Bae, MA Scibioh, E A Cho, H Y Ha. J Power Sources, 2006, 157(1) : 253-259.

〔66〕Z Guo, A Faghri. J Power Sources, 2006, 160(2) : 1183-1194.

〔67〕G Q Lu, P C Lim, F Q Liu, C Y Wang. lnt J Energy Res, 2005, 29: 1041-1050.

〔68〕J J Martin, W M Qian, H J Wang, V Neburchilov, J J Zhang, D P Wilkinson, Z R Chang. J Power Sources, 2007, 164(1) : 287-292.

〔69〕A Blum, T Duvdevani, M Philosoph, N Rudoy, E Peled. J Power Sources, 2003, 117(1-2): 22-25.

〔70〕R G Hockaday. Surface replica fuel cell for micro fuel cell electrical power pack. US Patent 5759712, 1998.

〔71〕S R Narayanan, T I Valdez, F Clara.Fuel Cell Seminar Abstracts. Portland, Oregon, 2000: 795-798.

〔72〕X Ren, P Zelenay, S Thomas, J Davey, S Gottesfeld. J Power Sources, 2000, 86(1-2): 111-116.

〔73〕G Cacciola, V Antonucci, S Freni. J Power Sources, 2001, 100(1-2):

67-79.
〔74〕A S Arico, S Srinivasan, V Antonucci. Fuel cells, 2001, 1(2) : 133-161.
〔75〕Gasteiger H A, Markovicn, Roospn. Electrochim Acta, 1994, 639 (11-12): 1825-1832.
〔76〕Kennedy B J, Hamnett A. J Electroanal Chem, 1990, 283: 271.
〔77〕Iwasita, Nartfc, Vielstich, Ftir W, Bunsmges B.J Phys Chem, 1990, 94: 1030-1034.
〔78〕Kua J, Goddard W A.J Am Chem Soc, 1999, 121(47): 10938-10941.
〔79〕Delime F, Lager J M, Lamy C.J Appl Electrochem, 1999, 29: 1249.
〔80〕Tseung A C, Chen K Y. Catal Today, 1997, 38: 439.
〔81〕Guangchun Li, Peter G Pickup. J Power Sources, 2007, 173(1) : 121-129.
〔82〕Jianbo Xu, Kaifeng Hua, Gengzhi Sun, et al. Electro Commu, 2006(8) : 983-986.
〔83〕Thomas S C, Rent X M, Gotesfeld S, Zelenay P. Electro chim! Acta, 2002, 47: 374.
〔84〕Gotz M, Wendt H.J Appl Electrochem, 2001, 31: 811.
〔85〕D C Papageorgopoulos, M Keijzer, F A de Bruijn. Electrochim Acta, 2002, 48: 197-204.
〔86〕K W Park, J H Choi, B K Kwon, et al. J Phys Chem B, 2002, 106: 1869-1877.
〔87〕T C Deivaraj, W Chen, J Y Lee. J Mater Chem, 2003, 13: 2555-2560.
〔88〕H R C-Mercado, H Kim, B N Popov. Electrochem Commun, 2004, 6: 795-799.
〔89〕Heinzel A, Barragdn V M. J Power Sources, 1999, 84: 70.
〔90〕Kover A, Vielstich W.J Power Sources, 1998, 74: 211.
〔91〕Minoru U, Hiroyuki O, Mohamed M, et al. J Power Sources, 2004, 136(1) : 10-15.

〔92〕Minku J, Jungyeon W, Kirak L, et al. Electrochem Commu, 2007, 9: 2163-2166.

〔93〕Tamizhmani Q, Capuano G A.J Electrochem Soc, 1994, 141: 968.

〔94〕Kugseung Lee, Insu Park, Yonghun Cho, et al. J Catalysis, 2008, 258: 143-152.

〔95〕T Maiyalagan, B Viswanathan. J Power Sources, 2008, 175: 789-793.

〔96〕L X Yang, C Bock, B Macdougal, et al. J Appl Electrochem, 2004, 34: 427-438.

〔97〕K W Park, J S Choi, K S Ahn, et al. J Phys Chem B, 2004, 108: 5989-5994.

〔98〕K Lasch, L Jorissen, J Garche. J Power Sources, 1999, 84: 225-230.

〔99〕Z Jusys, T J Schmidt, L Dubau, et al. J Power Sources, 2002, 105: 297-304.

〔100〕Changwei Xu, Rong Zeng, Peikang Shen, et al. Electrochim Acta, 2005, 51: 1031-1035.

〔101〕Huangqiao Song, Xinping Qiu, Fushen Li, et al. Electrochem Commu, 2007, 9: 1416-1421.

〔102〕Chanwei Xu, Peikang Shen, Xinhe Ji, et al. Electrochem Commu, 2005, 7: 1305-1308.

〔103〕M B Oliveira, L P R Profeti, P Olivi. Electrochem Commun, 2005, 7: 703-709.

〔104〕K Kinoshita. J Electorchem Soc, 1990, 137: 845.

〔105〕F Maillard, M Martin, F Gloaguen, J M Leger. Electrochim Acta, 2002, 47: 3431-3440.

〔106〕Y W Tang, G Li, H Yang, W Xing, T H Lu. J Nanjing Normal Uinv, 2003, 26: 112-114.

〔107〕N Travitsky, T Ripenbein, D Golodnitsky, Y Rosenberg, L Burshtein, E

Peled. J Power Sources, 2006, 161: 782-789.

〔108〕R C Koffi, C Coutanceau, E Gamier, J M Leger, C Lamy. Electrochim Acta, 2005, 50: 4117-4127.

〔109〕S Mukerjee, S Srinivasan. J Electroanal Chem 1993, 357: 201-205.

〔110〕T Toda, H Igarashi, M Watanabe. J Electroanal Chem, 1999, 460: 258-262.

〔111〕L Xiong, A Manthiram. Electrochim Acta, 2004, 49: 4163-4170.

〔112〕V S Bagotzky, M R Tarasevich, K A Radyushkina, O A Levina, S I Andrusyova. Journal of Power Sources, 1978, 2: 233-240.

〔113〕A L Bouwkamp-Wijnoltz, W Visscher, J A R Vanveen, S C Tang. Electrochim Acta, 1999, 45: 279-386.

〔114〕C Coutanceau, A E Hourch, P Crouigneau, J M Leger, C Lamy. Electrochim Acta, 1995, 40: 2739-2748.

〔115〕J H Jiang, A Kucemak. Electrochim Acta, 2002, 47: 1967-1973.

〔116〕N A Vante, WJaegermann, H Tributsch, W Hoenle, K Yvon. J Am Chem Soc, 1987, 109: 3251-3257.

〔117〕李旭光，邢巍，唐亞文，陸天虹。化學通報，2003(8) ：521-527。

〔118〕V Trapp, P A Christensen, A Hamnett. J Chem Soc Faraday Trans, 1996, 92: 4311.

〔119〕R W Reeve, P A Christensen, A J Dickinson, A Hamnett, K Scott. Electrochim Acta, 2000, 45: 4237-4250.

〔120〕O Solorza-Feria, S Citalan-Cigarroa, R Rivera-Noriega. Electrochem Commun, 1999, 1: 585-589.

〔121〕M Pattabi, R H Castellanos, P J Sebastian. Electrochem Solid-State Letters, 2000, 3: 431-432.

〔122〕P J Sebastian. Int J Hydrogen Energy, 2000, 25: 255-259.

〔123〕F J Rodriguez, P Sebastian.Int J Hydrogen Energy, 2000, 25: 243-247.

〔124〕M S Wilson, S Gottesfeld. J Appl Electrochem, 1992, 22: 1-7.

〔125〕M S Wilson, J A Valerio, S Gottesfeld. Electrochim Acta, 1995, 40(3) : 355-363.

〔126〕Y G Chun, C S Kim, D H Peck, D R Shin. J Power Sources, 1998, 71(1-2): 174-178.

〔127〕C Lim, C Y Wang. J Power Sources, 2003, 113(1) : 145-150.

〔128〕S J C Cleghom, X Ren, T E Springer, M S Wilson, C Zawodzinski, T A Zawodzinski, S Gottesfeld. Int J Hydrogen Energy, 1997, 22(12) : 1137-1144.

〔129〕G Bender, T A Zawodzinski, A P Saab. J Power Sources, 2003, 124(1) : 114-117.

〔130〕C K Witham, W Chun, T I Valdez, S R Narayanan. Electrochem Solid-State Lett, 2000, 3(11) : 497-500.

〔131〕E Gulzow, T Kaz, R Reissner, H Sander, L Schilling, Mv Bradke. J Power Sources, 2002, 105(2) : 261-266.

〔132〕A Lindermeir, G Rosenthal, U Kunz, U Hoffmann. Fuel cells, 2004, 4(1-2): 78-85.

〔133〕J H Liu, M K Jeon, W C Choi, S I Woo. J Power Sources, 2004, 137(2) : 222-227.

〔134〕S Q Song, Z X Liang, W J Zhou, G Q Sun, Q Xin, V Stergiopoulos, P Tsiakaras. J Power Sources, 2005, 145(2) : 495-501.

〔135〕H Tang, S Wang, M Pan, S Jing, Y Ruan. Electrochim Acta, 2007, 52(11) : 3714-3718.

〔136〕N F Wan, Z Q Mao, C Wang, G Wang. J Power Sources, 2007, 163(2) : 725-730.

〔137〕C Y Chen, P Yang, Y S Lee, K F Lin. J Power Sources, 2005, 141 (1) : 24-29.

〔138〕C Y Chen, C S Tsao. Int J Hydrogen Energy, 2006, 31(3) : 391-398.

〔139〕S C Thomas, X Ren, S Gottesfeld. J Electrochem Soc, 1999, 146(12) : 4354-4359.

〔140〕J H Kim, H Y Ha, I H Oh, S A Hong, H N Kim, H I Lee. Electrochim Acta, 2004, 50(2-3): 801-806.

〔141〕J H Kim, H Y Ha, I H Oh, S A Hong, H I Lee. J Power Sources, 2004, 135(1-2): 29-35.

〔142〕M Uchida, Y Fukuoka, Y Sugawara, H Ohara, A Ohta. J Electrochem Soc, 1998, 145(11) : 3708-3713.

〔143〕S J Shin, J K Lee, H Y Ha, S A Hong, H S Chun, I H Oh. J Power Sources, 2002, 106(1-2): 146-152.

〔144〕C Lim, R G Allen, K Scott. J Power Sources, 2006, 161(1) : 11-18.

〔145〕Z B Wei, S L Wang, B L Yi, J G Liu, L K Chen, W J Zhou, W Z Li, Q Xin. J Power Sources, 2002, 106(1-2): 364-369.

〔146〕H T Kim, T V Reshetenko, H J Kweon. J Electrochem Soc, 2007, 154(10) : B 1034-B 1040.

〔147〕T T Wang, C S Lin, F Ye, Y Fang, J J Li, X D Wang. Electrochem Commun, 2008, 10(9) : 1261-1263.

〔148〕C H Park, M A Scibioh, H J Kim, I K Oh, S A Hong, H Y Ha. J Power Sources, 2006, 162(2) : 1023-1028.

〔149〕S L Wang, G Q Sun, G X Wang, Z H Zhou, X S Zhao, H Sun, X Y Fan, B L Yi, Q Xin. Electrochem Commun, 2005, 7(10) : 1007-1012.

〔150〕F C Wu, T Y Chen, C C Wan, Y Y Wang, T L Lin. Electrochem Solid-State Lett, 2006, 9(12) : A549-A551.

〔151〕W Lee, H K Kim, T K Kim, H Chang.J Membr Sci, 2007, 292（1-2）: 29-34.

〔152〕M C Tsai, T K Yeh, C Y Chen, C H Tsai. Electrochem Commun, 2007,

9(9) : 2299-2303.

〔153〕V Mehta, J S Cooper. J Power Sources, 2003, 114(1) : 32-53.

〔154〕C Lim, C Y Wang. Electrochim Acta, 2004, 49(24): 4149-4156.

〔155〕L Giorgi, E Antolini, A Pozio, E Passalacqua. Electrochim Acta, 1998, 43(24): 3675-3680.

〔156〕F Lufrano, E Passalacqua, G Squadrito, A Patti, L Giorgi. J Appl Electrochem, 1999, 29: 445-448.

〔157〕L R Jordan, A K Shukla, T Behrsing, N R Avery, B C Muddle, M Forsyth. J Appl Electrochem, 2000, 30: 641-646.

〔158〕E Passalacqua, G Squadrito, F Lufrano, A Patti, L Giorgi. J Appl Electrochem, 2001, 31: 449-451.

〔159〕J R Yu, M N Islam, T Matsuura, M Tamano, Y Hayashi, M Hori. Electrochem Solid-State Lett, 2005, 8(6) : A320-A323.

〔160〕M Han, S H Chan, S P Jiang. J Power Sources, 2006, 159(2) : 1005-1014.

〔161〕M Neergat, A K Shukla, J Power Sources, 2002, 104(2) : 289-294.

〔162〕J Zhang, G P Yin, Q Z Lai, Z B Wang, K D Cai, P Liu. J Power Sources, 2007, 168(2) : 453-458.

〔163〕Z G Shao, I M Hsing, H M Zhang, B L Yi. Int J Energy Res, 2006, 30(14): 1216-1227.

〔164〕T T Wang, C S Lin, Y Fang, F Ye, R Y Miao, X D Wang. Electrochim Acta, 2008, 54(2) : 781-785.

〔165〕F Xie, C Chen, H Meng, P K Shen. Fuel Cells, 2007, 7(4) : 319-322.

〔166〕X L Wang, H M Zhang, J L Zhang, H F Xu, Z Q Tian, J Chen, H X Zhong, Y M Liang, B L Yi. Electrochim Acta, 2006, 51 (23): 4909-4915.

〔167〕G G Park, Y J Sohn, S D Yim, T H Yang, Y G Yoon, W Y Lee, K Eguchi, C S Kim. J Power Sources, 2006, 163(1) : 113-118.

〔168〕G Y Lin, T V Nguyen. J Electrochem Soc, 2005, 152(10) : A1942-A1948.

〔169〕J H Chen, T Matsuura, M Hori. J Power Sources, 2004, 131(1-2): 155-161.

〔170〕G H Rohrback, W R Scott, J H Canfield.Biochemical Fuel CellsIn Proceedings of the 16th Annual Power Sources Conference, 1962: 18.

〔171〕C F Thurston, H P Bennetto, G M Delaney, et al. J Gen Microbiol, 1985, 131: 1393-1401.

〔172〕Lithgow A M, Romero L, Sanchez I C, et al. Chem Res Synop, 1986(5): 178-179.

〔173〕S K Chaudhuri, D R Lovely. Nautre Biotechnol, 2003, 21: 1229-1232.

〔174〕Liu H, Ramnarayanan R, Logan B E.Environ Sci Techn, 2004, 38(7): 2281-2285.

〔175〕韓保祥，畢可萬，生物工程學報，1992，8(2): 203-206。

〔176〕Gil G C, Chang I S, Kim B H , et al. Biosensors and Bioelectronics, 2003, 18: 327-334.

〔177〕Sangeun O H, Min B, Logan B E.Environ Sci Technol, 2004, 38. 4900-4904.

〔178〕Logan B E, Murano C, Scon K , et al. Water Research, 2005, 39(5): 942-952.

〔179〕Kim B H, Park H S. Appl Microbial Biotechnol, 2004(63): 672-681.

〔180〕Park D H, Zeikus J G. Appl Environ Microbio, 2000, 66(4): 1292-1297.

〔181〕Logan B E. Fuel Cells Bulletin, 2004, 8: 6.

〔182〕Min B, Logan B E, Environ Sci Technol, 2004, 38(21): 5809-5814.

〔183〕Min B, Cheng S, Logan B E, Water Research, 2005, 39: 1675-1686.

第八章
其他新型能源

8.1 其他新型能源的概念與分類

新型能源是相對一般能源而言，以採用新技術和材料而獲得的，在新技術基礎上系統地開發利用的能源，如太陽能、風能、海洋能、地熱能等。但新能源並不是指新發現或新開發的能源，這裡的「新」是針對被開發利用的程度而言的。與一般能源相比，新能源生產規模小，使用範圍窄。一般能源與新能源的劃分是相對的。以核裂變能為例，20 世紀 50 年代初，隨著第一代商業核電站的投產，世界上很多國家開始把它用來生產電力和作為動力使用，當時被認為是具有十分廣闊前景的新能源。歷經 50 年的發展，核分裂產生核能的開發利用已經比較成熟，已經有近 30 個國家和地區利用核分裂產生核能發電。根據國際原子能機構 2005 年 10 月發表的資料，全世界正在運行的核電機組共有 442 台，全世界核電總裝機容量為 3.69 億千瓦，核電年發電量占世界發電總量的 17%，它與水電、火電一起構成世界能源的三大支柱，在世界能源結構中有著重要的地位，因此也有人將核能列為一般能源，在本書中，仍將核能列為新型能源來討論。

按 1978 年 12 月 20 日聯合國第三十三屆大會第 148 號決議，新能源和可再生能源共包括 14 種能源：太陽能、地熱能、風能、潮汐能、海水溫差能、波浪能、木柴、木炭、泥炭、生物質轉化、畜力、油葉岩、焦油砂及水能。聯合國 1981 年在內羅畢召開的新能源和可再生能源會議上確立了新能源和可再生能源的基本概念，它不同於一般能源，可以是一些古老的能源，但是需採用先進的方法或技術開發利用，對環境和生態友好、可持續發展、資源豐富。在此基礎上，世界各國對各種新能源和可再生能源的稱謂可能有所不同，但是共同的認識是，除了一般的化石能源如煤炭、石油等以外，其他能源都可以稱為新能源和可再生能源。

綜合起來看，在中國，一般認為新能源和可再生能源主要包括風能、太陽能、生物質能、地熱能、海洋能以及小水電、熱核聚變的核能、氫能等，而將大中型水電、核分裂發電歸為一般能源。

8.2 地熱能

8.2.1 概述

人類很早以前就開始利用地熱能，例如利用溫泉沐浴、醫療，利用地下熱水取暖、建造農作物溫室、水產養殖及烘乾穀物等。但真正認識地熱資源並進行大規模的開發利用則始於 20 世紀中葉。

地熱能是來自地球深處的熱能，它源於地球的熔融岩漿和放射性物質的衰變。深部地下水的循環和來自深處的岩漿侵入到地殼後，把熱量從地下深處帶至近地表層。在有些地方，熱能隨自然湧出的蒸汽和水而到達地面。嚴格地說，地熱能不是一種可再生的資源，而是像石油一樣，是可開採的能源，最終的可回採量將依賴於所採用的技術。如果將水重新注回到含水層中，使含水層不枯竭，可以提高地熱的再生性。

地熱能開發利用的物質基礎是地熱資源。地熱資源是指地殼表層以下 5,000 m 深度內、15℃ 以上的岩石和熱流體所含的總熱量。全世界的地熱資源達 1.26×10^{27} J，相當於 4.6×10^{16} t 標準煤，即超過世界技術和經濟力量可採煤儲量含熱量的 70,000 倍。地球內部蘊藏的巨大熱能，通過大地的熱傳導、火山噴發、地震、深層水循環、溫泉等途徑不斷地向地表散發，平均年流失的熱量約達 1×10^{21} kJ。但是，由於目前經濟上可行的鑽探深度僅在 3,000 m 以內，再加上熱儲空間地質條件的限制，因而只有當熱能運移並在淺層局部富集時，才能形成可供開發利用的地熱田。

近年來地熱能還被應用於溫室、熱泵和地球供熱。在商業應用方面，利用過熱蒸汽和高溫水發電已有幾十年的歷史。利用中等溫度（100℃）水通過雙流體循環發電設備發電的技術現已成熟。地熱熱泵技術也取得了明顯進展。由於這些技術的進展，地熱資源的開發利用得到較快的發展。研究從乾燥的岩石中和從地熱增壓資源及岩漿資源中提取熱能的有效方法，可進一步增加地熱能的應用潛力。

8.2.2　地球的內部構造

地球本身就是一座巨大的天然儲熱庫。所謂地熱能就是地球內部蘊藏的熱能。有關地球內部的構造是從地球表面的直接觀察、鑽井的岩樣、火山噴發、地震等資料推斷而得到的。現認為地球的構成是：地球是一個巨大的實心橢球體，表面積約為 5.1×10^8 km^2，體積約為 1.0833×10^{12} km^3，赤道半徑為 6,378 km，極半徑為 6,357 km。地球的構造像是一隻半熟的雞蛋，主要分為三層，在約 2,800 km 厚、溫度在 1000℃ 的鐵—鎂矽酸鹽地幔上有一厚約 30 km 的鋁 - 矽酸鹽地殼，它的厚度各處不一，介於 10 ～ 70 km 之間，陸地上平均為 30 ～ 40 km，高山底下可達 60 ～ 70 km，海底下僅為 10 km 左右；地幔下面是液態鐵 - 鎳地核，其內還含有一個團態的內核，溫度在 2000 ～ 5000℃，外核深 2,900 ～ 5,100 km，內核深 5,100 km 以下至地心。在 6 ～ 70 km 厚的表層地殼和地幔之間有個分介面，通常稱為莫霍不連續面（簡稱莫霍介面）。莫霍介面會反射地震波。從地表到深 100 ～ 200 km 為剛性較大的岩石圈。由於地球內圈和外圈之間存在較大的溫度梯度，所以其間有黏性物質不斷循環。地球內部各區段特性如表 8-1 所示。

表 8-1　地球內部各區段特性

區段	狀態	結合帶	深度／km	溫度／°C	密度／（g/cm³）	成分
	剛性板塊	—	0	0 ～ 50	—	—
地殼		—	10 ～ 20	—	2.7	鈉、鉀、鋁矽酸鹽
		莫霍介面	6 ～ 70	500 ～ 1000	30	鐵、鈣、鎂鋁矽酸鹽
	固態	固相線	100 ～ 200	1200	—	—
	黏性物質	—	—	—	3.6 ～ 4.4	鐵、鎂矽酸鹽
地幔	固相線	700	1900	—	—	—
	剛性地幔	固相線	2800	3700	4.5 ～ 5.5	鐵、鎂、矽酸鹽和／或氧化物

表 8-1 地球內部各區段特性（續）

區段	狀態	結合帶	深度／km	溫度／℃	密度／（g/cm³）	成分
地核	液態	固相線	5500	4300	10～12	鐵、鎳
	固態	中心	6340	4500	—	鐵、鎳

8.2.3 地熱能的來源

地球的內部是高溫高壓的，蘊藏著無比巨大的熱能。假定地球的平均溫度為 2000℃，地球的質量為 6×10^{24} kg，地球內部的比熱容為 1.045 kJ/(kg · ℃)，那麼整個地球內部的熱含量大約為 1.25×10^{31} J。即便是在地球表層 10 km 厚這樣薄薄的一層，所儲存的熱量就有 1×10^{25} J。地球經過火山爆發、間歇噴泉和溫泉等途徑，源源不斷地把它內部的熱能通過導熱、對流和輻射的方式傳到地面上來。如果把地球上儲存的全部煤炭燃燒時所放出的熱量作為 100% 來計算，則石油的儲量約為煤炭的 8%，目前可利用的核燃料的儲量約為煤炭的 15%，而地熱能的總儲量則為煤炭的 1.7×10^{8} 倍。

地殼中的地熱主要靠導熱傳輸，但地殼岩石的平均熱流密度低，一般無法開發利用，只有經過某種集熱作用才能開發利用。例如鹽丘集熱，鹽比一般沈積岩的熱導率大 2～3 倍。大盆地中深埋的含水層，也可大量集熱，每當鑽探到這種含水層，就會出現大量的高溫熱水，這是天然集熱的常見形式。岩漿侵入地殼淺處，是地殼內最強的導熱形式。侵入的岩漿體形成局部高強度熱源，為開發地熱能提供了有利條件。岩漿侵入後，冷卻的時間相當長，一般受下列因素影響：

(1) 侵入的岩漿總體積；

(2) 侵入的深度或岩漿體頂面的埋深；

(3) 侵入岩漿的性質，酸性岩漿溫度較低，約 650～850℃，基性岩漿溫度較高，為 1100℃ 左右；結晶潛熱也有差異，酸性岩漿為 272 kJ/kg，鹼性岩漿為 335 kJ/kg；

(4) 侵入體的形狀；

(5) 有無水熱系統。

據推測，一個埋深為 4 km 的酸性岩漿侵入體，體積為 1000 km^3，初始溫度為 850℃，若要使侵入體的中心溫度冷卻到 300℃，大約需幾十萬年。可見地熱的擴散是非常慢的。若要利用這種熱能則也是比較穩定的。一個天然溫泉，長年不息地流出熱水，而且幾百年溫度變化不大。

在地殼中，地熱的分佈可分為 3 個帶，即可變溫度帶、常溫帶和增溫帶。可變溫度帶，由於受太陽輻射的影響，其溫度有著晝夜、年份、世紀，甚至更長的周期性變化，其厚度一般為 15 ～ 20 m；常溫帶，其溫度變化幅度幾乎等於零，深度一般為 20 ～ 30 m；增溫帶，在常溫帶以下，溫度隨深度的增加而升高，其熱量的主要來源是地球內部的熱能。地球每一層次的溫度狀況是不相同的。在地殼的常溫帶以下，地溫隨深度增加而不斷升高，越深越熱。這種溫度的變化，稱為地熱增溫率。各地的地熱增溫率差別是很大的，平均地熱增溫率為每加深 100 m，溫度升高 8℃。到達一定的溫度後，地熱增溫率由上而下逐漸變小。根據各種資料推斷，地殼底部至地幔上部的溫度大約為 1100 ～ 1300℃，地核的溫度大約在 2000 ～ 5000℃。假如按照正常的地熱增溫率來推算，80℃ 的地下熱水，大致是埋藏在 2000 ～ 2500 m 左右的地下。

按照地熱增溫率的差別，把陸地上的不同地區劃分為正常地熱區和異常地熱區。地熱增溫率接近 3℃ 的地區，稱為正常地熱區；遠超過 3℃ 的地區，稱為異常地熱區。在正常地熱區，較高溫度的熱水或蒸汽埋藏在地殼的較深處；在異常地熱區，由於地熱增溫率較大，較高溫度的熱水或蒸汽埋藏在地殼的較淺部位，有的甚至露出地表。那些天然露出的地下熱水或蒸汽叫做溫泉。溫泉是在當前技術水平下最容易利用的一種地熱資源。在異常地熱區，除溫泉外，人們也較易通過鑽井等人工方法把地下熱水或蒸汽引導到地面上來加以利用。

要想獲得高溫地下熱水或蒸汽，就得去尋找那些由於某些地質原因，破壞了地殼的正常增溫，而使地殼表層的地熱增溫率大大提高了的異常地熱區。異常地熱區的形成，一種是產生在近代地殼斷裂運動活躍的地區，另一種則是主要形成於現代火山區和近代岩漿活動區。除這兩種之外，還有由於其他原因所形成的局部異常地熱區。在異常地熱區，如果具備良好的地質構造和水文地質條件，就能夠形成大量熱水或蒸汽，熱水田或蒸汽田統稱為地熱田。在目前世界上已知的一些地熱田中，有的在構造上同火山作用有關，另外也有一些則是產生在火山中心地區的斷塊構造上。

8.2.4 地熱資源

從技術經濟角度來說，目前地熱資源勘察的深度可達到地表以下 5000 m，其中 2,000 m 以上為淺經濟型地熱資源，2,000 ～ 5,000 m 為亞經濟型地熱資源。資源總量為：可供高溫發電的約 5,800 MW 以上，可供中低溫直接利用的約 2×10^{11} t 標準煤當量以上。中國總量上是以中低溫地熱資源為主。

8.2.4.1 地熱資源的分類及特性

一般說來，深度每增加 100 m，地球的溫度就增加 3℃ 左右。這意味著地下 2 km 深處的地球溫度約 70℃；深度為 3 km 時，溫度將增加到 100℃，依此類推。然而在某些地區，地殼構造活動可使熱岩或熔岩到達地球表面，從而在技術可以達到的深度上形成許多個溫度較高的地熱資源儲存區。要提取和實際應用這些熱能，需要有一個載體把這些熱能輸送到熱能提取系統。這個載體就是在滲透性構造內形成熱含水層的地熱流。這些含水層或儲熱層便稱為地熱（液）田。熱液源在全球分佈很廣，但卻很不均勻。高溫地熱田位於地質活動帶內，常表現為地震、活火山、熱泉、噴泉和噴氣等現象。地熱帶的分佈與地球大構造板塊或地殼板塊的邊緣有關，主要位於新的火山活動區或地殼已經變薄的地區。

1. 類型分類　地質學上常把地熱資源分為蒸汽型、熱水型、地壓型、乾熱岩型和岩漿型五類。種分類方法，就是把蒸汽型和熱水型合在一起統稱為熱液。

(1) 蒸汽型　蒸汽型地熱田是最理想的地熱資源，它是指以溫度較高的飽和蒸汽或過熱蒸汽形式存在的地下儲熱。形成這種地熱田要有特殊的地質結構，即儲熱流體上部被大片蒸汽覆蓋，而蒸汽又被不透水的岩層封閉包圍。這種地熱資源最容易開發。可直接送入汽輪機組發電，腐蝕較輕。可惜因蒸汽型地熱田少，僅占已探明地熱資源的 0.5%，而且地區侷限性大，到目前為止只發現兩處具有一定規模的高質量飽和熱蒸汽儲藏處，一處位於義大利的拉德雷羅，另一處位於美國的蓋瑟爾斯地熱田。

(2) 熱水型　熱水型地熱田是指以熱水形式存在的地熱田，通常既包括溫度低於當地氣壓下飽和溫度的熱水和溫度高於沸點的有壓力的熱水，又包括濕蒸汽。這類資源分佈廣，儲量豐富，溫度範圍很大。90℃ 以下稱為低溫熱水田，90 ～ 150℃ 稱為中溫熱水田，150℃ 以上稱為高溫熱水田。中、低溫熱水田分佈廣，儲量大，中國已發現的地熱田大多屬這種類型。

(3) 地壓型　這是目前尚未被人們充分認識的一種地熱資源。它以高壓高鹽分熱水的形式儲存於地表以下 2 ～ 3 km 的深部沈積盆地中，並被不透水的葉岩所封閉，可以形成長 1,000 km、寬幾百千公尺的巨大的熱水體。地壓水除了高壓（可達幾十兆帕）、高溫（溫度在 150 ～ 260℃ 範圍內）外，還溶有大量的甲烷等碳氫化合物。所以，地壓型資源中的能量，實際上是由機械能（高壓）、熱能（高溫）和化學能（天然氣）三部分組成。由於沈積物的不斷形成和下沈，地層受到的壓力會越來越大。地壓型常與石油資源有關。地壓水中溶有甲烷等碳氫化合物，形成有價值的副產品。

(4) 乾熱岩型　乾熱岩是指地層深處普遍存在的沒有水或蒸汽的熱岩石，其溫度範圍很廣，溫度在 150 ～ 650℃ 之間。乾熱岩的儲量十分豐富，比蒸汽、熱水和地壓型資源大得多。目前大多數國家把這種資源作為地熱開發的重點研究目標。不過從現階段來說，乾熱岩型資源是專指埋深較淺、溫度較高的有經濟開發價值的熱岩。提取乾熱岩中的熱量需要有特殊的辦法，技術難度大。乾熱岩體開採技術的基本概念是形成人造地熱田，亦即開鑿通入溫度高、滲透性低的岩層中的深井（4 ～ 5 km），然後利用液壓和爆破碎裂法形成一個大的熱交換系統。這樣，注水井和採水井便通過人造地熱田聯結成一個循環回路，水便通過破裂系統進行循環。

(5) 岩漿型　岩漿型是指蘊藏在地層更深處處於動彈性狀態或完全熔融狀態的高溫熔岩，溫度高達 600 ～ 1500℃。在一些多火山地區，這類資源可以在地表以下較淺的地層中找到，但多數則是深埋在目前鑽探還比較困難的地層中。火山噴發時常把這種岩漿帶至地面。岩漿型資源據估計占已探明地熱資源的 40% 左右。在各種地熱資源中，從岩漿中提取能量是最困難的。岩漿的儲藏深度為 3 ～ 10 km。

上述 5 類地熱資源中，目前應用最廣的是熱水型和蒸汽型，乾熱岩型和地壓型兩大類尚處於試驗階段，開發利用很少。僅按目前可供開採的地下 3 km 範圍內的地熱資源來計算，就相當於 2.9×10^{12} t 煤炭燃燒所發出的熱量。雖然至今尚難準確計算地熱資源的儲量，但它仍是地球上能源資源的重要組成部分。據估計，能量最大的為乾熱岩地熱，其次是地壓地熱和煤炭，再次為熱水型地熱，最後才是石油和天然氣。可見地熱作為能源將會對人類的生活產生重要的作用。隨著科學技術的不斷發展，地熱能的開發深度還會逐漸增加，為人類提供的熱量將會更大。表 8-2 為各類地熱資源開發技術概況。

表 8-2　各類地熱資源開發技術概況

熱儲類型	蘊藏深度（地表下 3 km）	熱儲狀態	開發技術狀況
蒸汽型	3	200 ～ 240℃乾蒸汽（含少量其他氣體）	開發良好（分佈區很少）
熱水型	3	以水為主，高溫級 > 150℃ 中溫級 90 ～ 150℃ 低溫級 50 ～ 90℃	開發中（量大，分佈廣） 是目前重點開發物件
地壓型	3 ～ 10	深層沈積地壓水，溶解大量碳氫化合物，可同時得到壓力能、熱能、化學能（天然氣）溫度 > 150℃	熱儲試驗
乾熱岩型	3 ～ 10	乾熱岩體，150 ～ 650℃	應用研究階段
岩漿型	10	600 ～ 1500℃	應用研究階段

中國處於全球歐亞板塊的東南邊緣，在東部和南部分別與太平洋板塊和印度洋板塊連接，是地熱資源較豐富的國家之一。兩個高溫地帶或溫泉密布地帶就分別位於上述兩個板塊邊緣的碰撞帶上，而中、低溫泉密布帶則多集中於板塊內的區域構造邊界的斷層帶上。西藏的地熱資源最為豐富；雲南的地熱點最多，已知的就達 706 處。在一般能源比較缺乏的福建省，已探明的地熱能達 3.34×10^{20} J，相當於 1.17×10^{10} t 標準煤。

2. 溫度分級與規模分類　根據《地熱資源地質勘察規範》（GB 11615—89）規定，地熱資源按溫度分為高溫、中溫、低溫三級，按地熱田規模分為大、中、小三類（見表 8-3、表 8-4）。

地熱資源的開發潛力主要體現在具體的地熱田的規模大小。

8.2.4.2　地熱資源研究狀況

1. 熱液資源　熱液資源的研究主要為儲層確定、流體噴注技術、熱循環研究、廢料排放和處理、滲透性的增強、地熱儲層工程、地熱材料開發、深層鑽井、儲層模擬器研製。近年來，地質學、地球物理和地球化學等學科取得了顯

表 8-3　地熱資源溫度分級

溫度分級		溫度 t 界限 / ℃	主要用途
高溫		$t\geq150$	發電、乾燥
中溫		$90\leq t<150$	工業利用、乾燥、發電、製冷
低溫	熱水	$60\leq t<90$	採暖、工藝流程
	溫熱水	$40\leq t<60$	醫療、洗浴、溫室
	溫水	$25\leq t<40$	農業灌溉、養殖、土壤加工

表 8-4　地熱資源規模分類

規模	高溫地熱田		中、低溫地熱田	
	電能 / MW	能利用年限（計算年限）	電能 / MW	能利用年限（計算年限）
大型	>50	30 年	>50	100 年
中型	10～50	30 年	10～50	100 年
小型	<10	30 年	<10	100 年

著的進步，已開發出專門用於測定地熱儲層的勘探技術。通過採用能對斷裂地熱儲層的特徵進行分析的新方法，和能仿真預報儲層對開採，以及回灌的反應的新方法，熱液儲層的確定技術和開採工程，也取得了很大的發展。

2. 地壓資源 開展這種研究的目的，是為了弄清開發這種資源的經濟可行性，以及增進對這種儲藏的儲量產量和持久性的瞭解。

3. 乾熱岩資源 美國洛斯・阿拉莫斯國家實驗室自 1972 年起，就在美國新墨西哥州芬頓山進行了長期的乾熱岩資源的研究工作。初步的研究結果證明，從受水壓激勵的低滲透性結晶型於熱岩區以合理的速度獲取熱量，在技術上是可行的。二期地熱儲層項目後期工作的主要目標是確定能否利用乾熱岩資源持續發電。在 1986 年地熱儲層二期工程的 30 天初步熱流試驗中，生產出 90℃ 的熱水，其熱功率約相當於 10 MW。

8.2.4.3 地熱資源評估方法

各種物質在地殼中的保有量稱為資源。地熱作為一種熱能，存在於地殼中也有一定數量，因此也是一種資源。對於地熱資源的評價也像其他礦物燃料一樣，要在一定的技術、經濟和法律的條件下進行評定，而且隨著時間的推移要做一定的修改。地熱是一種既古老又新的能源，目前雖有一些國家做了較多的地熱資源評價工作，但尚缺乏世界性的全面評價。下面簡要介紹幾種地熱資源的評價方法。

1. 天然放熱量法 先測量一個地區地表各種形式的天然放熱量的總和，再根據已開發地熱田的熱產量與天然放熱量之間的相互關係加以比較，以估計出該區域開發時的產熱能。這種方法估算的地熱儲量較接近合理數量，也是地熱系統經長期活動而達到的某種平衡現象，其值在相當長的時間內是較穩定的。顯然，天然放熱量要比熱田開採後的熱量低，實際地熱資源要比它大得多，並且因地而異。當然，這種方法只適用於已有地熱開發的地區，對於未開發的地熱地是無法估算的。

2. 平面裂隙法 在滲透性極差的岩體中，地下水沿著一個水平的裂隙流動，岩體中的熱能靠傳導傳輸傳到裂隙面，再在裂隙表面與流水進行換熱。這樣流水受熱升溫，把不透水岩體中的熱能提取出來。在岩性均一的情況下，開採熱水的速率如果較慢，則提取出來的某一溫度限額以上的熱能總量就較大。這種方法計算的結果也是能流率。使用這種方法有許多特定要求，如要求估算出裂隙的面積、裂隙的間距、岩層的初始溫度、採出熱水的最低要求溫度，以及岩石的熱導率和熱擴散率等。

3. 類比法　類比法是一種較簡便、粗略的地熱資源評價方法。即根據已經開發的地熱系統生產能力，估計出單位面積的生產能力，然後把未開發的地熱地區與之類比。這種方法要求地質環境類似，地下溫度和滲透性也類似。日本、新西蘭等國都採用過類比法評價新的地熱開發區，效果較好。採用這種方法，要求必須測出地熱田的面積；還要求知道熱儲的溫度，在沒有鑽孔實測溫度的情況下，可用地熱溫標計算出熱儲溫度。

4. 岩漿熱平衡法　岩漿熱平衡法主要是針對乾熱岩地熱資源的評價，以年輕的火成岩體為物件。計算方法是先估算出岩漿體初始含有的總熱量 Q_t 減去自侵入以來逸出的熱量 Q_l，則現在存在岩漿體內的餘熱 Q_r 為

$$Q_r = Q_t - Q_l \tag{8-1}$$

5. 體積法　這種方法是石油資源估價的方法，現廣泛借用到地熱評價方面。它的計算公式為

$$Q = ad[(1-\phi_e)(\rho_r c_r + \rho_w c_w)](T_r - T_{re}) \tag{8-2}$$

式中 Q —— 估算的地熱能總量；

a —— 熱儲面積，km²；

d —— 可及深度內的熱儲厚度，km；

ρ_r —— 熱儲岩石的密度，kg/m³；

ρ_w —— 熱儲水的密度，考慮含有礦物質，kg/m³；

c_r —— 熱儲岩石的比熱容，kJ/(kg · ℃)；

c_w —— 熱儲水的比熱容，kJ/(kg · ℃)；

ϕ_e —— 熱儲體的有效孔隙率，在 0% ～ 20% 之間；

T_r —— 熱儲體的平均溫度，℃；

T_{re} —— 參比溫度，取當地多年平均氣溫，℃。

實際影響計算精度的主要是熱儲面積，因而此式（8-2）也可簡化為式（8-3）

$$Q = ad\rho c(T_r - T_{re}) \tag{8-3}$$

式中 ρc —— 熱儲岩石和水一起的比體積熱容，kJ/(m^3 · ℃)。

在地熱資源評價方法中，體積法較為可取，使用普遍，可適用於任何地質條件。計算所需的參數原則上可以實測或估計出來。地熱能若用於發電，可按下式，方程式（8-4）估算：

$$E = 3600Qf \tag{8-4}$$

式中 E —— 總發電量，kW · h；

Q —— 可獲得的總地熱能資源，kJ；

f —— 地熱能轉化為電能的係數，即發電效率，%。

8.2.4.4 地熱開採技術

地熱資源的開發從勘探開始，即先圈劃和確定具有經濟可開發的溫度、儲量和可及性的資源的位置。利用地球科學（地質學、地球物理學和地球化學）來確定資源儲藏區，對資源狀況進行特徵判別及最佳地選擇井位等。

地熱開發中所用的鑽井技術，基本上是由石油工業派生出來的。為了適應高溫環境下的工作要求，所使用的材料和設備不僅需要滿足高溫作業要求，還必須能適應在堅硬、斷裂的岩層構造中和多鹽的、有化學作用的液體環境中工作。因此，現已在鑽探行業中形成了專門從事地熱開發的分支行業。研究人員正在努力研究能適應高溫、高鹽度和有化學作用的地熱環境的先進方法和材料，以及能預報地熱儲藏層情況的更好方法。

大部分已知的地熱儲藏是根據像溫泉那樣的地表現象發現的，而現在則是越來越依靠技術，例如火山學圖集、評估岩石密度變化的重力儀、電子學法、地震儀、化學地熱計、次表層測繪、溫度測量、熱流測量等。雖然重力測量有助於解釋那些情況不明區域的地質學結構，但在勘探初期並不常用，它們主要用於監測地下流體運動情況。電阻率法測量是主要的方法（現在用得越來越多的是磁力普查），其次是化學地熱測量法和熱流測量法。

在熱液資源調查中，使用電阻率法的最大優點是它依靠實際被尋找的資源（熱水本身）的電學性質的變化。其他大部分方法是依靠探索地質構造，但並非所有的地熱儲藏都完全與任何地質構造模型相符。勘探鑽井和試採是為了探明儲藏層的性質。如果確定了適合的儲藏層，就進行地熱田的開發研究，如類比儲層的幾何形狀和物理學性質、分橋熱流和岩層的變化，利用數值類比預報儲藏的長期行為，確定生產井和廢液回灌井的井位（回灌也是為了向儲熱層充水和延長它的供熱壽命）。地熱水既可以用自流井的方法開採（即憑藉環境壓差將熱流從深井壓至地面），也可用水泵抽到地面。前一種情況下，熱流會迅速變成氣液兩相，而用泵抽吸時，流體始終保持液相。選用什麼樣的生產方式，要視熱流的特性和熱能轉換系統的設計而定。地熱田一般適合於分階段開發。在地熱田的初期評估階段，可建適度規模的工廠。其規模可以較小，以便根據已掌握的資源情況，能使其運轉起來。通過一段時間的運行，可獲得更多的儲層資料，為下一階段的開採利用鋪平道路。

其他形式的地熱能在勘探階段還有特殊要求。例如，把流體從地熱過壓鹵水儲層中壓到地表的力，與把天然氣和石油從油氣層中壓出的力有很大的區別，要預測地熱過壓儲層的性能需要有專門的技術。勘測岩漿礦床除了地震方法外，還需要有更好的傳感測量技術。隨著地熱環境變得更熱、更深及鑽井磨削力的加大，對鑽井技術要求就越高，所需經費也越多。開採地熱過壓能需要高壓技術和使用稠重型鑽井泥漿，勘探開採乾熱岩體資源需要在非常堅硬的岩體上鑽深井，和製造一個可使液體在裡面循環的人造熱交換斷裂層構造，還需要有一個或多個便於流體進出的深井井口裝置。現在還沒有研究出成功的岩漿鑽井技術。岩漿開發將需要專門的鑽井技術，以解決鑽頭和岩漿的相互作用問題、溶解氣體的影響問題，以及岩漿中的熱傳輸機制等方面的問題。

8.2.4.5 地熱資源的生成與分佈

1. **地熱資源的生成** 地熱資源的生成與地球岩石圈板塊發生、發展、演化及其相伴的地殼熱狀態有著密切的內在聯繫，特別是與構造應力場、熱動力場有著直接的聯繫。從全球地質構造觀點來看，大於 150℃ 的高溫地熱資源帶主要出現在地殼表層各大板塊的邊緣，如板塊的碰撞帶、板塊開裂部位和現代裂谷帶；小於 150℃ 的中、低溫地熱資源則分佈於板塊內部的活動斷裂帶、斷陷穀和凹陷盆地地區。地熱資源賦存在於一定的地質構造部位，有明顯的礦產資源屬性，因此對地熱資源的開發利用要堅持科學原則。

2. **全球地熱資源的分佈** 在一定地質條件下的地熱系統和具有勘探開發價值的地熱田，都有它的發生、發展和衰亡過程。作為地熱資源的概念，它也和其他礦產資源一樣，有數量和品位的問題。就全球來說，地熱資源的分佈是不平衡的。明顯的地溫梯度每千米深度大於 30℃ 的地熱異常區，主要分佈在板塊生長、開裂 - 大洋擴張脊和板塊碰撞、衰亡 - 消減帶部位。環球性的地熱帶主要有下列四個。

(1) 環太平洋地熱帶 它是世界上最大的太平洋板塊與美洲、歐亞、印度板塊的碰撞邊界。世界許多著名的地熱田，如美國的益瑟爾斯、長谷、羅斯福，墨西哥的塞羅、普列托，紐西蘭的懷臘開；臺灣的馬槽，日本的松川、大嶽等均在這一帶。

(2) 地中海－喜馬拉雅地熱帶 它是歐亞板塊與非洲板塊和印度板塊的碰撞邊界。世界上第一座地熱發電站——義大利的拉德瑞羅地熱田就位於這個地熱帶中，中國的西藏羊八井及雲南騰衝地熱田也在這個地熱帶中。

(3) 大西洋中脊地熱帶 這是大西洋海洋板塊開裂部位。冰島的克拉弗拉、納馬菲亞爾和亞速爾群島等一些地熱田，就位於這個地熱帶。

(4) 紅海—亞丁灣—東非裂谷地熱帶　它包括吉布提、衣索比亞、肯尼亞等國的地熱田。除了在板塊邊界部位形成地殼高熱流區而出現高溫地熱田外，在板塊內部靠近板塊邊界部位，在一定地質條件下也可形成相對的高熱流區。如中國東部的膠遼半島、華北平原及東南沿海等地。

8.2.4.6　中國地熱資源

1. **成因類型**　根據地熱資源的成因，中國地熱資源分為以下幾種類型，見表 8-5。

(1) 現（近）代火山型　現（近）代火山型地熱資源主要分佈在臺灣北部大屯火山區和雲南西部騰衝火山區。騰沖火山高溫地熱區是印度板塊與歐亞板塊碰撞的產物。臺灣大屯火山高溫地熱區屬於太平洋島弧之一環，是歐亞板塊與菲律賓小板塊碰撞的產物。在臺灣已探到 293℃ 高溫地熱流體，並在靖水建有裝機 3 MW 地熱試驗電站。

(2) 岩漿型　在現代大陸板塊碰撞邊界附近，埋藏在地表以下 6 ～ 10 km，隱伏著眾多的高溫岩漿，成為高溫地熱資源的熱源。如在中國西藏南部高溫地熱田，均沿雅魯藏布江即歐亞板塊與印度板塊的碰撞邊界出露，是這種成生模式的較典型的代表。西藏羊八井地熱田 ZK4002 孔，在井深 1500 ～ 2000 m 處，探獲 329℃ 的高溫地熱流體；在地熱田 ZK203 孔，在井深 380 m 處，探獲 204℃ 高溫地熱流體。

(3) 斷裂型　主要分佈在板塊內側基岩隆起區或遠離板塊邊界由斷裂形成的斷層谷地、山間盆地，如遼寧、山東、山西、陝西以及福建、廣東等。這類

表 8-5　中國地熱資源成因類型

成因類型	熱儲溫度範圍	代表性地熱田
現（近）代火山型	高溫	雲南騰衝
岩漿型	高溫	西藏羊八井、羊易
斷裂型	中溫	廣東鄧屋、東山湖、福建福州、漳州。湖南灰湯
斷陷盆地型	中低溫	京、津、冀、魯西、昆明、西安、臨汾、運城
凹陷盆地型	中低溫	四川、貴州等省分佈的地熱田

地熱資源的成生和分佈主要受活動性的斷裂構造控制，熱田面積一般幾平方千公尺，有的甚至小於 1 km^2。熱儲溫度以中溫為主，個別也有高溫。單個地熱田熱能潛力不大，但點多面廣。

(4) 斷陷、凹陷盆地型　主要分佈在板塊內部巨型斷陷、凹陷盆地之內，如華北盆地、松遼盆地、江漢盆地等。地熱資源主要受盆地內部斷塊凸起或褶皺隆起控制，該類地熱源的熱儲層常常具有多層性、面狀分佈的特點，單個地熱田的面積較大，達幾十平方千公尺，甚至幾百平方千公尺，地熱資源潛力大，有很高的開發價值。

2. 中國地熱資源的分佈　中國地熱資源中能用於發電的高溫資源分佈在西藏、雲南，其他省區均為中、低溫資源，由於溫度不高（小於 150℃），適合直接供熱。全國已查明水熱型資源面積 10149.5 km^2，分佈於全國 30 個省區、資源較好的省區有：河北省、天津市、北京市、山東省、福建省、湖南省、湖北省、陝西省、廣東省、遼寧省、江西省、安徽省、海南省、青海省等。從分佈情況看，中、低溫資源由東向西減弱，東部地熱田位於經濟發展快、人口集中、經濟相對發達的地區。

大中華地區地熱資源的分佈，主要與各種構造體系及地震活動、火山活動密切相關。根據現有資料，按照地熱的分佈特點、成因和控制等因素，可把大中華地區地熱資源的分佈劃分為以下六個帶。

(1) 藏滇地熱帶　主要包括岡底斯山、唐古喇山以南，特別是沿雅魯藏布江流域，東至怒江和瀾滄江，呈弧形向南轉入雲南騰衝火山區。這一帶，地熱活動強烈，地效顯示集中，是中國大陸上地熱資源潛力最大的地帶。這個帶共有溫泉 1,600 多處，現已發現的高於當地沸點的熱水活動區有近百處，是一個高溫水汽分佈帶。據有關部門勘察，西藏是世界上地熱儲量最多的地區之一，現已查明的地熱顯示點達 900 多處，西藏拉薩附近的羊八井地熱田，孔深 200 m 以下獲得了 172℃ 的濕蒸汽；雲南騰衝熱海地熱田，淺孔測溫，10 m 深 135℃，12 m 深 145℃。

(2) 東南沿海地熱帶　主要包括福建、廣東以及浙江、江西和湖南的一部分地區，其地下熱水的分佈和出露受一系列北東向斷裂構造的控制。這個帶所擁有的主要是中、低溫熱水型的地熱資源，福州市區的地熱水溫度可達 90℃。

(3) 山東一安徽廬江斷裂地熱帶　這是一條將整個地殼斷開的、至今仍在活動的深斷裂帶。也是表明該斷裂的深部有較高溫度的地熱水存在，已有低溫熱泉出現。

(4) 川滇南北向地熱帶　主要分佈在從昆明到康定一線的南北向狹長地帶，以低溫熱水型資源為主。

(5) 祁呂弧形地熱帶　包括河北、山西、汾渭谷地、秦嶺及祁連山等地，甚至向東北延伸到遼南一帶。該區域是近代地震活動帶，有的是歷史性溫泉出露地，主要地熱資源為低溫熱水。

(6) 臺灣地熱帶　臺灣是地震最為強烈、頻繁的地帶，地熱資源主要集中在東、西兩條強震集中發生區。在 8 個地熱區中有 6 個溫度在 100℃以上。臺灣北部大屯複式火山區是一個大的地熱田，自 1965 年勘探以來，已發現 13 個氣孔和熱泉區，熱田面積 50 km^2 以上，在 11 口 300 ～ 1500 m 深度不等的熱井中，最高溫度可達 294℃，地熱蒸汽流量 350 t/h 以上。一般在井深 500 m 時，可達 200℃ 以上。大屯地熱田的發電潛力可達 80 ～ 200 MW。

8.2.5 地熱能的利用

8.2.5.1 地熱流體的物理化學性質

目前開發地熱能的主要方法是鑽井，由所鑽的地熱井中引出地熱流體——蒸汽或熱水而加以利用，因此地熱流體的物理和化學性質對地熱的利用至關重要。地熱流體蒸汽或熱水，都含有 CO_2、H_2S 等不凝結氣體，其中 CO_2 大約占 90%。表 8-6 為不同地區地熱流體中放出的不凝結氣體的成分和含量。地熱流體中還含有數量不等的 NaCl、KCl、$CaC1_2$、H_2SiO_3 等物質。地區不同，含鹽量差別很大，以質量計地熱水的含鹽量為 0.1% ～ 40%。表 8-7 為不同地區地熱流體中的含鹽成分和含量。

表 8-6　不同地區地熱流體中放出的不凝結氣體的成分和含量

國家	地熱井名稱	氣體（重量百分比）/ %					
		CO_2	H_2S	CH_4	H_2	N_2，Ar	NH_3
美國	Geysers	80.1	5.7	6.1	1.6	1.4	5.1
義大利	Larderello	95.9	1.1	0.07	0.03	2.9	—
冰島	Hveragerdi	73.7	7.3	0.4	5.7	12.9	—
紐西蘭	Wairakei	91.7	4.4	0.9	0.8	1.6	0.6
日本	Otake	94.7	1.5	3.8	—	—	—
紐西蘭	Broadlands	96.9	1.1	0.8	0.05	0.7	0.5
紐西蘭	Wairakei	95.6	1.8	0.8	0.1	1.6	0.1
紐西蘭	Waiotaqu	93.3	6.1	0.2	0.1	0.3	—
紐西蘭	Kawerau	96.6	2.0	0.74	0.01	0.65	—
美國	Salton Sea	90.0	10.0	—	—	—	—
墨西哥	Cerro Prieto	81.5	3.7	7.1	0.6	7.1	—
冰島	Nedall	42.8	51.6	0.7	1.4	3.5	—
冰島	Lakemyvatn	54.1	32.0	1.6	2.6	9.7	—

表 8-7　不同地區地熱流體中的含鹽成分和含量

國家	地熱井名稱	成分（重量百分比）/ %			
		NaCl	KCl	$CaCl_2$	H_2SiO_3
紐西蘭	Waitaqu	72.4	9.7	0.9	20.2
紐西蘭	Kawerau 7A	68.9	8.5	0.28	29.3
日本	Otake	62.6	0.5	1.5	22.8
紐西蘭	Broadlands	64.7	10.4	0.05	26.1
紐西蘭	Wairakei	73.6	10.7	1.0	14.5
日本	Hatchobaru	66.5	6.8	0.52	33.6
薩爾多瓦	Ahuachpan	81.8	11.1	6.2	4.0
墨西哥	Cerro Prietom-6	91.3	6.6	6.4	2.3
墨西哥	Cerro Prietom-11	77.4	8.5	4.7	4.3
美國	Eastmesa6-1	72.2	6.8	8.6	1.5
冰島	Reyk Janes	72.2	8.1	15.4	2.0
美國	Salton Sea I.I.D.	49.6	12.9	30.0	0.2
平均		71.1	8.4	6.3	—

在地熱利用中通常按地熱流體的性質將其分為以下幾大類：① pH 較大，而不凝結氣體含量不太大的乾蒸汽或濕度很小的蒸汽；② 不凝結氣體含量大的濕蒸汽；③ pH 較大，以熱水為主要成分的兩相流體；④ pH 較小，以熱水為主要成分的兩相流體。

在地熱利用中必須充分考慮地熱流體物理化學性質的影響，如對熱利用設備，由於大量不凝結氣體的存在，就需要對冷凝器進行特別的設計；由於含鹽濃度高，就需要考慮管道的結垢和腐蝕；如含 H_2S，就要考慮其對環境的污染；如含某些微量元素，就應充分利用其醫療效應等。

8.2.5.2　地熱能的利用概況

地熱能的利用可分為地熱發電和直接利用兩大類，而對於不同溫度的地熱流體可能利用的範圍如下。

(1) 200 ～ 400℃，直接發電及綜合利用。

(2) 150 ～ 200℃，雙工作介質循環發電、製冷、乾燥、工業熱加工。

(3) 100 ～ 150℃，雙工作介質循環發電、供暖、製冷、乾燥、脫水加工、回收鹽類、罐頭食品。

(4) 50 ～ 100℃，供暖、溫室、家庭用熱水、乾燥。

(5) 20 ～ 50℃，沐浴、水產養殖、飼養牲畜、土壤加溫、脫水加工。

為了提高地熱利用率，常採用梯級開發和綜合利用的辦法，如熱電聯產、熱電冷三聯產、先供暖後養殖等。

近年來，國外十分重視地熱能的直接利用。因為進行地熱發電，熱效率低，溫度要求高。所謂熱效率低，是指地熱發電的效率一般只有 6.4% ～ 18.6%。所謂溫度要求高，是指利用地熱能發電，對地下熱水或蒸汽的溫度要求一般在 150℃以上；否則，將嚴重地影響其經濟性。而地熱能的直接利用，不但能量的損耗要小得多，並且對地下熱水的溫度要求也低得多，15 ～ 180℃的溫度範圍均可利用。在全部地熱資源中，這類中、低溫地熱資源是十分豐富的，遠比高溫地熱資源大得多。但是，由於受載熱介質——熱水輸送距離的限制，地熱能的直接利用也有其局限性。

目前地熱能的直接利用發展十分迅速，已廣泛地應用於工業加工、家庭用採暖氣空調、洗浴、醫療、農業溫室、農田灌溉、土壤加溫、水產養殖、畜禽飼養等各個方面，收到了良好的經濟效益，節省了能源。地熱能的直接利用，技術要求較低，所需設備也較為簡易。在直接利用地熱的系統中，儘管有時因地熱流中的鹽和泥沙的含量很低，而可以對地熱加以直接利用，但通常都是用泵將地熱流抽上來，通過熱交換器變成高溫氣體和高溫液體後再使用。

地熱能直接利用中所用的熱源溫度大部分在 40℃ 以上。如果利用熱泵技術，溫度 20℃ 或低於 20℃ 的熱液源，也可以被當作一種熱源來使用。熱泵的工作原理與家用電冰箱相同，只不過電冰箱實際上是單向輸熱，而地熱熱泵則可雙向輸熱。冬季，它從地球提取熱量，然後提供給住宅或大樓（供熱模式）；夏季，它從住宅或大樓提取熱量，然後又提供給地球蓄存起來（空調模式）。不管是哪一種循環方式，水都是加熱並蓄存起來，發揮了一個獨立熱水加熱器的全部或部分功能。因此地熱泵可以提供比自身消耗的能量高 3 ～ 4 倍的能量，它可以在很寬的地球溫度範圍內使用。美國到 2030 年，地熱泵可為供暖、散熱和水加熱提供高達 6.8×10^7 t 油當量的能量。

對於地熱發電來說，如果地熱資源的溫度足夠高，利用它的最好方式就是發電。發出的電既可供給公共電網，也可為當地的工業加工提供動力。正常情況下。它被用於電網基本負荷的發電，只在特殊情況下才用於峰值負荷發電。其理由，一是峰值負荷的控制比較困難；二是換熱器的結垢和腐蝕問題，一旦換熱器的液體不滿或空氣進入，就會出現結垢和腐蝕問題。

總結上述情況，地熱能利用在以下四方面發揮重要作用。

1. 地熱發電　地熱發電是地熱利用的最重要方式。高溫地熱流體首先應用用於發電。地熱發電和火力發電的原則是一樣的，都是利用蒸汽的熱能在汽輪機中轉變為機械能，然後帶動發電機發電。所不同的是，地熱發電不像火力發電那樣要備有龐大的鍋爐，也不需要消耗燃料。它所用的能源就是地熱能，地熱發電的過程，就是把地下熱能首先轉變為機械能，然後再把機械能轉變為電能的過程。要利用地下熱能，首先需要載體把地下的熱能帶到地面上來。目前能夠被地熱電站利用的載熱體，主要是地下的水蒸汽和熱水。按照載熱體類型、溫度、壓力和其他特性的不同，可把地熱發電的方式劃分為蒸汽型地熱發電和熱水型地熱發電兩大類。

(1) 蒸汽型地熱發電　蒸汽型地熱發電是把蒸汽田中的蒸汽直接引入汽輪發電機組發電。但在引入發電機組前應把蒸汽中所含的岩屑和水滴分離出去。這種發電方式最為簡單。但蒸汽地熱資源十分有限，且多存於較深的地層。開採技術難度大，故發展受到限制。主要有背壓式和凝汽式兩種發電系統。

(2) 熱水型地熱發電　熱水型地熱發電是地熱發電的主要方式。目前熱水型地熱電站有以下兩種循環系統。

a. 閃蒸系統。地熱擴容閃蒸系統如圖 8-1 所示。當高壓熱水從熱水井抽到地面，壓力降低部分熱水會沸騰並閃蒸成蒸汽，蒸汽送至汽輪機做功；而分離後的熱水可繼續利用排出，當然最好是再回注入地層。

b. 雙循環系統。地熱雙工作介質電站發電系統的流程如圖 8-2 所示。地熱水首先流經熱交換器，將地熱能傳給另一種低沸點的工作流體，使之沸

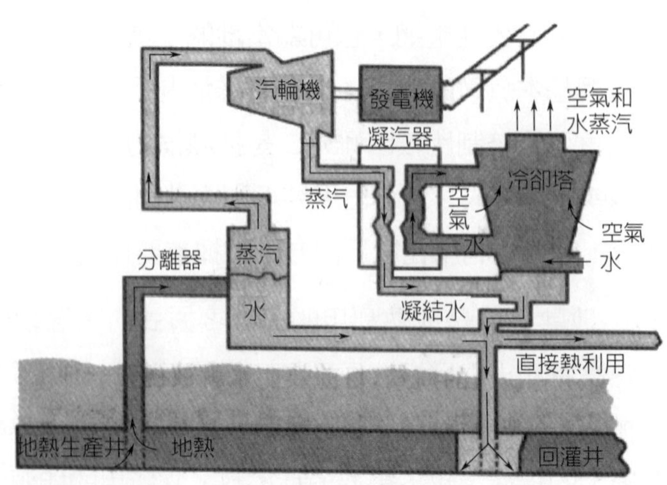

☼ 圖 8-1　地熱擴容蒸汽（閃蒸）電站發電系統示意圖

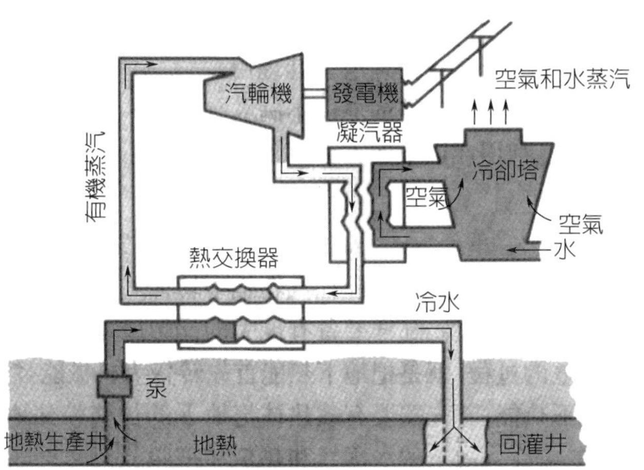

圖 8-2　地熱雙工作介質電站發電系統示意圖

騰而產生蒸汽。蒸汽進入汽輪機做功後進入凝汽器，再通過熱交換器而完成發電循環。地熱水則從熱交換器回注入地層。這種系統特別適合於含鹽量大、腐蝕性強和不凝結氣體含量高的地熱資源。發展地熱雙工作介質發電系統的關鍵技術是開發高效的熱交換器。

2. 地熱供暖　熱能直接用於採暖、供熱和供熱水是僅次於地熱發電的地熱利用方式。因為這種利用方式簡單、經濟性好。因此備受各國重視，特別是位於高寒地區的西方國家，其中冰島早在 1928 年就在首都雷克雅未克建成了世界上第一個地熱供熱系統，現今這一供熱系統已發展得非常完善，每小時可從地下抽取 7740 t 的 80℃ 熱水。供全市 11 萬居民使用。由於沒有高聳的煙囪，冰島首都雷克雅未克被譽為世界上最清潔無煙的城市。此外，利用地熱給工廠供熱，如用作乾燥穀物和食品的熱源，用作矽藻土生產、木材、造紙、製革、紡織、釀酒、製糖等生產過程的熱源也是大有前途的。目前世界上兩家最大的地熱應用工廠是，冰島的矽藻土廠和紐西蘭的紙漿加工廠。中國利用地熱供暖和供熱水的發展也非常迅速，在京津地區已成為地熱利用中最普遍的方式。

3. 地熱務農　地熱在農業的應用範圍十分廣闊。如利用溫度適宜地熱水灌溉農田，可使農作物早熟增產；可利用地熱水養魚，在 28℃ 水溫下可加速魚的育肥，提高魚的出產率；可利用地熱建造溫室，育秧、種菜和養花；也可以利用地熱給沼氣池加溫。提高沼氣的產量等。將地熱能直接用於農業在中國日益廣泛，北京、天津、西藏和雲南等地都建有面積大小不等的地熱溫室。各地還利用地熱大力發展養殖業，如培養菌種，養殖非洲鯽魚、鰻魚、羅非魚、羅氏沼蝦等。

4. 地熱行醫　地熱在醫療領域的應用有誘人的前景，目前熱礦水就被視為一種寶貴的資源，世界各國都很珍惜。由於地熱水從很深的地下提取到地面，除溫度較高外，常含有一些特殊的化學元素，從而使它有一定的醫療效果。如含碳酸的礦泉水供飲用，可調節胃酸、平衡人體酸鹼度；含鐵礦泉水引用，可治療缺鐵貧血症；含氫泉水、含硫泉水洗浴可治療神經衰弱關節炎、皮膚病等。由於溫泉的醫療作用及伴隨溫泉出現的特殊的地質、地貌條件，使溫泉常常成為旅遊勝地，吸引大批療養者和旅遊者。日本有 1,500 多個溫泉療養院，每年吸引 1 億人次到這些療養院休養。中國利用地熱治療疾病歷史悠久，含有各種礦物元素的溫泉眾多，因此充分發揮地熱的行醫作用，以發展溫泉療養行業是大有前途的。

未來隨著地熱與利用地熱相關的高新技術的發展，將使人們能更精確地查明更多的地熱資源；鑽更深的鑽井將地熱從地層深處取出，因此地熱利用也必將進入一個飛速發展的階段。

8.2.5.3　地熱能發電

1. 背壓式汽輪機發電系統　最簡單的地熱蒸汽發電，是採用背壓式汽輪機發電系統，如圖 8-3 所示。其工作原理是：首先把飽和／或過熱蒸汽從蒸汽井中引出，再加以淨化，經過分離器分離出所含的固體雜質，然後就可把純淨蒸汽送入汽輪機做功，由汽輪機驅動發電

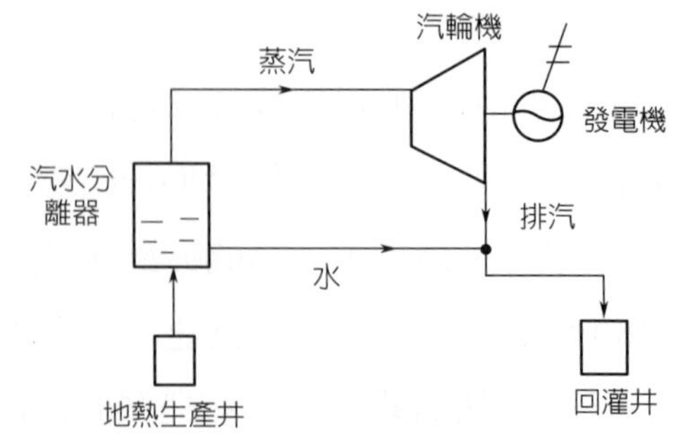

圖 8-3　背壓式汽輪機發電系統示意圖

機發電。蒸汽做功後可直接排入大氣，也可用於工業生產中的加熱過程。這種系統，大多用於地熱蒸汽中不凝結氣體含量很高的場合，或者綜合利用排汽於生產和生活場合。

2. 閃蒸系統地熱發電　此種系統的發電方式如圖 8-1 所示，不論地熱資源是濕蒸汽田還是熱水層，都是直接利用地下熱水所產生的蒸汽來推動汽輪機做功的。在 101.325 kPa 下，水在 100℃ 沸騰。如果氣壓降低，水的沸點也相應地降低。50.663 kPa 時，水的沸點降到 81℃；20.265 kPa 時，水的沸點為 60℃；而在 3.04 kPa 時，水在 24℃ 就沸騰。

根據水的沸點和壓力之間的這種關係，就可以把 100℃ 以下的地下熱水送入一個密閉的容器中抽氣降壓，使溫度不太高的地下熱水因氣壓降低而沸騰，變成蒸汽。由於熱水降壓蒸發的速度很快，是一種閃急蒸發過程，同時熱水蒸發產生蒸汽時它的體積要迅速擴大，所以這個容器就叫做閃蒸器或擴容器。用這種方法來產生蒸汽的發電系統，叫做閃蒸法地熱發電系統，或者叫做擴容法地熱發電系統。它又可以分為單級閃蒸法發電系統、兩級閃蒸法發電系統，和全流法發電系統等。

兩級閃蒸法發電系統，可比單級閃蒸法發電系統增加發電能力 15% ～ 20%；全流法發電系統，可比單級閃蒸法和兩級閃蒸法發電系統的單位淨輸出功率分別提高 60% 和 30% 左右。採用閃蒸法的地熱電站，基本上是沿用火力發電廠的技術，即將地下熱水送入減壓設備擴容器中，產生低壓水蒸汽，再進入汽輪機做功。在熱水溫度低於 100℃ 時，全熱力系統處於負壓狀態。這種電站設備簡單，易於製造，可以採用混合式熱交換器；缺點是設備尺寸大，容易腐蝕結垢，熱效率較低。由於系直接以地下水蒸汽為工作介質，因而對於地下熱水的溫度、礦化度以及不凝氣體含量等有較高的要求。

3. 凝汽式汽輪機發電系統　為提高地熱電站的機組出力和發電效率，通常採用凝汽式汽輪機發電系統，如圖 8-4 所示。在該系統中，由於蒸汽在汽輪機中能膨脹到很低的壓力，因而能做更多的功。做功後的蒸汽排入混合式凝汽器，並在其中被循環水泵泵入冷卻水冷卻後凝結成水。在凝汽器中，為保持很

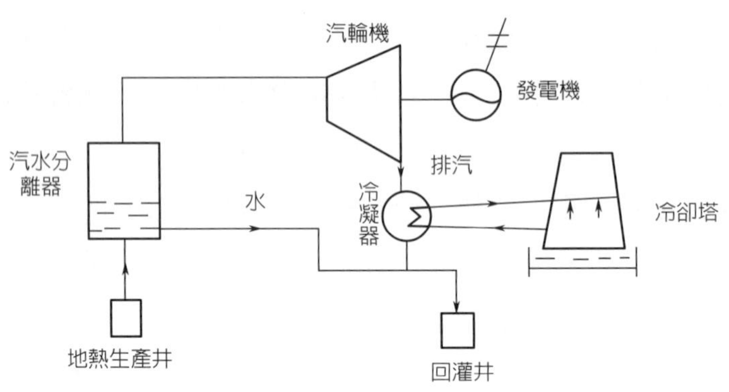

☼ 圖 8-4　凝汽式汽輪機發電系統示意圖

低的冷凝壓力，即真空狀態，因此設有兩台射汽抽氣器來抽氣，把由地熱蒸汽帶來的各種不凝結氣體和外界漏入系統中的空氣從凝汽器中抽走。

4. 雙工作介質地熱發電　雙工作介質地熱發電是 20 世紀 60 年代以來在國際上興起的一種地熱發電新技術。這種發電方式不是直接利用地下熱水所產生的蒸汽進入汽輪機做功，而是經過熱交換器利用地下熱水來加熱某種低沸點的工作，使之變為蒸汽，然後以此蒸汽去推動汽輪機並帶動發電機發電，如圖 8-2 所示。因此，在這種發電系統中，採用兩種流體：一種是採用地熱流體作熱源；另一種是採用低沸點工作介質流體作為一種工作介質來完成將地下熱水的熱能轉變為機械能。

常用的低沸點工作介質有氯乙烷、正丁烷、異丁烷、氟利昂 -11、氟利昂 -12 等。在常壓下，水的沸點為 100℃，而低沸點的工作介質在常壓下的沸點要比水的沸點低得多。例如，氯乙烷在常壓下的沸點為 12.4℃，正丁烷為 −0.5℃，異丁烷為 −11.7℃，氟利昂 -11 為 24℃，氟利昂 -12 為 −29.8℃。這些低沸點工作介質的沸點與壓力之間存在著嚴格的對應關係。例如，異丁烷在 425.565 kPa 時沸點為 32℃，在 911.925 kPa 時為 60.9℃；氯乙烷在 101.25 kPa 時沸點為 12.4℃，162.12 kPa 時為 25℃，354.638 kPa 時為 50℃，445.83 kPa 時為 60℃。根據低沸點工作介質的這種特點，就可以用 100℃ 以下的地下熱水加熱低沸點工作介質，使它產生具有較高壓力的蒸汽來推動汽輪機做功。

這些蒸汽在冷凝器中凝結後，用泵把低沸點工作介質重新送回熱交換器，以循環使用。這種發電方法的優點是：利用低溫度熱能的熱效率較高，設備緊湊，汽輪機的尺寸小，易於適應化學成分比較複雜的地下熱水。缺點是：不像擴容法那樣可以方便地使用混合式蒸發器和冷凝器；大部分低沸點工作介質傳熱性都比水差，採用此方式需有相當大的金屬換熱面積；低沸點工作介質價格較高，有些低沸點工作介質還有易燃、易爆、有毒、不穩定、對金屬有腐蝕等特性。此種系統又可分為單級雙工作介質地熱發電系統、兩級雙工作介質地熱發電系統和閃蒸與雙工作介質兩級串聯發電系統等。

單級雙工作介質發電系統發電後的熱排水還有很高的溫度，可達 50 ~ 60℃。兩級雙工作介質地熱發電系統，是利用排水中的熱量再次發電的系統。採用兩級利用方案，各級蒸發器中的蒸發壓力要綜合考慮，選擇最佳數值。如果這些數值選擇合理，那麼在地下熱水的水量和溫度一定的情況下，一般可提高發電量 20% 左右。這一系統的優點是能更充分地利用地下熱水的熱量，降低電的熱水消耗率；缺點是增加了設備的投資和運行的複雜性。

8.2.5.4　中國地熱電站介紹

中國自 1970 年在廣東省豐順縣鄧屋建立設計容量為 86 kW 的擴容法地熱發電系統以來，總裝機容量已超過 11.586 MW。

中國已建成的 7 座地熱電站的概況如表 8-8 所列。

目前國外發展地熱發電所選用的地熱溫度均較高，一般在 150℃ 以上，最高可達 280℃。而中國地熱資源的特點之一，卻是除西藏、雲南外，多為 100℃ 以下的中低溫地下熱水。因此，地熱發電的科研和應用，應以西藏和雲南作為重點。中國相繼建立的七座地熱電站，通過營運試驗取得了許多寶貴的資料，為中國發展地熱發電提供了技術經濟論證的初步依據。在這 7 座電站中，有 6 座是利用 100℃ 以下的地下熱水發電的電站。試驗說明，利用 100℃ 以下的地下熱水發電，效率低，經濟性較差，今後不宜發展。已建的低溫地熱電站，應積極開展綜合利用，以提高經濟效益。這些電站對滿足當地工農業生產和人民生活對於能源的需要產生了良好的作用。

表 8-8　中國已建成的 7 座地熱電站的概況

電站地址及名稱	發電方式	組數／台	設計功率／kW	地熱溫度／℃	建成時間
河北懷來縣懷來地熱電站	雙工作介質法	1	200	85	1971 年
廣東豐順縣鄧屋地熱電站	雙工作介質法	1	200	91	1977 年
	擴容法	1	86	91	1970 年
	擴容法	1	300	61	1982 年
江西宜春市溫湯地熱電站	雙工作介質法	1	50	66	1972 年
	雙工作介質法	1	50	66	1974 年
遼寧蓋縣熊岳地熱電站	雙工作介質法	1	100	75 ～ 84	1977 年
	雙工作介質法	1	100	75 ～ 84	1982 年
湖南寧鄉市灰湯地熱電站	擴容法	1	300	92	1975 年
山東招遠縣招遠地熱電站	擴容法	1	200	90 ～ 92	1981 年
西藏拉薩市羊八井地熱電站	擴容法	1	1000	140 ～ 160	1977 年
	擴容法	1	3000	140 ～ 160	1981 年
	擴容法	1	3000	140 ～ 160	1982 年
	擴容法	1	3000	140 ～ 160	1985 年

(1) 懷來地熱電站　自 1978 年 11 月～ 1979 年 4 月，除發電外，實行綜合利用，共計向溫室提供 75℃ 和 52℃ 的地下熱水約 1.125×10^6 t，利用溫度按 30℃ 計，約為 1.413×10^7 kJ 熱能，相當於當地供暖鍋爐用煤 1.126×10^3 t 發出的熱量。

(2) 溫湯地熱電站　發電後的熱排水，可為兩座農業溫室供暖，為 100 多個床位的療養院供熱，供鄉衛生院作理療，給 24 畝室外熱帶魚池和九個室內高密度溫水放養魚池供水，還為多個浴池提供熱水。所在鄉的大部分單位都安上了熱水管，為居民提供熱水。由於水質好，排出的水還可供農田進行灌溉。溫度只有 67℃，井深僅為 70 m 的一口生產井和一口勘探井，流量為 70 ～ 90 t/h，進行逐級利用、分段取熱，地熱資源的節能效果和經濟效益是很客觀的。

(3) 熊岳地熱電站　除發電以外，還經由綜合利用系統對發電後的排水進行綜合利用，收到了顯著效益。冬季發電後，60℃ 左右的熱排水首先用其一部分採暖，而後用於養魚。地熱採暖面積 3,600 m^2，省果樹研究所有溫室 5 畝，總計採暖面積約 7,000 m^2。養魚面積 4 畝，養殖非洲鯽魚。夏季，熱排水首先用於養魚和魚苗繁育，而後用於農田灌溉。在養魚的同時，還利用熱排水在冬季保存細綠萍以及常年繁殖細綠萍。

(4) 鄧屋地熱電站　鄧屋地熱電站是於 1970 年建成的中國第一座地熱電站，當時的裝機容量為 86 kW。它的建成，證明用 90℃ 左右的地廠熱水作為發電的熱源是可能的。而後，隨著技術的提高和採用大口徑鑽機打出了流量大的生產井，又相繼安裝了 200 kW 和 300 kW 兩台發電機組。第一台機組經完成試驗任務後已停止營運；第二台機組則由於品質不合格而在營運 1000 h 取得必要資料後也已停止營運；第三台機組運轉情況良好，產出電力正常，運行五個半月的淨輸出電力為 6.95×10^6 kW · h，每年可淨輸出電力達 1×10^6 kW · h 左右。

(5) 灰湯地熱電站　灰湯地熱電站於 1972 年 5 月開始籌建，1975 年 9 月底建成。採用閃蒸法發電系統，設計功率 300 kW。由一口 560 m 深的地熱井供水，水溫 91℃。1975 年 10 月中旬開始投入營運試驗，經過部分改進和完善後，於 1979 年初達到穩定安全滿負荷營運的要求，最高達 330 kW，每天營運兩班計 16 h，並網向附近地區供電。1979 年全年運行 4744 h，發電 1.16×10^6 kW · h。到 1982 年 6 月底止，機組累計運行 12397 h，發電 2.92×10^6 kW · h，除自用外，輸送給電網 1.72×10^6 kW · h。從經濟效益看，該電站也是好的。按照火電廠發電成本的計算方法，使機組在額定功率下每日三班連續發電，每年運行 6,000 h，則全年可輸給電網 1.29×10^6 kW · h 電能，核算其成本為 0.036 元 /（kW · h）。電站按 0.055 元 /（kW · h）收費，這樣，僅電費一項收入，扣除檢修、管理、工資等運行開支，還略有節餘。如果加上排水供熱進行綜合利用的收入，其經濟效益是很明顯的。該電站排出的水，溫度為 68℃，日出量為 100 t 左右。排出的水一部分送往 0.5 畝農業溫室，因而取消了原用的供暖鍋爐，使良種培育世代大大加快，一年完成三年的工作量，每年大約節省煤炭 1400 t，另一部分送往規模較大的某個療養院使用，同時還向澡堂、衛生院、商店及附近居民供應熱水。此外，電站的冷卻水排出後，尚可自流灌溉農田 800 餘畝。從投資情況來看，該電站不包括鑽井費和試驗研究費在內，全部投資為 1,460 元 /kW。

(6) 西藏羊八井地熱電站　羊八井位於西藏拉薩市西北 91,800 m 的當雄縣境內。熱田地勢平坦，海拔 4,300 m，南北兩側的山峰均在海拔 5,500 ～ 6,000 m，山峰存有著現代冰川，藏布曲河流經熱田，河水年平均溫度為 5℃，當地年平均氣溫 2.5℃，大氣壓力年平均為 0.06 MPa。附近一帶經濟以牧業為主，兼有少量農業，無電力供應。青藏、中尼兩條公路乾線分別從熱田的東部和北部通過，交通很方便。

經勘探證實，淺層地下 400 ～ 500 m 深，地下熱水的最高溫度為 172℃。平均井口熱水溫度超過 145℃。1977 年 10 月在羊八井地熱田建起了第一台 1,000 kW 的地熱發電試驗機組。經過幾年的營運試驗，不斷改進，又於 1981 年和 1982 年建起了兩台 3,000 kW 的發電機組，1985 年 7 月再投入第四台 3,000 kW 的機組，電站總裝機容量已達 10 MW。

羊八井地熱發電是採用二級擴容循環和混壓式汽輪機，熱水進口溫度為 145℃。羊八井地熱田在中國算是高溫型，但在世界地熱發電中，其壓力和溫度都比較低，而且熱水中含有大量的碳酸鈣和其他礦物質，結垢和防腐問題比較嚴重。因此實現經濟發電具有一定的技術難度。通過試驗，解決了以下幾個主要問題。

(1) 單相汽、水分別輸送，用兩條母管把各地熱井彙集的熱水和蒸汽輸送到電站，充分利用了熱田蒸汽，比單用熱水發電提高發電能力 1/3。

(2) 汽、水二相輸送，用一條管道輸送汽、水混合物，不在井口設置擴容器：減少壓降，節約能量。

(3) 克服結垢，採用機械通井與井內注入阻垢劑相結合的辦法。利用空心通井器，可以通井不停機。選用合適的阻垢劑，阻垢效率達 90%，費用比進口阻垢劑大為降低。

(4) 進行了熱排水回灌試驗，羊八井的地熱水中含有硫、汞、砷、氟等多種有害元素，地熱發電後大量的熱排水直接排入藏布曲河是不允許的。經過238 h 的回灌試驗，熱排水向地下回灌能力達每小時 100 ～ 124 t。

該電站自發電以來，供應了拉薩地區用電量 50% 左右，對緩和拉薩地區供電緊張的狀況產生了很大的作用，尤其是二、三季度水量豐富時靠水力發電，一、四季度靠地熱發電，能源互補效果良好。以拉薩水電、油電和地熱電幾類電站對比，1990 年地熱電為 0.12 元 /（kW · h）。由於高寒氣候，水電年運行不超過 3,000 h。因此，地熱電在藏南地區具有較強的競爭能力。

8.2.6 地熱能利用的限制因素

8.2.6.1 環境影響

在地熱能開發的早期、蒸汽直接排放到大氣中，熱水直接排入江河，因此產生一些環境問題。蒸汽中經常含有硫化氫，也含有二氧化碳，鹽水會被溶解的礦物質飽和。現代的三廢處理系統和回灌技術，已有效地減少了地熱能對環境的影響。圖 8-5 描述了不同燃料的相對 CO_2 排放量。

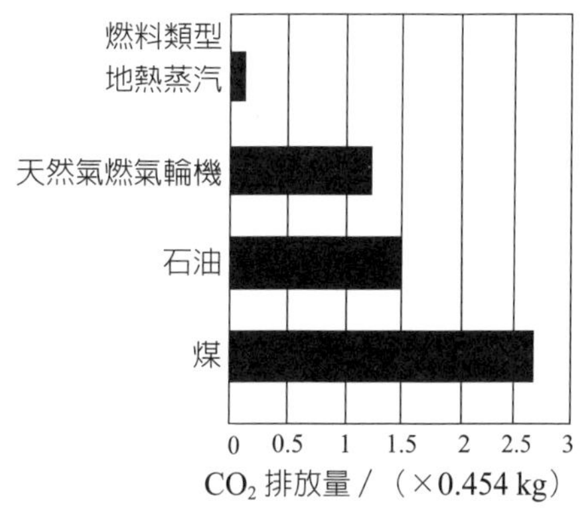

☼ 圖 8-5 每千瓦 · 時所排放的二氧化碳質量

利用地熱能還有其他環境方面的優點，因為地熱電站的占地面積少於其他能源的電站。表 8-9 是不同能源（每年每發出 1×10^6 kW · h 電）電站所占用的土地面積對比：

8.2.6.2 地熱能的成本結構

典型的地熱能計畫的成本包含著多個非常明確的組成部分。已被確認的四個主要成本分量如下。

(1) 資源分析——發現和確定某一地熱能資源。

(2) 熱流生產——生產地熱流並維持它的產量。

(3) 能量轉換——從地熱流中採集適用的能量。

(4) 其他作業——任何其他的資源應用成本因素。

表 8-10 所示的成本各種數量是通用的，它可應用於任何資源形式、任何轉換系統，或任何最終的應用方式（發電或直接使用）。

8.2.6.3　一般限制因素

在目前的市場情況下，只要存在可靠的地熱源，地熱能就能與小型熱力電站或內燃式發電站競爭。這也正是地熱資源的開發利用快速發展的原因之一。

表 8-9　不同能源電站所占用的土地面積

技術	占地面積／ m^2
煤炭（包括採煤）	3642
太陽熱能	3561
光電能	3237
風能（包括風力發電機和道路）	1335
地熱能	404

表 8-10　地熱能成本構成

地熱能計畫	勘探（包括勘探鑽井）	地熱能計畫	勘探（包括勘探鑽井）
資源分析	資源確定 儲層評價 井田設計 儲層監測 開發井測試	能量轉換	換熱循環 渦輪發電機 熱量回注循環 液流控制和排放 非熱產品 發電設備維護
熱流生產	鑽井和完井 地熱資源汲取 注入 井的維護 鹵水處理 流體輸送	其他作業	出租 傳輸 環境和安全性 系統優化 財務

地熱發電市場的發展水平和發展速度，在很大程度上取決於以下四個關鍵因素。

(1) 與地熱資源相競爭的燃料的價格，特別是石油和天然氣的價格。

燃料價格會對地熱能資源的商業應用產生相當大的影響，其影響波及許多方面，從公用部門對電力的購買到私人投資的積極性以及政府對研究和開發的支援程度。

(2) 對環境代價的考慮。

與一般能源技術有關的很多環境代價都未計算在發電成本之內，也就是說，它們並沒有完全計入這些技術的市場價格中。可再生能源技術在空氣污染影響、有害廢物產生、水的利用和污染、二氧化碳的排放等方面，具有一般發電技術不可比擬的明顯優點。地熱田所在地域通常比較偏遠，它們中有的自然風光秀麗，也有的位於沙漠中。但無論哪種情況，幾乎都有人反對建設新的地熱發電站。

(3) 未來的技術發展速度。

透過開展研究，將降低能源的成本，而且也可能降低地熱田性能的不確定度，這種不確定度現在仍然制約著地熱能的快速發展。

(4) 行政許可。

地熱能的優點之一是建設用期短，投產快（因為像雙工作循環系統這樣的發電裝置可以實現模組化裝配和預製）。

8.2.7　中國地熱能發展現狀和發展趨勢

8.2.7.1　地熱能利用現狀

1. **技術現狀**　中國已建立了一套比較完整的地熱勘探技術方法和評價方法；地熱開發利用工程勘探、設計、施工已有資質實體；設備基本配套，國產化，有專業製造廠家；監測儀器基本完備並國產化。

2. **產業化現狀**　概括全國地熱開發利用規模、技術、經濟分析研究，可以認為：

(1) 地熱發電產業已具有一定基礎。中國可以獨立建造 30 MW 以上規模的地熱電站，單機可以達到 10 MW。電站可以進行商業運行。

(2) 地熱供熱產業。中國已實現地熱供熱 8×10^6 m^2，在天津地區單個地熱供暖小區面積已達 $(8\sim10)\times10^6$ m^2。

(3) 地熱鑽井產業。目前已具備施工 5,000 m 深度地熱鑽探工程的技術水平，在華北地區，從事地熱鑽探的 3,200 m 型鑽機就有 15 台套，具備了大規模開發地熱的能力。

(4) 地熱監測體系、生產與回灌體系正逐步完善和建立，但當前正處在試驗研究階段，尚沒有形成工業化運行。

(5) 地熱法規和標準尚需健全和完善，特別是地下、地面工程設施的施工，需儘快完善和建立技術規程相關技術標準。培育專業化施工（從地下到地上）企業，建立企業標準和行業標準。

3. 市場需求現狀　市場預測情況是到 2010 年的地熱發電裝機容量為 25 ～ 50 MW，累積裝機容量 65 ～ 100 MW；地熱採暖 $(8\sim10)\times10^6$ m^2，累積 $(22\sim25)\times10^6$ m^2。

8.2.7.2　地熱能發展預測

根據中國地熱開發利用現狀、資源潛力評估、國家和地區經濟發展預測，地熱產業規劃目標是：到 2010 年高溫地熱發電裝機達到 75 ～ 100 MW。主要勘探開發藏滇高溫地熱 200 ～ 250℃ 以上深部熱儲。力爭單井地熱發電裝機潛力達到 10 MW 以上，單機發電裝機 10 MW 以上。地熱採暖達到 $(2.2\sim2.5)\times10^7$ m^2，主要在京、津、冀地區。環渤海經濟區、京九產業帶、東北松遼盆地、陝中盆地、寧夏銀川平原地區也應大力發展地熱採暖和地熱高科技農業，建立地熱示範區。單井地熱採暖工程力爭達到 1.5×10^6 m^2。熱能利用總計約相當於 1.5×10^7 t 標準煤當量。

存在的主要障礙表現為：

(1) 地熱管理體制和開發利用工程、項目適合市場經濟的運行機制還沒有建立起來，舊的計畫經濟管理體制和運行機制還沒有完成改變，影響地熱產業快速健康發展。

(2) 地熱資源的勘探、開發是具有高投入、高風險和知識密集的新興產業，分組風險的機制和社會保障制度尚未建立起來，影響投資者、開發者的信心，影響了地熱產業的發展。

(3) 系統的技術規程、規範和技術標準尚不健全和完善。

8.3 天然氣水合物（可燃冰）

天然氣水合物（natural gas hydrate）是一種在特定區域由水與天然氣在特定條件下形成的類冰的、非化學劑量的、籠形結晶固體化合物，其密度為 0.91 ～ 0.905 g/cm^3，又稱籠形水合物（clathrate）、氣體水合物、氣水合物或水化物。純淨的天然氣水合物呈白色，形似冰雪，可以像固體酒精一樣直接被點燃，因此，又被通俗、形象地稱為「可燃冰」。組成天然氣的成分主要有烴類（CH_4、C_2H_6、C_3H_8、C_4H_{10} 等同系物）及非烴類（CO_2、N_2、H_2S 等）。天然氣水合物可被看做是一類主－客體（host-guest）材料，水分子（主體分子）形成一種空間點陣結構，氣體分子（客體分子）則填充於點陣間的空穴，氣體和水之間沒有化學計量關係，形成點陣的水分子之間靠較強的氫鍵結合，而氣體分子和水分子之間以凡得瓦爾連接。籠中空間的大小與客體分子必須匹配，才能生成穩定的水合物。

天然氣水合物在自然界的形成條件非常複雜，一般需具備三個條件：① 低於 10℃ 的溫度和大於 100 atm 的壓力的特定溫壓條件；② 充足的氣體連續補給和水的供應；③ 足夠的生長空間。因而，天然氣水合物可能存在於海底以下 0 ～ 1500 m 深的大陸架或北極等地的永久凍土帶。目前已發現的天然氣水合物主要分佈在高緯度地區的極地凍土帶，以及全球範圍內的深海海底、陸坡、陸基及海溝中。

在自然界發現的天然氣水合物多呈白色、淡黃色、琥珀色、暗褐色等軸狀、層狀、小針狀結晶體或分散狀，它可存在於溫度為 0℃ 以下，也可存在於溫度為 0℃ 以上的環境。從所取得的岩心樣品來看，氣水合物可以以多種方式存在：占據大的岩石粒間孔隙；以球粒狀散佈於細粒岩石中；以固體形式填充在裂縫中，或者為大塊固態水合物伴隨少量沈積物。

天然氣水合物與冰、含氣水合物層及冰層之間有明顯的相似性：

(1) 相同的組合狀態的變化——流體轉化為固體。

(2) 均為放熱過程，並產生很大的熱效應。0℃ 融冰時需用 0.335 kJ 的熱量，0 ～ 20℃ 分解天然氣水合物時每千克水需要 500 ～ 600 kJ 的熱量。

(3) 結冰或形成水合物時水體積均增大，前者增大 9%。後者增大 26% ～ 32%。

(4) 水中溶有鹽時，兩者相平衡溫度降低，只有淡水才能轉化為冰或水合物。

(5) 冰與氣水合物的密度都小於水，含水合物層和凍結層密度都小於同類的水層。

(6) 含冰層與含水合物層的電導率都小於含水層。

(7) 含冰層與含水合物層彈性波的傳播速度均大於含水層。

天然氣水合物的籠形包含物結構是 1936 年，由前蘇聯科學家尼基丁首次提出的，並沿用至今，見圖 8-6，天然氣水合物中，水分子（主體分子）形成一種空間點陣結構，氣體分子（客體分子）則填充於點陣間的空穴中。氣體和水之間沒有化學計量關係。形成點陣的水分子之間靠較強的氫鍵結合。而氣體分子和水分子之間的作用力為凡得瓦爾（Van der Waals）力。

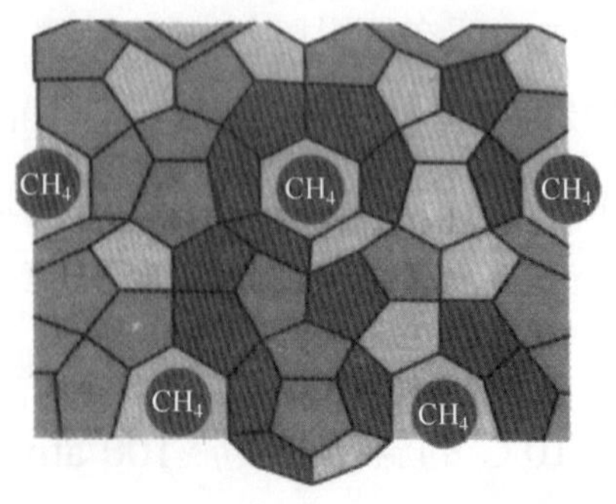

圖 8-6　天然氣水合物的結晶構造

迄今為止，在自然界發現的水合物主要結構有 I 型、II 型、H 型三種同質多相變體（見圖 8-7）。I 型結構水合物為 12 面和 14 面體，屬立方晶體結構，能容納甲烷、乙烷及 N_2、CO_2、H_2S 等非烴類分子；II 型結構水合物為 12 面和 16 面體，屬菱形晶體結構，除了能包容 I 型中的小分子外，還可容納部分丙烷和異丁烷；H 型結構水合物為 12 面和 20 面體，屬六方晶體結構，可容納較大的異戊烷分子。三種類型相比較而言，II 型和 H 型更穩定一些，而 I 型在自然界的分佈更為廣泛。

8.3.1 可燃冰資源及其特點

可燃冰的全名稱為天然氣水合物，又稱天然氣乾冰、氣體水合物、固體瓦斯等，作為一種新型的烴類能源，它是由天然氣和水分子在高壓與低溫條件下合成的一種固態結晶物質，透明無色，成分以甲烷為主，占 99%，主要來源於生物成氣、熱成氣和非生物成氣三種。生物成氣主要來源於由微生物在缺氧環境中分解有機物產生的；熱成氣的方式與石油的形成相似，深層有機質發生熱解作用，其長鏈有機化合物斷裂，分解形成天然氣；非生物成氣係指地球內部迄今仍保存的地球原始烴類氣體，或地殼內部經無機化學過程產生的烴類氣體。從化學結構來看，可燃冰是由水分子搭成像籠子一樣的多面體格架，以甲烷為主的氣體包含在籠子格架中。從物理性質來看，可燃冰的密度接近並稍低於冰的密度，剪切係數、電介常數和熱導率都低於冰。在標準溫壓條件下，1 m^3 可燃冰可以釋放出大約 160 ～ 180 m^3 的天然氣，其能源密度是煤和黑色葉岩的 10 倍、天然氣的 2 ～ 5 倍。

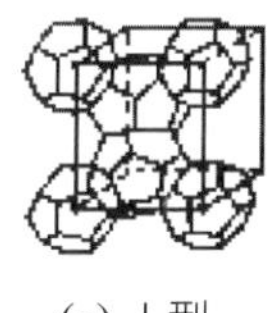

(a) I 型

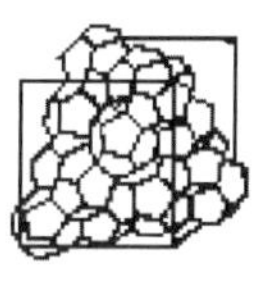

(b) II 型

(c)H 型

圖 8-7　自然界天然氣水合物的晶體結構

可燃冰的主要成分是甲烷和水分子（CH_4 和 H_2O），其形成原因與海底石油、天然氣的形成過程相仿，而且密切相關。埋藏於海底地層深處的大量有機質處於缺氧環境中，厭氧性細菌把這些有機質分解，最後形成石油和天然氣（石油氣）。其中許多天然氣又被包進水分子中，在海底的低溫（一般要求溫度低於 0 ～ 10℃）與壓力（大於 10 MPa）下，形成了可燃冰。這是因為天然氣有個特殊性能，它和水可以在 2 ～ 5℃ 內結晶，這個結晶就是可燃冰。

根據資料記載，1810 年人類就在實驗室首次發現可燃冰，到了 20 世紀 60 年代，人們在自然界中發現了可燃冰資源，但它多存在於高緯度地區的凍土地帶，如俄羅斯的西伯利亞地區。據專家估計，全球可燃冰的總能量大約相當於地球上所有化石燃料（包括煤、石油和天然氣）總能量的 2 ～ 3 倍。科學家們的調查發現，可燃冰儲存在低溫高壓的沈積岩層中，主要出現於水深大於 300m 的海底沈積物中和寒冷的高山及高緯度地區的永凍層內。據科學家們估計，20.7% 的陸地和 90% 的海底具有生成可燃冰的條件。現有調查顯示，世界可燃冰的礦藏面積可以達到海洋面積的 30% 以上。科學家們保守估算，世界上可燃冰所含天然氣的總資源量，其熱當量相當於全球已知煤、石油和天然氣總熱當量的 2 倍。目前，全球至少已經在 116 個地區發現了可燃冰，其中海洋中已發現的有 78 處。科學家們估計，地球海底天然可燃冰的儲藏量約為 5×10^{18} m^3，相當於目前世界年能源消費量的 200 倍。全球的天然氣水合物儲量可供人類使用 1000 年。美國地質調查局官員曾表示，其發現的可燃冰資源可以使用 600 年以上。1995 年，美國在布萊克海嶺鑽探了 4 口井，據估算，僅此一處的可燃冰資源就可供美國使用 100 年。2001 年 1 月下旬，日本在靜岡縣禦前崎近海發現可燃冰，據推測可採用的甲烷體積為 7.4 萬億立方米，可供日本使用 140 年。

8.3.2 國際上天然氣水合物的勘探和開發動態

8.3.2.1 天然氣水合物資源的分佈

天然氣水合物主要存在於陸地上的永久凍土帶，和海洋中的大陸架斜坡帶洋中脊、海溝和海嶺等地，目前，世界上已發現的天然氣水合物沈積層超過 220 個。天然氣水合物在海洋中的資源量是陸地的 100 倍以上，海洋中天然氣水合物形成帶主要在北冰洋—大西洋—太平洋—印度洋海域，而海底是天然氣水合物形成的最佳場所。到目前為止，世界上已發現的海底天然氣水合物主要分佈區有大西洋海域的墨西哥灣、加勒比海、南美東部路緣、非洲西部路緣等，西太平洋海域的白令海、鄂霍次克海、紐西蘭北部海域等，東太平洋海域的中美海槽等，印度洋的阿曼海灣，南極的羅斯海和威德爾海，北極的巴倫支海和波弗特海以及大陸內的黑海與里海等。中國黃海、東海及南海是西太平洋天然氣水合物礦產帶的重要組成部分。陸上永久凍土帶中的天然氣水合物主要分佈在西伯利亞、阿拉斯加和加拿大的北極圈內。

已有研究顯示，中國的東海陸坡、南海北部陸坡，以及臺灣東北和東南海域、沖繩海槽、東沙和南沙海槽等地域，均有天然氣水合物產出的良好地質條件。此外，經初步勘查，中國是世界上第三大凍土國，尤其青藏高原是多年生凍土帶，可能埋藏著豐富的天然氣水合物資源。

8.3.2.2 天然氣水合物的成因

研究顯示，目前已發現的天然氣水合物中甲烷的成因主要有生物成因和非生物成因。生物成因主要包括微生物成因、熱解成因和二者混合成因。Bernard 等人研究認為碳氫化合物氣體成分（$R = C_1/C_2 + C_3$）和甲烷的同位素組成（δ^{13}C）是判別甲烷成因的重要參數，甲烷 δ^{13}C 值 $\geq -5\%$ 為熱解成因氣，甲烷 δ^{13}C 值 $\leq -6\%$ 為微生物成因氣。同樣，$R \leq 100$ 指示熱解成因氣，$R \geq 100$ 則表明有微生物氣存在。

目前所報導最富集 δ^{13}C 的甲烷來源於菲律賓查姆巴里斯省（Zambales）蛇綠岩中的滲水泉，其 δ^{13}C 值為 -0.7%，與地幔 CO_2 的非常相似，這些甲烷被認為是非生物成因氣。此外，ΔD_{CH_4} 值被用來區別兩個主要的微生物產甲烷途徑。由 CO_2 還原作用產生的 CH_4 中氫之來源於周圍的水，其 δ_D 值 > −25% SMOW，代表值近於 −19.1%±1.9%；而乙酸發酵產生的 CH_4 中 3/4 的氫來源於有機質，只有 1/4 氫來源於水，其 δ_D 值 < −25% SMOW，介於 −35.5% 和 −29% 之間。

8.3.2.3 天然氣水合物的開發技術及引發的環境問題

1. 天然氣水合物的地質勘探方法 目前，天然氣水合物的地質勘探方法有以下三種。

(1) 地震地球物理方法。這是最為廣泛的天然氣水合物調查研究方法。擬海底反射層 BSR（bottom simulating reflector）是海底地震反射剖面中存在的一種異常地震反射層，可用於判別天然氣水合物的存在和分佈。在地震剖面中，BSR 一般呈現出高振幅、負極性、平行於海底以及與海底沈積構造相交的特徵。

(2) 地球化學方法。主要是有機的、流體的和同位素等地球化學方法，是利用地球化學方法探測天然水合物相關參數變化的一種技術，包括含天然氣水合物沈積物中空隙水鹽度或氯度的降低，以及水的氧化 - 還原電位和硫酸鹽含量變低等。

(3) 鑽孔取樣技術。目前世界上天然氣水合物鑽探取樣的設備有活塞式岩心取樣器、恆溫岩心取樣器、恆壓岩心取樣器、水溫探測儀等。

2. 天然氣水合物的開採技術 天然氣水合物埋藏於海底岩石及深層的永久凍土帶中，和石油、天然氣相比，它不易開採和運輸，世界上至今還沒有完美的開採方案，而天然氣水合物對世界能源需求的貢獻又主要取決於開採技術和費用。開採的最大難點是必須保證井底穩定，使甲烷氣不泄漏、不引發溫室效應。天然氣水合物鑽探的難度比海上一般油氣要大得多，一方面是水太深，另一方面因天然氣水合物遇減壓就可能造成井噴。具體的開採技術有熱激法、減壓法、化學試劑法、礦泥漿開採法、置換和混合法，目前主要的開採方法是前三種。

(1) 熱激發法。該方法主要是將蒸汽、熱水、熱鹽水或其他熱流體從地面泵入水合物地層，促使溫度上升達到水合物分解的溫度。熱激發法的主要缺點是會造成大量的熱損失，效率很低。為了提高熱激發法的效率，可採用井下裝置加熱技術，井下電磁加熱方法就是其中之一。而在電磁加熱的方法中，微波加熱將是最有效的方法，可直接將微波發生器置於井下，利用儀器自身重力使發生器緊貼水合物層。該方法適合於開採各種類型的天然氣水合物資源。

(2) 減壓法。經過降低壓力使天然氣水合物穩定的相平衡曲線產生移動，從而達到促使水合物分解的目的。減壓法最大的特點是不需要昂貴的連續激發，因而可能成為今後大規模開採天然氣水合物的有效方法之一。但其缺點是作用緩慢，效率低。

(3) 化學試劑法。某些化學試劑，如鹽水、甲醇、乙醇、乙二醇、丙三醇等可以改變水合物形成的相平衡條件，降低水合物穩定溫度。當將上述化學試劑從井孔泵入後會引起水合物的分解。化學試劑法比熱激發法的作用緩慢，但具有降低初始能源輸入的優點，其最大缺點是費用太昂貴。

以上開採方法各有優缺點，若結合不同方法的優點，可達到有效開採的目的。將降壓技術和熱激發法結合，即採用熱激發法分解氣水合物，用降壓法提取游離氣體，則可以獲得較好的經濟效果。

3. 引發的環境問題　天然氣水合物可能引起大陸邊緣海底滑塌的關鍵性因素之一。天然氣水合物在自然界中極不穩定，溫壓條件的微小變化就會引起其分解或生成，從而使地層結構和固結程度發生變化。地層壓力一旦發生不均衡，就很有可能在斜坡部位造成滑塌構造，或引起局部地震，還有可能造成海嘯。

天然氣水合物影響全球氣候環境。甲烷是天然氣水合物的主要氣體成分，又是一種溫室氣體，其溫室效應較之 CO_2 要強近二十倍。圈閉在大陸和海洋天然氣水合物中的甲烷量約是大氣圈中的 3,000 倍，因此，天然氣水合物中甲烷的釋放將對大氣圈的組分構成巨大影響，進而影響全球氣候環境。此外，天然氣水合物中釋放出來的甲烷還會影響海洋中的生物群落，致使海底生物滅絕。

20 世紀 70 年代以來，可燃冰作為石油天然氣的替代能源，受到了世界一些發達國家和部分發展中國家的重視，陸續開展了專門的調查與研究。有的國家製定了 10 年或 15 年的長期偵察開發規劃。

美國於 20 世紀 60 年代末 70 年代初首次在墨西哥灣和布萊克海台實施可燃冰調查。1981 年，美國製訂了可燃冰 10 年研究計畫。1998 年，美國又把可燃冰作為國家發展的戰略能源列入長遠計畫。現在，美國能源部已經被授權組織有關部門、國家實驗室、國家自然科學基金組織、石油天然氣公司和大學對可燃冰進行研究。美國能源部已經公開表示，要在 2015 年前試驗甲烷水合物開發的商業化。

日本於 1992 年開始重視海洋可燃冰，1995 年投入 150 億日元制定了 5 年期甲烷水合物研究及開發推進初步計畫。日本通產省從 2001 年度開始著手開發海底可燃冰，開發計畫分兩階段進行，前五年對開採海域的蘊藏量和分佈情況進行調查，從第三年開始就打井以備調查用，之後五年進行試驗性採掘工作，2010 年以後實現商業化生產。目前，已基本完成周邊海域的可燃冰調查與評價，圈定了 12 塊礦集區，並計畫在 2010 年進行試生產。

印度近幾年也十分重視可燃冰的潛在價值，並於 1995 年制定了 5 年期「全國氣體水合物研究計畫」，由國家投資 5,600 萬美元，對其周邊域的可燃冰進行前期調查研究。

可燃冰基礎研究的積累和理論上的突破，以及開發實踐中氣水合物藏的發現，很快在全球引發起大規模研究、探測和勘探氣水合物藏的熱潮。1968年，開始實施的以美國為首、多國參與的探測探鑽計畫（DSDP），於20世紀70年代初，即將天然氣水合物的普查探測納入計畫的重要目標。作為本計畫的延續，一個更大規模的多國合作的大洋鑽探計畫（OSDP），於1985年正式實施。

20 世紀 90 年代中期，以深海鑽探計畫和大洋鑽探計畫為指標，美國、俄國、荷蘭、德國、加拿大、日本等諸多國家探測可燃冰的目標和範圍，已覆蓋了世界上幾乎所有大洋陸緣的重要潛在遠景地區，以及高緯度極地永凍土地帶和南極大陸及其陸緣區；在墨西哥灣、Orco 海盆、白令海、北海、地中海、黑海、里海、阿拉伯海等海域也布有測線並進行了海底鑽採樣品工作。在俄羅斯北部極地區含油氣省、北美普拉得霍灣油田和阿拉斯加，以及加拿大三角洲大陸凍土帶地區，開展了富有成效的地震勘探和鑽井取芯工作。

上述大規模的國際合作項目的實施，以及各國業已開展的可燃冰基礎和普查勘探工作，使人們有可能大視角、多方位地從全球範圍審視可燃冰在自然界的存在，並有望在可燃冰的形成條件、組成、結構類型、賦存狀態、展布規律和地質特徵等基礎研究領域，以及評估資源遠景和確定首要勘查目標等諸多方面取得令世人矚目的進展。

8.3.3 中國的相關活動和資源量估計

中國對可燃冰的調查研究始於 20 世紀 90 年代。1997 年，中國在完成「西太平洋氣體水合物找礦前景與方法」課題中，認定西太平洋邊緣海域，包括中國南海和東海海域，具有蘊藏這種礦藏的地質條件。1999 年 10 月，廣州地質調查中心在南海西沙海槽開展了可燃冰的前期調查，並取得可喜的成果。主要採集到高解析度多道地震測線 5,343 km，至少在 130 km 地震剖面上識別出可燃冰礦藏的顯示標誌 BSR，礦層厚度為 80 ～ 300 m。這一發現拉開了中國海洋可燃冰調查研究的序幕，填補了這一領域調查研究的空白。據中國地質調查局的前期調查，僅西沙海槽初步圈出可燃冰分佈面積 5,242 km^2，水合物中天然氣資源量估算達 4.1 萬億立方米。按成礦條件推測，整個南海的可燃冰的資源量相當於 700 億噸石油。

從理論上，中國科學家也已積極開始研究。中國凍土專家通過對青藏高原多年研究後認為，青藏高原羌塘盆地多年凍土區具備形成可燃冰的溫度和壓力條件，可能蘊藏著大量可燃冰。青藏高原是地球中緯度最年輕、最高大的高原凍土區，石炭、二疊和第三第四系沈積深厚，河湖海相沈積中有機質含量高。第四系伴隨高原強烈隆升，遭受廣泛的冰川—冰緣的作用，冰蓋壓力使下浮沈積物中可燃冰穩定性增強，尤其是羌塘盆地和甜水海盆地，完全有可能具備可燃冰穩定存在的條件。海洋地質學家們根據可燃冰存在的必備條件，在東海找出了可燃冰存在的溫度和壓力範圍，並根據低溫梯度，結合東海的地質條件，勾畫出了可燃冰的分佈區域，計算出它的穩定帶厚度，對資源量作了初步評估，得出了「蘊藏量很可觀」的結論。

8.3.4　可燃冰的開採技術現狀

目前，全世界開發和利用可燃冰資源的技術還不成熟，僅處於試驗階段，大量開採還需要一段時間。

可燃冰以固體狀態存在於海底，往往混雜於泥沙中，其開發技術十分複雜，如果鑽採技術措施不當，水合物大量分解，勢必影響沈積物的強度，有可能誘發海底滑坡等地質災害，開發它會帶來比海底石油更大的危險。海底天然氣大量洩漏，極大地影響全球的溫室效應，引起全球變暖，將對人類生存環境造成永久的影響。天然氣水合物一般埋藏在 500 多公尺深的海底沈積物中和寒冷的高緯度地區（特別是永凍層地區），在低溫高壓下呈固態。但一接近地表，甲烷就會氣化並擴散。因此，必須研製有效的採掘技術和裝備，在商業生產中，將從採掘的天然氣水合物中提取甲烷，通過管道輸送到陸地，供發電、工業及生活用。

可喜的是，中國在這方面的研究已經取得一定進展。2005 年，中國科學院廣州能源研究所成功研製出了具有國際領先水平的可燃冰（天然氣水合物）開採實驗類比系統。該系統的研製成功，將為中國可燃冰開採技術的研究提供先進手段。可燃冰開採實驗類比系統主要由供液模組生成及流動模組、環境類比模組、計量模組、圖像記錄模組，以及資料獲取與處理模組組成。經對該實驗類比系統的測試結果顯示，該系統能有效類比海底可燃冰的生成及分解過程，可對現有的開採技術進行系統的類比評價。

隨著全國能源特別是石油日趨緊缺及需求的快速增長，這將不可避免地引起國際競爭的加劇，對中國的能源儲備和能源結構在政治、經濟、安全等層面產生重大戰略影響，因此，中國必須加快對天然氣水合物開發利用研究的步伐，以適應社會經濟的可持續發展。

8.3.5 天然氣水合物的研究現狀與利用趨勢

自 20 世紀 90 年代以來，世界各國對天然氣水合物的研究做了大量投入，已經取得了重大進展。

美國在 1995 年首次獲得了天然氣水合物樣品，於 1999 年制定了《國家甲烷水合物多年研究和開發項目計畫》，2015 年投入試生產，2030 年投入商業生產。美國天然氣水合物研究關注的重點科學問題主要集中在四個方面；① 天然氣水合物的物理與化學特性研究；② 天然氣水合物開採技術研究；③ 天然氣水合物災害 - 安全性與海底穩定性研究；④ 天然氣水合物在全球碳循環中的作用研究。在研究方法上主要採取天然氣水合物區的現場地質地球化學觀測、實驗室合成和測定及計算類比，特別關注與天然氣水合物和油氣相關的生命過程以及與天然氣水合物的相互作用研究。

1995 年，日本專門成立了甲烷水合物開發促進委員會，對勘察天然氣水合物的相關技術進行深入研究。1999 年，獲得了天然氣水合物樣品，圈定了 12 塊遠景礦區，總面積達 44,000 km^2。日本計畫到 2010 年對其海域實施商業性開發。

加拿大探明加拿大近還海區的天然氣水合物儲量約為 1.8×10^{11} t 石油當量。

印度也已分別在其東、西部近海海域發現可能儲存天然氣水合物的區域。

韓國已在郁龍盆地東南部的大陸架區和西南部的斜坡區，發現了可能儲存天然氣水合物的區域。

中國也已探明在附近海區域存儲有大量的天然氣水合物，並已獲得了天然氣水合物的樣品。

天然氣水合物的研究充分體現了國際合作關係，許多國家進行國際間的合作，為推進天然氣水合物的研究做出了巨大貢獻。

世界各國學者對天然氣水合物形成與分解的物理化學條件、產出條件、分佈規律、形成機制、勘察技術方法、取樣設備、開發方法、經濟評價、環境效應及環境保護等方面進行了深入的研究。在開採技術方面，提出了熱激化法、化學試劑法和降壓法等技術。美國、日本、加拿大、德國和印度等國家，在天然氣水合物調查、勘探、開發、實驗和研究等領域保持領先地位。

天然氣水合物作為潛力巨大的新型能源，各國近些年雖然投入頗大，但由於研究涉及多學科知識，就地測量其特性費時又昂貴，並且天然氣水合物深入研究總體說來時間不長，因此在天然氣水合物成藏動力學、成強機制和資源綜合評價等方面還有待於進一步研究，調查勘探技術與綜合評價技術尚不成熟，目前還沒有十分有效的找礦標誌和客觀的評價預測模型，也尚未研製出經濟、高效的開發技術。

天然氣水合物的基礎物理化學性質、傳遞過程性質、熱力學相平衡性質、生成／分解動力學問題等一直是國際上的研究重點，今後也將是研究的重點。在實驗室利用多種儀器設備合成天然氣水合物，進而研究其物化性質，用實驗資料類比其地質背景也是一種切實可行的途徑。

因此，天然氣水合物研究將需要進一步加大資金投入以及國際間合作，突出創新性，綜合多學科知識，以期在不遠的將來取得突破性進展。

目前，許多國家制定了獲取淺層天然氣水合物的鑽井目標。可以預見，隨著科學技術的飛速發展和能源需求的快速增長，天然氣水合物這一巨大的非一般天然氣資源將會發揮出其應有的經濟效益。

天然氣水合物的主要用途可分為化工原料和能源用途兩大類。只要能夠對天然氣水合物進行有效的開採、運輸、儲存和分解，就可以對其主要成分甲烷進行有效的利用。天然氣水合物的利用目前尚處於基礎研究階段，只有在能夠進行大規模商業開採以後，才有望實現天然氣水合物的商業化應用。

8.4 核能

8.4.1 概述

原子核的結構發生變化時能釋放出大量的能量，稱為原子核能，簡稱核能。它有利在於地殼中儲存的鈾、鈽等發生裂變反應時的核裂變能資源以及海洋中儲藏的氘、氚、鋰等發生聚變反應時的核聚變能資源。這些物質在發生原子核反應時釋放出能量。目前核能最大的用途是發電，此外，還可以用作其他類型的動力源、熱源等。

巨變核能分為裂變能和聚變能兩種。目前人類能用於和平利用的只有裂變能，可控聚變能利用技術正在攻克。聚變反應主要來源於氘—氚的核反應，氘可來自海水，氚可來自鋰，因此聚變燃料主要是氘和鋰。海水中氘的含量為 0.03 g/L，據估計地球上的海水量約為 138×10^{16} m^3，所以世界上氘的儲量約 40×10^{12} t；地球上的鋰儲量雖比氘少得多，但也有 2000 多億噸，用它來製造氚足夠滿足人們對聚變能的需求。這些聚變燃料所釋放出的能量，比全世界現有能源總量放出的能量大千萬倍。按目前世界能源消費水準，地球上可供原子核聚變的氘和氚能供人類使用上千億年。如果人類實現了氘—氚的可控核聚變，核燃料就是「取之不盡，用之不竭」了，人類就可從根本上解決能源問題，這正是當前核科學家們孜孜以求的原因。聚變能源不僅豐富，而且安全、清潔。

根據各國能源專家預測，地球上的石油、天然氣資源只能供應幾十年，煤炭資源也只能供應一二百年。核能是最現實的可利用能源。截至 2005 年 9 月，全世界正在運作的核電機組 441 座，裝機容量 36,824.6 萬千瓦，核發電量占總發電量的 16%。正在建造的核電機組 23 座，裝機容量 1,851.6 萬千瓦。

8.4.2　原子核子物理基礎

核能技術的物理理論基礎是原子核子物理，在世界第一座反應爐建成以前的幾十年，原子核子物理經歷了快速發展的黃金時期，其研究成果大都代表當時物理學前沿方向的最新進展。本節簡述與原子核的裂變與聚變相關的和物理理論基礎。

8.4.2.1　原子與原子核的結構與性質

構成物質元素的原子由原子核和圍繞原子核運動的電子構成，類似於地球和圍繞地球的衛星；原子核又是由數個緊密集合在一起的質子和中子構成。有些元素可以自發地放出射線，稱為放射性元素。它包括下述三種射線：α 射線（核原子核流）、β 射線（高速電子流）、γ 射線（高能光子流），其中 γ 射線因不帶電性，穿透能力最強。放射性元素在釋放看不見的射線後會變成別的元素，在這個過程，原子的質量會有所減輕。1905 年，愛因斯坦在相對論中指出，物質的質量和能量是同一種事物的兩種不同形式。質量消失但同時會產生能量，兩者之間有一定的定量關係：轉換成的能量 $E = mc^2$（c 為光速，m 為轉換成能量的質量）；當較重的原子核轉換成較輕的原子核時會發生質量虧損，損失的質量轉換成巨大的能量，這就是核能的本質。

當中子撞擊鈾原子核時，一個鈾原子核吸收一個中子而分裂成兩個較輕的原子核，同時發生質能轉換，釋放出很大的能量，並產生兩個或三個新的中子，繼續撞擊其他鈾原子核。在一定條件下，新產生的中子會繼續引起更多的鈾原子核裂變，這樣一代代傳下去，像鏈條一樣環環相扣，迅速積聚極大的能量，這就是核裂變反應，或稱為鏈式裂變反應。裂變反應釋放的核能叫做核裂變能。

鏈式裂變反應能釋放出巨大的能量，1 kg 鈾 -235 裂變釋放出的能量相當於 2500 t 標準煤燃燒產生的能量。目前的研究顯示，只有鈾 -233、鈾 -235 和鈽 -239 這三種核素可以由能量為 0.025 eV 的熱中子引起核裂變。只有鈾 -235 是天然存在的，天然鈾中的含量僅為 0.7%；而鈾 -233、鈽 -239 只能在核反應爐中得到。

如果人為控制，可以使核能緩慢地釋放出來，實現這種過程的設備叫核反應爐。核反應爐是通過控制裂變反應中新產生的中子的數量，或吸收多餘的中子，來控制核裂變反應的速度，將核能緩慢地釋放出來的裝置，是和平利用核能的最主要設施。

8.4.2.2　放射性與核的穩定性

1. 放射性衰變的基本規律　1896 年，貝可勒爾（Hendrik Antoon Becquerel）發現鈾礦物能發射出穿透力很強、能使照相底片感光的不可見的射線。在磁場中研究該射線的性質時，證明它是由下列三種成分組成：① 在磁場中的偏轉方向與帶正電的粒子流的偏轉相同；② 在磁場中的偏轉方向與帶負電的粒子流的偏轉相同；③ 不發生任何偏轉。這三種成分的射線分別稱為 α、β 和 γ 射線。α 射線是高速運動的氦原子核（又稱 α 粒子）組成，它在磁場中的偏轉方向與正離子流的偏轉相同，電離作用大，穿透本領小；β 射線是高速運動的電子流，它的電離作用較小，穿透能力較大；γ 射線是波長很短的電磁波，它的電離作用小，穿透能力大。

原子核自發地放射出 α 射線或 β 射線等粒子而發生的核轉變稱為核衰變。在 α 衰變中，衰變後的剩餘核 Y（通常叫子核）與衰變前的原子核 X（通常叫母核）相比，電荷數減少 2，質量數減少 4。可用下式表示：

$$^{A}_{Z}X \rightarrow {}^{A-4}_{Z-2}Y + {}^{4}_{2}He \qquad (8\text{-}5)$$

β衰變可細分為三種，放射電子的稱為β^-衰變；放射正電子的稱為β^+衰變；俘獲軌道電子的稱為軌道電子俘獲。子核和母核的質量數相同，只是電荷數相差1，是相鄰的同量異位素。三種β衰變可分別表示為：

$$^{A}_{Z}X \rightarrow {}^{A}_{Z+1}Y + e^- \text{；} {}^{A}_{Z}X \rightarrow {}^{A}_{Z-1}Y + e^+ \text{；} {}^{A}_{Z}X + e^- \rightarrow {}^{A}_{Z-1}Y \qquad (8\text{-}6)$$

式中，e^- 和 e^+ 分別代表電子和正電子。γ 放射性既與 γ 躍遷相聯繫，也與 α 衰變或 β 衰變相聯繫。α 衰變和 β 衰變的子核往往處於激發態。處於激發態的原子核要向基態躍遷，這種躍遷稱為 γ 躍遷。γ 躍遷不導致核素的變化。

2. **原子核的穩定性規律**　眾所周知，具有 β 穩定性的核素有一定的分佈規律。對 $A < 40$ 的原子核，β 穩定線近似為直線，$Z = N$，即原子核的質子數與中子數相等，或 $N/Z = 1$。對 $A > 40$ 的原子核，β 穩定線的中質比 $N/Z > 1$。β 穩定線可用下列經驗公式表示：

$$Z = \frac{A}{1.98 + 0.154A^{2/3}} \tag{8-7}$$

在 β 穩定線左上部的核素，具有 β^- 放射性。在 β 穩定線右下部的核素，具有電子俘獲 EC 或 β^+ 放射性。如 ^{57}Ni 經過 EC 過程或放出 β^+ 轉變成 ^{57}Co，再通過 EC 過程轉變成 ^{57}Fe，稱為穩定核。

β 穩定線表示原子核中的核子有中子、質子對稱相處的趨勢，即中子數 N 和質子數 Z 相等的核素具有較大的穩定性，這種效應在輕核中很顯著。對重核，因核內質子增多，庫倫排斥作用力增大了，要構成穩定的原子核就需要更多的中子以抵消庫倫排斥作用。

穩定核素中有一大半是偶偶核。奇奇核只有 5 種，^{2}H、^{6}Li、^{10}B、^{14}N 和含量很少很小的 ^{180m}Ta。A 為奇數的核有質子數 Z 為奇數和中子數 N 為奇數兩類，穩定核素的數目差不多，介於穩定的偶偶核和奇奇核之間。這表明質子、中子各有配對相處的趨勢。

8.4.2.3　射線與物質的相互作用

射線與物質的相互作用與射線的輻射源和輻射強度有關。核輻射是伴隨原子核過程發射的電磁輻射或各種粒子束的總稱。

1. **帶電粒子與物質的相互作用**　具有一定動能的帶電粒子射進靶物質（吸收介質或阻止介質）時，會與靶原子核和核外電子發生庫倫相互作用。如帶電粒子的動能足夠高，可克服靶原子核的庫倫勢壘而靠近到核力作用範圍（約

$10^{-12} \sim 10$ fm），它們也能發生核相互作用，其作用截面（約 10^{-26} cm^2）比庫倫相互作用截面(約 10^{-16} cm^2)小很多，在分析帶電粒子與物質的相互作用時，往往只考慮庫倫相互作用。

用帶電粒子轟擊靶核時，帶電粒子與核外電子間可發生彈性和非彈性碰撞，這種非彈性碰撞會使核外電子改變其在原子中的能態。發生靶原子被帶電粒子激發，受激發的原子很快（$10^{-9} \sim 10^{-6}$ s）退到基態，並發射 X 射線，靶原子核被帶電粒子電離，並發射具特性之 X 射線或俄歇（Auger electron）電子等物理現象。帶電粒子在靶介質中，因與靶核外電子的非彈性碰撞使靶原子發生激發或電離而損失自身的能量，稱為電離損失；從靶介質對入射離子的作用來講又稱作電子阻止。

當入射帶電粒子在原子核附近時，由於庫倫相互作用將獲得加速度，伴隨發射電磁輻射，這種電磁輻射稱為軔致輻射。入射帶電粒子因此會損失能量，成為輻射能量損失。電子的靜質量非常小，容易獲得加速度，輻射能量損失是其與物質相互作用的一種重要能量損失形式。對質子等重帶電粒子，在許多情況下，輻射能量損失可以忽略。靶原子核與質子、α 粒子、特別是更重帶電粒子由於庫倫相互作用，有可能從基態激發到激發態，這個過程稱為庫倫激發，同樣，發生這種作用方式的概率很小，通常也可忽略。

帶電粒子還可能與靶原子核發生彈性碰撞，碰撞體系總動能和總動量守恆，帶電粒子和靶原子核都不改變內部能量狀態，也不發射電磁輻射。但入射帶電粒子會因轉移部分動能給原子核而損失自身動量，而靶介質原子核因獲得動能發生反沖，產生晶格位移形成缺陷，稱輻射損傷。入射帶電粒子的這種能量損失稱為核碰撞能量損失，從靶核來講又稱核阻止。

帶電粒子受靶原子核的庫倫相互作用，速度 v 會發生變化而發射電磁輻射。由於電子的質量比質子等重帶電粒子小三個量級以上，如果重帶電粒子穿透靶介質時的輻射能量損失可以忽略的話，那麼必須考慮電子產生的輻射能量損失。電子在靶介質鉛中，電離和輻射兩種能量損失機制的貢獻變得大致相同，差不多都為 1.45 keV/um，對能量大於 9 MeV 的電子，在鉛中的輻射能量損失迅速變成主要的能量損失方式。現在已知，帶電粒子穿過介質時會使原子發生暫時極化。當這些原子退極時，也會發射電磁輻射，波長在可見光範圍（湛藍色），稱為契侖科夫輻射，在水堆停堆過程中很容易觀察到。

2. γ 射線與物質的相互作用　γ 射線、X 射線、正負電子結合發生的湮沒輻射、運動電子受阻產生的軔致輻射構成了一種重要的核輻射類別，即電磁輻射。它們都由能量為 E 的光子組成。從與物質相互作用的角度看，它們的性質並不因起源不同而異，只取決於其組成的光子的能量。

γ 射線與物質的相互作用原理明顯不同於帶電粒子，它通過與介質原子核和核外電子的單次作用損失很大一部分能量或完全被吸收。γ 射線與物質相互作用主要有三種：光電效應、康普頓散射和電子一電子對產生。其他作用如瑞利散射、光核反應等，在通常情況下截面要小得多，所以可以忽略，高能時才必須考慮。

8.4.2.4　原子核反應

兩個原子核互相碰撞引起原子核內部變化，或者在外場（γ 輻射場或庫倫場等）的作用下，一個原子核內部發生變化，通常稱為原子核反應，簡稱核反應。核反應一般表示為：

$$A + a \rightarrow B + b \text{〔或簡寫為 } A(a, b)\text{〕} \quad (8\text{-}8)$$

式中，A，a 為靶核與入射粒子；B，b 為剩餘核與射出粒子。實現核反應要有一定的條件，其中最重要的是相對運動的原子核要有足夠高的能量，只有入射粒子的速度足夠大，才能打入靶核力程之內（約 10^{-3} cm），從而使得核子與核子之間發生相互作用，產生核反應。通常實現原子核反應的途徑有以下三種：

(1) 用放射源產生的粒子去照射靶核；

(2) 利用天然宇宙射線照射靶核；

(3) 利用帶電粒子加速器或核反應爐產生的粒子去轟擊靶核。

原子核反應的種類很多，如以入射粒子與出射粒子的異同來區分，有核散射與核子的轉移兩種過程。核散射又分為彈性散射和非彈性散射；核轉移包括通常的核反應與核衰變。原子核的裂變和聚變是核反應的特殊類型。根據入射粒子的不同，有中子，帶電粒子和光子引起的核反應。若以入射粒子的能量來劃分，有輕核、中重核和重核反應。在包括加速器驅動清潔核能系統（ADS）在內的新型核能的可利用範圍，通常只涉及低中能核反應。大量實驗顯示，核反應過程遵守的主要守恆定律有：電荷守恆，質量數守恆，能量守恆，動量守恆，角動量守恆以及宇稱守恆。

8.4.3 商用核電技術

核能的利用從第二次世界大戰期間發展核武器開始，到核電的第一次大規模發展僅用了不到三十年的時間。世界核電技術，經歷了 20 世紀 50 年代早期普選各種可能的核電原型堆的技術研發階段，到逐步形成以輕水堆為主、氣冷堆和重水堆為輔的商用核電技術的第一核紀元的歷史演變。在經歷了 1979 年美國三哩島嚴重事故和 1986 年前蘇聯車諾比核災難之後，世界核能的發展舉步維艱，但商業規模的核電工業畢竟得以幸存，至今仍然為人類經濟發展提供了約 17% 的電力。

8.4.3.1 核能發電的基礎知識

1. 中子物理基礎　從目前的技術可能性看，人類獲取核能的手段仍然是通過重核裂變和輕核聚變，如圖 8-8 所示。在重核裂變和輕核聚變的物理過程中，中子都扮演了重要的角色。中子存在於除氫核以外的所有原子核中，是構成原子核的重要成分。中子整體呈電中性，具有極強的穿透能力，基本不會使原子電離和激發而損失能量，比相同能量的帶電粒子具有強得多的穿透能力；中子源主要有：加速器、反應堆和放射性中子源。

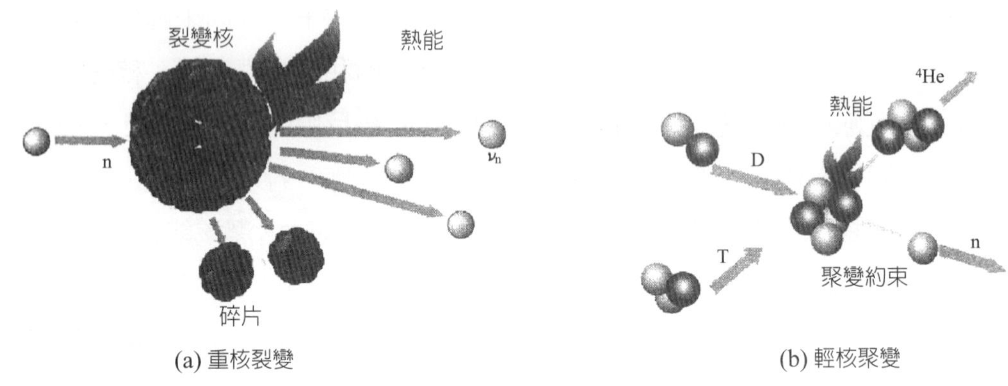

圖 8-8　核裂變和核聚變示意圖

n—中子；ν_n—中子束

2. 鏈式反應與裂變反應堆　如圖 8-9 所示，反應堆組建燃料中的易裂變核吸收一個中子發生裂變，裂變又產生中子、又引起裂變，形成鏈式反應：

$$^{235}\mathrm{U}+\mathrm{n}={}^{236}\mathrm{U}^*\begin{cases}^{144}\mathrm{Ba}+{}^{89}\mathrm{Kr}+3\mathrm{n}\\ ^{140}\mathrm{Xe}+{}^{94}\mathrm{Sr}+2\mathrm{n}\end{cases} \quad (8\text{-}9)$$

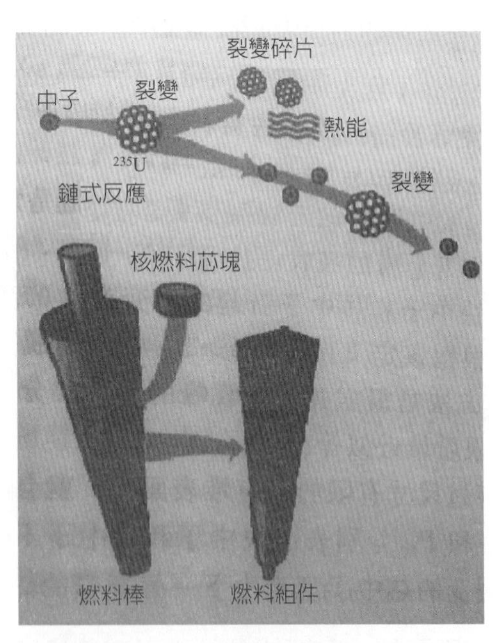

圖 8-9　裂變反應堆鏈式裂變反應示意圖

在純 ^{235}U 體系中，如體積或質量太小，不會達到維持鏈式裂變的條件；體積太大，大部分中子會再引起裂變，鏈式反應過劇烈或可引起核爆，所以裂變反應堆都不採用純易裂變材料建造，按國際原子能機構的規定，民用核反應爐的燃料中的純易裂變材料的富集度（燃料中易裂變材料與重金屬材料的重量百分比）都不允許超過 20%，所以商用核反應爐在任何情況下都不會發生核爆。核電廠採用能實現可控制鏈式反應的核反應爐把核能轉換成熱能。熱中子引起裂變的反應堆，稱熱中子堆；快中子引起裂變的反應堆，稱快中子堆。目前全世界仍在營運的商用核電反應堆都是熱中子堆。

8.4.3.2 商用核電站的工作原理

一個 100 萬千瓦的核電站每年只需要補充 30 t 左右的核燃料，而同樣規模的燒煤電廠每年要燒煤 300 萬噸。中國大亞灣核電站採用這種反應堆。反應堆堆芯由燃料元件構成，安裝在能承受高壓的壓力容器內，冷卻水在主冷卻泵的驅動下流過堆芯將堆芯釋熱載出，通過一回路管道流進蒸發器內，再通過蒸發器內的傳熱管道將熱量傳遞給蒸發器二次側產生蒸汽，蒸汽再推動汽輪機發電。

核能發電的原理與普通火電廠差別不大，只是產生蒸汽的方式不同。核電廠用核燃料釋放出的裂變能加熱蒸發器的水產生蒸汽，而火電廠是用燃燒礦物燃料加熱鍋爐裡的水產生蒸汽。壓水堆核電廠發電原理示意圖見 8-10。目前世界上仍在運作的商用核電站反應堆類型主要有壓水堆、沸水堆、石墨氣冷堆、

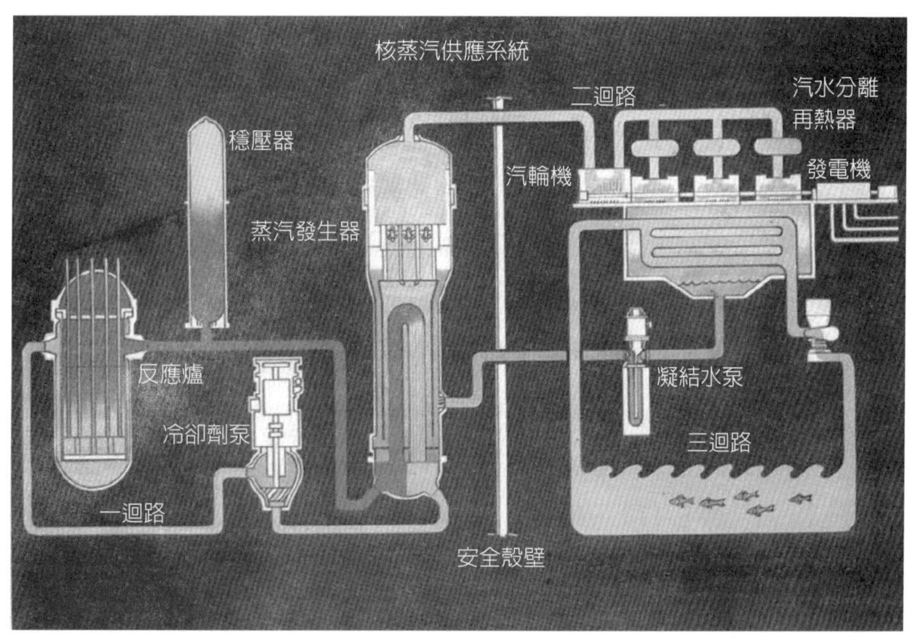

圖 8-10　壓水爐核電廠發電原理示意圖

石墨水冷堆和重水堆。壓水堆和沸水堆都用輕水做冷卻劑和慢化劑；石墨氣冷堆則用石墨做慢化劑，用 CO_2 氣體做冷卻劑；石墨水冷堆則用石墨做慢化劑，用輕水或重水做冷卻劑；而重水堆則用重水做慢化劑和冷卻劑。正常運作時，壓水堆冷卻堆芯的水工作在高溫高壓的單相水狀態，不直接產生蒸汽，而是將堆芯的核裂變能載到蒸發器，然後利用傳熱的方式將蒸發器二次測量的冷卻劑加熱並產生蒸汽。

中國已建成的 11 台機組中，有 9 台機組是壓水堆機組。沸水堆的蒸汽直接在反應堆壓力容器中產生，功率運作時堆芯冷卻劑處於沸騰的工作狀態，一方面產生蒸汽發電，另一方面冷卻堆芯，從熱力學的角度又稱為直接循環發電。世界核電工業的沸水堆數量約有 90 台機組。目前英國還有 40 座石墨氣冷堆核電機組還在運行，前蘇聯地區還有 17 座石墨水冷堆還在運作。用於商業發電的重水反應堆技術是非常成功的，其中主要的堆型 CANDU 由加拿大原子能有限公司（AECL）開發，堆芯燃料管道水平佈置在一個裝有重水慢化劑的水平放置的容器內，可以利用特殊的換料設備對裝載每根燃料管內的串聯排列的燃料元件實行連續換料。世界上大約有近 40 台重水堆核電機組，分佈在加拿大、印度、韓國和中國等 7 個國家，其中中國有兩台機組。

8.4.3.3　商用核電站的安全性

在 1979 年美國的三哩島核電廠發生堆熔事故前（1974 年），全世界核能界就對已有核電反應堆技術和管理制度及規程進行了嚴肅的反思，而且已經認識到核能存在出現嚴重事故的風險，提出了希望從技術上進行革新，設計一種不會發生堆芯熔化的固有安全反應堆。1986 年 4 月前蘇聯車諾比核電站 4 號機組發生解體的核災難，迫使核工業界採取了行動，把「固有安全反應堆」稱為「具有非能動安全特性」的革新性反應堆，並相繼開展了具有商業規模的研發和設計工作（見表 8-11）。

在隨後的幾十年裡，技術創新路線和管理制度路線都得到了具體實踐。可是，由於世界核電市場的急劇和持久的不振，這些革新設計的反應堆的研發雖

表 8-11　可供近期布署選擇的新一代核電反應堆

堆型	供應商	特點
ABWR	GE	1350 MWe，沸水堆，美國核管會認證，已在日本運作
SWR	法瑪通 -NP	1013 MWe，沸水堆，設計滿足歐洲要求
ESBWR	GE	1380 MWe，沸水堆，非能動安全，正在進行商業規模研發
EPR	ARIVA	1600 MWe，壓水堆，設計滿足歐洲要求，芬蘭已開始建設
AP1000	西屋	1090 MWe，壓水堆，非能動安全，美國核管會認證
IRIS	西屋	100 ～ 300 MWe，一體化壓水堆，正在商業規模開發
PBMR	ESKOM	110 MWe，包覆顆粒燃料球床模組化，核氣直接循環，為南非建，商業開發
GT-MHR	GA	288 MWe，包覆顆粒燃料球床模組化，核氣直接循環，正研發，在俄羅斯建造

然都取得令人鼓舞的進步，但都未能最終進入市場。然而，管理制度創新路線的實踐卻取得了實質性的成功，美國核管會的監管技術和監管法規得到了有效的加強，以機率風險分析（PSA）為代表的技術和配套的管理法規，在核電安全管理制度和文化的建立中發揮了關鍵作用，美國和法國等世界核電大國的核安全記錄，在最近 15 年一直保持在優質的水平，再沒有出現重大核事故，機組的平均可用率已逐漸從 20 年前的不足 70%，提高到目前的 90% 左右。

事實上，商用核電反應堆的安全性始於其工程設計階段。首先對大多數現有核電系統都遵守多層實體屏障的設計準則，設置了防止放射性物質外洩的多道實體屏障，對輕水堆主要包括三道實體屏障：燃料芯塊與包殼、壓力殼與一回路壓力邊界和安全殼。只要有一道實體屏障是完整的，就不會發生放射性物質對環境的洩漏，造成對公眾的輻照傷害和對環境的污染。除設計階段的安全考慮外，核電站安全管理策略也遵從縱深防禦的原則，從設備和措施上提供多層次的重疊保護，確保反應堆的功率能得到有效控制，堆芯得到足夠的冷卻，裂變產物被有效地包容。縱深防禦層次描述如下：① 在核電站設計和建造中，採用保守設計，進行質量保證和監督，使核電站設計、建造質量和安全得到有效保證；② 監察運行，及時處理不正常狀況，排除故障；③ 必要時啟動由設計提供的安全系統和保護系統，防止設備故障和人因差錯演變成事故；④ 啟用核電站安全系統，加強事故中的安全管理，防止事故擴大，保護安全殼廠房；⑤ 發生嚴重事故，並有放射性物質對外洩漏時，啟動廠內外應急回應計畫，減輕事故對環境和居民的影響。遵從縱深防禦的管理原則，可以使互相支援的保護層有效地產生作用，系統不會因某一層次的保護措施的失效，而釀成災難性的損壞，從而增強核電站的安全性。

8.4.4　核能的新紀元

8.4.4.1　核裂變發電技術的選擇

20 世紀後 20 年，人類在新材料、電腦自動控制、緊密加工等技術領域等取得了飛速發展。經濟可持續發展要求和全球變暖的環境壓力為核能的發展開闢了新的機遇。ABWR、AP1000、EPR 等商用技術基本成熟；氣冷快堆、鈉冷快堆、鉛冷快堆、超長高溫氣冷堆、超臨界輕水堆、熔鹽堆等性能指標更高的第四代新型核裂變堆的研發已經啟動；核能製氫、海水淡化、供熱等多用途核能利用技術已獲得高度關注，核能的第二春天正在來臨。目前世界能源供應的模式不是可持續的，必須進行重大調整，同時也為中國核電迎來了快速發展的機會。中國的核電始於 20 世紀 80 年代，在世界核電國家中起步比較晚，其後發優勢是起點高，可以借鑒國際上已有的經驗，避免重複失敗的研發投入，選擇適合中國的可持續發展的技術路線。中國從開始投建商業核電廠的同時，也進行了中長期核電技術的研發，制定了從壓水堆 - 快堆 - 聚變堆的核電發展路線和研發高溫氣冷堆的計畫。

為迎接核能的新紀元的到來，目前國際核電發展的主流是：近期布署已經基本完成，或在 2010 年前能夠完成商業研發的新一代核電反應堆，主要是第三代先進輕水堆和高溫氣冷堆，主要的堆型包括 AP1000、EPR、ESBWR、SWR、GT-MHR 和 PBMR，以及目前已經在日本投入運行的 ABWR 等；中遠期布署是能夠在 2030 年左右完成商業技術開發的第四代先進核能系統。

在預期近期可投入市場開發的各種先進反應堆中，除 GT-MHR 和 PBMR

表 8-12　幾種選定的 GEN- Ⅳ反應堆

堆型	縮寫	能譜	燃料循環
氣冷卻堆系統	GFR	快	閉式
鉛合金冷卻堆系統	LFR	快	閉式
熔鹽堆系統	MSR	熱	閉式
鈉冷卻堆系統	SFR	快	一次
超臨界水冷堆系統	SCWR	熱和快	一次 / 閉式
超常高溫堆系統	VHTR	熱	閉式

外，都是基本達到可進行商業建造水平的技術成熟的革新型先進輕水堆，見表 8-12。GT-MHR 和 PBMR 是兩種技術比較成熟的石墨慢化和氦氣冷卻的熱中子譜高溫氣冷堆。

GT-MHR 主要基於美國 AG 公司開發的柱狀高溫氣冷堆技術（1974 年關閉的 40 MW 的桃花谷 -1 和 1989 年關閉的 330 MW 聖福倫堡堆）。日本原子能研究院（JAERI）從 1990 年開始籌建熱功率為 30 MW 的稜柱高溫氣冷實驗堆 HT-TR，並於 1998 年首次達到臨界，2002 年開始在 850℃ 堆芯出口溫度下進行滿功率穩定運行，2004 年堆芯出口溫度在滿功率條件下完成從 850℃ 升高到 950℃ 的運作實驗，是繼德國 46 MW 熱功率實驗高溫氣冷堆 AVR 於 1974 年 2 月到達過 950℃ 的堆芯出口溫度之後，世界第二座高溫氣冷試驗堆達到過這樣高的溫度，也是目前世界上唯一能達到 950℃ 的堆芯出口溫度的先進反應堆。PBMR 的技術主要基於德國的早期開發的球床堆技術（在 1988 年關閉的約 300 MW 的示範高溫氣冷堆 THTR 和 13 MW 的實驗高溫氣冷堆 AVR），包覆顆粒燃料被彌散地封裝在直徑為 60 mm 的燃料球內，堆芯由幾十萬個這樣的燃料球在一個壓力容器內用石墨砌成的球床內堆成，在運作中可以實現反應堆的連續換料。PBMR 堆芯出口溫度設計運行在 900℃，最新設計採用日本三菱公司研發的臥式核汽輪機直接循環發電，設計淨發電率可達到 44%。中國建成的 10 MW 熱功率高溫氣冷實驗堆，也是以德國早期開發的球床堆技術為基礎，是目前世界上仍在服役的唯一球床式高溫氣冷堆。顯然，美國和德國留下的寶貴技術智慧財產為今天重新進行高溫氣冷堆的商用開發提供了高起點的技術平臺。

可持續發展成了人類進入新世紀之後所面臨的首要問題。面對挑戰，國際核能界正在進行多方面的研究和調整，其中一項舉措就是對第四代核能系統（以下簡稱GEN-Ⅳ）的研發。按廣泛被接受的觀點，已有的核能系統分為三代：①20世紀50年代末至60年代初世界上建造的第一批原型核電站；②20世紀60年代至70年代世界上大批建造的單機容量在600～1400 MW標準型核電站，它們是目前世界上正在運行的444座核電站的主體；③20世紀80年代開始發展、在20世紀90年代末開始投入市場的ALWR核電站。GEN-Ⅳ的概念最先是在1999年6月召開的美國核學會年會上提出的。隨後在2000年組建了GEN-Ⅳ國際論壇，目標是在2030年左右，向市場上提供能夠很好解決核能經濟性、安全性、廢物處理和防止核擴散問題的第四代核能系統。

8.4.4.2　GEN- Ⅳ的研發目標與原則

1. 研發 GEN- Ⅳ的目標　有三類：可持續能力、安全可靠性和經濟性。

可持續能力目標：① 為全世界提供滿足潔淨空氣要求、長期可靠、燃料有效利用的可持續能源；② 產生的核廢料量極少；採用的核廢料管理方式將既能妥善地對核廢料進行安全處置，又能顯著減少對工作人員的輻射劑量，從而改進對公眾健康和環境的保護；③ 把商業性核燃料循環導致的核擴散可能性限定在最低限度，使得難以將其轉為軍事用途，並為防止恐怖活動提供更有效的實體屏障。

安全可靠性目標：① 在安全、可靠運行方面將明顯優於其他核能系統，這個目標是透過減少能誘發事故或使一般事故演變成嚴重事故的事件、設備問題和人因問題的數量，來提高運作的安全性和可靠性，並進一步提高核能系統的經濟性、支援提高核能公信度；② GEN- Ⅳ堆芯損壞的可能性極低；即使損壞，程度也很輕，這一目標對業主／營運者是至關重要的，多年來，人們一直在致力於降低堆芯損壞的概率，採用的措施包括 PRA 分析方法、制定用戶要求文件、在安全系統中引進非能動概念等；③ 在事故條件下無廠外釋放，不需要廠外應急。公眾、特別是居住在核設施附近的居民認為需要廠外應急是核能不安全、不可靠的一個證明。因此，GEN- Ⅳ在設計上的一個努力方向就是，利設計和採用先進技術取消廠外應急。這是核能安全的一個革命性改進，它表明：無論核電站發生什麼事故，都不會造成對廠外公眾的損害。

經濟性目標：① GEN- Ⅳ在全壽期內的經濟性明顯優於其他能源系統，全壽期成本包括四個主要部分，即建設投資、運行和維修成本、燃料循環成本、除役和淨化成本；② GEN- Ⅳ的財務風險水平與其他能源項目相當。

2. GEM- Ⅳ遵循的原則　GEN- Ⅳ國際論壇的成員國一致同意，在 GEN- Ⅳ的研發中將遵循兩個原則：① 創新性原則，國際上關於第四代核能系統的討論中已經達成這樣的共識，即第四代核能系統必須採取創新性的技術解決方案，否則無法有效解決核能目前面對的挑戰；② 開放性原則，在目前的早期基礎研究階段，不要排除任何可能的解決方案，應向所有的技術開放。例如：鈾循環或釷循環、熱中子堆或快中子堆、各種燃料循環方式等。因此，需要對已有的各種反應堆概念，包括各種先進輕水堆、重水堆、壓力管式輕水堆、各種模組化高溫氣冷堆、先進的氣冷堆、超臨界輕水快堆、氣冷快堆、鈉冷快堆、鉛冷或鉛／鉍冷快堆、熔鹽堆、有機冷卻劑堆和等離子直接發電堆等進行評估，以確認研發的前景。

8.4.4.3　選定的 GEN- Ⅳ反應堆

在六種最有希望的 GEN- Ⅳ概念中，快中子堆有三或四種。中國核電發展的戰略路線也是近期發展熱中子反應堆核電站，中長期發展快中子反應堆核電站。熱中子反應堆不能利用天然鈾 99% 以上的 238U，而快中子增殖反應堆利用中子實現核裂變及增殖，可使天然鈾的利用率從 1% 提高到 60% ～ 70%。根據趙仁愷院士分析，裂變熱堆如果採用核燃料一次通過的技術路線，發展快中子增殖堆，鈾資源可保證中國能源可持續發展。總體來看，快堆技術仍需相當規模的研發。

1. 氣冷快堆（GFR）　GFR 是快中子能譜反應堆，採用氦氣冷卻、閉式燃料循環。與氦氣冷卻的熱中子能譜反應堆一樣，GFR 的堆芯出口氦氣冷卻劑溫度很高，可達 850℃。可以用於發電、製氫和供熱。氦氣汽輪機採用佈雷頓直接循環發電，電功率 288 MWe，熱效率可達 48%。產生的放射性廢物極少和有效利用鈾資源是 GFR 的兩大特點。

技術上有待解決的問題有：用於快中子能譜的燃料、GFR 堆芯設計、GFR 的安全性研究（如預熱餘熱排除、承壓安全殼設計等）、新的燃料循環和處理方法開發、相關材料和高性能氦氣汽輪機的研發。

2. 鉛冷快堆（LFR）　LFR 是採用鉛 / 鉍共溶低熔點液態金屬冷卻的快堆。燃料循環為閉式，可實現鈾 -238 的有效轉換和錒系元素的有效管理。LFR 採用閉式燃料循環回收錒系元素，核電廠當地燃料循環中心負責燃料供應和後處理。可以選擇一系列不同的電廠容量：50 ～ 150 MWe 級、300 ～ 400 MWe 級和 1200 MWe 級。燃料是包含增殖鈾或超鈾在內的重金屬或氮化物。LFR 採用自然循環冷卻，反應堆出口冷卻劑溫度 550℃，採用先進材料則可達 800℃。在這種高溫下，可用熱化學過程來制氫。

50 ～ 150 MWe 級的 LFR 是小容量可技術移轉即時營運，可在工廠建造，以閉式燃料循環運行，配備有換料周期很長（15 ～ 20 年）的盒式堆芯或可更換的反應堆模組。符合小電網的電力生產需求，也適用於那些受國際核不擴散條約限制或不準備在本土建立燃料循環體系的國家。

LFR 技術上有待解決的問題有：堆芯材料的相容性，導熱材料的相容性。研發內容有：傳熱部件設計所需的基礎資料、結構的工廠化製造能力及其成本效益分析、冷卻劑的化學檢測和監控技術、開發能量轉換技術以利用新革新技術、研發核熱源和不採用蘭金（Rankine）循環的能量轉換裝置間的耦合技術。

3. 熔鹽反應堆（MSR）　由於熔融鹽氟化物在噴氣發動機溫度下具有很低的蒸汽壓力，傳熱性能好，無輻射，與空氣、水都不發生劇烈反應，20 世紀 50 年代人們就開始將熔融鹽技術用於商用發電堆。參考電站的電功率為百萬千瓦級，堆芯出口溫度 700℃，也可達 800℃，以提高熱效率。MSR 採用的閉式燃料循環能夠獲得鈽的高燃耗和最少的錒系元素。熔融鹽氟化物具有良好的傳熱特徵和低蒸汽壓力，降低了容器和管道的應力。

MSR 技術上有待解決的問題有：錒系元素和鑭系元素的溶解性，材料的相容性，鹽的處理、分離和再處理方法，燃料開發，腐蝕和脆化研究，熔鹽的化學控制，石墨密封方法和石墨穩定性改進和試驗。

4. 鈉冷快堆（SFR） SFR 是用金屬鈉做冷卻劑的快譜堆，採用閉式燃料循環方式，能有效管理錒系元素和鈾 -238 的轉換。燃料循環採用完全錒系再循環，所用的燃料有兩種：中等容量以下（150 ～ 500 MWe）的鈉冷堆，使用鈾－鈽－少錒元素－鋯金屬合金燃料；中等到大容量（500 ～ 1500 MWe）的鈉冷堆，使用 MOX 燃料，兩者的出口溫度都近 550℃。鈉在 98℃ 時熔化，883℃ 沸騰，具有高於大多數金屬的比熱容和良好的導熱性能，而且價格較低，適合用作反應堆的冷卻劑。SFR 是為管理高放廢物、特別是管理鈽和其他錒系元素而設計的。

SFR 技術上有待解決的問題有：99% 的錒系元素能夠再循環，燃料循環的產物具有很高的濃縮度，不易向環境釋放放射性，並確保在燃料循環的任何階段都無法分離出鈽元素；完整燃料資料庫，包括用新燃料循環方法製造的燃料的放射性能資料，研發在役檢測和在役維修技術；降低投資並確保主要事故有非能動的安全回應。

5. 超臨界水冷堆（SCWR） SCWR 是營運在水臨界點（374℃、22.1 MPa）以上的高溫、高壓水冷堆。SCWR 使用既具有液體性質又具有氣體性質的「超臨界水」作冷卻劑，44% 的熱效率遠優於普通的「輕水」堆。SCWR 使用氧化鈾燃料，既適用於熱中子譜，也適用於快中子譜。

SCWR 結合了兩種成熟技術：輕水反應堆技術和超臨界燃煤電廠技術，從而大幅簡化堆構件和 BOP 系統。同功率下，SCWR 尺寸只有一般輕水反應堆的一半，所以單堆功率可達 1700 MWe，預計建造成本僅 900 美元 /kW。因此，SCWR 降低了發電成本，在經濟上具有極大的競爭力。

SCWR 技術上有待解決的問題有：① 結構材料、燃料結構材料和包殼結構材料要能耐極高的溫度、壓力，以及堆芯內的輻照、應力腐蝕斷裂、輻照分解和脆變及蠕變；② SCWR 的安全性；③ 運行穩定性和控制；④ 防止啟動出現失控；⑤ CWR 核電站的工程最佳化設計。

6. 超常高溫氣冷堆系統（VHTR） VHTR 是模組化高溫氣冷堆的進一步發展，採用石墨慢化、氦氣冷卻、鈾燃料一次通過。燃料溫度可承受高達 1800℃，冷卻劑出口溫度可達 1000℃ 以上，熱功率為 600 MW，有良好的非能動安全特性，熱效率超過 50%，易於模組化，能有效地向碘一硫（I-S）熱化學或高溫電解製氫方法流程或其他工業提供高溫方法，經濟上競爭力強。

8.4.5　未來的新型核能

遵照經濟和社會發展的規律，只有保證有能力為未來的經濟和社會提供充足和廉價的能源，人類的經濟發展和生活環境才能維持高標準的繁榮和諧。如果把能源安全的全部押在可再生能源上，將是極不明智的。保持技術上的其他選擇是必要的，因為核裂變技術和熱核聚變技術，都可能成為保持未來世界可持續能源供應的技術選擇。

8.4.5.1　核裂變能園區

前述 GEN- Ⅳ核能系統的研發目標或許過於理想，使任何單一裂變堆型都難以完全滿足所有目標。GEN- Ⅳ計畫的另一技術概念是在同一個廠址最佳化組建核裂變能園區，包括各種先進反應堆和燃料加工廠，使園區作為一個整體滿足 GEN- Ⅳ的可持續性、安全可靠性和經濟型的全部目標。核裂變能園區可由兩個層次的系統組成：一是最佳化組合有經濟競爭力的，並能高效利用核燃料的核能系統；二是建立輔助的長壽期核廢物焚燒器和燃料轉換裝置，主要是組合了加速器驅動的次臨界裂變反應堆。

8.4.5.2　加速器驅動的次臨界潔淨核能系統

加速器驅動的次臨界潔淨核能系統（accelerator driven subcritical system）的縮寫為ADS，是利用加速器加速的高能質子與重靶核（如鉛）發生散裂反應，一個質子引起的散裂反應可產生幾十個中子，用散裂產生的中子作為中子源來驅動次臨界包層系統，使次臨界包層系統維持鏈式反應，以便得到能量和利用多餘的中子增殖核材料和嬗變核廢物，它主要致力於：①充分利用可裂變核材料^{238}U和^{232}Th；②嬗變危害環境的長壽命核廢物（次量錒系核素及某些裂變產物），降低放射性廢物的儲量及其毒性；③根本上杜絕核臨界事故發生的可能性，提高公眾對核能的接受程度。

該構想一經提出就引起了核能界的極大興趣，因為 ADS 所用的加速器不需要太高的能量和太強的離子流，而所用的反應堆又是次臨界，因此，ADS 已經被世界科學界公認為它是解決大量放射性廢物、降低深埋儲藏風險的最具潛力的工具，而在技術上，也是沒有不可克服的困難。

中國 1995 年在中國核工業總公司科技局的支援下，成立了 ADS 概念研究組，開展以 ADS 系統物理可行性和次臨界堆芯物理特性為重點的研究工作。這項工作後來得到國家自然科學基金委員會和中國科學院基礎局的支援，取得了多方面的研究成果。1999 年，ADS 項目在國家自然科學基金委員會的支援下成為「973 項目」之一。研究工作涉及強流加速器物理、次臨界堆物理、散裂靶物理、核資料、核熱工和材料、核化學分離和嬗變等領域。ADS 可用氣冷堆、鉛冷堆和熔鹽堆都與質子加速器或高能電子加速器相耦合，實現焚燒靶件中的次錒系元素。

8.4.5.3 核聚變點火與約束

從核子物理的基本知識已知，輕核、特別是核素表最前面幾個核的比結合能很低。氘核的比結合能僅為 1.112 MeV，而 4 He 的比結合能是 7.075 MeV。因此，當四個氫核或兩個氘核聚變成一個氦核時，將釋放出巨大的能量，分別為每個核子 7 MeV 和 6 MeV。

輕核的聚變能釋放出比重核裂變更大的比結合能。世界化石能源的儲量有限（約 40×10^{21} J），而裂變能（約 575×10^{21} J）的儲量比化石能儲量多 10～15 倍，海水的聚變能幾乎取之不盡（約 5×10^{31} J）。顯然，核聚變能是人類可持續發展的最終解決方案之一。礦物燃料的燃燒污染空氣並排放二氧化碳；核裂變會產生高放射水平的放射性廢物；收集微弱的太陽能需要大量的水泥、鋼鐵、玻璃和其他材料，其生產也有大量的污染排放。地球上容易實現的核聚變是 D-T 和 D-D 核聚變：

$$D + T \rightarrow He + 17.58\ Mev \quad D + D \rightarrow \begin{cases} ^{3}HEe + n + 3.27\ Mev \\ T + p + 4.04\ Mev \end{cases} \tag{8-10}$$

式中，D、T 分別為氫的同位素氘與氚；n，p 分別為中子與質子。

其核聚變反應截面和入射氘核的能量 Ed 間的經驗關係式可分別表示為：

$$\sigma_{D-T} = \frac{6 \times 10^4}{E_d} \exp\left(-47.4/\sqrt{E_d}\right)；$$

$$\sigma_{D-D} = \frac{2.88 \times 10^2}{E_d} \exp\left(-45.8/\sqrt{E_d}\right) \tag{8-11}$$

D 是天然存在的，可從海水中提取。天然材料 ^{6}Li 和 ^{7}Li 在地球上的儲量很大，已研究之結果顯示質量好的 Li 礦可供人類使用超過百年，總儲量可供人類數百萬年的消耗。D-T 核聚變僅是聚變能利用的開始，一旦 D-D 核聚變取得成功，人類將徹底解決可持續發展的能源供應問題。處於等離子態的物質稱第四態物質，把等離子約束在一定區域，維持一段時間，使輕核產生核聚變反應。為達到熱核聚變，對產生的輕核等離子體的溫度、密度和約束時間將有一定的要求，稱為勞森（Lawson）判據：

$$3nkT + P_{b\tau} \leq P_{R\tau} \tag{8-12}$$

式中，假定等離子體中具有相同密度 n 和溫度 T；k 是波茲曼常量；系統的輸出能量來源於熱核聚變，聚變功率為 P_R；軔致輻射功率為 P_b；等離子約束時間為 τ；通常把滿足勞森判據等號的條件稱為點火條件。

輕核聚變沒有鏈式反應爐那樣對燃料裝載有臨界質量的要求，原則上只要能產生讓兩個參與聚變反應的核接近到能夠克服核外電子庫倫散射的條件（約

fm），任何質量的參與聚變反應的兩個核就可以發生聚變反應。因此，很早就有科學家建議用小型氫彈爆炸進行開山鑿河等和平利用。例如氫彈之父泰勒就建議用「和平核爆」的方法在封閉性很好的岩鹽內鑿洞進行小當量衝擊波很小的氫彈爆炸，然後透過在洞壁佈置能量吸收包殼的方式吸收爆炸能量，並利用一般熱機循環裝置轉換為電能。這種方式在技術上應沒有多大的難度，但從防止核武器技術擴散的角度和有核國家承擔的國際禁爆義務看，實際上，這種方法是不可行的。

8.4.5.4 聚變—裂變混合堆系統

為提高核裂變堆的燃料利用率，可以利用包層中填充了可轉換材料（^{238}U 或 ^{232}Th）的托卡馬克核聚變裝置既作為增殖材料的生產裝置，又作為核裂變能釋放裝置，稱為聚變 - 裂變混合堆。混合堆對核聚變反應條件的要求比純聚變堆低得多，因此降低了關鍵工程技術研發的難度，有比純聚變堆更早投入實際應用的潛力。從現實核聚變反應的角度看，因為核聚變釋放出的中子能量很高，同等功率下混合堆燃料增殖效果比裂變堆更好。可作為聚變能源的一種過渡。

早在 1953 年。美國洛倫茲・利沃莫國家實驗室（LLNL）就提出過建造聚變—裂變混合堆的建議，但直到 20 世紀 70 年代後期才受到重視。聚變—裂變混合堆還曾被視為增殖核燃料的重要途徑之一，後來因各種原因美國放棄了對混合堆的支援。中國在國家 863 高技術計畫的支援下，在已有幾十年核聚變研究的技術基礎上對混合堆進行了初步的研發，取得了令世界矚目的成就（圖 8-11），顯然混合堆在繼承了聚變堆的優勢的同時，也繼承了裂變堆的固有弱點，其放射性裂變產物釋放的風險和核燃料被轉移的風險不可低估。

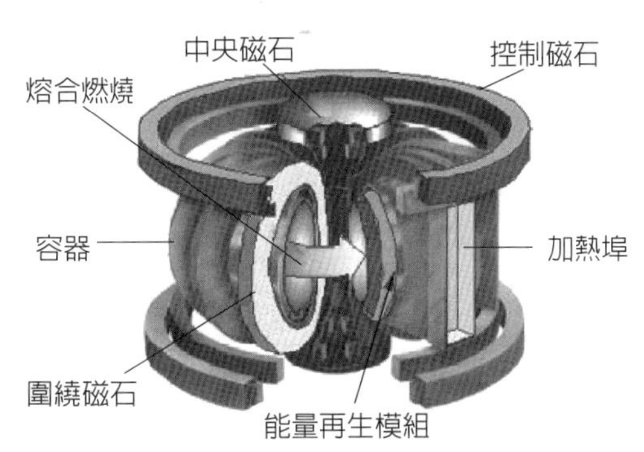

☼ **圖 8-11 中國聚變—裂變混合堆設計圖**

8.4.5.5　磁約束聚變能系統（MFE）

1. **磁約束核聚變堆的工作原理**　磁約束就是用磁場來約束等離子體中的帶電粒子，使其不逃逸出約束體的方法。約束等離子體的磁場就是磁力相互作用的空間。在電磁學裡磁場通常用磁力線描述，帶電粒子不能橫越磁力線運動，所以帶電粒子在垂直於磁場的方向上被約束住了，但仍可在磁力線方向自由運動。產生帶有剪切的環形螺旋磁力線是磁約束等離子體的一種很好的方式，這種裝置叫做托卡馬克（Tokamak），圖 8-12 所示為托卡馬克裝置磁約束原理和約束磁場線線圈佈置。

2. **ITER 計畫**　美蘇首腦 1985 年提出了設計和建造國際熱核聚變實驗堆 ITER（International Thermonuclear Experimental Reactor）的倡議。1998 年，美、俄、歐、日四方共同完成了工程設計（EDA）及部分技術預研。根據 EDA 設計，預計建設投資約 100 億美元。ITER 四方在 1998 年接受工程設計報告後開始考慮修改原設計，力求在滿足主要目標的前提下，大幅度降低建設投資。1999 年美國宣佈退出 ITER 計畫，歐盟等國、俄羅斯經過三年努力，完成了 ITER-FEAT（ITER-Fusion Energy Advanced Tokamak）的設計及大部

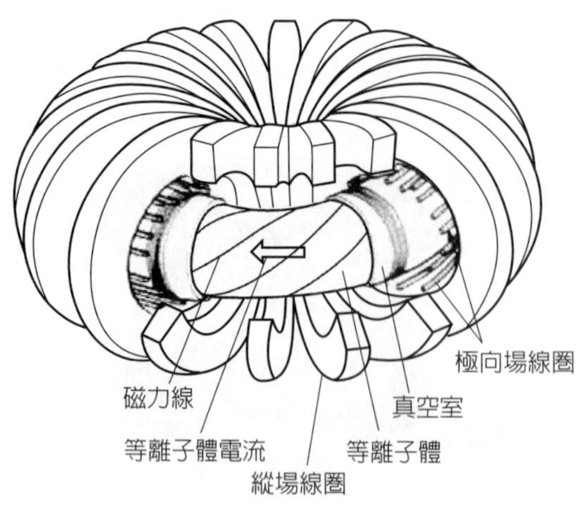

圖 8-12　托卡馬克裝置磁約束原理和約束磁場線線圈佈置

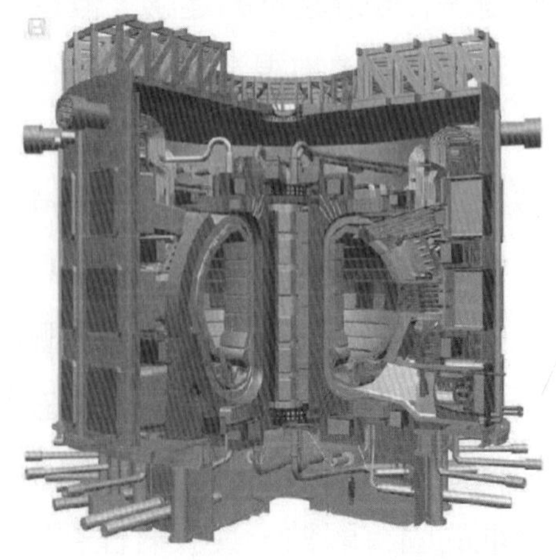

圖 8-13　ITER 裝置總體佈置圖

分部件與技術的研發，將造價降至約 46 億美元，並建議建造一個新的試驗裝置 ITER（其設計如圖 8-13 所示），使之能夠持續數分鐘產生幾萬千瓦的聚變能。目前，國際上參加 ITER 計畫的正式成員國家包括歐盟等國、日本、俄羅斯、中國、韓國、美國和印度。2005 年正式選定法國 Cadarache 為 ITER 的廠址，計畫於 2018 年左右建成，ITER 計畫的實施已經進入實質性階段。

ITER 是基於超導托卡馬克概念的裝置，其磁場由浸泡在 −269℃ 的低溫液氦中的超導線圈產生。ITER 的等離子放電間隔是 400 s，足以提供令人信服的科學的技術示範。等離子體中的環流達到 1500 萬安培。等離子體採用電磁波或高能粒子束加熱，允許等離子體在堆芯被加熱到超過 1 億度，核聚變反應由此熱量產生。注入 ITER 裝置的熱功率是 50 MW，產生的核聚變功率是 500 MW，能量增加 10 倍。ITER 裝置的燃料是氘和氚。ITER 作為世界第一個熱核聚變實驗堆，它將為人類發展聚變動力提供重要的工程實驗平台。

3. 磁約束核聚變能發電的前景　由於 ITER 的國際合作框架已經確定、廠址已經選定、國際合作研發協定也已經簽署。雖然，全球科學界主流對 ITER 能否達到預期的驗證「磁約束核聚變發電可行性」目標持樂觀態度，但同時也有一部分人持謹慎的懷疑態度。

8.4.5.6　慣性約束聚變能系統（IFE）

容易實現的慣性核聚變是由高能雷射光束直接，或間接燒蝕由表面凝結有 D、T 核素的靶丸，產生高溫高壓的約束力，並在等離子態約束 D、T 核，引發核聚變，核聚變釋放的熱又進一步在等離子體狀態使 D、T 核保持約束和產生有效的 D-T 核聚變。1000 MWe 的慣性聚變能電廠將最可能使用類似於大多數燃煤電廠用的蒸汽葉片和發電機。它將沒有大鍋爐、高煙囪，也不用每天從火車卸下 8000 t 煤的設備，但它有三個分開的設施：一個靶腔與熱回收廠、一個靶加工廠和一個驅動器。如果 NIF 項目證明點火系統及相關技術有效可行，那麼研發商用 IFE 技術的主要技術障礙將被突破。慣性核聚變發電可為世界能源供應開闢出一條通向可持續發展的新路。

8.5 海洋能

海洋能系指海水本身含有的動能、勢能和熱能。海洋能包括海洋潮汐能、海洋波浪能、海洋溫差能、海流能、海水鹽度差能和海洋生物能等可再生的自然能源。根據聯合國教科文組織的估計資料，全世界理論上可再生的海洋能總量為 766 億千瓦，技術允許利用功率為 64 億千瓦，其中潮汐能為 10 億千瓦，海洋波浪能為 10 億千瓦，海流能(潮流)為 3 億千瓦，海洋熱能為 20 億千瓦，海洋鹽度差能為 30 億千瓦。

開發利用海洋能即是把海洋中的自然能量直接地加以利用，將海洋能轉換成其他形式的能。海洋中的自然能源主要為潮汐能、波浪能、海流能（潮流能）、海水溫差能和海水鹽差能。究其成因，潮汐能來源於太陽和月亮對地球的引力的變化，其他基本上源於太陽輻射。目前有應用前景的是潮汐能、波浪能和潮流能。

潮汐能是指海水潮漲和潮落形成的水的勢能，其利用原理和水力發電相似。但潮汐能的能量密度很低，相當於微水頭發電的水平。世界上潮差的較大值約為 13 ～ 15 m，中國的最大值（杭州灣澉浦）為 8.9 m。一般來說，平均潮差在3 m以上就有實際應用價值。中國的潮汐能理論估算值為 10^8 kW 量級。只有潮汐能量大且適合於潮汐電站建造的地方，潮汐能才具有開發價值，因此其實際可利用數遠小於此數。中國沿海可開發的潮汐電站壩址為 424 個，總裝機容量約為 2.2×10^7 kW。浙江、福建和廣東沿海為潮汐能較豐富地區。

波浪能是海洋表面波浪所具有的動能和勢能，是海洋能源中能量最不穩定的一種能源。波浪能最豐富的地區，其功率密度達 100 kW/m 以上，中國海岸大部分的年平均波浪功率為 2 ～ 7 kW/m。中國沿海理論波浪年平均功率約為 1.3×10^7 kW。但由於不少海洋台站的觀測地點處於內灣或風浪較小位置，故實際的沿海波浪功率要大於此值。其中浙江、福建、廣東和臺灣沿海為波浪能豐富的地區。

潮流能指海水流動的動能，主要是指海底水道和海峽中較為穩定的流動。一般來說，最大流速在 2 m/s 以上的水道，其潮流能均有實際開發的價值。中國沿海潮流能的年平均功率理論值約為 1.4×10^7 kW。其中遼寧、山東、浙江、福建和臺灣沿海的潮流能較為豐富，不少水道的能量密度為 15 ～ 30 kW/m，具有良好的開發價值。值得指出的是，中國的潮流能屬於世界上功率密度最大的地區之一，特別是浙江的舟山群島的金塘、龜山和西侯門水道，平均功率密度在 20 kW/m 以上，開發環境和條件很好。

8.5.1 潮汐能及其開發利用

1. 潮汐能形成原理 由於受到太陽和月亮的引力作用，而使海水流動並每天上漲 2 次。這種上漲當接近陸地時，可能會因共振而加強。共振的程度視海岸情況而定。因為距離地球較近，月球的引力大約是太陽引力的 2 倍。伴隨著地球的自轉，海面的水位大約每天 2 次周期性地上下變動，這就是「潮汐」現象。海水水位具有按照類似於正弦的規律隨時間反復變化的性質，水位達到最高狀態，稱為「滿潮」；水位落到最低狀態，稱為「乾潮」；滿潮與乾潮兩者水位之差稱為「潮差」。海洋潮汐的漲落變化形成了一種可供人們利用的海洋能量。

2. 潮汐能利用歷史和現狀 人類對潮汐能的利用已經有很長的歷史。早在 900 多年前，中國泉州就利用它來搬運石塊，以便在洛陽江上架橋。在 15 ～ 18 世紀，英國等國曾在大西洋沿岸利用它來推動水輪機。20 世紀出現了潮汐磨坊。那時還沒有雙向水輪機，只能利用一個方向（退潮時）的能量，因為較易控制。

現代潮汐能的利用，主要是潮汐發電。世界最早的潮汐發電裝置由法國於 1913 年在諾德斯特蘭島上建造。1966 年，法國又建造了世界上最大的 240 MW 朗斯潮汐電站，商業運營長達 40 年。加拿大於 1979 年在芬地灣的阿娜波利斯河口建造潮汐電站，採用環形全貫流式機組，單機容量 20 MW，現在規劃建造 5,000 MW 的潮汐電站。中國 1980 年建造了 3,200 kW 的江廈電站，後來又建造了 8 個潮汐電站。此外，俄羅斯、英國、韓國、日本、印度、澳大利亞、義大利等國也都在積極開發建造中。

3. 潮汐發電特點　作為海洋能發電的一種方式，潮汐發電發展最早、規模最大、技術也最成熟。潮汐發電特點如下。

(1) 潮汐能是一種蘊藏量極大、取之不盡、用之不竭、不需開採和運輸、不影響生態平衡、潔淨無污染的可再生能源。潮汐電站的建設還具有附加條件少、施工周期短的優點。

(2) 潮汐是一種相對穩定的可靠能源，不受氣候、水文等自然因素的影響，不存在豐水年、枯水年及豐水期、枯水期。但是由於存在半月變化，潮差可相差 2 倍，因此潮汐電站的保證出力及裝機利用時間較低。

(3) 潮汐每天有兩個高潮和兩個低潮，變化周期較穩定，潮位預報精度較高，可按潮汐預報制訂營運計畫，安排日出曲線，與大電網並網運行，克服其出力間歇性問題。隨著現代電腦控制技術的進步，要做到這一點並不困難。

(4) 潮汐發電是一次能源開發和二次能源轉換相結合，不受一次能源價格和影響，發電成本低。隨著技術的進步，其營運費用還將進一步降低。

(5) 潮汐電站的建設，其綜合利用效益極高，不存在淹沒農田、遷移人口等複雜問題，而且可以促淤圍海造田，發展水產養殖、海洋化工，旅遊及綜合利用。

4. 潮汐發電技術的原理和類型　潮汐發電的工作原理與常規水力發電的原理相同，它是利用潮水的漲落產生的水位差所具有的勢能來發電，也就是把海水漲落潮的能量變為機械能，再把機械能轉變為電能的過程。

由於潮水的流向與河水的流向不同，它是不斷變換方向的，因此潮汐電站按照運行方式及設備要求的不同，而出現了不同的形式，大體上可以分為以下 3 類：單庫單向式電站、單庫雙向式電站、多庫聯程式電站。

8.5.2 波浪能及其開發利用

1. 波浪能形成原理 波浪，泛指海浪，是海面水質點在風或重力的作用下高低起伏、有規律運動的表現。在海洋中存在著各種不同形式的波動，從風產生的表面波，到由月亮和太陽的萬有引力產生的潮波，此外，還有表面看不見的且下降急劇的密度梯度層造成的內波，以及難得一見的海嘯、風暴潮等長波。波力輸送由近及遠，永不停息，是一種機械傳播，其能量與波高的平方成正比。在波高 2 m、周期 6 s 的海浪裡，每公尺長度波浪產生 24 kW 的能量。

2. 波浪能研發現狀 波浪能發電是繼潮汐發電之後，發展最快的一種海洋能源利用手段。據不完全統計，目前已有28個國家（地區）研究波浪能的開發，建設大小波力電站（裝置、機組或船體）上千座（台），總機容量超過80萬千瓦，其建站數和發電功率分別以每年2.5%和10%的速度上升。

根據發電裝置的工作位置，波浪發電裝置可分為漂浮式和固定式兩種。漂浮式的以日本的「海明」號和「巨鯨」號、英國的「海蛇」號為代表。固定式波浪發電裝置以固定振蕩水柱式為最多，其中日本 4 個，中國 3 個，挪威 2 個，英國 3 個，印度 1 個，葡萄牙 1 個，這些都是示範性的，有的完成在實海況下發電實驗後成為遺址了，有的還在進行海上實驗。

3. 波浪能發電原理 波浪的運動軌跡呈圓周或橢圓。經向量分解，波浪能由波的動能和波的位能兩大部分疊加而成，現代發電裝置的發電機理無外乎三種基本轉換環節，通過 2 次能量轉換最終實現終端利用。目前，波力轉換電效率最高可達 70%。三種轉換環節分別為：① 首輪轉換，首輪轉換是一次能量轉換的發源環節，以便將波浪能轉換成裝置機械能，其利用形式有活動型、振盪水柱、水流型和壓力型四種；② 中間轉換，中間轉換是將首輪轉換與最終轉換連接溝通，促使渡力機械能經特殊裝置處理達到穩向、穩速和加速、能量傳輸，推動發電機組，中間轉換的種類有機械式、水動式、氣動式三種，分別經機械部件、液壓裝置和空氣單體加強能量輸送；③ 最終轉換，最終轉換多為由轉換為電能，全面實現波發電。

4. 波浪發電的機型　早在 20 世紀 70 年代，就誕生了世界上第一台波浪發電裝置。目前已經出現了各種各樣的波浪發電裝置，大致列舉如下：航標波力發電裝置、波力發電船、岸式波力發電站。

8.5.3　海流能及其開發利用

海流能是海水流動所具有的動能。海流是海水朝著一個方向經常不斷地流動的現象。海流有表層流，表層流以下有上層流、中層流、深層流和底層流。海流流徑長短不一，可達數百千公尺，乃至上萬千公尺。流量也不一，海流的一般流速是0.5～1海浬/小時〔1n mile（海浬）＝1,852 m〕，流速高的可達3～4海浬/小時。著名的黑潮寬度達80～100 km，厚度達300～400 m，流量可超過世界所有河流總量的20倍。海流發電與常規能源發電相比有以下特點。

① 能量密度低，但總蘊藏量大，可以再生；② 能量隨時間、空間變化，但有規律可循，可以提前預報，潮流能是因地而異的，有的地方流速大，有的地方流速小，同一地點表、中、底層的流速也不相同；③ 開發環境嚴酷、投資大、單位裝機造價高，但不污染環境、不用農田、不需遷移人口。

美國和日本對海流發電研究較多，他們分別於 20 世紀 70 年代和 20 世紀 70 年代末開始研究佛羅里達海流和黑潮海流的開發利用。美國 UEK 公司研製的水流發電裝置在 1986 年進行過海上實驗。日本自 1981 年著手潮流發電研究，於 1983 年在愛媛縣今治市來島海峽設置 1 台小型流發電裝置進行研究。

中國舟山 70 kW 潮流實驗電站採用直葉片擺線式雙轉子潮流水輪機，研究工作從 1982 年開始，經過 60 W、100 W、1 kW 三個樣機研製以及 10 kW 潮流能實驗電站方案設計之後，終於在 2000 年建成 70 kW 潮流實驗電站，並在舟山群島的岱山港水道進行海上發電試驗。隨後由於受颱風襲擊、錨泊系統及機構發生故障，試驗一度被迫中斷，直到 2002 年恢復發電試驗。

加拿大在 1980 年提出用垂直葉片的水輪機來獲取潮流能，並在河流中進行過實驗，隨後，英國 IT 公司和義大利那不列斯大學及阿基米德公司設想的潮流發電機都採用類似的垂直葉片的水輪機，適應潮流正反向流的變化。

目前，世界海流潮流能逐步向實用化發展，目的是向海島或海面上的設施及浮標等供電。各國海潮流發電的研究提出的開發方式主要有：① 與河川水力發電類似的管道型海底固定式螺旋槳水輪機；② 與傳統水平軸風力機類似的錨系式螺旋槳水輪機；③ 與垂直軸風力發電機類似的立軸螺旋槳水輪機；④ 與風速計類似的薩渦紐斯轉子；⑤ 漂流傘式；⑥ 與磁流體發電類似的海流磁發電。

潮流能資源開發利用要解決一系列複雜的技術問題，除了能量轉換裝置本身的特殊性技術外，還有海洋能資源開發共同面臨的技術問題，包括：① 要調查研究擬開發站點海域的潮流狀況及潮汐、風況、波浪、地形、地質等自然條件，利用計算分析確定裝置的形式、規模、結構、強度等設計參數；② 大力發展裝置在海底或漂浮、潛浮在海水中的系泊錨錠技術，以及各種部件的防海水附著的技術；③ 電力向岸邊輸送，蓄電、轉換、其他形式儲能的技術。

8.5.4 海洋溫差能及其開發利用

海洋溫差能是海水吸收和儲存太陽輻射能，亦稱為海洋熱能。太陽輻射熱隨緯度的不同而變化，緯度越低，水溫越高；緯度越高，水溫越低。海水溫度隨深度不同也發生變化，表層因吸收大量的太陽輻射熱，溫度較高，隨著海水深度加大，水溫逐漸降低。南緯 20° 至北緯 20° 之間，海水表層（深 130 m 左右）的溫度通常是 25 ～ 29℃。紅海的表層水溫高達 35℃，而深達 500 m 層的水溫則保持在 5 ～ 7℃ 之間。

海水溫差發電系指利用海水表層與深層之間的溫差能發電，海水表層和底層之間形成的 20℃ 溫度差可使沸點的工作介質通過蒸發及冷凝的熱力過程（如用氨作工作介質），從而推動汽輪機發電。按循環方式溫差發電可分為開式循環系統、閉式循環系統、混合溫差發電站和外壓循環系統。按發電站的位置，溫差法可分為海岸式海水溫差發電站、海洋式海水溫差發電站、冰洋發電站。

1. 海洋溫差發電的研發歷史和現狀 早在1881年，法國物理學家德爾松瓦（Jacques d'Arsonval）提出利用海洋表層溫水和深層冷水的溫差使熱機做功，過程如同利用一種工作介質（二氧化硫液體）在溫泉中汽化而在冷河水中凝結。1962年，德爾松瓦的學生法國科學家克勞德在法國科學院，進行一次公開海洋溫差發電實驗：在兩隻燒杯中分別裝入28℃ 的溫水和冰屑，抽去系統內的空氣，使溫水沸騰，水蒸汽吹動透平發電機而為冰屑凝結。發的電點亮三個小燈泡。當時克勞德向記者發表他的計算結果稱：如果1 s用1,000 m^3的溫水，能夠發10萬千瓦的電力。

1930 年，在古巴曼坦薩斯灣海岸建成一座開式循環發電裝置，出力 22 kW，但是，該裝置發出的電力還小於為維持其運轉所消耗的功率。

1964 年，美國安德森重提類似當年德爾松瓦閉式循環的概念。閉式循環使用在高壓下比水沸點低、密度大的工作介質，並且提出蒸發器和冷凝器沈入工作介質壓力相同的水壓的海中，發電站是半潛式的。這樣可以使整個裝置體積小，而且避免風暴破壞。安德森的專利在技術上為海洋溫差發電開闢新途徑。

20 世紀 70 年代以來，美、日和西歐、北歐諸國，對海洋熱能利用進行了大量工作，由基礎研究、可行性研究、各式電站的設計直到部件和整機的試驗室試驗和海上試驗。研製幾乎集中在閉式循環發電系統上。

1981 年，日本在瑙魯共和國把海水提到陸上，建成了世界上第一座 100 kW 的岸式海洋溫差能發電站，淨輸出功率為 14.9 kW。1990 年日本又在鹿兒島建成了 1,000 kW 的海洋溫差發電裝置。

目前，人們已經實現了大型電站建設的技術可行性，阻礙其發展的關鍵在於，低溫差 20 ～ 27℃ 時系統的轉換效率僅有 6.8% ～ 9%，加上發出電的部分用於抽水，冷水管的直徑又大又長，工程維度大，研究工作處於停頓狀態，每千瓦投資成本約 1 萬美元，近期不會有人投資建實用的電站。若能利用沿海電廠的高溫廢水，提高溫差，或者將來與開發深海礦藏或天然氣水合物結合，並在海上建化工廠等綜合考慮還是可能的。

2. 海洋溫差能發電原理和系統　海洋溫差發電根據所用工質及流程的不同，一般可分為開式循環系統、閉式循環系統和混合循環系統。圖 8-14 ～圖 8-16 所示為這三種循環系統，圖中可以看出，除發電外還能將排出的海水進行綜合利用，圖 8-14、圖 8-16 中可轉以產生淡水。

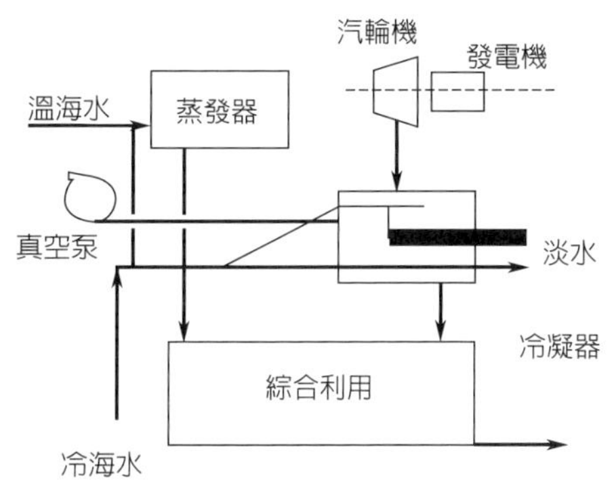

☼ 圖 8-14　開式循環系統

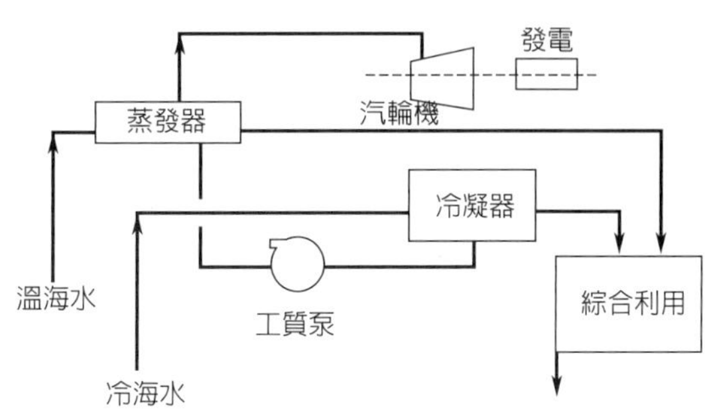

☼ 圖 8-15　閉式循環系統

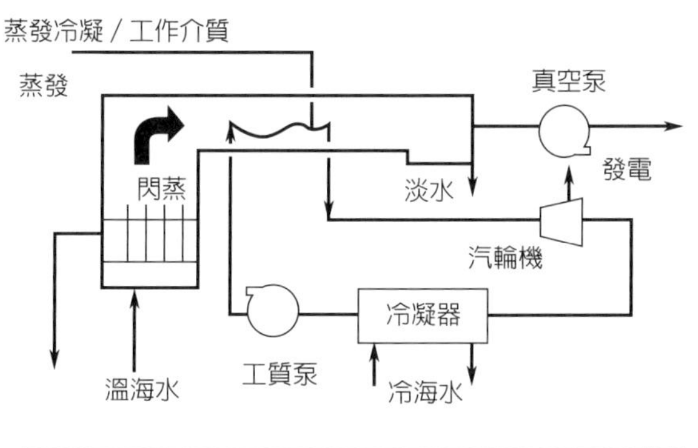

☼ 圖 8-16　混合循環系統

8.5.5　海洋鹽度差能及其開發利用

因流入海洋的河水與海水之間形成含鹽濃度之差，在它們接觸面上產生的一種物理化學能。此能量通常通過半透膜以滲透壓的形式表現出來。在水溫 20℃，海水鹽度為 35 時，通過半透膜在淡水和鹽水之間可形成 24.8 atm 的滲透壓，相當於水頭 256.2 m。鹽差能量的大小取決於江河入海徑流量。從理論上講，如果這個壓力差能利用起來，從河流流入海中的每立方英尺（$1\ ft^3 = 0.0283168\ m^3$）的淡水可發 0.65 kW · h 的電。

據科學家分析，全世界海洋鹽差能的理論估算值為 10^{10} kW 量級，中國的鹽差能估計為 10×10^8 kW，主要集中在各大江河的出海處。同時，中國青海省等地還有不少內陸鹽湖可以利用。

美國人於 1939 年最早提出利用海水和河水靠滲透壓或電位差發電的設想。1954 年，建造並試驗了一套根據電位差原理運行的裝置，最大輸出功率為 15 mW。1973 年，發表了第一份利用滲透壓差發電的報告。1975 年，以色列人建造並試驗了一套滲透壓法的裝置，表明其利用可行性。目前，日本、美國、以色列、瑞典等國均有人進行研究，總的來說，鹽度差能發電目前處於初期原理和實驗階段。

海洋鹽差能發電的轉換方式主要為下述兩種。

1. **滲透壓式鹽差能發電系統**　它的原理是，當兩種不同鹽度的海水被一層只能通過水分而不能通過鹽分的半透膜相分割的時候，兩邊的海水就會產生一種滲透壓，促使水從濃度低的一側通過這層透膜向濃度高的一側滲透，使濃度高的一側水位升高，直到膜兩側的含鹽濃度相等為止。美國俄勒岡大學的科學家已研製出利用該落差進行發電的系統。

2. **蒸汽壓式鹽差能發電系統**　在同樣的溫度下，淡水比海水蒸發快。因此，海水一邊的蒸汽壓力要比淡水一邊低得多。於是，在空室內，水蒸汽會很快從淡水上方流向海水上方。只要裝上渦輪，就可以利用該鹽差能進行發電，美國、日本等國的科學家為開發這種發電系統已投入了大量的精力。

參考文獻

〔1〕李全林。新能源與可再生能源。南京：東南大學出版社，2008。

〔2〕王革華。新能源概論。北京：化學工業出版社，2006。

〔3〕陳墨香，汪集暘，鄧孝主編。中國地熱資源形成特點和潛力估算。北京：科學出版社，1994。

〔4〕蔡義漢。地熱直接利用。天津：天津大學出版社，2004。

〔5〕劉時彬。地熱資源及其開發利用和保護。北京：化學工業出版社，2005。

〔6〕Geothermal Energy in Europe. International Geothermal Asssociation

Question-naire, 2002.
〔7〕徐軍祥。中國地熱資源與可持續開發利用。中國人口。資源與環境，2005，15(2) ：139-141。
〔8〕馬榮生，孫志高。地熱資源及其在熱泵中的應用。節能與環保，2003。
〔9〕周大吉。地熱發電簡述。電力勘測設計，2003，3：1-6。
〔10〕陳興華，葉學峰，高寧。使用熱泵的地熱水供熱系統。能源研究與利用，2003。
〔11〕Guo T M, Wu B H, Zhu Y H, et al. A Review on the Gas Hydrate Research in China. Journal of Petroleum Science and Engineering, 2004, 41: 11-20.
〔12〕劉紅，何清，孫亞榮。天然氣水合物的研究進展。上海地質，2005，2：11-15。
〔13〕Lee S Y, Holder G D. Methane Hydrate Potential as A Future Energy Source. Fuel Processing Technology, 2001, 71: 181-186.
〔14〕雷懷珍，王先彬，房玄等。天然氣水合物研究現狀與未來挑戰。沈積學報，1999，17(3) ：493-498。
〔15〕陳漢宗，周蒂。天然氣水合物與全球變化研究。地球科學進展，1997，12(1) ：37-41。
〔16〕樊栓獅，陳勇。天然氣水合物的研究現狀與發展趨勢。中國科學院院刊，2001(2) ：106-110.
〔17〕Takeya S, Kida M, Minami H, et al. Structure and Thermal Expansion of Natural Gas Clathrate Hydrates. Chemical Engineering Science, 2006, 61: 2670-2674.
〔18〕Makogon Y F, Holditch S A, Makogon T Y. Natural Gas-Hydrate-A Potential Energy Source for the 21st Century. Journal of Petroleum Science and Engineering, 2007, 56: 14-31.
〔19〕張洪濤，張海啟，祝有海。中國天然氣水合物調查研究現狀及其進展。

中國地質，2007，34(6) ：953-961。

〔20〕黃素逸。能源與節能技術。北京：中國電力出版社，2004。

〔21〕任有中。能源工程管理。北京：中國電力出版社，2004。

〔22〕盧希庭。原子核子物理。北京：原子能出版社，2000。

〔23〕馬栩泉。核能開發與應用。北京：化學工業出版社，2005。

〔24〕陳濟東　主編。大亞灣電站系統及運行。下冊。北京：原子能出版社，1995。

〔25〕DOE Near Term Development Roadmap Summary Report. A Roadmap to Develop New Nuclear Power Plant in the United States by 2010. Vol. Ⅰ Summary Report, 2001.

〔26〕DOE002-00. A Technology Roadmap for Genenration Ⅳ Nuclear Energy System, 2002.

〔27〕陳建國。海洋潮汐電站發電機組設計原則。上海大中型電機，2005，3：15-18。

國家圖書館出版品預行編目資料

新能源與化工概論／李為民，王龍耀，許娟著．——初版．——臺北市：五南，2012.11

面；　公分

ISBN 978-957-11-6888-3（平裝）

1.能源技術　2.化學工程

400.15　　　101020866

5BF9

新能源與化工概論

Introduction To Chemical Engineering In New Energy

作　　者— 李為民　王龍耀　許娟

校　　訂— 馬振基

發 行 人— 楊榮川

總 編 輯— 王翠華

主　　編— 穆文娟

責任編輯— 楊景涵

封面設計— 簡愷立

出 版 者— 五南圖書出版股份有限公司

地　　址：106台北市大安區和平東路二段339號4樓

電　　話：(02)2705-5066　　傳　　真：(02)2706-6100

網　　址：http://www.wunan.com.tw

電子郵件：wunan@wunan.com.tw

劃撥帳號：01068953

戶　　名：五南圖書出版股份有限公司

台中市駐區辦公室/台中市中區中山路6號

電　　話：(04)2223-0891　　傳　　真：(04)2223-3549

高雄市駐區辦公室/高雄市新興區中山一路290號

電　　話：(07)2358-702　　傳　　真：(07)2350-236

法律顧問　元貞聯合法律事務所　張澤平律師

出版日期　2012年11月初版一刷

定　　價　新臺幣620元

凝煉知識品味閱讀